U0249935

重塑水处理技术

Reshaping Water Treatment Technologies

郝晓地　著

中国建筑工业出版社

图书在版编目（CIP）数据

重塑水处理技术＝Reshaping Water Treatment
Technologies/郝晓地著. --北京：中国建筑工业出
版社，2024.7. --ISBN 978-7-112-30004-4

Ⅰ. P747

中国国家版本馆 CIP 数据核字第 20242BG132 号

本书基于蓝色发展理念，落实蓝色/循环经济下的水处理技术，首先提出"蓝色水工厂"框架技术，围绕两大生态环境突出问题——气候变化与磷危机，详述水处理碳中和运行技术实践方向，介绍国外磷回收法律、政策、补贴、技术等方面详情。其次，就实现水量自由之愿景举例说明国外大型海水淡化工程实践内容，同时对污水中新兴污染物转化规律与去除技术详尽描述。随后，以市场经济推动为目的，阐述污水高值资源化技术方向与国外实践。最后，对实现蓝色处理中所涉及的微生物学基础研究进行展示。

这部论著所呈现的并非全部是所谓"高"技术，而是"重塑"未来水技术发展方向，体现人类再进步必然要回归"天人合一"的发展态势。作者 20 年潜心研究成果所概括的学术思想——"一个中心（可持续）、两个基本点（碳中和与磷回收）、最终目标全面变蓝色"在实践中已被逐一验证。本专著实际上是对蓝色水技术的具体释义或抛砖引玉，体现出一种国际视野下的水技术发展理念与方向，对未来水处理技术方向具有重要指导作用。

本书理念全新、视野独特、方向明确、内容丰富、文字精练、结论犀利，适合于从事水处理技术、环境工程、化学工程、生物工程、生态经济等领域专家学者、技术人员、管理机构以及大中专院校师生学习、参考。

责任编辑：勾淑婷　王美玲
责任校对：芦欣甜

重塑水处理技术
Reshaping Water Treatment Technologies

郝晓地　著

＊

中国建筑工业出版社出版、发行（北京海淀三里河路 9 号）

各地新华书店、建筑书店经销

北京龙达新润科技有限公司制版

天津安泰印刷有限公司印刷

＊

开本：787 毫米×1092 毫米　1/16　印张：35¾　字数：775 千字

2024 年 6 月第一版　2024 年 6 月第一次印刷

定价：**128.00** 元

ISBN 978-7-112-30004-4

（42929）

序

在污水处理领域，这本名为《重塑水处理技术》的中文新书出版会产生深远影响。此书是对已近退休年龄但令人钦佩的多产作者郝晓地博士（我的前博士生）不断精著有洞察力水相关技术参考书之力证。

郝博士对国际发展趋势的睿见源于他与一些重要国际组织的不断合作。作为国际水协（IWA）《Water Research》（水研究）区域主编（Editor），自2009年起他便沉浸于最新水研究发展动态，不断丰富着他的知识库。从他在代尔夫特，直到他2001年回到北京，我们的学术合作一直很活跃。值得一提的是，我们于2016年共建的"中—荷未来污水处理技术研发中心"进一步夯实了我们的合作关系。

最近几年，我们合作发表了一系列有较大影响力的观点性文章，包括在《Water Research》的"掀浪"（Making Waves）栏目上，多聚焦于从污水中回收资源与能源。这些观点集成的技术框架已完全体现在该书第1章1.1节中，即"蓝色水工厂"概念。郝博士的视野已超越传统模式，正推动着未来污水处理技术向着生态循环经济，也即蓝色经济方向迈进。

郝博士新书强调，当今水相关技术已逐渐向蓝色方向转变，同时倡导未来水处理技术要转变理念模式。最核心的转变在于理念应领先技术；正确的观点甚至能够革新传统技术。该书挑战传统观念，其断言，如果基础理念不作改变，所谓新技术之潜力则非常有限。

在当下中国大地上，碳减排与碳中和已经成为热门话题。郝博士于2014年出版的《污水处理碳中和运行技术》不但在污水处理领域，而且在其他领域也奠定了对碳中和研究的基础。他的最新研究工作也将起到类似引领作用，像达成碳共识的中国故事演变一样会引起共鸣。

我已与郝博士合作近30年，是中国快速发展与惊奇变化的见证者，特别是在水与污水处理技术方面。《Water Research》来自中国的文章数量日益增长，以致目前在全球处于领先位置足以证明中国的进步。2019年我入选中国工程院外籍院士是对我学术生涯的最高褒奖，这不仅是对我个人学术水平的认可，也是对我与中国学术界合作的肯定。

最后一点，尽管这一新书内容与观点均以中文表达，但它的影响会超越国界。该书的主要观点已在像《Water Research》这样著名的国际刊物发表，足以说明该书的国际影响力。

马克・梵・洛斯德莱特　博士、教授
荷兰代尔夫特理工大学 Kluyver 生物技术实验室
2023 年 12 月 24 日写于平安夜

Preface

In the area of wastewater treatment technologies, this new Chinese book "Reshaping Water Treatment Technologies" is poised to make a profound impact. Authored by the esteemed Dr. Xiaodi Hao, my former PhD student on the verge of retirement, this book is a testament to his prolificacy in crafting insightful water-related technical literature.

Dr. Hao's discernment of global trends is a product of his dynamic international collaborations with key organizations. As an editor for *Water Research*, an IWA journal, since 2009, he has been immersed in the latest developments, enriching his reservoir of knowledge. Our academic collaboration, spanning from his presence in Delft to his relocation to Beijing in 2001, has remained robust. Notably, our joint efforts in establishing the Sino-Dutch R & D Center for Future Wastewater Treatment Technologies in 2016 have solidified our partnership.

Recent years have seen the publication of a series of impactful viewpoint articles, including "Making Waves" articles in Water Research, focused on resource and energy recovery from wastewater. The culmination of these ideas is reflected in the technical framework presented in the first section of Chapter 1-the concept of Blue Water Factories. Dr. Hao's vision extends beyond conventional paradigms, propelling future wastewater technologies towards an ecological circular economy and a blue economy.

The emphasis of Dr. Hao's new book lies in interpreting the blue evolution of water-related technologies and proposing a paradigm shift in future water treatment approaches. Central to this transformation is the notion that ideas precede technology; correct ideas can revolutionize even conventional technologies. The book challenges existing notions, asserting that the potential of so-called new technologies is finite without a shift in foundational ideas.

In the contemporary Chinese landscape, carbon reduction and neutrality have become pivotal themes. Dr. Hao's 2014 publication, "Wastewater Treatment Technologies towards Carbon-Neutral Operation", laid the groundwork for carbon neutrality not only in wastewater treatment but across diverse sectors. His latest work is poised to play a similar guiding role, resonating with the evolving narrative of a carbon-conscious China.

Having collaborated with Dr. Hao for over almost three decades, I've borne witness to China's rapid and impressive evolution, particularly in water and wastewater technologies. The elevation of articles from China to the top position in *Water Research* worldwide stands as a testament to the nation's progress. My 2019 induction into the Chinese Academy of Engineering is a recognition I hold in high regard, a token of gratitude for the approval of my academic standing and collaboration within the Chinese academic community.

In closing, while the content and ideas of this new book were crafted in Chinese, its impact transcends borders. Key excerpts have found a home in prestigious international journals like *Water Research*, affirming its global significance.

Mark C. M. van Loosdrecht, prof. dr. ir.

Kluyver Laboratory of Biotechnology
Delft University of Technology
Delft, the Netherlands
December 24, 2023

自　序

　　《蓝色经济下的水技术策略》（2020）出版后，"碳中和"开始火了，导致《污水处理碳中和运行技术》（2014）脱销，甚至线上出现影印件出售，直至出版社紧急加印才平息盗版行为。于是，一些朋友再次称赞本人理念超前，也如同《可持续污水-废物处理技术》（2006）和《磷危机概观与磷回收技术》（2011）前两部书一样。

　　诚然，学术的魅力就在于先知先觉，即所谓"敢为天下先"。大学除教书育人首要任务外，学术研究对教书育人的支撑作用非常必要。更为重要的是，学术研究也是技术发展的定海神针，以至于形成"学术引领、技术跟进、工程随后"之自然现象转变生产力的三部曲。没有学术引领的技术固然可以转化，没有技术指导的工程也可以实用，但大方向倘若走偏，最后带来的懊恼将可能无穷无尽。例如，人类以人为本、自顾自的发展模式已导致生态环境日益恶化、资源严重枯竭。因此，做任何事情都不能"只顾低头拉车"，也"必须抬头看路"。从这个意义上看，学术研究的作用不言而喻。

　　人类无论是从"猴"演变的还是从"鱼"进化的，不争的事实是从我们祖先"智人"的出现到开始四处迁徙就不断对生态环境进行无形破坏；从动物到植物，凡是"异己"或"杂草"统统"抄斩"，以至于人类最后从自然界底端动物摇身一变成为主宰自然的顶端生物，彻底改变了原生态的食物链结构。特别是 500 年前科学出现，人类便开始利用科学为自己谋利，较少顾及生态环境的承受能力。在近代科学与工业革命出现的 200 年间，多数人类现代生活已变得非常舒适、安逸，与"祖先"居无定所、生活方式简陋形成天壤之别。然而，在我们今天过着无比幸福生活的另一面，人类赖以生存的自然环境却出现了很多问题，危机四伏！其中，"气候变化"与"磷危机"便是两个最为突出的例子，前者可能会让人类逐渐"热死"，而后者则会让人类最后"饿死"。无形中，这也印证了那句老话，聪明反被聪明误！总之，人类越舒适，生态便越遭殃！

　　从人类自身利益角度出发，"以人为本"的理念毫无问题！但也正是因为这个"自私"行为导致生态环境越来越脆弱。在此情形下，我们不得不重新审视人类在地球上的可持续生存问题。对地球及其生态而言，无所谓生长什么样的生物，只要能顺应自然，就能形成良性生态循环。人类之前包括恐龙在内曾经存活过 5 代的生物就是这样，虽物竞天择、适者生存，但却形成了物质与能量循环往复的良性循环。也就是说，任何生物要想在地球上长久生存下去，必须与生态环境融为一体，即所谓的"天人合一"，形成一种物质、能量与水的良性循环，即生态循环。否则，断链的生态终将置生物于死地。归因于非智慧生物，前5代生物的活动范围完全没有脱离生态圈，只是为了"活着而活着"而已，并不存在多余生存空间的生态破坏环境行为。正是如此原始的生存方式让它们在地球上平均存活了4500万年（恐龙更是超过1.5亿年）之久。要不是地球环境或外力影响，那前5代生物存在于地球的时间可能还会更长，说不定根本没有人类的诞生机会。

前5代生物生存历史及规律告诉我们，顺生态者昌，逆生态者亡。它对我们人类的启示便是，不能只顾自己的一己私利而强调"以人为本"，需要重新审视——"天人合一"的祖先睿智，因为"地球并不一定要人类，而人类则离不开地球"。因此，作为地球智慧生物的人类必须对自己勇往直前的发展模式及时纠偏，凡事适可而止，应让我们现有生产、生活方式尽可能回归生态良性轨道，即向着蓝色发展方向做出重大校正。从这个意义上说，如果Nature（自然杂志）是"发现自然"、Science（科学杂志）是"认识自然"，我们的新刊Engineering（中国工程院杂志）则应该是"保护自然"。也就是说，环境科学与工程的范畴不能再被动以末端治理为主要内容，关注位置应不断前移；从利用自然的始端入手，研究物质、能量与水的顺序利用与可再生循环，即，将生产、生活的首末端循环闭合。

《蓝色经济下的水技术策略》（2020）正是在上述思想指导下出版发行的。在该书框架下，作者进一步梳理了既有污水处理技术，按符合或贴近生态循环原则，以及应对当前气候变化与磷危机两大突出环境问题，提出了以"蓝色水工厂"为内容的技术框架，核心思想是把污水处理过程转变为资源与能源回收利用的生态工厂，以"重塑水处理技术"。重塑水处理技术并不意味着全盘否定既有技术，而是需要对既有技术生态属性重新审视，特别是围绕污水处理资源与能源化这一主题要因势利导。面对生态危机，特别是气候变化与磷危机两个100年后足以使人类走向灭亡的不稳定因素，我们必须立刻行动起来，在未来30～40年实现碳中和的同时，对日益枯竭的磷资源必须加以珍惜和保护。对碳减排、碳中和而言，我们过于依赖的化石能源（煤炭、石油、天然气）目前看不是尽量少用的问题，而是我国现有储量已几近耗空（煤炭小于80年、石油小于15年、天然气小于30年）。因此，寻找新的可再生能源以及挖掘潜在废弃能源将是现在和未来必须面对的现实。

在污水处理中，剩余污泥有机质（COD）厌氧消化转化甲烷（CH_4）以及出水余温热能均属于废弃能源，原则上都应予以挖掘、回收。但是，我国原污水碳源（COD）很低（一般为 200～300 mg/L），连满足脱氮除磷都做不到，以至于形成的剩余有机污泥含量不高、厌氧消化产甲烷潜力较低，距碳中和运行目标还远远不够（最多仅能满足约 40%）。相形之下，污水处理后的出水中蕴含着大量余温热能，通过水源热泵交换后可以用于厂内外直接供热、制冷，其热能转化是污泥厌氧消化产甲烷能量的 9 倍之多。因此，被忽视的出水余温热能应予以高度重视并鼓励实践。

在磷资源方面，全球性磷危机时刻已经到来。按 1%（同人口增长率）和 5%（2010 年～2020 年磷消耗增长率）计算磷需求量，我国磷矿资源只够维持开采 22 年和 32 年（全球平均为 58 年和 145 年）。可见，我国磷危机现象已相当严重。为此，从污水处理等过程回收磷已变得非常急迫。否则，作物磷肥（以磷矿为原料）将很快告急，甚至不久的将来出现粮食危机的窘境。除饲养牲畜、家禽粪便是可以回收磷的最大位点（我国为开采磷矿的 8.5%）外，污/废水则是磷回收的第二位点（3.9%）。鉴于此，瑞士、奥地利、德国、荷兰、法国、英国等欧洲国家已先后制定了明确的污水磷回收条例，大多强制污水处理厂污水中磷回收至少达到 80% 进水磷负荷，而 80% 磷回收目标只能从污泥焚烧灰分中回收方能实现。显而易见，磷回收势必也会成为我国污水处理不得不走的技术路线，且需要与污泥终极处置——焚烧相关联。

气候变化倒逼的碳中和以及应对磷危机所必须的磷回收固然是目前与未来的重中之重，但也不能忽视污水中其他价值资源，特别是高值资源回收的必要性。在此方面，污水生物处理过程中由微生物所形成的聚合生物材料，例如，PHA（可降解塑料原料）、EPS/Hydrocolloids（胞外聚合物/水凝胶）等具有很高附加值；即使没有政策支持，这些生物材料也能在市场化条件下循环利用起来。一句话，视污水为能源与资源化载体的理念将贯穿于整个污水处理过程之中。

此外，在污水前端的淡水利用资源方面，沿海及近海海水淡化比起远距离调水、中水/雨水利用更具前景，因为目前海水淡化技术已将能耗和成本分别降低至 2 kWh/m³ 和 2 元/m³。与远距离调水相比，海水淡化更接近于自然水文循环，对生态的影响程度最低。况且，海水淡化后的浓盐水（卤水）可以被利用（Cl^- 与 SO_4^{2-}），与污泥焚烧磷回收撇除重金属制造混凝剂；卤水中甚至包括锂、铀、氘（核聚变元素，主要来自海水）等高值稀有元素，浓缩提取效率更高。

作为《蓝色经济下的水技术策略》（2020）的后续与延伸，这部论著首先诠释"蓝色水工厂"的框架与技术，强调万物循环对蓝色发展的作用；同时，基于全生命周期（LCA）对污水处理环境综合效益的评价，对一些看似生态实则高碳或小众的应用技术分别进行了客观评价（第1章）。第2章聚焦非传统水源海水淡化，介绍国外大型海水淡化工程应用对我国沿海及近海（包括北京）城市淡水利用转型的启示；重点对污水中不断呈现的新型污染物去除、演变与归宿等方面内容进行了介绍。第3章中就污水处理乃至自然水体温室气体产生过程与机理详尽阐述；重点对污水化学能（有机物）、余温热能潜力进行了实验验证与计算评估，指出出水余温热能利用乃污水处理实现碳中和运行的重要途径，并以国外工程实例予以佐证。第4章以污水磷回收为主题，突出污泥焚烧灰分磷回收技术及其资源化综合利用与欧洲磷回收政策支持现状。第5章对从污水中回收高附加值物质方向以及技术分别进行了介绍。最后在第6章详述生态技术中功能微生物富集培养、特性鉴定、实际应用等方面内容。

全书内容均基于之前已发表过的综述与实验文章，一些学术观点与技术方向可能与目前学术研究与工程应用存在着一定分歧。但是，时间是检验学术认知的客观标准，相信随着时间的推移，分歧会逐渐变成共识。这可能就是学术的魅力所在吧，希望自己不是虚无缥缈的学者。

至于未来"新"技术，可能不会有什么颠覆性突破；如果有，那也应该是零碳，甚至负碳技术，因为今后技术发展肯定不会再以技术效率与经济指标作为衡量技术成熟度的标准，零碳乃至负碳才是王者，即"负碳/碳汇"定将成为今后的硬通货！如果技术不能低碳、零碳、负碳，一切"创新"终将重蹈覆辙。

本书得到"国家自然科学基金项目（No. 52170018）"以及北京首创生态环保集团股份有限公司对"中—荷未来污水处理技术研发中心"平台运行费用的资助。在书稿整理、编辑、校对过程中还得到了研究生邸文馨等同学的鼎力帮助。对此，特别表示诚挚的感谢！

郝晓地
2023年12月18日
于北京建筑大学

目　录

第 1 章　蓝色水技术与流行工艺评价

　　蓝色经济其实指的就是生态循环经济。因此，蓝色水技术也就是指运用生态/生物方法处理污水并回收其中蕴藏的资源与能源。传统理念下，只有再生水/中水是污水处理可以回用的副产品，也即传统污水处理的"主产品"。而在蓝色理念下，具有高附加值的营养物（主要是磷）、生物材料（PHA 与 EPS 等）、余温热能等才是回收的主角。当污水中有机物（COD）、营养物处理并回收完成后，出水随之变得"干净"而可作为中水回用。因此，在蓝色理念下再生水实际上只是一种"副产品"。蓝色水技术并不是一味追求所谓的技术创新，而是在生态循环理念下对既有技术和新型技术的"重塑"，只不过是一种新目标导向下的技术重组而已。蓝色水工厂便是在这种思路下结合新、旧技术重塑而成的一种新技术框架。当然，蓝色水工厂并不是实践生态循环经济的唯一答案，不过是抛砖引玉而已，相信还会出现其他形式的蓝色水技术。与此同时，目前在我国也流行着很多国际上有或没有的工艺，大家甚至为此趋之若鹜。然而，这些流行工艺是否具有生命力？这就需要根据技术应用场景以及应用难度予以详细评估，特别是应在蓝色理念下对各工艺进行全生命周期（LCA）评估，以明晰它们的"蓝色"性质。

　　本章以蓝色水工厂框架与技术作为开篇，在详述蓝色理念构建未来污水处理技术的基础上，特别对好氧颗粒污泥新技术的应用场景以及作用予以介绍，同时强调磷、PHA/EPS、余温热能等回收方法与用途。其余章节着重介绍全生命周期（LCA）方法用于污水处理工艺的环境效应评估（如，资源/能源回收对污水处理厂产生的环境正向效应、地下污水处理厂对综合环境产生负面影响等）。同时，对国内情有独钟的厌氧氨氧化/ANAMMOX、硫自养反硝化等技术工程应用的局限性与问题也都一一进行了客观评价。

1.1　蓝色水工厂架构

　　人类在享受现代文明的同时，对资源与能源的过量摄取以及对生态环境的破坏会摧毁赖以生存的星球。例如，人类对化石燃料过度依赖与消耗已导致严重的温室效应，以至于全球共同签署了《巴黎协定》，试图控制 21 世纪气温上升幅度不超过 2 ℃。为此，各国已纷纷出台了碳中和路线图。与此同时，地球另外一种有限资源——磷（P）正以空前速度被消耗用以生产磷肥，以满足日益增长的世界人口对粮食生产的需求；引发的磷危机现象早已显现，磷矿资源将在 50～100 年时间内被消耗殆尽。可见,环境中碳排放与磷危机这两个不安定因素正严重威胁着人类的生存!

为此,各行各业均应积极行动起来,以实际行动来应对上述人类命运问题。对此,循环经济或者说是蓝色经济已经成为今后人类发展的不二选择模式,恢复和保持生态循环将促使人类从"以人为本"方式向"天人合一"模式方向转变。污水处理尽管是人类的"清道夫",是水环境质量的保护神,但它却常常被冠上高能耗/物耗的帽子,特别是在传统污水处理方式下除偶尔回用水外并不考虑污水中其他资源与能源回收,以至于被贴上"以能耗能、污染转嫁、浪费资源"的标签。

在以活性污泥法为主流的 100 多年污水处理技术发展史中,先是以消除有机物(COD/BOD)为主要目的,随后又强调污水脱氮除磷,但都没有意识到这些污染物实际上是潜在的资源。结果,污水处理能耗不断攀升,且伴随的碳排放加剧了温室效应。事实上,污水中有机物是能源载体,所含氮、磷乃作物生长必不可少的营养元素,污水也蕴含着丰富的余温热能。因此,污水处理必须从"去除"观念转向"回收"理念;其中,资源、能源分离回收后,水"顺便"也得以净化,作为"副产品"可以被回用。

基于此,以生态循环为目标的可持续污水处理技术势在必行。综合国际污水处理技术发展趋势,特别提出"蓝色水工厂"之框架以及相关技术,以落实"一个中心(可持续),两个基本点(碳中和与磷回收),最终全面变蓝色"的未来污水处理发展理念。在此框架中,好氧颗粒污泥及其高值资源(类藻酸盐)回收技术、纤维素回收技术、污泥焚烧电/热与余温热能回收技术以及基于焚烧灰分提磷技术/金属回收生产混凝剂技术、碳核算乃至碳中和技术、以工艺数学模拟为核心的智慧控制技术等将被逐一介绍。最后,通过3E(能源平衡,环境效益与经济效益)评价体系分析蓝色水工厂的综合效能,以奠定未来污水处理技术蓝色发展的雏形。

1.1.1 蓝色水工厂框架

蓝色水工厂基于生态循环理念,强调低能耗、少药耗、小空间处理技术,以回收污水中重要资源与能源为追求目标,把工艺过程智慧控制与碳中和,甚至负碳运行作为发展方向。为此,蓝色水工厂首先进行进水纤维素回收,核心处理工艺选择被誉为下一代污水处理技术的好氧颗粒污泥及其高值类藻酸盐回收,剩余污泥采用干化焚烧发电、灰分磷回收等手段,同时借助水源热泵提取出水余温热能干化污泥并向厂内外供热/冷。此外,回收灰分提磷时被分离的金属离子可与海水淡化卤水(阴离子)结合生产混凝剂,最后,将"干净"的灰分用作建材(如,水泥原料)。

蓝色水工厂框架及其相关技术如图 1-1 所示,形成以营养物、生物材料、热/电和水回用 4 个循环为核心的蓝色工艺。其中,所涉及的上述关键技术可具体分解为 4 个单元:1)膜分离回收污水中纤维素;2)好氧颗粒污泥工艺及其胞外聚合物(EPS)中高值类藻酸盐(ALE)物质回收;3)污泥干化焚烧回收有机质能(电/热)及灰分提磷与金属利用(生产混凝剂);4)水源热

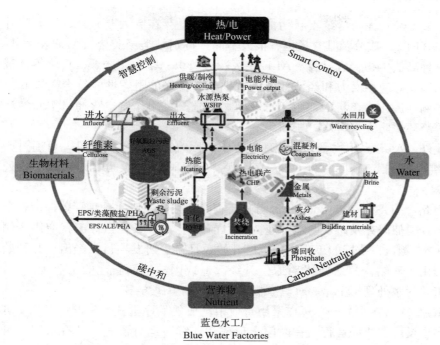

图 1-1　蓝色水工厂框架及其相关技术

泵提取出水余温热能干化污泥供热/冷。蓝色水工厂短期内着力解决当前污水处理提标改造、节能降耗、低碳运行问题，长远目标是开发未来可持续污水处理技术，助力新理念下污水处理厂能够实现"蛙跳"式转变，将其打造为资源、能源工厂。

1.1.2　核心技术/工艺

1. 资源化预处理：纤维素回收

污水中纤维素生物降解十分困难，但若在生物处理前分离回收，纤维素不但可以作为一种可以利用的资源，亦可节省后续生物处理曝气能量、提升处理负荷。纤维素主要来源于厕纸，约占进水 SS 的 35%、COD 的 20%～30%。被回收的纤维素可用作沥青、混凝土添加材料，亦可以用于制造玻璃纤维、包装箱等，可产生一定的经济价值。污水纤维素回收非常简单，容易实现，可在沉砂池后安装筛网分离，例如，荷兰应用的旋转带式过滤机（RBF，筛网孔径约 0.35 mm），被分离物中纤维素含量高达 79%，已成功用于沥青添加剂，用作弹性步道铺设。

2. 生物处理及其高值资源化

（1）好氧颗粒污泥技术

好氧颗粒污泥技术（AGS）因密实的生物量可以大大节省生物处理单元占地面积（为传统活性污泥法的 1/4），即使加上预处理以及后处理流程，AGS 也可节省 50% 的全流程占地面积。此外，AGS 在单一反应器内可以通过进水、曝气、排水等时间环节上形成的厌氧、缺氧、好氧环境同时实现碳、氮、磷等去除，可节省 30% 运行能耗，运行成本降低最高可达 75%。因此，AGS 被誉为下一代污水生物处理技术。

好氧颗粒污泥与传统絮状污泥除在密实性上存在巨大差异外，两者胞外聚合物（EPS）成分及其含量也有很大不同，特别是类藻酸盐（ALE）含量。作为一种高值生物合成材料，ALE 在医药、纺织、印染、造纸、日化等领域都显示出良好应用潜力和经济效益，特别是其良好的阻燃性能符合美国联邦航空条例（FAR）飞机内部阻燃材料阻燃要求，可用作航空火箭、空间站涂层高等级环保防火材料。

此外，AGS 高生物量为水处理过程中磷回收提供了便利条件，可通过厌氧释磷上清液侧流磷回收方式"一石二鸟"地回收磷，又可相对提高生物处理 C/N。

因此，AGS 技术自 2005 年底首先于荷兰奶酪加工废水处理厂落地后，全球范围内类似研究及研发遍地开花。到目前为止，AGS 在全球工程应用案例已多达 70 例，在我国的工程应用也已开始，且自主研发项目已经出现并开始工程应用。显然，AGS 技术对原位升级改造或因缺地而新建的工业废水厂，甚至市政污水处理厂都是一种具有极高吸引力的解决方案。

新建 AGS 污水处理厂可以采用行业中已成熟的序批式（SBR）工艺，可设计多个反应器协同运行，在时间上形成"连续"运行模式。既有水厂亦可以通过改造实现 AGS 序批式运行。当然，人们普遍渴望的空间上连续流 AGS 工艺工程化也不是没有可能，有关技术研发与验证工作正在进行之中。然而，连续流反应器污泥颗粒化仍面临一些挑战，例如，解耦絮状污泥与颗粒污泥停留时间问题。此外，还包括：1）产生足够碳源强化聚磷菌（PAOs）富集；2）曝气与混合搅拌策略；3）絮状与颗粒污泥尺寸分布对传质扩散的影响；4）平衡不同微生物间的竞争。

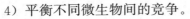

图 1-2 污泥中可回收高值生物材料/化学品

（2）类藻酸盐（ALE）物质回收

AGS 剩余污泥中 ALE 含量达 20% ～ 35% VSS（絮状污泥仅为 9% ～ 19% VSS），在如图 1-2 所示的污水处理过程可回收物中是一种非常值得回收的高值生物材料，它的性能可与大型海藻天然形成的藻酸盐媲美。ALE 是污泥具有凝胶特性的重要结构，回收后可用作各类防水/火材料、增稠剂、乳化剂、稳定剂、黏合剂、上浆剂、种子包衣等。如今，荷兰已兴建了两座提取 AGS 中 ALE 的工厂，产品被命名为"Kaumera"（来自新西兰毛利语，"变色龙"之意）。目前 ALE 年产量已达 400 t，且有望在 2030 年前突破 85000 t。

3. 污泥干化焚烧及磷回收等

（1）污泥干化焚烧

实现有机质能最大化回收利用与剩余污泥终极处置目标——干化焚烧几乎一致，也是蓝色水工厂第三个强调的技术路径。这是因为传统污泥厌氧消化并热电联产（CHP）有机能源转化率很低，不到 15%，且消化后仍有 50%～70%污泥有机质仍需进一步稳定处理，无地自容情况下还得最终焚烧处置！进言之，从热力学熵的角度，有机物一次性转化为甲烷（CH_4）是一个熵增过程，不具可持续性。

污泥直接干化焚烧在污泥稳定和能源回收等方面优势明显，已被评价为终极处理/处置方式。污泥焚烧前需对机械脱水污泥（80%含水率）进一步脱水或干化，最好达到能自持燃烧的临界含水率（一般为 50%～70%，取决于污泥有机质含量）。当前最有效、便捷的手段是对脱水污泥进行热干化，但输入能源类型决定着污水处理是否可以实现低碳运行，甚至实现碳中和。利用污水处理出水余温热能热交换产生的热源（50～60 ℃）进行低温干化污泥不失为一种原位利用热能的有效方式，可行而又可靠。建议以污水处理厂内分散干化、邻避效应集中焚烧方式实施，从而将不能发电的低品位热能间接转化为可以发电的高品位热能（800～1000 ℃）。

污泥高温焚烧后完全变为无机灰分，污泥体积可减少至 5%～10%，不含任何有机质与致病菌，可以去除金属后提磷，最后用作建筑材料。至于焚烧过程产生的二噁英、氮氧化物和重金属等污染物，可采取 3T＋E 策略控制，无需多虑。

需要说明的是，污泥在焚烧前首先需要对其中所含胞外聚合物/EPS 中的 ALE 进行提取，也就是说有机高值资源回收应先于污泥焚烧。当然，这势必会降低污泥有机质含量，进而影响污泥自持燃烧。为此，可采取进一步降低污泥含水率或提高污泥燃烧热值的策略，如添加废弃锯末、粉碎秸秆等有机固废来改变污泥流变特性，以增加污泥疏水性，从而提高污泥脱水性能，同时增加污泥有机质含量。

（2）焚烧灰分磷资源回收

应对全球已经出现的磷危机现象，从污水或动物粪便中回收磷似乎是目前现实且可能的一种选择。因此，变污水脱氮除磷为磷回收已势在必行，以尽可能缓解磷危机现象。磷回收的最早实践其实就是我们老祖宗普遍采用的粪尿返田（原生态文明）。但是，工业化引起的城市化让我们的排泄物进入污水而难以再回归土地。结果，粪尿营养物回收不得不从污水处理过程中来实现，于是就有了几十年的欧洲污水磷回收理论与实践，并最早进行了剩余污泥返田的实践。然而，污泥返田因重金属以及其他污染物顾虑目前已被大多数国家禁用；对作物来说，关键是污泥作为肥料的肥效太低，农民根本不愿使用。因此，从污水处理过程中直接回收磷酸盐化合物并用作化肥生产原料的研究与实践于 20 年前首先在欧洲盛行，并经历了几种磷回收位点的变化，如图 1-3（序号 3～5）所示。之所以污水中营养物回收一般仅强调磷回收，这是因为刻意从污水中回收氮并不比工业合成氨制造氮肥经济。

从污水中回收磷最早聚焦于鸟粪石（MAP：$MgNH_4PO_4 \cdot 6H_2O$），因其折标 P_2O_5 含磷量高达 51.8%（不含结晶水），特别是最早报道碱性 pH（>8.5）条件下很容易形成鸟粪石。事实上，在高 pH 条件下所形成的磷酸盐化合物中鸟粪石含量很低，只有在接近中性 pH 下方能获得较为纯净的鸟粪石（含量大于 90%）。但是，中性 pH 下鸟粪石形成速度极低，工程化代价很大；况且，下游化肥工业并不钟情于鸟粪石（只在乎产物含磷量）。所以，磷回收不应再聚焦鸟粪石，而应转向回收经济性更高的其他磷酸盐化合物。

近年来从厌氧消化污泥中回收蓝铁矿 [Vivianite: $Fe_3(PO_4)_2 \cdot 8H_2O$，不含结晶水折标 P_2O_5 含磷量亦高达 39.7%] 在荷兰逐步研究并开始工程实践。但是，蓝铁矿形成先要有污泥厌氧消化系统，再就是要有足够铁源存在（前端铁混凝剂使用）。此外，蓝铁矿与消化污泥有效分离也是一个工程广泛使用需要解决的技术难题。特别是在干化焚烧已被评价确定为污泥处理终极方式后，污泥厌氧消化恐难继续发扬光大。

在此情形下，从污泥焚烧灰分中回收磷显得最为适宜，因为污水中约 90% 磷负荷最后都在生物处理过程中转移至剩余污泥中；污泥焚烧灰分中磷含量达灰分含量的 3.6%～13.1%（折标 P_2O_5 为 8.2%～30.0%），是潜在的"第二磷矿"。进言之，焚烧灰分磷回收成本仅相当于从污水和污泥中回收磷成本的 80% 和 24%，但磷回收效率却高达 90%。因此，与污泥终极处置路径相一致的焚烧灰分磷回收应该是未来可持续污水处理的发展趋势。

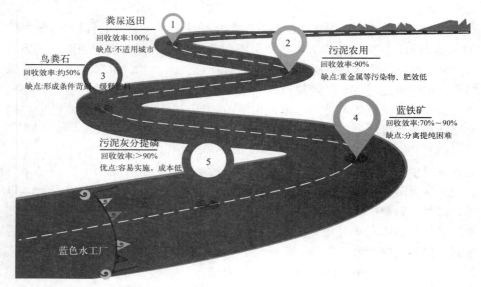

图 1-3　污水磷回收方式演变

（3）焚烧灰分撇除金属利用

为获得相对纯净磷产品，焚烧灰分化学提磷过程一般需要先分离其中所含金属（Cu、Zn、Pb、Cr、Cd、Hg、Al、Fe 等）离子，而被分离的金属离子最终处置也是一个必须面对的现实问题。与此同时，海水淡化正逐渐成为解决沿海、近海地区缺水问题的重要途径。海水淡化副产物——卤水因生态问题一般不能再回流海洋，需要考虑资源化处置。卤水中被浓缩的阴离子（Cl^-、SO_4^{2-} 等）似乎可与灰分提磷时被撇除的金属离子（Al^{3+}、Fe^{3+} 等）配对结合，能生产至少可为污水处理使用的絮凝剂/混凝剂。瑞典赫尔辛堡

EasyMining 工厂采用 Ash$^®$Phos 技术处理 30000 t/a 污泥焚烧灰分，实现了较高的 P（90%～95%）、Al（60%～80%）和 Fe（10%～20%）回收率并获得相应的经济效益，运营收入/成本高达 1.55。如果将回收的 Al 和 Fe 与海水淡化卤水结合生产絮凝剂/混凝剂，其附加值显然还会翻番。

4. 出水余温热能交换利用

与剩余污泥中有机能源相比，污水处理出水余温热能潜能巨大，是化学能的 9 倍之多。详细测算表明，只需交换 4 ℃温差便可获得 1.77 kWh/m^3 电当量，而进水 COD 为 400 mg/L 完成脱氮除磷后产生的剩余污泥经厌氧消化并热电联产（CHP）最多仅能产生 0.20 kWh/m^3 电当量（能源转化率 13%）。

分散式污水余温热能交换利用的实践早就有之，但这种楼宇管线原位热能利用方式水量并不稳定，且水源热泵易腐蚀和堵塞，最大问题是冬季交换热量后流入污水处理厂的低温进水会严重影响生物处理效果。因此，分散式在线热交换方式不应被鼓励，要转变为污水处理出水集中式热交换并直接并入城市供热/冷网或原位干化污泥。这样不仅可以避免分散式热交换的缺点，而且可以降低水源热泵设备的投资。

水源热泵产出的经济水温目前是 50～60 ℃，属于低品位能源，不能发电，只能直接利用。因此，热/冷直接纳入市政热网是最佳利用方式。然而，因冬季较低的供热温度，决定了供暖输热半径不能太大（3～5 km）。这就需要寻求污水处理厂内部与周边有效输热范围内的潜在需热用户，例如，厂内除办公楼宇有限供热量外可以原位低温干化脱水污泥（80%含水率），亦可在北方寒冷地区冬季加热进水；厂外寻找农业种植大棚/温室、养鱼塘、木材/食品干燥等用热场景。有关余温热能集中供热方式在欧洲已有很多大规模实践，最成功的应用案例当属芬兰的 Kakolanmäki 污水处理厂，该厂仅利用 61%处理水量（平均处理水量 Q＝120000 m^3/d）就能使所在图尔库（Turku）市可再生能源供热比例从 22%提高至 30%（8 ℃温差二级热交换，占图尔库市供热量的 14%）。

可见，出水余温热能交换利用不存在任何技术障碍，主要取决于政府高屋建瓴的规划以及健全的激励机制。

5. 副产品：再生水

与传统污水处理将出水回用作为主打产品不同，蓝色水工厂以回收污水中磷资源、生物材料及有机能与热能为主产品。在好氧颗粒污泥处理过程中完成脱氮除磷以及相应有机物去除后，出水自然得到净化，可以作为"副产品"回用。

6. 碳足迹与碳中和

蓝色水工厂最高目标是尽可能降低处理过程碳足迹并通过能量回收实现碳中和，甚至是"负碳"运行。因此，首先需要建立适当碳核算方法，以摸清污水处理"碳家底"，即碳足迹。在此基础上，主要通过挖掘污水中潜在有机能、热能来实现碳中和或负碳运行。

碳足迹模型构建需要考虑污水处理厂全流程所释放的 CO_2、CH_4 和 N_2O 温室气体（图1-4），包括直接碳排放和间接碳排放两部分，前者指非生源碳（化石碳）产生的 CO_2 以及生物处理过程形成的 CH_4 和 N_2O（温室效应分别是 CO_2 的 27 倍和 273 倍），后者是处理过程中化石能源消耗与药剂生产和运输产生的 CO_2。

就污水中或污水处理厂内可以挖掘的潜在能源除有机化学能与余温热能外，光伏发电（PV）当然也可以提供清洁能源，也是目前我国很多污水、给水处理厂正大规模实践的项目。然而，理论测算与实际运行均表明，污水处理厂光伏发电量只能提供小于 10% 的水厂运行能耗，比污泥厌氧消化并热电联产产能（约 50% 运行能耗）还低。因此，蓝色水工厂能源回收并不建议采用光伏发电，毕竟它的生产、运输、废弃过程仍会产生大量碳排放量。因此，蓝色水工厂主要基于有机化学能和出水余温热能回收来建立能量平衡、碳中和/负碳模型（图1-4）。需要指出的是，污水处理能量中和并不等于碳中和，因为存在 CH_4 和 N_2O 这两种温室气体。

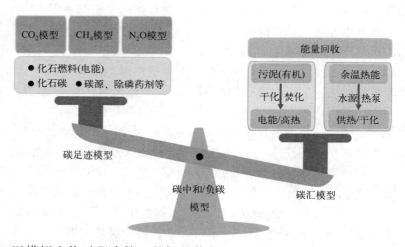

图1-4 碳中和/负碳模型构建

7. 以模拟生物过程为核心的智慧控制

区别于设备自动控制、精确加药、精确曝气或者以信息化为特征的运营平台等数字智慧水务现状，蓝色水工厂智慧控制以生物处理工艺过程数学模拟来构建系统化方案为核心，形成自动化—信息化—智慧化于一体的智慧控制系统。基于生物建模技术，以达标排放基础上的最大化节能降耗为目标，设计曝气决策控制、内外回流决策控制、药剂投加决策控制、排泥量决策控制等，并自动反馈操作系统及时调整运行工况。同时，实时进行工艺运行评估，并诊断各个处理单元效率以及限制因素，挖掘各单元潜力。蓝色水工厂智慧控制系统深度融合信息化技术、自动化技术以及污水处理厂生物处理技术，可实现污水处理数据资源化、管理精确化、控制智能化和决策智慧化（图1-5）。

数学模拟技术还可协助与规范取样点位及检测指标、建立全流程物料衡算、合理划分工艺单元计算边界、进行静态与动态情景模拟、敏感性分析等；

同时，帮助形成污水处理厂数据清洗、工艺健康度评估、决策支持以及工艺预警等模块，实现污水处理设备自控到工艺自控的跨越，实现即时反馈、即时处理机制，保证污水处理高效运行。

图 1-5 基于工艺数学模拟技术的智慧控制系统

此外，蓝色水工厂智慧控制系统还可以进一步融入碳中和评价模型，基于智慧运行平台数据，进行深度学习，识别碳概念下最佳运行参数与工况，还可以辅助污水处理工艺设计方案，编制投资与运行成本优化方案，量化评估实时运行情况等。

1.1.3 3E 评价

1. 能量平衡（Energy）

蓝色水工厂重点之一是通过发掘污水中蕴含的有机能与余温热能首先直接/间接实现运行能耗自给自足（能量平衡），继而将盈余能量用于碳中和，甚至负碳运行。因我国进水普遍低下的有机物浓度很难通过污泥厌氧消化并热电联产实现能量平衡，所以，需要认真考虑出水余温热能利用以弥补能量赤字。出水提取 4 ℃温差实际可以获得 1.77 kWh-eq/m³（热）电当量，只需使用约 10% 出水热交换便可满足 50% 能量平衡赤字。

蓝色水工厂剩余污泥以干化焚烧作为处置手段，有机能量转化率可达 32%。考虑污泥焚烧前需要先回收高值 ALE 物质，致污泥有机质含量下降，如以回收污泥中 15% VSS 的 ALE 计算，焚烧前污泥剩余化学能理论潜能（进水 COD=400 mg/L）将由 1.54 kWh/m³ 降低至 1.31 kWh/m³。在此基础上，污泥焚烧并热电联产可回收电能为 0.42 kWh/m³，可以满足 0.37 kWh/m³ 污水处理能耗并盈余 0.05 kWh/m³ 电量，再扣除约 0.01 kWh/m³ 污泥脱水能耗，最终可以输出电能 0.04 kWh/m³。这意味着，采用污泥焚烧便可以满足污水处理能量平衡需要。

蓝色水工厂考虑余温热能回收，单位水量理论热能值达到 4.64 kWh-eq/m³，扣除水源热泵效率等损失，实际可获热能值为 1.77 kWh-eq/m³（4 ℃温差）。若污泥产量按最大 0.2% 计，即每立方米污水可产生 2.0 kg 剩余污泥（含水率 80%）。根据污泥自持燃烧含水率要求，剩余污泥提取 ALE 后污泥干化理论耗热量为 0.93 kWh-eq/m³，这意味着通过水源热泵提取的污水余温热能可以全覆盖污泥干化所需热能，且有相当盈余热能（0.84 kWh-eq/m³）可以外输，进而弥补碳中和所需碳汇（抵消直接碳排放量）。有机能与热能平衡总结如图 1-6 所示，揭示出污泥焚烧有机化学能回收与水源热泵余温热能回收结合完全可以实现污水处理厂能量平衡，且有盈余能量可以外输使用。

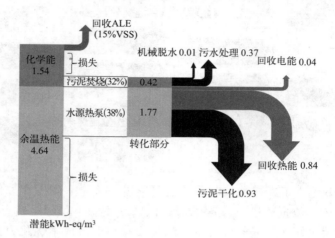

图 1-6　蓝色水工厂能源回收能量平衡图解

2. 环境效益（Environment）

蓝色水工厂的核心是纳入生态系统的循环经济模式，以实现污染物零排放、实现环境净零（Net zero）影响为目标，涵盖零能耗、净零碳、零固废与零水耗 4 个方面。

图 1-6 显示了通过污泥干化焚烧以及余温热能利用完全可以实现运行过程"零能耗"。通过建立碳足迹与碳中和核算模型对案例水厂碳核算显示（图 1-7），有机化学能与余温热能利用在实现能量平衡后存在热量盈余，可以弥补运行过程产生的直接碳排放量（化石碳 CO_2、CH_4 与 N_2O，合计 0.45 kg CO_2-eq/m³）和药剂生产、运输产生的间接碳排放量（0.1 kg CO_2-eq/m³）。图 1-6 显示的污泥焚烧剩余电能（0.04 kWh-eq/m³）与盈余出水余温热能（0.84 kWh-eq/m³）实际上可看作一种平衡自身碳排放的"碳汇"。按照中国地区电力碳排放因子取 1.0 kg CO_2-eq/kWh 计算，剩余电能和盈余热能的碳汇当量分别为 0.04 kg CO_2-eq/m³ 和 0.84 kg CO_2-eq/m³。结果，富余碳汇不仅可以弥补直接碳排放量与间接碳排放量，而且还盈余 0.33 kg CO_2-eq/m³ 碳汇量，这部分盈余的碳汇其实就是可以用于碳交易的"负碳"。

除零能耗、净零碳可以实现外，水回用还可以形成零水耗，污泥焚烧与资源回收利用亦可以实现零固废，最终可全面实现环境净零影响。此外，通过高值资源回收，蓝色水工厂还可以获得 ALE 等高值资源；磷回收可以缓解磷矿开采压力；能量回收可直接缓解化石能源消耗现状；纤维素回收、金属资源利用（混凝剂）、灰分利用（建材）等均会对环境产生积极影响。蓝色水工厂对环境产生的综合影响总结于图 1-8。

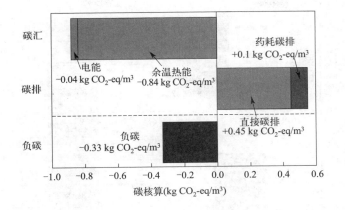

图 1-7　蓝色水工厂碳平衡/中和评价

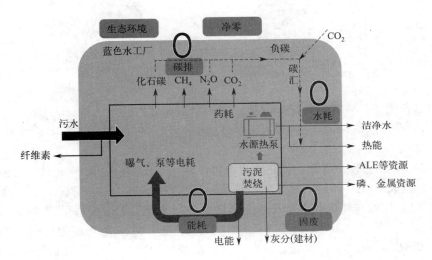

图 1-8　蓝色水工厂环境净零影响评价

3. 经济效益（Economy）

蓝色水工厂通过回收污泥焚烧转化化学能发电可供厂区电能消耗，余温热能用于低温干化污泥、实现碳中和与负碳；低碳高效的好氧颗粒污泥技术节能、降耗、节地；高值等资源回收可直接创造经济价值；智慧控制可以显著降低运营成本。为更清晰展示蓝色水工厂运营经济效益，与传统活性污泥污水处理厂（CAS）比较后总结于图 1-9。

污水处理厂运行成本包括电耗、药耗、污泥处理/处置、人工工资、设备维护检修等方面。按照目前国家规定工业用电收费标准 0.6 元/kWh（不区分峰谷时段）估算，CAS 工艺运行成本中电费约为 0.22 元/m³、药剂费为 0.10 元/m³、污泥处理/处置费用为 0.20 元/m³（约 100 元/t 80%污泥），其他主要为人工工资和管理费用，约为 0.43 元/m³；CAS 一般仅考虑出水回用，直接经济效益为 1.10 元/m³，最终使 CAS 可获得约 0.15 元/m³ 净利润。蓝色水工厂好氧颗粒污泥技术可降低运行成本（按最低 30%计），前端纤维素回收与智慧控制措施能降低运行成本约 10%，最终使水的处理运营成本为 0.45 元/m³。

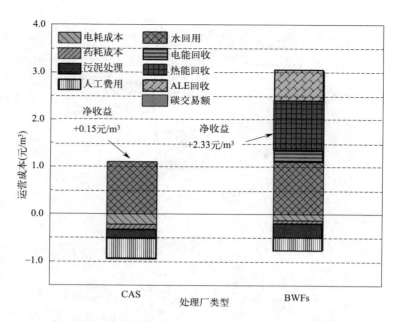

图 1-9 蓝色水工厂与传统活性污泥污水处理厂运营成本比较

蓝色水工厂资源与能源回收可获得的经济效益有多个方面，包括：

1) 化学能与热能经济效益：按照电价 0.6 元/kWh 折算，分别为 0.25 元/m^3 和 1.06 元/m^3。

2) ALE 回收经济效益：藻酸盐市售价格约 80 元/kg，按污泥 VSS/TSS=50%，提取 ALE=15%VSS 计算，折算 ALE 售价达到 1200 元/t（80%污泥），扣除 ALE 提取与纯化费用以及纯度降低对产品的贬值等方面，预计 ALE 利润仅为 25%，约为 300 元/t（80%污泥），折合吨水利润为 0.6 元/m^3。然而，ALE 提取、干化焚烧污泥处置成本比直接填埋费用要高，预计增加至均值 150 元/t（80%污泥），折合 0.30 元/m^3。

3) 磷回收经济效益：考虑 9%（干重）灰分含量，磷回收采用强酸溶解—添加硫化物沉淀分离重金属—氨化工艺直接可制得复合肥料 $(NH_4)_2HPO_4$，预计产量 38.3 kg/t（80%污泥），单位产量成本为 1.94 元/kg $(NH_4)_2HPO_4$；磷肥目前市售价格 2.60 元/kg $(NH_4)_2HPO_4$，回收磷利润估计为 25.28 元/t（80%污泥），折算吨水磷回收效益为 0.05 元/m^3。

4) 水回用经济效益：仍取目前的 1.10 元/m^3。

5) 碳交易经济效益：盈余的负碳可用于碳交易，以目前我国均值碳价 75 元/t CO_2-eq 计算，最终碳交易额约为 0.02 元/m^3。

综上，蓝色水工厂可实现的净利润为 2.33 元/m^3，远远高于传统活性污泥污水处理厂的 0.15 元/m^3。

上述经济性分析可以看出，回收高值 ALE 比磷回收经济效益高 10 倍以上。然而，磷是一种战略资源，不久将成为一种"稀土"，物以稀为贵的原理将助长磷矿价格攀升。

1.1.4 结语

蓝色水工厂以生态循环为依据，强调营养物、生物材料、热/电和水回用

4 个循环，对潜在环境危机涉及的两大要素——温室气体和磷短缺现象可以起到有效缓解作用。换句话说，碳中和与磷回收是蓝色水工厂中两个最为关键的追求目标。

污水处理厂毕竟以净化污水为首要目的，蓝色水工厂只不过将资源与能源回收视为主要目标，而目标资源/能源被回收之后，污水也自然被净化，处理水可以"副产品"形式被加以利用。蓝色水工厂以被誉为下一代污水处理技术——好氧颗粒污泥作为核心技术，干化焚烧被用作剩余污泥处理、处置方式。相应这两大单元的前处理、后处理均可不同程度回收各种价值资源/能源，例如，前端纤维素、颗粒污泥高值类藻酸盐（ALE）、污泥焚烧电/热、焚烧灰分磷回收与金属回收等，还特别有出水余温热能利用。

能量平衡表明，污泥焚烧电/热回收及出水余温热能利用不仅可以实现蓝色水工厂能量中和，亦可满足碳中和需要，而且还有盈余热能形成可以用于碳交易的负碳。从污泥灰分中提取磷可使污水中磷回收程度最大化（～90%），从灰分中被撤除的金属可以被利用生产混凝剂，"干净"的灰分最终被用作建材原料。所有这些回收利用方式使蓝色水工厂最终对环境可以实现"净零（Netzero）"影响。

依托于以生物工艺数学模拟技术为核心的智慧控制系统，蓝色水工厂则进入精细化运行管理，深度节能降耗再加上资源/能源回收，使综合经济效益可达 2.33 元/m³，远超传统活性污泥污水处理厂。

蓝色水工厂涉及的核心技术分别已经成熟，系统集成为蓝色水工厂已无悬念。但是，国内外殷切期望的连续好氧流颗粒污泥技术仍待开发，高值 ALE 物质提取效率与纯度还有待进一步提升，污泥超低温干化设备也需要及时配合研发。

总之，蓝色水工厂将不再是梦，它既是未来憧憬，也是囊中之物。

1.2 熵析污水处理技术发展方向

熵是热力学第二定律中的抽象概念，用以描述任一封闭系统逐渐陷入无序或混乱并最终崩溃的趋势。对于地球而言，太阳能的输入使得生态系统获得了逆熵增的能力以维系其相对平衡的可持续发展状态。这一现象体现在各种形式的物质再生过程中，如光合作用、矿物富集、沉积和矿化等。显然，一个稳定的生态系统需要熵增和逆熵增过程的相对平衡，如图 1-10(a) 所示。近些年的研究中，逆熵增已被用作评估可持续性的指标。其他领域也将熵的概念融入未来自身的技术发展中，如环境质量评估、微生物学、新型材料、机械设计等。

然而，现代文明的发展给人类带来前所未有的获得感、舒适感、快乐感乃至便捷感的同时，也带来了资源与能源的异常消耗，以及一系列非生源性污染物，例如，难以生物/生态降解的各种污染物。这不仅加速了物质熵增，加速了物质消亡，而且对自然环境的破坏又导致逆熵增过程受阻，使物质再生速度变缓。因此，人类活动对自然环境的综合影响结果是形成环境恶化和资源短缺的恶性局面。

作为人类活动产生的污染物，污水不可避免地会导致环境的熵增。虽然人类已能够利用模拟自然的强化生物技术处理污水，消除生源性甚至人工合成污染物，但这往往会导致能源与资源消耗而产生额外熵增过程，甚至出现"以能消能""污染转嫁"现象。例如，传统污水处理侧重于去除有机物、氮、磷等物质，从而导致潜在能源和资源被破坏和浪费，其熵值大大提高。因此，传统污水处理实际上是一个既加速物质熵增（物质/元素衰亡）又缓释逆熵增（物质/元素再生）的过程，如图 1-10（a）所示。这一过程将会不可避免地导致环境退化和资源枯竭。

为了减小熵增的风险，污水处理需要朝着生态循环/蓝色经济方向转化，开发可持续污水处理技术以维持物质良性循环，保持生态平衡。为此，本节从熵的角度对自然界物质循环与生态平衡进行解读，分析人类发展与生态平衡之间所存在"矛盾"的破局方法。同时，借助熵效应明晰蓝色经济下的可持续技术缓释熵增和逆熵增之实质，指出污水资源化与能源化技术发展的方向与基本策略。

1.2.1 污水处理与熵增

如上所述，污水处理是一个熵增的过程。这主要体现在处理过程中物质/能量的转换上，可以总结如下：

1）物质层面。污水进水有机物可大致划分为碳水化合物、蛋白质、氨基酸、脂肪等高度有组织的低熵物质，经由污水处理过程中微生物代谢作用，这些低熵有机物逐步被利用、分解为大量无组织的高熵物质——小分子化合物（CO_2、H_2O 以及其他不可降解小分子有机物）；

2）能量层面。进水有机物蕴含的高品位能量被微生物摄取、利用而持续转化为低品位能量，这使得物质可利用度大为降低。

宏观上看，这便是微生物不断摄取外界低熵物质中的高品位能量并排出体内的高熵物质以缓释自身熵增和衰亡的新陈代谢过程。然而，熵增趋势终究不可逆转，伴随着自身新陈代谢能力的衰减和组成物质的老化，微生物熵值持续增大而转变为低活性甚至无活性的剩余污泥。最终，经过减量化、稳定化和无害化处理，其中的营养元素如果重新回归自然，则完成彻底熵增过程。在下一轮回中，经自然界植物光合作用、矿物自然富集与沉积再生等过程，发生逆熵增现象，使得这些元素再生而重新回到生物圈始端，开始新一轮物质循环。

从熵的角度也就解释了污水处理的意义：利用微生物等作用消纳人类摄取自然资源所产生的大量低熵污染物，使其转化为相对稳定的高熵物质并回到逆熵增过程中。这是理想的人工模拟并契合自然物质循环的过程。然而，这种物质循环过程复杂且难以控制，一旦其中逆熵增过程滞后于人为熵增过程，则会使物质熵变循环偏移原有的自然平衡，形成恶性循环甚至崩溃。具体而言，若污水强化微生物处理过程中产生的高熵物质在短时间内大量增加，无法进行自然降解或降解时间较长而突破了环境容量极限，再加之不涉及资源与能源回收，将会大大促进物质熵增而延缓其逆熵增过程，如图1-10所示。其中，额外能量（如，化石能）或材料的引入将会导致额外熵增的产生，从而进一步加剧物质熵变循环的偏移。因此，污水处理应遵循自然熵变循环规律，尽可能避免人为熵增的产生并创造逆熵增过程发生的机会。其中，应摒弃用于污染物去除的不可降解人工合成材料。由于难以回收再利用，这些高熵物质的引入将会增加污水处理系统的熵值。取而代之的是，应开发和应用可回收再利用的材料来降低对系统熵值的影响。

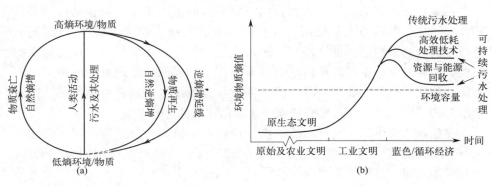

图 1-10 物质熵变循环与生态平衡
(a) 自然熵变循环与人为熵变循环；(b) 不同人类发展阶段的熵变趋势

1.2.2 资源/能源化与逆熵增

1. 人工构建物质熵变循环的原生态文明

农耕时代甚至原始时代，人们采用"粪尿返田"方式直接利用自身排泄物于土地，用于作物生长，依靠自然环境实现"污染物（实为作物营养物）"吸收、降解与稳定。其中，营养元素（碳、氮、磷等）和能量能够直接回归到自然界中完成物质的熵变循环过程。这种原生态生活方式无形中顺应了自然界中营养元素、能量和水的熵变循环，减弱了人类产生的"废弃物"对自然环境的影响，"自然"维持着生态平衡，如图1-10(b)所示。因此，从生态角度来说，人类应以"无所作为"的原生态方式行事，只有最大限度减少对自然环境熵增的加速效应，方能维持自然界原有生态平衡。遗憾的是"人心没尽"，人类无休止的发展恐怕并不会停歇，更不会倒退。

2. 破坏物质熵变循环的传统污水处理技术

近现代以来，人类文明发展如火如荼。人类尽享现代文明及其工业革命带来的发展红利，呈现出全方位、纵深化的城市化扩张态势。从人类角度而言，这看似是一种由"听天由命"到"逆天改命"的"逆熵增"过程，实则却是以加速自然环境熵增为代价的南辕北辙之法。无形中打破了自然界内熵增与逆熵增的平衡。一方面，表现为环境自净能力的自然熵增过程已无法消纳骤增的新兴污染物，酿成了环境质量低下的恶果。另一方面，表现为资源再生能力的自然逆熵增过程也无法消纳巨量无组织的熵增产物，形成了资源短缺的局面。这就导致象征生态平衡的物质循环链断裂，出现环境恶化现象。这种"伪逆熵增"现象同样在污水处理中凸显。

由于基于自然的原生态方法已无法应对污水净化需求，这就使得以物理、化学以及生物方法为代表的污水处理"人工熵增"技术应运而生。其本质是通过人工强化的物理、化学乃至生物作用来处理污水。其中不乏衍生出诸如高级氧化等非自然的强化熵增技术。相较于原生态自然处理方式,传统污水处理技术确实具有更高的污水净化效率,也的确弥补了人类逆熵增发展带来的环境负效应,但其实质却是以消耗其他能量和资源为代价(如,曝气、回流、机械搅拌、投加化学制剂、污泥填埋占地等)的"伪逆熵增"过程。结果,一方面表现为污染物中碳、氮、磷等元素可利用性不断降低并最终转移至无序的剩余污泥或废气之中,致使营养元素与环境熵值大大增加,甚至形成"污染转嫁"现象。另一方面,由于对额外能量的需求,封存已久的有序碳库——化石燃料被大量使用,这使得大量低熵物质和能量被释放和转化,并以更高的速率制造和排放高熵产物(温室气体等)。尽管达到了净化污水的目的,但相对于其中资源价值潜力与额外能量的耗散,以及整体环境质量的下降,如此"成效"显得眇乎小哉。因此,这种污水处理技术不仅是"以能消能"的单向消极过程,更有加剧环境恶化的为虎傅翼之嫌。

显然,从原生态文明到传统污水处理技术的发展不仅打破老祖宗构建的人与自然和谐共生的生产生活方式,更破坏自然物质相对稳定的熵变循环。究其根源,便是忽略了除水以外物质再生的逆熵增过程,从而产生"伪逆熵增"现象。为此,对这一现状"去伪存真"以恢复生态平衡已然时不我待。

1.2.3　通向"蓝色"的可持续污水处理技术

既然人类文明已无法回归到原生态时代,那么就要尽可能地遵循自然法则,顺应自然发展,寻求合理良方以构建新的生态平衡。在水业已开展的生态文明建设和"双碳"目标计划体系中,污水处理节能降耗思路便是意图减少依靠其他物质和额外能量耗散以缓解物质熵增加速的趋势,而"碳中和"目标与"净零排放"概念则是一种完全基于污水本身而不对自然熵变循环造成影响的自我净化过程。为此,在此基础上探究熵形式下二者的实现路径意义重大。

就污水处理而言,最直接也是最简单的方法就是污水源分离。经过简单处理(如沤肥)或稳定灭菌(如尿液贮存)后,被分离的粪、尿中大部分病原菌可以被杀灭。稳定处理后的"粪尿返田"使营养元素直接回归自然界,进行正常的熵变循环,从中粪尿也得到净化。然而,源分离对城市污水而言仍然是需要额外输入一定能量的过程。如此看来,传统农村旱厕混合"粪尿返田"(沤肥等稳定处理)使得营养元素直接被作物利用的原生态方式才更加接近对自然熵变"零影响"的目标。

然而,相对于农村,城市污水则因量大、集中的特点,确实需要施以污水处理技术来保证达标排放。那么基于熵增概念的环境可持续理念,一方面需要寻求高效低耗的污水净化工艺,尽可能缓解人为熵增现象;另一方面,需以资源与能源化方式尽可能创造污水"人工逆熵增"过程,从而抵消污水处理过程所带来的加速熵增效应,人工构建熵变平衡。

1. 缓释熵增的污水处理技术

污水处理最大问题就是对碳源和能源的消耗,这是人为熵增的一大推手。

基于此，资源/能源节省型污水处理技术则是实现可持续发展的重要途径。为此，好氧颗粒污泥（AGS）、厌氧氨氧化（ANAMMOX）等具有缓解人为熵增作用的技术便大有可为，因为这些技术不仅可以提升污水处理效率，还能节能降耗，甚至为社会贡献资源与能源。这种高效、低耗的污水处理技术意味着能够尽可能地减少由其他物质消耗所致的环境熵增，从而有效降低污水处理的净熵增。其实，这不过是一种自然"逆熵增"的继承手段。但事实上，即便是完全自养的 ANAMMOX 技术也并非完全不产生对其他能源的消耗，这意味着仅仅依赖节能降耗手段来抵消人为熵增影响的作用十分有限，无法有效破除生态失衡。因此，"人工逆熵增"或许才是使污水处理乃至人类发展重新回归生态平衡的唯一良方。

2. 促进逆熵增的资源与能源化技术

实现污水处理逆熵增的首要手段是通过捕获污水中资源与能源，尽可能抑制污水中物质的惰性化；富集并回收污水中资源与能源，使其再生为可利用产品，减少人为活动产生并流向自然环境的惰性废物；延长这些物质在人工自然界内的合理循环，给予大自然足够的自净和恢复时间，使物质和环境的逆熵增逐渐恢复平衡。此外，资源/能源产品的再生利用亦可抵消这些产品在原有市场内生产、加工以及销售等过程中引发的熵增，从而进一步减少污水处理本身的净熵增。这会更为有效地使自然环境恢复生态平衡。其实，当前我国实施的碳中和战略便是基于这一思路开展的。

具体而言，逆熵增主要通过资源与能源化两大途径实现物质的循环。前者能够直接提高物质的可持续性，避免直接产生高熵废物污染环境。后者可以利用污水中存在的势能，以减少额外能量的投入与消耗。在污水资源化方面，磷回收显得当务之急，这不仅有利于逆熵增，而且直接关乎人类食物安全。污水资源化过程既能够减少依附在污染物上的价值流失和对环境的负效应，又能够通过经济与生态循环方式提高依附在资源化产品上的附加值以及对环境的正效应。可以说，逆熵增的资源化技术是在重新追求人与自然和谐共生（天人合一）时代背景下所诞生的新的生态处理方法，是对基于自然的原生态处理方法的诠释与继承。

就污水能源化而言，现有手段主要聚焦于污泥中高密度有机质（COD）化学能转化。然而，能源化本身便是释放能量的熵增过程，这虽然能够起到替代其他能源产品的作用，但却无法充分发挥原物质应有的潜在价值。作为常见的有机物生物代谢产物——甲烷（CH_4），它是由微生物通过厌氧消化污水中低熵有机质而自发顺熵增所产生的高熵物质，并能够经由热电联产（CHP）释放能量而转化为更为高熵的 CO_2。实践中，厌氧消化中也需要额外输入能量（如加热、搅拌等），这就进一步造成了物质熵值骤增。此外，能源转化率仅为 50%～60% 的 CH_4 即使用于反哺污水、污泥处理能耗，最多也仅能满足 50%（进水 COD 为 400 mg/L）碳中和运行需要。况且，大量 CH_4 如若发生泄漏，则会使环境熵增风险加大（CH_4 温室气体效应为 CO_2 的 27 倍）。因此，从逆熵增角度，通过污泥厌氧消化产 CH_4 实现污水能源化并不合理，而应该是将污泥中可用有机物尽可能地回收并循环利用，如纤维素、PHA、藻酸盐等，只有这样才能实现物质良性逆熵增过程。

关于污水潜在能源回收，理论与实践均已证明，污水余温热能回收与利用不失为一种可持续方式，这不仅可以帮助污水处理厂轻松实现碳中和运行或净零排放，而且还能对社会实现充足的热能输出，俨然形成一种较大的"碳汇"。与污泥厌氧消化产 CH_4 不同的是，热能回收是针对污水本应自发耗散能量的直接再利用，而非对能量载体进行物理或化学形式转化。一方面，热能回收可巧妙摄取污水自然熵增所产生的大量潜在"废能"，无形中使得本被耗散的能量重新成为体系逆熵增之推动力，使污水所蕴含的能源潜力得以进一步发挥，在一定程度上阻隔对环境的增熵作用。另一方面，热能回收所带来的熵增过程仅为热泵转化工序，是以最小能源消耗代价换取大量低品位能源的逆熵增过程。此外，提取热能后的污水可以减少在冬季排放到自然水体时产生的生态风险，进一步减小污水处理体系对环境熵值造成的影响。

在污泥处理、处置方面，填埋长期以来被应用，但污泥填埋带来的土地空间消耗以及土壤、大气、地下水污染等熵增问题始终被人诟病。更重要的是，污泥中大量有用资源与能源被一埋了之，基本上阻断了相应物质循环的逆熵增过程。这使得污泥填埋愈显"无地自容"，寻找其他处置路径乃当务之急。基于此，污泥堆肥后返田或绿地施肥似乎更加符合物质熵变循环过程，但是，现实情况是污泥肥效较低而不适合农业施用，或者说农民根本拒绝使用。即使是用作城市绿地或林业缓释肥，也存在无机物（占总污泥量 40%～50%）日积月累的问题，特别是会抬高城市绿地地平线，从而导致灌溉或雨水径流进入周边水环境，继而引发黑臭（有机物与氮耗氧）和富营养化（氮、磷诱发藻类繁殖）问题。

因此，在污泥厌氧消化逻辑性牵强、填埋与农用又不合时宜的情况下，对污泥处理、处置似乎只有焚烧这一条路了。需要注意的是，尽管其他热化学过程，如气化、热解甚至碳化，也已被研究和评估为处理剩余污泥的潜在方法，但焚烧相对成熟，不仅在欧洲已经实施了几十年，并且在中国也早已有应用。当气化、热解和碳化在实际应用中比焚烧具有更大的逆熵增潜力时，今后应提出以它们替代焚烧。

表面上看，污泥焚烧之前的脱水、干化以及焚烧本身均需要消耗能量，也是一个熵增过程。但是，污泥直接脱水、干化后焚烧与污泥先厌氧消化再焚烧的能量平衡表明，前者无论在投入能量、投资以及运行方面均较后者要低。况且，污泥直接焚烧可节约大量填埋占用的土地资源，最大限度地避免因填埋造成的各种污染。此外，污泥焚烧过程中产生的有害空气污染物（如 NO_x、SO_2、重金属和 PCDDs/PCDFs）可以分别通过空气分级燃烧、添加钙基添加剂、氯基添加剂和含氮化合物等手段进行有效控制。

最后，污泥焚烧后所产生的灰分也有利于磷回收。其磷含量约为干重的8%（包含高达 90% 污水中磷酸盐），与低品位磷矿相当，且相较于其他污水中磷回收途径更容易实现。因此，从污泥灰分中回收磷已成为一个共识。此外，污泥灰分磷回收率高达95%，可替代传统磷酸二氢钙产品，提高工艺全生命周期评价（LCA）中的可持续性；一些LCA结果显示，由于所产生磷肥的效益能够抵消额外化学品与能源成本，AshDec®工艺、酸性湿式化学浸出工艺LEACHPHOS®以及湿式化学浸出法生产化肥等工艺的累积能源需求均较低。此外，灰分磷回收过程中撤除的重金属也能够通过湿式化学磷回收技术、Phos4life®工艺、Ash2®Phos工艺等回收为絮凝剂等产品。根据欧洲可持续磷平台（ESPP）的磷回收技术目录表明，在欧洲已经有实际污水处理过程中开展磷与重金属回收的案例。其中，EasyMining公司的Ash2®Phos技术对磷、铝和铁的回收率分别达到90%～95%、60%～80%和10%～20%，并已应用于瑞典赫尔辛堡的一家污水处理厂。技术应用后，该厂也能够实现低能耗且具有良好物料平衡的运行效果。最后，磷酸盐和重金属回收后的剩余灰分可用作建筑材料以循环再利用。进言之，若将属于低品位能源的污水余温热能回收用于低温干化污泥，并作为污泥逆熵增推动力，从而实现间接由低品位热能向焚烧产生的可以发电之高品位热能转化，实现能量由低向高的升级。综合来看，污泥干化焚烧便是降低污水处理净熵增的最有效方式之一。

总之，污水资源、能源化途径和原理虽不尽相同，但究其本质均是通过能量、物质投入来最大限度地实现环境中高熵无序物质的逆熵增过程。甘瓜苦蒂，天下并无十全十美之路，如何实现污水资源、能源化在能源与物质消耗上"小投入"和产品"大产出"是今后污水处理技术发展的不二选择。从熵角度出发，应合理控制作为逆熵增推动力的额外能量与物质投入，以尽可能小的代价实现更大的回收物质价值，即物质富集、提取、加工及其过程的高效、低耗化。此外，应尽可能通过高质、高效能量载体回收来实现污水资源价值和能量回收率的最大化。因此，研发与应用高效、可持续的低廉能源作为逆熵增之推动力，减少污水资源本身或外加资源的损耗，避免污水资源回收过程中发生的化学转化，仅通过量的物理富集，最大限度减少随额外物质转化所产生的能量耗散和熵增，这就是今后实现污水处理更加可持续资源/能源化的有效途径。

1.2.4 结语

如何在熵增的必然趋势中实现人类自身价值最大化是我们必须面对的现实问题。如同人类文明的不断进步，背离"自然熵增"而采用"加速熵增"的污水处理模式不断出现。虽然传统污水处理能够快速消除人类逆熵增活动产生的大量污染物，但这却使更大范围的环境熵值陡然剧增，以至于自然物质熵变循环失衡并可能暴发或已暴发生态危机。面对人类熵增不可否认的事实，只有通过人工缓释熵增（高效低耗处理技术）和人工促进逆熵增（资源与能源化技术）两大"逆熵增"手段才能重新构建新的生态平衡，从而真正实现社会的可持续发展。因此，根据逆熵增过程特性，以尽可能小的能量、物质代价获取更多生态与环境效益的途径应该是污水资源与能源化技术。在当前技术条件下，合理运用缓释熵增和促进逆熵增的污水处理技术有，污水余温热能回收，纤维素、PHA、藻酸钠、磷资源回收，污泥干化焚烧等。

1.3　污水处理全生命周期评价方法

通过污水处理可削减污水中的污染物，从而改善水体环境。但污水处理同时也会带来新的环境污染和资源/能源消耗。传统经济成本评价污水处理的方式并不能反映污水处理的污染转嫁问题，这就需要对污水处理进行全生命周期（LCA）环境综合影响评价。LCA 不仅可以某种方式定量评价污水处理的环境综合影响，亦可为寻求低影响处理手段和高附加值资源回收提供依据。目前，国际上有关污水处理 LCA 评价已经获得广泛应用和长足发展，但 LCA 在我国应用还存在一定局限或不足。进言之，有关资源、能源回收介入 LCA 评价也不够全面，所涉及的大多为传统意义上的资源和能源，以至于目前有限的资源、能源回收方式并不能完全有效地弥补污水处理对环境产生的不利影响。

本节综述国内外污水处理与资源、能源回收领域 LCA 环境影响评价方法与应用；比较国内外有关 LCA 研究上的差距，分析国内 LCA 应用中存在的问题与缺陷及相应的改进措施；展望未来 LCA 发展方向，以期为国内 LCA 研究与应用提供参考并指引方向。

1.3.1　污水处理全生命周期评价理论发展

全生命周期评价（LCA）是对某种产品、工艺或过程服务的全方位评价，即从原材料采集、加工到生产、运输、销售、使用、回收、循环利用和最终处置等整个生命周期内涉及的所有环境负荷进行综合评价。对于 LCA 的准确定义和概述，国际标准化组织（International Organization for Standardization，ISO）和国际环境毒理学与化学学会（International Society of Environmental Toxicology and Chemistry，SETAC）均分别给出过较为权威的概括。在 ISO 14040 标准中给出的定义是：LCA 是从生命周期角度，对某种产品、工艺体系或政府决策等因能量、材料输入或输出所带来的环境影响进行整理、数据特征化分析和评价的一种系统方法。LCA 研究最早出现于 20 世纪 60 年代，美国可口可乐公司曾对不同饮料容器所消耗的资源与环境释放进行了影响分析。随后 ISO 和 SETAC 框架定义（图 1-11）进一步推动了 LCA 研究与发展。

我国从 20 世纪 90 年代开始引入 LCA 评价方法，开始利用 LCA 对不同行业进行环境影响评价分析。早期对污水处理过程 LCA 评价主要包括污水处理厂生命周期能耗分析、经济分析以及影响评价，涉及建设、运行和拆除阶段的直接能耗输入和由物料投入引起的间接能耗，涵盖 9 种环境影响指标（如，大气酸化、海洋生物毒性、温室效应和人体健康影响等）。

在 LCA 研究发展过程中，许多评价模型方法和软件工具得到开发利用，大大提高了评价的方便性和准确度。在评价模型方法方面，目前比较接受的

LCA 评价方法有：丹麦的 EDIP 方法、荷兰莱顿大学 CML2001 方法、生态指标法 Eco-indicator 99 和瑞典 EPS 方法等。而在评价软件工具方面，目前国外市场上认可度较高的通用 LCA 评价软件基本都来源于欧洲，如 Gabi（德国）、simaPro（荷兰）、TEAM（法国）等。其中，Gabi 和 simaPro 软件是目前 LCA 评价的主流软件，而 simaPro 由于容量小、易于操作等特点在 LCA 实际应用中则颇受欢迎。此外，还有专门用于能源评价的 LCA 软件 GREET、开放性获取软件 openLCA，大大简化了 LCA 实际应用流程。随着国际上对 LCA 研究的迅速发展，我国也开始了相关软件开发研究，目前国内最为成熟的 LCA 应用软件为 e-Balance，其内置的大宗物质数据比之国外软件更加贴近国情。在数据库使用方面，国外软件中常用背景数据库为欧盟 ELCD（European Life Cycle Database）数据库和瑞士 Ecoinvent 数据库；国内软件根据国情亦开发出相应数据库 CLCD（Chinese Life Cycle Database），为我国 LCA 应用研究提供了较好的技术支持。

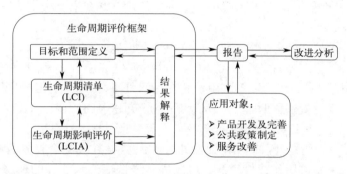

图 1-11 全生命周期评价 (LCA) 框架

　　现今开发的 LCA 软件基本上是基于不同行业的通用型静态模型，这就导致在某些涉及动态变化性强的领域预测效果显得不够准确。例如，污水处理中温室气体排放是一个动态变化过程，其动力学变化等过程难以在静态 LCA 软件中得到体现。为此，国外有研究尝试将污水处理动力学模型软件与传统 LCA 评价软件相结合，从而为污水处理提供更为准确的整合评价框架。例如，有人将污水处理温室气体排放动态模型 BSM2G（Benchmark Simulation Model No. 2 GHG）与 Gabi 结合使用，在瑞典某污水处理厂获得应用，提升了校准效率并得出最终较为准确的评价结果。

1.3.2　污水处理资源、能源回收在 LCA 中应用

　　国内外关于污水处理过程中资源、能源回收已有大量研究，它们对环境影响的减量作用也在 LCA 评价中得到相应体现。再生水利用一般为非饮用目的，如用作工业冷却水、园林绿化灌溉、景观用水等，亦有补充地下水作为间接饮用水之用途。有人设置 3 种不同出水回用率，通过 LCA 评价大连某污水处理厂显示，当出水回用率达 70% 时，回用水通过抵消自来水生产获得的环境效益仅够抵消由于新增污水深度处理设施所带来的环境影响，远不足以抵消总的环境影响；即使当回用率为 100% 时也无济于事。也有人通过 LCA 评价了西班牙某污水处理厂污水处理及回用过程，结果表明在出水再利用方

案情况下,淡水消耗指标为负,说明从自然界中节约了水资源,但其他环境影响指标依然为正值。这些应用案例表明,仅仅靠再生水进行环境影响减量并不能实现污水处理厂净零环境影响效应。

在污泥资源化方面,一般采用厌氧消化或焚烧处理,在处理的同时还可以回收电能和热能,以弥补污水处理运行能耗。有人对污泥厌氧消化进行LCA评价,发现沼气利用可以抵消污水处理厂所需能源的 47%,并不能达到碳中和运行目的。厌氧消化虽然可以进行污泥减量,但仍残留 50%~70% 的污泥有机物,在"无地自容"的情况下,最后还不得不辅以焚烧加以处置。污泥焚烧前需要进行干化处理,这一过程将会消耗大量额外能源。焚烧虽然可以从污泥有机物中产生热能,但因前端厌氧消化已丧失近一半化学能,即使回收残余有机物焚烧热能也很难弥补包括污泥干化在内的碳中和运行需要。这就促使对潜在污水余温热能进行开发和评价。我们的研究显示,污水中所含热能与化学能分别占污水总潜能的 90% 和 10%。可见,包括污水热能回收在内的 LCA 评价可能会大大减少污水处理厂的环境综合影响,甚至出现净零环境影响效应。

现有污水处理资源回收 LCA 评价中通常也忽视了对磷这一不可再生资源回收评价。尽管目前有关污水处理磷回收的研究很多,但还没有将磷回收纳入污水处理厂 LCA 评价体系之中,它在污水处理环境综合影响方面的减量作用也未能体现。就磷回收而言,从污泥焚烧灰分中回收磷似乎比在处理过程(二级出水、污泥上清液或混合液)回收可获得更高的回收率(可回收进水TP 的 70%~90%)。因此,磷回收可与污泥焚烧有机结合,发挥协同效应,磷回收后之灰分可用作建材生产,可以进一步抵消污水处理的环境综合影响。今后有关磷回收应着手这方面 LCA 评价。

1.3.3   国内 LCA 应用水平

1. 目标范围

目标和范围定义是整个 LCA 评估中的起始步骤,评价目标为污水处理厂时显得尤为重要。合理的物理边界范围应以进水为起点,出水为终点,应包括污泥处理、处置过程在内;合理的时间边界范围应完整包括建设、运行和拆除 3 个阶段。国内在实际应用 LCA 评价污水处理厂时,少有考虑建设和拆除阶段所造成的环境影响,大部分 LCA 评价仅集中于运行阶段环境影响,这种影响评价主要基于这样的认识,运行阶段环境影响远远大于建设和拆除 2 个阶段。也有人在 LCA 评价中仅对污水处理厂施工建造、运行维护和交通运输阶段进行评估分析,因一时没有拆除阶段数据而忽略拆除阶段评价。LCA 用于工艺比较时,仅讨论运行阶段本无可厚非,但当进行单一污水处理厂整体评估时,缺少建设和拆除阶段比较将会使评价结果准确性大大降低,特别是当污水处理工艺流程长或者建于地下时。

此外,国内部分 LCA 应用中没有包括污泥处理、处置过程造成的环境影响。也有人仅对污泥运输和固体废弃物排放进行计算,而对处理、处置过程中造成的环境影响未进行有效评估。完整的污水处理系统理应包括污泥处理、处置过程，这样才能使最终评价得到较为全面、可信的结果。

2. 功能单位

功能单位（Functional Unit，FU）是用于识别评价目标的特征量，主要目的是为不同评价对象在不同输入、输出情况下提供客观的对比参考。因此，选取的功能单位需满足一定的可比性，以保证在不同研究系统（如，集中式和分散式处理）中、不同处理工艺和水量规模情况下可以进行客观比较。

目前国内 LCA 评价应用大多以污水处理体积作为评价功能单位，如 m^3/d、m^3/a 或 LCA 内处理污水总量。然而，不同案例进水水质不尽相同，处理效率亦有差异；当满足相同出水排放标准时，不同污水处理系统处理单位体积污水所造成的环境影响在本质上显然具有系统差异。如果评价目的仅仅是单纯衡量单个污水处理厂或系统的单位环境影响，这种差异当然无法显现；但是，当进行不同污水处理系统比较时，以体积作为 FU 并不能反映出污水负荷和处理效果有何不同，导致比较评价结果出现误差。对此，人口当量（Population Equivalent，PE）在国外通常被用作功能单位；一般采用人均 BOD_5 日负荷（发达国家为 $60\ g\ BOD_5/d$；中国及其他发展中国家取值 $40\ g\ BOD_5/d$ 较为适宜）作为体积当量和人口当量之间的转换系数。亦有研究根据人均日排水量作为 FU 的案例，但这种核算方法适合相对稳定的生活污水处理评价，因各国生活水平与习惯不同取值也不一样。此外，国外还有专注于表征进水中特征污染物去除的 FU，如 COD-eq 或 PO_4^{3-}-eq 等，这比利用体积当量能更好地排除由进水水质不同带来的系统差异，使得评价结果更好地反映出因不同处理系统工艺差异所导致的不同环境影响值。

3. 数据清单

在数据清单分析方面，国内研究基本与国外一致，均包括污水和污泥处理过程中的直接排放（如 CO_2，CH_4，NO_x，SO_2 等）以及处理过程所投入的能源和物料消耗造成的间接环境排放。不足之处是目前国内有关能源和物料生产的间接排放数据库还不够详细和完善，特别是官方数据库与欧美 Eco-invent 和 ELCD 等数据库相比差距不小。

其次，直接排放数据清单也存在缺陷，主要体现在温室气体统计上，一些研究忽略了运行阶段 CH_4 或 N_xO 等温室气体；即使一些涉及 CH_4 和 N_xO 计算的研究也基本没有列出详细计算过程，导致评价结果重现性大为降低；还有些研究计算过程直接采用国外经验排放因子，没有现场实测值，致使清单结果与实际情况存在出入。在 CO_2 排放计算方面，长期以来国内研究均习惯认定从 COD 厌氧而转化来的 CO_2 是生源性的，并不需要计入碳排放核算清单。然而，随着检测水平不断提高，通过放射性碳元素（^{14}C）检测与元素质量守恒法计算表明，污水有机物中化石碳（石油化工产品制造的洗涤剂、化妆品、药物等）成分所占比例可高达 TOC 成分的 28%，由此而产生的 CO_2 直接排放量（活性污泥法）可占到 TOC 总 CO_2 排放量的 13%，再加上污泥厌氧消化其 CO_2 排放量更是高达 23%。因此，化石碳 CO_2 直接排放量不容小觑，应该列入碳排放核算清单。目前在国内 LCA 评价中大多忽略这一部分环境排放数据清单，仅在少数文献中有所提及而已。

另外，在数据清单中目前国内还没有将新型污染物种类（如，PPCPs 等）纳入 LCA 评价。相比之下，国外对此已开展了相关 LCA 评价研究；有人通过评估颗粒活性炭、纳滤、太阳能光电芬顿和臭氧氧化 4 种先进工艺去除 PPCPs 的 LCA 评价进而比较了几种工艺的优劣性。因此，未来 LCA 清单分析中也需要纳入这些要素。

4. 评价因子选择

在实际 LCA 评价应用中，大部分研究者采用商业 LCA 评估软件，同时，在评价流程中采用其内置的排放因子和能源物料因子等。从环境影响评价类别来看，温室效应影响（GWP）项目在所有 LCA 应用中均有考虑，属于通用影响类别；况且，GWP 产生量主要由污染物去除和能源消耗效率所决定，它对全球气候变化影响程度广泛一致，并不需要根据特定区域划定地区因子。但是，其他环境影响类别，如水体富营养化影响潜能（Eutrophication Potential，EP）、淡水生态毒性潜能（Freshwater Aquatic Ecotoxicity Potential，FAEP）、陆地生态毒性潜能（Terrestrial Ecotoxicity Potential，TEP）等，可能会因排放源位置、污染物在不同环境主体间运输过程和接受水体生态系统敏感性而有所不同，因此，需要根据特定位置进行分别判断。

（1）特征化因子

特征化因子（Characterization Factors，CF）选取对环境影响特征化结果产生决定性作用，而目前国内大部分研究基本上采用的是国外特征化因子，采用最多的是英国 ICI 公司环境影响潜值因子，其他较有影响力的评价体系为 CML2001、EPS（瑞典）以及 Ecoindicator（荷兰），在国内评价实践中亦有应用其中特征因子的评价案例。国内对于 LCA 评价中有关环境影响项目及因子区域化或地区化工作目前鲜有研究，而国外研究者早已开展这方面研究工作，主要工作集中于对水体富营养化影响潜能（EP）进行区域化因子计算，如美国、芬兰、法国、西班牙等国家都已经分别计算出各自有关 EP 影响的区域化特征因子；国外其他评价体系，如 ime（日本）、TRACI（美国）和 LU-CAS（加拿大）也将这部分区域化特征因子纳入了计算。

（2）归一化因子与权重

由于当量单位不一，不同环境影响特征化结果之间不能相互比较，需要进行归一化（无量纲化）后才能进一步比较分析。归一化过程是利用各环境影响特征化结果与所选取的归一化因子之比得到无量纲数；归一化因子通常定义为每人每年所排放的相应影响物质当量［即，kg 当量物质/（人·a）］。目前国内大部分研究采用国外归一化因子进行计算，使得计算结果与中国实际情况有所出入。因此，不能简单套用国外归一化因子，这会导致最终计算结果偏离我国实际。

在环境影响权重分配方面，因没有官方统一或广泛认可的权重因子，导致大部分研究采用层次分析法（Analytic Hierarchy Process，AHP）进行权重量化。但是，计算过程中对判断矩阵标度打分等过于依赖主观判断，不利于评价结论推广应用。国内也有不少研究直接利用国外评价体系中的权重因子，忽略了不同环境影响的区域化重要程度，使得评价结果不能完全体现实际情况。

1.3.4　应用前景

我国当下污水处理 LCA 评价应关注环境影响特征化因子区域化（本土化）研究；通过我国实际水体、土壤和大气污染现状进行相关模型校正，从而得到更能反映我国实际污染状况的特征化因子。其次，为各种环境影响归一化因子和权重因子提供统一参考，以方便未来研究者进行更加客观的 LCA 评价。

近年来，国外研究将模拟仿真、动态静态数据相结合、成本效益分析与 LCA 结合来评价污水处理过程，这也为我国对污水处理厂 LCA 评价提供了一个新的研究视角。因此，将动力学模型与现有 LCA 框架相结合，开发针对污水处理的专门评估软件将会大大方便未来研究者或评估人员进行污水处理 LCA 评价工作。与此同时，现有 LCA 框架中还未包含资源、能源回收模块，如若在未来开发软件中进行相关模块设定将有助于评估其对污水处理环境影响减量效果，从而推动资源、能源回收事业，促进污水处理行业碳交易市场发展。

1.3.5　结语

全生命周期评价（LCA）理论框架和应用模型发展已较为成熟，在污水处理领域亦得到了一定的应用。通过 LCA 环境影响评价可以识别和评估污水处理厂对环境产生的综合影响，亦能够比较不同处理工艺与建设模式之间的彼此优劣，为工艺选择和基建方式提供科学依据。

LCA 在实际应用过程中应进行以下完善或改进：1）应开始关注动态模型，静态模型与参数往往会导致评价结果与客观实际存在一定偏差；2）需将资源（磷）、能源（热能）回收纳入 LCA 评价并在相应软件中形成模块；3）国内 LCA 评价今后应在评价范围完整性、功能单位合理性、数据清单完善性，以及区域影响因子差别化等方面开展深入研究。

LCA 评价可以客观揭示污水处理的环境影响实质，将传统污水处理为"污染转嫁"过程的问题定量展现，避免一味靠"提标"而仅达到单一改善水环境的目的，要充分认识"大气—水—土地"相互联动的生态事实，从而选择"折中"方案来实现最小化总环境影响，甚至通过资源、能源回收达到净零环境效益。

1.4　污水处理环境综合效益评价

传统污水处理以能源、资源消耗为代价去除污水中有机物（COD）与营养物质（N、P），以获得期望的水环境效益。某种程度上说，传统污水处理有将水污染转化为大气污染之嫌疑，且存在所含热能/化学能及不可再生资源（磷）流失现象。因此，仅关注出水水质，一味提高排放标准的做法可能对环境综合效益并不一定非常有利，可能还会带来负作用。

因此，需要对污水处理进行环境综合效益评价，不仅关注出水水质，还应包括能源/资源消耗以及其他环境影响在内的环境综合效益指标，以综合衡量污水处理产生的环境综合效应。对此，全生命周期评价（LCA）方法作为一种客观而又具体的评价工具，已被用于污水处理环境综合影响评价之中。有关 LCA 评价污水处理实际应用在国内外已较为成熟，常用指标体系有CML2001、EDIP、EI99 等；评价标准国外有 ISO 14040—2006 和 ISO 14044—2006，国内有《环境管理　生命周期评价　原则与框架》GB/T 24040—2008 和《环境管理　生命周期评价　要求与指南》GB/T 24044—2008。然而，国内外目前针对污水处理的 LCA 评价方法多限于衡算污水处理厂环境负荷与当量值，少有对不同影响归一化后评价环境综合效益的研究，特别是针对出水标准提高对环境综合效益产生的变化。

本节根据现有国内外 LCA 准则与技术手册，通过修正并优化 LCA 模型，建立与多目标数学规划方法相耦合模型，应用实际污水处理厂数据，定量评价污水处理对环境产生的综合效益。同时，也特别针对我国目前污水处理标准不断提高之趋势，评价高标准排放对水环境之外产生的不良影响，并比较其对环境产生的综合影响值。

1.4.1　评价方法

通过对现有用于污水处理 LCA 评价方法的总结与分析，优化模型，建立可用于衡算出水标准提高后对环境产生的综合影响方法模型。

国内现有污水处理 LCA 评价方法主要问题是各自为政，在初衷与结果上还没有形成一致性的方法；有人没有进行结果归一便直接计算综合影响，更多的人采用国外归一化基准值和权重进行计算，使结果常常脱离中国实际。为此，研究尝试 LCA 评价方法的改进与优化；根据《中国环境统计年报》和《中国环境统计年鉴》等文献，将大部分归一化基准值进行本土化；结合国内实情，采用层次分析法获得更为合理的权重值；构建影响评价结果的归一化、赋予权重而获得环境综合影响指标的方法；在评价环境影响改善过程中，引入数学方法中的多目标规划方法，创建在污水处理过程中处于对立面的水污染与大气污染平衡、优化减量方法。通过对 LCA 评价方法如此的改进与优化，最后以一污水处理厂实际数据来评价出水标准提高对环境产生的综合效益。

基于 ISO 评价标准与传统方法论，对 LCA 用于污水处理厂环境综合影响评价包括 5 个阶段：目标与范围界定；清单分析；影响评价；结果分析；影响改善。

1. 目标与范围界定

LCA 评价目标为污水处理厂因污水处理造成的直接环境影响，以及物料和能源投入造成的间接环境影响；评价范围为污水处理厂进水至出水范围之内的边界；时限为建设、运营和拆除 3 个阶段。

2. 清单分析

LCA 评价数据清单包括污水处理厂建设、运行和拆除三阶段之物耗与能耗。这就需要对 LCA 过程内所有投入与产出进行数据分析，包括建材、药剂生产资源/能源消耗、物料运输能耗、污水处理直接能耗以及直接排放至环境的水、固、气等污染物，涉及详细清单列表分析见表 1-1。

污水处理厂 LCA 环境影响评价清单分析　　　　　　　表 1-1

项目		影响物质	重量/体积
环境排放	水体污染物	COD	＋
		BOD$_5$	＋
		TN	＋
		NH$_4^+$	＋
		TP	＋
		SS	＋
		重金属	＋
	大气污染物	CO$_2$	＋
		CH$_4$	＋
		CO	＋
		NO$_x$	＋
		SO$_2$	＋
		栅渣	＋
	固体污染物	沉砂	＋
		脱水污泥	＋
资源消耗		钢筋	＋
		水泥	＋
		木材	＋
		其他建料	＋
		絮凝剂/混凝剂	＋
		消毒剂	＋
		碳源/乙酸钠	＋
		再生水	－
		磷回收	－
能源消耗		电	＋
		煤	＋
		石油	＋
		厌氧消化	－
		热泵	－

注："＋""－"分别代表统计项对环境影响产生正、负贡献，即对环境产生的负、正效益。

3. 影响评价

全生命周期影响评价（Life Cycle Impact Assessment，LCIA）为整个 LCA 过程核心内容，难度和争议较大，目前并没有被普遍接受的评价方法，较为接受的 LCIA 评价方法有：丹麦的 EDIP 方法、莱顿大学环境研究中心 CML2001 方法、生态指标法 Eco-indicator 99 和瑞典 EPS 方法等。

国际环境毒理学与化学学会（SETAC）、国际标准化组织（ISO）和美国环境保护署（EPA）等组织将 LCIA 分为 3 个步骤：分类、特征化与量化。

（1）分类

分类是将不同环境影响进行分类，包括能源/资源消耗、生态影响和人类健康三大类，如图 1-12 所示。

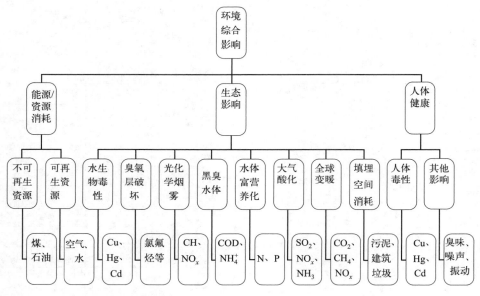

图 1-12　污水处理环境影响分类

（2）特征化

根据环境影响分类，使用影响因子可以计算出各种影响环境负荷。研究采用美国 EPA 公布的环境因子实施定量化。每项影响的环境负荷（Environmental Burden，EB）可根据式(1-1)计算。

$$EB = \sum_{i=1}^{n} m_i PF_i \tag{1-1}$$

式中　i——排放物质中所含各种化学物质种类；

　　　n——排放物质中各影响物质总数；

　　　m_i——清单分析中第 i 种物质的质量；

　　　PF_i——第 i 种物质对某类环境所造成影响的特征化因子（采用美国 EPA 提供数值）。

（3）量化

通过式(1-1)获得环境负荷（EB，即环境影响特征化结果）后，需对结果进行归一化，使不同影响环境负荷间可以进行相互比较，即统一为归一化结果（Normalization Environmental Burden，*NEB*）。归一化方法为，利用不同环境影响类型的本土化基准值，将 *EB* 与基准值对比，取相对值即可。

进行量化的过程主要是对数据归一化处理后不同环境影响赋予权重，以获得环境综合影响值。研究中采用层次分析法（Analytic Hierarchy Process，AHP）计算权重；AHP 是一种实用、多准则决策方法，其过程是根据问题性质以及所要达到的目标把复杂的环境问题分解为不同组合因素，形成一个自上而下的支配关系；AHP 过程主要是建立不同环境影响间重要性比较关系，即 A-P 判断矩阵。判断矩阵的构造过程主要分为两步：1）根据不同环境影响两两间相对重要性，按照表 1-2 重要性进行标度，并进行矩阵的逻辑一致性检验；2）计算权重值 *W*。

重要性标度表　　　　　　　　　　　　　　　表 1-2

标度 a_{ij}	定义	标度 a_{ij}	定义
1	i 元素与 j 因素同等重要	9	i 元素比 j 因素绝对重要
3	i 元素比 j 因素略为重要	2,4,6,8	中间状态
5	i 元素比 j 因素较为重要	倒数	若 j 元素与 i 因素比较，得到值为 a_{ij} 的倒数
7	i 元素比 j 因素非常重要		

最终，根据式(1-2)可计算出污水处理厂环境综合影响指标值。本研究的最终结果可作为不同工艺、不同规模、不同污水处理厂在相同功能单元下评价污水处理厂"环保"性能的一般方法。

$$LCIA = \sum_i^n W_i NEB_i \tag{1-2}$$

式中　LCIA——环境综合影响指标值；

　　　W_i——第 i 种环境影响类型的权重；

　　　NEB_i——经过数据归一化后的第 i 种环境影响类型的环境负荷（*EB*）潜能值。

4. 结果分析与影响改善

LCA 环境影响评价的最终目的是对评价结果进行分析，进而提出降低影响的技术策略。目前国内外有关 LCA 研究，大多是仅对评价结果进行分析与解释；即使有研究提出改良方案的，也没有采用实际污水处理厂数据进行验证。本研究引入经济学中多目标优化方法，取长补短，平衡各影响类型，试图找到使环境综合影响最小化的途径。

多目标优化（Multi-Objective Programming，MOP）实际上是数学规划中的一个分支，其实质是把多种目标化解为单一目标的最优化方法。以此基础进行多目标优化，以获得最优决策方法。对污水处理厂 LCA 评价中，提高污水处理厂出水水质有利于降低受纳水体富营养化和缓解黑臭现象。但是，出水水质提高意味着污水处理药耗/能耗、温室气体排放量等相应增加。因此，出水水质与能耗/温室气体间平衡需要最优化决策。

本节通过建立 LCA-MOP（Life Cycle Assessment-Multi-Objective Programming)环境综合影响评价及优化相耦合模型，尝试对分别满足一级A出水和"准四类水"两种标准下实际污水处理厂进行环境综合效益评价，以分析出水标准提高对环境产生的综合影响，试图寻求环境综合影响最小化的有效途径。

1.4.2 应用案例

1. 目标与范围界定

应用案例采用山西某市一市政污水处理厂建设、运行实际数据及拆除估算值。该厂一期工程为氧化沟工艺，设计流量$Q=10$万m^3/d（实际$Q=5.92$万m^3/d）；二期工程采用5段Bardenpho工艺，设计流量$Q=10$万m^3/d（实际$Q=9.15$万m^3/d）。污水经两期工艺分别处理后，在高效纤维滤池内加入化学药剂，用以强化除磷。该厂出水水质设计标准为一级A，服务年限20年；剩余污泥脱水后外运（6 km）填埋处理。评价中将功能单位（Functional Unit，FU）定义为处理1万m^3污水产生的环境影响。

2. 数据清单

应用案例数据清单显示于表1-3。因该污水处理厂一、二期处理水汇合后经过滤池深度处理，故最终出水数据相同。由表1-3可知，该厂出水除SS外，其余均低于《城镇污水处理厂污染物排放标准》GB 18918—2002征求意见稿中特别排放限值，即地表水环境质量标准IV类，所以，出水总体上接近"准四类水"。因此，应用评价以此标准为依据。

计算过程中，所有投入能源和资源生产过程中造成的环境影响的特征化因子从文献中获得；污水处理和污泥处理/处置（填埋）过程碳排放量参考文献中已有计算方法。其中，拆除阶段主要投入为能耗；根据相关参考文献，拆除能耗为95 kWh/m^2，或总拆除能耗为建设能耗的90%。拆除过程中，钢材可以回收再生，其余为建筑垃圾；我国每吨钢材平均回收率为0.38 t；回收钢材可以抵消建设阶段的建材消耗，废钢回收过程产生的环境影响亦被列入计算结果。

案例污水处理厂LCA评价主要影响物清单　　　　　　　　　　表1-3

	影响物质	输入		输出	
		一期	二期	一期	二期
建设阶段	钢筋(t)	3954	8510	—	—
	水泥(t)	14635	59820	—	—
	木材(m^3)	1038	1830	—	—
	直接能耗(kWh)	4.50×10^6	5.68×10^6	—	—
运行阶段	COD(mg/L)	366	18	406	18
	BOD_5(mg/L)	217	4	168	4
	TN(mg N/L)	47.80	13.00	45.30	13.00
	NH_4^+(mg N/L)	30.80	0.63	22.90	0.63
	TP(mg P/L)	5.31	0.25	7.24	0.25

续表

	影响物质	输入		输出	
		一期	二期	一期	二期
运行阶段	SS(mg/L)	191	6	333	6
	能耗(kWh/m³)	0.33	0.31	—	—
	PAC(t/d)	3.90	6.03		
	PAM(t/d)	0.09	0.14		
	次氯酸钠(t/d)	2.63	4.06		
	乙酸钠(t/d)	7.97	12.31		
	80%污泥(t/d)	—	—	56	104
	再生水(t/d)	—	—	47259	
拆除阶段	拆除能耗(kWh)	4.05×10^6	4.19×10^6		
	运输能耗(kWh)	3.03×10^4	4.42×10^4		
	建筑垃圾(t)	—	—	30503	44432
	钢材回收(t)	—	—	1503	3234

3. 环境影响分类

污水处理 LCA 环境效益评价时需要对环境影响进行分类，以确定不同影响之数值。受案例污水处理厂实际数据所限，案例评价只选取那些重要环境影响指标，分别为全球变暖潜能（Global Warming Potential，GWP）、水体富营养化潜能（Eutrophication Potential，EP）、大气酸化潜能（Acidification Potential，AP）、非生物资源枯竭潜能（Abiotic Resources Depletion Potential，ADP）、人体毒性潜能（Human Toxicity Potential，HTP）、黑臭水体潜能（Black Odor Potential，BOP）、填埋空间消耗（Landfill Space Depletion，LSD），见表 1-4。

案例污水处理厂环境影响分类   表 1-4

影响类型	污染物质	排放来源
全球变暖潜能	CO_2、CH_4、NO_x	处理过程形成的直接排放以及能耗、药耗形成的间接排放
水体富营养化潜能	P、N	出水排放
大气酸化潜能	SO_2、NO_x	消耗电能生产过程
非生物资源枯竭潜能	煤、石油	消耗电能生产过程、物料运输过程
人体毒性潜能	Cu、Hg、Cd	出水排放
黑臭水体潜能	COD、NH_4^+	出水排放
填埋空间消耗	脱水污泥、建筑垃圾	污水处理过程、建筑物拆除

1.4.3 评价"准四类水"影响

1. LCA 特征化结果与分析

案例研究中采用当量模型，即选取某一项目为参照物，计算其他项目对同类环境影响负荷值 EB，不同项目排放因子与影响潜能因子选自相关文献。其中，案例厂再生水被用于邻近电厂作为工业冷却水，相应抵消新鲜水生产的 LCA 环境影响已列入计算（因缺乏工业冷却水生产 LCA 详细评价，案例研究只涉及温室效应削减量）。此外，因出水中 NH_4^+ 浓度极低（年平均为 0.63 mg N/L），远远低于黑臭水体 NH_4^+ 浓度限值（8 mg N/L），故黑臭水体潜能中不包括 NH_4^+ 影响。为避免重复计算，将 NH_4^+ 全部计入富营养化影响项目。

需要指出的是，运营阶段核算污水处理温室气体直接排放量中因缺乏数据只计算生源性 CO_2，并未计算化石碳来源 CO_2 直接排放量（石油化工产品贡献 COD）。若把这部分化石碳排放量计入，污水处理直接碳排放总量和 GWP 在 LCIA 中的比例将会变大，即污水处理带来的大气污染效应更加严重。此外，污泥处理、处置全过程（包括运输、填埋、填埋气体释放、渗滤液污染地下水等）所造成的气、水、固影响均被计入每功能单位（FU）污水处理产生的环境负荷之内。

经统计分析，最终可以得到案例污水处理厂在 LCA 框架下，处理 1 FU（1 万 m^3）污水达到"准四类水"标准后，因材耗、能耗及直接环境排放造成的环境影响特征化结果，见表 1-5。

案例污水处理厂环境影响特征化结果（kg 当量物质）　　　　　表 1-5

影响类型	环境影响值							
	建设阶段		运行阶段		拆除阶段		合计	
	一期	二期	一期	二期	一期	二期	一期	二期
全球变暖潜能（kg CO_2-eq/万 m^3）	9.1×10^2	1.5×10^3	2.2×10^4	2.2×10^4	1.1×10^2	91	2.4×10^4	2.3×10^4
水体富营养化潜能（kg PO_4^{3-}-eq/万 m^3）	2.2×10^{-3}	5.3×10^{-3}	63	63	1.3×10^{-3}	1.8×10^{-3}	63	63
大气酸化潜能（kg SO_2-eq/万 m^3）	4.1	6.5	2.8×10^2	3.3×10^2	4.9×10^{-2}	6.8×10^{-2}	2.9×10^2	3.3×10^2
非生物资源枯竭潜能（kg Sb-eq/万 m^3）	1.7×10^{-4}	3.4×10^{-4}	1.1×10^{-3}	1.0×10^{-3}	3.1×10^{-5}	3.2×10^{-5}	1.3×10^{-3}	1.4×10^{-3}
人体毒性潜能（kg DCB-eq/万 m^3）	3.8×10^{-4}	6.3×10^{-4}	7.8×10^3	9.4×10^3	1.4×10^{-7}	9.5×10^{-8}	7.8×10^3	9.4×10^3
黑臭水体潜能（kg COD-eq/万 m^3）	0.14	0.3	40	40	5.3×10^{-6}	3.6×10^{-6}	40	40
填埋空间消耗（kg/万 m^3）	8.5×10^{-3}	1.1×10^{-2}	9.5×10^3	1.1×10^4	4.6×10^2	6.7×10^2	9.9×10^3	1.2×10^4

　　表1-5显示，污水处理厂环境负荷中，填埋空间消耗（LSD）总量最大，全球变暖潜能（GWP）次之，非生物资源枯竭潜能（ADP）总量最小，不同环境影响类型总量差别较大。因不同影响类型采用的当量物质不同，故需要使用基准值归一化和无量纲化后才能进行相互比较。结合表1-5和图1-13可知，环境影响主要发生在运营阶段：一期运营阶段 GWP＝95.7％，AP＝98.5％，ADP＝84.4％，LSD＝95.0％，二期运营阶段 GWP＝93％，AP＝98％，ADP＝73.2％，LSD＝94.0％；人体毒性潜能（HTP）、水体富营养化潜能（EP）与黑臭水体潜能（BOP）影响也几乎全部来自于运营阶段；与目前有关研究结果完全一致。一、二期各项环境影响在不同阶段中占比大致接近，仅在 ADP 项上二期建设阶段比例明显较高，原因是：1) 二期采用了5段 Bardenpho 工艺，因流程长导致建设阶段各项环境影响均比一期要高；2) 一期采用了氧化沟工艺，其工艺特性决定它在运行阶段对环境的影响更大。特征化结果表明，污水处理厂对环境产生的净效益为负值；若没有足够环境影响抵消手段（如，能源、资源回收）时，污水处理对环境产生的负影响很大。如果出水排放标准更加严格，仅靠延长工艺流程来满足出水要求，势必导致建设与拆除阶段对环境的影响增大。因此，一味靠提高出水标准而改善水体环境质量的结果恐怕适得其反，反而产生更大的环境综合影响，并不"环保"。

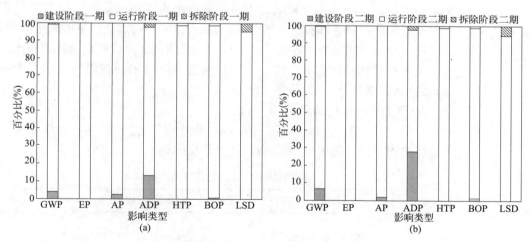

图1-13　案例污水处理厂不同阶段对环境影响占比

（a）一期；（b）二期

2. 环境影响标准化结果

　　因不同环境影响类型潜能值均以不同参照物作为当量基础，致不同环境影响类型间无法直接进行比较，所以，需要将特征化结果进行数据归一化（标准化），以得到无量纲可比对数值。为了使标准化结果更加符合我国实际情况，案例研究中尽量将归一化基准值本土化，如 GWP 基准值采用"全球碳计划"组织公布的碳排放报告中中国人均年碳排放值；ADP 基准值采用《bp世界能源统计年鉴》2012年版中中国能源消费数据；BOP 和 LSD 基准值分别采用国家统计局和《中国环境统计年报》中统计数据；其余环境影响归一化基准值均采用 CML2001-Nov. 2010 评价标准体系中数据。所有基准值计算均采用同一年数据（2010 年）进行归一化计算。在"准四类水"标准之下，案例污水处理厂 LCA 归一化因子与计算结果示于表 1-6。

案例污水处理厂环境影响总量归一化结果　　　　　表 1-6

影响类型	归一化基准值[kg/(人·a)]	一期	二期
GWP	6.60×10^3	3.56	3.51
EP	1.58×10^{11}	4.02×10^{-10}	4.02×10^{-10}
AP	2.39×10^{11}	1.19×10^{-9}	1.39×10^{-9}
ADP	1.51×10^{-3}	0.85	0.92
HTP	2.58×10^{12}	3.04×10^{-9}	3.66×10^{-9}
BOP	32	1.27	1.28
LSD	2.43×10^2	40.80	49.60

表 1-6 归一化结果显示，全球变暖潜能（GWP）与黑臭水体潜能（BOP）数值处于同一量级。换句话说，虽然 GWP 总量较大，但对污水处理厂综合环境影响指标的贡献其实与出水黑臭水体潜能程度旗鼓相当。此两项与填埋空间消耗（LSD）和非生物资源枯竭潜能（ADP）项环境影响归一化值远远大于其余项，成为环境综合影响的主导因素。出水水质与温室效应等环境影响类别处于矛盾位置，即如果不断提高出水排放标准 BOP 与 EP 固然会下降，但伴随而来的则是 GWP 等项升高。进一步说明，一味提高出水排放标准，仅关注出水水质和运行成本，而不从宏观角度把握污水处理厂环境综合影响指标，最终确实将得到并不整体"环保"的结果。

3. 环境影响量化结果

根据文献和案例污水处理厂当地不同环境影响之重要性，可以得到不同环境影响类型相对重要性判断矩阵，见表 1-7。

环境影响类型相对重要性判断矩阵 A　　　　　表 1-7

影响类型	GWP	BOP	ADP	EP	HTP	AP	LSD
GWP	1	3	2	3	4	5	6
BOP	1/3	1	2	1	2	3	3
ADP	1/2	1/2	1	3	4	5	7
EP	1/3	1	1/3	1	2	3	3
HTP	1/4	1/2	1/4	1/2	1	2	4
AP	1/5	1/3	1/5	1/3	1/2	1	3
LSD	1/6	1/3	1/7	1/3	1/4	1/3	1

为确保判断矩阵的逻辑性，需要进行一致性检验。经计算，判断矩阵 A 的一致性指标 $CR = 0.06 < 0.1$，说明该判断矩阵具有逻辑一致性。将标度矩

阵按列进行正规化，得到正规化矩阵如下：

$$\begin{bmatrix} 0.382 & 0.474 & 0.346 & 0.340 & 0.296 & 0.263 & 0.231 \\ 0.127 & 0.158 & 0.346 & 0.113 & 0.148 & 0.158 & 0.115 \\ 0.191 & 0.079 & 0.173 & 0.340 & 0.296 & 0.263 & 0.269 \\ 0.127 & 0.158 & 0.058 & 0.113 & 0.148 & 0.158 & 0.115 \\ 0.095 & 0.079 & 0.043 & 0.057 & 0.074 & 0.105 & 0.154 \\ 0.076 & 0.053 & 0.035 & 0.038 & 0.037 & 0.053 & 0.115 \\ 0.064 & 0.053 & 0.025 & 0.038 & 0.019 & 0.018 & 0.038 \end{bmatrix}$$

再将每行相加，正规化，最终得到向量：

$$W = \begin{bmatrix} 0.321 & 0.161 & 0.222 & 0.121 & 0.084 & 0.056 & 0.035 \end{bmatrix}^T$$

这就是案例污水处理厂各环境影响类型在环境综合影响指标值中的权重值。

4. 案例污水处理厂环境综合效益

案例污水处理厂一、二期每处理 1 万 m^3 污水的 LCA 环境影响特征化归一结果见表 1-6，以行向量形式分别表示为：

$$A_1 = \begin{bmatrix} 3.56 & 4.02 \times 10^{-10} & 1.19 \times 10^{-9} & 0.85 & 3.04 \times 10^{-9} & 1.27 & 40.80 \end{bmatrix}$$

$$A_2 = \begin{bmatrix} 3.51 & 4.02 \times 10^{-10} & 1.39 \times 10^{-9} & 0.92 & 3.66 \times 10^{-9} & 1.28 & 49.60 \end{bmatrix}$$

通过计算 $A_1 \times W$，$A_2 \times W$，可以得到在达到"准四类水"标准情况下，1 FU 污水处理造成的 LCA 环境综合影响指标值分别为：$LCIA_1 = 2.96$，$LCIA_2 = 3.27$。

从 1 FU 污水处理造成的 LCA 环境综合影响指标值分析，采用五段 Bardenpho 为二期工艺对环境影响程度更大，即综合环境效益更低，这与目前研究认识水平完全一致。究其原因，主要是工艺特点与规模效应造成五段 Bardenpho 工艺运行过程中单位电耗比氧化沟工艺要高。再者，山西主要以火电为主，单位电耗升高也势必导致电力生产过程中造成的温室气体间接排放、大气酸化和非生物资源枯竭等环境影响数值增大。

整体上看，环境综合影响指标由黑臭水体潜能、全球变暖潜能、填埋空间消耗和非生物资源枯竭潜能所决定，其余影响类型对环境综合影响的贡献几乎可以忽略。此外，这四项影响类型改善手段处于矛盾位置，可为后面多目标优化提供基础，即通过适当降低出水要求，满足设计出水标准（一级 A）有可能会使得 LCIA 降低。

1.4.4 降低出水标准对环境综合效益

如上所述，不同环境影响类型之间存在矛盾，如提高出水水质虽然可以降低黑臭水体潜能和水体富营养化潜能，但伴随而来的却是温室气体排放量增加、能耗增多导致的大气酸化和不可再生资源消耗增多。因此，有必要对不同环境影响类型进行权衡，以获得污水处理厂环境综合影响最优化决策，即，使环境综合影响数值降至最低。为此，将上述案例研究采用多目标决策方法进行评价。

多目标决策，是指具有两个以上决策目标，并且需用多种标准进行评价和优选方案的决策。在案例研究中，评价目标是污水处理厂 LCA 内的环境综合影响指标，且主要对 GWP、BOP、HTP、EP、AP、ADP 和 LSD 这 7 项环境影响类型进行评估。但是，与出水水质相关的 BOP、EP 和 HTP 影响与其余项改善是矛盾的，故而提出最小化环境综合影响决策：1）在不超过设计出水标准前提下，适当放宽出水要求，会使环境综合影响指数下降，让污水处理厂更加"环保"；2）GWP、AP 和 ADP 这三项环境影响改善措施不相矛盾，可通过采用清洁电力能源、绿色建材等同步降低环境影响，最终使污水处理厂环境综合影响值降低。

因案例污水处理厂设计出水标准为一级 A，故出水质量降低极限值为一级 A 排放标准。以此标准作为环境综合影响改善极限，计算其余各项环境影响类型在此极限之下的数值。出水水质降低会使剩余污泥量和化学污泥量减少，进而减少环境影响，具体污泥减少量根据该厂产泥率计算；深度脱氮除磷要求降低，也会使得案例厂投加碳源和絮凝剂用量减少；缩短工艺流程，以减少新建深度处理设施带来的环境影响。计算过程与上述"准四类标准"完全相同。利用式(1-1) 得到改善后的一、二期 LCA 环境影响特征化归一结果分别为：

$$A_1' = [2.58 \quad 4.96\times10^{-10} \quad 1.05\times10^{-9} \quad 0.46 \quad 2.83\times10^{-9} \quad 3.17 \quad 38.10]$$
$$A_2' = [2.61 \quad 4.96\times10^{-10} \quad 1.26\times10^{-9} \quad 0.64 \quad 3.44\times10^{-9} \quad 3.17 \quad 46.80]$$

最终得到一级 A 出水下的环境综合影响指标值分别为，一期 $LCIA_1' = 2.77$、二期 $LCIA_2' = 3.13$。相比"准四类水标准"，环境综合影响值（LCIA）分别降低 6.4% 和 4.3%，对环境综合影响均有所减少。一期环境综合影响降低比例较大，主要是因为工艺流程简单，单位电耗等比二期降幅大。二期 LCIA 虽然减少比例不是很大，但亦明显表明，在达到设计出水标准（一级 A）后，再进一步提高出水水质，追求所谓的地表四类水，甚至于更高要求，最终对环境产生的综合效益将会降低。

出水标准适当降低，对环境产生的综合影响更小主要是因为 C、N、P 去除量分别减少，使污水处理过程直接碳排放量大为减少。其次，由于出水标准降低，单位电耗减少，因电耗带来的间接碳排放量和电能生产过程污染物排放量亦大幅减少。再者，除磷压力减少，使药耗也会相应降低，亦对间接碳排放量减少、物耗降低和化学污泥量减少有所贡献。可见，适当降低出水排放标准，可有效提高污水处理厂对环境产生的综合效益，会使污水处理厂变得更加"环保"。

1.4.5　结语

修正并优化用于污水处理全生命周期（LCA）评价方法，建立全生命周期与多目标数学规划法相耦合（LCA-MOP）模型，用以评价并改善污水处理对环境产生的综合效益。

采用国内污水处理厂实际数据，应用 LCA-MOP 模型分别对满足"准四类水"和达标一级 A 两种情况下污水处理厂产生的环境综合效益进行评价。评价结果表明，在一级 A 出水标准下进一步将出水标准提高至"准四类水"，污水处理厂作为消除水环境污染（黑臭水体与水体富营养化）单位亦会在能源、资源消耗以及温室气体排放等方面产生不利于环境的负面影响，使环境综合效益净值变为负数。换句话说，出水标准提高所带来的水环境效益很容易被所增加的能源消耗、资源消耗以及伴随的大气污染等负影响所抵消，结果其实是对总环境质量做无用功。

因此，在对污水处理厂环境效益评价和目标改善中，应该摒弃仅着眼于出水水质和运行成本这样的硬性指标，应采用 LCA 评价方法综合评价对环境产生的净影响。传统污水处理的确存在着"污染转嫁"现象，实际上是一个将水污染转嫁为大气污染的过程。为此，确实应该大力发展可持续污水处理技术，实现污水处理资源化、能源化未来目标，以此来消减污水处理实际上为环境"污染源"的嫌疑。污水处理只有上升至"绿色"，并逐渐过渡到"蓝色"，方能实现正的环境效益。

1.5 全生命周期视角评价地下式污水处理厂

污水处理厂作为城市发展的重要组成部分，承担着保护水环境的重要角色。然而，目前主流工艺主要以平面占地型为主，一些滞后于城市发展的污水处理厂建设时，在使用土地空间方面显得捉襟见肘。于是，地下式污水处理厂建设一时兴起，试图缓解紧张的城市用地，或与城市园林景观建设合二为一。然而，地下污水处理厂节地建设及其地面的园林景观是以较大建设以及运营成本为代价的，其可持续性或综合效益需要定量评估，毕竟在很多比中国更缺地的国家（如，欧洲、日本等），地下污水处理厂并不普遍。为此，有必要对地下式污水处理厂进行全生命周期综合影响评价，以揭示其在可持续性或综合效益方面的实际情况。

因此，本研究以国内某全地下式污水处理厂作为研究对象，采用定量评价方法，从全生命周期角度分析其在工程建设、工艺运行、环境影响、生态景观等几个方面所产生的综合效益。

1.5.1 评价方法

研究针对地上与地下两种污水处理厂建设模式，分别以全生命周期环境影响（LCIA）、全生命周期成本（Life Cycle Cost，LCC）与全生命周期生态效益（Life Cycle Ecological Efficiency，LCEE）三种方法进行评价。然后，将三种评价结果进行归一化与无量纲化，得出污水处理厂全生命周期综合影响指标（Life Cycle Comprehensive Impact，LCCI），以比较两种建设模式在投入产出以及综合生态环境方面之优劣。

1. 评价范围

研究评价时限覆盖污水处理厂建设、运行与拆除三个阶段；评价范围为自污水处理厂进水至出水，并包含污泥处理过程。

选择我国广东某地一座代表性全地下式污水处理厂实际数据并结合文献参数进行评价。该厂厂区占地面积 1.83 万 m^2、建筑面积 2.21 万 m^2,采用 2 层全地下式结构设计;处理规模 10 万 m^3/d,采用 A^2/O＋MBR 处理工艺,水力停留时间(HRT)为 7.43 h;出水标准为一级 A,水质不达标时需向曝气池投加液体硫酸铝予以化学除磷;污水处理厂服务年限为 20 年。MBR 膜组件使用酸、碱和次氯酸钠溶液清洗。污泥经机械脱水后,折合产生干污泥 12 t/d。研究仅讨论污水处理厂构造模式,作为比较的地上式污水处理流程与地下式完全相同,占地面积等信息亦同,建造形式如图 1-14 所示。评价功能单位(FU)设定为每人每年平均排放污水量在处理过程中所产生的各种影响,即 1 FU＝1 PE·a。案例研究采用人均污水排放量为 0.1 m^3/d。

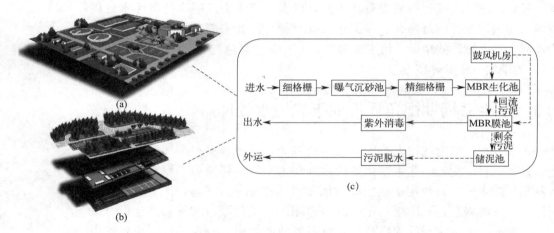

图 1-14 地上式与地下式污水处理厂构造及其处理工艺流程

(a) 地上式污水处理厂;(b) 地下式污水处理厂;(c) 污水处理工艺流程

2. LCIA 评价

LCIA 是定量分析产品或生产工艺对环境影响的客观评价方法,其目的在于辨识并量化能源与物质消耗对环境造成的影响,并以此为依据进行积极调整,寻求最低环境影响方案。

本节采用 LCIA 方法对污水处理厂产生的环境影响进行评价;评价目标包括污水处理运行中产生的直接环境影响以及物料与能源消耗伴生的间接影响;数据清单覆盖污水处理厂全生命周期中所有物料、能源消耗及其污染物排放,包括污水、污泥处理过程中产生的直接排放以及建材、药剂生产运输中涉及的资源/能源消耗所产生的间接排放。

环境影响评价方法依照国际环境毒理学与化学学会(SETAC)、国际标准化组织(ISO)及美国环境保护署(EPA)等组织标准,按照分类、特征化和量化 3 个步骤分别进行。

(1)分类

案例污水处理厂环境影响可划分为:非生物资源枯竭潜能(ADP)、淡水资源消耗(Freshwater Use,FWU)、全球变暖潜能(GWP)、大气酸化潜能

（AP）、水体富营养化潜能（EP）、人体毒性潜能（HTP）、填埋空间消耗（LSD）、黑臭水体潜能（BOP）8个子影响指标。

（2）特征化

根据环境影响分类，将清单数据依据影响因子进行量化，以得到各类环境影响负荷值。本书采用美国EPA公布的环境影响因子。各项影响环境负荷（EB）可以式(1-3)计算：

$$EB = \sum_{i=1}^{n} m_i PF_i \tag{1-3}$$

式中　i——排放的各类物质种类；

　　n——排放的物质种类总数；

　　m_i——物质清单中第i种物质总量；

　　PF_i——第i种物质对某类环境造成的影响。

（3）量化

将不同类别环境影响负荷，统一化为无量纲归一化结果，使不同影响之间可以相互比较。之后再对各结果赋予权重，以获得环境综合影响值，按式(1-4)计算。

本节采用层次分析法（AHP）计算权重。AHP是一种多准则决策方法，可将复杂问题划分为各种元素，形成自上而下的层次关系，然后进行定性与定量分析。AHP过程首先应建立不同项目间两两对比相对重要性，并进行标度，形成A-P矩阵。随后，对矩阵进行逻辑一致性检验，并计算权重值W。

最终，依照权重值将各项评价加权求和，计算评价总值。结论可作为地下式与地上式两种不同构筑形式污水处理厂在相同功能单元下综合评价的一般方法。

$$LCIA = \sum_{i=1}^{n} W_i NEB_i \tag{1-4}$$

式中　LCIA——全生命周期环境影响指标值；

　　W_i——第i种环境影响类型权重值；

　　NEB_i——归一化后第i种环境影响的环境负荷潜能值。

3. LCC评价

LCC为统计分析产品在全部生命周期中所发生的总成本评价方法，可依照评价结果改善生产工艺与方法。本节使用LCC方法分析案例污水处理厂经济信息，可根据式(1-5)与式(1-6)计算：

$$LCC = \sum_{k=1}^{m} C_k + \sum_{t'}^{T_0} C_h \left(\frac{1+f}{1+r}\right)^{t'} + \sum_{t=0}^{T} \frac{C_i}{(1+r)^t} - S \tag{1-5}$$

$$r = (1+j) \times (1+f) - 1 \tag{1-6}$$

式中　C_k——污水处理厂建设工程费用；

　　C_h——运行阶段设备更新费用；

　　C_i——污水处理厂运行成本；

f——通货膨胀率，取2.8%；

r——折现率；

j——利率，取4.90%；

S——净残值，取固定资产的4%；

T——全生命周期；

t——运行年份；

t'——设备更新时间。

4. LCEE 评价

LCEE 是指自然或人造景观生物系统在全生命周期内对人类生产、生活条件产生的有益影响；对其进行量化分析，可以用来评价其可持续性与良性循环能力。地下式污水处理厂将处理主体置于地下，而地表部分所建园林景观被视为最大优点。可见，在综合评价地下式污水处理厂过程中，LCEE 评价不可忽略。

在 LCEE 中，将景观生态功能分为大气调节、土壤调节、生物功能、生产功能与文化功能5大类，见表1-8。分别针对每项生态效益进行定量评价，再通过 AHP 法将结果统一为归一化无量纲结果，可通过式(1-7)计算其生态效益指标值。

生态效益分类   表 1-8

景观功能	景观效益	评价内容
大气调节	气体调节	调节大气气体组成
	气候调节	调节小范围内气温、降水变化
	空气净化	植物吸收空气中SO_2、灰尘等
土壤调节	旱涝调节	植物截留并保持雨水
	水土保持	减少风沙、径流冲刷造成的土壤流失
	土壤形成	生物促进岩石侵蚀风化及有机物质积累
	养分循环	获取、产生养分或存储、内部循环养分
	废弃物处理	降解过剩养分或分解有毒物质
生物功能	授粉	有授粉昆虫栖息
	生物控制	存在一定生态链，可维持生态平衡
	生物栖息	迁徙物种繁育与栖息地，或本地物种越冬场地
生产功能	食物生产	进行农业或渔业生产，可产出食物
	原材料	产出木材、燃料等非食品加工原材料
	遗传资源	栖息繁育珍稀动植物物种，或人工培育有价值动植物物种
文化功能	休闲	游览、运动等户外休闲活动场地
	文化	传播艺术、教育、科学等文化意义

$$\mathrm{LCEE} = \sum_{i=1}^{n} W_i NEE_i \qquad (1-7)$$

式中   LCEE——全生命周期生态效益指标值；

W_i——第 i 种生态效益类型权重值；

NEE_i——归一化后第 i 种生态效益的潜能值。

5. LCCI 评价

LCCI 是针对产品各方面影响与效益分别进行评价后，将评价结果按照一定层次结构有机结合的综合评价方法。有别于 LCIA 等，LCCI 不仅仅局限于单一层面，而是从多角度分析产品，客观反映出产品在不同情景下的状态与问题，以达到环境、经济、生态等多方面影响的和谐统一，避免因片面追求某一方面的优良效果而降低整体价值。

本节使用 LCCI 评价方法，把案例污水处理厂综合影响评价结果作为总目标，以 LCIA、LCC、LCEE 三方面评价结果作为子目标层，将各评价指标结果值以 AHP 法进行权重计算、归一化和无量纲化，以此获得最终 LCCI 综合评价结果，用于评判地下式与地上式污水处理厂综合影响之优劣。本节 LCCI 结果可依据式(1-8)计算。

设定 LCCI 结果正值表示对自然环境与社会产生了负面影响（如，对环境排放污染物、耗费资金等），而负值则是产生了一定正面效益（如，景观植被净化空气等）。

$$LCCI = LCIA + LCC - LCEE \tag{1-8}$$

1.5.2 全生命周期环境影响评价

1. 数据清单

案例地下与地上式污水处理厂相关物质数据清单见表 1-9。其中，地下厂采用实际运行数据，并依据其数据推算得到所对应的地上厂基准。

表 1-9 显示，在建设阶段，因地下厂纵向空间设计布局，额外增加了开挖基坑与建设大型地下框架结构的要求，所以所需建材与能耗远高于地上厂；在运行阶段，地下厂出水以及剩余污泥需要从地下提升至地表排放或处理，使污水处理单位能耗升高。此外，地下式污水处理厂额外增添的照明与通风设备也相应增加了处理能耗；在拆除阶段，巨大基坑需要掩埋填平，导致建筑垃圾量增加，亦使施工能耗相应增加。

案例污水处理厂 LCIA 评价主要影响物质数据清单　　　　表 1-9

	影响物质	输入		输出	
		地下厂	地上厂	地下厂	地上厂
建设阶段	钢筋与钢材(t)	3888	3151	—	—
	混凝土(m^3)	44110	24033	—	—
	陶粒混凝土(m^3)	5693	5693	—	—
	挖弃土方(m^3)	163800	8421	—	—
	回填土方(m^3)	17846	846	—	—
	直接能耗(kWh)	8.22×10^6	5.55×10^6	—	—
运行阶段	COD(mg/L)	270		20	
	BOD_5(mg/L)	160		5	

续表

影响物质		输入		输出	
		地下厂	地上厂	地下厂	地上厂
运行阶段	TN(mg N/L)	35		11.7	
	NH_4^+(mg N/L)	30		0.32	
	TP(mg P/L)	4.5		0.3	
	SS(mg/L)	220		0.5	
	能耗(kWh/m^3)	0.64	0.59	—	—
	次氯酸钠(kg/d)	41.7			
	硫酸铝(t/d)	2.32			
	污泥(含水率77%)(t/d)	—	—	56.26	
拆除阶段	拆除能耗(kWh)	5.25×10^6	2.10×10^6	—	—
	运输油耗(L)	7.35×10^5	2.18×10^5	—	—
	建筑垃圾(t)	—	—	59700	29850
	钢材回收(t)			1477	1197

2. 特征化结果

案例污水处理厂环境影响特征化结果列于表 1-10，各类环境影响占比如图 1-15 所示。由于地下厂建设阶段投入较大工程量，使其对环境影响，特别是在非生物资源枯竭潜能（ADP）方面明显高于地上厂；拆除阶段所需工程量也相应增大，导致拆除阶段各类环境影响大大升高。此外，两种污水处理厂在拆除阶段都呈现出较大 ADP 占比，这是因为 MBR 工艺会增加拆除作业中的施工量，且会产生更多建筑垃圾；运行阶段，因地下厂运行能耗较高致环境影响略有增加。显然，地下厂在建设与拆除阶段较之地上厂会产生更大环境影响，而这些影响均体现在污水处理厂外部结构上，影响增大对核心的污水处理水平却未带来一丝益处。

案例污水处理厂环境影响特征化结果（kg 当量物质/FU）　　　表 1-10

影响类型	建设		运行		拆除		全生命周期	
	地下厂	地上厂	地下厂	地上厂	地下厂	地上厂	地下厂	地上厂
ADP (kg Sb-eq/FU)	4.12×10^{-1}	2.36×10^{-3}	1.99×10^{-2}	1.91×10^{-2}	2.20×10^{-1}	1.87×10^{-1}	6.52×10^{-1}	2.09×10^{-1}
FWU (kg/FU)	6.73×10^{-2}	4.67×10^{-2}	2.52	2.33	3.02×10^{-2}	1.02×10^{-2}	2.61	2.39
GWP (kg CO$_2$-eq/FU)	1.60×10^{-1}	1.11×10^{-1}	5.38	4.94	3.71×10^{-2}	6.51×10^{-3}	5.58	5.06
AP (kg SO$_2$-eq/FU)	1.28×10^{-4}	8.80×10^{-5}	6.15×10^{-3}	5.73×10^{-3}	5.85×10^{-5}	1.89×10^{-5}	6.34×10^{-3}	5.83×10^{-3}
EP (kg PO$_4^{3-}$-eq/FU)	2.28×10^{-5}	1.52×10^{-5}	3.02×10^{-2}	3.01×10^{-2}	1.20×10^{-6}	4.09×10^{-6}	3.02×10^{-2}	3.01×10^{-2}

续表

影响类别	建设		运行		拆除		全生命周期	
	地下厂	地上厂	地下厂	地上厂	地下厂	地上厂	地下厂	地上厂
HTP (kg DCB-eq/FU)	1.33×10^{-1}	9.32×10^{-2}	5.69	5.26	2.92×10^{-1}	1.35×10^{-1}	6.12	5.48
LSD(m³/FU)	6.83×10^{-3}	5.92×10^{-3}	1.95×10^{-1}	1.82×10^{-1}	2.05×10^{-3}	8.04×10^{-5}	2.04×10^{-1}	1.88×10^{-1}
BOP (kg COD-eq/FU)	6.47×10^{-5}	3.78×10^{-5}	1.49×10^{-1}	1.49×10^{-1}	9.17×10^{-5}	4.39×10^{-5}	1.50×10^{-1}	1.49×10^{-1}

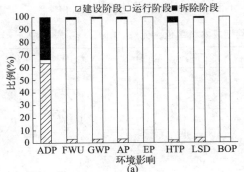
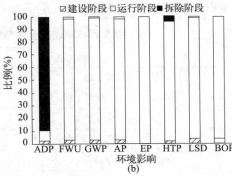

图 1-15 案例污水处理厂不同阶段环境影响对比
(a) 地下厂；
(b) 地上厂

3. 归一化结果及环境综合影响

根据层次分析法，经过统计分析后，得到归一化矩阵：

$$W_1 = [0.198 \quad 0.034 \quad 0.296 \quad 0.056 \quad 0.124 \quad 0.084 \quad 0.051 \quad 0.157]^T$$

基于此，案例污水处理厂环境影响归一化结果见表 1-11。

案例地下与地上式污水处理厂环境影响归一化结果 表 1-11

影响类型	地下厂	地上厂
ADP	1.29×10^{-1}	4.14×10^{-2}
FWU	8.89×10^{-2}	8.13×10^{-2}
GWP	1.65	1.50
AP	3.55×10^{-4}	3.27×10^{-4}
EP	3.74×10^{-3}	3.73×10^{-3}
HTP	5.14×10^{-1}	4.61×10^{-1}
LSD	1.04×10^{-2}	9.57×10^{-3}
BOP	2.35×10^{-2}	2.34×10^{-2}

最终计算结果：$LCIA_{地下式} = 2.42$ 和 $LCIA_{地上式} = 2.12$。

结果显示，地下厂产生的环境影响较地上厂大（影响增加 14%），即对环境造成了更大的负担，具有不可持续性。案例污水处理厂环境影响主要集中在全球变暖潜能（GWP）、人体毒性潜能（HTP）与非生物资源枯竭潜能（ADP），而地下厂建设与拆除中大兴土木，额外增加了材料、能源消耗导致这些影响增加，使 LCIA 变大。

1.5.3　全生命周期成本评价

若设备使用年限设定为 10 年，则生命周期中共需更新 1 次设备。本书采用的折现率为 7.84％。维护费用取固定资产的 3％；管理费用取运行费用与固定资产的 15％。案例污水处理厂全生命周期成本统计结果分别列于表 1-12 与图 1-16。

表 1-12 显示，全生命周期总成本（LCC）分别为：$LCC_{地下式}$＝39.81 元/FU，$LCC_{地上式}$＝32.43 元/FU；地下厂较地上厂高出 22.8％。可见，无论在哪个阶段，地下厂都需要投入较高的成本，不利于资金筹措、周转与回报。

案例污水处理厂全生命周期成本（单位：元/FU）　　　　表 1-12

		地下厂	地上厂
建设阶段	基坑工程	2.99	—
	大型地下框架工程	2.23	—
	施工建设费用	10.34	10.34
	通风工程	0.39	—
	消防工程	0.18	—
	MBR 膜组件工程	4.95	4.95
	自控与仪表工程	0.79	0.79
	绿化	0.19	0.19
	其他费用	2.50	2.50
	总投资	24.55	18.76
运行阶段	MBR 处理能耗	12.15	12.15
	照明能耗	0.84	0.47
	通风能耗	0.37	—
	紫外消毒能耗	1.01	1.01
	污泥脱水	0.05	0.05
	污泥提升	0.75	—
	硫酸铝	0.85	0.85
	次氯酸钠	0.08	0.08
	运输	0.09	0.09
	维护修理费	0.74	0.56
	管理费	6.05	4.97
	处理总成本折现值	12.31	10.84
	设备更新（第 10 年）折现值	4.10	3.73
拆除阶段	净残值	1.15	0.90
	全生命周期总费用	39.81	32.43

在总成本中，地下厂建造费用所占比例较大，约为地上式的 1.31 倍（与工程实际情况相符），归因于额外地下空间开挖与构筑。此外，地下厂运行阶段管理与维护费用亦相应增加，主要为照明、通风系统与污水、污泥提升所致。

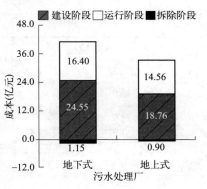

图 1-16 案例污水处理厂全生命周期成本

案例地下式污水处理厂建设成本单价为 4910 元/($m^3 \cdot d$)、地上式污水处理厂相应为 3750 元/($m^3 \cdot d$)，均远高于 10 万 m^3/d 规模普通二级污水处理厂建设单价 [1471 元/($m^3 \cdot d$)]。除地下式污水处理厂额外地下空间开挖与构筑、配套设施与设备安装（占总工程费用的 23.5%）因素外，MBR 工艺造价较高（占总工程费用的 20.1%）是另外一个原因。

1.5.4 全生命周期生态效益评价

1. 生态效益分类与结果

地下式污水处理厂园林景观为精心设计打理的人造绿化景观，可以认为具有气体调节、气候调节、空气净化、旱涝调节、水土保持、养分循环、休闲与文化 8 个方面的生态效益，见表 1-13。其中，休闲功能选取当地景观游览收入情况进行评价，但这并非指地上景观会成为售票公园景点，而只是借助其潜在游览价值来表示居民对景观绿地的抽象感受。

案例污水处理厂景观生态效益分类 表 1-13

生态效益类别	评价指标
气体调节	植被可吸收 CO_2 总量(kg)
气候调节	叶片蒸腾作用在夏季中吸收热量(kWh)，本书取 6~8 月
空气净化	植物吸收截留灰尘、SO_2 等空气污染物量(kg)
旱涝调节	植被滞留雨水量(kg)
水土保持	植被减少土壤侵蚀量(kg)
养分循环	植物产生与保持的 N 与 P 元素总量(kg)
休闲	当地景观游览收入(千元)
文化	当地景观接待游客数(万人次)

各评价指标中所涉及的参数从文献中获得。其中，地上厂内同样可保留一定绿化面积；考虑管理水平与植物密度均不及地下厂的园林景观，故设定其单位面积内的生态效益为地下厂地表园林的 80%；此外，因地上厂绿地仅供厂内员工休憩，其休闲价值按 50% 计，也不具备文化宣传效果（相应效益为 0）。分析各项生态效益，结果列于表 1-14。

案例污水处理厂景观生态效益清单   表 1-14

项目	地下厂	地上厂
气体调节($kg\ CO_2$)	20112	11659
气候调节(kWh)	42356	24555
空气净化($kg\ SO_2$)	3439	1994
旱涝调节($m^3\ H_2O$)	74193	43011
水土保持(kg)	6034	3498
养分循环(kg)	19106	11076
休闲(元)	1220000	442000
文化(万人次)	10694	0

2. 生态效益量化结果

根据文献与案例污水处理厂所在地区情况,可以得到各项景观生态效益相对重要性判断矩阵,列于表 1-15。

生态效益相对重要性判断矩阵 A   表 1-15

效益类型	气体调节	气候调节	空气净化	旱涝调节	水土保持	养分循环	休闲	文化
气体调节	1	1/2	2	2	1	3	3	3
气候调节	2	1	3	3	2	5	6	6
空气净化	1/2	1/3	1	1	1/2	1	2	2
旱涝调节	1/2	1/3	1	1	1/2	2	2	2
水土保持	1	1/2	2	2	1	3	3	3
养分循环	1/3	1/5	1	1/2	1/3	1	2	2
休闲	1/3	1/6	1/2	1/2	1/3	1/2	1	1
文化	1/3	1/6	1/2	1/2	1/3	1/2	1	1

对判断矩阵进行一致性检验,以确认其逻辑性。计算结果显示,判断矩阵 A 的一致性指标 $CR=0.009<0.1$,证明该矩阵具有逻辑一致性。对该矩阵进行正规化,获得如下矩阵:

$$\begin{bmatrix} 0.167 & 0.156 & 0.182 & 0.190 & 0.167 & 0.188 & 0.150 & 0.150 \\ 0.333 & 0.313 & 0.273 & 0.286 & 0.333 & 0.313 & 0.300 & 0.300 \\ 0.083 & 0.104 & 0.091 & 0.095 & 0.083 & 0.063 & 0.100 & 0.100 \\ 0.083 & 0.104 & 0.091 & 0.095 & 0.083 & 0.125 & 0.100 & 0.100 \\ 0.167 & 0.156 & 0.182 & 0.190 & 0.167 & 0.188 & 0.150 & 0.150 \\ 0.056 & 0.063 & 0.091 & 0.048 & 0.056 & 0.063 & 0.100 & 0.100 \\ 0.056 & 0.052 & 0.045 & 0.048 & 0.056 & 0.031 & 0.050 & 0.050 \\ 0.056 & 0.052 & 0.045 & 0.048 & 0.056 & 0.031 & 0.050 & 0.050 \end{bmatrix}$$

再对每行求和并正规化,可得向量:

$$W_2 = \begin{bmatrix} 0.169 & 0.306 & 0.090 & 0.098 & 0.169 & 0.072 & 0.048 & 0.048 \end{bmatrix}^T$$

这便是案例污水处理厂地上景观生态效益的权重值。基于此,对生态效益进行归一化,结果见表1-16。

生态效益归一化结果   表 1-16

环境效益类型	地下厂	地上厂
气体调节	1.70×10^{-4}	9.83×10^{-5}
气候调节	6.49×10^{-4}	3.76×10^{-4}
空气净化	1.55×10^{-5}	8.97×10^{-6}
旱涝调节	3.63×10^{-4}	2.10×10^{-4}
水土保持	5.09×10^{-5}	2.95×10^{-5}
养分循环	6.86×10^{-5}	3.98×10^{-5}
休闲	2.95×10^{-6}	1.07×10^{-6}
文化	2.59×10^{-5}	0.00

最后可知,地下厂与地上厂对应景观所产生的生态效益(LCEE)分别为:LCEE$_{地下式}$ = 1.34×10^{-3};LCEE$_{地上式}$ = 7.64×10^{-4}。即,地下厂地表园林景观产生的生态效益约为地上厂的1.75倍。

污水处理厂附属景观或绿地生态效益主要集中于气体调节(植被吸纳CO_2,调节大气气体组成)、气候调节(植物叶片蒸腾调节周围温度)与旱涝调节(植被截留吸纳降雨),均属对环境的调节作用,而对人类生活活动(休闲与文化功能)则收益很小。

1.5.5 全生命周期综合影响评价

1. 计算结果

经过LCIA、LCC、LCEE评价后,已分别得到了对应的评价指标值。再次以层次分析法对上述三种评价指标进行归一化与量化。归一化矩阵如下:

$$W_3 = \begin{bmatrix} 0.65 & 0.23 & 0.12 \end{bmatrix}^T$$

最终,计算得到地下厂与地上厂综合影响评价指标结果,以行向量形式表示为:

$$\text{LCCI}_{地下式} = \begin{bmatrix} 1.57 & 9.15 & -1.64 \times 10^{-4} \end{bmatrix}^T$$
$$\text{LCCI}_{地上式} = \begin{bmatrix} 1.37 & 7.45 & -9.33 \times 10^{-5} \end{bmatrix}^T$$

在本书规定的全生命周期中,地下厂与地上厂对环境与社会产生的综合影响为LCCI$_{地下式}$ = 10.7,LCCI$_{地上式}$ = 8.83。

结果显示,地下式污水处理厂产生的环境、投资、生态综合影响较地上式高出21%。地下式污水处理厂地表园林景观确实具有一定生态效益,但与基建投资及其对环境影响相比显然无法实现效益"中和"。

2. 结果讨论

本书综合评价结果与现行观点显然相左。其实,这是因为景观园林具象,感官可以直觉，容易被人接受，而其背后隐含的环境影响以及基建投资等往往不被人所认识。其实，地下厂地面景观罕有向公众开放，其真实功能也就相当于一块绿地的价值，也不能在上面开发房地产。

也有人认为地下式污水处理厂可以升值其周边的房地产价格。事实上，这只不过是对地下厂"眼不见为净"的浅显认识，地上厂目前也大多可以通过加盖封闭方式收集尾气、净化排放，对周围居民并没有太大嗅觉影响。如果地下厂果真可以提高周边房地产价格，从环境经济角度看，这势必会间接增加环境污染物排放，因为"钱"的背后便是 CO_2、雾霾、废水等污染物。

因此，地下式污水处理厂建设并非优选方式，它的建设需要因地制宜，选址需要特别慎重。在此方面，应该认真分析国外少有的地下式污水处理厂选址、建设缘由。例如，荷兰鹿特丹 Dokhaven 污水处理厂、日本神奈川叶山町污水处理厂、芬兰赫尔辛基 Viikinmäki 污水处理厂、瑞典斯德哥尔摩 Henriksdal 污水处理厂（目前世界上最大 MBR 地下厂，处理规模达 86.4 万 m^3/d）等，或因确实缺地，或出于气候严寒需要保温措施而考虑建设地下式污水处理厂。无论如何，这些厂均充分考虑了利用当地地形，如鹿特丹 Dokhaven 污水处理厂利用了废弃船坞码头的深坑（$-6 \sim 7$ m），而神奈川叶山镇污水处理厂、赫尔辛基 Viikinmäki 污水处理厂、斯德哥尔摩 Henriksdal 污水处理厂则利用了天然山洞。

1.5.6   结语

在城市化进程以及规模不断扩张的今天，城市用地显得格外紧张与昂贵，这就使地下式污水处理厂建设集工艺建设与恢复景观生态合二为一的观点占了上风。事实上，人们往往只看到生态景观的表象，而对其中隐含的基建投资、环境影响却很少关注和了解。这就需要从全生命周期角度分别对地下式污水处理厂基建投资、环境影响以及生态效益等分别予以定量评价，综合各种影响进行定量分析。

研究通过全生命周期环境影响（LCIA）、全生命周期成本（LCC）与全生命周期生态效益（LCEE）三种评价方法分别对国内某全地下式污水处理厂定量评价，并最后归纳全生命周期综合影响评价（LCCI）。结果显示，地下式污水处理厂在基建投资、环境影响、生态效益三方面的综合负面影响较地上式要高出约 1/5。虽然地下式污水处理厂地表园林景观会产生一定生态效益，但这并不能"中和"其基建投资以及环境影响产生的负面效益。更何况，其产生的生态红利服务了发达城市，而环境负面影响往往转嫁至欠发达地区。

本书虽基于理论计算与分析，但结果对地下式污水处理厂建设的综合评价至少可以定性说明问题。不然，比中国更缺地的欧洲和日本地下式污水处理厂早已大行其道。

1.6   厌氧氨氧化技术应用瓶颈分析

20 世纪 90 年代初，荷兰 TNO 环境研究所 Mulder 从流化床工程反应器中发现厌氧氨氧化（ANAMMOX）现象。随后，代尔夫特大学（TU Delft）Kluyver 生物技术实验室 Keunen 等人从微生物学角度分离 ANAMMOX 细菌，确认了其存在，并对其生理生化特点进行了初步研究。与此同时，比利时根特大学在工程规模硝化生物转盘中亦发现了限氧自养硝化-反硝化（OLAND）现象。2001 年，代尔夫特大学 Kluyver 生物技术实验室 Jetten 等人以 O_2 为限制条件控制短程硝化过程，提出了生物膜内一步式完全自养脱氮（CANON）工艺；在此基础上，同一实验室生物工艺组 Mark van Loosdrecht 与荷兰 Paques 公司合作，开始研发 ANAMMOX 应用工艺，并在 2002 年成功将世界上首座 ANAMMOX 工程反应器应用于鹿特丹 Dokhaven 污水处理厂污泥厌氧消化液处理高氨氮尾水。

ANAMMOX 以 NO_2^- 作为电子受体可将氨氮（NH_4^+）直接氧化为氮气（N_2）。显然，NO_2^- 转化、富积是 ANAMMOX 成功与否的关键。于是，短程硝化（Partial nitrification，PN）耦合 ANAMMOX 工艺应运而生（PN/A）。PN/A 是完全自养脱氮工艺，具有 3 个特点：1）仅 50% NH_4^+ 在硝化第一段（AOB/短程硝化）需要耗氧，可节省硝化第二段 25% 需氧量，由于剩余 50% NH_4^+ 无需硝化，总共可节省 62.5% 需氧量；2）无需有机碳源（COD）；3）可减少 80% 剩余污泥量。所以，ANAMMOX 被认为是一种可持续污水处理技术。

自 ANAMMOX 应用工程在荷兰问世至今已过去了 20 多年，人们对 ANAMMOX 的研究似乎热度未减，尤其是在中国。特别是近年，短程反硝化（Partial denitrification，PD）耦合 ANAMMOX 的 PD/A 研究亦开始出现，与 PN/A 产生 NO_2^- 的方式完全不同。但是，PD/A 似乎与 ANAMMOX 不消耗 COD 和少消耗 O_2 的可持续初衷显得有些偏离。图 1-17 总结了硝化/反硝化（N/D）、PN/A 以及 PD/A 脱氮过程以及对 O_2 和 COD 消耗，三种脱氮过程以及 O_2 和 COD 消耗量一目了然。

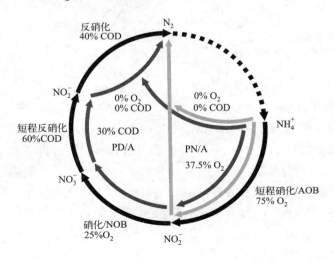

黑色实线：传统硝化/反硝化脱氮，100% O_2 + 100% COD；

浅灰色实线：PN/A（只计消耗 50% NH_4^+），37.5% O_2 + 0% COD；

深灰色实线：PD/A（只计消耗 50% NH_4^+），50% O_2 + 30% COD；

黑色虚线：生物固氮作用。

图 1-17 不同脱氮路径 COD、O_2 量消耗与平衡

就 PN/A 工程应用而言，中国目前已成为应用总数（应有百座之多）以及单体规模最大的国家。然而，中国自主研发的 ANAMMOX 工程应用反应器似乎寥寥无几，甚至有的已经半途而废。我国过热的深入研究与罕有的成功应用存在着巨大反差，这一现象耐人寻味。为此，有必要认真总结分析其中原因，以阐明 ANAMMOX 适合的应用场景以及苛刻的控制技术，希望让其能走下"神坛"，回归其原本就是小众而非大众技术的属性。

1.6.1　学术研究热度

国内外学者意识到 ANAMMOX 工艺无论是节能降耗，还是碳减排（能耗产生的 CO_2）方面似乎表现出一定优势。在侧流处理高浓度污泥硝化液成功工程应用的基础上，不少研究人员又开始尝试主流 ANAMMOX。截至 2023 年 7 月，根据 Web of Science 数据库检索统计，以 ANAMMOX 关键词发表相关论文已达 5864 篇，其中，我国论文数 3129 篇，占 53.36%（图 1-18a）。与 2022 年 7 月（2638 篇）相比，国内 ANAMMOX 文章发表量增长 18.61%，对 ANAMMOX 的研究热度继续提高。但是，我国在中试研究和工程应用方面的研究论文均占比 2.24% 和 0.51%。这就意味着我国理论探究与机理实验几乎囊括了全部 ANAMMOX 研究。

如果以进水基质类型分类，国内以生活污水为基质的论文 1903 篇（61%），远高于工业废水和垃圾渗滤液（12%）（图 1-18b）。这说明目前我国对 ANAMMOX 的研究已不屑高浓度氨氮废水，注意力已转向低浓度市政污水。

图 1-18　Web of Science 文章检索 ANAM-MOX 研究论文
(a) ANAMMOX 研究论文数量；
(b) ANAMMOX 基质研究类型

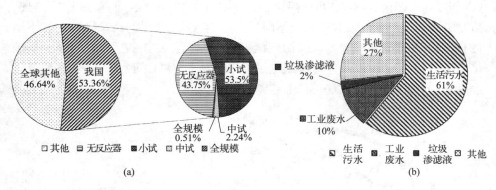

(a)　　　　　　　　　　(b)

1.6.2　PN/A 技术应用瓶颈分析

PN/A 工程应用遇到的最大问题除 ANAMMOX 因世代时间漫长而难以培养外，另外就是其所需要的电子接受体——NO_2^- 的可持续获得性，即工程中实现短程硝化的保障性。理论上看，实现短程硝化技术路径可通过控制温度（T）、溶解氧（DO）、pH 等工况来实现，但也与进水 NH_4^+、COD 浓度密切相关。以下对这些控制因素予以分析总结，以期厘清工程应用中的瓶颈所在。

1. 温度

ANAMMOX 作为嗜温菌，其代谢增殖的最适温度为 35 ℃，低温使其增殖速率变缓，致反应器启动时间过长。常温条件下，ANAMMOX 启动时间一般在 2 个月以上。研究表明，温度每降低 5 ℃，ANAMMOX 生长速率会减缓 30%～40%。研究也发现，ANAMMOX 菌会将一部分 NO_2^- 氧化为 NO_3^-，作为细胞增殖所需的氮源；随着温度从 25 ℃ 降至 12 ℃，反应器中 ANAMMOX 菌的 NO_3^- 产量也有所下降，该产量与 NH_4^+ 消耗量的比值由 0.18 降低至 0.04，说明此时 ANAMMOX 细胞合成速率较低，活性受到抑制。

确实，温度降低会严重影响 ANAMMOX 活性。又一项研究显示，温度从 30 ℃ 下降到 10 ℃，ANAMMOX 菌比活性降低约 90%。低温下，即使通过填料形式可以增加系统中生物截留量，这种形式也无法抵消低温导致的 ANAMMOX 菌活性下降；在 $T=10$ ℃时，ANAMMOX 菌活性低于 10 g•kg/d。

另一项研究显示，随着温度降低 NH_4^+ 转化率从 20 ℃时的 40 g N/(m³•d) 下降到 10 ℃时的 15 g N/(m³•d)；从 13 ℃ 到 10 ℃ 温度下降对反应器性能影响最大，需要延长 250% 的水力停留时间（HRT）来去除 NH_4^+，说明水温在 13 ℃ 的条件下 PN/A 才具有运行的可行性。

温度对 ANAMMOX 的影响还体现在关键菌群活性、生长率对温度的敏感性差异：在 10～30 ℃ 间，AOB、NOB 和 ANAMMOX 菌活性随温度变化系数（1.2～10.7）远超正常范围（1.02～1.10）；$T=20$ ℃ 以下时，AOB、ANAMMOX 菌活性下降较 NOB 更为明显；ANAMMOX 菌最大比生长率在 30 ℃ 时为 0.05～0.09 d^{-1}，较 AOB 最大比生长率（0.7～0.9 d^{-1}）低 10 倍；低温时 AOB 增殖速度较 ANAMMOX 菌快很多，产生的高 NO_2^- 浓度会抑制 ANAMMOX 菌活性，使其难以富集。

因此，ANAMMOX 并不适合于低温情况。事实上，在 ANAMMOX 适宜的中温情况下，AOB 与 NOB 比增长率与常温下完全颠倒，即 NOB 比增长率明显低于 AOB（图 1-19）；正因如此，通过微控固体停留时间（SRT），可以淘汰（Wash-out）NOB，实现 NO_2^- 聚集（SHARON：中温短程硝化），为 ANAMMOX 所需电子接受体创造条件。世界上第一座 ANAMMOX 工程反应器便是 SHARON 与 ANAMMOX 的结合形式（两步 ANAMMOX），脱

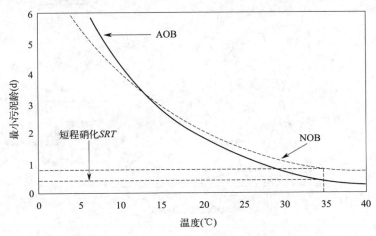

图 1-19 AOB 与 NOB 最小污泥龄（SRT）随温度变化趋势

氮效率达 90%。ANAMMOX 适用于污泥厌氧消化液，高氨氮处理刚好利用了厌氧消化的出水温度（＞30 ℃），无需对 SHARON 和 ANAMMOX 进行加热。

2. 溶解氧

基于 AOB 和 NOB 对氧的亲和系数（K_s）不同（$K_{O_2}^{AOB}$ 和 $K_{O_2}^{NOB}$ 分别为 0.04～0.99 和 0.17～4.33），将 DO 控制在极低水平便能很好地利用 AOB 对 O_2 的亲和性高于 NOB 这一特性，让 AOB 优先获得 O_2 而 NOB 被低 O_2 抑制，从而实现 NO_2^- 积累。

然而，设定低 DO 水平很难稳定地控制 NOB，除非进水 NH_4^+ 保持与 DO 水平相一致的恒定。例如，有人控制 DO＝0.15～0.18 mg O_2/L，实验反应器中产生的 NO_3^- 占所硝化 NH_4^+ 的 30%；也有人报道了控制在 DO＝0.17 mg O_2/L 时，反应中高达 88% 的 NH_4^+ 完全硝化至 NO_3^-，ANAMMOX 基本失效。

通过间歇曝气似乎可以抑制 NOB 活性，因为 NOB 比 AOB 需要更长时间来恢复正常代谢。然而，研究发现，通过间歇曝气会使 DO 浓度波动变化增大，以至于 NOB 也有机会利用 O_2 而导致大量 NO_3^- 产生（≈40% NH_4^+ 消耗量）。间歇曝气的一个明显缺陷是可促进强温室气体——氧化亚氮（N_2O）产生，因为积累的 NO_2^- 在停止曝气阶段会发生亚硝化还原反应而生成 N_2O，N_2O 产生量占 PN/A 反应器总氮去除量的 2.7%。

事实上，在世界上第一座 ANAMMOX 工程反应器应用之前，针对一步式反应器（CANON）相关研究已经指出，实现短程硝化的关键是对 DO 的精准控制。基于模拟研究揭示出，NH_4^+ 与 DO 是耦联波动的关系；实际消化液进水 NH_4^+ 负荷时常变化，这就需要所需的最佳 DO 浓度要实时跟进调整，否则，哪怕 0.1 mg O_2/L 的最佳 DO 浓度都会导致约 20% 的脱氮效率下降，如图 1-20 所示。进言之，NH_4^+ 表面负荷越高，就越需要较高的最佳 DO 匹配。

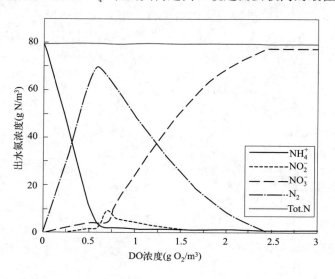

图 1-20 CAN-ON 工艺中 N 转化与 DO 浓度关系

与此同时，实验也证实需要根据 NH_4^+ 负荷相应地调整 DO 设定点，当 NH_4^+ 进水浓度为 250 g N/L、500 g N/L、750 g N/L 时所对应最佳 DO 浓度分别约为 2 mg O_2/L、3 mg O_2/L、4.5 mg O_2/L。进水 NH_4^+ 浓度较低时，DO 微小波动都会导致 NO_2^- 积累率大幅降低；随进水流量由大到小（0.8～0.2 L/h）降低，NO_2^- 积累率愈受 DO 影响。在实际处理过程中实时改变 DO，使之与不断变化的进水 NH_4^+ 负荷匹配是非常困难的，除非前端设置均衡池，以固定进入 ANAMMOX 反应器的 NH_4^+ 浓度。

实际上，CANON 工艺对 DO 控制就是利用了 AOB 与 NOB 对 O_2 的亲和系数 K_s 不同形成短程硝化与 ANAMMOX 耦合（PN/A）而实现的。但是，某些 NOB 种属（如，*Nitrospira*）在长期运行中能够适应低 DO 环境，会逐渐导致 NO_2^- 积累效果变差，所以，靠低 DO 浓度这种单一控制措施很难实现 PN 的长期稳定。污水处理中耐受 DO 变化的 NOB 最常见的是硝化杆菌属（*Nitrobacter*）和硝化螺菌属（*Nitrospira*）；*Nitrobacter* 比生长速率高于 *Nitrospira*，但两者对 O_2 的亲和性刚好相反。这意味着在高 DO 水平下，前者快速生长繁殖占据竞争优势；而当 DO 控制在较低浓度时，后者可充分利用 O_2 完成增殖代谢过程。这也间接证明，虽然调控 DO 确实可以抑制 NOB，但面临复杂的微生物活动时，工况调节不仅需要"精雕细琢"，而且还应于微观层面具备在线更新的灵活性。

3. pH

控制 pH 从而实现短程硝化基于 2 种机理：1）维持关键微生物菌种生长适宜的酸碱环境；2）通过调节 pH 来影响游离氨/游离亚硝酸盐（FA/FNA）形成浓度抑制 NOB。

AOB 与 NOB 生长最适 pH 分别为 7～8.5 和 6～7.5；过低 pH（<6.8）会抑制 AOB 活性，pH 在 6.5～7.5 范围内每下降 0.5，NO_2^- 积累率下降 50% 以上，短程硝化最适 pH 范围为 7.0～8.0。

同时，ANAMMOX 菌所适宜的 pH 为 6.7～8.3；pH<6.0 或 pH>9.5 时使 ANAMMOX 菌活性降低；高 pH（>8.0）会引起 NO_2^- 含量增加，致 ANAMMOX 菌活性丧失。

可见，较高的 pH 能抑制 NOB，促进短程硝化，但偏碱性环境产生的高 NO_2^- 浓度又会抑制 ANAMMOX 菌，最终影响一步式 PN/A 工艺脱氮效率。进言之，因个别 NOB 种属对酸碱环境变化造成的抑制具有一定适应能力，所以，控制 pH 范围只是保障了 AOB 与 ANAMMOX 菌正常代谢，并不能作为短程硝化抑制 NOB 的有效技术措施。

此外，有研究认为，调节 pH 可以改变 NH_4^+ 与 FA、NO_2^- 与 FNA 之间的化学平衡，通过 FNA/FA 浓度来影响短程硝化。有人将 20%～40% 活性污泥从主流反应器中分离，在池外部采用厌氧消化处理 24 h 后再返回主流反应器，pH 可升高至 9 并形成 210 mg NH_4^+/L 的 FA；或对污泥回流采取短程硝化，将 pH 降低至 5～6，形成 1.35～1.82 mg NO_2^-/L 的 FNA。虽有报道

NOB 较 AOB 易受高浓度 FA/FNA 抑制，但既能抑制 NOB 又不会对 AOB 造成抑制的浓度范围很窄（0.5~0.6 mg NO_2^-/L）。过酸过碱会影响 AOB 和 ANAMMOX 菌生长代谢，且长期 FA/FNA 处理会产生高耐受性的 NOB 菌种，如 $Ca.\ Nitrotoga$ 等。

在奥地利 Strass 污水处理厂，含高氨氮的污泥消化液汇入 DEMON 系统单独处理，脱氮效率达 90%。该工艺特点是 SBR 带有由 pH 信号控制的间歇曝气系统；控制 pH=7.3~7.5，因氧气输入使得硝化作用比 ANAMMOX 速率更高，反应器中 pH 在曝气间隔期间因硝化产生 H^+ 而下降到低设定点（pH=7.3）而停止曝气；pH 在曝气间隔期间因 ANAMMOX 过程产生的 OH^- 离子以及连续投加碱性消化液再次升高至 7.5。曝气间隔的实际持续时间由 pH 信号决定，pH 信号表征了反应的当前状态。

这种由在线 pH 响应控制的曝气系统波动，pH 响应区间极窄，仅为 0.01，即 pH=7.3±0.01 时便要启动曝气，而在 7.5±0.01 停止曝气；任何 pH 响应区间微小变化，都会影响 NO_2^- 积累浓度并影响 1/3 的 ANAMMOX 活性。

可见，ANAMMOX 正常运行实现对 pH 精准控制。然而，进水本身 pH 波动以及生化反应过程 pH 变化都会影响混合液 pH，这就导致严格控制曝气启停响应区间（0.01）在工程上变得异常困难。

4. 氨氮

通过控制出水中残留 NH_4^+ 浓度可辅助低 DO 浓度抑制 NOB 活性。随氧浓度降低，需要控制一定浓度出水残留 NH_4^+ 来增强 AOB，且不同 DO 水平均有相对应的抑制 NOB 最低 NH_4^+ 浓度。随着 AOB 与 NOB 的半饱和系数之比（R_{KO}）升高，最低 NH_4^+ 浓度也随之升高；R_{KO}（$K_{O_2,AOB}/K_{O_2,NOB}$）从 0.17 上升到 7.25，所需 NH_4^+ 浓度从 0.31 mg N/L 增加到 220 mg N/L；尤其是低 DO（0.25 mg O_2/L）条件下变化速率最快。

因温度、pH 等因素影响，导致出水残留 NH_4^+ 浓度需要随时调控；在 30 ℃下观察到抑制 NOB 的出水残留 NH_4^+ 浓度比 20 ℃时低。在许多 DEMON 装置中有效抑制 NOB 的出水残留 NH_4^+ 浓度通常小于 100 mg/L。控制出水残留 NH_4^+ 浓度促进短程硝化需要综合考虑细菌相互作用等各影响因素，目前还没有成熟稳定的控制技术，且由于出水中 NH_4^+ 浓度过高，仍然需要一个好氧反应器去除 NH_4^+。

生活污水中含量低且变化的 NH_4^+ 浓度（30~100 mg/L），无法产生足量 FNA 和 FA 来遏制 NOB 增殖。有人提出动态 pH 条件下交替出现 FA 和 FNA 抑制 NOB 的控制策略，即在偏碱性（pH>8.0）条件下 NH_4^+ 分解出 FA 和 H^+，另在偏酸性（pH<6.0）条件下 NO_2^- 结合 H^+ 形成 FNA，因为这两种物质能有效抑制微生物电子转移。经验显示，NH_4^+ 浓度在 500~1500 mg N/L 时，产生的 FA 和 FNA 浓度高于抑制 NOB 之阈值（40~70 mg NH_4^+-N/L 和 0.2~0.6 mg NO_2^--N/L）。而 FNA 处于 0.5~0.63 mg NO_2^--N/L 时会对 AOB 产生抑

制作用，可见，既能抑制 NOB 又不会对 AOB 造成伤害的 FNA 浓度范围较窄。随进水水质和水力负荷变化，FNA 或 FA 抑制 NOB 之策略可能并不奏效。

5. 有机物

生活污水中的有机碳源（COD）会导致生长速度较快的异养菌与 AOB 竞争 O_2，同时与 ANAMMOX 菌竞争 NO_2^-；异养反硝化细菌对生长空间和底物基质竞争显然占据优势，从而降低 AOB 与 ANAMMOX 菌的数量和活性。研究发现，污水中 COD 浓度决定主要脱氮途径是自养 ANAMMOX 还是异养反硝化；当 COD>237 mg/L 时，系统氮去除则完全由异养反硝化控制。有研究表明，CANON 工艺中 COD>100 mg/L 会影响反应器运行稳定性；当进水 TN 浓度较高时，总 COD>50 mg/L 会导致 ANAMMOX 脱氮效率严重降低。

采用短时曝气降解 COD 的方法易导致系统内 DO 产生波动现象。通过前端碳捕捉方式虽可降低 COD 浓度，但以能量回收为目的的碳捕捉会使 ANAMMOX 反应器稳定性受到影响。高速活性污泥法（HRAS）对 COD 去除率约为 60%，但进水中 20%~30% COD 会分解为 CO_2，降低了后续能量回收潜力。通过混凝和絮凝去除污水中的颗粒/胶体物质（化学强化一级处理，CEPT）可去除 80%~90% 的 TSS 和 50%~70% 的 COD，但当污水中溶解性 COD 含量较高时，COD 去除效率则较低。即便有前端捕捉碳的方法，但偶尔从预处理工艺流出进入下游 ANAMMOX 反应器的高浓度有机物、悬浮固体也会刺激异养菌生长并导致活性污泥中的 ANAMMOX 菌、AOB 流失。有研究发现，当进水 C/N<0.5 时，自养脱氮才能占主导地位；当进水 C/N 从 0.5 升高到 0.75 时，氮去除效率从 79% 显著降低至 52%；当进水 C/N>2 时，ANAMMOX 菌将不再发挥作用。事实上，市政污水实际 C/N 一般为 4~12，有效的碳分离不仅需要好的技术，更需要精准的控制。

6. 运行工况

短程硝化因复杂的微生物群落动态导致 PN/A 实际运行所需控制工况与实验室水平研究结果存在较大出入。表 1-17 列出了部分 ANAMMOX 工程反应器所表现出的运行故障以及工艺性能所受到的影响。

发生运行故障 ANAMMOX 反应器工艺性能受影响情况　　　　表 1-17

故障原因	工艺性能受影响情况（%）[1]			
	无影响	低	中	高
pH 冲击	55%	0%	15%	30%
进水固体浓度	30%	20%	30%	20%
温度变化	45%	35%	20%	0%
鼓风机故障	65%	10%	15%	10%
混合问题	80%	10%	10%	0%
进水泵故障	70%	10%	10%	10%
氧传感器或其他相关故障	60%	10%	10%	20%

注：[1] 受影响工厂数量占比。

总的来看，工艺性能受影响最大的是进水固体浓度。过高进水 TSS 负荷易导致 NO_3^- 增多（即，NOB 活性增加），可通过排泥来加以解决，但易致反应器生物量减少。其次，40％运行工艺出现了氧传感器故障，没有及时发现过量曝气，致 NO_3^- 产量从 10％增加到 40％。另外，还有 35％运行工艺出现了结垢现象。工艺过程持续的沉积物会使生物膜表面结垢而受到不利影响。管道、泵和曝气装置中结垢会造成严重运行问题，传感器也会受到影响，因此需要定期清洗。这些发生在实际工程反应器中的运行故障所导致的工艺性能下降是实验室研究中难以发现的。

显然，工艺操控运行不仅仅是自动化和信息化所能解决的问题，也不是靠大数据或机器学习便能统计分析出来精准控制参数，需要理论结合实际的生物工艺过程模拟与运行优化才能逐渐把握。

7. N_2O 释放

理论上 ANAMMOX 过程本身并不涉及氧化亚氮（N_2O）产生，但不同规模 ANAMMOX 工艺排放 N_2O 均有报道。这主要是源于 AOB 同步亚硝化及其同步反硝化途径所引起。

AOB 将 NH_4^+ 氧化为 NO_2^- 生物过程中主要经过羟胺/NH_2OH（由氨单加氧酶/AMO 催化）与次要途径硝酰基/NOH（由羟胺氧化还原酶/HAO 催化）两个中间产物，可将大部分 NH_4^+ 氧化到 NO_2^-，但也存在 NH_4^+ 从 NH_2OH 或 NOH 经生物途径或非生物化学途径转化至 N_2O。有研究表明，在高 NH_4^+、低 NO_2^- 以及 NH_4^+ 氧化速率较高条件下，有利于 NH_2OH 生物氧化经 NO 产生 N_2O。此外，经 NH_2OH 生物氧化产生的 NO 也能逆向转化为 NO_2^-（由未知酶/NcyA）催化。进言之，越来越多研究表明，非生物途径对于污水处理过程中 N_2O 排放存在着一定关系；N_2O 产生速率与 NH_4^+ 氧化速率之间呈指数关系，且指数关系可以用一个基于 NOH 化学降解产生 N_2O 模型来表示；AOB 纯菌株培养经非生物化学途径转化 N_2O 产量占 TN 负荷的 0.05％～3.3％。

AOB 除了亚硝化途径外，亦可通过反硝化途径产生 N_2O。有研究指出，硝化过程中 AOB 反硝化作用也是活性污泥系统产生 N_2O 不可忽视的途径，且被认为是污水处理系统产生 N_2O 的主要来源。AOB 可以在低 DO 或高 NO_2^- 浓度情况下，将 NO_2^- 逐步还原为 N_2O，这个过程被称为 AOB 反硝化作用。低 DO 浓度会对 NOB 产生明显抑制作用，使 NO_2^- 进一步氧化受阻，造成 NO_2^- 积累；此时，AOB 会分泌一系列亚硝酸盐还原酶（Nir）、异构亚硝酸盐还原酶（Ntr）和 NO 还原酶（Nor）等酶，而 Nor 酶在有氧条件下不会受到抑制，且 AOB 基因组中没有发现编码 Nos 的基因，所以，AOB 反硝化终产物不是 N_2 而是 N_2O。

现场检测表明，好氧区排放的 N_2O 量通常比缺氧区高出 2～3 个数量级。这说明，AOB 确实是生物脱氮过程产生 N_2O 的主要贡献者，无论什么样的 DO 水平，其从正（硝化）、反（反硝化）两方面均可以产生 N_2O。总之，污

水处理脱氮过程中 N_2O 排放主要源于 AOB 同步亚硝化与反硝化途径，该途径中 AOB 反硝化与其亚硝化过程产生的非生物化学途径合在一起可使 N_2O 产生量达 TN 负荷的 13.3%。

可见，ANAMMOX 固然能减少传统脱氮工艺需氧曝气能耗等间接碳排放量，但 AOB 及其同步反硝化作用所释放的 N_2O 直接碳排放量则不容小觑，有可能使 ANAMMOX 综合碳排放量甚至高于传统脱氮工艺，毕竟 N_2O 的温室效应为 CO_2 的 273 倍。不同规模 ANAMMOX 反应器 N_2O 排放差异很大（占 TN 负荷的 0.56%～6.6%），见表 1-18。在一些 ANAMMOX 工艺中，N_2O 排放量甚至高于传统脱氮系统（TN 负荷的 0.1%～0.58%）。

不同规模 ANAMMOX 反应器 N_2O 排放   表 1-18

反应器规模	总氮负荷率 NLR(kg N/m³ d)	氮去除负荷 NRR(kg N/m³ d)	氮去除效率 NRE[1](%)	N_2O 排放[2] (%)
工程	0.65	0.34	52.3	0.6
	0.269	0.219	81.4	0.62
	0.18～0.22	0.08～0.1	45	5.1～6.6
	2	1.48	74	1.2
	1.5	1.35	90	0.8
	1.76	1.31	74.4	2
中试	0.85	0.83	97.6	6.22
	0.58～2.7	0.47～1.31	81	3.0～6.4
	2.5	1.15±0.35	60	4.0±1.5
小试	1.22	0.64	52.5	5.6
	0.8	0.59	73.8	1.0-4.1
	0.75	0.66	88	1.2～6.0
	0.5～0.8	0.4～0.6	80	0.98±0.42

注：[1]NRR/NLR；[2]N_2O 排放量占 TN 负荷百分比。

1.6.3 PD/A 途径可持续性分析

短程反硝化（PD）耦合 ANAMMOX 工艺（PD/A）如图 1-17 所示，实现 PD/A 需将 50% NH_4^+ 先完全硝化至 NO_3^-，继而通过异养反硝化再还原至 NO_2^- 后与剩余 50% NH_4^+ 发生 ANAMMOX 反应完成脱氮过程。这一过程相对传统硝化/反硝化脱氮工艺可节约 70% 碳源、50% O_2，但相对于所谓可持续的 PN/A 工艺而言却多消耗了 12.5% 的 O_2 和 70% 的 COD（图 1-17），且 NO_2^- 积累来自短程反硝化（限制速率），过程十分不稳定，实现高效脱氮必须进一步协同反硝化、同步硝化/反硝化（SND）。

特别需要说明的是，短程反硝化（PD）过程同样涉及产生，甚至积累问题。PD 发生的本质是硝酸氮还原酶（Nar）活性高于亚硝酸盐还原酶（Nir）时，NO_3^- 还原速率大于 NO_2^- 还原速率而导致的 NO_2^- 积累。确实，反硝化不彻底（至 N_2）是反硝化过程释放 N_2O 的主因，而 PD 过程 N_2O 产率可高达进水 TN 负荷的 30%。与此，协同的 SND 也是 N_2O 不容忽视的产生源，其释放量可高达 TN 负荷的 7.7%，产生根源其实是 AOB 反硝化。

可见，无论从耗氧量、碳源需求量还是从 N_2O 释放量角度看，PD/A 与 PN/A 相比均无可持续性可言。

1.6.4　结语

20 年前中温短程硝化＋厌氧氨氧化（SHARON＋ANAMMOX，即，PN/A）工艺研发并在荷兰成功应用掀起一股可持续污水处理技术研发浪潮。然而，同样经历了 20 多年的国内高热研究与寥寥无几的工程应用，形成了鲜明对比。究其原因，ANAMMOX 之所以成为工程应用的初衷便是针对特殊污水，即具有高氨氮（NH_4^+）与低有机物（COD）浓度的污泥厌氧消化液或类似工业废水。这就注定 ANAMMOX 属于"小众"技术，而非我们主观愿望上放之四海而皆准的大众技术。

除 ANAMMOX 本身属于嗜中温细菌外，前端与其匹配的亚硝酸氮（NO_2^-）形成亦成为技术实现的瓶颈。温度、溶解氧（DO）、pH 等控制手段固然可以实现短程硝化，但需要在工程上做到精准控制水平，且要应对不断变化的进水水质，这就使得综合控制运行技术变得异常复杂和难以控制，以至于 ANAMMOX 工程应用最后实际上演变为一种异常精准的控制技术。进言之，在全球普遍强调碳减排的今天，从短程硝化（PN）过程中产生的强温室气体——氧化亚氮（N_2O）问题开始为 ANAMMOX 的可持续性投上了阴影。

跨越 PN/A 所产生的另一种短程反硝化＋厌氧氨氧化（PD/A）工程应用最后同样是落脚精准控制技术。而且，与 PN/A 相比，PD/A 无论从前端硝化耗氧量、短程反硝化碳源需求量、还是从 N_2O 释放量等方面看都不具有明显优势，这就使得 PD/A 之可持续性颇受质疑，其工程化前景似乎并不乐观。

可见，ANAMMOX 应回归小众脱氮技术的范畴，其工程应用场景十分有限。任何夸大、扩大其应用的研究恐怕都是事倍功半。因此，ANAMMOX 学术研究无可非议，但对其工程应用则应非常理性。

1.7　硫自养反硝化技术应用前景分析

水体中氮超标是水体富营养化的元凶之一。农业与城市面源难以人为控制，而污水点源控氮则有可能，以至于以脱氮除磷为目标的污水处理成为现今主流工艺。

污水处理脱氮通常通过硝化、反硝化生物途径实现，无论理论与实践均相当成熟。硝化作为生物脱氮的第一步一般并不存在什么技术难点，只要污泥龄（SRT）足够长、曝气量跟得上，将氨氮（NH_4^+）转化为硝酸氮（NO_3^-）不成问题。问题是始于 NO_3^- 的异养反硝化（至 N_2）不仅需要缺氧环境，而且保证充足的有机碳源（COD）至为关键。但是，我国市政污水 COD 普遍低下，以至于出现异养反硝化受限问题常见，不得不以外加碳源方式来提高异养反硝化速率。

诚然，外加碳源与我国目前奉行的"双碳"目标有些相悖，势必增加污水处理碳排放量。为此，有人认为避免外加碳源需另辟蹊径。于是，从非碳元素获取电子的自养反硝化开始进入人们的眼帘。其中，单质硫（S）或硫化物（S^{2-} 等）可以为反硝化提供电子，从而构成硫自养反硝化途径。硫自养反硝化以脱氮硫杆菌为主，在缺氧条件下利用无机碳源（CO_3^{2-}、HCO_3^-）作为细菌所需碳源，通过氧化 S 或 S^{2-} 等为细菌提供代谢能量。结果，S 和 S^{2-} 等被氧化为 SO_4^{2-}，而 NO_3^- 被还原为 N_2。

硫自养反硝化固然避免了外加碳源问题，但硫本身也是宝贵资源，其开采、提纯等过程也非易事，更严肃的是单质硫（S）乃火药成分，属于国家严格管控原料，不能轻易买卖。为此，需从硫资源、自养反硝化速率、碳排放等方面全方位剖析硫自养反硝化之技术优劣。

1.7.1 硫循环与硫资源

1. 自然界硫循环

自然界各种形式硫之间存在着如图 1-21 所示的微观循环，且多以生物氧化还原作用为主。宏观上，S 元素在自然界生物化学和地质变迁作用下在岩石、沉积物、大气以及水体中存在着相对平衡的自然循环，主要活动包括（按年转移量由高到低排序）：硫矿开采、燃料燃烧及金属硫化物溶解、硫酸盐还原为单质硫沉积海底、火山喷发产物、农业肥料施用以及农业非点源径流等。

硫的生物氧化还原主要由硫氧化和反硫化截然相反的两大途径构成，如图 1-21 所示。硫氧化指 $S^{2-} \to SO_4^{2-}$ 的过程，硫氧化细菌按不同产物形成又可以区分为硫化细菌和硫磺细菌。硫化细菌可将 S^{2-} 或单质 S 氧化为 SO_4^{2-}／SO_3^{2-}（图 1-21 中④、⑤、⑥路径）。硫化细菌不储存硫粒，为化能自养菌。大多数硫化细菌为严格好氧菌，以 O_2 作为电子受体；也存在硫自养反硝化细菌，即以硝酸氮（NO_3^-）取代 O_2 作为电子受体的细菌，主要参与细菌乃脱氮硫杆菌，为兼性厌氧菌。硫磺细菌可将 S^{2-} 氧化成元素硫并贮存于菌体内；当环境中 S^{2-} 浓度较低时，则将贮存的元素硫氧化成 SO_4^{2-}（图 1-21 中⑤、⑥路径）。硫磺细菌包括：

1）无色硫磺细菌：不含光合色素，为化能自养菌。

2）光自养硫磺细菌：含有菌绿素和类胡萝卜素等光合色素，如绿色硫细菌和紫色硫细菌，能在厌氧条件下进行不产生氧气的光合作用。

反硫化是 $SO_4^{2-} \to S^{2-}$ 还原过程，主要由硫酸盐还原菌（SRB）完成。

SRB 代谢途径主要分为同化硫酸盐还原和异化硫酸盐还原 2 种代谢途径。SRB 能以 H_2 或有机物作为电子供体，可将 SO_4^{2-}、SO_3^{2-}（亚硫酸盐）还原生成 S^{2-}，即异化硫酸盐还原（图 1-21 中③路径）；或 SO_4^{2-} 经还原后最终以巯基形式固定于细胞中蛋白质内，组成细胞成分（同化作用）（图 1-21 中①路径）；细菌死亡后由一些腐败细菌脱硫可形成 H_2S 气体（图 1-21 中②途径）。同化、异化产生的 S^{2-} 有两种去向：1）形成金属硫化物沉淀（图 1-21 中⑧路径）；2）进入水体、大气、土壤中，再通过硫氧化细菌被氧化为单质 S 沉淀或 SO_4^{2-}（重复图 1-21 中④、⑤、⑥路径）。此外，在脱硫单胞菌属（如，*Desulfuromonas*）和一些超嗜热古菌等作用下，单质硫亦可被还原为 S^{2-}（图 1-21 中⑦路径）。

图 1-21 自然硫循环路径
①—生物还原作用（同化）；
②—脱硫作用；
③—生物还原作用（异化）；
④—生物氧化作用（异化）；
⑤—生物氧化作用（异化）和自发氧化；
⑥—生物氧化作用（异化）；
⑦—生物还原作用（同化）；
⑧—化学沉淀

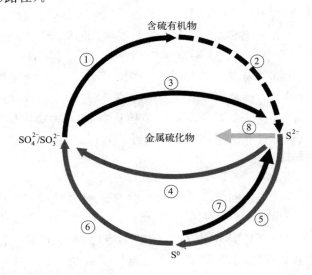

2. 硫资源储量

硫资源以天然单质硫（S）、硫化氢（H_2S）、金属硫化物、硫酸盐（SO_4^{2-}）等多种形式存于地壳之中，或以 SO_4^{2-} 形式存在于海水中。虽全球硫资源储量非常丰富，但可开发利用的硫资源量却很少。然而，硫可以副产于石油、天然气冶炼过程。存在于沉积岩和火山岩矿床的硫与天然气、石油、油砂共伴生，加上金属硫化物在内的硫资源总量约 50 亿 t。石膏及硬石膏中硫资源亦非常丰富，其中，在煤、油页岩及富含有机质的页岩中含有 6000 亿 t 硫资源。

目前，全球硫资源获取主要有 4 种渠道：1）金属硫化物矿床共生、伴生硫；2）从石油、天然气冶炼中回收硫；3）硫铁矿和天然硫；4）煤、油页岩和富含有机质页岩中硫。因受技术和经济条件限制，当今世界所使用的硫主要来源于前两种渠道。每年全球约 80% 被开发硫资源被用来制造硫酸，主要用途是生产化肥，特别是磷肥（每年世界约 50% 以上硫酸用于生产磷肥）；其中，回收硫占世界硫总产量的 88%（石油天然气回收占 60%；冶金回收占 28%）。

2015 年，全球各种形式硫资源开发总产量为 8240 万 t，至 2020 年硫资源需求量首次超过 1 亿 t；未来全球硫资源需求仍呈上升趋势，预计 2030 年硫资源消费需求达到 1.15 亿 t。2016 年，全国硫磺进口价格为 100 美元/t，而到 2021 年时全国硫磺进口价几乎翻了一番，已飙升至 193 美元/t。

3. 单质硫（硫磺）获取方式

自然界中，单质硫仅存在火山口附近，并且数量很少，无法满足社会对硫单质数量的需求，只能通过开采或者回收单质硫。单质硫（硫磺）目前获取方式主要有两种途径：1）从天然硫磺矿开采后冶炼获得硫磺；2）从石油、天然气、酸性气体、硫铁矿及有色金属冶炼烟气中回收获得硫磺。

天然硫磺矿冶炼硫磺方式为硫铁矿还原法。硫铁矿还原法又分为硫铁矿直接还原焙烧法、硫铁矿沸腾焙烧还原法。硫铁矿直接还原焙烧法为硫铁矿（FeS_2）和煤在缺氧条件下分层混合焙烧，让产生的硫蒸气升华冷凝而生成固体硫磺（反应过程如式 1-9）。这种方法设备简单，但硫回收率偏低，一般为 50%～55%。从资源利用和环保角度看不宜应用这种方法，目前已被国家严令禁止。

$$FeS_2 \longrightarrow FeS + S \tag{1-9}$$

硫铁矿沸腾焙烧还原法原理为：先将硫铁矿用沸腾炉焙烧成二氧化硫（SO_2）气体，然后用无烟煤进行还原，产生的硫蒸气经冷凝而形成固体硫。沸腾焙烧炉因热交换快、反应层内温度均匀、较直接还原法生产效率高和操作简单等优点而被广泛采用，硫的回收率一般为 60%～70%，具体反应方程如式（1-10）与式（1-11）所示。

$$4FeS_2 + 11O_2 \longrightarrow 2Fe_2O_3 + 8SO_2 \tag{1-10}$$

$$C + SO_2 \longrightarrow S + CO_2 \tag{1-11}$$

从石油、天然气、酸性气体、硫铁矿及有色金属冶炼烟气中回收硫磺方法是最早的克劳斯法（Claus）干法脱硫方式，一直作为含 H_2S 气体回收硫的首选工艺。Claus 工艺基本原理是进气中部分 H_2S 先在 1000 ℃左右高温条件下发生热氧化反应生成 SO_2，然后，SO_2 在 200～300 ℃条件下与剩余 H_2S 进行催化氧化反应生成硫磺。Claus 工艺运行过程中会出现尾气含硫过高、硫磺回收装置出现堵塞等问题。随着 Claus 技术不断升级改造（如，增设选择性催化氧化反应器），在处理高浓度及较低浓度硫化氢气体及回收硫磺中取得了较好的效果。Claus 工艺总反应方程式（1-12）所示。

$$H_2S + 0.5O_2 \longrightarrow 0.5S_2 + H_2O \tag{1-12}$$

1.7.2 硫自养反硝化原理

硫自养反硝化（Sulfur Autotrophic Denitrification，SAD）即图 1-21 中④、⑤、⑥途径。因为自养过程，所以 SAD 细胞产量低或污泥产率极低（0.01 kg VSS/kg NO_3^--N），远低于异养反硝化污泥产率（0.4～0.8 kg VSS/kg NO_3^--N）。换句话说，SAD 过程实际上是将异养反硝化中的有机电子供体

COD 以还原态硫（S^0、S^{2-}、$S_2O_3^{2-}$ 等）所取代，通过氧化还原态硫获取能量的自养反硝化过程。硫自养反硝化常见电子供体具体反应方程示于表 1-19；所列 4 个硫自养反硝化反应过程显示，虽然各自反应电子供体不同，但是硫或硫化物被氧化后的共同特点是产生 SO_4^{2-}。

硫自养反硝化反应式   表 1-19

电子供体	化学反应式	公式编号
S^0	$1.10S^0+NO_3^-+0.4CO_2+0.76H_2O+0.08NH_4^+ \longrightarrow$ $0.08C_5H_7O_2N+0.5N_2+1.10SO_4^{2-}+1.28H^+$	(1-13)
S^{2-}	$S^{2-}+1.228NO_3^-+1.573H^++0.438HCO_3^-+0.027CO_2+0.093NH_4^+ \longrightarrow$ $0.093C_5H_7O_2N+0.614N_2+SO_4^{2-}+0.866H_2O$	(1-14)
$S_2O_3^{2-}$	$0.844S_2O_3^{2-}+NO_3^-+0.086HCO_3^-+0.347CO_2+0.086NH_4^++0.434H_2O \longrightarrow$ $0.086C_5H_7O_2N+0.5N_2+1.689SO_4^{2-}+0.679H^+$	(1-15)
FeS_2	$0.364FeS_2+NO_3^-+0.821H_2O+0.023NH_4^++0.116CO_2 \longrightarrow$ $0.023C_5H_7O_2N+0.5N_2+0.729SO_4^{2-}+0.364Fe(OH)_3+0.480H^+$	(1-16)

1. 单质硫自养反硝化

以单质硫作为电子供体的自养反硝化（式 1-13）技术在我国近年开始应用。单质硫又分为化学合成硫 S_{chem}^0 和生物硫 S_{bio}^0。化学合成硫 S_{chem}^0 廉价无毒、化学性质稳定，既可充当反硝化细菌电子供体，又可凭其在水体中的难溶性，作为反硝化细菌附着载体，是工业废水、市政污水、地下水和饮用水硫自养脱氮工艺中常用的电子供体，但生物利用度相较略低。在天然气或酸性气体生物去除 H_2S 过程中，S_{bio}^0 由酸性硫杆菌将 H_2S 氧化而得到。S_{bio}^0 与 S_{chem}^0 相比，其核心由正交的硫环组成，该环外部被长链聚合物覆盖，具有亲水性，使 S_{bio}^0 具有更大的比表面积和更高的溶解度。但是，目前主要以克劳斯法处理天然气或酸性气体中 H_2S 而不是以生物法，即单质硫自养反硝化以 S_{chem}^0 为电子供体为主。

影响单质硫自养反硝化速率的主要因素有单质硫数量和粒径大小、温度、pH 和碱度、水力停留时间（HRT）和 NO_3^- 负荷等。将 $CaCO_3$ 与硫磺混合填装于生物膜反应器，当 $HRT>3$ h 时，对 NO_3^- 去除率可达 80%，但出水 pH 会降低 0.6。硫自养反硝化多与其他技术耦合从而达到优缺点互补，例如，异养-SAD 协同脱硝系统和 SAD-ANAMMOX 耦合工艺。

在异养反硝化反应器中添加单质硫，可以实现异养-SAD 协同脱硝系统，降低 SO_4^{2-} 生成。体系中将进水 C/N 控制在 0.7，异养反硝化产生的碱度刚好满足 SAD 反应需求，可将进出水 pH 变化稳定控制在 0.15 以内。

SAD-ANAMMOX 耦合工艺可达到两工艺优点互补。S^0 在反硝化过程中会先还原 NO_3^- 至 NO_2^-，形成 NO_2^- 积累；随后，ANAMMOX 以 NO_2^- 作为电子受体，过程中 ANAMMOX 可以消耗一定酸度，可中和 SAD 中消耗的碱度。SAD-ANAMMOX 耦合工艺，在溶解氧（DO）浓度为 $0.40\pm$

0.20 mg/L 条件下，总氮去除率达 98%。

2. 硫化物自养反硝化

以硫化物（S^{2-}）作为电子供体的自养反硝化（Sulphide-Driven Autotrophic Denitrification，SDAD）如式（1-14）所示。与单质硫和其他形式硫自养反硝化相比，硫化物自养反硝化反应速率较快且 SO_4^{2-} 生成量相对较低；当硫化物作为电子供体时会产生一定量碱度，有利于缓解体系酸碱平衡，pH 为 4～8 时可进行自养反硝化。硫化物自养反硝化过程常常会积累大量单质硫，可通过沉淀回收硫单质。炼油厂产生的含硫化物废水价格低廉，可作为自养反硝化电子供体，实现废水资源化。对于含 H_2S 工业废气可以"以毒攻毒"，让其作为硫自养反硝化的电子供体。但是硫化物对自养反硝化菌存在抑制作用，240 mg/L 硫化物可以完全抑制 NO_3^- 还原过程，需严格控制反应过程中硫化物含量。

SDAD 中 S^{2-} 转化存在两种途径：两步硫氧化（$S^{2-} \rightarrow S^0 \rightarrow SO_4^{2-}$）与硫直接氧化（$S^{2-} \rightarrow SO_4^{2-}$）；前者优势菌主要为 *Thiobacillus*，*Thiohalobacter* 和 *Thioalbus*，后者主要是 *Paracoccus* 和 *Sulfurimonas*，两种途径发生与否主要取决于进水硫氮比 S/N。当 S/N=2 时，发生硫直接氧化（$S^{2-} \rightarrow SO_4^{2-}$），无 S^0 积累；而当 S/N=1 时，NO_3^- 被还原为 NO_2^-，S^{2-} 先被还原为 S^0（如图 1-21 中的路径⑤）；反应继续进行至 S/N<1 时，S^0 继续与 NO_2^- 反应生成 N_2，并产生 SO_4^{2-}，且只有在 S^{2-} 消耗完毕后，积累的 S^0 才会继续参与反应。显然，可以通过控制硫化物浓度来调控积累 S^0 消耗，以达到完全利用电子供体目的，提高脱氮效率。

3. $S_2O_3^{2-}$ 自养反硝化

以硫代硫酸盐（$S_2O_3^{2-}$）作为电子供体的自养反硝化（式 1-15）微生物种类最多，$S_2O_3^{2-}$ 具有极易溶于水且无生物抑制作用之特点，$S_2O_3^{2-}$ 降解 NO_3^- 速率较硫化物和单质硫更大。为此，近年来以 $S_2O_3^{2-}$ 作为电子供体的硫自养反硝化开始尝试与其他工艺耦合，如将其与 ANAMMOX 工艺结合，试图克服 ANAMMOX 过程中 NO_2^- 不足和 NO_3^- 积累问题。

$S_2O_3^{2-}$ 自养反硝化过程效率虽高，但所产生的 SO_4^{2-} 比单质硫和硫化物要多。

4. 铁硫化物自养反硝化

铁硫化物在自然界中种类很多，常见的有陨硫铁（FeS）、黄铁矿（FeS_2）、磁黄铁矿（$Fe_{1-x}S$）（$0<x<0.25$）、辉铁矿（Fe_3S_4）、菱铁矿（Fe_9Si_{11}）等。在缺氧条件下，以铁硫化物作为电子供体的硫自养反硝化反应（Pyrite-based Autotrophic Denitrification，PAD）是地下水中去除 NO_3^- 的途径之一，反应过程见式（1-16）。铁硫化物难溶于水，通常可作为生物载体使用，PAD 过程中部分硫会被氧化为 S^0，致 SO_4^{2-} 生成量减少。基于黄铁矿的硫自养反硝化可以显著提高 NO_3^- 去除率并降低 SO_4^{2-} 生成，可抑制自养反硝

化过程中 pH 急剧下降现象。但是，PAD 过程若遇好氧环境，硫化细菌对黄铁矿有氧氧化则会产生大量 SO_4^{2-}，造成严重环境问题，并且矿物中含有潜在有毒金属。所以，城市污水处理厂运用 PAD 技术时应严格实施缺氧环境。

1.7.3 硫自养反硝化问题所在

1. 硫自养反硝化速率低

硫自养反硝化菌根据能量来源不同可以分为两类：

1) 严格化能自养型细菌：如脱氮硫杆菌（*Thiobacilhus denitrificans*）等。

2) 兼性自养型细菌：如反硝化副球菌（*Paracoccus denitrificans*）。

其中，脱氮硫杆菌是典型的硫自养反硝化细菌，其最佳生长 pH 为 6.5～8、温度为 28～30 ℃，存在生长速率慢、世代时间长等问题，导致硫自养反硝化效率较低。表 1-20 列出了硫自养与异养反硝化反应速率，显示出硫自养反硝化除 $S_2O_3^{2-}$ 外一般只是异养反硝化速率的 1/4～1/3。反应速率低直接导致反应器体积成倍增大，所需占地面积更大，建筑材料更多，不仅导致成本翻倍，且因建材生产产生更多的碳排放量。

不同 NO_3^- 浓度下不同电子供体反硝化速率 [mg/(L·h)] 比较（20 ℃）　　表 1-20

电子供体	NO_3^- 浓度(mg/L)		
	4.5	6.8	9
甲醇	5.62	6.63	9.639
乙酸钠	6.82	8.41	11.04
S^0	1.67	2.51	3.36
S^{2-}	2.1	3.14	4.45
$S_2O_3^{2-}$	9.30	11.01	15.55
FeS_2	1.76	2.64	3.74

2. 温度影响反应速率

脱氮硫杆菌乃典型硫自养反硝化细菌，其最适宜生长温度范围在 28～30 ℃，即接近中温环境。温度对微生物自养化反应影响明显，特别是冬季北方环境条件。当冬季水温下降至 10～15 ℃时，按温度与反应速率关系式(1-17) 可计算出硫自养反硝化速率将下降 81%～89%。即使在夏季，市政污水水温也不会超过 25 ℃，所以，温度对硫自养反硝化速率的影响非常明显，会使本来就不高的反应速率进一步降低。

$$Q_{10} = (V_2/V_1)^{10/(T_2-T_1)} \tag{1-17}$$

式中　Q_{10}——硫自养反硝化温度系数，为 3.0；

　　　V_1、V_2——反应前、反应后硫自养反硝化速率，mg N/(L·h)；

　　　T_1、T_2——反应前、反应后温度，℃。

3. 反应产生大量硫酸根

以不同电子供体 $S_2O_3^{2-}$、S^0、S^{2-} 和 FeS_2 进行硫自养反硝化时，通过表

1-19 化学反应式计算得 1 g NO_3^--N 被还原为 N_2 就会分别伴随着 11.58 g SO_4^{2-}/g NO_3^--N、7.54 g SO_4^{2-}/g NO_3^--N、5.58 g SO_4^{2-}/g NO_3^--N、4.57 g SO_4^{2-}/g NO_3^--N 产生。高 SO_4^{2-} 含量出水除导致 pH 严重下降外，排入环境后在厌氧环境下通过硫酸盐还原菌（SRB）再把 SO_4^{2-} 还原为 H_2S（一种低浓度神经中枢毒剂，常见污水检查井、管道致死事故根源）。在封闭管道或者厌氧生物反应器中，SRB 甚至会产生毒性更强的硫代硫化物（$S_2O_3^{2-}$）、联四硫酸盐（$S_4O_6^{2-}$）等。

4. 过程消耗碱度使 pH 严重下降

由表 1-19 所列公式显示，各反应过程除产生 SO_4^{2-} 外，还伴随着 H^+（S^{2-} 例外）产生，这样会导致反应体系 pH 降低，致微生物生长于不利环境，使反硝化进程受阻而不完全能进行到 N_2。所以，要在系统中加入碱性缓冲物质（如，碳酸氢钠和石灰石等）才能使反应正常进行。以不同电子供体 S^0、$S_2O_3^{2-}$ 和 FeS_2 进行硫自养反硝化时，按表 1-19 化学反应式(1-13)～式(1-16)计算可得，1 g NO_3^--N 转换所需要的碱度分别（以碳酸钙计）是 4.57 g 碱度/g NO_3^--N、2.43 g 碱度/g NO_3^--N 和 3.43 g 碱度/g NO_3^--N。因此，反应过程中需要不断补充碱度才能维持反应体系 pH 稳定，这与异养反硝化产生碱度相比，会产生额外的成本。

5. 硫滤床易穿透影响处理负荷

硫自养反硝化通常以滤床形式实施，多采用下进上出方式。显然，硫氧化自下而上逐渐释放电子，滤床因此也自下而上顺序"穿透"而失效。此时，若保持恒定进水 NO_3^- 负荷，反硝化效率会逐渐降低。可见，要想一直保持较低出水 NO_3^-，只有随时间进程逐渐降低进水流量。否则，需要勤换下层填料，这在连续运行的反应器中似乎较难实现，况且新填料入池还需足够挂膜时间，势必也会影响脱氮效率。

6. 单质硫严格管控

单质硫即民间俗称的硫磺，是制作黑色火药的主要成分，属于国家《危险化学品目录》（序号 1290）严格管控的易制爆危险化学品。我国对危险化学品有着严格管理要求，实行许可制度，硫磺经营必须取得危险化学品许可证，且必须向公安机关报备。可见，污水处理厂若采用硫自养反硝化工艺，不仅会遇到管理上的麻烦，也会给自己带来潜在风险。

1.7.4　碳排放与药剂成本分析

1. 碳排放分析、计算

与异养反硝化相比，硫自养反硝化在运行阶段并不造成 CO_2 直接排放，这一点较异养反硝化确实具有一定优势。但是，从 NO_3^- 反硝化角度，反硝化过程顺序经历如式(1-18) 所示的几个过程。其中，N_2O 是强温室气体，温室效应为 CO_2 的 273 倍，是污水处理排放量较小但温室效应最大的直接碳排放源。显然，当反硝化不完全时，N_2O 聚集产生是必然的！硫自养反硝化能否顺利进行，一是硫或硫化物所能提供的电子是否及时和充分，再就是环境pH是否接近中性（6.8～7.0）。硫电子供体是否及时可供暂且不说，硫自养反硝化如上所述产生的大量SO_4^{2-}会消耗系统大量碱度而导致pH严重下降（～2）。因此，硫自养反硝化pH若不能控制在中性附近，很可能致反硝化不完全而止步于N_2O。这是非常严肃的问题，应给予足够的研究或现场实际检测。否则，硫自养反硝化会演变为N_2O制造工艺。这一点，异养反硝化则问题无虞。

$$NO_3^- \rightarrow NO_2^- \rightarrow NO \rightarrow N_2O \rightarrow N_2 \tag{1-18}$$

若异养反硝化时以醋酸钠（化石源）作为电子供体时，存在式(1-19)计量方程式，单位NO_3^--N去除产生的CO_2量为3.9 mg CO_2/mg NO_3^--N。按去除30 mg NO_3^--N/L计，硫自养反硝化可减排117 mg CO_2/L。然而，如果硫自养反硝化过程中30 mg NO_3^--N/L均止步于N_2O，则相当于12870 mg CO_2/L产生（N_2O温室效应为273 CO_2倍）。换句话说，30 mg NO_3^--N/L中只要有0.91%（0.27 mg NO_3^--N/L）驻留N_2O，产生的CO_2当量已超过硫自养反硝化不投加碳源而节省的碳排放量。

$$5CH_3COO^- + 8NO_3^- \longrightarrow 4N_2 + 10CO_2 + H_2O + 13OH^- \tag{1-19}$$

2. 不同电子供体成本核算

反硝化不同电子供体成本对比见表1-21。因硫自养反硝化需额外消耗碱度，所以，电子供体总成本应包括电子供体价格以及补充碱度价格。以S^0、$S_2O_3^{2-}$和FeS_2为电子供体消耗碱度（以$CaCO_3$）的成本价格分别为2.29元/kg N、1.22元/kg N和1.72元/kg N。

表1-21显示，使用乙酸钠、S^0、S^{2-}、$S_2O_3^{2-}$和FeS_2作为电子供体进行反硝化，每去除1 kg NO_3^--N，所需总成本分别为7.32元/kg NO_3^--N、5.20元/kg NO_3^--N、1.54元/kg NO_3^--N、12.02元/kg NO_3^--N和3.90元/kg NO_3^--N。与异养相比，自养反硝化电子供体相对便宜，且以S^{2-}作为电子供体性价比最高。

反硝化不同电子供体成本对比   表1-21

电子供体	电子供体价格（元/kg）	NO_3^-转化量/电子供体（kg N/kg电子供体）	NO_3^-去除成本（元/kg N）	总成本（元/kg N）
乙酸钠	2.00	3.66	7.32	7.32
S^0	1.16	2.51	2.91	5.20
S^{2-}	0.83	1.86	1.54	1.54
$S_2O_3^{2-}$	1.61	6.75	10.80	12.02
FeS_2	0.70	3.12	2.18	3.90

1.7.5 硫自养反硝化工程化前景分析

从硫循环到硫自养反硝化机理、弊端以及碳排放等方面的阐述与分析中可获知，硫自养反硝化值得肯定的优点有二，一是运行阶段不造成CO_2直接排放，二是较常用有机碳源价格便宜。除此之外，似乎别无优势可言。

但是，仅凭上述两个优点就断言硫自养反硝化较有机物异养反硝化具有优势，且会成为今后生物脱氮的新宠未免有些牵强。硫自养不造成 CO_2 直接排放，但并不意味着不造成 N_2O 碳排放，况且，硫自养反硝化极易受到低 pH（<6.5）的影响而聚集 N_2O；有人甚至已开始研究从硫自养反硝化系统中回收 N_2O 用作能源的研究。因此，硫自养反硝化过程释放 N_2O 的情形切不可以掉以轻心。硫-铁基耦合自养反硝化（SAD-AIDD）似乎可以维持反应系统 pH 稳定，但时常保持 pH>6.5 似乎并不乐观。相反，有机物异养反硝化只要碳源充足，N_2O 聚集现象可以很大程度上得以缓解，且可以增加系统的碱度。

硫及其化合物的价格看似较常用有机碳源（如，乙酸）便宜，但硫自养反硝化较有机物异养反硝化低 61.5%～75.6% 的反应速率会导致反应器的体积相应增大 2.6～4.1 倍，这就需要投资与运行费用的综合经济比较。况且，硫自养反硝化"滤床"还有硫耗尽、逐渐"穿透"滤床而导致进水 NO_3^- 负荷逐渐降低问题。

硫自养反硝化研发概念起源于 20 世纪 70 年代的国外，初衷就是减少/避免异养反硝化过程中外加碳源的投加。然而，有关减少异养反硝化外加碳源投加或寻求生源碳源投加的研究和应用 21 世纪以来已经有了许多案例。在减少碳源投加方面，荷兰代尔夫特理工大学研发的 BCFS® 同步脱氮除磷工艺，将反硝化除磷、厌氧池上清液侧流磷回收等概念集于一体，利用反硝化除磷细菌仅用一份碳（COD）便可同步去除氮和磷，大大减少了营养物去除过程中对 COD 的消耗；将厌氧释磷产生的高浓度 PO_4^{3-} 上清液侧流引出并化学沉淀回收部分（～50%）磷后再进入后续生物单元（缺氧、好氧），这样可有效减轻后续生物反硝化脱氮除磷的压力，即相当于增加了 1 倍的 C/P，与外加碳源有着异曲同工之妙。

其实，在外加碳源中可以寻找那些近在咫尺的生源性废弃碳源，如食品废水、酿酒/醋废水，甚至可以开发农业秸秆固体碳源等，因为这些碳源一般来源于自生物质，投加所产生的 CO_2 并不计入排放清单。

总之，脱氮除磷完全可以在生物营养物去除工艺中借异养反硝化（如，反硝化除磷）获得生物同步去除，无需硫自养脱氮再加化学除磷加以解决，尽量避免化学除磷投加药剂带来的间接碳排放。这也是国际上虽早提概念，但并没有将硫自养反硝化付诸实践，甚至连基础研究都寥寥无几的根本原因。

1.7.6 结语

硫自养反硝化概念起源于 20 世纪 70 年代国外，但当时并未诱发国际工艺研发与工程应用热潮。相反，近年来我国对硫自养反硝化的实验研究，乃至工程应用趋之若鹜，大有取代异养反硝化之势。究其原因，硫自养反硝化硫或硫化物成本低、运行不涉及 CO_2 直接排放而较异养反硝化具有优势。

对硫循环以及硫资源总结获知，从石油、天然气冶炼中回收硫为目前全球主要硫资源获取形式。石油与天然气一方面乃化石燃料，有碳排放之嫌；

另一方面，在我国储量几近耗尽（仅剩 15 年和 30 年开采时间）。这意味着硫资源总储量虽多，但获取的可持续性存疑。况且，单质硫（硫磺）还存在安全管控和风险问题。

硫自养反硝化过程原理、存在问题、直接碳排放等分析显示，首先是其自养反硝化速率较异养反硝化低 2.6～4.1 倍；其次是反应过程产生大量 SO_4^{2-} 而严重消耗碱度，pH＜6.5 时会抑制反应进程，存在不完全反硝化而导致强温室气体 N_2O 聚积、释放问题；再就是硫填料滤床逐渐穿透可能引发的处理负荷降低等运行问题。

硫自养碳排放分析揭示，虽硫氧化不涉及 CO_2 直接排放，但却隐含着潜在 N_2O 释放问题，且运行工况（低 pH）很容易诱发反硝化驻留 N_2O 而释放。这一点需引起特别关注。

相对于硫自养反硝化，异养反硝化已存在多种增加碳源方式予以强化。利用新碳源方式，可将脱氮与除磷在主流生物营养物去除（BNR）工艺同步实现，而不应将生物脱氮与化学除磷分离考虑，这样不仅存在碳源问题，而且化学除磷药剂生产、运输还会造成间接碳排放。这也是国际上目前脱氮除磷的现状。

总之，硫自养反硝化技术有限，优点牵强，不利情况则十分突出，工程应用需慎之又慎。

第 2 章 非传统水资源与新兴污染物

淡水水资源普遍匮乏与污水中新兴污染物的不断呈现是目前与水相关的两个突出环境问题。解决水资源短缺问题大的举措有远距离调水,小的措施则寄希望于中水回用和雨水利用。事实上,在沿海,甚至是近海地区,海水资源近在咫尺,海水淡化不失为一种实现水量自由的捷径。海水淡化目前成本与能耗已低至 2 元/m^3 和 2 kWh/m^3,与远距离调水相比似乎更具竞争力。正因如此,国外海水淡化已从最初的小型化发展为目前的百万吨级大型工程。这种发展趋势为我们更新获取传统水资源的保守观念提供了有价值的参考。水量自由的另一面是污水中日益出现许多新兴污染物(如,微塑料、PPCPs、抗生素残留,微生物代谢产物,乃至 PFAS),这就使得传统污水处理技术难以应对,不得不发展所谓的高级处理技术。

为此,本章首先以国外大型海水淡化工程应用实例来介绍海水淡化技术以及清洁能源的使用现状,同时列举我国在海水淡化工程应用方面的差距与实情。更大篇幅对污水中出现的各种新兴污染物的源头、污水处理中的迁移转化规律,以及可行的处理技术与评价予以介绍。

2.1 大型海水淡化工程应用趋势

因全球人口激增以及人类"奢侈"发展的需要,本来总量就很少的陆地淡水资源受人为污染而使有限水资源变得雪上加霜,导致缺水现象在全球范围内均十分突出。相对于陆地水资源,海水因体量大,且拥有巨大自净作用,所以,海水受人类污染程度相对较低。再加上陆地淡水资源因远距离调水(如,南水北调)和气候变化等原因使其利用成本日趋攀升,这就使得沿海城市,乃至近海城市(如,北京)目前向大海汲取淡水(海水淡化)的趋势愈发明显,海水淡化工程已从原先日产几十吨、上百吨小规模生产演变为百万吨工程级别。

根据国际水务情报网(GEL)预测,到 2022 年全球海水淡化总规模将达 8580 万 m^3/d,以中东、欧洲、美国、日本等地区和国家应用最为广泛。我国对海水淡化工程应用起步虽然较早,但应用水平不高;目前大大小小海水淡化工程近 150 个,但总淡水产量才 120 m^3/d 左右,仅为全球应用水平的 1.6%。海水淡化技术最早源于蒸馏-冷凝技术〔即,热法,如多级闪蒸(MSF)和多效蒸馏(MED)〕,但随着反渗透(RO)技术的迅速发展,RO

目前已成为海水淡化的主流技术（比例高达 2/3，其余 1/3 为热蒸馏技术）。

在简要论述海水淡化发展历程的基础上，本节重点介绍近年来国际上大规模海水淡化技术的工程应用现状以及我国应用发展状况，详述海水淡化产水成本与生态足迹，并就海水淡化未来发展前景进行展望。

2.1.1　发展历程

人类早在 2000 多年前就有文字记载海水蒸馏汲取淡水的故事；1560 年世界上第一个陆基海水脱盐工厂在突尼斯一海岛建成；1675 年和 1683 年英国专利 No. 184 和 No. 226 提出了海水蒸馏淡化技术。19 世纪后随着蒸汽机出现，远洋殖民开拓必需的航海业发展对就近海水淡化有了实际需求，导致浸没式蒸发器出现。1898 年沙俄投产了第一个海水淡化工厂，基于多效蒸馏（MED）原理日产淡水量达 1230 m³/d。1954 年膜分离技术下的电渗析海水淡化装置问世。1957 年多级闪蒸（MSF）技术出现，这也是人类大规模海水淡化工程应用的开始。1975 年，随着美国杜邦（Dupont）公司 "Permsep" B-10 中空纤维膜出现，使反渗透（RO）海水淡化技术走进人们的视野。与此同时，"低温多效蒸馏法" 因克服 "高温多效蒸馏法" 易结垢和高能耗的缺点，也开始实现商业化生产。

我国海水淡化实际工程应用起于 1920 年前后，主要标志是在山东省威海市刘公岛上建设了一座海水淡化蒸馏塔。1965 年，山东海洋学院曾在国内率先进行反渗透醋酸纤维素膜（CA 膜）研究，但当时受 "文革" 影响而有始无终。1981 年，我国第一座电渗析海水淡化厂（200 m³/d）在西沙永兴岛建成投产。1997 年，我国第一座 500 m³/d 规模反渗透海水淡化装置在浙江舟山嵊山镇建成，才真正开启了我国海水淡化规模化工程应用的先河。

进入 21 世纪，全球海水淡化正朝着大规模和清洁能源方向发展，超过 5 万 m³/d 规模淡化厂已比比皆是，突破百万 m³/d 级别淡化工厂也已在中东石油国家出现。我国目前正在建设的海水淡化工厂也正朝着大规模方向迈进，超 10 万 m³/d 规模淡化厂已在应用或正在建设。

2.1.2　大规模海水淡化工程

1. 应用案例

从全球范围来看，海水淡化工程正朝着处理规模大型化、应用领域广泛化方向发展，见表 2-1。表 2-1 显示，不小于 25 万 m³/d 规模海水淡化工程主要分布在中东地区，其中，最大 3 座规模已超 100 m³/d。不仅如此，已经拥有大量海水淡化工程项目的沙特阿拉伯近年来依然在进一步扩张应用规模，例如，在麦加扩建的项目 Rabigh 3 于 2021 年建成，使该地海水淡化规模达 60 万 m³/d；吉赞地区海水淡化项目 Shuqaiq 3 预计也将在同年建成，届时将为该地带来 45 万 m³/d 淡水。

以色列与阿联酋也是中东地区应用海水淡化规模较大的国家。3 座晋级百万 m³/d 的淡化工程其中便有以色列，它是特拉维夫 Sorek 二期工程，预计将于 2023 年完工，规模将从原有 54.8 万 m³/d 陡然提升至 117.2 万 m³/d。值得一提的是于 2022 年完工的阿联酋最大规模 Taweelah 工程（90.92 m³/d），以 ACWA 电力公司为首的工程承包商爆出了仅 0.49 美元/m³（约 3 元人民币/m³）的低水价，着实令世人惊叹。阿联酋目前海水淡化项目还考虑水—电联建，用发电余热为热法淡化提供能源，例如，2018 年刚扩建完工的迪拜 Jebel Ali M 工程便是水—电联建项目，它是 Jebel Ali 发电、供水综合体中的一部分。Jebel Ali M 项目目前发电装机容量为 9656 GW，几个相邻的淡化厂（反渗透与热蒸馏工艺）每天可提供总量为 213.67 万 m³/d 的淡水。中东地区之外，位于北非的阿尔及利亚也是海水淡化应用规模较大的国家，该国奥兰地区已经运行有 50 万 m³/d 淡化工厂。不仅如此，该国还于 2018 年 7 月再次招标，计划为阿尔及尔和卜利达地区建设两座 30 万 m³/d 海水淡化厂，项目完成后将使海水淡化占该国饮用水供应量的 25%。工程应用中，规模较大的淡化工程还有新加坡大士（45.45 万 m³/d）、美国旧金山（45.42 万 m³/d）和澳洲新南威尔士（25 万 m³/d），也算得上海水淡化工程应用中的"庞然大物"。

全球大型海水淡化工程应用案例　　　　　　　　　　表 2-1

序号	项目	地区	规模(万 m³/d)	工艺	建成时间
1	Shuaiba 3	沙特阿拉伯 麦加	128.2	MSF、RO	2019 年
2	Sorek	以色列 特拉维夫	117.2	RO	2023 年
3	Ras Al Khair	沙特阿拉伯 哈萨	103.6	MSF、RO	2016 年
4	Taweelah	阿联酋 阿布扎比	90.92	RO	2022 年
5	Al-Jobail	沙特阿拉伯 哈萨	89.33	MSF、RO	2001 年
6	Jebel Ali M	阿联酋 迪拜	63.6	MSF	2018 年
7	Rabigh 3	沙特阿拉伯 麦加	60	MED、RO	2021 年
8	Fujairah 2	阿联酋 富查伊拉	59.1	MED、RO	2007 年
9	Magtaa	阿尔及利亚 奥兰	50	RO	2014 年
10	Hadera	以色列 哈代拉	46.2	RO	2010 年
11	Shuweihat 2	阿联酋 阿布扎比	45.46	MSF	2004 年
12	Tuas	新加坡	45.45	RO	2016 年
13	CA SanFrancisco	美国 旧金山	45.42	RO	2008 年
14	Shuqaiq 3	沙特阿拉伯 吉赞	45	RO	2021 年
15	Umm Al Nar	阿联酋 阿布扎比	39.76	MSF	2007 年
16	Jebel Ali L 2	阿联酋 迪拜	36.32	MSF	2007 年
17	Sulaibya	科威特	30	MSF	2003 年
18	Ras Laffan	卡塔尔 拉斯拉凡	28.6	MSF	在建
19	Mirfa	阿联酋 阿布扎比	23.87	RO	2017 年
20	Kurnell	澳大利亚 新南威尔士	25	RO	2010 年

2. 应用范围与清洁能源

海水淡化工程应用领域不断拓宽，利用 RO 技术实现废水回用与海水淡化相结合的技术应用也已出现；该技术已在南非德班市 Remix Water 项目中开始全面运行，是一个将废水处理后的出水与海水混合后淡化为饮用水的案例。由于出水与海水混合，这就稀释了海水中的盐分，导致 RO 技术应用时可适当减少对外加压力的需求，从而将传统 RO 所需高压泵改为革新后的中压泵来维持运行，可节约近 30% 能源。同时，因废水处理后出水混入海水，也就降低了淡化后尾水排放的盐度，使应用工程更具可持续性。

海水淡化无论热法还是 RO，能源消耗是涉及成本或环境的主要问题。显然，海水淡化依赖化石能源（煤、油发电），不仅决定其生产成本难以大幅度下降，重要的是对化石能源的使用会产生大量温室气体——CO_2。因此，海水淡化十分注重对清洁能源的使用。有关直接利用太阳能海水淡化的技术早在 1872 年就有应用，有人在智利建成一个顶棚状太阳能蒸馏装置，使用了 4760 m^2 玻璃，淡水日产量为 19 m^3/d。其实，传统海盐生产便是人类直接利用太阳能蒸发水分、逆向晒盐的例子。

近年，在沙特阿拉伯西北部边界 Tabuk 省并横跨埃及、约旦领土正在规划建设的超级城市"NEOM（意为"新未来"）"项目（总投资 5000 亿美元）备受世人瞩目；它规划占地 26500 km^2（大于北京的 16410 km^2），预计将于 2030 年全部建成；得天独厚的地理位置与气候条件将使 NEOM 成为三国乃至世界教育、科技、金融、贸易、旅游、娱乐、健康、休闲中心。NEOM 基础建设从规划伊始便强调以人为本，兼顾可持续性，因此，可再生能源与海水淡化相结合将是 NEOM 基础设施建设的一个亮点。NEOM 将首次大规模使用聚光太阳能技术（CSP）转化太阳能用于海水淡化，解决了长期以来直接利用太阳能在辐射强度、淡化器密封、供水可靠性等方面存在的问题，可实现大规模利用太阳能（附带储能设备，使夜间生产成为可能）进行海水淡化（工程规模显然将超过百万吨级别），将使产水成本下降为 0.34 美元/m^3（<2.5 元人民币/m^3）。即便是在反渗透技术已经日渐成熟的今天，海水淡化成本仍处于上述已经十分乐观的 0.49 美元/m^3 之高价位，因此，NEOM 超级城市建成将具有划时代意义，特别是利用太阳能将无 CO_2 排放之虞，对生态环境影响程度最低。

3. 国内工程应用现状

相对于全球海水淡化工程呈大规模应用化趋势，国内工程应用发展显得有些缓慢。目前，国内海水淡化工程规模小且技术单一，新建工程多以反渗透法（RO）为主，低温多效（MED）热法为辅。表 2-2 列出国内十大海水淡化工程应用案例，目前已运行的工程当数天津北疆电厂海水淡化工程，于 2012 年扩建完成后生产能力从 2010 年的 10 万 m^3/d 提升至目前的 20 万 m^3/d；这个工程还是我国第一次将淡化水接入市政管网的大型工程，淡化水与自来水按 1∶3 比例混合后进入汉沽市政管网。

	国内十大海水淡化工程应用案例			表 2-2
序号	项目	规模(万 m^3/d)	工艺	投运时间
1	山东烟台核电海水淡化工程	30	RO	在建
2	天津北疆电厂海水淡化工程	20	MED	2012 年

续表

序号	项目	规模(万 m³/d)	工艺	投运时间
3	中国香港 Tseung Kwan O 海水淡化工程	13.5	RO	2023 年
4	天津大港新泉海水淡化工程	10	RO	2009 年
5	山东青岛百发海水淡化工程	10	RO	2013 年
6	山东青岛董家口海水淡化工程	10	RO	2016 年
7	河北首钢京唐钢铁厂海水淡化工程	5	MED	2009 年
8	河北曹妃甸北控阿科凌海水淡化工程	5	RO	2011 年
9	浙江台州玉环华能电厂海水淡化工程	3.5	RO	2006 年
10	河北国华沧电黄骅电厂海水淡化工程	2.5	MED	2013 年

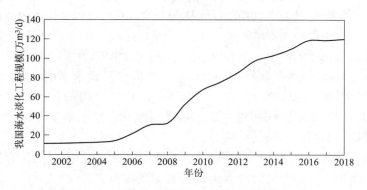

图 2-1　21 世纪我国海水淡化工程应用情况

根据 2020 年 1 月我国自然资源部海洋战略规划与经济司发布的 2018 年度全国海水利用报告绘制出图 2-1；从中可以看出我国海水淡化工程建设高峰集中在 2009 年~2010 年间，新增 35.44 万 m³/d。近年来我国海水淡化工程建设速度呈明显放缓趋势，2017~2018 两年间仅新增约 1.3 万 m³/d，主要以 RO 技术为主。

4. 国内应用速度与规模迟缓原因

2016 年底国家发展和改革委员会公布的《全国海水利用"十三五"规划》明确提出，到 2020 年海水淡化总规模要达到 220 万 m³/d 以上。然而，我国目前建成海水淡化总规模仅为 120 万 m³/d。显然，无论早期的蒸馏技术还是现代的反渗透技术，海水淡化无论技术还是设备应该不存在国产化困难，关键问题是很多沿海城市自来水价与海水淡化相比还多处于低位，使得海水淡化的市场竞争力受到客观约束。再者，我国对于海水淡化似乎并没有太大鼓励和扶持政策，仅有的财政补贴只是将工业用电按民用电价计费而已。这与石油富国沙特阿拉伯在海水淡化上政府几乎全额补贴是无法相提并论的；早在 2015 年前，当海水淡化水成本处在 5 元/m³ 高位时，沙特阿拉伯居民用水价格便处在 0.05 美元/m³（约人民币 0.35 元/m³）的极低价格。

2018 年自然资源部、中国工商银行联合印发《关于促进海洋经济高质量发展的实施意见》，但工商银行为海洋经济发展提供的 1000 亿融资额度绝大部分投在了海洋旅游、远洋运输和海产养殖业中，仅在渤海湾区和海南岛缺水沿岸少量涉及海水淡化工程。长期以来，不仅政府部门，很多工程技术人员主观上有着海水淡化成本昂贵，大规模工程应用很难做到小于 5 元/m^3 这样的价格水平，而现时中东地区海水淡化价格已可做到小于 3 元/m^3。此外，远距离调水（如，南水北调）的获取成本已远远超过居民的实际用水价格，已出现价格倒挂现象。可以预见，海水淡化价格持续降低与非传统水源水价不断攀升势必为我国海水淡化大规模发展带来商机。以北京为例，南水北调进京之时才是考虑海水淡化之日。

2.1.3   海水淡化成本及其生态足迹

1. 淡水资源情况

陆地淡水资源（2.8%）相对于海水而言固然少得可怜，且陆地可利用淡水资源大多又分布在难以利用的南、北两极（77.2%）和地下深处（22.4%），实际可供人类利用的淡水资源只有区区 0.4%（约占地球包括海水在内全部水资源量的 0.007%）。我国是一个严重缺水国家，区区 2.8 万亿 m^3 的淡水资源分布也不均衡，人均 2200 m^3 水资源扣除洪水径流等难以利用的部分人均实际拥有水资源量仅为 900 m^3，为世界平均水平的 1/4，处于人均 1000 m^3 国际公认标准缺水国家。与其说包括中国在内的缺水国缺的是绝对水量，倒不如说我们更缺相对水量，是我们过分发展而不注意保护环境所导致的水资源普遍遭受污染的结果。

但无论如何，要想维持世界目前已近 80 亿庞大数量人口的生存以及"奢侈"现代生活需要，对清洁淡水绝对需要量的增加趋势难以阻挡，这就使人类不得不想方设法寻求一切可以利用的淡水资源。像筑坝拦水、远距离调水等传统淡水获取方式固然短时间内可以奏效，但随着气候变化和水污染现象普遍加剧，势必加大传统淡水获取方式生产与生态双重成本。这便为沿海或近海城市实施海水淡化工程带来应用曙光。

2. 淡水获取成本

传统淡水依靠就近获取原则，无论打井还是汲取河湖水在水质未受污染前提下付出的代价并不是很大，成本在日常生活中几乎可以忽略不计，特别是广大农村地区。然而，人类人口激增以及对舒适生活需要的经济发展导致就近获取清洁水源已变得十分困难。要么就近高标准净化水质（污水深度处理＋给水高级处理），要么远距离调取相对清洁之水。无论何种方式势必大大增加用水成本，使水这种原本像空气一样免费使用的万物基本要素一下变成"昂贵"的商品，人类已开始变得在乎用水支出费用。

远的不说，我们已开始利用的"南水北调"工程水价若完全按市场经济定价，北京居民用水价格至少应在 10 元/m^3（而目前自来水价格只有 5 元/m^3）。大连已经完成的三期"引碧入连"工程，因引水距离额外延长至 300 km 之外大洋河，以至于水到大连后的成本便已超 10 元/m^3。

其实，美国水资源整体上看是非常丰富的，除著名五大湖拥有丰富的水资源外，也拥有着众多水量丰沛的长河。然而，美国几个严重缺水州（如，加利福尼亚、得克萨斯等）似乎并未首先考虑远距离调水，这除了成本因素外，他们可能考虑更多的是生态问题。这些缺水地区更多采用的是污水处理后回用以及应用海水淡化（拥有全球 15%海水淡化市场份额）。

对于中东众多石油输出的沙漠国家，他们几乎无水可调，石油还未开发时代只能望海兴叹，形成水贵如油的局面。然而，伴随二战后全球经济快速发展对石油的依赖，这些靠卖石油发财的国家变得极其富有，以至于他们不惜掷金研究海水淡化。在 20 世纪我国城市居民用水价格还普遍低下（<1 元/m^3）的时候，他们 5～8 元/m^3 的海水淡化价格着实让我们"喝不起"。

如上所述，目前我们的远距离调水成本已远远超过 3～5 元/m^3 的海水淡化成本。即使像北京这样的非海滨城市，与海最近距离也不过 100 km，海边淡化、输水入京距离成本也不会增加太多。可见，目前海水淡化与远距离调水成本相比已显得价格上具有相当竞争力，保守估计只是南水北调价格的一半。

西班牙的 Ebro 河调水工程（10 亿 m^3/a 规模，分别北供巴塞罗那、南至阿尔梅里亚）与海水淡化 LCA 全生命周期比较评价后显示，当 RO 工程能耗低于 3 kWh/m^3 时则具有明显价格优势。因为目前普通 RO 技术能耗为 2～4 kWh/m^3，所以，Ebro 河调水工程价格优势与海水淡化相比并不明显。

3. 海水淡化生态影响

远距离调水的主要问题是违背自然水文循环规律，由此可能引起难以预料的一系列连锁生态环境问题，如不同流域连接会导致生物多样性显著丧失，气候变化也会因调水出现一定问题。反观海水淡化，不在自然水文循环路径上行事，走人工水循环之路，对自然水循环几乎影响不大。再者，取水量与浩瀚海洋水量相比显得微不足道，对海洋生态影响也微乎其微。海水淡化唯一需要注意的生态影响是局部海水盐分变化对海洋生物的影响，因此，美国等国规定海水淡化后的浓缩盐水（卤水）不能再排放海洋。对此，海水淡化可以考虑"风力发电＋海水淡化＋盐业化工"这种三位一体的生态生产方式，可以充分发掘海水中除盐分之外其他丰富的元素或化合物。

2.1.4 结语

全球海水淡化工程应用规模正朝着大型化方向发展，日产淡水量百万吨级别工厂已在富裕的中东国家不断出现。目前海水淡化成本最低已降至 3 元/m^3 以下，实际工程应用已绝非这些富裕国家的专属，像北京这样的缺水近海城市如果利用海水淡化其成本肯定不会比现时的南水北调要高。考虑气候变化对水资源时空分布、水源污染、战略安全等影响因素，海水淡化应该是解决北京这种严重缺水城市淡水资源一劳永逸的途径。

能源消耗与膜材料寿命是决定主流反渗透（RO）海水淡化技术价格的关键要素。在此方面，新型研发的 RO 能量回收装置——压力交换器可以回收约 95%输入能量，且近年研发人员还提出了轴向活塞泵（AP）取代传统离心泵技术设想，对 RO 技术节能将会有重大影响。此外，RO 直接利用太阳能或风能会彻底改变其消耗化石燃料带来的温室气体（CO_2）排放问题，这将是革命性的能源转型。在膜材料改进方面，有人模仿树木净化原理已开发出木质膜技术；新型纳米木材配合膜蒸馏（MD）技术已显示出能耗等可持续性较传统工程高出 20%。

目前我国已出现 30 万 m^3/d 规模海水淡化应用工程（山东烟台）。相信在不久的将来会出现更大规模实际工程应用，甚至借制度优势今后会超越中东国家成为世界海水淡化工程应用规模最大的国家。

2.2　污水处理过程中的微塑料

塑料是一种高分子量有机聚合物，全球年产量已高达 3.35 亿 t/a。作为仅部分可再生回收的合成材料，塑料回收再利用率其实并不是很高，欧洲为 30%，中国约 25%，美国还不到 10%。结果，废塑料逐渐成为城市垃圾中增长最快的废弃物。预计到 2050 年，全球将有超过 130 亿 t 废塑料进入我们生存的自然环境。塑料破碎后形成大大小小不等尺寸的碎块，其中，尺寸小于 5 mm 的微碎片被称为微塑料（Microplastics，MPs），也包括纳米级微塑料。微塑料分初生微塑料和次生微塑料两种；初生是指在源头破碎而成，次生指的是离开源头逐渐破碎形成。

目前微塑料在环境中分布已十分广泛，距我们十分遥远的南极洲已经检测到微塑料的踪迹。污水中亦常常含有很多微塑料，因生活或生产废料直接排入或因降雨径流冲刷地面汇入市政排水管网而产生。随市政管网进入污水处理厂的微塑料大多难以在生物处理过程中被降解，最终会随出水排放或因污泥填埋/堆肥进入环境，从而形成持久性有机物（POPs），对生态环境，甚至人类健康构成生态风险。本节总结污水中微塑料来源、对生物及人类危害、检测方法及其在污水处理过程中演变过程，以揭示传统污水处理工艺对这一新型污染物的去除作用及其归宿。

2.2.1　污水中的微塑料

1. 来源

污水中微塑料首先来自初生，直接排入污水。微塑料按形态分为纤维（Fiber）、碎块（Fragment）、薄片（Film/Sheet）、球状（Sphere/Pellet）4 种类型。已有研究发现大多纤维状微塑料材质为尼龙，可能源于纺织业废水和家庭洗衣排水，其他材质主要是 PVC、PET、PP 等，各材质占比可能与各地区使用量有关。大多数磨砂洗面奶中都含有粒径小于 100 μm 的 PVC 颗粒以替代天然材料；1 mL 磨砂洗面奶可释放 4594～94500 粒微塑料。荷兰估算出，污水处理厂出水中由个人化妆品和护理品贡献的微塑料为 0.2 $\mu g/L$，另有 2.7 $\mu g/L$ 和 66 $\mu g/L$ 微塑料分别由表面清洗剂和油漆涂料所产生。作为药物载体，微塑料在医学领域使用也非常广泛，药物残留亦会随排泄物进入污水。

污水中次生微塑料主要由大块塑料受机械剪切、光氧化断键、微生物作用等原因逐渐破碎而形成。两种形式微塑料从生活、生产或地面（雨水径流）进入下水道，继而进入污水处理厂；在污水处理工艺过程中亦可能有次生微塑料形成。图 2-2 显示了微塑料在环境中的物质流。

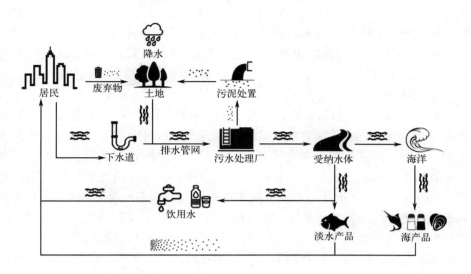

图 2-2 微塑料在环境中的物质流

2. 危害

微塑料（非生物降解成分）一般难以生物降解，以至于进入污水处理厂的微塑料或者随出水或者随污泥进入环境。数量惊人的微塑料一旦进入水体或土壤，亦难以降解，多残留于环境中形成 POPs，甚至可能随饮用水重新回到城市，并摄入人体，如图 2-2 所示。人体摄入微塑料的方式除饮用水外，也包括食用海鲜（牡蛎、鱼类等具有食物链富集效应）。有 13 个国家分别在自来水中检出微塑料成分，最高浓度达 6×10^4 n(粒)/m^3。一些国家在市售瓶装饮用水中亦发现了微塑料的踪迹，其中，93%检出的微塑料粒径小于 100 μm。也有一些国家在食用盐中检测出微塑料，在 94%的食用盐中检出了大于 149 μm 的微塑料存在。

微塑料进入生物/人体后会在生物组织、循环系统和大脑中逐渐积累，形成如表 2-3 所示的三大危害。有 8 个国家从人体粪便中检出微塑料，平均浓度为 200 n/kg。可见，处于食物链顶端的人类正在承受着微塑料后患之恶果。

微塑料潜在生物危害　　　　　　　　　　　　　　　　　表 2-3

微塑料毒性	致害成因	风险症状
化学毒性	增塑剂脱离，如双酚 A	内分泌紊乱、虚假饱食
颗粒毒性	颗粒积累与物理作用	细胞膜损坏、胃肠炎症、组织损伤
吸附毒性	吸附重金属、PPCPs 或致病微生物	生殖健康、基因变异

除对人体的直接危害外，在污水处理过程中进入剩余污泥的微塑料不仅本身难以生物降解，还会在污泥厌氧消化中抑制甲烷产量与速率；纤维形微塑料与纤维素结构十分类似，可充当污泥"骨架"，会阻碍污泥降解而减量。

2.2.2 检测水中微塑料

1. 采样

对水中微塑料检测目前国内外尚未建立起统一标准，采样、提取、检测

方法各异。微塑料采样有的基于美国国家海洋和大气管理局（NOAA）333 μm
膜滤标准，也有采用 500 μm 膜滤标准的案例。无论哪种尺度，均忽略了生态
风险更大的细小颗粒。所以，微塑料采样也出现了分级膜滤（500/190/100/
25 μm）如此细分的标准。可见，相同水样选择不同孔径膜采样，微塑料检出
浓度可相差十万倍。

2. 提取

提取微塑料方法形形色色，有用密度分离的，如把含 PVC 颗粒样品放入
饱和氯化钠（NaCl）溶液之中，颗粒上浮至表层后将表层液体分离；此法虽
安全、价廉，但易受溶液密度所限制，不适用于组分复杂的污水。污水中含
大量有机干扰物，主要是纤维素，会干扰微塑料提取的纯度和检测结果；先
用 Fenton 法消化氧化样品可大大缩短提取时间，但只有循环消化 3～6 次后
有机干扰物去除效果方见明显，亦可加入特种酶进一步降解样品中的纤维素；
之后将样品送入金属转盘，外加电场，利用惯性和塑料颗粒的静电特性，将
其他物质先分离到杂质区，微塑料先吸附在转盘上，随后落入样品区，采用
此法提取的样品中几乎没有干扰物残留，微塑料回收率接近 100%。

3. 鉴别

微塑料不易精确定量，视觉识别和红外光谱显微镜检测数目（粒）是目
前使用最多的鉴别方法，各种鉴别方法及优缺点列于表 2-4。热分析能帮助定
量微塑料的质量浓度，而数目多少与质量浓度大小并无必然联系，质量浓度
是原水中 SS 的千分之一。

常见微塑料鉴别方法   表 2-4

鉴别方法	原理	优缺点
视觉识别（Visual Sorting）	体视显微镜视野计数	操作简便，检测成本低；微小颗粒计数困难，易错认
傅里叶红外光谱（FTIR）	检测红外激发化学键、官能团振动产生的吸收特异性红外光谱	非破坏性检测；无法检测小于等于 10 μm 颗粒，耗时长，对样品要求高
热裂解-气质联用（GCMS）	热解产物光谱与标准光谱比对	样品无需消化，背景污染无影响；设备复杂，破坏性检测
拉曼光谱（Raman Spectra）	激光与原子作用检测特异拉曼光谱	非破坏性检测，可识别小于等于 1 μm 颗粒，有干扰物标准光谱库；易导致背景污染
高效液相色谱（HPLC）	选择溶剂溶解，通过液-固摩尔质量分配比差异，对混合物进行分析鉴别	特定检测准确；只能测量极小尺寸样品，无法认知颗粒的物理性质
扫描电子显微镜（SEM）	电子束与样品相互作用，产生二次电子信号成像观测	生成高分辨率图像；样品需前处理，破坏性检测，无详细识别信息
标记法（Tagging）	疏水性染料吸附到微塑料表面，并在蓝光照射时呈现荧光	易识别计数荧光颗粒，其他颗粒亦可能被染色，致结果偏高
透射电子显微镜（TEM）和原子力显微镜（AFM）	探测器感知探针受力的大小，获得样品表面形貌的信息	可检测纳米颗粒，生成高分辨率图像；方法不成熟
扫描电子显微镜能谱仪联用（SEM-EDS）	扫描电镜和 EDS 元素含量分析	可检出微塑料中无机添加剂成分；方法不成熟

2.2.3 微塑料在污水处理过程之演变

我国污水处理厂格栅间距一般为 $10\sim30$ mm，即使格栅间距较小的欧洲（如，希腊格栅间距为 $5\sim40$ mm）一般也 5 mm，几乎拦截不了微塑料，以至于原污水中微塑料大多会进入污水处理流程。表 2-5 总结了一些国家污水处理厂进水与出水中微塑料数目范围。

国内外部分污水处理厂进出水微塑料数目　表 2-5

国家/地点	规模（万 m^3/d）	处理级别	最小采样孔径（μm）	进水平均数目（n/m^3）	出水平均数目（n/m^3）
美国洛杉矶	多家	二/三	45	—	$0.2\times10^2\sim1.9\times10^2$
澳大利亚悉尼	多家	一/二/三	25	—	$0.28\times10^3\sim1.54\times10^3$
澳大利亚新南威尔士	—	三	—		1×10^3
苏格兰格拉斯哥	26	二	11	1.57×10^4	2.5×10^2
法国巴黎塞纳中心	24	二	100	$2.6\times10^5\sim3.2\times10^5$	$1.4\times10^4\sim5\times10^4$
德国下萨克森州	多家	二/三	20		$1.0\times10^3\sim9.05\times10^3$
意大利	40	三	10	2.5×10^3	0.4×10^3
瑞典吕瑟希尔	—	三	300	1.5×10^4	0.83×10^2
丹麦	多家	二/三	10	$0.22\times10^4\sim1.8\times10^4$	$0.19\times10^2\sim4.47\times10^2$
芬兰赫尔辛基	多家	二/三	20	$1.8\times10^5\sim4.3\times10^5$	$4.9\times10^3\sim8.6\times10^3$
芬兰米凯利	1	三	0.4	5.76×10^4	$0.4\times10^3\sim1\times10^3$
芬兰图尔库		三	20	0.7×10^3	0.02×10^3
芬兰海门林纳		三	20	2×10^3	0.1×10^3
美国	多家	二/三	125	—	$0.04\times10^2\sim1.27\times10^2$
加拿大温哥华	5	二	1	3.11×10^4	0.5×10^3
中国上海	280	二	75	1.17×10^5	5.2×10^4

因地理位置、水文气候、居民习惯、排水体制（雨污分流）不同，各国污水处理厂进水微塑料数目存在很大时空差异，对微塑料去除效果不一，所以，表 2-5 显示结果不易横向比较。再者，微塑料去除率如果按进、出相减再与进的相比计算很不准确，因为次生微塑料很容易在污水处理过程中形成。

我们对北京某市政污水处理厂（$Q=5$ 万 m^3/d）各单元微塑料"全谱"分析（WPO 法做消化处理；蔡司 Stemi508 显微镜鉴别）检测结果列于表 2-6，证实曝气前后微塑料数目确有不同；进水中 $300\sim500$ μm 微塑料约占 5 成，而曝气后这一级差比例增多，总数目相对沉砂池增加 17.1%。若以进水数目为基准计算去除率，沉砂池去除率为 62.9%，曝气池去除率为 -6.4%，二沉池去除率为 17.2%，溶气浮选去除率为 19.3%，即沉砂池去除了一半以上的微塑料，后续二、三级过程亦少部分去除。检测发现，在污水处理过程形成新的次生微塑料中小于 500 μm 尺寸颗粒数目增多、占比增大，进出水中以碎块和纤维成分为主。

总之，微塑料去除率似乎与其粒径大小无关，应该以砂砾或污泥吸附去除为主要作用。对微塑料的吸附容量，油脂是砂砾的近 4 倍，而砂砾与污泥吸附容量相当，应该是由油脂与塑料间的相似相溶性和静电作用所致。所以，污水处理工艺是否设除油池、初沉池，前端是否加絮凝药剂等不同情况对微塑料去除效果有较大差别。

北京某市政污水处理厂各单元微塑料分级与数目　　　　　表 2-6

样品	微塑料数目 (n/m³)	粒径分布				
		1000~5000 μm	500~1000 μm	300~500 μm	50~300 μm	10~50 μm
A	4.72×10^4	7%	21%	50%	11%	12%
B	1.75×10^4	12%	31%	27%	23%	6%
C	2.05×10^4	7%	20%	57%	13%	2%
D	1.24×10^4	8%	37%	27%	21%	7%
E	3.3×10^3	—	—	—	—	100%
F	2.25×10^4					100%

注：A—原水；B—沉砂池；C—曝气结束；D—沉淀结束；E—溶气浮选；F—剩余污泥

通常，一级处理（包括除油池、沉砂池和初沉池）对微塑料去除贡献率为 23%~99%；二级处理（包括各种传统活性污泥工艺）的贡献在 0%~32%（几乎已完全去除大于 300 μm 纤维形微塑料，20~100 μm 分级占比由 40% 升至 70%）；三级处理对微塑料去除的贡献结论不一，微滤（DF）（10~20 μm）、快速砂滤池（RSF）、溶气浮选（DAF）、MBR 对微塑料去除分别为 40%~98%、97%、95% 和 99.9%（基于二级出水），但生物滤池（BAF）对微塑料无明显去除作用。不同污水处理厂处理阶段对微塑料去除贡献率总结于图 2-3。

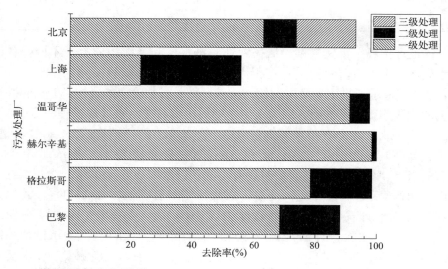

图 2-3　污水处理厂中微塑料在不同阶段的去除率

2.2.4　微塑料归宿与防范

尽管污水处理工艺可去除 80% 的微塑料，但将处理规模放大后出水中残留 20% 微塑料之总量却不容小觑；在污水处理厂排水口下游已报道检测到有大量微塑料积累现象；美国 17 座污水处理厂平均每座出水超过 14.6 亿 n/a 微塑料；我们检测的北京某污水处理厂出水微塑料竟高达 60 亿 n/a，且微塑料尺寸更小、潜在危害更大。

此外，被去除 80% 的微塑料要么存在于砂砾中，要么被裹挟在剩余污泥里面。砂砾外运填埋前若不及时清洗，微塑料会因填埋而进入环境；剩余污泥厌氧消化后微塑料也难减少，如果随后填埋也会进入环境。要想避免微塑料随砂砾与污泥进入环境，一是采用曝气沉砂池（但可能会影响后续脱氮除磷厌氧单元），二是对污泥最终采用焚烧处理。

2009 年，联合国环境规划署已将污水处理厂出水和下水道溢流列为海洋环境废物八大陆源之一；2011 年，国际海洋垃圾大会上制定的檀香山战略中也提及污水处理厂为海洋微塑料的贡献源。对此，国际上目前对污水处理厂中微塑料去除及归宿研究逐渐升温，反观国内研究显得偏少。且部分研究试图用所谓"高级"方法仅去除水相中的微塑料，但对砂砾或污泥填埋/堆肥后进入环境的微塑料却很少关注；这种做法只能是管中窥豹，必会加大污水处理成本，对整体环境效益实则徒劳无功。

其实，对微塑料去除不能仅是被动地采取"除患于既成之后"的方法，更应实施"防患于未然"的策略。这就需要我们在塑料生产、使用、废物处置和回收等方面多下功夫，必需政府引导和全体公众参与。西方经验（如，荷兰、比利时、瑞士、加拿大和美国）表明，各国政府分别出台了禁止在个人护理品中使用微塑料的规定。我国目前尚没有相应限制性条款，因此，估计大陆范围内每年仅洗面奶便可造成 210 兆 n/a 初生微塑料进入环境。目前，一些国际商业公司（如，联合利华、强生、欧莱雅等）已开始重新回归使用天然材料；全球最大两家瓶装饮用水公司达能和雀巢已着手联合开发可降解塑料水瓶；肯尼亚已开始实施史上最严的禁塑令；亦有倡议安装分离器防止微塑料随暴雨径流进入排水管网；欧盟提出"循环经济中的欧洲塑料战略"，塑料行业者联合承诺实施"塑料 2030"战略，并持续增强塑料回收率。反观我国，2008 年出台的"禁塑令"实际上变成了"购塑令"，已名存实亡；2017 年底出台的"禁废令"虽全面禁止进口塑料垃圾，原意倒逼国内回收企业专注国内塑料垃圾再生，但导致 2018 年上半年塑料新料生产累计增长 1.6%。此外，最有效的防患于未然的方法还有，让纺织行业使用覆盖涂层和减少化合纤维使用，对含微塑料的产品进行强制标识，以增加社会有效监督。

2.2.5　结语

微塑料（粒径小于 5 mm）作为一种新近发现对生物圈构成生态风险的污染物目前已引起全球普遍关注。微塑料主要通过水圈扩散、转移，远至南极洲现在也已发现微塑料的踪迹。微塑料主要通过污/废水、径流进入水系，因此，污水处理对微塑料的去除或截留作用则显得十分重要。

进入污水的微塑料数量不菲，多达 $2 \times 10^3 \sim 4.3 \times 10^5$ n（粒）/m³（取决于最小采样孔径：$1 \sim 300\ \mu m$）。因格栅间距往往为 5 mm，所以，污水中微塑料多进入污水处理流程。在污水处理过程中，一级处理（除油池、沉砂池和初沉池）是微塑料的主要截留单元，通过油脂、砂砾、污泥吸附可去除 50% 以上的微塑料；二级处理（传统活性污泥法）对微塑料的去除（难以生物降解，主要为吸附作用）率不大（0%～30%，但已几近完全去除大于 300 μm 微塑料），也可能因次生微塑料产生而出现负的去除率；一、二级污水处理对微塑料的总去除率平均为 80%；三级处理对微塑料去除的贡献结论不一，但微滤、砂滤池、气浮、MBR 对微塑料均有一定去除作用。

检测水中微塑料方法很多，但目前尚没有形成统一的标准方法，检测时采用的最小膜孔径标准也不尽一致，以至于出现各国、各水厂进水与出水微塑料检测数目千差万别，难以横向比较。

尽管污水处理可以去除绝大部分（80%）微塑料，但将处理规模放大后出水中约 20% 残留微塑料之总量却不容小觑，它们仍是水环境中微塑料的重要来源。被砂砾吸附的微塑料处理不当会随砂砾进入环境；进入污泥的微塑料在厌氧消化时会削弱产甲烷能力，另亦可能作为"骨架"阻碍污泥减量。因此，对微塑料去除不能仅仅是被动地采取"除患于既成之后"的污水处理方法，更应像西方国家一样实施"防患于未然"的禁塑、限塑、回收策略。

2.3   剩余污泥中的 PPCPs 及量化方法

不断进步的痕量污染物检测技术与持续上升的民众环保意识使水中微量有机污染物及其危害日益获得关注。早在 1999 年，德国学者基于微量有机污染物就提出药物和个人护理品（Pharmaceutical and Personal Care Products，PPCPs）的概念，从而引发对这一类痕量有机环境污染物的广泛研究。国际上之所以对 PPCPs 广泛关注是因为它们对人类健康存在潜在风险，而且对其他水生生物乃至陆地生物亦构成一定威胁；即使在痕量浓度情况下，很多 PPCPs 即可造成严重的毒理学效应，特别是当它们以复杂的混合物形式共存时；而且，大部分 PPCPs 难以生物降解，并很容易通过食物链形成生物累积而广泛分布、存在于环境之中。

我国已成为世界上最大 PPCPs 排放国，水环境中 PPCPs 分布广度和赋存丰度均很高，河湖等天然水体检出的 PPCPs 类别已达百余种，检出浓度为 0.9～19000 ng/L。因此，PPCPs 污染水环境的问题必须重视并亟待研究。

目前，有关 PPCPs 研究多集中于污水及水环境中检测及分解（生物与化学转化、光降解等），而被活性污泥吸附的 PPCPs 缺乏快速定量检测方法与评价手段。鉴于此，广泛收集现有文献中有关 PPCPs 固-液分配系数（K_d 值），提出一种量化、评价活性污泥中 PPCPs 含量的简便方法。同时，以北京地区污水处理厂为例，进一步量化北京剩余污泥中 PPCPs 含量、吸附率。最后，阐述解决含 PPCPs 污泥的思路与方案。

2.3.1 污水中的 PPCPs

1. 来源与去向

废弃药物未经处理和生物排泄、排遗中的残留，人类使用个人护理品和外用药物后的洗漱和沐浴污水，制药废水排放等均能使 PPCPs 通过市政管网进入污水处理厂。PPCPs 大部分为人工化学合成物质，其化学结构稳定、难以生物降解，所以，进入污水处理厂的 PPCPs 除少量通过逸散、光降解等方式释放大气外，大部分 PPCPs 要么随出水（直接）进入环境，要么被吸附于活性污泥表面（间接进入环境）。因此，污水处理厂既是 PPCPs 的主要接受体，也是进入环境的重要源头。换句话说，污水处理厂主要以污泥吸附方式去除一定量 PPCPs。

2. 生态危害

含量不高但数量惊人的 PPCPs 进入环境后，亦难以生物降解，多残留于环境，会通过饮用水与食物链方式重新摄入人体。环境中的 PPCPs，如抗生素等药物，会筛选出抗性基因，使得细菌、病毒耐药性逐步增强，导致依赖抗生素维系生产的农林业、畜牧业经济成本不断增高；更为可怕的是，对多种抗生素具有抗药性的病原体大量出现，这些"超级细菌"最终会使人类陷于"无药可施"的可怕境地。此外，PPCPs 还会抑制藻类及动植物生长，造成水生生物内分泌紊乱，致使动物器官衰竭而死。

2.3.2 量化评价方法

既然污水处理厂对 PPCPs 的去除主要局限于污泥吸附，所以，需要了解污泥对 PPCPs 的吸附性能，或者说希望准确知道污泥中 PPCPs 的含量大小，以确定 PPCPs 去除率。这就需要建立量化评价污泥吸附 PPCPs 的有效方法。本节拟通过固-液分配系数（K_d）来定量评价污泥吸附 PPCPs 的性能并通过收集文献 K_d 建立一种量化评价体系。

1. K_d 计算公式

检测污水处理出水中 PPCPs 相对容易，而对污泥中 PPCPs 的检测则显得困难。PPCPs 在污泥吸附过程会达到动态平衡，固、液两相间 PPCPs 分布可以用固-液分配系数 K_d 描述；其定义为混合液达到吸附平衡时，溶质（PPCPs）在固（污泥）、液（污水）两相中的浓度比值，可反映 PPCPs 在固、液两相中的迁移能力及分离效能。对于一种 PPCPs 而言，当达到吸附动态平衡时，PPCPs 吸附于固相（污泥）中的浓度可由式(2-1) 计算：

$$C_S = C_L \cdot K_d \tag{2-1}$$

式中　C_S——吸附平衡时，固相（污泥）中 PPCPs 浓度，$\mu g/kg\ DS$；

　　　C_L——吸附平衡时，液相（水）中 PPCPs 浓度，$\mu g/L$；

　　　K_d——固-液分配系数，L/kg。

剩余污泥中所含 PPCPs 量占污水处理厂排放 PPCPs 总量比例，即活性污泥对 PPCPs 的吸附率可由式(2-2) 计算：

$$\eta = \frac{C_S \cdot Y}{C_S \cdot Y + C_L} \times 100\% = \frac{K_d \cdot Y}{K_d \cdot Y + 1} \times 100\% \tag{2-2}$$

式中　η——吸附平衡时，剩余污泥吸附 PPCPs 效率；

　　　Y——污泥产率（处理每单位污水排出的剩余污泥量），kg DS/L。

剩余污泥中 PPCPs 年吸附转移量可由式(2-3) 计算：

$$M_P = C_S \cdot M_S \times 10^{-3} \tag{2-3}$$

式中　M_P——剩余污泥中 PPCPs 年吸附转移量，kg/a；

　　　M_S——剩余污泥年生成量，t DS/a。

综上，只要参照 PPCPs 相应 K_d，结合当地污水处理厂污泥产率、剩余污泥年生成量，当明确出水中 PPCPs 浓度后便能简便计算/预测出剩余污泥中 PPCPs 浓度、吸附率和年吸附转移量。

2. 收集 K_d

文献调研表明，目前有 160 余种 PPCPs 具有可参考的 K_d，表 2-7 列出其中 50 种常见 PPCPs 的 K_d。这些 K_d 均来源于实际污水处理厂检测数据；不同文献中因不同检测方法出现的 K_d 差别取平均值，并用标准差表征 K_d 离散程度。同时，亦对 PPCPs 进行了归纳分类，包括了抗生素、激素、降血脂药、抗抑郁药、抗阻胺剂等 18 类 PPCPs。从表 2-7 可知，同种 PPCPs 在不同类型污泥中存在 K_d 差异，可能是不同类型污泥生物相与物理化学性质不尽相同的结果。

5 种类型污泥中 50 种 PPCPs 固-液分配系数（K_d）（单位：L/kg）　　　　表 2-7

名称	种类	初沉池污泥 K_d	活性污泥 K_d	二沉池污泥 K_d	MBR 污泥 K_d	消化污泥 K_d
阿替洛尔	β受体阻滞剂	200.3(226.2)	75.8(47.9)	1750.0(212.1)	68.1(80.1)	11.0
壬基苯酚	表面活性剂	1613.0	—	1149.0	—	—
维思通	肌肉松弛剂	1432.0(661.9)	765.0(135.8)	490.0(226.3)	—	—
雌二醇	激素	560.0	701.3(146.5)	230.0	—	250.0
雌三醇	激素	58.0	58.5(6.4)	—	—	—
雌酮	激素	636.0	467.3(275.5)	5753.3(5087.3)	—	300.0
睾酮	激素	178.0	564.3(723.8)	—	—	—
黄体酮	激素	750.0	1900.0	1100.0	—	—
炔雌醇	激素	647.5(522.6)	951.0(687.7)	349.0	—	300.0
雄烯二酮	激素	1218.3(1154.3)	145.0(15.6)	1152.3(1127.8)	—	—
雄甾酮	激素	534.0	499.0(113.1)	—	—	—
阿托伐他汀	降血脂药	143.1(66.1)	145.5(74.2)	147.5(26.2)	—	—
地尔硫卓	降血脂药	—	22.0	440.0	794.3	—
吉非罗齐	降血脂药	34.0(15.6)	46.8(55.4)	19.3	66524.2(115183.1)	—
氯贝酸	降血脂药	35.7(2.4)	—	40.2(42.6)	—	5.0
美托洛尔	降血脂药	43.7(17.5)	—	122.0(22.3)	125.9	15.3(3.9)
维拉帕米	降血脂药	1722.0(110.3)	1366.5(190.2)	515.0(162.6)	—	—

名称	种类	初沉池污泥 K_d	活性污泥 K_d	二沉池污泥 K_d	MBR 污泥 K_d	消化污泥 K_d
辛伐他汀	降血脂药	954.3(352.2)	—	981.2(96.8)		1347.0
地西泮	抗精神药	167.5(174.7)	149.2(79.3)	21.0		400.0
阿奇霉素	抗生素	195.2(225.8)	635.3(673.5)	817.8(33.0)	1584.9	—
红霉素	抗生素	124.1(160.2)	72.7(22.0)	48.1(21.9)	117.6(92.8)	110.0(113.1)
环丙沙星	抗生素	—	24450.0(16895.9)		79432.8	
磺胺吡啶	抗生素	—	275.5(27.6)	—		
磺胺二甲嘧啶	抗生素	15.2(2.8)	—	28.0(17.7)		15.0
磺胺甲恶唑	抗生素	138.3(190.1)	109.1(111.5)	171.3(181.2)	67.5(10.4)	28.0(24.0)
甲氧苄啶	抗生素	497.6(576.9)	142.1(83.3)	1637.8(2265.7)	228.8(89.4)	40.0(39.6)
克拉霉素	抗生素	—	530.7(583.4)		233.9	
罗红霉素	抗生素	56.7(27.2)	95.0(7.1)	191.6(100.3)	—	40.0
诺氟沙星	抗生素	288.9(249.0)	8019.0(11071.9)	11310.1(18698.9)	125892.5	
氧氟沙星	抗生素	305.1(237.1)	250.0	793.9(270.5)	15848.9	—
阿米替林	抗抑郁药	7461.1(4512.1)	2660.8(1907.0)	2800.0	12589.3	1049.0
氟西汀	抗抑郁药	10000.0	1767.7(665.5)	4300.8(2687.5)	—	700.0
帕罗西汀	抗抑郁药	14000.0		8450.0(212.1)	31622.8	
舍曲林	抗抑郁药	35000.0		17000.0		1883.0
克霉唑	抗真菌剂	32000.0		34000.0		8128.0
安泰乐	抗阻胺剂	989.0(298.4)	813.5(7.8)	660.0(84.9)	63095.7	—
苯海拉明	抗阻胺剂	—	243.1(103.4)	—	3162.3	
普萘洛尔	抗阻胺剂	641.0	366.0		460.3(54.4)	331.0
佳乐麝香	人造麝香	4920.0	2514.0(121.6)	1810.0	—	3700.0
吐纳麝香	人造麝香	5300.0	4673.5(1876.0)	2400.0		3000.0
避蚊胺	杀虫剂	100.0	61.7(27.8)	—		
双酚 A	塑化剂	910.5(843.6)	468.0(52.3)	829.0		
三氯卡班	消毒剂	—	18852.0(9690.2)	25704.0	630957.2	
三氯生	消毒剂	3887.1(2198.0)	3195.3(983.2)	25063.0(29183.7)	398107.0	—
布洛芬	消炎药	149.6(325.1)	156.2(104.2)	1021.5(1999.5)		100.0
萘普生	消炎药	217.0	121.5(22.3)	1144.4(1015.1)	31622.8	36.0
酮洛芬	消炎药	226.0	96.9(114.4)	—	118.5(65.8)	
咖啡因	兴奋剂	174.4(170.7)	110.0(43.6)	679.8(589.4)	316227.8	14.0
卡马西平	镇癫剂	287.3(335.6)	80.7(59.8)	104.3(88.7)	176.3(25.1)	43.0
双氯芬酸	止痛药	235.2(177.3)	134.7(23.6)	135.7(89.9)	259.0(87.7)	105.0

注：某种 PPCPs 在同类污泥中因检测方法不同出现多个 K_d 时，取其平均值，括号数字为标准差。

2.3.3　污泥中 PPCPs 量化评价

北京作为我国首都，人口密度极大（达 1350 人/km^2），也是全球医药、化妆品主要消费地区。所以，以北京为例量化评价污泥中 PPCPs 含量、去除率等具有一定普遍意义。

1. 出水中 PPCPs 浓度

统计得出北京的污水处理厂出水中 33 种常见 PPCPs 浓度，见表 2-8。表 2-8 显示，北京污水处理厂出水中各类 PPCPs 浓度从低于仪器检出限值到 1647.00 ng/L 之间不等。PPCPs 浓度平均值超过 100 ng/L 有 14 种，数量超 1/3；平均值超过 300 ng/L 有 6 种，分别为氧氟沙星 662.50 ng/L，避蚊胺 469.94 ng/L，红霉素 447.67 ng/L，双氯芬酸 324.80 ng/L，甲氧苄啶 317.48 ng/L，卡马西平 304.34 ng/L。

北京污水处理厂二级出水中常见 PPCPs 浓度　　　　　表 2-8

化合物	浓度(ng/L)		
	最小值	最大值	平均值(标准差)
雄烯二酮	4.50	12.00	7.59(3.15)
雄甾酮	ND	4.30	0.61(1.63)
双酚 A	5.00	5.00	5.00
咖啡因	26.00	342.00	132.17(108.86)
卡马西平	10.50	602.00	304.34(248.74)
环丙沙星	ND	55.00	19.63(17.71)
氯贝酸	16.30	146.00	90.83(59.23)
避蚊胺	99.70	881.00	469.94(349.12)
双氯芬酸	140.00	675.00	324.80(210.63)
地尔硫卓	49.70	49.70	49.70
红霉素	51.00	1647.00	447.67(551.96)
雌二醇	ND	0.80	0.36(0.23)
雌酮	ND	8.60	1.64(2.85)
炔雌醇	3.20	3.20	3.20
氟西汀	37.97	37.97	37.97
佳乐麝香	90.00	90.00	90.00
吉非罗齐	66.90	66.90	66.90
布洛芬	139.73	139.73	139.73
酮洛芬	ND	104.00	72.00(48.34)
美托洛尔	105.00	300.00	225.80(72.84)
萘普生	162.50	162.50	162.50
诺氟沙星	9.40	200.00	77.68(60.60)
氧氟沙星	150.00	1200.00	662.50(320.57)
黄体酮	0.80	2.30	1.40(0.51)

续表

化合物	浓度(ng/L)		
	最小值	最大值	平均值(标准差)
普萘洛尔	3.70	3.70	3.70
罗红霉素	54.00	360.00	167.25(97.09)
磺胺二甲嘧啶	1.60	11.00	5.56(3.31)
磺胺甲恶唑	130.00	460.00	297.43(118.02)
磺胺吡啶	36.00	330.00	217.00(111.22)
睾酮	0.20	1.20	0.79(0.35)
吐纳麝香	55.00	55.00	55.00
三氯卡班	256.27	256.27	256.27
甲氧苄啶	ND	826.00	317.48(277.81)

注：ND 为未检出。

2. 剩余污泥中 PPCPs 浓度

北京污水处理厂多采用 A^2/O 及其工艺变型，剩余污泥主要为二沉池污泥，物理化学性质大体相同。为增加数据样本量及可靠性，采用活性污泥与剩余污泥平均 K_d 作为计算值，标记为 Kdavg。利用表 2-7 和表 2-8 数据，将 Kdavg 值北京地区出水 33 种 PPCPs 平均浓度代入式(2-1)，得到剩余污泥中各种 PPCPs 含量值，如图 2-4 所示。计算结果显示，剩余污泥中有 9 种 PPCPs 浓度超过 100 $\mu g/kg$，三氯卡班浓度甚至达到了 5709.18 $\mu g/kg$。计算值与实际污水处理厂检测值十分相近，表明基于 K_d 的量化评价方法可靠、可信。

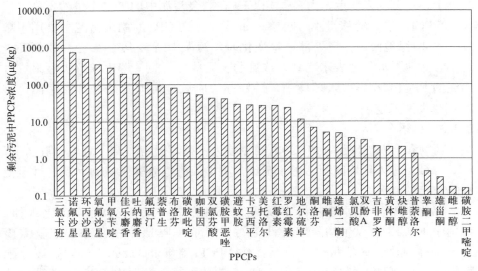

图 2-4 北京污水处理厂剩余污泥中 PPCPs 含量

3. 剩余污泥中 PPCPs 吸附率与年转移量

北京年污水处理量为 1.29×10^9 m^3/a，剩余污泥年产量为 2.34×10^5 t DS/a；二者相除即为平均污泥产率（1.81×10^{-4} kg DS/L）。将这些数据与图

2-4 中含量代入式(2-2)、式(2-3)，可分别计算出 PPCPs 吸附率与年转移量，如图 2-5 所示。计算结果显示，相对于二级出水来说，PPCPs 在剩余污泥中的含量并非很高；其中，25 种 PPCPs 吸附率均低于 20%，仅 3 种高于 60%，也有吸附率达 81.6%（环丙沙星）。然而，从绝对量角度来看，剩余污泥中 PPCPs 含量并不可小觑，年转移量列前 5 的分别是三氯卡班（1337.79 kg/a）、诺氟沙星（175.90 kg/a）、环丙沙星（112.44 kg/a）、氧氟沙星（81.03 kg/a）、甲氧苄啶（66.21 kg/a），占 33 种 PPCPs 年转移总量（2023.37 kg/a）的 87.6%。

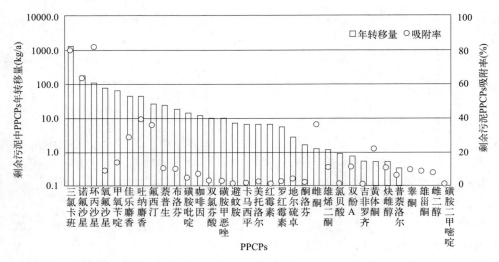

图 2-5 北京污水处理厂剩余污泥中 PPCPs 吸附率和年转移量

2.3.4 处置策略

上述计算结果显示，大多数 PPCPs 在剩余污泥中的吸附率虽然不高，但少数 PPCPs 绝对转移量不可小觑。如果含有 PPCPs 的剩余污泥主要用于填埋、农业/绿地回田，当外部环境变化时，污泥中所含 PPCPs 会释放到环境之中，对地下水和地表水均会构成威胁。因此，要想一劳永逸解决吸附进入污泥的 PPCPs 不再进入环境中，最好办法应该是污泥焚烧处理，这样可将 PPCPs 彻底稳定。

2.3.5 结语

药物和个人护理品（PPCPs）可以使人"延年益寿"和"青春永驻"，但 PPCPs 残留进入环境问题已遍布全球，不仅人类健康受到威胁，就连远至南极的企鹅也难幸免。

为此，需要了解进入污水及污水处理厂之 PPCPs 的迁移转化规律，特别是 PPCPs 难以生物降解特性下污泥对 PPCPs 吸附去除率。这就需要寻求一种快速、简便量化评价污泥中 PPCPs 含量的方法。通过固-液分配系数（K_d）汇集、归纳，提出一种简单预测剩余污泥中 PPCPs 含量的计算方法，并据此可以计算 PPCPs 吸附率和年转移量。

以北京污水处理厂为例，分别计算出剩余污泥中 33 种常见 PPCPs 含量。虽然大多数 PPCPs 在剩余污泥中的吸附率不是很高（≤20%），但少数

PPCPs 绝对转移量不可小觑，高达 33 种 PPCPs 总转移量的 88%。

为杜绝转移至剩余污泥中的 PPCPs 再次进入环境，最为妥善的处置办法是实施污泥焚烧。

2.4　出水溶解性微生物代谢产物诱因与影响

生物处理乃目前市政污水处理主流工艺，出水中难免存在一些难降解溶解性有机物（DOM），其中，除原水中带进而未能降解的天然有机物（NOM）和人工合成有机物（SOC）外，还有一部分源于活性污泥微生物代谢过程中释放的溶解性微生物代谢产物（SMP）。研究表明，无论厌氧或好氧处理后，出水中 SMP 含量一般占进水 COD 含量的 2%，成分主要为多糖、类蛋白质、类腐殖酸等；当微生物所处环境改变时进水 SMP 最高可达进水 COD 的 20%。SMP 分子量分布比较广泛，以生活污水为底物时出水 SMP 多处于小于 1 kDa 或大于 10 kDa 范围。对 SMP 开始研究起源于其对膜生物反应器（MBR）膜污染产生的作用；近 20 年研究发现，SMP 也可能对微生物和水环境产生其他一些潜在影响。

传统认识仅将出水残留溶解性 COD 归咎于外源 COD（NOM 与 SOC），而对内源产生的 SMP 往往缺乏认识。因 SMP 本身具有特殊理化性质而又不能简单从 COD 数值中反映出来，这就势必影响出水 COD 排放标准制定。为此，本节首先综述 SMP 产生与化学成分，并分析其含量与相关特性；其次，根据影响 SMP 含量环境与工艺因素提出防控措施；最后，探讨 SMP 对制定出水标准的影响。

2.4.1　SMP 产生与组成

1. 产生

微生物胞外聚合物（EPS）与 SMP 均属微生物产物。有关微生物产物之观点早期分为"EPS 学派"与"SMP 学派"。"EPS 学派"观点认为，微生物产物只含有 EPS，EPS 与活性细胞相关联。"SMP 学派"则将 SMP、活性与惰性细胞定义为外源有机底物降解后的最终归宿。为更好理解微生物与其释放有机物之间的关系，一些研究者构建并不断优化了许多数学模型。其中，统一代谢模型可较好契合 EPS、SMP 与微生物细胞之间的关系，SMP 可以划分为外源底物利用相关中间产物（UAP）与 EPS 水解产物［BAP，也是一种在细胞间起到信息交流（化感效应）的信号物质］。外源有机底物被微生物利用后存在 3 种去向：

1）直接被分解代谢（外源有机底物完全被氧化为 CO_2 和 H_2O）后产能；

2）形成中间产物（UAP）；

3）合成细胞并形成 EPS 以及从 EPS 水解而形成 BAP。

有人进一步细化了统一代谢模型，将不同代谢阶段 EPS 水解产物（BAP）又分为细胞增长相关产物（GBAP）与细胞衰减相关产物（EBAP）。UAP、GBAP 和 EBAP 三种产物存在不同生成与消耗速率；UAP 生成速率较快，在易生物降解外源底物消耗殆尽后达到峰值；生成速率慢的 BAP 在底物匮乏阶段进行积累，最高时可占到总 SMP 的 95%，其中，EBAP 为 BAP 主要成分。

也有人通过整合统一代谢模型中 EPS 形成与降解之概念，建立了稳态和有机/水力负荷冲击条件下的厌氧 SMP 模型；不同之处在于该模型认为 BAP 应包括 EPS 水解产物（BAP）以及细胞裂解所释放出的溶解性胞内物质。按严格定义而不考虑简化模型，来源于细胞裂解的产物确实应归类于 SMP 范畴。所以，可认为 EPS 主要是附着于细胞外的固相产物，而外源底物代谢形成的 UAP、BAP 以及细胞裂解形成的溶解态产物均可归结为 SMP；未能在内源过程被完全消耗的这些 SMP 会呈现在出水 COD 中，是一种内源产生、难以降解的有机物。SMP 与 EPS 之间关系可以用图 2-6 来描述和概括。

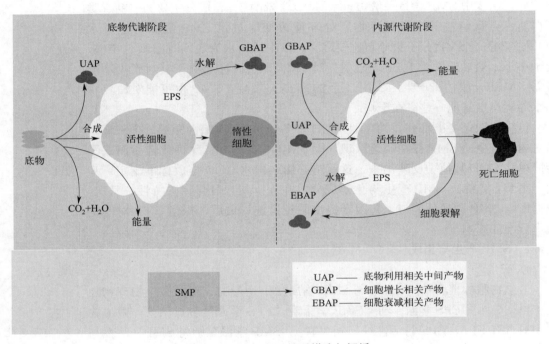

图 2-6   SMP 与 EPS 关系描述与概括

2. 化学成分

虽然数学模型可以较好预测不同处理工艺 SMP 相对含量，但对 SMP 成分辨别以及相关理化性质分析则需借助其他分析手段。实际污水处理厂出水 COD 中 SMP 成分非常复杂，现有研究并没有建立起 SMP 成分标准分析方法，主要根据有机物亲、疏水性与分子量大小进行划分，可归纳为图 2-7 所列分类与表征方法。

目前大部分研究分析得到的 SMP 成分都比较笼统：小分子量 SMP 通常由亲水性羧基、羟基和氨基构成；大分子量 SMP 主要包括多糖、腐殖质和细胞裂解物。根据有机物光学特性与官能团结构可以定性分析类富里酸、类腐殖酸、类芳香族蛋白质、多糖等。气质联用（GC-MS）是较为成熟的定量分

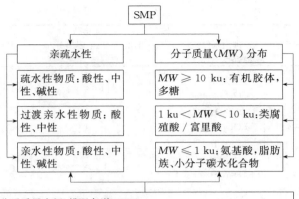

图 2-7 SMP 宏观分类与表征方法归纳

析手段,但局限于表征非极性、挥发性小分子(<500 Da)有机物;表 2-9 显示了不同处理工艺出水中存在的主要小分子 SMP 成分含量。可以看出,小分子 SMP 成分与其光学性质分析结果并不匹配。在厌氧/好氧环境下形成的 SMP 成分具有一定相似性,主要包含烷烃、烯烃、芳香族化合物、醇类和酯类;微生物代谢短链有机底物时也会形成长链烷烃、烯烃和酯类 SMP。

不同处理工艺出水 COD 中小分子 SMP 主要成分　　　表 2-9

规模	工艺	进出水组成	出水 SMP 主要组分	化学式	占出水 COD 比(%)
小试	好氧颗粒污泥 $HRT=3.9$ h	进水:乙酸钠 COD=600 mg/L 出水: COD=78~90 mg/L	邻苯二甲酸二酯	$C_{24}H_{38}O_4$	32.03
			庚烷	C_7H_{16}	5.60
			1,2,3,4,5-五甲基-环戊烯	$C_{10}H_{18}$	7.21
			3-戊烯-2-醇	$C_5H_{10}O$	2.93
小试	好氧颗粒污泥 $HRT=3.9$ h	进水:丙酸钠 COD=600 mg/L 出水: COD=40~72 mg/L	E,E,Z-1,3,12-十九碳三烯-5,14-二醇	$C_{19}H_{34}O_2$	8.67
			1,2,3,4,5-五甲基-环戊烯	$C_{10}H_{18}$	7.55
			庚烷	C_7H_{16}	6.02
			3-甲基-2-丙酮	$C_5H_{10}O$	5.95
			二十一烷	$C_{21}H_{44}$	5.90
小试	SBR($V=1$ L) $HRT=6$ d	进水: COD=1000~5000 mg/L BOD_5=500~2500 mg/L 出水: COD=70~80 mg/L	二十一烷	$C_{21}H_{44}$	19.80
			棕榈酸丁酯	$C_{20}H_{40}O_2$	18.40
			四十四烷	$C_{44}H_{90}$	10.40
			硬脂酸丁酯	$C_{22}H_{44}O_2$	9.20

续表

规模	工艺	进出水组成	出水 SMP 主要组分	化学式	占出水 COD 比(%)
全流程	UASB($V=$ 3100m³) $HRT=6$ d	进水: COD=1000～ 5000 mg/L BOD₅=500～ 2500 mg/L 出水: COD=70～80 mg/L	棕榈酸	$C_{16}H_{32}O_2$	10.50
			二十一烷	$C_{21}H_{44}$	8.60
			三十一烷	$C_{31}H_{64}$	5.10
小试	中空纤维 MBR ($V=$10 L) $HRT=10$ h $SRT=25$ d	进水: 葡萄糖 (COD=320 mg/L) 牛肉膏(60 mg/L) 蛋白胨(80 mg/L) 乙酸钠(90 mg/L) 8 种抗生素药物 浓度:25 μg/L 出水: SCOD=10.9 mg/L	1H-吲哚-4-醇	C_8H_7NO	31.45
			丙酸,2-甲基-1-(1,1-二甲基 乙基)-2-甲基-1,3-丙二酯	$C_{16}H_{30}O_4$	12.48
			氢肉桂酸	$C_9H_{10}O_2$	5.84
			5-甲基-1H-苯并咪唑-2-胺	$C_8H_9N_3$	5.66

2.4.2　SMP 含量与特性

1. 出水中 SMP 含量

SMP 因具有与 NOM 和 SOC 部分相同的官能团化学结构,导致在实际出水中单独检测 SMP 成分存在诸多不确定因素。大多数学者认为,SMP 是出水总溶解有机物（DOM）的主要成分（>60%）,这是建立在外源底物是容易降解成分,忽视了外源难降解有机物（NOM 和 SOC）的存在。目前,还没有将出水中 SMP 与其他 DOM 分开的准确定量分析方法,主要是通过对比进出水光学特性、分子量变化来判断 SMP 在出水中的相对含量与理化性质。

美国学者研究了美国东北部一个污水处理厂及其上下游水样中 DOM 组分,生物处理后水中 SMP 对比外源性 NOM 有着更高的类蛋白质含量和更低的类腐殖酸含量,呈现出更强的荧光特性。也有人对比污水处理厂出水与实验室葡萄糖配水 SBR 装置出水,发现污水处理厂二级出水中 DOM 具有亲水性 BAP 一些物化性质,同时,所含类腐殖酸与其他疏水性物质具有更高的 SUVA（UV_{254}/DOC）值。据此,又有人利用同一 SBR 装置,用社区原污水与同等 COD 浓度的葡萄糖配水进行对比实验,发现 SMP 在 SBR 反应器出水只占出水 DOM 中的 45%,原污水经过生物处理后同样也具有更高的 SUVA 值;样品分析中三维荧光（EEM）所显示的不同 DOM 成分在出水中相对含量见表 2-10。因常规生物处理难以降解 NOM 和 SOC,所以,出水中 DOM 主要受 SMP 含量影响,实际污水处理厂出水 DOM 中 SMP 是否为主要成分还需要实验分析获得。

某实验 SBR 装置出水中不同组分 DOM 含量　　　　表 2-10

出水 DOM 组分	总体含量分布	SMP 中含量分布
类富里酸	NOM≈SOC>SMP	BAP>UAP
类色氨酸蛋白质	SOC>SMP	UAP
类酪氨酸蛋白质	SMP	UAP
类腐殖酸	NOM≈SOC～SMP	BAP>UAP
多糖	SOC≈SMP	UAP≈BAP

注:"≈"表示物质含量相当。

2. 影响 SMP 含量因素

不同工艺运行参数对微生物系统代谢过程会产生影响,进而影响出水 SMP 含量;主要影响因素有反应器类型、进水底物类型和浓度、水力停留时间(HRT)、固体停留时间(SRT)、有机负荷率(OLR)、曝气强度等;表 2-11 总结出影响出水 SMP 含量的主要因素。

影响出水 SMP 含量的主要因素　　　　表 2-11

微生物系统	影响因素	主要结论
SBR	底物类型	相同浓度苯酚(25%)作为底物比葡萄糖(3%)会产生更多 SMP
	温度;进水底物浓度;曝气强度;进水氨氮浓度	各因素对增加 SMP 含量影响权重大小排序为温度>进水底物浓度>曝气强度>进水氨氮浓度
	SRT	SRT 控制在 5～15 d 时出水 SMP 浓度最低
CSTR	进水 COD、NH_4^+	出水 BAP、UAP 分别与进水 COD、NH_4^+ 浓度呈正相关;进水 NH_4^+ 浓度对出水 SMP 浓度影响更大但不影响 SCOD
	OLR、HRT、pH	出水 SMP 浓度与 OLR 呈正相关;HRT 从 15 d 减少到 3 d 时,SMP 浓度增加;pH 维持在 6.5 时无明显影响
	毒性物质($CHCl_3$ 和 Cr^{6+})	厌氧系统中 $CHCl_3$ 介入使进水 COD 转化 SMP 率从 2%提升到 8%;Cr^{6+} 存在则会提升至 20%
	反应器类型、HRT、温度	好氧反应器比厌氧反应器积累更多 SMP;随温度降低与 HRT 减少而增加;温度对好氧反应器影响比厌氧反应器大
浸没式 MBR	SRT	出水 SMP 浓度随 SRT 延长而降低(10～30 d),到 60 d 时与 30 d 保持一致

研究发现,微生物种群对 SMP 含量与组分没有太大影响,环境因素在 SMP 增多过程中起主导作用;在 55 ℃条件下微生物分泌小分子量亲水性聚羧酸型类腐殖酸物质浓度最高,低 pH 条件下会释放更多易形成消毒副产物(DBPs)类疏水性类蛋白质、类氨基酸物质;高渗透压、低浓度重金属环境并不会对 SMP 分子量大小与化学组分有太大影响,底物匮乏时微生物会利用自身部分小分子类蛋白质物质以维持细胞正常代谢。市政污水处理厂运行过程中 pH 波动不会很大,季节性温度变化也不会导致水温有大范围变化,所以,影响出水 SMP 含量的主要因素应该是进水水质波动和工艺运行条件的变化。

3. 生物降解性

微生物在内源代谢阶段可利用 SMP，以维持细胞正常代谢活动。常规活性污泥法运行一般控制在微生物稳定生长末期与内源呼吸初期之间，微生物利用 SMP 的速率通常不及其释放速率，这便导致液相环境中 SMP 累积，其中，来源于 EPS 水解的 BAP 占据了主要成分。不同因素变化会对 SMP 化学结构与分子量大小产生影响，同时又会影响其生物降解性。从广义组分来看，主要成分为类蛋白质和多糖的小分子 UAP，比主要成分为类腐殖酸、富里酸的大分子 BAP（>10 kDa）较容易降解。有实验表明，好氧条件下 UAP 与 BAP 生物利用率分别为 1.3 g COD/(g VSS·d) 和 0.07 g COD/(g VSS·d)，因为 SMP 中占主要成分的 BAP 的 BOD_5/COD 仅为 2.8%～14%。结果，出水残留 COD 中 SMP 成分大多是生物难降解的有机组分。

在底物匮乏阶段，微生物因外源底物匮乏，遂利用自己释放的 SMP 维持代谢。研究发现，微生物量、初始底物状态和微生物对底物组成变化的适应性可能决定了 SMP 成分的可降解性；当微生物经历初始底物驯化后进入底物匮乏阶段时，会主动利用易降解的 UAP 和可降解的 BAP，此时并不会伴随新的 SMP 释放。在环境适应力较好的生物脱氮系统中，好氧环境下部分 UAP 也会因外源底物逐渐消耗而被异养细菌利用；当初始底物消耗殆尽时，缺氧环境下剩余 UAP 仍可继续作为电子供体参与反硝化脱氮。在此研究基础上有人继续发现，缺氧与底物匮乏共存环境下，分子量小于 100 kDa 的 BAP 也有"机会"被生物降解，难生物降解的溶解性 COD（SCOD）中有 21.8% 可被异养菌利用，对出水 TN 去除提升可达 24.6%。从化学组分来看，可被降解的 SMP 包括类酪氨酸蛋白质、类色氨酸蛋白质和类富里酸，其中，类色氨酸蛋白质是参与脱氮的主要 SMP。

有机负荷较低的厌氧环境同样有利于微生物对 SMP 降解，产甲烷菌古菌可以利用 60% 左右来源于产酸菌的 SMP 用于产甲烷过程。也有研究发现，在低有机负荷、以硫酸盐还原为主导的厌氧系统中，硫酸盐还原菌可以利用 SMP 去除 12%～32% 硫酸盐。

2.4.3　SMP 环境影响及其控制

1. 生物毒性

早期研究发现，污水处理厂二级出水较原污水致沙门氏菌/微粒体细菌突变性增强。不利环境因素（高氨氮、高盐度、重金属）在一定程度上会增加 SMP 致细菌的突变性，同时，SMP 经加氯消毒后的致突变性最高可提升 3 倍。微生物可释放糖类有毒芳香族化合物，例如，实验证实具有致突变性的邻苯二甲酸酯在好氧与厌氧反应器中均有发现，最高检出浓度达 3 mg/L。然而，目前还没有很好的理论解释微生物释放芳香族化合物的过程。SMP 存在会对某些细菌代谢活动产生抑制效果，但是这种抑制影响很微弱。日本学者发现，SMP 在 A/O 工艺中累积会抑制厌氧段 PAOs 对于 VFAs 摄取与好氧段硝化细菌的硝化反应，但这种抑制作用仅有 10%，且随微生物驯化时间延长而逐渐降低。

2. 对天然水体影响

从污水处理厂流出的 SMP 进入天然水体并不会对溶解氧（DO）造成影响，但随时间推移（>15 d），SMP 化学结构会发生如图 2-8 所示的变化。受太阳辐射影响，具有吸光性的 SMP 在 48 h 内即可发生光解反应，包括类腐殖酸、类色氨酸蛋白质；接受 48 h 光照的 SMP 与同浓度 NOM 相比加氯消毒后会形成更多三卤甲烷（THM）和三氯硝基甲烷（TCNM）。光照明显破坏类腐殖酸物质的碳骨架和官能团；对 UV 吸收强的芳香基团和不同供电基团（例如，羟基、酚基）在类腐殖酸物质中存在越多，自身受光照淬灭程度就越大。

此外，大分子 SMP 光降解形成的小分子 SMP 会被水环境中微生物所利用，因此消耗水体中的 DO。研究表明，小分子 SMP 亦可在厌氧环境下降解，15 d 培养周期、好氧与厌氧两种环境下 SMP 降解程度几乎相当（约 40%），且疏水性物质比亲水性物质更容易降解，但代谢后的 SMP 化学结构性质在不同环境下存在差异。在好氧环境下，变形菌门（*Proteobacteria*）、衣原体门（*Chlamydiae*）、螺旋体菌门（*Saccharibacteria*）为代谢酸性类蛋白质主要菌群，变形菌门中的假单胞菌属（*Pseudomonas*）可部分降解 BAP 中的聚羧酸类腐殖酸。但是，好氧代谢后 SMP 中酮基和不饱和结构会增加，造成大分子疏水酸性物质（MW>100 kDa）和小分子过渡酸性物质累积。经好氧生化反应后，一部分 SMP 会发生化学性质变化，这种发生变化后的产物经加氯消毒会增加三卤甲烷（THM）、水合氯醛（CH）、三氯硝基甲烷（TCNM）、二氯乙腈（DCAN）等 DBPs 含量。厌氧环境下底物竞争关系导致厚壁菌门（*Firmicutes*）占据主导地位，其中，梭状芽孢杆菌（*Clostridia*）可有效代谢上述消毒副产物的前驱物（DBPFP）。也有研究发现，经长期厌氧后短时间恢复好氧环境会增强一些兼性厌氧菌［例如，脱氯单胞菌属（*Dechloromonas*）和地杆菌属（*Geobacter*）之酶活，从而增加其对 SMP 代谢过程］。显然，水体复氧或藻类放氧过程会导致 SMP 向 DBPs 前驱物（DBPFP）方向转变。

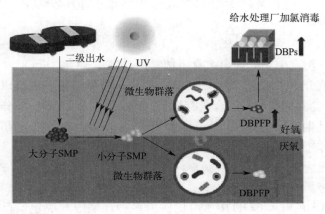

图 2-8　天然水体中 SMP 转化及其潜在影响

3. SMP 控制措施

生物处理过程形成的 SMP 在一定程度上会影响出水 COD（~45%），其至 TN（～10%），进入水体后长时间停留一部分 SMP 形式的 COD 会逐渐转变为 BOD，被光降解形成的小分子 SMP 在水体中经生物再次代谢发生理化性质变化后会增加下游给水处理厂消毒单元 DBPs 形成。此外，SMP 潜在生物毒性亦不可忽视，特别是当中水回用的情况下。

因 SMP 为内源产物，也只能从工艺运行过程或处理末端采取相应控制措施。控制工艺最优 SRT 是减少出水 COD 中 BAP 含量的有效手段；调节缺氧池回流、控制运行环境处在低有机负荷率条件可以在一定程度上提高 SMP 在代谢过程中的自消耗。似乎，低碳源污水可能成为控制 SMP 生成的有利条件，低有机负荷（OLR）下脱氮除磷可以通过反硝化除磷菌（DPB）加以实现，研究发现 DPB 亦可以捕获 SMP 作为内源反硝化除磷的碳源。其实，A^2/O工艺便有少量 DPB 存在，而 UCT 工艺（特别是荷兰的 BCFS）则能聚积更多的 DPB，从而在一定程度上减少出水 SMP 并获得可观的营养物去除率。

尽管 SMP 存在生物毒性以及是潜在 DBPs 的前驱有机物，但是它们作为出水中溶解性 COD 的比例也只有 24%～45%，况且目前以脱氮除磷为主的三级处理工艺盛行，欧美各国还没有专门为此制定特殊排放标准，还只是把它们算作出水 COD 成分。SMP 进入水体前期并不耗氧，后期即使耗氧因含量不高也无大碍。只有在考虑中水回用时，为降低 SMP 潜在生物毒性才会考虑对它们施加深度处理工艺。作为深度处理工艺，臭氧作用虽然可以破坏 SMP 分子结构，降低其紫外吸收特性，但会直接增加其排入水体的生物可降解性，导致 COD 直接耗氧；亦会增加 DBPFP 上升趋势，导致 THMs 和 CH 消毒副产物（DBPs）增多。紫外消毒、氧化存在类似问题。铝盐强化混凝在 24 mg Al/L 投加量下对 BAP 去除效果也不是很明显，仅减少 DBPs 形成 2 成左右。活性炭吸附可有效控制 DBPs 形成；采用粉末活性炭（粒径<0.2 mm）吸附 SMP，可有效降低出水 COD 浓度（64%）和 SUVA（59%）值，对 DBPFP 生成量减少达 70%；粉末活性炭可同时去除小分子亲水物质和大分子类腐殖酸，对于酚羧酸类腐殖酸去除率甚至可达到 100%。因此，活性炭吸附是去除出水 SMP，同时又减少给水处理过程形成 DBPs 较为有效的深度处理方法。

2.4.4　结语

传统上，污水生物处理出水有机物常用 COD、BOD、TOC 指标衡量，忽略其来源与成分。事实上，出水 COD 中除进水中外源带进的难以生物降解的天然有机物（NOM）和人工合成有机物（SOC）外，还有一部分微生物内源代谢释放的微生物产物（SMP）。出水 COD 中 SMP 最高可达 45%，甚至以上，排入水体短时间内并不会耗氧，但存在一定生物毒性风险，并可能在光解作用下转化为消毒副产物（DBPs）之前驱物。因此，目前有关 SMP 的研究有增多趋势。

限于 SMP 在出水 COD 中所占比例由多种环境因素决定，目前还没有形成系统分析方法将 SMP 从 DOM 中完全分离出来予以定量表征。出水中的 SMP 本身虽难以生物降解，但在紫外光作用下产生的光降解作用会将难降解的 SMP（COD）向可降解（BOD）方向转化，因此可能会增加下游给水处理消毒副产物（DBPs）形成。

内源性的 SMP 可通过工艺运行优化（如调整污泥龄 *SRT* 与有机物负荷 *OLR*）获得一定程度减少，特别是低碳源污水并采用反硝化除磷（DPB）工艺有助于减少 SMP 产生量。因此，现阶段单从控制黑臭水体耗氧物质角度，并没有必要一味降低出水 COD 的需要，只需要严格控制 BOD 与 NH_4^+ 即可。除非出水需要考虑中水回用，可采用活性炭吸附过滤池方式有效去除 SMP，以最大程度避免 SMP 生物毒性发生。

2.5 臭氧降解出水有机物效果分析

出水排放标准近年在我国呈不断升高趋势，不仅国标从一级 B 普遍要求提高至一级 A，而且地标亦有水涨船高之势，不仅出现了"京标 A"，而且有些地方还声称要实现地表类Ⅳ类标准，甚至地表类Ⅲ类标准。诚然，氮、磷排放标准提高是必须的，这有助于缓解水体富营养化恶化趋势。然而，将有机物（COD）排放标准不断提高（如，京标 A 规定 COD≤30 mg/L）好像缺乏理论依据，现实情况可能也并非需要如此。

污水生物处理一般均能达到 90％的 COD 去除率，剩余 10％出水有机物（EfOM）一般包含约 90％溶解性物质和 10％非溶解性物质（出水 SS）。其中，溶解性 COD 由 3 种成分组成：1）天然难降解有机物（NOM），属内源物；2）药物及个人护理品（PPCPs）、内分泌干扰物（EDCs）等，为外源物；3）微生物代谢产物（SMPs），应属内源物。固然有些外源化学物残留会对水生动物、微生物乃至整个生态系统形成一定危害，但它们一般属于难降解 COD，进入水体并不会耗氧。

从生态角度，似乎 PPCPs 及其 EDCs 这些外源性有机物都应该在污水处理厂内斩尽杀绝，防患于未然。但事实上，这些物质不仅在污水有机物中的含量极低（ng/L～μg/L 级），而且大多难以生物降解，要么被污泥吸附（程度很低），要么随出水出流。因此，对出水残留 COD 实施物理或化学方法予以深度去除似乎成为终极手段。

基于对现行物理与化学深度去除出水残留 COD 方法比较，遴选出目前污水处理中最常用的臭氧氧化法，分析其对难降解 COD 的去除作用、对受纳水体的潜在影响以及相应的成本分析。

2.5.1 COD 深度去除方法比较

现今，对出水残留 COD 深度处理的技术多聚焦于物理法（活性炭吸附、膜分离等）、物理化学法（絮凝药剂等）、化学法（高级氧化技术、光催化氧化等），不同方法所实现的去除效果以及所需处理成本截然不同。图 2-9 显示了传统工艺、反渗透（RO）、活性炭（AC）、紫外（UV）及臭氧（O_3）氧化对微污染物的去除效果与处理成本。结果显示，臭氧氧化在比较工艺中，对出水残留微污染物去除能力最强（～97％），且处理成本相对较低（1.78 元/m³，仅略高于 1.32 元/m³ 的传统生物处理工艺)。况且,物理方法(反渗透或活性炭)只是通过截留或介质吸附实现部分 COD 去除,并未对其无害化降解,浓缩液或吸附饱和的活性炭可能还会带来二次污染。显然,臭氧氧化工艺综合比较而胜出,这也是臭氧氧化技术盛行的主要原因。

图 2-9　深度处理工艺对微污染物去除效果与处理成本(反渗透浓缩倍数 20 倍;活性炭 140 mg/m³;紫外功率 100 Wh/m³;臭氧浓度 10 g/m³)

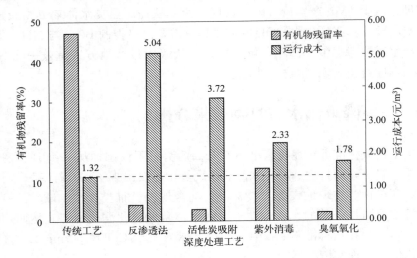

2.5.2　臭氧对有机物的氧化作用

臭氧(O_3)又称为三原子氧,是氧的同素异形体,是一种具有特殊气味的淡紫色气体;其稳定性较差,易自行分解为氧气;它具有极强氧化特性,氧化电极电位为 2.07 V,仅次于 F_2 的 2.87 V(常用氧化剂氧化能力排序:$F_2 > O_3 > H_2O_2 > ClO_2 > HOCl > OCl^- > NHCl_2 > NH_2Cl$)。臭氧氧化有机物途径有二:

1)臭氧分子直接氧化:臭氧分子直接与有机物接触发生环加成反应、亲电反应或亲核反应,从而将有机物分子氧化分解,但此过程反应速度较慢,且具有选择性。

2)羟基自由基间接氧化:在碱性条件下,溶解于水中的臭氧被某些物质(如,催化剂)诱发、分解产生氧化性更强的羟基自由基(·OH),间接氧化水体中有机物,反应速度快且无选择性。

1. 降低有机物残留量

臭氧对出水中残留有机物具有较好的去除效果。当臭氧投加量为 10 mg/L、接触时间为 4 min 时,残留有机物从初始的 45.7 mg/L 可降低至 34.6 mg/L,其去除率达 24.3%。当臭氧投加量为 6 mg/L 时,对出水中的色氨酸类芳香族蛋白质、SMPs、腐殖质等物质去除率均可超过 80%。当臭氧投加量为 10 mg/L 时,废水中绝大部分 PPCPs 可降低到检测限以下,对最常检出的药物残留(如,双氯芬酸、美托洛尔、卡马西平等)去除率超过 90%;同时臭氧也能有效降低二级出水中雌激素(EDCs 类)活性,经过臭氧处理后废水中雌激素活性显著降低 89%±4%。

2. 提高 COD 可生化性

臭氧直接氧化有机物时具有选择特性，即存在先易后难的顺序（链烯烃＞胺＞酚＞多环芳香烃＞醇＞醛＞链烷烃）。臭氧氧化有机物时一般是先将含有不饱和键（C＝O、C＝C）、苯环、芳香类等大分子有机物氧化为醇、醛、烷烃等小分子有机物（易生物降解），表现为提高有机物可生化性。当臭氧投加量为 6 mg/L，SUVA（UV_{254}/DOC，有机物中非饱和成分占比）可降低达 65%，出水 BOD_5/COD 可提高近 3 倍，甚至有人称达 10 倍之多。研究亦表明，当臭氧投加量为 10 mg/L，反应时间为 4 min 时，溶解性小分子有机物（分子量小于等于 1 kDa）分布可由初始 52.9% 上升至 72.6%，这意味着可实现大分子向小分子有机物转化；同时，残留有机物中芳香族类物质含量随之降低，脂肪类饱和有机物、含氧官能团（羰基、羧基）含量会有所升高。

3. 中间产物滞留

大多数情况下，臭氧会发生不彻底氧化——复杂大分子有机物经氧化转变为醛类、酮类、羧酸类等小分子中间产物；这些中间产物潜在毒性（如，基因诱变、遗传物质表达、物质新陈代谢破坏等）相对于其母体物可能更强，会严重影响水体微生物、动物、植物乃至整个生态系统稳定性。研究发现，经臭氧氧化后中间产物比其母体毒性更大、稳定性更强，会导致暴露于其中的鱼类生长发育缓慢、死亡率增加。有人评价臭氧处理后的出水对生态系统毒性时发现，经臭氧氧化后水体中原生动物（蠕虫）和水生植物（浮萍）生长会受到抑制。当然，也存在一些相左的研究；结果显示，保证适当臭氧投加量或接触时间，可促进不稳定有毒中间产物降解，并降低出水潜在毒性。

2.5.3 臭氧氧化有机物环境效果

1. 改善出水水质

除氧化降解作用外，臭氧还可以起到脱色与杀菌消毒作用。研究显示，随臭氧投加量增加，水体色度会不断下降；当臭氧投加量为 6 mg/L 时，出水色度可由 21.6 度降低到 5.7 度。臭氧亦可杀灭细菌和病毒；向二级出水通入一定量臭氧反应 10 min 后，总大肠菌群会被完全去除。

2. 生成氧化副产物

臭氧氧化过程还会形成不同的有毒致癌氧化副产物：

1）溴酸盐，人类可疑致癌物 2B 级别，具有较高致癌可能性。长期饮用含溴酸盐浓度为 0.5 μg/L 饮用水时，其致癌率达十万分之一。臭氧易与水中溴化物（来源于工业废水、农田以及城市地表径流等）反应生成溴酸盐，不仅其进入水体中难以降解，而且给水工艺也难将其去除，最后进入饮用水。溴酸盐含量会随臭氧浓度增加而逐渐升高；某污水处理厂经过臭氧处理后出水溴酸盐浓度竟高达 7.5 g/L［虽略低于世界卫生组织规定的溴酸盐饮用水标准限值（≤10 μg/L），但远远高于荷兰溴酸盐饮用水标准限值（≤1 μg/L）］。

2）N-亚硝基二甲胺（NDMA），属强致癌物。美国环境保护署指出，长期饮用含有 0.7 ng/L 的 NDMA 会使得人类患癌风险增加百万分之一。污水处理厂二级出水中残留的亚硝胺类物质的前体物（如二甲胺，NOM，以及含有二甲氨基的药物和农药等）在臭氧的作用下经过一系列的反应生成了 ND-MA。虽然世界卫生组织将饮用水中 NDMA 最大质量浓度限定为 100 ng/L，但美国等国家甚至提出了更低限值 10 ng/L。某中试规模污水处理厂二级出水经过后续臭氧处理后 NDMA 浓度达 30～40 ng/L，加剧出水潜在毒性。

关于臭氧氧化反应前、后母体产物与中间产物以及氧化副产物毒性变化目前并无明确定论，不同研究者通过建立不同毒性评价模型，综合分析削减污染物之能力及其毒性变化规律。

3. 臭氧残留逸出

常温、常压状态下，臭氧在水体溶解度为 3～7 mg/L。过量投加到水体的臭氧分子（一般大于等于 5 mg/L）可能会逸散到空气中，对周围环境造成破坏。根据臭氧对人体健康的影响，我国规定了空气中臭氧浓度上限值：一级为 0.12 μg/L，二级为 0.16 μg/L，三级为 0.2 μg/L；监测值超过 0.16 μg/L，人体就会感觉到明显不适。暴露于臭氧环境下的植物叶子会变黄甚至枯萎，进而造成农林植物减产；环境中的臭氧还可能造成染料褪色、图像层脱色、有机材料老化等现象。为此，臭氧处理工艺一般需要设置尾气处理装置。即便如此，也存在残留臭氧逸出的风险。

可见，利用臭氧工艺深度降解 COD 以期减少对受纳水体耗氧之影响存在上述疑问。实际上，生物处理后出水 COD 大部分为难以生物降解的惰性有机物，排入受纳水体并不会消耗水体中溶解氧（DO），继而引发水体因缺氧而产生的黑臭现象。相反，经臭氧氧化后残留有机物可生化性普遍会被提高，进入水体则很容易消耗受纳水体 DO 而导致水体缺氧而发黑、发臭。与此同时，臭氧氧化滞留的中间产物、副产物等还会进一步增加出水潜在毒性威胁。固然臭氧氧化与后续活性炭、砂滤等工艺结合可部分截留臭氧氧化中间产物及副产物，但这势必会造成整个处理流程不断延长，导致污水处理成本急剧攀升。

参考欧美等发达国家出水排放标准（表 2-12，主要根据各地水环境容量确定地方标准，即使一个地方各污水处理厂排放标准也不一样），澳大利亚、美国、加拿大、日本等国家对 COD 指标不加以控制，而德国、荷兰等国家对出水 COD 限值则非常宽泛，可达 100 mg/L。然而，各国无一例外均对 BOD 指标进行严格控制（$BOD_5 \leqslant 25$ mg/L）。可见，各国一般并不考虑出水难生物降解有机物（COD）对受纳水体耗氧的影响，主要关注易于生物降解的有机物（BOD）。与此同时，欧美一些国家也倾向于严格控制出水 NH_4^+，主要是因为 NH_4^+ 排入水体后像 BOD 一样耗氧，且耗氧量几乎是 BOD 的 5 倍（理论上，1 g NH_4^+-N 完成硝化需要消耗 4.57 g 氧气）。显然，控制 NH_4^+ 的效果远远高于控制 BOD。正因如此，荷兰虽然规定较高的 TN 出水标准，但对 TN 中 NH_4^+ 成分实施排水收费制（非罚款）。所以，污水处理厂为减少 NH_4^+ 排水收费，大多在厂内通过完全硝化将出水中 NH_4^+ 控制在小于等于

1 mg N/L；结果，出水中 BOD_5 随之可降低至 1.0～3.0 mg/L（多数情况下可达 1.0 mg/L）。

反观我国出水排放标准，对 COD 愈发严格控制，而对 BOD 与 NH_4^+ 相对宽泛的做法并不合理，不仅给污水处理厂带来运行负担，而且也亦形成对总环境的负面影响。

欧美部分国家与中国出水排放标准 表 2-12

国家/地区		污染物排放标准（mg/L）				
		COD_{Cr}	BOD_5	TP	TN	NH_4^+-N
欧盟水处理指标[1]		125	25	1.0/2.0	10/15	NGR
荷兰		125	20	1(0.3～0.5)[2]	10	1
瑞士[3]		45/60	15/20	0.8	NGR	2.0
德国[4]		75～150	15～40	1.0/2.0	13/18	10
日本		NGR	20	NGR	NGR	NGR
美国		NGR	30/45[5]	NGR	NGR	NGR
加拿大		NGR	25	NGR	NGR	1.25
澳大利亚	国标	NGR	NGR	0.01～0.1	0.1～0.75	0.02～0.03
	地标[6]	NGR	5～10	0.01～1.0	0.1～15	0.02～5.0
中国	一级 B	60	20	1.0	20	8(15)
	一级 A	50	10	0.5	15	5(8)
	地表类Ⅳ类	30	6	0.3	10/15	1.5(3.0)/3.0(5.0)[7]

注：NGR=无明确准则；[1] 污水处理厂规模大于 10 万人口当量或 1 万～10 万人口当量；[2] 某些敏感地区 TP 执行超低标准；[3] 污水处理厂规模大于 1 万人口当量或小于 1 万人口当量；[4] 针对不同规模污水处理厂分类制定不同出水标准值；规模小于 5000 人口当量，N 指标无限值；规模小于 20000 人口当量，P 指标不考虑；[5] 分别为 30 日与 7 日平均值；[6] 针对不同地区出水排放要求；[7] "/"左侧限值适用于水体富营养化问题突出的地区；NH_4^+-N：T＞12 ℃（T≤12 ℃）。

2.5.4 经济分析

臭氧稳定性差，极易分解，所以，污水处理厂应用臭氧需要现制现用。臭氧发生系统主要包含 4 部分，如图 2-10 所示。其中，气源供应系统、臭氧发生器、冷却系统、尾气破坏系统分别占运行成本的 31%～57%、21%～33%、21%～34%和 1%～5%。

污水处理厂出水深度处理臭氧发生器一般选用制氧机制纯氧，其成本包括：1）制氧机耗电量 6 kWh/kg O_3；2）臭氧发生器耗电量 9 kWh/kg O_3；3）冷却系统与尾气处理系统运行电耗（约占总运行成本 30%）。按工业生产用电 0.8 元/kWh 计算，前两项运行成本为 12 元/kg O_3，则系统运行总成本为：12/(1−30%)=17.1 元/kg O_3。对实际污水处理而言，臭氧投加量一般以氧化单位质量有机物所需投加臭氧量作为指标（mg O_3/mg COD），通常介于 2～4 mg O_3/mg COD。这样，臭氧氧化运行成本应该在 0.03～0.07 元/mg COD。

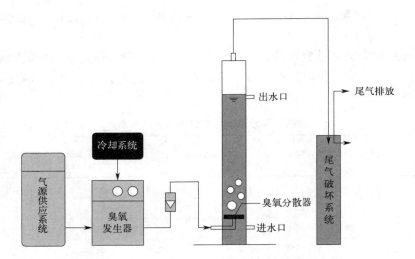

图 2-10　原位臭氧发生及处理系统示意图

以规模为 12000 t/d（500 m³/h）污水处理厂为例，进行出水 COD 臭氧氧化提标成本匡算。按一级 B 标准（COD＝60 mg/L）升级为一级 A 标准（50 mg/L），再从一级 A 标准升级至地表类Ⅳ类标准（30 mg/L）考虑，同时根据臭氧反应动力学，初始 COD 浓度越低则所需臭氧投加量便会越高，所以，两阶段出水标准升级臭氧投加量分别采用 2 mg/L 和 4 mg/L。臭氧氧化工艺处理成本列于表 2-13，所需运行成本以及建设成本匡算结果如图 2-11 所示。

出水 COD 提标臭氧氧化工艺经济分析　　　　　　　　　　表 2-13

指标	提标	
	一级 B→一级 A	一级 A→地表类Ⅳ类
COD 浓度(mg/L)	60→50	50→30
投加比(mg O₃/mg COD)	2	4
臭氧投加量(mg/L)	20	80
臭氧机选型(kg/h)	10	40
臭氧机价格(含气源)(万元/套)	95	380

图 2-11 显示，COD 从一级 B 提标到一级 A 标准，所增加的臭氧工艺运行成本为 0.34 元/m³，而建设成本增加 0.2 万元/m³。若直接从一级 B 提标到地表类Ⅳ类水标准，运行成本会激增至 1.71 元/m³，建设成本甚至增加至 0.95 万元/m³。可见，末端臭氧深度处理工艺成本是前端生物处理工艺（运行成本 0.5～0.8 元/m³；建设成本 0.25～0.30 万元/m³）的几倍之多。臭氧氧化在经济上的负效益也意味对总环境的负效应，这需要通过全生命周期（LCA）方法予以定量评估。

2.5.5　结语

虽然臭氧对二级出水中新兴微量有机污染物（PPCPs、EDCs 等）可实现一定程度去除，缓解其对生态环境的危害，但其带来的运行成本以及其他负面环境影响不可小觑。单从出水残留有机物（EfOM）对水体耗氧角度，臭氧

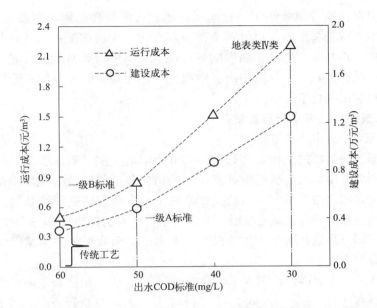

图 2-11 出水 COD 提标产生的臭氧运行与建设成本

氧化似乎是出力不讨好，易将难降解有机物（COD）转化为易降解有机物（BOD），反而加剧受纳水体耗氧程度，特别是形成的中间产物以及氧化副产物还具有毒性，会加大次生生态与健康风险。即使在欧美等发达国家强调水体生态安全的今天，亦没有针对 PPCPs、EDCs 等采取较高的出水排放 COD 标准，而更多地会控制易生物降解有机物指标 BOD_5 以及更易耗氧无机物指标 NH_4^+。在此情况下，我们以强调抑制水中耗氧物质而一味提高出水 COD 排放标准似乎显得简单而欠周全考虑。

事实上，二级出水 EfOM 含量中 PPCPs、EDCs 等占比极小，均在 ng/L～μg/L，即使被直接排放到自然水体中，经受纳水体稀释、底泥吸附、水生植物/微生物吸收/降解其水中含量应该不至对水生态系统乃至人体安全造成致命危害。与其耗费巨大人力、物力、财力在污水处理末端进行"控制"，不如在源头实施有效控制，即减少甚至消除部分化学品使用，或寻求天然无害替代品。对那些公认极具危害的污染物则可效仿欧美等国家，出台特殊污染物指标排放限值，考虑特殊物质特殊处理的方式，降低处理难度与相应成本。

2.6 表面活性剂对污水处理效果的影响

污水中的表面活性剂通常由洗手液、洗涤剂残液成分带入，它们是一类两端分别由疏水基团与亲水基团所形成的两性结构化合物。2020 年新型冠状病毒疫情暴发直接导致洗手液使用量增加，进而致使污水中表面活性剂浓度升高。表面活性剂具有较强吸附性能，可能会对污水处理效率产生负面影响。此外，进入剩余污泥的表面活性剂还会对污泥脱水等预处理产生正面影响。

表面活性剂因其在污水中含量通常较低，从而未能引起污水处理行业的关注。但在长期疫情影响下，它们对污水、污泥处理的影响需要受到重视。为此，本节首先总结表面活性剂来源及其在污水中的演变；其次，对其进入污水生物处理系统产生的负面影响进行概括、剖析，以勾勒出可能的运行应对措施；最后，归纳、分析表面活性剂在污泥处理、处置中的正面作用，厘清其工程应用的技术策略。

2.6.1 表面活性剂来源及其演变

1. 来源、结构与含量

根据表面活性剂基团类型，可将其分为阴离子型、阳离子型、非离子型以及两性离子型；阴离子型按其亲水基团结构包括磺酸盐与硫酸酯盐型；阳离子型主要包含铵盐类与季铵盐类；非离子型中典型的是以烷基酚为基团的聚氧乙烯醚和脂肪醇聚氧乙烯醚；两性离子型含有的阴离子部分为羧酸基类，而阳离子部分是氨基酸型与甜菜碱型。非离子型和阴离子型两类市场使用量最大，分别占比 56.1% 和 36.8%。

生活污水中表面活性剂含量通常为 5～20 mg/L，而掺杂工业废水后市政污水可能高达 300 mg/L。2020 年 1 月～2 月，除春节期间减产，甚至停工影响外，其他各月合成洗涤剂产量较 2019 年同期均有较大幅度提升，平均每月多产 10 万 t，涨幅在 10%～15%。由供求关系推论，市场需求量相应增加，这也势必会导致进入污水处理厂的表面活性剂增加至少 10%，从而使得市政污水处理厂中，其含量会超过 10 mg/L。

2. 迁移与演变

其实，表面活性剂大多为有机成分。对难生物降解和不可生物降解表面活性剂来说，它们绝大部分会被污泥吸附，随剩余污泥而排出系统，只有很少部分溶解态表面活性剂会随出水以 COD 形式排放。

因此，应该关注的是可生物降解表面活性剂。直链烷基苯磺酸盐（LAS）应用最为广泛，它是一种典型阴离子表面活性剂，在生活污水中其含量一般为 3～20 mg/L。研究表明，在污水处理过程中 LAS 具有一定程度降解性，但受自身结构以及所处环境（好氧或厌氧）影响，其降解程度不一。LAS 生物降解需要以下条件：1）特定微生物种群协同作用，需要有假单胞杆菌、芽孢杆菌、大孢子虫和弧菌等共同参与，而非单一细菌可以完成；2）较高溶解氧（DO）水平；3）较长水力停留时间（HRT）。

显然，LAS 降解所需条件较为严格，代价可能是增加能耗与运行成本。即使满足上述条件，进水中 LAS 也只有 80%～90% 可以降解，其余大部分都残留于污泥之中（1% 随出水排放）。LAS 在污水处理过程的固-液分配系数 [K_d，单位 L/kg，表示固相污泥吸附 LAS 量（mg/kg）与液相水溶液中残留的 LAS 量（mg/L）比值] 为：初沉污泥 $K_d = 13211$ L/kg；剩余污泥 $K_d = 13316$ L/kg。

深入研究发现，LAS 降解并非直接被氧化至 CO_2，而要经历一定中间代谢过程（图 2-12）。伴随烷基链 ω 氧化（乙氧基链初步氧化，末端甲基氧化成羧基），LAS 生物降解开始，进而连续裂解两个碳原子片段后发生 β 氧化（烷基链缩短）；ω 和 β 氧化过程会产生硫苯基羧酸盐（SPCs），这一过程导致活性剂界面活性与毒性一并丧失，完成无毒化转变；最后，SPCs 芳香环继续裂解，彻底矿化为 CO_2 和 H_2O。

然而，对于非离子表面活性剂，如壬基酚乙氧基酸盐（NPEO），其生物降解效果远不如 LAS。有人发现，芽孢杆菌（*Bacillus* sp. LY）在 3 d 内仅可去除 60% 的 NPEO（初始浓度为 100 mg/L）。分析其原因，NPEO 中间体壬基酚（NP）本身就难生物降解，且它们的毒性大概是母体 NPEO 的 10 倍；这些中间体还会抑制异养反硝化菌对 NPEO 进行生物降解，最终导致 NPEO 生物降解率变低。

上述分析表明，即使是可生物降解表面活性剂，其在生物处理过程中能真正实现降解也并非易事，不但会造成能耗与成本增加，而且降解在很多情况也只是母体降解表象，代谢中间产物的毒性甚至可能会比母体还高。

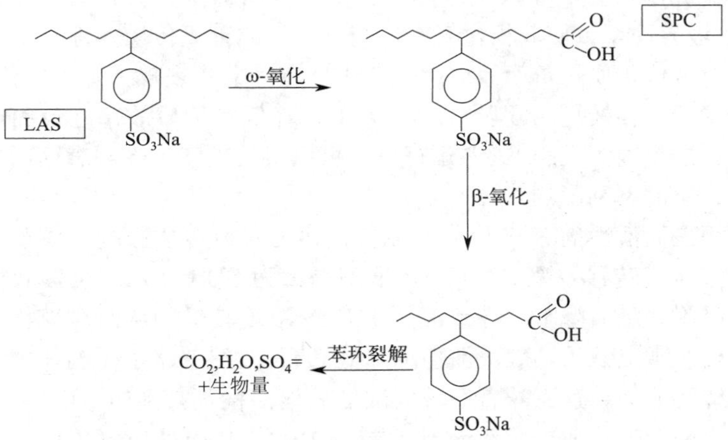

图 2-12 LAS 生物降解过程

2.6.2 对污水处理的影响与应对

表面活性剂进入污水后，在污水生物处理过程中会对曝气、生物反应等产生负面影响，且浓度越高影响越大。因此，有必要关注新冠肺炎疫情时期表面活性剂因使用量增加，进而恶化污水处理运行的负面影响。

有人在 SBR 反应器中，用阴离子表面活性剂十二烷基磺酸钠（SDS）对污水处理过程产生的影响进行了研究，发现 SDS 对脱氮除磷均有明显影响；当 SDS＝5 mg/L 时，TP 去除率为 85.8%；但当 SDS≥10 mg/L 时，TP 去除率则明显下降，从 73.2% 降至 50.8%，同时 NH_4^+ 去除率下降则更为明显，从 83.6% 直接降至 39.5%，降幅超过 50%。也有人同样观察到 SDS 与十二烷基苯磺酸钠（SDBS）在高盐废水处理时会影响生物脱氮除磷效果；SDS 添加导致 TP 去除率从 55.6% 降低为 41.3%；SDBS 存在仅影响初期 TP 去除效果，但经驯化培养后，TP 去除率可恢复如初（55.1%）；在 SDS 和 SDBS 单独存在情况下，NH_4^+ 去除率分别从 63.4% 下降至 42.6% 和 59.8%。

笔者在新冠肺炎疫情期间进行生物脱氮除磷中试试验时发现，当进水掺混 50% 生活污水后，系统内硝化明显受到抑制；从原自来水配水时出水

NH_4^+ 接近 0 突然升至 5 mg N/L；而溶解态 PO_4^{3-} 并未发生明显变化。好氧池 DO 检测发现，无论怎样增大曝气量，均难以提高 DO 浓度。文献调研及推理分析认为，可能是进水中洗手液含量增多所致，即表面活性剂在作怪，进水表面泡沫大量漂浮可以佐证。

显然，表面活性剂存在确实会对污水处理脱氮除磷产生负面影响，且在很多情况下这种影响均难以逆转。为此，以下将从氧传质、污泥絮体、微生物活性抑制三方面进一步分析表面活性剂的影响机理。

1. 降低氧传质效率

表面活性剂是微溶有机大分子物质，具有强亲水端和强疏水脂肪族/芳香端。曝气过程中，疏水端吸附在气液界面，而亲水端则延伸至本体溶液中，形成有序分子单层。分子单层结构会施加阻塞效应，增加界面黏度，会降低空气与液相之间的氧传质效率。但也有相佐研究，称表面活性剂分子晶格结构会阻碍氢键作用力，导致气泡体积变小，进而降低表面张力，使气泡均匀分布于气-液界面，致使液相含气率提高，即可改善氧传质。综合两种相佐作用，前者对液体传质的负面效应远远高于后者，最终表现为降低氧传质效率。也有研究发现，在较短污泥龄（SRT）下，降低氧传质效率之负面影响表现更为突出，这是因为在长 SRT 运行下，可以很大程度上降解表面活性剂，降低其对氧传质的不利影响。

有人用表面活性剂 SDS 研究好氧活性污泥对氧传质影响时发现，SDS 并没有降低液体氧转移效率（OTE），推测是因为 SDS 进入反应器后会迅速被污泥絮体吸附并随后降解，导致液相中 SDS 浓度较低，从而对液相氧传质影响变弱。传统观点认为，表面活性剂降低 OTE 往往忽略了生物体本身对表面活性剂的降解能力，这意味着在较低浓度表面活性剂存在时，OTE 可能会因生物降解表面活性剂或生物降解其裂解的 EPS，从而加快氧传质效率。研究进而发现，在高浓度表面活性剂存在情况下，表观黏度（μ_{app}）与细胞碎片增加很可能是 OTE 降低的原因。他们还同样指出，污泥氧转移性能主要取决于污泥形态参数，如 MLSS、SV_{30}、絮体直径和 μ_{app} 等，而与进水表面活性剂关系不大。

2. 破坏污泥絮体

污泥絮体与表面活性剂结合会影响絮体形态，导致絮体中结合松散的 EPS（LB-EPS）破裂，进而影响紧密的 EPS（TB-EPS），甚至细胞结构。还有人研究报道了表面活性剂会被生物絮体快速吸附而生物降解，因为活性污泥具有很高的吸附能力 [70 mg LAS/(g MLSS)]。当进水中 LAS 浓度小于 25 mg/L 时，表面活性剂则迅速从溶液中消除，在 15 min 后便保持在 0.1 mg/L 不变。也有人通过实验证实，吸附与生物降解是促进生物处理过程中表面活性剂去除的重要过程。

3. 抑制微生物活性

（1）聚磷菌

有人研究聚磷菌（PAOs）培养实验时发现，当 SDS＝0.6～2.3 mg/L时，抑制 PAOs 菌落（CFUs）达 50%；当 SDS≥300 mg/L 时，则对 CFUs

形成 100％抑制作用；对 CFUs 的抑制会进一步降低 PAOs 对磷的摄取效率，且二者呈现正相关关系（$r=0.828$，$p<0.05$）。同时发现，阳离子表面活性剂十六烷基三甲基溴化铵（HDTMA）在其浓度 3.65 mg/L 时，还显示出特别毒性，对 CFUs 和磷摄取率均产生 100％抑制作用。然而实际污水中通常存在的阴、阳离子表面活性剂含量分别为 10 mg/L 和 5 mg/L，这意味着表面活性剂对污水生物除磷系统存在的负面影响不容小觑。这一研究表明，表面活性剂对 PAOs 增殖和磷摄取均存在抑制作用，而对 PAOs 增殖抑制更为明显。

相同研究进一步分析了表面活性剂对 PAOs 的聚磷作用影响。结果显示，表面活性剂会抑制 PAOs 对 P 摄取、积累能力，表现为好氧吸磷效率低下，可降低 EBPR 系统除磷效率，并且在高浓度表面活性剂存在下直接导致细胞壁、膜结构破裂解体而表现为永久性释磷，致后续无法完成好氧吸磷。污水中通常存在的阴、阳离子表面活性剂含量分别为 10 mg/L 和 5 mg/L，这种低浓度表面活性剂虽然会对微生物产生一定抑制作用，但因活性污泥絮体 EPS 等结构给细菌提供了某种保护，导致实际监测中可能注意不到负面影响。也有人研究发现，当 LAS<3 mg/（g DS）时，其对污水处理基本没有负面影响，甚至可以提高污泥生物活性；但当 LAS>15 mg/（g DS）时，观察到微生物新陈代谢呼吸作用减弱，且磷吸收机制破坏，甚至直接影响活性污泥形态，导致絮体碎裂和原生动物细胞裂解；研究结论认为，低浓度 LAS 可改善厌氧条件下 P 释放，而高浓度 LAS 则会阻碍 P 释放；但 LAS 无论浓度如何均会阻碍好氧磷吸收过程。

（2）生物脱氮相关细菌

表面活性剂也会对污水处理脱氮相关细菌产生严重影响。研究发现，进水中随 LAS 浓度增加，硝化过程逐渐受到抑制；在 LAS=2 mg/L 和 6 mg/L 时，对硝化细菌抑制率高达 50％和 100％。结果表明，即使进水中存在低浓度表面活性剂时，也会对硝化产生严重影响，这可能是因为 NH_4^+ 被氨单加氧酶（AMO）所氧化，而表面活性剂存在时，则会对 AMO 产生毒害作用，从而抑制 NH_4^+ 氧化过程。也有人提出另外一种抑制机制，认为表面活性剂代谢中间产物，如烷基酚乙氧酸盐（APE）壬基酚（NP）是一种较强的内分泌干扰物，NP 毒性大约是乙氧基化形式的 10 倍，会对 NH_4^+ 氧化产生较大抑制作用，即使在低浓度时也会影响微生物新陈代谢过程。还有人认为，LAS 单体与细胞壁结构直接反应，辅以细胞膜相互作用，使膜透性增加，从而导致离子梯度和膜电位耗散或基本细胞成分泄漏。

同样的表面活性剂抑制现象也会发生在缺氧反硝化过程；SDS 浓度增加将会导致酶活性受到抑制，进而影响反硝化过程。但有趣的是，低浓度表面活性剂亦可作为碳源被反硝化菌所利用，促进硝酸盐还原脱氮作用。有人研究报道了非离子表面活性剂壬基酚乙氧基酸盐（NPEO）作为反硝化细菌碳源可促进反硝化脱氮过程；但是，当其他有机物存在的情况下，NPEO 降解明显变缓或停止。还有研究认为，辛基酚乙氧基酸盐（OPEOTx）会影响反硝化颗粒污泥 EPS，会将细胞壁和细胞膜蛋白溶解；但这种作用并没有对整体脱氮过程产生较大影响。

此外，也有研究发现，表面活性剂还会对厌氧氨氧化（ANAMMOX）过程产生负面影响，其主要机理是抑制了相关酶活性。

（3）小结

表面活性剂对污水处理涉及微生物影响包括几个方面：

1）低浓度时可用作碳源，一定程度可助厌氧释磷或反硝化，而高浓度表面活性剂则会对微生物产生毒性作用；

2）对微生物细胞膜等结构产生破坏作用，而对膜电位影响可能改变代谢控制，甚至可能与细胞膜物质直接作用，导致细胞膜溶解，进而影响优势菌属类别以及菌属相对丰度；

3）通过静电或疏水相互作用与酶蛋白催化残基结合，导致酶活性降低；

4）表面活性剂作为一种活性基团，可与基质大分子（淀粉、蛋白质、肽和 DNA 等）结合，严重时它们会直接插入各种细胞结构片段（如，细胞膜磷脂双分子层），进而导致功能失调。

4. 应对手段

到目前，似乎还没有污水处理厂受表面活性剂影响导致运行问题的报道。或许，这种影响一时还未被察觉，如表面活性剂所导致的氧传质效率降低很容易与进水 COD 和 NH_4^+ 负荷增高导致 DO 下降混为一谈。面对问题，其实目前还没有现成的运行应对技术措施，尽管存在一些实验控制或消除手段，例如，吸附法、泡沫分离法、混凝法等可以将表面活性剂从污水中分离出去，而微电解或催化氧化法可实现表面活性剂降解或彻底去除。然而，研究中的实验方法目前显然难以在实际运行中被直接采用，实际有效的方法是及时调整运行参数来尽可能抵消表面活性剂带来的负面影响。例如，对氧传质降低问题可以通过加大曝气量来控制（效果可能一般，但可一定程度缓解）；对污泥絮体影响可以通过加大污泥回流量来保证系统内具有足够有效的生物量；对微生物的影响则需要进一步提供稳定运行环境（如，保证足够碳源、pH 和环境温度等），以实现微生物稳定增殖和新陈代谢。

2.6.3　对污泥处理的影响与潜在利用

虽然表面活性剂存在会对污水处理产生负面影响，但文献调研发现它们对污泥处理、处置过程可能会有正面作用。移至剩余污泥（10%～20%）的表面活性剂作为一种有机物成分，与污泥有机质相比简直微不足道。事实上，有很多进行污泥处理、处置的研究，都采用投加表面活性剂的做法来提高处理效果或提高效率，其作用原理主要体现在三个方面：1）污泥脱水预处理；2）厌氧消化；3）污泥资源化。

1. 污泥脱水预处理

剩余污泥含水率高达 99%，体积庞大，脱水时添加一定量表面活性剂可实现高效、节能脱水效果。研究表明，表面活性剂具有和聚丙烯酰胺类似功能，可以用作脱水助剂，能大幅度降低滤饼水分含量。表面活性剂加入伴随着皂化现象发生，导致污泥絮体直径快速减小，从而影响絮体形态。具体来说，表面活性剂亲水基团会与蛋白质结合，从而损害生物膜功能性和完整性；而疏水基团与脂质结合，可导致膜液化，损害其屏障特性。与此同时，表面活性剂（如，CTAB）携带的电荷效应会在一定程度上中和污泥表面电荷，降低污泥之间静电斥力，使污泥絮体变得松散；表面活性剂也会增加细胞疏水性，促进细胞与细胞之间的相互作用，进一步诱导污泥絮体从亲水性液相中脱出，从而提高沉降速率和脱水性能。但有研究也发现，SDS 和曲拉通（TritonX-100）对污泥 EPS 的增溶作用，导致污泥基质破裂，使更多污泥内蛋白质和多糖释放，引起黏度增加，反而会恶化污泥的脱水性能。

　　2. 厌氧消化

　　表面活性剂会对污泥厌氧消化产生一定影响，不同厌氧消化阶段产生的影响作用不尽相同。

　　（1）促进水解酸化

　　众所周知，污泥厌氧消化能源转化效率不高的主要原因在于污泥水解过程困难而缓慢。研究显示，表面活性剂可以促进污泥水解，其作用机理包括：1）增溶；2）酶释放，如图 2-13 所示。表面活性剂通过降低表面张力或形成胶束来增强颗粒的溶解度，引起污泥物质分解，特别是 EPS，会释放更多蛋白质和碳水化合物，表现为聚集态大分子有机物转化为小分子或溶解态物质，增加厌氧消化产甲烷阶段可利用的底物浓度。此外，酶和 EPS 之间由于存在静电相互作用，形成稳定的 EPS-酶复合物，EPS 释放也意味着水解酶可以从污泥中释放出来，从而提高了水解效率。研究发现，SDS 和 SDBS 均可以刺激或增加蛋白酶和淀粉酶活性。但是，表面活性剂是否存在刺激酶活性等影响机理还有待于进一步研究。

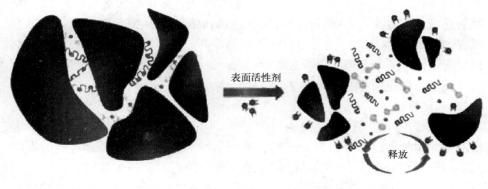

污泥絮体　　蛋白质　　碳水化合物　　表面活性剂　　水解酶

图 2-13　表面活性剂对污泥水解影响机理

　　研究也发现，表面活性剂可以促进酸化。除上述增加溶解态底物浓度和加速水解造成间接酸化提高外，更重要的是其官能团可以作为电子受体促进酸化"冗余"电子转移。有人研究发现，SDS 可提高 SCFA 产率。也有人进一步揭示，当 SDS 浓度＝100 mg/（g DS）时，SCFA 浓度接近 2243 mg COD/L，而空白对照组仅为 191 mg COD/L。然而，过高 SDS 含量将会产生负面影响，这可能是微生物蛋白质结构被破坏或积累了部分有毒副产物。

（2）抑制产甲烷

研究显示，表面活性剂也会抑制厌氧消化产甲烷菌活性；具有芳香和环状结构的表面活性剂，如 SDBS，被认为是厌氧消化过程中嗜乙酸产甲烷菌最危险的化合物；而直链 SDS 则是产甲烷菌毒性最小的表面活性剂之一。有人研究发现，随着 SDS 含量从 20 mg/(g DS) 提高到 300 mg/(g DS)，产甲烷抑制率从 3% 可提高至 100%。厌氧消化系统中表面活性剂抑制产甲烷可能与两个原因密切相关：1）抑制产甲烷，阻断转化途径；2）抑制产甲烷菌群，破坏不同厌氧种群之间存在的共营养关系，导致系统失衡。

3. 污泥资源化

剩余污泥 EPS 具有高值回收潜力，而表面活性剂有助于 EPS 与细胞分离，在 EPS 提取与回收中发挥"事半功倍"的效果。以淀粉样蛋白提取分离为例，常规方法并不能有效溶解和分离这种结构性聚合物，但在碱性条件下投加仅 0.1% 浓度 SDS 便可实现固体颗粒完全溶解，最终从回收萃取物中提取出高达 480±90 mg/(g VSS) 的 EPS。分析这种淀粉样蛋白质难以在普通条件下分离的原因，发现其化学稳定性和热稳定性都极强，即使在强变性试剂（2 mol/L 的硫脲＋8 mol/L 的尿素＋3% 的 SDS）中煮沸 60 min 也只能分解部分蛋白质，而表面活性剂参与能部分剥离蛋白质四级和三级结构，从而实现 EPS 分离提取。

表面活性剂不仅可实现物质分离，也可以实现提取物质增产。有人添加 CTAB 和 SDS 辅助超声波法提取 EPS，较单一超声波法提取量分别提高 76.5% 和 53.1%，效率提高十分明显。分析提取物成分发现，EPS 组分多糖和蛋白质并未发生明显变化，而从 EPS 粒径发现，添加表面活性剂后 EPS 粒径明显减小，意味着表面活性剂可能仅仅是整体提高了 EPS 溶出或溶解过程而提高了 EPS 产量。不同表面活性剂种类提高效果不同，这表明表面活性剂因自身结构不同亦会产生独特的增产机理，如 CTAB 自身线性烃链形成胶束，通过互溶原理能加速 EPS 释放。

2.6.4　结语

新冠肺炎疫情强化了人们的卫生习惯，同时也造成污水处理厂进水中表面活性剂含量升高（10～30 mg/L）。表面活性剂对污水生物处理过程的影响贯穿始终，它们在低浓度时可以作为碳源被降解，而在高浓度时首先会影响曝气，再就是影响脱氮除磷效果。表面活性剂仅约 1% 会随出水流出，10%～20% 进入剩余污泥。进入污泥的表面活性剂对污泥处理、处置多半具有一定正面作用。

表面活性剂在生物处理过程会降低氧传质、破坏污泥絮体结构以及影响脱氮除磷微生物活性与丰度，其负面影响不容小觑。一些常规方法，如物理吸附法、混凝法、化学微电解法、催化氧化法等，固然理论上可以预处理方式去除表面活性剂，但对木已成舟的污水处理工艺来说似乎是纸上谈兵。现实中，恐怕只有通过适当调整运行参数（加大曝气与回流量等）短时予以应对，但如果新冠肺炎疫情继续，这也并非长远之计。

然而，进入污泥的表面活性剂对污泥处理、处置似乎是有正面影响的，主要是因为它们能够对污泥絮体脱水、解体与增溶产生正面效果。除提高污泥脱水效率外，表面活性剂亦可促进厌氧消化水解酸化过程，但对产甲烷过程却有抑制作用。

总之，过多表面活性剂随消毒洗手液进入污水处理厂之问题，从长期来看，我们应予以重视，希望今后能研发出既可缓解其对污水处理产生负面作用的应对运行措施，又能利用其进入剩余污泥的正面效应。

2.7 微污染有机物去除技术评价分析

城市居民生活水平不断提高的同时也会消耗较多药物和个人护理产品（PPCPs），以至于很多残留物出现在污水中。PPCPs 是继杀虫剂、除草剂、抗生素之后在水体中被发现的新兴痕量有机物（0.9~19000 ng/L），是一种广谱化学品，包括部分中药、止痛剂、抗生素、避孕药、镇静剂以及日常化妆/护理用品等，存在慢性或急性中毒、内分泌紊乱、抗生素耐药性以及其他毒理学风险。为此，PPCPs 在环境中的持久性与毒性越来越受到人们关注。

传统污水处理通常仅涉及有机物（COD）和营养物（N 与 P）去除，对 PPCPs 等微污染有机物基本上没有去除能力或去除作用十分有限，因为 PPCPs 不仅痕量而且难以生物降解。为此，近年来一些深度处理技术已被用于处理二/三级出水中的微污染有机物，包括高级氧化（AOP）与物理吸附等技术，并已被证明具有较好的去除能力。然而，深度处理技术会带来额外能耗与物耗，进而加剧全球变暖与不可再生资源枯竭，即存在着明显的"污染转嫁"现象。为此，有必要采用适当方法来评估 PPCPs 去除技术产生的环境影响。在此方面，全生命周期影响评价（LCIA）方法是一种客观、具体的评价方法，可以定量描述污水处理过程中的"污染转嫁"问题，是评价处理技术是否可持续的关键指标。此外，对不同深度处理技术全生命周期成本（LCC）评估既是衡量技术的经济指标，也是判断其可持续性的重要指标。

目前，国内还没有将 PPCPs 等新兴微污染有机物纳入 LCIA 评价清单，而国外早已开展了相关评估研究。鉴于此，通过综述和分析国外在 PPCPs 去除技术方面的 LCIA 与 LCC 评价，并将两种方法的评估结果加权综合获得综合环境影响值（LCCI），以期筛选出技术可行、经济适用、影响较小的深度处理技术。

2.7.1 LCIA 及 LCC 评估方法学

1. LCIA 评估方法

LCIA 是一种适用于评价产品或过程在其整个生命周期内对环境产生潜在影响的工具，包括 4 个步骤：目的与范围确定、清单分析、影响评价和结果分析。LCIA 用于 PPCPs 评价主要关注评估目标与范围，限定为污水处理厂二/三级出水深度处理工艺段。清单分析中，在 Web of Science 上对不同组合术语进行了检索：

1）处理工艺主题词：如 Activated carbon（活性炭）、Ozonation（臭氧氧化）、Membrane（膜技术）等；

2）污染物关键词：如 Micropollutants（微污染物），PPCPs 等；

3）污染物环境介质与评价方法：如 Life cycle impact assessment（全生命周期影响评价），Water（水）与 Wastewater（污水）。

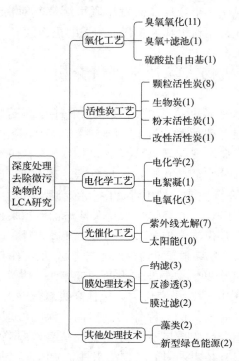

图 2-14 整理了对 PPCPs 去除 LCIA 评价不同文献所涉及的应用技术及使用频次；活性炭（11）、臭氧氧化（12）、紫外线（7）、光芬顿（10）、膜处理（8）、电化学（6）6 种技术应用最为广泛。因此，选择这 6 种处理技术的 LCIA 评价结果进行分析，同时选定 6 种常见环境影响指标用于评价，即全球变暖潜能（Global Warming Potential，GWP）、化石燃料消耗潜能（Depletion Potential Of Fossil Fuels，DPF）、淡水富营养化潜能（Freshwater Eutrophication Potential，FEP）、陆地酸化潜能（Terrestrial Acidification Potential，TAP）、人体毒性潜能（Human Toxicity Potential，HTP）和淡水生态毒性影响潜能（Freshwater Aquatic Ecotoxicity Potential，FAETP）。

目前国内有关污水处理 LCIA 评价中，在毒性指标评估清单中并未纳入微污染有机物，也没有形成统一的特征化排放因子（Characteristic Factor，CF），这可能最终导致污水处理环境影响被严重低估。欧洲 ELCD（European Life Cycle Database）数据库、瑞士 Ecoinvent 数据库以及中国生命周期 CLCD（Chinese Life Cycle Database）基础数据库等主要包括了重金属等毒性污染物，缺乏卡马西平、布洛芬、红霉素等微污染有机物。日益严重的药物/

农药等滥用，污水处理厂出水中 PPCPs 等微污染有机物经常被检出的情况显然不能再视而不见。关于毒性指标的评估对象也主要为重金属和碳、氮、磷，而缺乏关于 PPCPs 等新型微污染有机物的 CF，但是，当将其纳入评估清单后，可通过 USEtox 模型计算获得。USEtox 模型是由联合国环境规划署、环境毒理学和化学学会所开发，是基于 LCIA 研究框架下的环境毒性评估科学的共识模型，可以计算化学品环境排放的生命周期毒性影响，比同类模型具有数据获取更便捷和计算结果更可靠等优点。USEtox 模型计算污水处理厂出水中 PPCPs 环境毒性影响特征因子（CF）的具体计算方法如式（2-4）所示。

$$CF = EF \cdot XF \cdot FF \tag{2-4}$$

式中　CF——出水中 PPCPs 环境毒性影响特征因子；

EF——效应因子（Effect Factor，EF），通过计算水生生物病理学研究得到的浓度-反应曲线，或者由摄入人体内后得到的计量-反应曲线来确定；

XF——暴露因子（Exposure Factor，XF），通过统计数据和模型获取，或靠计算污染物在淡水中的溶解比例求得；

FF——环境归宿因子（Fate Factor，FF），通过求解污染物在环境介质内及介质之间迁移转化和降解过程的质量平衡式获得数值。

2. LCC 评估方法

有关 LCC 评估方法如下：对选取的 6 种工艺进行大、小型处理厂运行成本整理比较，并对比不同工艺长期运行能耗和建设成本，从而筛选出较为经济的工艺。图 2-15 整理了 LCIA 与 LCC 相关研究方法，并将评价功能单位（FU）统一为处理 1 m³ 污水所产生的环境影响值，分析不同处理技术之间造成环境影响差异的原因。最终，评估所选 6 种技术的可持续性。

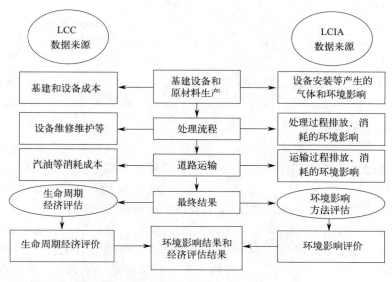

图 2-15　全生命周期环境影响评估和经济评估框架

2.7.2　深度处理技术 LCIA 评估结果

为处理二/三级出水含有的微量 PPCPs，常用做法就是增加高级处理单元，但高级处理势必增加能耗与物耗，从而带来其他环境影响。归纳现有文献有关 6 种高级处理技术对 PPCPs 处理的 LCIA 评价结果，并总结于表 2-14 中。基于表 2-14 展示的结果，分别对各文献中 LCIA 评价过程、取值、结果和结论等凝练、汇总。

不同高级处理技术 LCIA 特征化结果   表 2-14

影响类型	环境影响值					
	活性炭	臭氧	紫外线	光芬顿	膜处理	电化学
GWP (g CO$_2$-eq/m^3)	252	316	—	249	191	
	148	60	—	—	1184	
	1560	1409	2238	—	2667	
	—	81000	—	—	—	1400
	—	—	—	554	311	
DPF (g Oil-eq/m^3)	88	97	—	82	50	
	23	18	—	—	270	
	—	2500	—	—	—	500
	—	—	—	159	89	
FEP (g P-eq/m^3)	0.04	0.06	—	0.16	0.05	
	—	15.6	—	—	—	0.6
	0.003	0.06	—	—	—	
TAP (g SO$_2$-eq/m^3)	1.5	0.1	—	3	0.1	
	4.7	3.5	9.6	—	12.6	
	—	200	—	—	—	6
HTP (g 1,4-DB-eq/m^3)	90	169	—	167	64	
	—	1428	—	—	—	103
	—	—	—	460	263	
FAETP (g 1,4-DB-eq/m^3)	3.2	7.1	—	3.5	1.1	
	—	1400	—	—	—	155
	—	—	—	12.3	8.7	

1. 活性炭吸附法

活性炭因具有较大比表面积、较强吸附能力以及较少电力消耗而被认为是最具前景的高级处理技术；通过物理/化学吸附作用可获得80％以上PPCPs去除效率。LCIA 评估中，活性炭在许多方面要比其他 5 种技术要好。关键是活性炭可以再生重复使用，其能耗/物耗产生的环境影响最小。

表 2-14 中，Tarpani 等评估了活性炭、臭氧、光芬顿、纳滤 4 种技术的环境影响；在 GWP 和 FAETP 指标中，活性炭与光芬顿几乎持平，比臭氧氧化技术好，比纳滤技术略差。当活性炭工艺与反渗透等工艺进行比较时发现，在 GWP 和 DPF 指标中，反渗透竟比活性炭高 10 倍左右。活性炭在 GWP 和 DPF 指标中最主要的贡献源是活性炭的生产过程，其次是再生过程；且在活

性炭和硫酸铝生产过程中由于硬煤使用导致大量 SO_2 排放，使得 TAP 环境影响指标升高。在 HTP 和 FAETP 2 项毒性指标中，Mokhlesur 等同样认为活性炭工艺优于臭氧和反渗透工艺，并与光芬顿等工艺相比更加优异。此外，活性炭在运行阶段的电耗（0.004 kWh/m³）比臭氧低 10～20 倍（0.04～0.08 kWh/m³），比光芬顿低约 250 倍（1.0 kWh/m³）。

进言之，活性炭主要依靠物理/化学吸附作用来处理母体微污染物，不涉及母体微污染物的中间产物转化问题。因此，在污水处理厂长期运行情况下，Li 等与 Mokhlesur 等都认为活性炭为深度处理的首选方案。

2. 臭氧氧化法

臭氧（O_3）氧化是较为常见的一种水处理工艺，O_3 在水中可以快速地生成羟基自由基（·OH），从而无差别氧化微污染有机物及其他还原性化合物。该工艺操作简单、降解速度快、应用范围广泛，在 LCIA 评估中也是被评价较多的技术之一。

Mokhlesur 等依据 LCIA 比较了臭氧氧化、活性炭、反渗透、紫外线/H_2O_2 4 种工艺，如表 2-14 所示；在 GWP 指标中发现，臭氧（1409 g CO_2-eq/m³）略优于活性炭（1560 g CO_2-eq/m³），完胜反渗透（2667 g CO_2-eq/m³）和紫外线/H_2O_2 工艺（2238 g CO_2-eq/m³）。但在 DPF、FEP 和 TAP 指标中活性炭明显优于反渗透工艺。同样地，对于 FAETP 和 HTP 2 项毒性指标，臭氧工艺不如活性炭、光芬顿和纳滤工艺，这是因为臭氧工艺虽然在极短时间内可以完成对微污染有机物的降解，但在氧化微污染有机物的同时会生成中间产物，而这种中间产物可能比母体微污染物的毒性更强，会导致出水毒性指标升高。进一步地，在臭氧产生方面，当去除率保持一致的情况下，臭氧/纯氧在上述 6 种环境影响指标有 5 种指标明显高于臭氧/空气工艺，在 FEP 指标中两者相当。臭氧/空气工艺和臭氧/纯氧工艺的电力需求分别为 8.92 kWh/kg O_3 和 18.7 kWh/kg O_3，后者比前者足足高了 52%。并且当使用 H_2O_2 作为催化剂后，臭氧/H_2O_2 工艺显示出了更高的环境影响。

总之，臭氧工艺属于能源密集型产业，环境影响的主要贡献源为电力生产 O_3，耗电量较大、产生有毒副产物等是其明显的缺点。

3. 紫外线法

紫外线（UV）为不可见光，波长在 10～400 nm。不同波长范围有不同的应用研究，其中，UV-A 波段（315～400 nm）与 UV-C（200～280 nm）波段研究应用较多。紫外线工艺不仅可以破坏微生物体内脱氧核糖核酸（DNA）或核糖核酸（RNA）结构，进而杀死微生物，还可以产生·OH 等对二/三级出水中 PPCPs 类物质具有很好的分解能力。

Mokhlesur 等对臭氧氧化、活性炭、反渗透、紫外线/H_2O_2 4 种工艺进行 LCIA 评估，结果表明，反渗透最差，紫外线/H_2O_2 次之。紫外线/H_2O_2 与臭氧氧化、活性炭相比，在 6 种环境指标中均有较高的影响；例如，在 TAP 指标中，紫外线/H_2O_2（9.6 g SO_2-eq/m³）工艺比活性炭和臭氧工艺高约 1 倍，原因为燃煤发电导致的 SO_2 等气体的排放。同样地，Vui 等对 UV/H_2O_2、UV/PS（过硫酸盐）、光芬顿和 UV/TiO_2 等 8 种高级氧化工艺降解微污染物的 LCIA 研究表明，在运行阶段最低电耗分别为 $0.74 \ kWh/m^3$、$1.94 \ kWh/m^3$、$0.23 \ kWh/m^3$ 和 $0.83 \ kWh/m^3$，表明能源密集型工艺在运行中较高的电力消耗会导致 GWP 和 FEP 等影响指标升高。通过表 2-14 分析可知，常规的紫外线技术已经不能满足"双碳"背景下的"可持续"目标，需要"另辟蹊径"。当紫外线技术中引入少量的过一硫酸盐（PMS）或过二硫酸盐（PDS）就可使去除率提高 3 倍左右，但在电力消耗中 UV/PMS（$0.8 \ kWh/m^3$）略低于 UV/PDS（$0.9 \ kWh/m^3$）。虽然催化剂种类纷繁复杂，但有研究表明，UV/H_2O_2 不仅在所有环境影响指标中保持较低水平，还在成本方面（0.27 元$/m^3$）具有巨大优势。

显然，随着紫外线通量和照射时间增加，微污染物去除率也会相应增加。但紫外线单独处理微污染物时的电耗较大，不利于长期运行，需要结合催化剂来弥补电耗。在催化剂选择上，使用合理剂量的 H_2O_2 似乎是一种不错的选择，在降低电耗的同时可以提高微污染物的降解能力。

4. 光芬顿法

芬顿氧化法的原理是 Fe^{2+} 与 H_2O_2 进行链反应生成具有很强氧化能力的 $\cdot OH$。但因 H_2O_2 利用率低、矿化不完全等缺点，需要对芬顿法进行改进。光芬顿是一种在紫外光或可见光照射下 $\cdot OH$ 基团不断产生并且将 Fe^{3+} 转化为 Fe^{2+} 的过程，使体系内源源不断地发生芬顿反应，提高 H_2O_2 利用率，加速微污染物分解。LCIA 评估中单纯的芬顿技术并没有被纳入评估中，大部分研究还是集中在光芬顿研究中。

由表 2-14 可知，光芬顿法在 GWP 和 DPF 指标中较优于活性炭和臭氧，但在 TAP、FEP、HTP、FAETP 指标中不如活性炭和臭氧，原因为光芬顿工艺在处理微污染有机物时需要调节 pH 和加入 H_2O_2 等化学试剂，导致环境影响指标具有较高水平。同样地，Artaze 等人对臭氧工艺和酸性光芬顿工艺进行比较发现，臭氧工艺在上述环境影响指标中都明显优于光芬顿。臭氧工艺能耗主要因为臭氧的剂量，光芬顿工艺能耗主要是工厂的规模，反过来又取决于工艺的操作条件，两者都是高能耗工艺，且能耗占污水处理厂运行能耗的 $15\%\sim20\%$。另外，当采用全新的 TiO_2 作为催化剂，且在催化剂重复利用 5 次时，环境影响低于 H_2O_2。Gallego-Schmid 等对光芬顿和纳滤及其组合工艺进行 LCIA 评估比较后发现，酸性光芬顿优于中性光芬顿，且与纳滤技术组合后环境影响指标最低。在 SPF 工艺用于半工业化用途且当地日照充足的条件下，可将工艺中过剩的太阳能转化为电能反馈到电网中，可以弥补碳足迹至零。

在该技术中，主要环境影响来源为电耗、催化剂 H_2O_2、络合剂及 pH 调节剂的生产等。光芬顿在未来可着重开发新的催化剂，如 TiO_2，且证明新催化剂使用有可能产生更低的环境影响。进言之，光芬顿可与其他处理技术耦合（如，纳滤）或在光照充足条件下进行剩余电能反馈是不错的选择。

5. 膜处理法

在膜处理技术相关的 LCIA 评估中，对纳滤和反渗透技术研究最为广泛。纳滤和反渗透一样，必须施加一定的压力来克服自然渗透压，使水流动方向与自然渗透压方向相反，从而去除微污染物。由于操作过程中均需要加压，故电耗成为环境影响的主要贡献源。

Tarpani 等评估了活性炭、臭氧、光芬顿、纳滤 4 种技术的环境影响，发现纳滤在 6 种环境影响指标中是最佳选择；但 Li 等的研究表明，反渗透工艺在 LCIA 评估中表现出较差的水平，见表 2-14。出现差异的原因有可能为，Li 等模拟的二级出水涵盖了 126 种 PPCPs，而 Tarpani 等却仅仅包含 9 种 PPCPs。因此，在进行 LCIA 评估时应尽可能涵盖更多种类的微污染有机物，使其更接近二/三级出水实际情况，最终让 LCIA 结果更加可靠。当纳滤技术与其他技术耦合对实际二/三级出水进行 LCIA 评估时，其纳滤耦合其他技术对环境影响要好于单独的某种技术。纳滤工艺适用于水质较好的污水处理，在去除较少种类的 PPCPs 时 LCIA 评估效果较好，但考虑实际污水处理厂中微污染物十分复杂，在实际运行中表现可能较差。而反渗透由于运行能耗高，故在所有 LCIA 研究中均表现最差。纳滤耦合其他处理技术，如光芬顿，可能在未来具有发展前景；反渗透在去除微污染物方面可达 99%，但在浓缩液中微污染物浓度亦可达 100 $\mu g/L$。因此，为防止浓缩液污染附近水体，可与电氧化技术耦合，该技术可以去除 95% 的浓缩液中的污染物。

综上，纳滤和反渗透与活性炭法一样，不会在处理过程中产生有毒副产物，但运行需要较高的电力消耗，这与高环境影响密不可分。此外，膜处理技术还应加强运行期间的能量损耗、提高抗污染能力等。

6. 电化学法

电化学法包含了大量不同种类和特点的电化学处理技术，主要有电絮凝、电催化、光电芬顿等。然而，在 LCIA 评估体系中，许多电化学方法并未纳入，且去除微污染物方面的 LCIA 评估相对更少，主要包括电芬顿和电絮凝技术。电芬顿与光芬顿类似，都是通过 H_2O_2 与 Fe^{2+} 反应生成强氧化能力的 ·OH 来降解微污染物。但与光芬顿不同的是，电芬顿是通过电化学作用生成 H_2O_2 与 Fe^{2+}，并发生芬顿反应生成 ·OH。电絮凝技术以铝、铁等金属作为电极，通过电解产生阳离子，与氢氧根生成络合物，这些络合物可以通过吸附和凝聚作用去除水中的微污染物。研究表明，电絮凝在对出水进行降解时，对水中多种微污染物都有很好的去除效果。

Serra 等依据 LCIA 比较了光芬顿和电芬顿；结果发现，电芬顿环境影响比光芬顿高一个数量级。原因为光芬顿在运行中除了维持某些设备（如，泵等）运行外，在其他方面基本不耗能，而电芬顿高能耗是环境影响高的主要原因。Ahangarnokolaei 等用 LCIA 比较了臭氧、电絮凝及其组合工艺；结果表明，臭氧工艺的环境影响比电絮凝环境影响更高，组合工艺位于两者之间。进言之，Al 电极要比 Fe 电极的环境影响要低，其可能与电位、电极性能等有关。

有关电化学工艺进行 LCIA 评估的文献相对较少，可能是因为进行实际模拟操作难度较大，工艺的基础建设费用较高、技术不成熟等。

2.7.3　深度处理技术之 LCC 评估

LCC 在 LCIA 评估中也是重要的一部分，包含深度处理技术在运营过程中所有与之相关的费用，对进一步比较深度处理技术在实际工程建设中具有重要意义。

为此，总结了实际工程大、小型污水处理厂运行成本和不同规模的运行能耗，见表 2-15。在所有工艺中，运行成本和运行能耗均随着处理规模增加而减小，但光芬顿和电化学技术表现较差。在小型水厂中，活性炭运行成本略高于臭氧，与紫外线基本持平，但是随着水厂规模扩大，活性炭工艺可成为最优工艺。在运行能耗中，活性炭的能耗最低，仅为 $0.01 \sim 0.49$ kWh/m³。而紫外线、光芬顿、电化学等工艺本身能耗较大不利于水厂长期运行，而且氧化工艺极有可能氧化不完全，转化成其他毒性更大的副产物等；活性炭技术虽前期成本较大，但随着水厂长期运行，活性炭重复再生和低能耗可大幅度降低其运行成本。

此外，还总结了 6 种处理技术的建设成本，见表 2-16。在所有工艺中，成本几乎都在 $0.78 \sim 2.34$ 元/m³，但电化学成本更高，为 11.54 元/m³。各种工艺主要成本来自于建筑所使用的钢铁、水泥等，还包括工艺运行需要的各种设备。总的来说，建设成本需要根据实际情况而定，无法确定具体数值，而且运行成本和运行能耗同样需要根据实际情况而定。

深度处理技术运行成本、能耗比较　　　　　　　　　　　表 2-15

项目		活性炭	臭氧	紫外线	光芬顿	纳滤	电化学
运行成本（元/m³）	5000 m³/d	0.55～1.25	0.23～1.95	0.94～1.40	1.25～3.04	2.26～2.81	31～78
	50000 m³/d	0.23	0.31～0.39	0.39	1.64	1.01	—
运行能耗（kWh/m³）	实验室规模	>1.2	>1	2.2	2.6	3～3.6	—
	中试规模	0.52～0.74	0.40～0.83	0.68	—	0.6～0.9	1.47
	工程规模	0.01～0.49	0.15～1.3	0.5	0.28	0.25～0.55	0.5

深度处理技术建设成本比较　　　　　　　　　　　表 2-16

项目	活性炭	臭氧	紫外线	光芬顿	纳滤	电化学
建设成本（元/m³）	0.47～0.78	0.55～0.94	2.26	1.95	1.17	11.54

2.7.4　各种深度处理技术综合环境影响值

参考之前有关污水处理厂综合环境影响 LCIA 评估研究，可以计算 6 种深度处理技术的综合环境影响（LCCI）值。其中，LCIA 通过层次分析法（Analytic Hierarchy Process，AHP）计算权重。首先，根据文献和污水处理厂不同环境影响之重要性，可以得到不同环境影响类型相对重要性判断矩阵，见表 2-17。

为确保判断矩阵的逻辑性，需要进行一致性检验。经计算，判断矩阵一致性指标 $CR=0.052<0.1$，说明该判断矩阵具有逻辑一致性。将矩阵按列进行正规化，得到正规化矩阵，如下所示。

$$\begin{bmatrix} 0.325 & 0.375 & 0.316 & 0.293 & 0.261 & 0.235 \\ 0.162 & 0.188 & 0.316 & 0.146 & 0.174 & 0.176 \\ 0.162 & 0.094 & 0.158 & 0.293 & 0.261 & 0.235 \\ 0.162 & 0.188 & 0.079 & 0.146 & 0.174 & 0.176 \\ 0.108 & 0.094 & 0.079 & 0.073 & 0.087 & 0.118 \\ 0.081 & 0.063 & 0.053 & 0.049 & 0.043 & 0.059 \end{bmatrix}$$

环境影响类型相对重要性判断矩阵　　　　　　　表 2-17

影响类型	FAETP	HTP	GWP	DPF	TAP	FEP
FAETP	1	2	2	2	3	4
HTP	1/2	1	2	1	2	3
GWP	1/2	1/2	1	2	3	4
DPF	1/2	1	1/2	1	2	3
TAP	1/3	1/2	1/2	1/2	1	2
FEP	1/4	1/3	1/3	1/3	1/2	1

再对每行求和并正规化，可得向量，见式(2-5)，权重值依次为 FAETP、HTP、GWP、DPF、TAP、FEP；再通过式(2-6)计算得出 LCIA 结果。LCC 通过式(2-7)计算后经无量纲化归一化处理。最后，综合环境影响 (LCCI) 由式(2-8)加和求出（无量纲化归一化），结果总结于图 2-16。

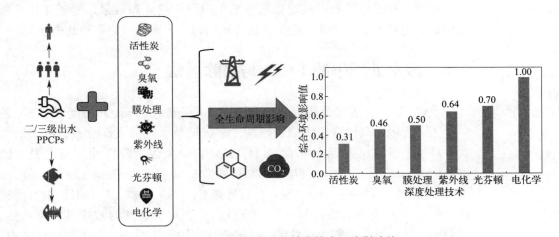

图 2-16　不同深度处理技术综合环境影响值

$$W=[0.301 \ 0.194 \ 0.201 \ 0.154 \ 0.093 \ 0.058] \tag{2-5}$$

$$LCIA=\sum_i^n W_i NEB_i \tag{2-6}$$

$$LCC=建设成本均值+运行成本均值 \tag{2-7}$$

$$LCCI=LCIA+LCC \tag{2-8}$$

式中   LCIA——环境综合影响指标值；

LCC——全生命周期成本；

LCCI——综合环境影响；

W_i——第 i 种环境影响类型的权重；

NEB_i——经过数据归一化后的第 i 种环境影响类型的环境负荷（EB）潜能值。

图 2-16 显示的综合环境影响值实际上也就是 6 种技术优劣程度排序，即综合环境影响值越小者越具环境与成本优势。可见，活性炭作为传统吸附剂在 PPCPs 去除方面具有绝对竞争优势，而现今的光芬顿与电化学方法则处于劣势窘境。

2.7.5 结语

大量新兴微污染有机物已进入城市排水管网。然而，传统污水处理并不具备去除这些污染物之能力。因此，以高级氧化等为代表的深度处理技术应运而生，并被逐渐应用。显然，这些技术会产生新的能耗与物耗，在降低出水毒性等环境影响的同时还会增加温室效应等环境影响，即产生"污染转嫁"现象。

总结文献对现有 6 种主要微污染有机物去除技术 LCIA 与 LCC 评价结果，并计算两种评价结果的综合环境影响值发现，传统活性炭法因低能耗、无副产物、可重复再生等优点具有最小的综合环境影响值；纳滤、反渗透、臭氧属于能源密集型工艺，耗电量大是它们的主要缺点；光芬顿、电化学法则因投资、运行费用等问题而产生较大的环境影响值。简言之，深度处理技术其实质就是用能耗/物耗"交换"出二/三级出水的 PPCPs。

显然，选择微污染有机物去除技术不应只注重处理效果，更要评估其带来的能量与物质消耗，甚至污染物转移等问题。否则，可能会顾此失彼。

2.8 污水处理中的 PFAS 与去除方法

全氟/多氟烷基化合物（Per-and polyfluoroalkyl substances，PFAS）是一类人工合成持久性有机污染物，其主碳链氢原子全部或部分被氟原子所取代。环境中目前已发现有 4700 多种 PFAS，但关注度较高的却是全氟辛酸（Perfluorooctanoic acid，PFOA）和全氟辛烷磺酸（Perfluorooctane sulfonates，PFOS）。PFAS 结构中因含有高键能 C—F 键（485 kJ/mol）、疏水性氟化烷基尾部以及亲水性头部基团，所以，它们具有特殊的疏水性、疏油性、高表面活性以及优异的化学稳定性，被广泛应用于工业生产和人类生活之中，多用作航空材料、水成膜消防泡沫（Aqueous film-forming foam，AFFF）、化妆品及食品包装、不粘锅涂料等。

然而，PFAS 本身是难以生物降解的，在自然水环境、生物和人体组织样品中已被频繁检出。毒理学研究表明，PFOA 和 PFOS 生物累积性和持久性在人体内长达几十年，会对人体健康造成不同程度损害，如哮喘、甲状腺疾病、人体内分泌系统紊乱、影响心肺以及肝脏功能。因此，世界各国已开始重视它们对健康的危害，并开始限制 PFOA 和 PFOS 使用。PFOA 与 PFOS 在《斯德哥尔摩公约》中被定义为"持久性有机污染物"，并限制其在半导体、电镀行业持续使用；美国 3M 公司已于 2002 年停止 PFOS 及其相关产品生产；2006 年包括杜邦在内的 8 家公司（包括在美企业）与美国环境保护署签订了 PFOA 减排协议，分阶段停止使用 PFOA，并于 2015 年前在所有产品中全面禁止使用 PFOA；EPA 提出《PFAS 国家饮用水法规》，规定饮用水中 PFOA 和 PFOS 混合质量浓度健康咨询水平为 70 ng/L；德国、丹麦、荷兰、挪威和瑞典 5 国正致力于将 PFAS 列入欧盟限制化学品清单，并监管 PFAS 制造和在欧盟市场应用。随着欧美国家对 PFAS 限制法律、法规增多，PFAS 生产逐渐向中国等发展中国家转移，其使用量逐年增加。目前，中国已经成为世界上最大 PFAS 生产和消费国家，人群暴露水平也高于其他国家。

污水处理厂是环境中 PFAS 重要的汇，甚至可能还是源。PFAS 通过污水、垃圾渗滤液或粉尘直接或间接进入污水，以至 PFAS 在污水处理厂不同程度被检出；例如，有人对中国不同城市 16 个污水处理厂污水、污泥样品检测 PFOA 和 PFOS，发现除 4 个厂没有检出外，其余 12 个厂均有不同程度检出，最高检出浓度高达 4780 ng/g PFOA 和 5383 ng/g PFOS。更为严重的是，常规污水处理厂不但难以去除 PFAS，而且还是从前体物转化更多 PFAS 的"帮凶"；例如，在德国污水处理厂出水中检测到 PFOA 和 PFOS 浓度比进水分别高 20 倍和 3 倍，正是因 PFAS 前体物质在污水生物处理过程中发生了转化现象。进言之，污水处理厂汇与源产生的许多 PFOA 和 PFOS 最后都进入了剩余污泥，这使得不仅是出水，而且剩余污泥也成为 PFAS 潜在的二次污染源。

可见，PFAS 会随污水处理厂出水和污泥利用与处置在环境中迁移，或形成水生态毒性，或污染土壤，最终使人群多途径暴露于 PFAS，以至引起不良健康效应。因此，亟需了解 PFAS 在污水处理厂中的浓度范围、转变过程以及去除途径，以最大程度减少因出水排放、污泥处置所导致的环境风险，甚至健康危害。为此，本节系统总结了污水处理厂 PFAS 来源、浓度范围、转化规律和去除途径，以方便了解 PFAS 在污水处理厂中的迁移转化规律、研发适当的深度处理技术。

2.8.1　污水处理厂 PFAS 来源与含量

1. PFAS 生活、生产来源

随着 PFAS 在人类日常生活和工业生产中广泛使用，最终污水处理厂成为 PFAS 重要汇聚场所。同时，污水处理厂也是 PFAS 向环境扩散和转移的重要源头。

PFAS 通常因化妆品、清洁剂、厨房下水等流入污水处理厂。化妆品，如美甲、粉底液、粉扑以及防晒霜中均能监测出 PFAS 存在。表 2-18 列出了不同化妆品中 PFAS 浓度水平。在 4 种化妆品中，PFOA 浓度在防晒霜和粉扑中高达 1700 ng/g。此外，清洁类产品（如，洗涤剂）也检测出 1.1 ng/g PFOA 和 1.6 ng/g PFOS。这表明人类生活用品中所含 PFAS 是人类暴露该类化合物和污水处理厂 PFAS 来源的重要途径之一。

随着氟化工业发展，工业废水排放也成为污水处理厂 PFAS 重要来源之一。对韩国 15 个污水处理厂 PFAS 调查发现，工业废水 PFAS 浓度远高于市政污水，最高达 2700±1600ng/L；且 PFOA 亦可大于 1000 ng/L，它们主要源于造纸和纺织品工业。我国武汉水环境中也相应检测到高浓度 PFAS，如 2011 年武汉汤逊湖上游 PFAS 浓度达 70400 ng/L，汤逊湖内 PFAS 则为 4570～11890 ng/L；武汉市 10 个污水处理厂进水最高 PFAS 值达 9970 ng/L。江苏高科技氟化学工业园 2015 年监测数据表明，园区污水处理厂内 PFAS 浓度最高竟达 12400 ng/L。

各类物质中的 PFAS 含量

表 2-18

产品	PFAS 种类	PFAS 含量(ng/g)
美甲	PFOA	910
粉底液	PFOA	1500
粉扑	PFOA	1700
防晒霜	PFOA	1700
洗涤剂	PFOA	1.1
	PFOS	1.6

2. 污水、污泥中 PFAS 含量

在过去几十年中，多国在其污水处理厂中普遍检出 PFAS。检测发现，剩余污泥中 PFOA 与 PFOS 含量最高，详见表 2-19。此外，在一些工业园区污水处理厂进出水中亦有较高 PFAS 含量，甚至出水 PFAS 浓度还高于进水，例如，在泰国某工业园区污水处理厂（IZ2）进水和出水中的 PFAS 浓度分别为 673.3 ng/L 和 1143.4 ng/L，这是 PFAS 前体物质发生转化所致。

对我国 16 个城市市政污水处理厂污泥监测发现 PFAS 普遍存在，污泥中 PFOA 和 PFOS 浓度范围为 236～5383 ng/g（干重），详见表 2-20。

在天津、上海和广州等污水处理厂进水中亦检测到不同含量 PFAS，见表 2-21。某上海污水处理厂进水样品中检测到 45 ng/L PFOA 和 37.3 ng/L PFOS。经全过程污水处理后，PFAS 并没有明显下降迹象，说明常规污水处理对其无可奈何。

部分国家剩余污泥中 PFAS 浓度（ng/g）

表 2-19

国家	PFOA	PFOS
德国	0.001～50.6	0.001～698
泰国	11.3～136	396.9～552.6
尼日利亚	0.0189～0.4163	0.012～0.5396
希腊	0.36～19.4	1.8～16.7

我国部分地区污水处理厂污泥中 PFOA 与 PFOS 浓度（ng/g）　　表 2-20

地区	PFOA	PFOS
柳州	1792±90	2522±76
合肥	493±49	236±19
上海	454±54	472±52
哈尔滨	1650±82	ND
沈阳	2159±86	973±78
乌鲁木齐	4780±143	1081±65
银川	3259±75	2560±77

注：ND 为未检出。

我国部分城市污水处理厂进水 PFAS 浓度（ng/L）　　表 2-21

地区	PFOA	PFOS
天津	50～170	6～169
上海	45～363	37.3～55
广州	3.04～12.4	6.45～11.4

2.8.2　PFAS 污水处理过程中的吸附与转化

因 PFAS 极高的化学稳定性，污水处理厂生物处理过程难以使 PFAS 达到有效降解去除。在生物处理过程中，长链 PFAS 在污泥中的分配以及前体物质向短链 PFAS 转化会影响污水和污泥中 PFAS 浓度，这就使得经污水处理后短链 PFAS 出水浓度常常高于进水浓度。

1. 吸附作用

污水处理过程中存在吸附作用，使 PFAS 从液相分配至固相；PFAS 可通过疏水作用、桥联配体和静电作用等与活性污泥发生吸附反应。通常，采用固-液分配系数（K_d）可确定活性污泥对 PFAS 的吸附能力，以评估其在污水处理厂中的分配行为。PFAS 在水相和污泥中的分配行为取决于 PFAS 化学结构，特别是碳链长度；PFAS 碳链越长，其疏水性能越强。研究发现，当 PFAS 结构中碳原子数大于 5 时，PFAS 与污泥间疏水作用起主要影响，吸附效果较为显著。此外，不同基团和分子量也会影响污泥对 PFAS 吸附效果；例如，在污泥中可检测到 241 ng/g PFOA 和 7304.9 ng/g PFOS，说明在具有相同氟烷基链长度的前提下，由于磺酸基分子量较大导致全氟烷基磺酸（Perfluorosulfonic Acid，PFSA）较全氟烷基羧酸（Perfluorocarboxylic Acid，PFCA）疏水性更强，活性污泥对其吸附效果更加明显。

研究发现，污水中的阳离子类型、pH 都会影响 PFAS 与活性污泥之间的分配吸附。污水中含有的 Mg^{2+}、Ca^{2+} 等二价阳离子可在带负电 PFAS 与活性污泥间形成阳离子桥，可促进 PFAS 与污泥间吸附，而污水中的 SO_4^{2-}、PO_4^{3-}、NO_3^- 等阴离子则会与 PFAS 竞争吸附点位，抑制 PFAS 在污泥中的吸附。此外，当溶液 pH＞PFAS pK_a 时，污泥中腐殖质（HA）会与 PFAS 争夺吸附点位，减弱 PFAS 静电反应效果，导致污泥吸附 PFAS 量减少。有实验表明，Ca^{2+} 浓度每增加一个数量级，PFAS 吸附能力平均增加 0.12 log K_d；pH 每增加一个单位，PFAS 吸附能力平均下降 0.06 log K_d。与此同时，污泥中蛋白质也会影响 PFAS 吸附性能，蛋白质中存在的某些酰胺基可能有助于污泥吸附 PFAS，对 PFAS 从污水分配至污泥起到积极影响。简言之，PFAS 在污泥和污水之间的分配系数（K_d）与二价阳离子（Mg^{2+}、Ca^{2+}）浓度呈正相关；反之，随阴离子（SO_4^{2-}、PO_4^{3-}、NO_3^-）浓度和溶液 pH 升高而降低。

2. 生物转化作用

将污水处理厂进出水 PFAS 浓度对比发现，出水中 PFAS 前体物质较进水浓度降低，但短链 PFAS 浓度反而升高。这是因为大多数 PFAS 前体物质在污泥中都会发生降解和转化，形成短链 PFAS 或其他化合物。PFAS 分子结构中的高键能 C—F 键具有极强的持久性和稳定性，致其生物降解性极差，但目前有关 PFAS 好氧或厌氧微生物降解的研究还较为缺乏。有人使用睾丸酮丛毛单胞菌进行过全氟辛烷磺酰胺（Perfluorooctane sulfonamide，PFOSA）降解实验；结果表明，在 30 ℃、pH=7、PFOSA 初始浓度为 30 mg/L 条件下，PFOSA 可被睾丸酮丛毛单胞菌降解为 PFOA、PFOS、全氟己酸（Perfluorohexanoic acid，PF-HxA）等，降解率可达 64.6%。早期研究发现，在 35 ℃、pH=7、加入 0.1% 葡萄糖条件下，PFOS 可被活性污泥中微生物（铜绿假单胞菌）降解，降解率高达 67%，但 PFOS 并没有被完全降解为氟离子形态，而是生成全氟丁烷磺酸（Perfluorobutane sulfonate，PFBS）、全氟己烷磺酸（Perfluorohexane sulfonate，PFHxS）等短链 PFAS。

污泥中 PFAS 转化过程也多为断链过程。有实验表明，好氧活性污泥中 6∶2-氟调聚物磺酸（6∶2 Fluorotelomer sulfonates，6∶2 FTS；6∶2 为完全与未完全氟化碳数之比）通过烷磺酸 α-羟化酶催化反应可形成不稳定中间产物并释放磺酸而快速氧化，紧接着再通过微生物作用快速转化为氟代烷基磺酰胺乙酸（Fluorotelomer unsaturated acid，FTUA）；经过脱羧等反应生成 5∶2-酮，然后在脱氢酶催化下转化为 5∶2s 氟调醇（5∶2 二级）[Perfluoro-pentyl ethanol（5∶2 secondary），5∶2s FTOH]；最后通过脱氢酶、水合酶等酶促反应，转化为稳定的 PFHxA 和全氟戊酸（Perfluoropentanoic acid，PFPeA）（图 2-17a）。亦有实验揭示了活性污泥中 N-乙基全氟辛烷磺酰胺乙醇（N-ethyl perfluorooctane sulfonamide ethanol，N-EtFOSE）生物转化路径（图 2-17b）；通过中间体氧化、脱乙基和羧基生成 N-乙基全氟辛基磺酰胺（N-ethyl perfluorooctane sulfonamide，N-EtFOSA），再经过两次脱烷基过程最终生成稳定的 PFOS。再有多个实验表明，活性污泥中部分 FTOH、FTS 和 N-EtFOSE 等前体物质可经生物转化作用转化成短链 PFAS，但其疏水性较差，只能通过静电作用吸附在固相污泥上，容易脱离固相污泥而进入水相，导致出水中短链 PFAS 浓度高于进水浓度。尽管生物转化作用具有一定优势，但 PFAS 完全矿化显然不可能实现，甚至可能还有增加趋势。

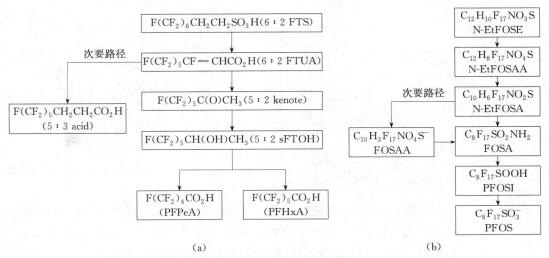

图 2-17 活性污泥中 PFAS 转化途径

(a) 活性污泥中 6∶2-FTS 好氧生物转化途径；(b) 活性污泥中 N-EtFOSE 转化途径

3. 季节影响

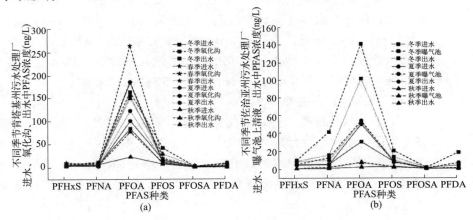

图 2-18 美国两座污水处理厂 PFAS 检测浓度

(a) 不同季节肯塔基州污水处理厂中进水、氧化沟、出水中 PFAS 浓度；

(b) 不同季节佐治亚州污水处理厂中进水、曝气池上清液、出水中 PFAS 浓度

肯塔基州污水处理厂、佐治亚州污水处理厂不同季节进出水 PFAS 含量及增长率（ng/L）

表 2-22

污水处理厂	PFAS种类	类型	冬季 含量	冬季 增长（%）	春季 含量	春季 增长（%）	夏季 含量	夏季 增长（%）	秋季 含量	秋季 增长（%）
1	PFOA	进水	83	86.75	184	−0.54	100	22	22	577.27
		出水	155		183		122		149	
	PFOS	进水	8.1	72.84	11	−27.27	16	−18.75	7	300
		出水	14		8		13		28	

续表

污水处理厂	PFAS种类	类型	冬季		春季		夏季		秋季	
			含量	增长(%)	含量	增长(%)	含量	增长(%)	含量	增长(%)
2	PFOA	进水	30	240	—		50	4	2	235
		出水	102				52		6.7	
	PFOS	进水	7.9	64.56			7.8	19.23	2.5	−28
		出水	13				9.3		1.8	

注：1 为肯塔基州污水处理厂；2 为佐治亚州污水处理厂。

季节变化对污水处理厂进出水 PFAS 浓度略有影响，进水 PFAS 浓度在温度较高的春夏两季比秋冬略高。美国肯塔基州某污水处理厂进水中春季和夏季 PFOA 和 PFOS 进水浓度之和分别为 195 ng/L 和 116 ng/L，高于秋冬两季（分别为 29 ng/L 和 91.1 ng/L）（图 2-18a）。在中国应城和慈溪两市某污水处理厂也发现了类似规律。这一现象可能与降雨量有关，导致大气中 PFAS 物质通过降雨降落地表，通过排水管道最终汇集到污水处理厂中。值得注意的是因存在前体物质转化过程，美国肯塔基州（图 2-18a）和佐治亚州（图 2-18b）污水处理厂在不同季节出水 PFAS 浓度均高于进水。通过对这两个污水处理厂不同季节进出水 PFAS 含量增长率比较（表 2-22）可以发现，并不能普遍概括说明季节变化对出水 PFAS 存在显著影响。

2.8.3 现有 PFAS 去除技术

由于 PFAS 种类较多、结构很复杂，使用传统处理方法难以有效去除 PFAS。因此，学界目前正致力于 PFAS 去除技术研发，分为生物、物理、化学三类。可采用动物和植物对 PFAS 进行生物处理，此外主要物化处理法包括吸附、膜过滤、化学氧化还原以及运用"富集-降解"理论采用吸附性光催化材料去除水中 PFAS。

1. 其他生物处理方法

如前所述，污水处理厂中生物处理包括 PFAS 前体物质生物转化和降解。目前还没有利用动物和植物对 PFAS 进行去除降解处理的实际应用，但研究表明，经动物和植物处理也可将长链 PFAS 降解为短链 PFAS。

（1）动物处理

通过对虾夷扇贝体内筛查，发现 8：2 氟调聚羧酸（8：2 fluorotelomer carboxylic acid，8：2 FTCA）在其体内积累过程同时发生了生物转化作用。经过氧化以及还原反应，产生代谢中间体 [8：2 氟调聚不饱和酸（8：2 fluorotelomer unsaturated carboxylic acid，8：2 FTUCA）和 7：3 FTCA]，最终代谢产物为 PFOA、全氟壬酸（Perfluorononanoic acid，PFNA）和全氟庚酸（Perfluoroheptanoic acid，PFHpA）。此外，蚯蚓也可从土壤中富集 PFOSA 并将其转化为 PFOS。虽然动物降解转化 PFAS 方法已被证实是可行的，但其产生的短链 PFAS 中间产物去除还需进一步研究和优化。

（2）植物处理

PFAS 也可以采用植物对其进行吸收去除。植物将 PFAS 从土壤或水体中运输至根部，再转运至茎和叶，以此去除环境中的污染物质。植物通过蒸腾作用为茎和叶运输小分子物质，如水、无机盐等。因 PFOS 疏水性和亲脂性相对较高，致其无法随植物蒸腾作用向上运输。因此，PFOA 主要聚集在植物枝条，而 PFOS 主要聚集在植物根部。研究表明，植物除了可以吸收一些常规 PFAS 物质外，对全氟替代品也有一定吸收作用。研究证明，通过水热液化法（Hydrothermal Liquefaction，HTL）可以对植物中累积的 PFAS 进行后续去除，实现无害化处理。但是，植物处理法也存在一些问题，例如，1）植物法对 PFAS 去除效率较低；2）需考虑植物生长周期以及植物生长条件等；3）操作要求较高，限制其大范围使用。因此，在实际情况下使用植物去除 PFAS 还需因地制宜，进行更多研究，以找到更加适宜的处理条件。

2. 物理处理法

现有 PFAS 物理处理法主要是通过吸附和膜过滤对 PFAS 进行去除，可采用活性炭、金属-有机框架材料和离子交换树脂对 PFAS 进行吸附，或可采用纳滤方法对 PFAS 进行膜过滤处理。但现有物理处理法只能实现 PFAS 在不同介质间的转移，而不能实现 PFAS 去除。

（1）吸附

吸附技术操作简单、成本低、效率高，已在 PFAS 污水处理中获得广泛应用。吸附材料包括碳材料、矿物材料等，均可有效去除水中 PFAS。其中，被广泛用于 PFAS 吸附技术的吸附剂包括活性炭、金属-有机框架材料（Metal-Organic Frameworks，MOFs）和离子交换树脂。

活性炭主要通过疏水和静电作用对 PFAS 进行吸附去除，主要可分为粉末活性炭、颗粒活性炭和活性炭纤维三种。相较于颗粒活性炭而言，粉末活性炭和活性炭纤维具有更大比表面积，对 PFAS 去除效果优于颗粒活性炭。将原始颗粒活性炭研磨和筛分（18~32 目），制备三种煤基粉末活性炭，实验表明，当粉末活性炭剂量控制为 50 mg/L，在 0.5 h 内，三种煤基粉末活性炭对 PFAS 吸附去除效率范围为 20%~100%。研究表明，多种 PFAS 在竹制活性炭上存在竞争吸附。但由于长链 PFAS 疏水性更强，PFOA 会比 PFHxA 和 PFHpA 优先吸附于竹制活性炭并且吸附效率较高（96.6%）。尽管大量研究表明活性炭具有良好去除 PFAS 的效果，但是也存在劣化度，再生难彻底，影响其使用寿命。具体来说，随着活性炭对 PFAS 吸附量逐渐增加，当活性炭达到吸附饱和时，PFAS 吸附效率下降，并且可能出现解吸现象，造成 PFAS 向自然环境释放。对趋向饱和并失去继续吸附能力的吸附剂进行再生处理不仅会增加处理费用，而且再生过程产生的化学试剂还会对环境造成二次污染。

MOFs 是一类由金属离子或金属簇与有机配体结合的有机-无机杂化材料，具有空隙率高、结构多样、孔径可调、配位点不饱和以及功能设计性强等特点，已受到研究者们越来越多的关注。MOFs 可通过静电作用、氢键、疏水作用和酸碱反应吸附去除 PFAS。此外，MOFs 具有较大比表面积（最高可达 7310 m^2）和较大孔隙率（最高可达 3.9 cm^3/g），并且可以通过增加添加剂对其孔径和晶体结构进行改性，提高 MOFs 吸附效率。通过改变配体（苯二羧酸和联苯二羧酸）可制备 UiO-66 和 UiO-67 两种不同空腔尺寸锆金属-有机框架材料；Langmuir 吸附模型数据表明，尽管两种 MOFs 材料都能有效地吸附去除 PFOA 和 PFOS，但 UiO-67 对 PFOA 和 PFOS 吸附量（分别为 700 mg/g 和 580 mg/g）高于 UiO-66（分别为 388 mg/g 和 160 mg/g）；UiO-67 吸附能力显著提高主要是因为其更大的空腔尺寸，导致 PFOA 和 PFOS 可以吸附到材料内部。但目前尚未有研究报道 MOFs 可以同时吸附多种 PFAS，并且 MOFs 材料在污水处理方面的应用包括将 PFAS 等有害物质吸附去除应该具有高水稳定性，在液相条件下结构保持稳定，不易坍塌或分解。尽管目前已有多种水稳定性良好的 MOFs 材料成功合成，但从材料合成成本和合成材料后处理角度来看，活性炭可能是目前较为经济高效的选择。

离子交换树脂是一种以不溶性交联聚合物为骨架，接枝活性功能基团的合成高分子材料。当离子交换树脂与含有相同电荷离子溶液接触时，便会发生离子交换。目前，在环境基质中频繁检出较高浓度 PFAS，其在自然界水体中以阴离子形式存在。因此，阴离子交换树脂可以通过其离子交换基团与 PFAS 中阴离子进行交换，从而实现对水中 PFAS 去除。聚丙烯酸树脂（包括 IRA67 和 IRA958）比聚苯乙烯树脂对 PFOS 表现出更快和更高的吸附能力；吸附等温线数据表明，IRA67 和 IRA958 对 PFOS 的吸附能力达到 4～5 mmol/g。此外，PFOS 吸附量大于从树脂中释放出的氯离子浓度，表明除了离子交换还有其他相互反应参与了 PFOS 和树脂之间吸附作用。通过动力学实验，发现离子交换树脂（Amberlite® IRA-458）吸附平衡时间（10 h）远小于传统颗粒活性炭（50 h），并且提出除离子交换作用外，PFOS 和 PFBS 与 Amberlite® IRA-458 吸附过程也涉及疏水反应。此外，与传统活性炭相比，离子交换树脂可以有效去除短链 PFAS。这主要是因为 PFAS 疏水性随着烷基链长度减少而降低，导致离子交换在 PFAS 吸附去除过程中占主要地位。近年来，学界致力于饱和离子树脂再生溶剂研究，主要包括有机再生剂（70％甲醇和 1‰ NaCl）、碱（NaOH）、无机盐（NaCl）以及组合再生剂等。尽管离子交换树脂具有去除效率高、操作简便、交换容量大、占地面积小以及再生能力强等优势，但其使用寿命较短、再生后产生二次污染以及后续处理成本较高，限制了离子交换树脂去除 PFAS 的大规模应用。

综上所述，使用吸附剂吸附去除 PFAS 具有一定的局限性，这只是实现了 PFAS 从液相到固相的转移，没有从根本上降解 PFAS。

（2）膜过滤

纳滤膜通过静电作用，与以阴离子形式存在于溶液中的 PFAS 产生静电排斥，可截留水中的 PFAS。实验中采用的 NF270 膜不仅可以有效截留长链 PFAS，对短链 PFAS，如 PFBA 等也体现优异的截留效果。研究表明，使用纳滤膜截留的污染层可能并不会影响对 PFAS 截留效果，甚至可能会增强膜的静电排斥作用。在渗透通量为 $17 \sim 75$ L/(m² · h) 测试条件下对原始 NF270 膜和污染后的 NF270 膜进行测试，原始和污染后的 NF270 膜对 PFAS 去除效率均大于 93%。但由于纳滤膜孔径通常在 $1 \sim 2$ nm，因此，在使用纳滤去除 PFAS 时需要进行预处理去除水中悬浮物、胶体、细菌等各种污染物。膜分离技术对处理要求和成本较高，并不具有经济适用性。

3. 化学处理法

传统氧化过程，如生物氧化，可能能够打破 C-C 键，但不能破坏 C-F 键。因此，出现各种高级化学氧化和还原方法，以降解稳定 PFAS 化合物。现有对 PFAS 进行降解的化学处理方法主要有化学氧化法、电化学氧化法、超声法以及热处理法。

(1) 化学氧化法

化学氧化法指的是电子由还原剂转移至氧化剂中，使物质直接发生化学转化或形成不稳定反应性物质（自由基）。由于 PFAS 具有极强稳定性，使用自由基氧化过程可对其进行降解。化学氧化法降解 PFAS 包括热活化过硫酸盐法和电化学氧化法等。

热活化过硫酸盐主要是通过强氧化剂过硫酸盐（$S_2O_8^{2-}$）（氧化还原电位为 2.01 V），在激活反应过程产生硫酸根自由基（$SO_4^{\cdot-}$）和羟基自由基（·OH）来攻击降解 PFAS。有研究指出，高温酸性条件有利于对 PFOS 降解。实验表明，在 PFOA 初始浓度较高情况下采用高温、高压、极低 pH 等反应条件，可实现对 PFOA 有效降解。在 85 ℃反应条件下，使用活化过硫酸盐与 PFOA 反应 30 h，发现其对 PFOA 的降解率可达到 93.5%。有研究结果显示，热活化过硫酸盐是最有效降解 PFAS 的氧化方法。

(2) 电化学氧化法

电化学氧化法可以降解包括全氟化合物在内的多种持久性有机污染物，主要分为直接电解和间接电解。直接电解即污染物吸附在电极上并直接在电极处被降解，间接电解是利用电极处形成的氧化剂使污染物在液体中被氧化降解。目前常用电极材料主要包括掺硼的金刚石（Boron Doped Diamond，BDD）电极，金刚石电极上可发生水分子分解反应并产生·OH 等自由基，与全氟烷基自由基发生脱氟反应，实现间接电解降解 PFAS。使用金刚石电极对含 PFBS（2.9 mg/L）、PFHxS（11 mg/L）、PFOS（15 mg/L）的合成溶液进行电解，43 h 后可观察到 PFBS、PFHxS 和 PFOS 降解率分别为 45%、91% 和 98%。电化学氧化法无需添加其他化学物质即可在室温条件下降解 PFAS，并且在反应结束后不会产生其他废物，满足可持续发展理念，并且由于其具有较好的环境相容性，使用电化学氧化法降解 PFAS 具有较好的前景。然而，使用电化学氧化处理 PFAS 可能在金刚石阳极产生有毒副产物（例如，溴酸盐、氟化氢和高氯酸盐等），且反应后电极含有重金属，可能会释放到环境中，对环境造成二次污染，限制了电化学氧化法的实际应用。

(3) 超声法

超声法降解 PFAS 主要是通过水在极端条件下裂解产生的·OH 以降解水

中的 PFAS。声波在液体中传播时，当液体压力降低到一定程度，液体产生的气泡经过扩张和破裂使得水压和温度剧增，发生空化反应生成自由基（如·OH和 HO_2^-），进而与 PFAS 进行反应。研究表明，当实验功率为 $100\sim900$ W时，PFOA 脱氟效果可达到 50%，在 900 W 功率下反应 2 h，脱氟程度可达90.06%，其中，PFOA 被完全降解。气泡-液体界面吸附点位数量、气泡破裂时强度以及气泡振荡频率均会影响 PFAS 降解效率。当声波频率增加时气泡振荡频率增大，会产生更多吸附点位吸附去除 PFAS。在一定程度下，增加机器功率可以增大振幅以增加气泡数量和体积以及提高气泡产生速率，从而提高 PFAS 去除效率，并且可以通过添加比·OH（$1.9\sim2.7$ VNHE）更高的氧化还原电位（$2.6\sim3.1$ VNHE）来提高 PFAS 降解速率。超声化学降解具有安全、清洁、节能并且不会造成二次污染的优点。但因在优化操作条件（如频率和功率等）方面存在着较大挑战，且污水中含有的腐殖质和碳酸氢盐等物质也可能影响超声波对 PFAS 的去除效果，所以，实际应用超声仪器降解去除污水中 PFAS 具有一定困难。

（4）热处理法

通过热解（无氧）、燃烧（有氧）和水热处理等方式也可达到降解 PFAS的目的。所需温度与 PFAS 中含有的官能团性质和数量有关。研究表明，PFAS 中不同基团会影响热处理时所需要温度。例如，降解 PFSA 通常需要450 ℃，而降解 PFCA 通常需要 200 ℃。另外，PFAS 基团也会影响热稳定性，例如，含有醚键、三氟亚硝基甲烷（CF_3NO）、OCF_2 单体的 PFAS 会比相同氟化碳数的 PFAS 热稳定性更差。热解从 PFAS 中最不稳定的基团（通常为非氟化基团）开始进行，随着温度升高，吸附在材料上的 PFAS 以气相形式参与反应并生成挥发性有机氟（Volatile Organic Fluorine，VOF），而挥发性较低的 PFAS 在固体材料内部或表面发生热分解生成其他形式有机氟。此外，燃烧是最常用的热处理工艺，主要是在高温过程中，氧气使得 PFAS分子中 C-F 键断裂，产生 HF 和 CO_2，从而降解 PFAS。研究表明，使用热解和燃烧相结合方式可以有效提高 PFOA 和 PFOS 降解效率（>90%）。采用水热处理技术在相对较低温度（350 ℃）和较高压力（$4\sim22$ MPa）条件下，可降解去除不同 PFAS；反应 90 min 降解 PFAS 效果如图 2-19 所示。

尽管图中数据显示，在该条件下水热处理对 PFOS 和 8∶2 FTS 降解效率相对较低，但其处理温度远低于达到相似处理程度时燃烧所需温度（>700 ℃）。

此外，通过热处理法可以还原饱和基质，使吸附剂可再生循环使用。并且由于热处理对操作和环境要求较低，可以大规模地应用在实际工厂中。但热处理过程产生的副产物（如含氟化合物）可能会对环境造成二次污染，实际应用和后续处理相对较复杂。

4. 富集-降解原理应用

尽管吸附和光化学降解技术可以有效去除 PFAS，但吸附方法只是实现了对物质相的分离，并没有达到消除降解污染物的目的，光解过程产生的副产

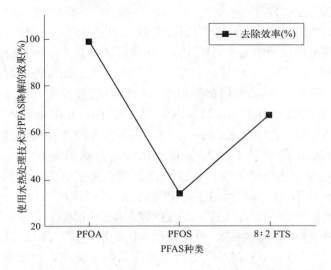

图 2-19　使用水热处理技术对 PFAS 降解效果

物有可能会对环境造成潜在危害。因此，有人提出"富集-降解"理论，用少量吸附性光催化材料吸附大量水中 PFAS，将固体材料转移到光反应器中，通过光照进行光催化降解。同时，光催化降解反应也是材料再生过程，不会产生废弃物和化学试剂对环境造成二次污染。基于"富集-降解"理论开展去除 PFAS 技术具有操作简单、投资费用低、材料重复使用效率高、环境友好等优势。

通过水热法制备以活性炭和二氧化钛为原材料的钛酸纳米管@活性炭（TNTs@AC）复合材料，在此基础上负载不同金属离子（Me/TNTs@AC），用煅烧法将其改性，提高材料吸附性能和光催化降解能力。研究结果表明，铁金属负载钛酸纳米管@活性炭复合材料（Fe/TNTs@AC）能在 5 min 内吸附水中大于 95% PFOA（100 $\mu g/L$）；60 min 内吸附大于 99% PFOA，且其吸附等温线符合 Langmuir 吸附模型，对 PFOA 吸附容量为 84.5 mg/g。随后光催化降解实验数据表明，在 4 h 紫外灯（254 nm）照射下，Fe/TNTs@AC 能够降解超过 90% 吸附在材料表面的 PFOA，脱氟率为 62%。研究发现，材料负载的 Fe 和 PFOA 头部基团发生了静电反应；同时，活性炭和 PFOA 碳链之间疏水作用也起到了吸附作用，形成了稳定的"平行"吸附构型，如图 2-20 所示。

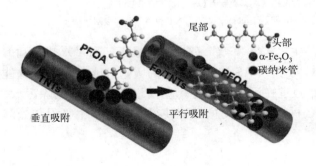

图 2-20　PFOA 概念化吸附模式和在活性炭和 Fe/TNTs 上的分子取向

此外，镓负载 TNTs@AC（Ga/TNTs@AC）能有效（99%）且迅速（10 min）吸附 PFOS（100 μg/L），降解效率可达 75%。这优异的光催化性能是因为材料煅烧过程中 Ga^{3+} 替换 Ti^{4+} 导致氧缺陷生成，不仅降低了 e^-/h^+ 复合效率，同时也促进了超氧自由基（$O_2^{\cdot-}$）产生。结合光解反应产生的中间产物发现 PFOS 降解过程包括脱磺酸基团以及脱碳反应（图 2-21a）。不仅如此，铋改性 TNTs@AC（Bi/TNTs@AC）能在 1 h 内完全吸附 100 μg/L GenX（HFPO-DA），以及 Langmuir 和 Freundlich 吸附模型都能较好拟合吸附数据。GenX 又称全氟 2-甲基-3-氧杂己酸，是最常见的 PFOA 替代物，具有化学稳定性和环境持久性。实验数据表明，使用活性炭对 GenX 进行吸附降解的降解效率（30%）远低于对 PFOA 的降解效率（80%~95%）。尽管 GenX 降解难度较 PFOA 等长链 PFAS 更大，但使用 Bi/TNTs@AC 在 4 h 紫外灯照射下能降解 70% GenX，表现出优异的光解性能。Bi/TNTs@AC 材料中的 Bi 和活性炭与 GenX 相互作用引起疏水和静电反应，建立了"平行"吸附构型。研究发现，降解过程中 GenX 羧基会受到 ·OH 和 h^+ 攻击，导致其脱去羧基基团；同时发生的另一条降解路径是 e^- 攻击 GenX 醚键，使其生成 $C_3F_7\cdot$ 和 $\cdot C_3F_4O_3^-$，最后经过水解和脱氟反应生成最终产物 CO_2 和 F^-（图 2-21b）。此外，通过吸附-降解重复实验，Me/TNTs@AC 具有重复吸附性能和优异的光催化稳定性。

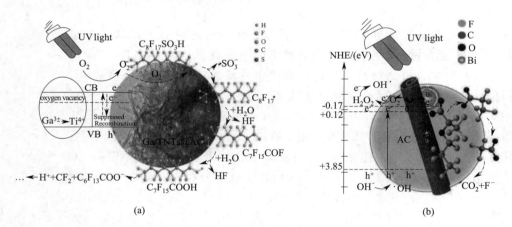

(a)   (b)

图 2-21   PFOS 光降解机理
（a）Ga/TNTs@AC 增强 PFOS 光降解的机制和途径；
（b）紫外光照射下 GenX 在 Bi/TNTs@AC 上的吸附

综上所述，在"富集-降解"理论为背景下，通过水热法和煅烧法制备的 Me/TNTs@AC 对于 PFAS 体现出良好的吸附和光催化降解性能。尽管目前还没有相关文献报道在污水处理厂中应用此理论和材料去除污水中 PFAS，但 Me/TNTs@AC 材料的增效协同性能使得其在污水中吸附和光解 PFAS 具有很大的潜能。

2.8.4　结语

全球范围内空气、地表水、地下水以及生物体内均检测到不同含量人工合成全氟/多氟烷基化合物（PFAS）。因进入人体的 PFAS 生物累积性和持久性会造成不同程度人体健康损害，所以，世界上许多国家已经对 PFAS 使用开始限制。污水处理厂是环境中 PFAS 一个重要的汇，甚至是源。

对污水处理厂中 PFAS 来源和污染现状进行分析后发现，经污水处理后的出水中 PFAS 浓度很多时候较进水中浓度有所上升，这归因于 PFAS 在污水处理过程中存在着前体物质的生物转化作用。污水处理过程中，长链 PFAS 倾向吸附于固相污泥中，而短链 PFAS 则倾向进入水相。因此，处理后的出水和污泥中均含有一定量 PFAS。

可见，我们亟须了解和研发有效去除 PFAS 的方法和技术。其中，生物处理稳定降解 PFAS 作用十分有限，甚至还会导致出水 PFAS 浓度升高现象。对污水中 PFAS 的去除手段似乎对出水吸附 PFAS 后原位同步降解、对污泥进行焚烧处理（污泥终极处置方向）最为有效。

第 3 章　温室气体与能源回收并碳中和

"双碳"目标下，厘清污水处理过程碳排放显得非常必要。污水处理直接碳排放除包括有机物（COD）化石碳源部分转化的 CO_2 外，更多的碳排放还涉及硝化和反硝化中间过程形成的氧化亚氮（N_2O）与厌氧过程产生的甲烷（CH_4）。这就需要从机理上分别阐述 N_2O 与 CH_4 的形成机理，并根据机理分析减少碳排放量的技术手段。此外，除污水处理过程造成碳排放外，排水管道也会产生 CH_4，甚至 N_2O，因此，也有必要对下水道碳排放机理进行描述，为的是综合判断污水系统碳足迹，以便为今后实现碳中和奠定减排目标。核算碳足迹只是为了摸清碳家底，而实现碳中和才是最终目标。对污水处理来说，实现碳中和习惯上会将传统污泥厌氧消化产 CH_4 和目前兴起的光伏发电联系在一起，但此两途径实际上对污水处理碳中和的作用有限，我国情况最多也就能实现一半碳中和目标。实际上，被人们忽略的出水余温热能潜力巨大，需要给予足够的重视。对余温热能的利用不仅能够间接满足污水处理碳中和需要，也完全可以中和下水道产生的 CH_4 等温室气体，甚至还能向社会供应热和冷，并为此产生负碳作用。

本章内容在分别阐述污水处理与下水道 N_2O、CH_4 产生与控制机理基础上，重点讨论污水处理实现碳中和的有效技术路径，并以国外案例展示上述各种能源途径对碳中和的贡献大小，突出余温热能对碳中和的重要作用以及应用场景。

3.1　污水处理过程 N_2O 排放过程机制与控制策略

全球气候变化形势严峻，导致自然灾害频发，甚至造成土壤磷流失，严重威胁粮食生产安全。为此，低碳发展与碳中和继"巴黎协定"签署后已成为各国积极努力的目标。我国也确定了 2030 年与 2060 年的"双碳"目标，因为我国是目前全球碳排放大国，碳排放量占全球的 1/4 以上。就污水处理而言，包括市政与工业废水在内，虽然碳排放量占全社会总排放量仅约 0.6%（其中，市政污水处理厂为主要排放单元，具有 66% 贡献份额），但其年碳排放总量约 0.8 亿 t CO_2/a 当量，抵得过北京市全社会年碳排放总量。因此，我国污水处理碳排放量已不可小觑。根据联合国政府间气候变化专门委员会（IPCC）定义，污水处理过程中存在 3 种温室气体，分别是二氧化碳（CO_2）、甲烷（CH_4）和氧化亚氮（N_2O）。其中，来源于污水有机物

（COD）被转化的 CO_2 大多为生源性的（只有约 8% 左右化石碳成分），按 IPCC 定义并不计入温室气体直接排放清单，污水处理所涉及的 CO_2 主要指因消耗化石燃料电力而引起的间接碳排放。因此，污水处理过程中直接产生的温室气体一般是指污水处理厌氧区或污泥厌氧消化产生的 CH_4 以及污水生物脱氮过程产生的 N_2O。

根据 IPCC 公布的数据，N_2O 全球变暖潜势 100 年内是 CO_2 的 273 倍。N_2O 性质极其稳定，在大气中既不会下沉，也不会被冲洗，平均停留时间在 150 年左右。大气中 N_2O 浓度增加与全球变暖、臭氧层破坏和酸雨三大环境问题密切相关，具有很强的环境破坏能力。研究表明，大气中 N_2O 体积分数每增加 1 倍，将会使地球表面的温度增加 0.4 ℃，导致全球气候日益变暖以及海平面的不断上升。另外，N_2O 还能与平流层中臭氧（O_3）发生反应，导致臭氧层破坏。污水处理中 N_2O 排放源于硝化、反硝化脱氮过程，与进水氮负荷、水质特性、所选工艺和运行/环境条件呈现显著相关性。

污水处理过程 N_2O 排放占整个城镇水系统（饮用水生产、污水处理与排放、污泥处理与处置总和）全球变暖潜能的 26%。N_2O 排放因子每提高 1%，就会导致污水处理厂碳排放量增加大约 30%。全球 N_2O 排放量正以每年 3% 速度增长，如果没有相关减排措施，大气 N_2O 浓度预计到 2050 年将增加至 2005 年的 1.8 倍。污水处理厂 N_2O 排放量存在很大波动性，其释放量占 TN 负荷（N_2O 释放因子）的 0.05%～30%，甚至高于 30%；其中 90% 的 N_2O 排放来自生物处理单元，5% 来自于沉砂池，其余 5% 来自于储泥池。沉砂池中排放的 N_2O 基本来自城市污水管网或是污水处理厂内部管道设施于污水运输过程中 NO_3^- 或 NO_2^- 的反硝化过程，贮泥池中排放的 N_2O 源于剩余污泥中较高浓度的 NO_3^- 或 NO_2^- 的反硝化过程。因此，降低污水处理厂中 N_2O 释放对我国温室气体减排具有重要意义。本节综述了近年来脱氮过程中涉及 N_2O 产生的所有菌种与相应机理，将从污水处理过程 N_2O 释放量控制的角度，来分析其产生途径，并提出相对应的 N_2O 释放量控制措施，为污水处理厂 N_2O 减排提供参考。

3.1.1 污水脱氮过程中 N_2O 产生途径与机制

污水处理脱氮工艺涉及不同环境单元及相应细菌种群，产生不同 N_2O 排放水平。污水处理脱氮过程传统上指好氧硝化与异养反硝化，即亚硝化细菌（AOB）先将氨氮（NH_4^+）氧化为亚硝酸氮（NO_2^-），硝化细菌（NOB）再顺序将 NO_2^- 氧化为硝酸氮（NO_3^-），随后反硝化（HDN）将 NO_3^- 还原为氮气（N_2）。

过去 20 余年间，科学研究又陆续证实厌氧氨氧化（ANAMMOX）、AOB 反硝化、同步异养硝化-好氧反硝化（HN-AD）、古菌氨氧化（AOA）、全程氨氧化（COMAMMOX）、NO_2^-/NO_3^- 还原至 NH_4^+（DNRA）等氮的转化途径。

在以上所有已被证实的氮转化途径中，ANAMMOX 与 NOB 代谢过程已被证实不涉及 N_2O 产生环节，而其他途径在污水氮转化过程或多或少均存在产生 N_2O 环节。将各种产生 N_2O 的氮转化途径总结后汇总于图 3-1。各种途径 N_2O 产率系数见表 3-1。以下分别先后顺序阐述它们的转化路径机理以及 N_2O 产生贡献率。

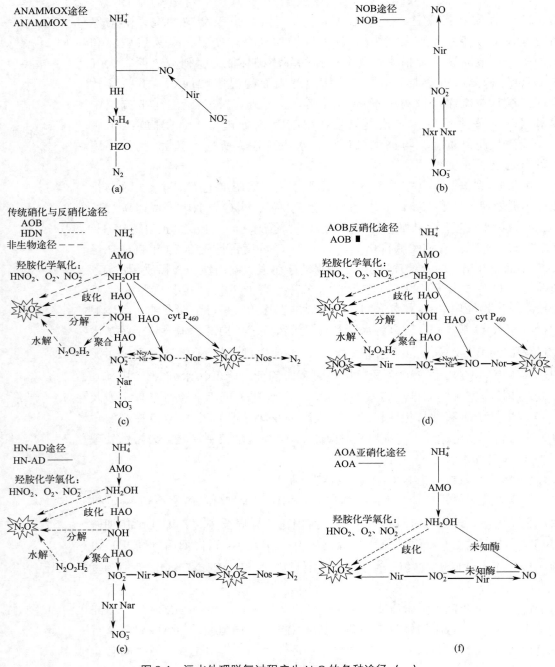

图 3-1　污水处理脱氮过程产生 N_2O 的各种途径（一）

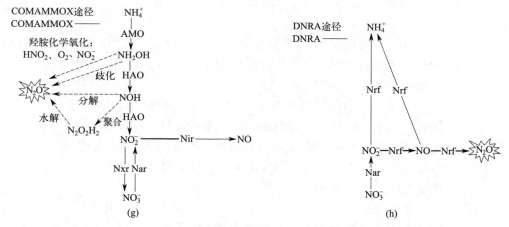

图 3-1 污水处理脱氮过程产生 N$_2$O 的各种途径（二）

各种途径 N$_2$O 产率系数（N$_2$O/TN）　　　　　　　　表 3-1

产 N$_2$O 途径	中间产物 N$_2$O 产率系数(%)	反硝化 N$_2$O 产率系数(%)	纯菌株 N$_2$O 产率系数(%)	活性污泥 N$_2$O 产率系数(%)
传统硝化＋反硝化	0.4	0.9~3.1	—	1.3~3.5
AOB 反硝化	—	—	—	13.3
HN-AD 同步异养硝化-好氧反硝化	—	—	5.6	—
AOA 亚硝化	0.05~0.5	—	0.05~0.5	—
COMAMMOX	0.05~0.5	—	0.05~0.5	—

1. ANAMMOX 与 NOB 途径

ANAMMOX 既是 NH$_4^+$ 氧化过程又是 NO$_2^-$ 还原过程。NO$_2^-$ 首先被还原为 NO（由亚硝酸盐还原酶/Nir 催化）；之后，NO 作为电子受体，NH$_4^+$作为电子供体，形成联氨（N$_2$H$_4$）（由联氨水解酶/HH 催化）；最终，N$_2$H$_4$转化为 N$_2$（由联氨脱氢酶/HZO 催化）（图 3-1a）。可见，ANAMMOX 代谢过程不涉及 N$_2$O 产生环节。

然而，最新研究发现，ANAMMOX 过程会产生 N$_2$O。有人在短程硝化耦合 ANAMMOX 双反应器实际工艺中发现，ANAMMOX 反应器中产生N$_2$O，占 TN 负荷的 0.6%。为进一步揭示 ANAMMOX 反应器中产生 N$_2$O的原因，有人研究了实验室规模双反应器短程硝化耦合 ANAMMOX 产 N$_2$O机制；结果发现，ANAMMOX 反应器中产生的 N$_2$O 可高达 TN 负荷的0.17%，但颗粒污泥内部异养反硝化（HDN）的反硝化作用最终被认定为厌氧氨氧化反应器（即，颗粒污泥）排放 N$_2$O 的根本原因。

NOB 不仅能在好氧环境将 NO$_2^-$ 氧化为 NO$_3^-$（由硝酸盐氧化还原酶/Nxr 催化），也能在缺氧条件下，以丙酮酸或甘油作为电子供体进行反硝化，将 NO$_3^-$ 依次还原为 NO$_2^-$（由 Nxr 催化）、NO（由 Nir 催化）（图 3-1b）。然而，研究人员并未在 NOB 基因组中发现编码 NO 还原酶/Nor 基因。因此，

NOB 代谢过程已被证实并不涉及 N_2O 产生环节。

2. 传统硝化与反硝化

传统硝化与反硝化过程是由 AOB、NOB 以及 HDN 共同完成。其中，AOB 将 NH_4^+ 氧化为 NO_2^- 过程与 HDN 反硝化过程皆会产生 N_2O。以下分别阐述各自过程与机理。

AOB 将 NH_4^+ 氧化为 NO_2^- 生物过程中主要经过羟胺/NH_2OH（由氨单加氧酶/AMO 催化）与次要途径硝酰基/NOH（由羟胺氧化还原酶/HAO 催化）两个中间产物，如图 3-1(c) 所示。AOB 可将大部分 NH_4^+ 氧化到 NO_2^-，但也存在少量"开小差"行为，即从 NH_2OH 或 NOH 经生物途径或非生物化学途径转化至 N_2O：

在生物途径中（图 3-1c 中右侧实线线条），存在由 NH_2OH 直接转化为 N_2O 的两个生物过程。一个是在无氧条件下，cyt P_{460}（HAO 的 c 型血红素）将 NH_2OH 直接氧化为 N_2O，此过程在好氧情况下显然不能发生。另一个是 NH_2OH 向 NO 过渡的生物氧化过程（由 HAO 催化），也是 N_2O 潜在来源；在这一 NH_2OH 生物氧化过程中，AOB 能释放两个细胞色素 c 分子，参与 AOB 电子传递，其中，细胞色素之一的 c554 分子可以作为一种 Nor 酶，把由 HAO 催化产生的 NO 于菌体外还原为 N_2O。大多数 AOB 中都能检测到 Nor 基因组。研究表明，在高 NH_4^+、低 NO_2^- 以及 NH_4^+ 氧化速率较高条件下，有利于 NH_2OH 生物氧化经 NO 产生 N_2O。此外，经 NH_2OH 生物氧化产生的 NO 也能转化为 NO_2^-（由未知酶/NcyA 催化）。

在非生物化学途径下，AOB 亚硝化中间过程中，从 NH_2OH 和 NOH 化学转化 N_2O 过程分别是 NH_2OH 化学氧化或歧化以及 NOH 在好氧条件下二次聚合成次亚硝酸/$N_2O_2H_2$ 后再发生水解反应产生 N_2O（图 3-1c 中左侧虚线条）。近年来，越来越多研究表明，非生物途径转化与污水处理过程中 N_2O 排放确实存在着一定关系；N_2O 产生速率与 NH_4^+ 氧化速率之间呈指数关系，且指数关系可以用一个基于 NOH 化学降解产生 N_2O 模型来表示。研究表明，AOB 纯菌株培养经非生物化学途径转化 N_2O 产量占 TN 负荷的 $0.05\%\sim3.3\%$。

HDN 反硝化是以有机物（COD）作为电子供体，在不同氮氧化物还原酶催化作用下将 NO_3^- 依次还原为 N_2 的过程，如图 3-1(c) 所示。HDN 参与催化反硝化过程的酶包括硝酸盐还原酶（Nar）、Nir、Nor 以及 N_2O 还原酶（Nos）。Nos 比其他反硝化还原酶具有更大的氮转换能力。据估计，Nos 最大还原速率大约是 Nar 或 Nir 还原速率的 4 倍，这表明在缺氧或厌氧条件下，N_2O 可以被彻底还原，并不会发生 N_2O 积累。但在污水生物脱氮实际运行过程中一些因素会抑制 N_2O 还原酶（Nos）活性，如缺氧环境中存在 DO、低 pH、高 NO_2^- 浓度、低 C/N 等因素，导致 N_2O 在反硝化过程中发生暂时性积累。

有人对实验室规模间歇曝气生物脱氮系统研究发现，当 C/N 低于 3.5 时，$20\%\sim30\%$ 进水中 TN 会被转化为 N_2O。也有人运用纯培养产碱杆菌属肠球菌发现，碳源不足时会使得 N_2O 生成量占 TN 量增加 $32\%\sim64\%$。另外，有些反硝化细菌并不具备还原 N_2O 功能，只能把反硝化过程进行到以 N_2O 为终产物的阶段，如荧光假单胞菌（*Pseudomonas fluorescens*），这是因为即使反硝化作用只进行到 N_2O 阶段，这类反硝化细菌所获得的能量已达到完全反硝化过程（至 N_2）获得总能量的 80% 左右，这些能量足以维持其生长需要。

HDN 中除了反硝化脱氮菌产 N_2O 外，反硝化除磷（DPAO）过程，亦能产生 N_2O，而且是该过程主要中间产物。DPAO 过程中所利用的细胞贮存物质 PHA 和高浓度 NO_2^- 积累是缺氧条件下反硝化除磷过程导致产生 N_2O 之关键因素。研究表明，在反硝化除磷过程中，N_2O 释放因子占总氮 TN 负荷的 0.41%，而 Nos 对电子受体的弱竞争力和 NO_2^- 积累是 N_2O 产生的主要原因。反硝化除磷体系中 N_2O 释放量与厌氧反应时间有关，以丙酸作为碳源或缩短厌氧反应时间可以减少 N_2O。反硝化除磷系统中 PHA 消耗和 N_2O 释放动态模型显示，当 PHA 作为电子供体时，N_2O 还原率较低，这在 N_2O 积累过程中起着重要作用。对于反硝化除磷过程中 N_2O 释放原理有三种解释：1）能产生 N_2O 的反硝化聚糖原菌（DGAO）在反硝化除磷系统中富集；2）内源物质作为 DPAO 电子供体导致反硝化代谢率低，出现 N_2O 积累；3）内源性物质降解速率比外碳源慢 $6\sim20$ 倍，而 Nos 可能因碳源不足，无法将 N_2O 还原为 N_2。

总之，当 AOB 硝化与 HDN 反硝化进行完全时，传统硝化与反硝化途径 N_2O 释放量并不是很高，只占 TN 负荷约 1.3%；该途径中，HDN 反硝化 N_2O 产量占 TN 负荷的 0.9%，AOB 经非生物化学途径转化 N_2O 产量最多占 TN 负荷的 0.4%。此外，碳源极不充足时，HDN 反硝化严重受阻，N_2O 产量可高达 TN 负荷的 30%，此条件下污水处理厂几乎没有脱氮功能。碳源虽充足，但缺氧环境中存在 DO 时，HDN 反硝化不完全排放的 N_2O 约占 TN 负荷的 3.1%。可见，污水处理过程通过投加碳源与调整运行工况等措施能够促进 HDN 完全反硝化充分发生，从而避免 N_2O 产生。

3. AOB 反硝化

AOB 除了硝化途径外，亦可通过反硝化途径产 N_2O。有人研究指出，硝化过程中 AOB 反硝化作用也是活性污泥系统产生 N_2O 不可忽视的途径，且被认为是污水处理系统产生 N_2O 的主要来源。AOB 可以在低 DO 或高 NO_2^- 浓度情况下，将 NO_2^- 逐步还原为 N_2O，这个过程被称为 AOB 反硝化作用。低 DO 浓度会对 NOB 产生明显抑制作用，使 NO_2^- 进一步氧化受阻，造成 NO_2^- 积累；此时，AOB 会分泌一系列 Nir、异构亚硝酸盐还原酶（Ntr）、Nor 等酶，而 Nor 酶在有氧条件下不会受到抑制，且 AOB 基因组中没有发现编码 Nos 的基因，所以，AOB 反硝化终产物不是 N_2 而是 N_2O（图 3-1d）。AOB 在 Ntr 酶催化作用下可直接（图 3-1d 中左侧水平线）将 NO_2^- 还原形成 N_2O，也可在反硝化过程（图 3-1b 中右侧水平线）经 NO 而形成 N_2O。这两个生物途径构成了 AOB 产生 N_2O 的主要途径，且此两途径在 $DO<1.5\ mg/L$

便可以发生，至 DO<0.2 mg/L 时作用最为明显。在这样的 DO 环境下，由 NH_2OH 和 NOH 非生物化学途径亦可发生，与图 3-1（a）左侧路径完全一样；这种非生物化学途径与 AOB 反硝化途径合在一起使 N_2O 产生量可达 TN 负荷的 11%。

有人在基因表达和转录水平上进一步研究了 AOB 对低 DO 与 NO_2^- 积累的反应，指出在序批式亚硝化单胞菌（*Nitrosomonas europaea*）培养指数增长阶段，当系统处于低 DO 条件下时，AMO 与 HAO 酶的浓度更高，NH_4^+ 与 NH_2OH 代谢能力得到增强，有利于 N_2O 产生；当系统中 NO_2^- 浓度升高到 280 mg/L 时，反硝化作用进一步加强，会产生更多的 N_2O。AOB 反硝化产 N_2O 过程中，NO_2^- 作为电子受体，NH_4^+、H_2、NH_2OH、丙酮酸均可作为其电子供体，有点类似 ANAMMOX 过程。

有人通过富集 AOB 至丰度为 30% 的活性污泥来处理生活污水与不含碳源的人工合成污水来探究活性污泥硝化过程中 N_2O 产生机制。结果发现，DO 受限时，活性污泥处理不含碳源的人工合成污水经 AOB 反硝化与其产生的非生物化学途径所排放的 N_2O 高达 TN 负荷的 13.3%，而处理生活污水经 HDN 反硝化所排放的 N_2O 却只占 TN 负荷的 2.2%，这归因于 HDN 反硝化过程中会与 AOB 争夺 NO_2^-，导致 AOB 反硝化产 N_2O 受阻。也有人在 AOB 纯菌株培养实验中发现当 DO<1 mg/L 时，AOB 反硝化与其产生的非生物化学途径所产生的 N_2O 约占 TN 负荷的 10%。污水处理厂现场实验表明，由 AOB 反硝化作用所排放的 N_2O 可以达到污水处理厂总 N_2O 排放量的 58%～83%，而 HDN 反硝化作用只占 17%～42%，且 N_2O 排放量与好氧池 DO 浓度密切相关。

有人在氧受限环境下，于同步硝化、反硝化（SND）工艺中研究 N_2O 排放源与产生机制。结果表明，N_2O 排放量占 TN 负荷的 7.7%，其中，低 DO 条件下因 HDN 反硝化不完全所排放的 N_2O 量占比不到 2.5%，而 AOB 反硝化与其产生的非生物化学途径合在一起所产生的 N_2O 量占比超过 5.2%。也有人研究发现，低 DO 容易实现同步硝化、反硝化（SND），这种现象所诱发的 AOB 反硝化与其产生的非生物化学途径合在一起产生的 N_2O，份额可达 TN 负荷的 3%，而 HDN 不完全反硝化产生的 N_2O 量占 TN 负荷的 3.1%。可见，SND 现象产 N_2O 是传统硝化、反硝化过程释放量（占 TN 负荷的 1.3%）近 5 倍之多。

现场检测表明，好氧区排放的 N_2O 量通常比缺氧区高出 2～3 个数量级。这说明，AOB 确实是生物脱氮过程产生 N_2O 的罪魁祸首，无论什么样的 DO 水平，其从正（硝化）、反（反硝化）两方面均可以产生 N_2O。

4. HN-AD 途径

HN-AD 菌氧化 NH_4^+、NH_2OH 或有机氮化合物时并不从该过程中获得能量，而是利用有机碳源和有氧呼吸来产生能量。HN-AD 菌能进行完全硝化，将 NH_4^+ 逐步转化为 NO_3^-，但分别需要 AMO、HAO、Nxr 等酶加以辅助；HN-AD 菌也能同步摄取 O$_2$ 和 NO$_3^-$，在 Nar、Nir、Nor、Nos 等酶催化作用下，进行好氧反硝化，将 NO$_3^-$ 逐步还原为 N$_2$ 或 N$_2$O（图 3-1e）。HN-AD 菌的异养 NH$_4^+$ 氧化以较低速率进行，并且只在 C/N>10、DO<1 mg/L 与酸性环境下才可能优于自养 NH$_4^+$ 氧化。

有人针对高盐度和高浓度有机物污水建立了基于异养硝化-好氧反硝化（HN-AD）工艺实验。结果表明，当 COD/TN＝25 时，16S rRNA 高通量测序显示，HN-AD 功能菌丰度可达 7.61%。还有一些研究证实 HN-AD 菌在好氧反硝化过程会产生 N$_2$O，反硝化副球菌（*Paracoccus denitrificans*）在反硝化过程中能够产生低水平 N$_2$O；一些 HN-AD 菌会在某些特定条件下产生一定量的 N$_2$O，如低 DO、短污泥龄或偏酸性条件。有人研究发现具有 HN-AD 能力的粪产碱菌（*Alcaligenes faecalis* Strain No.4）在曝气批量试验（C/N＝10）中发现产生的 N$_2$O 占 TN 负荷不到 5%。也有人发现芽孢杆菌（*Bacillus* sp. LY）在当 C/N＝15 时脱氮能力最佳，产生的 N$_2$O 占 TN 负荷的 5.6%。然而，也有人发现一些 HN-AD 菌株不产 N$_2$O，如红球菌（*Rhodococcus* sp. CPZ24）。可见，HN-AD 途径纯菌株产 N$_2$O 水平虽不及 AOB 反硝化途径，但高于传统硝化与反硝化途径。

5. AOA 亚硝化途径

AOA 产生 N$_2$O 机制尚未完全明晰。尽管在 NH$_4^+$ 氧化过程中，AOA 在 AMO 催化作用下可将 NH$_4^+$ 氧化为 NH$_2$OH，但 AOA 分离菌株基因组中未能找到编码 HAO 基因，否定了 AOA 中细胞色素 c 蛋白和细菌 HAO 同源物或替代物存在，无法完成对 NH$_2$OH 的氧化。但有人研究发现，AOA 氧化 NH$_4^+$ 时 NO 途径必不可少，但现象发生的确切位置和功能作用尚不清楚。为进一步揭开 AOA 产生 N$_2$O 的神秘面纱，最近有人从 SBR 处理工艺中分离并富集纯化培养出一种 AOA 亚硝化菌属（*Nitrosocosmicus* sp. AOA），利用一种 NO 抑制剂｛羧基-PTIO[2-(4-羧基苯基)-4,4,5,5-四甲基咪唑啉-1-氧基-3-氧化物]｝来探究 NO 在 AOA 对 NH$_4^+$ 氧化途径中的功能。实验发现，NH$_4^+$ 氧化过程中，NH$_2$OH、NO、NO$_2^-$ 与 N$_2$O 均会产生，其中，NH$_2$OH 与 N$_2$O 先于 NO$_2^-$ 产生，这意味着所产生的 N$_2$O 是来自于 NH$_2$OH 非生物化学途径。当加入 PTIO 时，NH$_4^+$ 氧化和 NO$_2^-$ 形成立即停止。因此，他们认为 AOA 中存在未知酶将 NH$_2$OH 依次氧化为 NO 与 NO$_2^-$（图 3-1f）。

也有研究表明，AOA 通过分泌亚硝酸盐还原酶（Nir）也能将 NO$_2^-$ 还原为 NO（即，NO⇌NO$_2^-$ 可逆过程存在于 AOA 中），但因 AOA 基因组中缺乏编码 Nor 基因，无法将 NO 还原为 N$_2$O。但是，也有与此相反的研究报道，有人在以 NO$_2^-$ 作为唯一电子受体的纯 AOA 菌株培养实验中检测到了 N$_2$O，认为是细胞色素 P450 酶在 DO 和低 pH 环境下，催化 NO 还原产生了 N$_2$O。然而，并没有更多关于其他来自土壤或海洋环境分离 AOA 菌株有催化 NO 还原为 N$_2$O 的报道，即目前还没有统一证据表明大多数 AOA 可以直接通过酶

促反应生成 N_2O。

有人利用从土壤中分离纯培养的维也纳亚硝化古菌（*Nitrososphaera viennensis*）与海洋亚硝化古菌（*Nitrosopumilus maritimus*）探究了 AOA 中 N_2O 产生机制；[15]N 同位素示踪表明，在不同 DO 水平下，维也纳亚硝化古菌和海洋亚硝化古菌的 N_2O 产量没有区别，特别是在缺氧条件下 N_2O 产量并没有额外增加。此外，*Nitrososphaera viennensis* 产生的 N_2O 中的两个 N 原子，一个来自 NO_2^-，另一个来自 NH_4^+，其中 NO_2^- 为电子受体，NH_4^+ 为电子供体，该过程产生的 N_2O 可在 Nir 酶的催化作用下完成（图 3-1f 中左侧水平线条）。

AOA 被认为是海洋中 N_2O 产生的主要来源。但 AOA 在海洋生态系统中产生 N_2O 贡献率差异较大，占海洋总 N_2O 产量的 $6.2\%\sim33.6\%$，其丰度为海洋中 AOB 的 $10\sim150$ 倍。海洋中 N_2O 主要来源于 AOA 在 NH_4^+ 氧化过程中产生的中间产物 NH_2OH 之上述非生物化学途径，以及经 NO 和 NO_2^- 为后续硝化和反硝化菌提供底物途径。AOA 虽然广泛分布于各种自然环境中，但在大多数污水处理厂中的丰度却很低。有人对北京 8 个污水处理系统（包括工业废水和生活污水）调查发现，AOB 丰度约比 AOA 高 3 个数量级。也有人从实际 SBR 污水处理活性污泥中富集培养出 AOA 亚硝化菌属（*Nitrosocosmicus* sp. AOA），用于处理人工合成污水；研究发现，所富集培养的（*Nitrosocosmicus* sp. AOA）之 N_2O 产量仅为进水 TN 负荷的 0.05%，远低于大多数 AOB 产生的 N_2O（至少是 AOA 的 20 倍）。

6. COMAMMOX 途径

COMAMMOX 是硝化螺旋体菌属的一个子集，能将 NH_4^+ 逐步氧化至 NO_3^-，进行完全 NH_4^+ 氧化（一步到位）。有证据表明，COMAMMOX 携带 AOB 与 NOB 同源基因组，能同步进行 AOB 的 NH_4^+ 氧化与 NOB 的 NO_2^- 氧化。COMAMMOX 在 AMO 酶催化作用下，先将 NH_4^+ 氧化为 NH_2OH，之后 NH_2OH 依次被氧化为 NOH 和 NO_2^-，该过程由 HAO 酶催化完成，最终 NO_2^- 在 Nxr 酶催化作用下，转化为 NO_3^-（图 3-1g）。迄今为止，所报道的 COMAMMOX 基因组中缺乏编码 Nor 基因及细胞色素 c 蛋白，无法将由 Nir 酶生物还原而成的 NO 转化为 N_2O。因此，COMAMMOX 不能直接通过酶促反应生成 N_2O，无法进行反硝化。但是，COMAMMOX 可通过生成的中间产物 NH_2OH 的非生物化学途径以及 NO 为后续硝化和反硝化菌提供底物途径间接产生 N_2O。

COMAMMOX 广泛分布于自然界中，在低 DO 与低 NH_4^+ 环境下，其氧化 NH_4^+ 能力强于 AOB 与 AOA。有人在对 8 个污水处理厂样品调查中发现，其中 6 个样品中 COMAMMOX 的 amoA（一种氨氮氧化指示性基因）丰度显著高于或接近 AOB，甚至在部分污水处理厂达到 AOB 的 24 倍。也有人在给水处理厂和 A^2/O 工艺污水处理厂中发现，COMAMMOX 占氨氮氧化微生物

（AOM）amoA 基因丰度的 $46\%\sim100\%$，认为 COMAMMOX 硝化过程在氮循环贡献中扮演着至关重要的角色。然而，也存在与之相反的研究报道，有人研究发现污水处理厂中 COMAMMOX 占 AOM 丰度比例不足 0.1%，认为硝化过程中 COMAMMOX 对氮循环贡献微乎其微。因此，COMAMMOX 占 AOM 丰度比例与进水氮负荷、水质特性、所选工艺和运行/环境条件呈现显著相关性。也有人研究发现，COMAMMOX 纯菌株培养产生的 N_2O 产量为 TN 负荷的 $0.05\%\sim0.5\%$，产 N_2O 水平与 AOA 相当，但远低于 AOB。

7. DNRA 途径

有人主要在大肠杆菌（*Escherichia coli*）和鼠伤寒沙门氏菌（*Salmonella typhimurium*）中研究了 DNRA 细菌进行 NO 和 N_2O 转换的机制。大肠杆菌中，NO 形成是在 NO_3^- 与 NO_2^- 存在的情况下，由丰度和还原率均低于 HDN 酶的细胞色素 c 之 NO_2^- 还原酶（Nrf）在缺氧条件下还原而成。此外，如果电子分别以高电位或低电位提供给 Nrf 酶，大肠杆菌 Nrf 会将 NO 还原为 N_2O 或 NH_4^+，这有助于产生外源性 NO 的解毒机制（图 3-1h）。

DNRA 菌在各种生态系统中几乎无处不在，包括污水处理系统。有人在 6 个被测试的市政污水处理厂所有处理单元中都检测到了 DNRA 菌，即使在好氧区（DO>2 mg/L）也是如此。所有研究样本中，DNRA 细菌相对丰度（$0.2\%\sim4.0\%$）低于反硝化细菌（$0.7\%\sim10.1\%$）。也有人研究发现脱氮副球菌（*Paracoccus denitrificans*）将 NO_3^- 还原为 NH_4^+（DNRA）的过程中，产生少量 N_2O。有人同样在 DNRA 脱氮过程中，检测到了少量 N_2O 存在。然而，有人却认为，虽然 DNRA 脱氮速率为 HDN 速率的 1/3，但 DNRA 途径不是 N_2O 的来源。由此可见，DNRA 脱氮过程产生 N_2O 在污水处理过程中的贡献几乎可以忽略不计。

8. 非生物化学路径

除生物主途径外，非生物化学途径亦可产生少量 N_2O，NH_2OH、NOH、HNO_2 等是在污水或自然水体中化学产 N_2O 的主要前体物质。有人发现，NH_2OH 能通过自身歧化反应产生 N_2O，降解速率与 pH 密切相关；当 pH=3 时并没有观察到 NH_2OH 降解，而当 pH=13.5 时，$12\%\sim18\%$ 的 NH_2OH 则被降解。NH_2OH 与 O_2 反应也会产生 N_2O（$NH_2OH+0.5O_2 \longrightarrow 0.5N_2O+1.5H_2O$）。尽管这个过程比 NH_2OH 歧化速度要快，但也是一个缓慢过程，而微量金属浓度可以极大地加速这一过程。有人报道，温度为 30 ℃、pH=7.8～7.9，在含有 1 mmol/L 的 NH_2OH 和 1 μmol/L 的 $CuSO_4$ 充气溶液中，30% 的 NH_2OH 在 1 h 内可被氧化，而没有添加 $CuSO_4$ 溶液的对照组只被降解了 2.5%。由于大多数污水和天然水体中含有一些微量金属，故不能排除 NH_2OH 与 O_2 反应形成 N_2O 之来源。

有人研究了 NH_2OH 与 HNO_2 反应（$NH_2OH+HNO_2 \rightarrow N_2O+2H_2O$）产生 N_2O 过程，他们将此过程描述为 NH_2OH 亚硝化反应。有人研究发现 Fe^{2+} 能将 NO_2^- 还原为 NO，之后 NO 再被还原为 N_2O。如果 NO_2^- 和 Fe^{2+}

同时存在，该过程对污水处理中 N_2O 的产生则有明显贡献。例如，通过短程硝化/反硝化或短程硝化/厌氧氨氧化处理厌氧消化上清液。该上清液中可能含有大量 Fe^{2+}，因为污水处理厂中利用铁盐进行化学除磷，活性污泥能够吸附部分 Fe^{2+}，由于污泥厌氧消化还原条件，Fe^{2+} 将在厌氧消化池中释放，从而产生 N_2O。此外，在相关环境条件下，氧化还原活性金属（铁和锰）、有机物（腐殖酸和黄腐酸）和氮循环中间体之间的化学反应也可能产生 N_2O。硝化过程 Fe^{3+} 氧化羟胺也会产生 N_2O，因为 Fe^{3+} 化合物在自然水体和污水处理系统中普遍存在。虽然非生物化学途径主要包括化学反应，并且只占污水处理厂总 N_2O 产量的一小部分，但在含重金属的废水中，它们的作用很可能会增强，应予以关注。

3.1.2　污水脱氮过程中 N_2O 减排策略

以上对污水脱氮过程 N_2O 产生机理总结表明，传统硝化与反硝化在正常情况下不应成为 N_2O 产生的主要来源，只有在碳源匮乏使反硝化受限情况下方可能造成 N_2O 大量产生。相反，AOB 反硝化产 N_2O 似乎应予以重视，其他途径产生 N_2O 也应了解并适当关注。以下予以分别讨论污水处理实践中避免 N_2O 产生的运行控制策略。

1. 传统硝化与反硝化

因为 AOB 生物与非生物途径只是存在少量 N_2O 生成，且 NOB 硝化过程并不产生 N_2O，所以，硝化过程只要保持适当 DO（$\geqslant$ 2 mg/L）来保证 AOB 与 NOB 顺序完成至 NO_3^-，即可很大程度上避免硝化过程 N_2O 产生。研究发现，间歇式曝气（如，SBR 工艺）致 DO 浓度呈规律性梯度式变化，可有效控制好氧硝化过程中 N_2O 产生。有人提出了一种基于微生物对 DO 需求的阶梯式曝气模式，该模式对推流式 A^2/O 工艺降低 N_2O 排放量是可行的。对于 A^2/O 工艺，采用分段曝气模式，可保证 DO 充足，且不产生曝气吹脱作用，可降低 N_2O 排放量。氧化沟由于 DO 浓度呈梯度均匀变化，其产生的 N_2O 低于 SBR、A/O 工艺。亦有人研究发现，利用短程硝化/反硝化（Nit/DNit）-SBR 工艺处理猪粪尿污水，通过间歇曝气与间歇投加碳源方式有效抑制 NO_2^- 积累，N_2O 排放量减少约 99%。

对 HDN 反硝化来说，关键是要保证能够获得足够的碳源，因为当进水中碳源不足时，HDN 反硝化便会受阻，从而导致 NO_3^- 反硝化不完全而止步于 N_2O。但是，进水中缺乏碳源是我国污水非常普遍的情况，这就需要通过外加碳源方式去促进完全反硝化作用；结果一石二鸟，同时可以避免 N_2O 积累现象发生。值得注意的是，碳源种类供应情况会影响 N_2O 产生与释放。反硝化生物脱氮可利用的碳源可分为：

1）易生物降解有机物：如乙酸、葡萄糖和甲醇等；
2）细胞物质：主要来源于活性污泥自溶物质；
3）难生物降解有机物：如淀粉和蛋白质。

有人以葡萄糖、乙酸钠和可溶性淀粉代表上述 3 种类型碳源研究其对缺氧-好氧方式运行 SBR 反应器中 N_2O 产生的影响时发现，相应的 N_2O 产率分别为 5.3%、8.8% 和 2.8%，即乙酸钠作为碳源时 N_2O 的释放量最大。也有人比较了污泥发酵液和乙酸两种不同碳源，研究碳源对实验室规模 A/O 工艺过程中 N_2O 生成的影响。与以乙酸作为碳源相比，污泥发酵液为碳源的 N_2O 排放量可降低 68.7%。这归因于污泥发酵液中铜离子（Cu^{2+}）存在促进 Nos 酶的活性，从而导致 N_2O 产量下降。也有人分别以甲醇和乙酸为碳源，研究实验室规模 A/O 工艺系统 N_2O 排放水平。以甲醇为碳源时 N_2O 产量为进水 TN 负荷的 2.3%，而以乙酸为碳源时 N_2O 产量为进水 TN 负荷的 1.3%。通过微生物分析表明，当以乙酸作为碳源时还原 N_2O 的细菌丰度更高。有人发现，在反硝化 C/N 相同的条件下，利用内碳源比外碳源产生的 N_2O 要多。针对我国化粪池普遍设置导致城市污水中有机碳源普遍不足的情况，可通过降低初沉池水力停留时间或者超越初沉池来提高反硝化阶段可利用的有机物量。

此外，运行实践中好氧池 DO 也不能维持在过高水平，只要硝化完全，DO 则不必太高，一般控制在 2 mg/L 即可。否则，曝气池过高 DO 会随内回流进入缺氧池（如，A^2/O 工艺），从而抑制反硝化，出现 N_2O 积累而溢出现象。

2. AOB 反硝化

工艺运行环境中发生硝化作用的好氧池 DO 一般控制在大于等于 2 mg/L，少有出现 DO 过低（＜1.5 mg/L）的现象，除非曝气设备出现异常。也就是说，AOB 反硝化现象只有在运行异常情况下方可能发生，但其产生 N_2O 的作用并不能因此而掉以轻心。当 DO＜1.5 mg/L 时，会导致 AOB 利用 NO_2^- 作为电子受体将其反硝化产生终产物 N_2O。同时，低 DO 容易导致 NOB 被抑制，造成 NO_2^- 积累。有人研究发现，高 NO_2^- 浓度（1～50 mg/L）和低 DO 水平（＜1 mg/L）是 AOB 反硝化产 N_2O 的驱动力。此外，在一定 pH 和温度条件下，部分 NO_2^- 将转化为游离亚硝酸（FNA），FNA 可以抑制微生物的活性，即使 FNA 浓度低至 0.1～0.2 mg/L 也能抑制微生物电子转移。因此，为抑制 AOB 反硝化途径产生 N_2O，避免低 DO 与 NO_2^- 积累乃关键所在。

有人研究发现，低 DO 容易实现同步硝化、反硝化（SND），这种现象所诱发的 AOB 反硝化与其非生物化学途径产生的 N_2O，贡献率高于 TN 负荷的 5.2%，是传统硝化、反硝化过程释放量（占 TN 负荷的 1.3%）的 4 倍之多。模拟显示，最优 DO 浓度控制在 1.8～2.5 mg/L 即可避免 AOB 反硝化现象发生。另外，在保证曝气充足的情况下，增大反应器容积和均衡进水流量可以缓解 NH_4^+ 或者有机物负荷变化，减少反应器中 NO_2^- 积累。提高内回流比可通过稀释作用降低系统中 NH_4^+ 和 NO_2^- 浓度。其中，分段进水也可以降低反应器中 NH_4^+ 浓度和 NO_2^- 浓度，使 N_2O 产生量降低 50%。

此外，通过控制系统污泥龄（SRT）有效持留 NOB 也可降低 N_2O 排放量。

若能控制系统保持长 SRT（约为 20 d），则有利于比增长速率低（0.801 d^{-1}）的 NOB 生长，可降低系统中 NO_2^- 浓度，最终降低系统 N_2O 产量。有人发现，将集成式固定膜活性污泥膜生物反应器 SRT 从 15 d 增至 30 d，N_2O 排放因子可从 0.76% 降低到 0.21%。同样有人实验研究了 SBR 生物脱氮处理系统中 SRT 对 N_2O 的影响；结果表明，当 SRT 由 9 d 延长至 15 d 时，N_2O 产生量由 4.62 mg/L 降低至 3.8 mg/L。

可见，从避免 AOB 反硝化现象发生角度出发，以积累 NO_2^- 为 ANAMMOX 提供电子受体为目的的亚硝化似乎应当避免，尽管 ANAMMOX 过程本身不产 N_2O。此外，SND 现象显然也应避免，而不是之前很多人试图创造微观条件去强化 SND。换句话说，硝化过程应保持 DO 达到一定水平（>1.8 mg/L），控制系统 SRT 尽可能要长（如 20 d，同步生物除磷时例外），避免因 NOB 受 DO、SRT 抑制而积累 NO_2^-，从而导致 AOB 反硝化发生产生 N_2O。

3. HN-AD 途径

HN-AD 菌利用有机碳源和有氧呼吸产生能量，进而完成同步异养硝化-好氧反硝化过程。有人在混合菌株培养实验中发现，HN-AD 菌在 C/N=10 的条件下，同步异养硝化-好氧反硝化可以有效进行。然而，进水中缺乏碳源是我国污水非常普遍的情况，大部分碳源属于难生物降解物质，可生物降解碳氮（COD/N）比一般小于 5。HN-AD 菌进行好氧反硝化时，需要碳源作为电子供体，但碳源过低时，反硝化现象并不会发生。如具有 HN-AD 能力的芽孢杆菌（*Bacillus* sp. LY）在 COD/N=5 的情况下就不会发生反硝化现象。这就意味着我国污水处理脱氮过程中，HN-AN 途径产生 N_2O 可能性很小。

DO 浓度可以通过影响与氮转化相关的酶活性来调节 HN-AD 菌中发生的双向反应。有人研究发现，具有 HN-AD 功能的不动杆菌（*Acinetobacter* sp. T1）在 DO 控制为 2.2 mg/L 的情况下，进水中仅有 16% 的 NH_4^+ 完成氧化。运行实践中，好氧池 DO 控制在 2 mg/L 左右，而目前研究证实的一些 HN-AD 菌只有在 DO 不小于 3 mg/L 时才能发生有效异养硝化-好氧反硝化，如假单胞菌（*Pseudomonas* sp. ADN-42）。这从另一角度再次说明，实际污水处理过程，HN-AD 产生 N_2O 的可能微乎其微。

污水处理系统中，HN-AD 菌丰度与 NH_4^+ 氧化能力均远低于 AOB。因此，异养硝化过程中产生的 N_2O 应远低于传统硝化与反硝化经中间产物 NH_2OH 与 NOH 非生物化学途径产生的 N_2O。

4. AOA 亚硝化与 COMAMMOX 途径

AOA 虽然广泛分布于各种自然环境中，但在大多数污水处理厂中的丰度却很低，这是因为 AOA 世代时间为 4.5 d，远高于 AOB 的 8 h。与 AOB 相比，AOA 对 DO 和 NH_4^+ 的亲和系数常数（K_s）都较低，可以在低 DO 浓度下氧化 NH_4^+；多项研究表明，AOA 在某些特定环境条件下，如低 DO 和酸性条件，产 N_2O 能力超过 AOB。运行实践中好氧池 DO 控制在 2 mg/L 左右，如此 DO 浓度下 AOA 产生 N_2O 的能力并不高，低于 TN 负荷的 0.05%。

因此，保证曝气池 DO 正常控制在 2 mg/L，AOA 亚硝化过程产 N_2O 便可有效避免。

COMAMMOX 硝化过程产 N_2O 水平与 AOA 相当。COMAMMOX 无法直接通过酶促反应产生 N_2O，所以，N_2O 只能来源于中间产物 NH_2OH 和 NOH 之非生物化学途径。COMAMMOX 菌的微生物氧化酶通常在极低 DO 浓度下表达，并对 DO 有较高的亲和力（小 K_s）。COMAMMOX 在低 DO 条件下可以成为硝化过程优势菌属，但随 DO 浓度增加，AOA 与 AOB 活性逐渐增加，COMAMMOX 则会失去竞争力。污水处理过程中，DO 控制在 2 mg/L 左右，可有效避免 COMAMMOX 硝化过程产生 N_2O。

5. 其他控制措施

传统硝化与反硝化途径 HDN 反硝化过程 Nos 酶是含铜酶，其活性中心具有催化位点 CuZ，含有铜离子，因此，加入铜元素则有利于加强 Nos 酶活性。铜元素是 Nos 酶进行生物合成的必需物质，并且它的含量能够影响 N_2O 产量。因此，Cu^{2+} 缺失很容易抑制 Nos 酶的活性，从而阻止 HDN 过程中 N_2O 还原为 N_2。使用含 Cu^{2+} 污泥发酵液作为额外的碳源底物，可显著降低 N_2O 产量，但不会影响 N、P 去除效率。然而，在实际污水处理系统中，铜元素的作用及其对 HDN 过程中 N_2O 产量影响尚未见报道。

此外，污水处理过程中，脱氮微生物相关酶活性与 pH、温度密切相关，从而会影响污水处理厂 N_2O 产量。有人在 pH＝6～9 下对 N_2O 产量进行了综合研究，发现 N_2O 在 pH＝6.0 时显著积累，然后在 pH＝6.5 时显著下降，到 pH＝7.0～9.0 时便没有积累。低 pH 条件不仅会通过增强还原酶之间的电子竞争来抑制酶的相对活性，还会影响碳源底物的代谢速率。然而，也存在与之相反的研究报道；有人研究发现，N_2O 最高产量出现在 pH＝8.0，而最低产量发生于 pH＝6.0～7.0；当 pH 从 6.5 提高到 8.0 时，净 N_2O 产量增加了 7 倍。无论如何，污水处理厂通常 pH（6.0～7.0）下 N_2O 产量应该不会太高。

温度主要通过化学平衡、酶活性和溶解度来影响 N_2O 产生。首先，温度扰动会导致 NH_4^+ 和 NO_2^- 氧化反应不平衡。其次，温度为 25 ℃时，Nos 酶活性可能增强，从而降低 N_2O 积累速率。在 25～30 ℃温度范围内，N_2O 在 HDN 阶段的溶解度将会下降，一旦曝气开始，它将成为 N_2O 的潜在来源。总之，夏季时污水处理可实现 N_2O 产生最小化。

3.1.3 结语

污水处理（市政污水及工业废水）过程中，我国碳排放量占全社会总排放量约 0.6%，且污水处理厂直接碳排放为主要排放源。因进水中生源性有机物（COD）一般并不计入污水处理厂直接碳排放，所以，甲烷（CH_4）与氧化亚氮（N_2O）便成为主要直接碳排放源。再者，N_2O 在 100 年内的温室效应为 CO_2 的 273 倍，所以，对 N_2O 关注度很高，研究也最为集中。这又必然涉及污水处理过程中各种氮的转化途径，特别是一些新近发现和认识的氮转化。为此，通过总结，分析新、旧 8 种氮转化途径机理以及主要研究结果，可以得出一些主要结论。除硝化 NOB 与 ANAMMOX 反应过程不涉及产生 N_2O 外，其他 6 个过程或多或少均有产生 N_2O 环节。

总之，污水处理厂 N_2O 排放量存在很大波动性，释放量占 TN 负荷的范围很大，在 $0.05\% \sim 30\%$，甚至高于 30%。然而，传统硝化（AOB+NOB）与反硝化（HDN）途径在正常运行工况下 N_2O 排放量并不是很大，只占 TN 负荷的 1.3%。只是当进水碳源不足而抑制 HDN 时，反硝化因动力不足而止步于 N_2O，最大可至 N_2O 产生量达 TN 负荷的 30%。此外，发生于污泥絮凝体内部的同步硝化/反硝化（SND）常常也是 N_2O 产生源，可达 TN 负荷的 7.7%，但其根源主要为 AOB 反硝化（与其产生的非生物化学途径占比超过 5.2%，不完全 HDN 占比不到 2.5%）。因此，应对 AOB 反硝化这种新认识途径足够重视。AOB 反硝化途径与其产生的非生物化学途径合在一起可使 N_2O 产生量达 TN 负荷的 13.3%。其他像同步异养硝化-好氧反硝化（HN-AD）、古菌氨氧化（AOA）、全程氨氧化（COMAMMOX）、NO_2^-/NO_3^- 还原至 NH_4^+（DNRA）等途径 N_2O 排放量加在一起也不足 TN 负荷的 1%。

可见，为降低污水处理过程 N_2O 排放量，应聚焦于传统硝化/反硝化和 AOB 反硝化。对此，污水处理运行过程中，应尽量避免低 DO、NO_2^- 积累及碳源不足现象，这在很大程度上可有效遏制 N_2O 产生。运行实践中，好氧池 DO 应控制在 $2 \, mg/L$ 左右；如果不涉及生物除磷，SRT 尽可能要延长至大于等于 $20 \, d$；进水碳源不足时应及时补充外加碳源。这些技术措施应该构成污水处理过程中 N_2O 防患于未然的主要控制策略。

3.2 下水管道 CH_4、H_2S 与 N_2O 产生机制与控制策略

排水管道（下水道）是收集和传输污水至污水处理厂的重要基础设施。传统上，下水道以重力流为主（$\sim 95\%$），管底厌氧与顶空好氧环境并存，周围管道壁则会形成不同厚度的生物膜。特殊情况下（$\sim 5\%$），排水有时会采用压力流方式输送，此时管道内只存在厌氧环境。

重力流下水道因顶空存在氧（O_2）而使得管壁生物膜形成与压力流完全不同，其顶空生物膜往往因氧传质作用而形成外层好氧、中层缺氧、内层厌氧环境，而被水淹没管壁生物膜一般为缺氧或厌氧环境。生物膜厌氧环境会导致甲烷（CH_4）和硫化氢（H_2S）气体产生，而好氧环境则会诱发硝化，随后缺氧反硝化，从而诱发氧化亚氮（N_2O）产生。其中，CH_4 与 N_2O 是强温室气体（分别是 CO_2 的 27 倍和 273 倍）；CH_4 同时与 H_2S 一样又是容易出现安全隐患的有毒、有害、腐蚀性或易爆性气体。

下水道内生化反应主要发生于管壁生物膜与底部沉积物中，水相与气相生物量作用相对较小，CH_4、H_2S 及 N_2O 等气体产生概率几乎可以忽略不计。污水中所含有机物（COD）、氮（N）和硫酸盐（SO_4^{2-}）是产生这些气

体的主要根源,产生的气体往往不可控而又常被忽略。面对我国"双碳"目标以及现实中频发的检查井燃爆（CH₄）与清淤致死（H₂S）事故,有必要从机理上了解这些气体的产生途径,并期望从防患于未然角度审视可能的控制策略。

3.2.1 排水管道 CH₄ 与 H₂S 产生机理

排水管道中所含硫酸盐（SO_4^{2-}＝40～200 mg/L）与充足碳源（COD＝200～500 mg/L）可为厌氧的硫酸盐还原菌（SRB）和产甲烷菌（MA）提供底物,同步以 COD 作为电子供体产生 CH₄ 和 H₂S;MA 产 CH₄ 与 SRB 产H₂S 过程总结于图 3-2。SO_4^{2-} 渗透能力有限,所以,SRB 往往都位于厌氧生物膜与沉积物表层,只要环境条件具备很容易产生 H₂S。MA 则位于生物膜与沉积物内层,需要与其前端产酸细菌接力方能产生 CH₄。

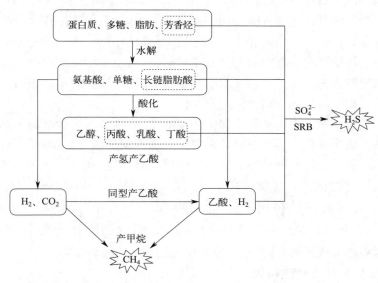

图 3-2 产甲烷菌产 CH₄ 与硫酸盐还原菌产 H₂S 发生过程

1. 排水管道 CH₄ 产生机理

如图 3-2 所示,有机大分子水解乃下水道厌氧环境产 CH₄ 第一步;吸附于微生物表面或分布于水中的胞外水解酶会将蛋白质、多糖、脂肪水解为溶解性单体（氨基酸、单糖、长链脂肪酸）。之后,在酸化过程中,溶解性单体有机物在酸化细菌胞内酶催化下,可进一步被转化为挥发性脂肪酸（VFAs:乳酸、丙酸、丁酸等）与乙醇。接着,产氢产乙酸细菌会在胞内酶催化作用下将 VFAs 与乙醇转化为乙酸和 H₂（伴随 CO₂ 产生）。与此同时,H₂ 与CO₂ 亦能由同型产乙酸菌转化为乙酸。最后,MA 从两种途径分别将乙酸（异养产甲烷菌,～90%）和 H₂＋CO₂（自养产甲烷菌,～10%）转化为 CH₄。

MA 是严格的专性厌氧菌,主要位于下水道沉积层和厌氧生物膜系统内层（丰度 75%）,而表层 MA 很少（丰度 3%）。沉积物中 MA 产 CH₄ 水平略高于生物膜,这显然与 MA 丰度有关,例如,重力流下水道沉积物 CH₄ 平均

产率为 1.56 ± 0.14 g/(m^2·d),而压力流下水道生物膜系统（一般无沉积物）CH$_4$ 产率为 1.26 g/(m^2·d)。重力流管道因存在顶空,沉积物及生物膜产生的 CH$_4$ 会从液相中溢出到顶空气相,所以,液相中 CH$_4$ 浓度并不高（$0.1 \sim$ 13.7 mg/L）。雨季时,由于合流制重力流下水道污水流量增大,COD 浓度被稀释、流速加快、水力停留时间（HRT）变短,使得重力流管道沉积物与生物膜系统受到水力冲击负荷,MA 丰度降低,CH$_4$ 浓度降低至 $0.1 \sim$ 11.4 mg/L,所以,液相中 CH$_4$ 浓度与 HRT 呈正相关关系;旱季时,重力流下水道液相中 CH$_4$ 浓度可达 $8 \sim 13.7$ mg/L。相反,压力流下水道因满管而无顶空,所以,产生的 CH$_4$ 过饱和而全部存在于液相中,浓度达 $2.8 \sim 30$ mg/L,且浓度峰值出现夏季高、冬季低之现象（温度影响）。重力流下水道液相中的 CH$_4$ 会在水流扰动作用下大多释放于顶空气相,导致检查井中气相 CH$_4$ 浓度可达 $65 \sim 50000$ ppmv,且也呈现出旱季浓度高（$13500 \sim 23000$ ppmv）、雨季浓度低（$65 \sim 19000$ ppmv）的现象。重力流管道检查井中气相中最高 50000 ppmv 的 CH$_4$ 浓度已达 CH$_4$ 爆炸下限浓度值,这是检查井通气孔堵塞时的极端情况,聚积的大量 CH$_4$ 遇火星而会发生爆炸事故。此外,泵站由于水流较为湍急,其液相释放于气相中的 CH$_4$ 浓度亦不可小觑,有研究发现泵站气相中的 CH$_4$ 浓度高达 2800 ppmv。

研究发现,在生物膜和沉积物中产生的 CH$_4$ 也会在厌氧、缺氧和好氧环境下被微生物所氧化。重力流管道顶空生物膜因氧传质存在溶解氧（DO）浓度梯度,会形成外层好氧、中层缺氧、内层厌氧环境;SO$_4^{2-}$ 和 O$_2$ 能分别作为甲烷氧化细菌厌氧、好氧环境下的末端电子受体,从而完成 CH$_4$ 氧化过程。在缺氧环境下,利用硝酸氮（NO$_3^-$）作为电子受体的甲烷氧化（DAMO）过程已经被实验证实。但是,CH$_4$ 氧化过程十分缓慢,湖泊或海洋沉积物中好氧或厌氧 CH$_4$ 氧化速率仅为 0.02 g/(m^2·d)。

2. 下水道 H$_2$S 产生机理

SRB 是严格的厌氧细菌,生长速率相当缓慢,但有着极强的生存能力。大部分 SRB 是化能有机营养型（异养）细菌,以有机化合物作为电子供体与碳源（少数自养型 SRB 亦能以 H$_2$ 作为电子供体、CO$_2$ 作为碳源）,将 SO$_4^{2-}$ 还原为 S^{2-};在不同 pH 条件下,S^{2-} 与 H$^+$ 相结合,以 HS$^-$ 或 H$_2$S 形式存在于水体中,其中,S^{2-}、HS$^-$ 与 H$_2$S 三者被统称为硫化物。SRB 代谢过程中的电子供体可来自于有机物的芳香烃（AHSRB）、三碳以上 VFAs（FSRB）、乙酸（ASRB）以及 H$_2$（HSRB）,如图 3-2 所示。

SRB 在下水道生物膜系统中占细菌总数的 $9\% \sim 16\%$,其中,发酵细菌为优势菌属。SO$_4^{2-}$ 渗透能力有限,SRB 主要位于厌氧生物膜表层;厌氧生物膜表层 SRB 丰度可达 20%,内层仅为 3%。当污水中 H$_2$S 浓度为 $0.1 \sim$ 0.5 mg/L 时,混凝土腐蚀微弱;而当 H$_2$S 浓度超过 2 mg/L 时,混凝土则腐蚀严重。据报道,混凝土管道腐蚀速率为 $1.1 \sim 10$ mm/a,可显著缩短下水管道使用寿命。腐蚀致下水道管道修复与维护的费用约占污水收集和处理总成本的 10%。研究发现，重力流下水道上游液相 H$_2$S 浓度普遍低于 2 mg/L，而下游液相中 H$_2$S 浓度可达 2~15 mg/L，气相中 H$_2$S 浓度随温度变化较大，一般可达 2~26 ppmv。有研究进一步发现，下水道产生的 H$_2$S 浓度与管道进水 COD 浓度呈显著相关性；压力流管道 COD 较高时，H$_2$S 浓度可达 7~12 mg/L；反之，H$_2$S 浓度仅为 4~7 mg/L。另外，无论重力流或压力流管道 H$_2$S 浓度峰值多出现于夏季，冬季浓度普遍较低。可见，夏季因 H$_2$S 致管道腐蚀、异味及安全问题最为严重。下水道中除生物膜系统产 H$_2$S 外，沉积物亦是不可忽视的 H$_2$S 产生源，产量往往高于生物膜。厌氧环境下，H$_2$S 主要产生于沉积物的表层，但当水体中存在 NO$_3^-$、Fe^{3+} 以及 DO 时，产生区会迁移到更深层。有人研究发现，化粪池沉积物中 H$_2$S 最大产率可达 5.7±1.5 g/(m^2·d)，气相中 H$_2$S 浓度可达 100~400 ppmv。当下水道气相中 H$_2$S 浓度为 10~50 ppmv 时便会致人头晕与呼吸困难，超过 100 ppmv 时则会致人窒息而死亡，这也是现实中疏通、清掏化粪池或下水道时经常发生的死亡事故。因此，工人在化粪池或下水道作业时务必装备必要安全防护措施，以免发生不幸。

下水道生物膜与沉积物中产生的 H$_2$S 可分别在好氧与厌氧环境下，被硫氧化细菌（SOB）（专性化能自养型与光营养型）氧化成单质 S 或 SO$_4^{2-}$。重力流管道生物种属较为丰富，在顶空气相中，H$_2$S 和少量 O$_2$ 可被黏附于管道顶部的 SOB 所吸附，H$_2$S 则会被氧化为 SO$_4^{2-}$。研究发现，当污水中 DO含量为 0.03~0.3 mg/L 时，H$_2$S 氧化速率极快，会被完全氧化为 SO$_4^{2-}$，甚至没有中间产物单质 S 形成。也有研究表明，管道内壁生物膜内存在着 S 微循环；当 H$_2$S 气体负荷高于 0.5g S/(m^3·h) 时，生物膜对 H$_2$S 的氧化速率保持不变，氧化产物为单质 S；温度较高时，H$_2$S 氧化速率有所提高（25 ℃为 20 ℃的 1.15 倍）。此外，H$_2$S 氧化生成的 SO$_4^{2-}$ 通过与可腐蚀化合物（水泥与金属）发生反应从而破坏下水道混凝土结构。SO$_4^{2-}$ 也会与含钙化合物发生反应，生成 CaSO$_4$；因硫酸钙具有膨胀性能，容易引起混凝土内部开裂和点蚀，从而降低混凝土承重能力，甚至可能导致下水道坍塌。

3.2.2 下水道 N$_2$O 产生机理

重力流管道中 N$_2$O 排放源于硝化、反硝化脱氮过程，与管道进水氮负荷、水质特性、环境条件以及硝化菌与反硝化菌活性及丰度呈现显著相关性。下水道 N$_2$O 产生过程传统上指好氧硝化与异养反硝化，即亚硝化细菌（AOB）先将氨氮（NH$_4^+$）氧化为亚硝酸氮（NO$_2^-$）、硝化细菌（NOB）再顺序将 NO$_2^-$ 氧化为硝酸氮（NO$_3^-$）；之后，反硝化（HDN）细菌将 NO$_3^-$ 还原为氮气（N$_2$）。研究发现，AOB 不仅可以将 NH$_4^+$ 氧化为 NO$_2^-$，亦可将NO$_2^-$ 还原为 N$_2$O，进行同步短程硝化与反硝化，且被认为是脱氮过程产生N$_2$O 的主要来源。研究已经证实，NOB 过程并不涉及 N$_2$O 产生过程。因此，将下水道脱氮过程涉及 N$_2$O 产生的主要生物过程和次要非生物过程总结于图

3-3，分别对各个过程 N_2O 转化路径与机制予以分析、讨论。

图 3-3　下水道 N_2O 产生途径

(a) 硝化与反硝化；(b) 同步短程硝化与反硝化（Nar—硝酸盐还原酶；Nir—亚硝酸盐还原酶；Nor—NO 还原酶；Nos—N_2O 还原酶；AMO—氨单加氧酶；HAO—羟胺氧化还原酶；cyt P_{460}—HAO 的 c 型血红素；NcyA—未知酶）

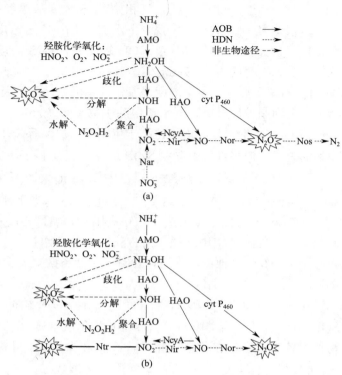

1. 硝化与反硝化途径

(1) AOB 短程硝化途径

AOB 将 NH_4^+ 氧化为 NO_2^- 的生物过程中主要经过羟胺/NH_2OH（由氨单加氧酶/AMO 催化）与次要途径硝酰基/NOH（由羟胺氧化还原酶/HAO 催化）两个中间产物，如图 3-3(a) 所示。AOB 可将大部分 NH_4^+ 氧化到 NO_2^-，但也存在少量"开小差"行为，即从 NH_2OH 或 NOH 经生物途径或非生物化学途径直接转化为 N_2O。

在生物途径中（图 3-3a 中实线线条）存在由 NH_2OH 直接转化为 N_2O 的两个生物过程：1）一个是在无氧条件下，cyt P_{460}（HAO 的 c 型血红素）将 NH_2OH 直接氧化为 N_2O，但此过程在好氧情况下不能发生；2）另一个是从 NH_2OH 向 NO 过渡的生物氧化过程（由 HAO 催化），也是 N_2O 潜在来源；在此过程中 AOB 能释放两个细胞色素 c 分子，参与 AOB 电子传递；其中，细胞色素之一的 c554 分子可以作为一种 NO 还原酶（Nor），把由 HAO 催化产生的 NO 于菌体外还原为 N_2O，且大多数 AOB 中都能检测到 Nor 基因组。有研究表明，在高 NH_4^+、低 NO_2^- 以及 NH_4^+ 氧化速率较高条件下，有利于 NH_2OH 生物氧化经 NO 产生 N_2O。此外，经 NH_2OH 生物氧化产生的 NO 也能逆向转化为 NO_2^-（由未知酶/NcyA 催化）。

在非生物化学途径下（图 3-3a 中疏虚线线条），从 NH_2OH 和 NOH 化学转化 N_2O 分别是 NH_2OH 化学氧化或歧化以及 NOH 在好氧条件下二次聚合生成次亚硝酸（$N_2O_2H_2$）后再发生水解反应产生 N_2O。近年来，越来越多研究表明，非生物途径与污水处理过程中 N_2O 排放存在着一定关系；N_2O 产生速率与 NH_4^+ 氧化速率呈指数关系，且指数关系可以用一个基于 NOH 化学降解产生的 N_2O 模型来表示。

重力流下水道中因好氧、缺氧、厌氧并存环境为常态，所以可以诱发硝化与反硝化反应，可以按上述 AOB 过程产生 N_2O。重力流下水道中的 DO 浓度范围在 0.1～4 mg/L；通风良好时，DO 浓度可超过 1.0 mg/L，且 NH_4^+ 氧化可在 DO<1 mg/L 下发生（AOB 对 O_2 的亲和系数为 0.5 mg/L）。雨季时，雨污合流下水道因雨水带入 DO，常致下水道 DO 增加（NH_4^+ 也会因雨水带入增加），这种情形非常有利于 AOB 短程硝化过程产生 N_2O。

（2）HDN 反硝化途径

HDN 反硝化是以有机物（COD）作为电子供体，在不同氮氧化物还原酶催化作用下将 NO_3^- 依次还原为 N_2 的过程，如图 3-3(a) 所示。HDN 参与催化反硝化过程的酶包括硝酸盐还原酶（Nar）、Nir、Nor 以及 N_2O 还原酶（Nos）。Nos 比其他反硝化还原酶具有更大的氮转换能力。据估计，Nos 最大还原速率大约是 Nar 或 Nir 还原速率的 4 倍，这表明在缺氧或厌氧条件下，N_2O 可以被彻底还原，并不会发生 N_2O 积累。但由于重力流管道存在 DO、H_2S 等因素，导致 N_2O 在反硝化过程中会发生暂时性积累。另外，有些反硝化细菌并不具备还原 N_2O 的功能，只能把反硝化过程进行到以 N_2O 为终产物的阶段，如荧光假单胞菌（*Pseudomonas fluorescens*），这是因为即使反硝化作用只进行到 N_2O 阶段，这类反硝化细菌所获得的能量已达到完全反硝化过程（至 N_2）获得总能量的 80% 左右，这些能量足以维持其生长需要。

重力流下水道中，由于存在 DO，N_2O 还原酶（Nos）活性降低，致 HDN 反硝化不完全产生 N_2O，且通风良好的下水道作用最为明显。有人利用实验室规模下水道反应器处理人工合成污水来探究 DO 对 HDN 反硝化产生 N_2O 的影响，发现当 DO=0～0.3 mg/L、碳源充足情况下，HDN 反硝化进行完全，N_2O 产生量可以忽略不计；而当 DO>0.4 mg/L，HDN 反硝化受阻而致 N_2O 大量积累与释放；另外，HDN 菌活性与丰度也均有所下降。下水道中厌氧或缺氧环境有利于生物膜与沉积物产生具有毒性的 H_2S，而溶解性 H_2S 能在较低浓度下有效抑制 N_2O 还原过程，尤其是在铜元素利用率较低的情况下。研究发现，为避免 H_2S 腐蚀下水道管道，可通过投加 NO_3^- 来氧化 H_2S（反硝化除硫）而达到防腐蚀目的；但是 NO_3^- 加入后，在重力流管道中微氧环境下，当 DO>0.4 mg/L，HDN 反硝化并不完全（反应器中不存在 AOB 菌种），致 N_2O 释放量会增加 6 倍。因此，在重力流管道中，投加 NO_3^- 控制 H_2S 产生时，应更加关注的是 N_2O 产生。

2. AOB 同步短程硝化与反硝化途径

AOB 除了硝化途径外，也可通过反硝化途径产 N_2O。有人研究指出，硝化过程中 AOB 反硝化作用也是活性污泥系统产生 N_2O 不可忽视的途径，且被认为是污水脱氮过程产生 N_2O 的主要来源。AOB 可以在低 DO 或高 NO_2^- 浓度情况下，将 NO_2^- 逐步还原为 N_2O，这个过程被称为 AOB 反硝化作用。低 DO 浓度会对 NOB 产生明显抑制作用，使 NO_2^- 进一步氧化受阻，造成 NO_2^- 积累；此时，AOB 会分泌一系列 Nir、异构亚硝酸盐还原酶（Ntr）、Nor 等酶，而 Nor 酶在有氧条件下不会受到抑制，且 AOB 基因组中没有发现编码 Nos 的基因，所以，AOB 反硝化终产物不是 N_2 而是 N_2O（图 3-3b）。AOB 在 Ntr 酶催化作用下可直接（图 3-3b 中左侧水平线）将 NO_2^- 还原形成 N_2O，也可在反硝化过程（图 3-3b 中右侧水平线）经 NO 而形成 N_2O。这两个生物途径构成了 AOB 产生 N_2O 的主要途径，且此两途径在 DO$<$1.5 mg/L 便可以发生，至 DO$<$0.2 mg/L 时作用最为明显，在这样的 DO 环境下，NH_2OH 和 NOH 非生物化学途径产生 N_2O 也可发生，与图 3-3（a）虚线条路径完全一致。

　　Yu 等在基因表达和转录水平上进一步研究了 AOB 对低 DO 与 NO_2^- 积累的反应，指出在序批式亚硝化单胞菌（*Nitrosomonas europaea*）培养指数增长阶段，当系统处于低 DO 条件时，AMO 与 HAO 酶浓度更高，NH_4^+ 与 NH_2OH 代谢能力得到增强，有利于 N_2O 产生；当系统中 NO_2^- 浓度升高到 280 mg/L 时，反硝化作用进一步加强，会产生更多的 N_2O。AOB 反硝化产 N_2O 过程中，NO_2^- 作为电子受体，NH_4^+、H_2、NH_2OH、丙酮酸均可作为其电子供体，有点类似 ANAMMOX 过程。

　　重力流下水道系统中，通风不良与峰值流量期间均会致 DO 浓度偏低（$<$1 mg/L），而 NOB 对 DO 的亲和系数较 AOB 高一个数量级，该 DO 浓度下，NOB 活性受到抑制，致 NO_2^- 积累，引发 AOB 同步短程硝化与反硝化。因此，峰值流量期间，NH_4^+ 氧化过程由于稀释作用，降低了重力流管道氧化还原电位（ORP），致 DO 浓度下降，有利于 AOB 反硝化产生 N_2O。另外，高浓度 NO_2^- 在一定 pH 和温度条件下，部分 NO_2^- 将转化为游离亚硝酸（FNA），FNA 可以抑制微生物活性，即使 FNA 浓度低至 0.1～0.2 mg/L 也能抑制微生物电子转移，不利于下游污水处理厂脱氮除磷。因此，为抑制 AOB 反硝化途径产生 N_2O，避免低 DO 与 NO_2^- 积累是关键所在。

　　上述 N_2O 产生机理表明，重力流管道是不可忽视的 N_2O 排放源。有人研究发现，收集生活污水、商业与工业废水混合物的重力流下水管道中 DO 浓度为 0.5～3.5 mg/L，N_2O 浓度可达 1.0～43 μg/L。其中，旱季常规流量期间，污水流量低，水力停留时间（*HRT*）较长，通风良好的重力流管道上方顶空 DO 浓度较高（$>$1.5 mg/L）时，经 AOB 短程硝化与其非生物化学途径和 HDN 反硝化不完全所排放的 N_2O 可达 1～5 μg/L；峰值流量期间，因污水流量增大，*HRT* 较短，重力流管道上方顶空 DO 浓度降低（$<$1.5 mg/L）而导致 NO_2^- 积累，且当 DO=0.2 mg/L 时，AOB 同步短程硝化与反硝化及其非生物化学途径和 HDN 反硝化不完全所排放的 N_2O 可达 43 μg/L 浓度峰值。所以，N_2O 浓度与 *HRT* 呈负相关关系。另外，雨季时，由于雨水富含 DO，在雨污

合流入管道以及管道破损致雨水渗入下水道的情况下，污水中的 N$_2$O 浓度可达 6.1～12.7 μg/L，这归因于雨污合流致下水道 DO 浓度及 NH$_4^+$ 负荷增加，当 DO<1.5 mg/L 时，有利于 AOB 同步短程硝化与反硝化及其非生物化学途径和 HDN 反硝化不完全产生 N$_2$O，且出现峰值浓度。反之，高浓度 DO 利于 AOB 短程硝化与其非生物化学途径和 HDN 反硝化不完全产生 N$_2$O，且出现谷底浓度。可见，与旱季相比，雨季环境下，重力流管道中的 N$_2$O 浓度会有所上升。此外，也有人研究发现，当下水道同时接收工业废水与生活污水时，N$_2$O 浓度可高达 298 μg/L，这主要是因为重力流管道水量少，水位低，顶部存在充足的好氧空间，DO 浓度较高，碳源不足，HDN 反硝化严重受阻进而产生大量 N$_2$O，同时，也有利于 AOB 经生物与非生物途径产生 N$_2$O。重力流管道所排放的 N$_2$O 浓度值虽然与污水二级生物处理反应器产生的 N$_2$O 浓度（0.05～2 mg/L）相比微不足道，但下水道产生的 N$_2$O 依旧不容小觑，可视为潜在 N$_2$O 排放源，见表 3-2。

综上所述，压力流下水道因满管而无顶空，产生的 CH$_4$ 过饱和而全部存在于液相中，浓度达 2.8～30 mg/L，H$_2$S 浓度可达 4～12 mg/L。重力流下水道因非满管存在顶空，液相中产生的 CH$_4$ 与 H$_2$S 浓度可分别达 0.1～13.7 mg/L 和 2～15 mg/L，而气相中 CH$_4$ 与 H$_2$S 浓度可分别达 65～50000 ppmv 与 2～400 ppmv。另外，重力流下水道因存在微氧环境，可以诱发硝化与反硝化和 AOB 同步短程硝化与反硝化途径，产生的 N$_2$O 浓度可达 1～43 μg/L。

下水道中 CH$_4$、H$_2$S 及 N$_2$O 气体产生浓度范围　　　　表 3-2

气体	压力流管道液相(mg/L)	重力流管道液相(mg/L)	重力流管道气相(ppmv)	管道生物膜产率[g/(m^2·d)]	管道沉积物产率[g/(m^2·d)]
CH$_4$	2.8～30	0.1～13.7	65～50000	1.26	1.56±0.14
H$_2$S	4～12	2～15	2～400	—	5.7±1.5
N$_2$O	—	0.001～0.043			

3.2.3 下水道有毒、有害气体控制策略

1. CH$_4$ 与 H$_2$S 控制策略

基于上述机理分析，可通过破坏下水道厌氧环境，直接抑制 MA 与 SRB 活性以及生物或化学氧化与化学沉淀等方式间接降低 CH$_4$ 与 H$_2$S 排放，从而达到减排目的。研究发现，向下水道中注入氮氧化物（NO$_3^-$ 与 NO$_2^-$）、O$_2$、金属盐、碱性、游离亚硝酸（FNA）等药剂可直接或间接控制 CH$_4$ 与 H$_2$S 排放。

（1）氮氧化物

氮氧化物形式氧化剂诱导下水道产生缺氧环境是一种广泛应用于降低 CH$_4$ 与 H$_2$S 排放量的控制策略。NO$_3^-$ 控制 H$_2$S 产生机制：1）SRB 与 HDN 菌之间竞争有机电子供体；2）NO$_3^-$ 还原过程中间体增加降低 H$_2$S 产生；3）HDN 反硝化过程致 pH 增加，减少了 H$_2$S 由液相向气相释放；4）NO$_3^-$

加入后，自养型硫化物氧化 NO_3^- 还原菌（soNRB）活性增强，将氧化硫化物与 NO_3^- 还原相结合（反硝化除硫），从而实现对 H_2S 控制。然而，需要注意的是，添加 NO_3^- 并不会抑制 SRB 活性，一旦 NO_3^- 耗尽，厌氧环境就会恢复，溶解性 H_2S 产生系统会重新建立。研究发现，压力流管道中加入的 NO_3^- 浓度为 10 mg/L 时，可使 H_2S 浓度由 4.2 mg/L 降低至 0.2 mg/L。还有研究结果显示，投入 40 mg/L 的 NO_3^- 于实验室规模压力流管道中，3～4 d 后，H_2S 浓度从 10～20 mg/L 降低至 2～3 mg/L 以下。据报道，重力流管道中由于顶空存在空气流动空间，5 mg/L 的 NO_3^- 足以抑制 H_2S 产生。

NO_3^- 不仅可以破坏下水道系统中厌氧环境，亦能增加 ORP 和抑制 MA 代谢过程。与 SRB 相比，MA 通常位于下水道生物膜或沉积物内层，NO_3^- 因渗透能力有限而难以抵达其内层。因此，需投入更高剂量的 NO_3^-，方可有效抑制 CH_4 产生。有研究表明，长期添加 30 mg/L 的 NO_3^- 可导致压力流管道中 MA 活性降低 90%。有人现场试验发现，持续投加 17 mg/L 的 NO_3^- 达 6 h，下水道液相溶解的 CH_4 会从 6 mg/L 减少到 2 mg/L，且气相中的 CH_4 从 800 ppmv 降低至 300 ppmv。现场试验进一步表明，在一次性投加 50 mg/L 的 NO_3^- 冲击负荷剂量后，CH_4 产量减少了 27%，但药剂一旦停止投加，2 d 后 CH_4 产量完全恢复。

下水道中投加 NO_3^- 促进了 HDN 菌活性，有利于反硝化过程，但有可能导致 N_2O 排放。研究表明，在厌氧压力流管道中投加 NO_3^- 可以产生 N_2O，而当 NO_3^- 耗尽后时 N_2O 产生现象会消失。因重力流管道顶空存在好氧环境，这可能导致 HDN 反硝化不完全，从而产生 N_2O，尽管有研究发现向管道中充 O_2 后 N_2O 生成量非常有限。研究发现，当重力流管道 DO 为 0～0.3 mg/L、碳源充足情况下，HDN 反硝化进行会完全；而当 DO>0.4 mg/L，HDN 反硝化则受阻而致 N_2O 积累并释放，也会使 HDN 菌活性与丰度均有所下降。

研究显示，改用 NO_2^- 加入下水道，上述抑制效果长期且更强。与 NO_3^- 主要区别在于，NO_2^- 通过抑制异化硫酸盐还原酶将 SO_4^{2-} 还原为 H_2S 来达到减排目的。NO_2^- 通过将质子和电子转移到周质亚硝酸盐还原酶（NrfHA）来抑制细胞质异化亚硫酸盐还原酶（DsrAB）活性，从而阻断 SO_4^{2-} 还原为 H_2S，即 NrfHA 存在是 SRB 中的一种解毒机制。研究表明，NO_2^- 对 SRB 和 MA 都具有生物灭活毒性，后者似乎对 NO_2^- 更为敏感。在混合产 CH_4 细菌培养实验中，17 mg/L 的 NO_2^- 可达到 75% 的 MA 活性抑制效果。SRB 与 MA 所受到的抑制作用与 NO_2^- 浓度和暴露时间呈显著相关性。间歇式投加 NO_2^- 现场试验表明，在 3 d 内间歇式投加浓度为 100 mg N/L 的 NO_2^-，可完全抑制 H_2S 和 CH_4 产生。在接下来的 3 周内，在不添加 NO_2^- 情况下，H_2S 产生量显著降低，而 CH_4 产生量在至少三个月内保持在较低水平，甚至可以忽略不计。此外，NO_2^- 刺激了亚硝酸盐还原硫化物氧化细菌活性，这些细菌能够利用 NO_2^- 氧化残留的硫化物。这意味着 NO_2^- 既是一种代谢抑制剂，又是一种硫化物氧化剂。进一步研究表明，在一定 pH 和温度条件下，部分 NO_2^- 将转化为游离亚硝酸（FNA），FNA 可以抑制微生物的活性，即使 FNA 浓度低至 $0.1\sim0.2$ mg/L 也能抑制微生物电子转移，这可能对 SRB 和 MA 种群具有生物杀灭作用。

此外，需要注意的是，往下水道中投加高浓度 NO_2^- 会导致大量 NO_2^- 积累，尤其是重力流管道。因其顶空存在空气流动空间，存在较高浓度 DO，有利于 AOB 反硝化与 HDN 反硝化进行不完全而产生 N_2O。研究表明，向压力流管道中投加少量 NO_2^-，因 AOB 丰度极低，且碳源充足使 HDN 反硝化进行完全，所以，上述两种途径产生的 N_2O 可以忽略不计。

（2）氧气

下水道中充氧可以是空气或纯氧，目的是防止污水中出现厌氧环境。如果下水道生物膜附近存在 DO，H_2S 就会发生化学和生物氧化；若 DO 不存在，溶解性 H_2S 就会从生物膜进入水中。DO＝0.5 mg/L 这样的水平通常可以防止污水中出现溶解性 H_2S，同时也可以氧化已经产生的溶解性 H_2S。据报道，向下水道中通入空气，维持管道末端 DO 为 $0.2\sim1.0$ mg/L，可有效控制 H_2S 排放。但 DO 并不能抑制 SRB 活性，一旦 DO 耗尽，H_2S 产生会"死灰复燃"。

研究发现，在实验室规模压力流管道中，长期注入 $15\sim25$ mg/L 氧气可以减少 47％的 CH_4 产生。在暴露 6 h 的短期时间内，CH_4 产率下降到 15％，但 20 d 后 CH_4 产量完全恢复。这可能是只有部分 O_2 能渗透到下水道生物膜，无法完全实现对 CH_4 的产生控制。另外，下水道中注入氧气，尤其是重力流管道，有利于 AOB 经生物与非生物途径产生 N_2O。另外，由于存在 DO，易致 HDN 反硝化产生 N_2O。值得注意的是，向管道中注入氧气会消耗很多可生物降解 COD，这不利于下游污水处理厂脱氮除磷对碳源的需要。

（3）铁盐

铁盐广泛用于下水道去除 H_2S 与 CH_4。亚铁离子（Fe^{2+}）可与 S^{2-} 形成高度不溶性金属硫化物沉淀（FeS）。三价铁盐（Fe^{3+}）投加时因其具有强氧化性，可先将部分 S^{2-} 氧化为单质 S，本身则变成 Fe^{2+}；与此同时，Fe^{3+} 亦可在异化金属还原菌（DMRB）作用下再次被还原为 Fe^{2+}，之后，再与 S^{2-} 形成 FeS 沉淀。Fe^{3+} 除了能从水相中去除硫化物外，也能渗透到生物膜系统中，破坏生物膜厌氧环境，从而有效抑制 SRB 与 MA 活性。有人长期投加 21 mg/L 氯化铁研究对下水道生物膜系统 SRB 与 MA 活性影响发现，SRB 活性被有效抑制 39％～60％，而 MA 活性则被有效抑制 52％～80％；其中，实验室规模下水道反应器中污水 CH_4 浓度降低了 43％，同时几乎完全控制了（99％）硫化物产生。有研究表明，高铁酸盐也可用于下水道去除 H_2S 与 CH_4。六价铁（Fe^{6+}）的强氧化能力使其能够对细胞壁、原生质、基因组以及胞外聚合物（EPS）产生破坏作用，从而导致微生物灭活。研究结果显示：在下水道反应器中投加 120 mg/L 高铁酸盐，脉冲式投加药剂持续 1 h，活性生物量从 82% 下降至 35%；之后，缩短暴露时间为 15 min 与增加高铁酸盐浓度至 200 mg/L，结果发现，活性生物量几乎不发生变化，这意味着高铁酸盐具有高强度生物杀灭效果；另外，为进一步探究高铁酸盐对 SBB 与 MA 的活性影响，在下水道反应器中三次间歇式投加 20 mg/L 高铁酸盐药剂，结果显示，SRB 与 MA 的关键功能基因 dsrA 与 mcrA 丰度分别显著降低了 84.2% 和 86.6%，可见，MA 对高铁更为敏感。此外，下水道中投加铁盐也有利于化学除磷。

（4）提升 pH

下水管道液相中 pH 提升有利于减少 H_2S 从液体向气相转移/释放，同时也可影响 SRB 和 MA 活性。研究发现，管道污水 pH 为 6.5~8、ORP 介于 -300~-200 mV 时为管道内 H_2S 产生最佳条件。研究表明，当 pH 从 9 增加到 12.5 时，H_2S 产量可减少 70%~90%，CH_4 产量减少 95%~100%。众所周知，MA 是严格的专性厌氧菌，对 pH 非常敏感，最适宜 pH 范围在 6.8~7.2，所以，pH 一旦过高，MA 较 SRB 更为敏感而受到抑制。据报道，长期将 pH 保持在 8.6~9.0，可有效抑制实验室规模下水道中 MA 与 SRB 生长。管道上游长期氢氧化物加药模拟表明，对 CH_4 和 H_2S 产量完全控制是可以实现的。现场试验表明，pH 适度提高可以在短期内实现对 CH_4 有效控制。整个下水道暴露于 pH=11.5 环境下 6 h，足以完全控制 CH_4 产生超过 2 周时间。在碱性试剂冲击负荷加药后的 2 d 内，H_2S 产量可减少 67%；停止加药后，SRB 活性在 7 d 内逐渐恢复，而 MA 活性则需要更长时间才能恢复。但是，pH 过高会影响脱氮除磷微生物相关酶活性，不利于下游污水处理厂脱氮除磷。

此外，下水道脱氮过程中，脱氮微生物相关酶活性与 pH 密切相关，且影响污水中 N 元素存在形态，从而影响 N_2O 产量。硝化过程中 AOB 与 NOB 代谢过程适宜 pH 分别为 7.0~8.5 和 6.5~7.5。因此，当 pH<6.5 或 pH>8.5 时，NOB 代谢活性较 AOB 更易受 pH 抑制，致 NO_2^- 积累，进而导致 N_2O 产生。有研究发现，当 pH 为 5.0~6.0 时，N_2O 产量最高，这归因于低 pH 条件不仅会通过增强还原酶之间的电子竞争来抑制酶的相对活性，而且还会影响碳源底物代谢速率；而当 pH 为 6.8~8 时，系统中几乎没有 N_2O 产生。

（5）游离亚硝酸（FNA）

实验室研究表明，FNA 对下水道生物膜中 SRB 和 MA 活性有抑制作用。研究结果显示，当 FNA 浓度在 0~0.1 mg/L 范围内，随着 FNA 浓度增加，微生物活性会急剧下降。在暴露于浓度为 0.045 mg/L 的 FNA 环境下，微生物活性会降低 50%。而当 FNA 浓度高于 0.2 mg/L，且暴露时间为 6~24 h 后，微生物活菌率从处理前的约 80% 显著下降到 5%~15%。有研究报道，间歇式投加药剂时，FNA 对下水道生物膜中的 MA 具有很强的生物杀灭作用。暴露于 0.26 mg/L 的 FNA 环境下 12 h，可抑制实验室下水道中 CH_4 产生，药剂停止投加后，导致接下来的两周内 CH_4 产量仅恢复 20%。这种具有成本效益的加药方法也在实际的下水道中得到了验证。在下水道泵站中持续投加 0.26 mg/L FNA 药剂 8 h，10 d 内，H_2S 产量可减少 80% 以上。MA 比 SRB 对 FNA 更敏感，这充分证明 FNA 在下水道系统中控制 CH_4 和 H_2S 的产生是有效的。

2. N_2O 控制策略

上述 N_2O 产生机理表明，硝化与反硝化途径在正常情况下不应成为 N_2O 产生的主要来源，只有在碳源匮乏使 HDN 反硝化受限情况下方可能造成 N_2O 大量产生。相反，AOB 同步亚硝化与反硝化途径中经反硝化途径产生的 N_2O 则应予以重视。重力流管道因顶空存在氧（O_2），无法直接通过调控 DO，避免 AOB 反硝化现象。管道中碳源应该不会成为 HDN 反硝化的限制条件，只要存在适当的缺氧环境，HDN 菌则会利用 NO_2^- 进行完全反硝化而不致引起 AOB 反硝化现象。值得注意的是，上述为抑制 CH_4 和 H_2S 而采取的投加 NO_3^-/NO_2^- 和充氧的控制方法需慎用，否则会顾此失彼。这就需要根据因地制宜审视具体情况，是否非常需要控制 CH_4 和 H_2S，以杜绝燃爆或毒性隐患。如果必须对 CH_4 和 H_2S 采取投加 NO_3^-/NO_2^- 和充氧的方法进行控制，最好是能对检查井内的 N_2O 一并检测分析；如果 CH_4 被抑制的 CO_2 当量等于或小于 N_2O 产生的 CO_2 当量，或当地对温室气体控制存在碳汇或负碳手段，则这种控制 CH_4 和 H_2S 的方法可以采用。否则，需要改用上述其他控制 CH_4 和 H_2S 方式，如投加铁盐或铜盐。

硝化与反硝化途径 HDN 反硝化过程的 Nos 酶是含铜酶，其活性中心具有催化位点 CuZ，含有铜离子。因此，加入铜元素则有利于加强 Nos 酶活性。铜元素是 Nos 酶进行生物合成的必需物质，并且它的含量能够影响 N_2O 产量。因此，Cu^{2+} 缺失很容易抑制 Nos 酶活性，从而阻止 HDN 反硝化过程中 N_2O 还原为 N_2。使用含 Cu^{2+} 污泥发酵液作为额外碳源底物，可显著降低 N_2O 产量，且不会影响 N、P 去除效率。有研究发现，下水道中厌氧或缺氧环境有利于生物膜与沉积物产生具有毒性的 H_2S，而溶解性 H_2S 能在较低浓度下有效抑制 N_2O 还原过程，尤其是在铜元素利用率较低的情况下。为降低 H_2S 对 Nos 酶活性的影响，可往重力流管道中投加铜盐或铁盐。其中，Cu^{2+} 可与 S^{2-} 形成金属硫化物沉淀（CuS），三价铁盐（Fe^{3+}）作用如上所述。

3.2.4 结语

通过对下水道 CH_4、H_2S 和 N_2O 产生机理分析，总结出各种气体产生过程以及所需环境。基于过程机理，归纳出一些防患于未然的下水道涉及气体的控制策略。

（1）CH_4 产生于管壁生物膜或底部沉积物厌氧环境之中，通过有机物（COD）厌氧分解最终形成 CH_4。压力流下水道因满管无顶空，产生的 CH_4 过饱和而全部存在于液相中，浓度达 2.8~30 mg/L；重力流下水道因存在顶

空导致液相中的 CH_4 一部分释放于气相，使液相、气相中 CH_4 浓度范围分别在 $0.1\sim13.7$ mg/L 和 $65\sim50000$ ppm。气相中的高值 CH_4 浓度足以发生燃爆事故。

（2）H_2S 产生于管壁厌氧生物膜或底部沉积物表层，由硫酸盐还原菌（SRB）利用 COD 还原 SO_4^{2-} 而形成，在压力流管道液相中浓度达 $4\sim12$ mg/L，重力流管道液相、气相中浓度分别可达 $2\sim15$ mg/L 和 $2\sim400$ ppmv。气相中只要存在 $10\sim50$ ppmv 的 H_2S 足以致人昏迷与呼吸困难。

（3）N_2O 主要发生于重力流管道中，因顶空而常常存在有氧环境，可诱发硝化与反硝化和同步短程硝化与反硝化，其中间过程会产生 N_2O，但浓度不高，范围在 $1\sim43$ μg/L。

（4）为降低下水道 CH_4 与 H_2S 产生，可向下水道中注入 NO_3^-/NO_2^-、O_2、金属盐、碱、游离亚硝酸（FNA）等，可直接或间接抑制 CH_4 与 H_2S 产生。但是，投加 NO_3^-/NO_2^- 和充氧可能会诱发 N_2O 形成。目前下水道气体抑制主要以 CH_4 与 H_2S 为对象，罕有针对 N_2O 的研究。重力流下水道因顶空氧的存在不可避免会诱发 N_2O 形成，其产生量虽不大，但也不可忽视，因为 N_2O 的温室效应为 CO_2 的 273 倍。

3.3　下水管道 CH_4 生成影响因素与估算方法

随着社会进步和经济发展，城市化进程不断加快，城市排水系统规模也迅速扩大。根据《2019 年城市建设统计年鉴》统计，2019 年我国污水排放与转输量高达 554.6 亿 m^3/a。城市排水系统作为生活污水和工业废水的转输系统，在厌氧环境下会导致甲烷（CH_4）产生。这是因为污水中存在有大量有机物质（COD），一旦在转输过程中长时间遭遇厌氧环境，极易发生有机物厌氧转化，其终产物便是 CH_4。众所周知，CH_4 是一种强温室气体，其全球变暖潜能（GWP）是二氧化碳（CO_2）的 27 倍，它的气候变化增温潜势不可小觑。

污水管网系统产 CH_4 现象一方面会导致温室气体增加，另一方面 CH_4 产生势必导致原污水中碳源（尤其是易生物降解挥发性碳源 VFAs）减少，让本就缺乏碳源的污水进入污水处理厂后难以完成生物脱氮除磷目的。极端情况下，下水道 CH_4 浓度达到 5% 时遇明火会发生爆炸，对社会存在着极大的安全隐患。

为此，我们应该对下水道产 CH_4 问题引起足够重视。基于此，本节首先总结国内外有关下水道 CH_4 生成环境因素。其次，对 CH_4 生成量估算方法分别介绍。最后，归纳下水道控制 CH_4 释放的手段与方法。

3.3.1　甲烷生成及影响因素

1. 适宜环境条件

首先，温度是下水道 CH_4 生成的决定性因素。不同温度环境产甲烷菌

（MA）种类与丰度不同；MA 分为 4 类菌群，嗜冷菌（<25 ℃）、嗜温菌（35 ℃左右），嗜热菌（55 ℃左右）和极端嗜热菌（>80 ℃）。下水管道内污水温度为 20～30 ℃，所以，嗜冷菌与嗜温菌应该是下水道主要 MA。进言之，夏季 CH₄ 生成量显然比冬季要大；夏季气相中 CH₄ 的浓度达 515 mg/L，而冬季可低至 3.5 mg/L。

其次，pH 也是影响 MA 生长的重要因素。一般而言，MA 适宜繁殖的 pH 范围在 7.0～7.5；pH 太高或太低都会抑制 MA 活性；在酸性环境下 MA 甚至会完全失活。来自居家生活污水 pH 稳定维持在 7.0～8.0，这就为 MA 创造了繁殖条件。

最后，污水中所含大量易生物降解有机物（COD）是 MA 等微生物生长的良好基质。研究发现，下水道 CH₄ 产量与可溶性有机碳浓度（sTOC）或溶解性有机物含量（DOM）有关。高浓度有机质工业废水会显著增加下水道 CH₄ 生成量。生活污水中存在大量溶解性可生物降解有机物以及亲水性挥发性小分子脂肪酸（VFAs），这些底物极易被微生物吸收利用，进而在厌氧环境条件下产生 CH₄。此外，污/废水中有机物浓度高时，也会促进下水管道厌氧环境形成。

2. 优渥生长环境

在污水中存在大量易降解有机物条件下，管道传输初期溶解氧（DO）迅速被好氧微生物大量消耗，以至于形成后期较为严格的厌氧环境，这便造就了较佳的 CH₄ 生成"温床"。污/废水持续向下水道输送足够可生物降解的有机基质，使之在后期厌氧运输过程发生厌氧发酵，促进管道内 MA 之活性。当然，也存在其他厌氧微生物与 MA 间竞争有机物（COD）的情况，如硫酸盐还原菌（SRB）等对有机碳源的消耗会抑制 CH₄ 生成，其结果还会产生剧毒的硫化氢（H₂S）及其他物质。但也有研究表明，一旦有机物浓度超过一定限制（C/S>6.7），SRB 对碳源的竞争则显得微不足道，MA 会占据优势地位。

此外，下水道多为重力流管道，受管道设计坡度、水力停留时间、充满度以及管道内表面积与体积比（A/V）、管道材料等影响，污水在管道内流速一般较为缓慢，导致管道内壁（特别是管底）形成大量沉积物，这就为世代时间较长的 MA 提供良好生长环境。研究发现，专性乙酰分解 MA 在下水管道沉积物中非常普遍，是污水管网中甲烷生成的主要贡献者，数量占总 MA 的 90% 以上。雨水管道中违规排放沉积物（IDA）也会为 MA 提供着床条件，其 CH₄ 产量甚至可能大于生活污水管网系统。

有人发现，在水流剪切应力作用下，DO 浓度沿管壁生物膜深度方向迅速降低，且 DO 浓度降低速率与生物膜表面水流剪切力强度成正相关。MA 螺旋菌（*Methanospirillum*）在下水道生物膜中的占比随着水流速度加快而增大，但种群数量并不会因此增加，因为流速过快会导致微生物难以附着而被冲刷。当流速适当，生物膜表面承受的剪切应力保持在 1.45 Pa 时，CH₄ 产率可达最大值。在此条件下，生物膜中 MA 螺旋菌比例并非最高，但种群数量最多，表明 MA 螺旋菌在重力流污水管道产甲烷过程起着至关重要的作用。

也有人观察到，CH_4 浓度随污水管沿程逐渐递增，推测出污水在管道中的停留时间延长会导致 CH_4 产量增加。也有研究观测到，管道充满度变大将加快水中 DO 消耗，迅速形成厌氧环境，导致 CH_4 产量增加，在低流量期（旱季），平均每天 CH_4 产量较洪峰流量期间约增加 2 倍。此外，化粪池、检查井进出水管连接落差、较大坡度等会造成水流剧烈紊动，导致 CH_4 等气体逸出。粗糙内表面下水道易引起管壁挂泥和颗粒物的沉积，为微生物产 CH_4 提供舒适环境。

3.3.2 甲烷生成量估算

1. 系数估算

下水管道内部适宜的环境与基质生长条件导致 CH_4 持续生成。评估 CH_4 生成量简单的方法即系数估算，主要考虑因素是下水道污水转输过程中有机质的降解量及其向 CH_4 的转化量。

研究显示，下水道 CH_4 排放系数模拟值为 0.0532 g CH_4/g COD。理论上，1 g COD 最多可以产生 0.25 g CH_4，这意味着下水道中有机物（COD）厌氧转化率大于 20%。对韩国大田广域市（Daejeon Metropolitan，约 150 万人）下水道温室气体（GHG）排放量研究显示，该市下水道年均 GHG 释放量为 5.65 万 t CO_2/a，其中，CH_4 贡献 3.51 万 t CO_2-eq/a，折算为人均年 CH_4 贡献 23.4 kg CO_2-eq/(PE·a)。

国内人均 COD 产生量为 24 kg/a（范围 19.35~29.93 kg/a），下水管道 COD 收集等综合折减系数为 0.7。按照上述下水道 CH_4 排放系数（0.0532 g CH_4/g COD）计算，国内人均 CH_4 贡献约为 22.3 kg CO_2-eq/(PE·a)，与韩国数据相当。据此，以我国城镇人口 8.5 亿为基准，粗略估算我国下水道 CH_4 排放总量约为 1900 万 t CO_2-eq/a。

2. 模型匡算

为更精确表征下水道 CH_4 释放量，考虑 CH_4 受多重因素共同影响，可以从管道模型角度评价下水管道中 CH_4 生成潜力。根据下水道 CH_4 生成模型匡算定量方法，下水道 CH_4 生成量计算根据考虑因素和侧重点不同，可分为下水道 CH_4 生成水力模型和经验模型两种。

（1）水力模型

美国水研究基金会（WRF）开发了 CAPS 模型系统（Conveyance Asset Prediction System），用于估算整个排水系统的 CH_4 生成量。该方法根据污水流量、温度和管道坡度等水力模型参数，利用模型衡算并输出结果。CAPS 方法以污水和管道内表面生物膜相互作用作为研究背景，包括了水解酸化、产甲烷、硫酸盐还原等主要反应。

澳大利亚昆士兰大学 SeweX 系统模型同样也建立了重力流下水道 CH_4 生成量计算方程，共考虑 5 个过程：1）在固液界面、生物膜和管道表面发生的碳/硫厌氧、缺氧和好氧转化；2）金属离子和硫酸盐等离子化学沉淀；3）生化反应导致的 pH 变化；4）CO_2、CH_4、H_2S 等在液、气相之间转移，以及

H_2S 在管道上表面吸附；5）CO_2、CH_4、H_2S 在污水和顶空容积中对流交换。该模型中涉及 CH_4 计算简化公式如式(3-1)：

$$r_{CH_4-GS} = 0.419 \times 1.06^{(T-20)} \times Q^{0.26} \cdot D^{0.28} \cdot S^{-0.138} \qquad (3-1)$$

式中 r_{CH_4-GS}——CH_4 释放速率，kg CH_4/(km·d)；

         T——温度，℃；

         Q——流量，m^3/s；

         D——管道直径，m；

         S——管道坡度，m/m。

此模型作出 4 点假设：1）MA 活性不受 SO_4^{2-} 浓度影响（认为 SO_4^{2-} 浓度在 2.5~50 mg S/L）；2）SO_4^{2-} 抑制 CH_4 产生完全来自于微生物对碳源竞争；3）CH_4 日产量取决于平均流量，不考虑流量波动影响；4）不考虑沉积物变化对 CH_4 产量影响。

前已述及，进水有机物浓度是产 CH_4 重要影响因素之一，且污水有机物浓度（COD）因不同地区和环境而差异较大。实际研究发现，当溶解性有机物浓度（sCOD）超过 100 mg/L 时，产 CH_4 过程并不受碳源浓度制约；当 sCOD 浓度为 50 mg/L 时，CH_4 产量相较 100 mg/L 时仅下降 9%。这意味着污水中低浓度有机物浓度变化对管道 CH_4 生成量影响不大。基于此，该模型以考察低碳源污水为主，忽略进水有机物微小影响。该研究过程也对下水道系统气体排放等进行了长期监测、收集，验证了该简化模型的准确性和可行性。

根据式(3-1)，对模型参数温度（T）进行敏感性分析，结果示于图 3-4 (a)。可以看出，随温度升高，CH_4 释放量逐渐升高。小管径（$D=200$ mm）下，在 $S=0.1$，温度 $T=15$ ℃时，CH_4 释放速率最小，仅为 0.3 kg CH_4/(km·d)；温度升高至 35 ℃时，CH_4 产量升至 879 kg CH_4/(km·d)。大管径（$D=2600$ mm）下，当 $S=0.0005$、$T=35$ ℃时，CH_4 释放速率达到最大值，为 2.7 kg CH_4/(km·d)。

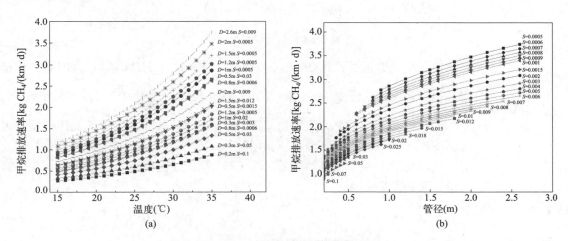

图 3-4 下水道 CH_4 释放速率及敏感性分析

(a) 温度 T；(b) 管径 D、坡度 S

同样根据式(3-1)，对管径（D）与坡度（S）进行敏感性分析，结果示于图 3-4(b)。当管道内部温度为 30 ℃时，随着 S 增加，CH_4 释放量逐渐下降，在 $D=200$ mm、$S=0.1$ 时，CH_4 释放速率最小，仅为 0.7kg CH_4/(km·d)；在最小设计坡度 $S=0.004$ 下 CH_4 释放速率最大，高达 1.0 kg CH_4/(km·d)。此外，随管增加，CH_4 产量逐渐上升；考虑最小设计坡度 $S=0.0005$，当 $D=900$ mm，CH_4 释放速率为 2.1 kg CH_4/(km·d)，而在 $D=2600$ mm 下，CH_4 释放速率增大至 2.8 kg CH_4/(km·d)。

综上，下水道 CH_4 释放速率与温度关系最大，管道管径次之，坡度影响最小。我国污水有机物浓度也很低，该模型应该适用。根据《2019 年城市建设统计年鉴》统计，我国污水总量 $Q=554.6$ 亿 m^3/a，管道长度为 74.4 万 km、管径 200～2600 mm，坡度根据管径大小合理选取，温度范围为 15～35 ℃。据此，根据式(3-1)可匡算出我国 2019 年城市下水道 CH_4 释放范围为 51.9～709.8 万 t CH_4/a，折合 1091～14906 万 t CO_2-eq/a；该计算结果最大值对应于全部管径按 2600 mm、最小坡度 0.0005 计算。

（2）经验模型

另外一种经典计算模型是考虑了下水道微生物产 CH_4 动力学过程。关键参数为温度、水力停留时间（HRT）和管道表面积与体积比（A/V）等。有人将压力管道中 CH_4 形成与管道几何形状（即，A/V）和 HRT 等自变量联系起来，提出一种经验拟合模型预测 CH_4 浓度，用于估算类似加压上升排水系统 CH_4 释放量，显示于式(3-2)。

$$C_{CH_4}=\gamma \cdot \left[\frac{A}{V}\right] \cdot HRT+0.0015 \tag{3-2}$$

式中 C_{CH_4}——下水道单位体积 CH_4 释放量，kg/m^3；

γ——比 CH_4 释放速率，$kg/(m^2 \cdot h)$，采用 MS Excel 中的最小二乘和拟合算法进行经验推导求出，取 5.24×10^{-5} $kg/(m^2 \cdot h)$。

HRT——污水在下水道中的停留时间，h；

$\dfrac{A}{V}$——管道内表面表面积与体积比，m^{-1}。

由于压力管道管径为 150～600 mm，公称设计 $HRT<8$ h。因此，模型中 $\left[\dfrac{A}{V}\right] \cdot HRT$ 值范围（0～200 h/m）将涵盖大多数压力流管段实际情况。

因该模型未考虑重力流管道 CH_4 释放，所以，有人优化了上述模型，考虑了 CH_4 生成量受温度影响，同时基于 A/V、HRT 和温度等重要参数，建立了一种预测污水重力管道的另外一个 CH_4 释放经验模型，且该模型（式 3-3）已得到现场实验验证。

$$C_{CH_4}=6 \times 10^{-5} \times 1.05^{T-20} \times \gamma \cdot \left[\frac{A}{V}\right] \cdot HRT+0.0015 \tag{3-3}$$

式中 C_{CH_4}——单位体积 CH_4 排放量，kg/m^3；

γ——比 CH_4 释放的速率，$kg/(m^2 \cdot h)$，取 6×10^{-5} $kg/(m^2 \cdot h)$；

T——温度，℃；

HRT——污水在下水道中的停留时间，h；

$\dfrac{A}{V}$——管道内表面积与体积比，m^{-1}。

根据式(3-3)再次计算我国下水道 CH_4 排放量，并同样使用 2019 年基础数据，得出 2019 年我国城市重力流管道 CH_4 排放范围为 8.3～116.7 万 t/a，换算成 CO_2 当量则为 175～2451 万 t CO_2-eq/a。

3. 小结

系数估算法粗略估算的我国下水道 CH_4 排放量（1900 万 t CO_2-eq/a）虽不精确，但并不偏离两种模型计算方法范围，特别是与后一种经验模型计算结果非常接近。从适用角度，系数估算法可以快速帮助我们定性，而模型计算法则可较为精确用于定量。

两种模型匡算法基于下水道 CH_4 生成乃一种生物反应过程，受温度影响比较大，故均考虑了温度对 CH_4 生成的影响。水力模型以平均流量计算，主要用于估计收集系统范围内的 CH_4 产量；平均流量代表了管道浸湿条件，但需获得精确的管道管径和坡度等设计参数，适合大规模工程管道 CH_4 预测。经验模型主要考虑管道内表面积与体积比以及水力停留时间等对微生物产 CH_4 的影响，更适合针对不同现场环境小范围评价 CH_4 产量。

3.3.3　CH_4 释放控制

在当前"双碳"目标下，抑制下水道 CH_4 产生并排放则显得必要。以下从源头抑制、过程缓释、排放处理三方面总结抑制下水道 CH_4 释放方法。

1. 源头抑制

1）化学药剂。研究显示，高铁酸盐（Fe^{6+}）对微生物具有快速、强力杀灭作用，可抑制下水道生物膜产生 H_2S 和 CH_4，导致微生物失活，从而抑制 CH_4 生成。研究结果发现，投加 60 mg Fe^{6+}/L 后微生物细胞参与生命活动的关键功能基因 dsrA 和 mcrA 分别大幅下降 84.2% 和 86.6%，SRB 和 MA 细菌的相对丰度也显著下降。投加 Fe^{6+} 可在 15 min 内灭活污水管道生物膜中微生物，若采用脉冲加药方式则可进一步增强其作用效果。

2）游离氨（FA）。研究发现，尿液中所含游离氨（FA）对厌氧环境下污水管道生物膜具有很强的生物灭活作用；在 FA 浓度为 154 mg NH_3-N/L 条件下，暴露 24 h 后，实验污水管道反应器中 H_2S 和 CH_4 含量立即下降 80%，其机理为 FA 显著降低了污水管道生物膜微生物群落的丰度和多样性。与投加化学药剂相比，源分离后的尿液直接投加至下水道可以抑制 CH_4 产生，且其操作简单、成本低、环境影响小。

3）游离亚硝酸（NO_2^-）。NO_2^- 对污水管网生物膜同样具有较强杀灭效果，且 MA 相较于 SRB 对 NO_2^- 浓度变化更为敏感；实验研究表明，游离 NO_2^- 可以完全抑制 CH_4 生成。研究发现，较低 NO_2^- 用量（0.09 mg N/L）和较短暴露时间（6 h）可以完全抑制 CH_4 产量；较长投药间隔（20 d）将足以达到 90% 抑制效率。分析发现，游离 NO_2^- 能够显著改变沉积物中深层微生物群落结构，可抑制沉积物中 CH_4 生成。但是，NO_2^- 在环境中很容易被氧化为 NO_3^-，其持续有效作用仍需考察。

4）pH。污水 pH 长期保持在 8.6～9.0 会影响下水道生物膜中 MA 活性。实验研究和现场检测均发现，适度升高 pH 可以实现对 CH_4 生成的抑制，若每天存在 2 h 污水 pH 处于 9.0，数周之内 CH_4 生成量将会被控制在原先产量的 25% 以下。相较其他化学药剂投加，间歇调节 pH 可能是控制下水道产 CH_4 的一种经济有效策略。最近，有人发明一种电化学制碱法，可利用电化学原理直接从污水中制备一定碱度的 OH^-，以提高管道污水 pH，进而抑制 MA 活性。这种电化学方法若用于控制小规模污水管网中的 CH_4 产量，应该是一种较有前景的技术，但需要较多现场试验首先验证其有效性。

2. 过程缓释

根据 CH_4 生成预测模型，通过减少 HRT、优化 A/V 可有效减少污水管道 CH_4 释放。此外，定期及时维护清理管道沉积物也不失为一种减少 CH_4 释放之策略。对于大多数重力流管道，保持良好通风状态是消除管道内厌氧环境的切实可行方法。也有研究表明，与未设通风系统相比，通过对上游管段自然脉冲方式通风（UNPV），上、下游污水管道中总 H_2S 浓度分别可降低 39% 和 59%，CH_4 浓度分别降低了 42% 和 36%，通风时污水氧化还原电位增加和有机碳迁移可能导致 MA 菌群种属组成发生变化。

3. 排放处理

如果上述各种方法均不可避免会有相当量 CH_4 产生，可以通过原位处理方法消除 CH_4。研究发现，在污水管网末端添加 NO_3^-，管道内溶解性 CH_4 会被消耗，其原理应该是一个反硝化过程，CH_4 被用作电子受体而被氧化为 CO_2。也可在 CH_4 主要释放点（如，重力流管道顶空通风点等）安装生物过滤器，进行末端处理。

3.3.4　结语

排水管网 CH_4 生成主要取决于水质特性、水力条件和管道环境三种因子。水质特性为产甲烷菌（MA）提供有机碳源及所需营养；水力条件决定生物膜结构及其传质性能；管道环境则是 MA 着床的重要保障。

系数估算或模型预测均可获得 CH_4 生成量信息；前者可用于数据范围快速定性，后者则能根据管道具体情况进行定量计算。无论哪一种估算方法，我国下水道 CH_4 年排放量应在 2000 万 t CO_2-eq/a 上下，其值已经接近我国污水处理厂碳排放总量（3985 万 t CO_2-eq/a）的近一半。因此，下水道 CH_4 排放量不可小觑。

控制下水道 CH_4 产生与排放需从上述 3 个影响因子入手。可通过投加抑制 MA 活性的药剂等进行源头控制，也可通过改善下水管道环境方式减缓 CH_4 释放，不得已时在管道气体释放口可进行末端处理。

3.4　下水道 CH_4 释放模型与内在控制

城镇迅速发展，城市规模不断扩展，城市污水管线（下水道）也不断扩张。作为用于收集生活污水、工业废水以及径流雨水的下水道，维系着城镇可持续发展的同时，也会带来次生环境问题。其中，最为突出的就是下水道甲烷（CH_4）释放问题。这一问题在"双碳"目标下显得尤为突出，因为 CH_4 的温室效应是二氧化碳（CO_2）的 27 倍之多。粗略估算表明，我国下水道 CH_4 碳排放量接近污水处理厂碳排放量的一半，高达 2000×10^4 t CO_2-eq/a；国际研究也认为，市政下水道系统 CH_4 碳排放量已与污水处理厂能耗产生的间接碳排放量旗鼓相当。可见，下水道 CH_4 排放问题不容小觑。

城市下水道 CH_4 碳排放近年已上升为国际普遍关注的热点。目前国内外已有许多有关市政下水道 CH_4 排放量的相关研究，各种估算以及模型计算层出不穷，其中，以管道 CH_4 释放模型为主题的研究备受青睐。例如，Willis 等根据 SEWEX 模型建立了下水道 CH_4 产生量计算公式，Sun 等在该 SEWEX 模型基础上又增加了生物膜模型，可分析水质组成对 CH_4 产生量的影响；Chaosakul 等对 CH_4 释放经验模型进行了优化，获得了与实际情况吻合良好的模型。这些模型研究各有千秋，但多聚焦于单一环境，而复杂多样的模型导致应用难度较大。

本节首先对下水道中 CH_4 形成机制与释放过程进行分析。其次，对各种已有模型进行梳理并总结各自特点和适用范围。最后，以下水道 CH_4 生成量作为指标，选择排放量潜力预测模型，以正交试验方法，分析主控制因子对 CH_4 释放量影响的显著性排序，以厘清可能改进的下水道技术措施。

3.4.1 下水道甲烷释放过程

城镇下水道用来收集与输送污水、废水和雨水，但因常为重力流而导致形成底部沉积物。在环境条件以及微生物作用下沉积物中的有机物，甚至氮、磷都会发生生物化学转化，因此而产生甲烷（CH_4）、硫化氢（H_2S），甚至氧化亚氮（N_2O）等气体。其中，CH_4 产生量最大，且难以控制其产生。

1. 下水道中甲烷形成机制

下水道沉积物产生 CH_4 是因沉积物中有机物在厌氧条件下经微生物作用最终形成 CH_4、CO_2、H_2O、H_2S 和 NH_4^+ 等的生化过程。Bryant 等提出的"三阶段"理论是目前普遍接受的厌氧消化机制，包括水解发酵、产氢产乙酸、产甲烷等阶段。

经水解发酵（糖类、脂肪和蛋白质等大分子首先被分解成以有机酸为主的低分子中间产物，继而在产酸菌作用下转化为更简单的醇类、挥发性脂肪酸/VFAs 等）与产氢产乙酸阶段（产乙酸菌将 VFAs 转化为乙酸），最终通过异养（主渠道，占 2/3）和自养（次渠道，占 1/3）产甲烷阶段将乙酸或 H_2 与 CO_2 转变为 CH_4。

2. 下水道中甲烷释放分析

（1）释放过程

下水道中沉积物和管壁生物膜是 CH_4 产生的主要场所。沉积物及生物膜中的微生物可以利用污水中有机物进行厌氧消化，产生乙酸、H_2 等物质，产 CH_4 菌进而利用其产生 CH_4。

在 CH_4 释放过程中，一般认为对 CH_4 产生量与产生速率影响最大的因素是下水道内微生物活性。通常采用微生物对有机物的水解速率、微生物对环境适应时间等参数反映下水道微生物活性变化，从而对 CH_4 释放程度进行分析与模拟。

（2）释放速率

下水道内部环境、城市不同区域排放污水水质以及微生物群落等均会影响下水道内 CH_4 释放速率：1）下水道环境内温度和 pH 影响微生物群落生长与代谢，而管径和坡度变化会引起水流流速与水力停留时间变化，从而影响有机物与微生物群落的接触时间；2）不同城市区域职能差异导致排放污水中有机物种类与浓度各不相同，进而存在有机物分解速率差异；3）不同微生物群落种类和数量共同影响着下水道 CH_4 释放速率。

综合上述三方面影响因素，下水道中 CH_4 释放速率存在诸多变量，这也是模型拟合的难点所在。此外，某些变量因城市居民生活规律变化，存在一段时间（如，24h 内）较大变化幅度，如流量、流速、有机物浓度等。因此，对于下水道甲烷释放模型，一方面需要探究能够与 CH_4 释放速率为强相关性的变量，另一方面还需要对实际管道环境进行长期观察与监测，探究其浮动范围或变化规律，从而对下水道 CH_4 排放实现尽可能准确的拟合。

（3）释放潜力

对下水道 CH_4 释放潜力进行核算与预测，需要掌握能够明显影响 CH_4 产生的因子。在实际工程中，往往需要对计划建设的项目进行碳排放核算，而不是对既有区域进行校核。因此，需要在保证计算准确性的同时尽量简单化，只需工程方面参数，无需实测数据。目前研究认为，在排除水质与微生物种群差异影响后，可以从污水与微生物接触面积、接触时间以及环境温度入手，实现对下水道 CH_4 释放量进行估算。

3.4.2　下水道甲烷排放模型与评价

1. 模型分类

现有管道 CH_4 释放模型共分为 3 类：

1）过程模拟模型：关注管道 CH_4 产生过程，通过不同数学模拟获得与实际过程拟合完美的公式表达，并对其中部分参数赋予实际含义，表达过程中动力学参数、微生物适应能力参数、反应潜力参数、排放峰值参数等信息。

2）释放速率模型：根据管道水力学或水质参数，考察生物反应下对应的 CH_4 产生速率，包括对应有机物产生速率或单位管道 CH_4 产生速率，它区别于动力学参数中的水解速率常数等，以直接"黑箱"形式评价管道对应的 CH_4 产生快慢。通过各种机理与经验模型，考虑 CH_4 排放过程中发生的有机物转化过程、生物膜内微生物反应、管道内壁污染物堆积与冲刷情况等，可对下水道 CH₄ 排放规律预判。

3）潜力预测模型：基于某些实际工程参数实现对管道系统内产 CH₄ 量进行预测，如管道坡度、直径等水力条件参数，或基于始端 COD 浓度、温度等初步实际参数，以及管道湿周、水力停留时间等经验参数。该类模型不需考虑反应过程，仅利用工程参数与大量实际数据进行拟合，拟合推导后获得相应数学关系，从而对实际场景进行潜力预测。

2. 过程模拟模型

（1）一级动力学模拟

一级动力学模型可表征 CH₄ 累计产量随管道流动时间变化的关系。实际考虑污水中存在溶解性惰性组分 S_I，引入参数 c 对该模型进行修正，修正后的模型如式（3-4）。由于反应初期微生物存在适应阶段，一级动力学模型无法对该过程进行校核。因此，实际拟合时仅拟合稳定后累积 CH₄ 产量。该模型突出优势是拟合求解水解速率常数 K_h，有助于下水道产 CH₄ 微生物动力学研究。

$$V(t)=V_m\times[1-\exp(-K_h\cdot t)-c] \tag{3-4}$$

式中　$V(t)$——t 时刻下水道累计 CH₄ 产生量，mL；

　　　V_m——最大 CH₄ 产生量，mL；

　　　K_h——水解速率常数，h⁻¹；

　　　　t——污水在下水道内流动时间，h；

　　　c——污水中难生物降解惰性组分 UBCOD 与总 COD 比值。

一级动力学模型以有机物降解程度与 CH₄ 产生量之间完成平衡作为估算依据，以累计 CH₄ 产生量反映微生物水解程度，具有微生物动力学意义，在实际市政下水道环境中已获得证明。当产 CH₄ 阶段完成时，环境中仍有部分有机物存在，如难降解惰性组分（UBCOD）。因此，引入参数 c，对原一级动力学模型进行修正，并探究城市不同职能区域与所排放污水中惰性组分 S_I 之间关系。一级动力学拟合模型函数并不复杂，可与大多数实际数据较好拟合，已得到广泛应用。可以认为，微生物动力学过程等模拟具有较好的拟合效果，但对绝对参数（如，初期延滞、终产 CH₄ 量等宏观参数）拟合效果并不佳。

（2）冈珀兹修正模拟

冈珀兹修正模型同样用于模拟复杂进水底物条件下 CH₄ 累积变化量，该模型函数图像为一种典型 S 型指数曲线方程。相对于一级动力学模型，它也同样存在相同性质最大 CH₄ 产量 V_m 参数，但不同的是它可以反映最大产 CH₄ 速率 R_m，也新引入了更具实际意义的延滞期 λ，其具体模型如式（3-5）。

$$V(t)=V_m\exp\left\{-\exp\left[\frac{R_m e}{V_m}(\lambda-t)+1\right]\right\} \tag{3-5}$$

式中　$V(t)$——t 时刻下水道 CH₄ 累计产生量，mL；

　　　V_m——最大 CH₄ 产生量，mL；

　　　　R_m——最大产 CH_4 速率，mL/h；

　　　　e——$\exp(1)=2.7183$；

　　　　λ——产 CH_4 延滞期，即微生物对环境适应时间，h；

　　　　t——污水在下水道内流动时间，h。

　　Yono 等研究证明，冈珀兹修正模型对于下水道 CH_4 产生潜力预测明显好于一级动力学模型。该模型考虑了微生物适应阶段产生的初期 CH_4 延滞现象，适用于微生物适应阶段较长的反应环境，如下水道内部，所以，它的拟合程度会明显好于一级动力学模型。对于城市管道环境而言，以初始排放位置作为起点，CH_4 产生过程并非是线性的，而是呈指数函数趋势，即前期并未产生较明显的 CH_4 排放，而随着管线长度增加，CH_4 产生量呈突增趋势。因此，采用冈珀兹修正模型，通过其中延滞期参数 λ 可以厘清不同城市排放位置和水质下的产 CH_4 差异、推测 CH_4 释放路径曲线，从而针对高峰点位采取针对性抑制措施，进而实现减排。

　　3. 释放速率模型

　　（1）基于管道参数

　　Willis 等选取了下水道内 CH_4 释放过程中的 5 种典型反应过程，建立了重力流下水道 CH_4 释放速率模型。该模型共考虑了 5 种反应过程：1）硫酸盐与其他金属盐类形成的化学沉淀反应过程；2）管道内壁、内壁与附着生物膜之间、生物膜与液体接触界面三者间产生的厌氧、缺氧、好氧反应过程，以及其中 C 与 S 元素流动过程；3）CO_2、CH_4、H_2S 在管道内壁附着及液相与气相间迁移过程；4）管道内释放气体在污水与管道上部空间发生对流过程；5）反应环境内 pH 变化过程。该模型以管道工程参数作为主要依据，CH_4 释放模型如式(3-6)。

$$r_{CH_4}=0.419\times1.06^{(T-20)}\times Q^{0.26}\cdot D^{0.28}\cdot S^{-0.138} \qquad (3-6)$$

式中　r_{CH_4}——下水道 CH_4 释放速率，$kg\ CH_4/(km\cdot d)$；

　　　　T——管道内温度，℃；

　　　　Q——管道流量，m^3/s；

　　　　D——管道直径，m；

　　　　S——管道坡度，m/m。

　　为简化模型，便于实际工程应用，对模型作理想状态假设：1）管道内沉积物不影响 CH_4 释放速率与释放量；2）排除管道内生产、生活造成的流量波动，以平均管道流量考虑；3）产 CH_4 微生物活性与环境中 SO_4^{2-} 浓度无关，即假设 SO_4^{2-} 浓度在 $2.5\sim50$ mg S/L；4）将 SO_4^{2-} 对 CH_4 产生抑制效果只归结于微生物间竞争作用。

　　（2）基于水质参数

　　目前大量研究已证实，城市下水道产 CH_4 潜力与环境内污水水质组分明显相关。Sun 等通过探究下水道污水中 SO_4^{2-} 和 SCOD 浓度变化对产 CH_4 菌活性的影响，建立了基于水质参数的经验模型，用于预测 CH_4 最大产生速率

(k_{CH_4})，见式(3-7)。

$$k_{CH_4} = a_2 \cdot S_{SO_4} + b_2 \cdot S_{SCOD} + c \qquad (3-7)$$

式中　k_{CH_4}——下水道最大产 CH_4 浓度速率，$g\ COD/(m^3 \cdot d)$；

　　a_2, b_2, c——均为公式中常数，$a_2 = -0.41 \pm 0.02$，$b_2 = 0.078 \pm 0.001$，$c = 1.62 \pm 0.46$；

　　S_{SO_4}——污水中 SO_4^{2-} 长期波动下平均浓度，mg/L，适用范围为 $5 \sim 30\ mg\ S/L$；

　　S_{SCOD}——污水中长期波动下平均 SCOD 浓度，$mg\ COD/L$，适用范围为 $100 \sim 500\ mg\ COD/L$。

在实际管道环境下验证表明，该模型能够较好地预测下水道水质波动环境下最大 CH_4 浓度速率。污水中水质长期波动变化影响产 CH_4 菌生长、繁殖活性，但可以通过经验模型进行拟合，以得到长期水质波动条件下的 CH_4 最大产生速率。

4. 潜力预测模型

(1) 实际工程模型

Zuo 等根据城市下水道内流量、温度、水力坡度等工程参数信息，利用 CAPS (Conveyance Asset Prediction System) 系统对下水道产 CH_4 潜力进行预测，得到了潜力预测模型。该模型考虑了水解酸化过程、产 CH_4 过程、硫酸盐还原等过程，主要分析管道内污水与管内壁生物膜间相互作用，如式(3-8)。

$$r_{CH_4} = 0.419 \times 1.05^{(T-20)} \times \sum_{i=1}^{n} \left[\frac{Q_i^{-0.74}}{(3600 \times 24)^{0.26}} D_i^{0.28} \cdot S_i^{-0.138} \cdot L_i \right]$$

$$(3-8)$$

式中　r_{CH_4}——下水道 CH_4 排放速率，$kg\ CH_4/m^3$；

　　T——管道内污水全年平均温度，℃；

　　Q_i——所核算污水管网区域内第 i 段管段日平均流量，m^3/d；

　　D_i——第 i 段管段直径，m；

　　S_i——第 i 段管段坡度，m/m；

　　L_i——第 i 段管段长度，km；

　　n——该核算区域管段数量。

此模型主要适用于低有机物浓度环境，实际工程环境下，能够获取污水各管段水力条件信息时，可采用此模型。

(2) 排放因子模型

排放因子模型采用 IPCC (联合国政府间气候变化专门委员会) 城市下水道 CH_4 排放因子建议值 $0.25\ kg\ CH_4/kg\ COD$。该模型以 20 ℃下有机物厌氧转化率作为基准值，并引入修正因子 ε 进行进一步修正。排放因子模型将 IPCC 下水道 CH_4 排放因子与厌氧转化率温度模型结合，形成以环境初始 COD 及温度作为已知参数的预测模型，见式(3-9)。Toprak 等对于厌氧环境下 COD 转化率进行研究发现，其与环境温度存在相关性，得到了厌氧转化率温度模型，即式(3-10)。

$$V(t) = EF_{CH_4} \times C_{COD} \times \left(1 - \frac{1}{1 + \eta_T \cdot t}\right) \tag{3-9}$$

$$\eta_T = \eta_{20} \varepsilon^{T-20} \tag{3-10}$$

式中　$V(t)$——下水道内 t 时刻累积 CH_4 产生量，mg/L；

　　　EF_{CH_4}——下水道 CH_4 排放因子，mg CH_4/mg COD；

　　　C_{COD}——计算区域范围的初始 COD，以该地区进入市政污水管道有机物浓度平均值作为初始 COD，mg/L；

　　　η_T——污水管道中有机物（COD）厌氧转化率；

　　　t——下水道内污水平均流动时间，d；

　　　η_{20}——有机物（COD）在 20 ℃下的厌氧转化率；

　　　ε——修正因子；

　　　T——当地下水道内污水温度，℃。

当下水道 COD 浓度与污水温度是已知参数时，可以采用排放因子模型进行计算。该模型引入厌氧转化率温度模型，与 CH_4 排放因子进行结合，可实现对环境内 CH_4 最大产生量进行模拟预测。

（3）经验拟合模型

Yan 等主要探究了压力流下水道 CH_4 排放量拟合模型，该模型以市政污水管道几何参数、水力停留时间等作为初始条件，通过大量实测数据得到比 CH_4 释放速率，用于模拟核算压力流管道产 CH_4 潜力，拟合模型见式(3-11)。

$$C_{CH_4} = \gamma \cdot \left[\frac{A}{V}\right] \cdot HRT \tag{3-11}$$

式中　C_{CH_4}——下水道单位体积 CH_4 释放量，kg CH_4/m³；

　　　γ——比 CH_4 释放速率，kg/(m² · h)，采用最小二乘和拟合算法进行经验推导求出，取 5.24×10^{-5} kg/(m² · h)；

　　　$\dfrac{A}{V}$——管道内表面积与体积比，m⁻¹；

　　　HRT——污水在下水道中的停留时间，h。

该模型适用于 $\left[\dfrac{A}{V}\right] \cdot HRT$ 在 0～200 h/m 的环境，经实际压力流下水道环境验证，可以与实际情况拟合程度较好。实际城市真空下水道系统设计管径通常在 150～600 mm，水力停留时间小于 8 h，因此，基本涵盖绝大多数实际工程应用。

Pikaar 等人对压力流下水道经验拟合模型进行优化，引入温度参数 T，使其能够适用于重力流下水道 CH_4 排放潜力模拟预测，该模型已经通过城市市政下水道系统实地测量验证，可以较好与实际符合，拟合公式见式(3-12)。

$$C_{CH_4} = 1.05^{T-20} \times \gamma \cdot \left[\frac{A}{V}\right] \cdot HRT + 0.0015 \qquad (3-12)$$

式中　C_{CH_4}——单位体积 CH_4 排放量，kg/m^3；

　　　　T——下水道内污水温度，℃；

　　　　γ——比 CH_4 释放速率，$kg/(m^2 \cdot h)$，取 $6 \times 10^{-5}\ kg/(m^2 \cdot h)$；

　　　　$\frac{A}{V}$——管道内表面积与体积比，m^{-1}；

　　　HRT——污水在下水道中的停留时间，h。

　　根据该模型对我国 2019 年城市下水道 CH_4 排放量进行核算，发现城市市政污水管道 CH_4 排放量在 8.3～116.7 万 t/a，相当于 175～2451 万 t CO_2-eq/a，这是城镇水务系统中不可忽略的碳排放来源。

　　5. 模型评价

　　将以上三种主要模型各自特点、优缺点等总结于表 3-3。

下水道甲烷释放模型比较　　　　　　　　　　表 3-3

甲烷排放模型分类		适用场景	实际意义参数	优点	缺点
过程模拟模型	一级动力学模拟	探究产甲烷过程内部变化	水解速率常数、延滞期等	从内部分析产甲烷情况，便于针对进行甲烷排放抑制	需获取实际甲烷排放信息，不利于工程应用
	冈珀兹修正模拟				
释放速率模型	基于管道参数	污水管网核算边界内动态变化过程	甲烷释放速率	可探究区域内甲烷排放动态过程	获取参数复杂
	基于水质参数				
潜力预测模型	实际工程模型	工程场景粗略计算	单位水量甲烷排放量	计算简便快速，参数获取简单	计算结果存在不确定性
	排放因子模型				
	经验拟合模型				

　　过程模拟模型主要模拟管道内 CH_4 累计产量随时间变化情况。该类模型具有能够反应内部变化情况的重要参数，如水解速率常数、延滞期等，主要适用于探究 CH_4 产生内部变化过程，以及需针对反应环境或水质进行 CH_4 抑制的情况。

　　释放速率模型可以直接针对下水道 CH_4 最大释放速率进行模拟。通过管道参数或水质参数变化，对管道内部 CH_4 浓度动态变化过程进行模拟。释放速率模型可以用于探究特定时间与空间范围内下水道 CH_4 因生产生活造成的动态变化过程。

　　潜力预测模型根据工程参数对拟建造管网系统进行 CH_4 排放核算，数据获取简便、计算相对快捷。但由于这类模型以管道施工参数作为基础，是通过大量实测数据形成的经验模型，未考虑内部变化过程，所以，估算结果不够精确。

3.4.3   甲烷释放控制模型分析

1. 模型测算

对不同下水道 CH_4 释放模型评价后发现，各模型主要涉及 4 个影响因子：1）污水温度；2）管道管径；3）管道长度；4）COD 浓度。可以通过正交法将 4 个控制因子影响程度进行排序。因释放速率模型并不包括对下水道 CH_4 释放量的模拟，因此，选用过程模拟模型与潜力预测模型中的经验拟合模型与排放因子模型，对下水道 CH_4 释放量控制因子进行影响程度分析。

过程模拟模型将下水道环境信息以微生物内部反应变化的形式进行模拟，该模型存在理论最大 CH_4 产生量 V_m、最大产 CH_4 速率 R_m、产 CH_4 延滞期 λ、污水在下水道内流动时间 t 4 个变量。其中，V_m 主要受污水中 COD 浓度影响，R_m 主要与污水温度有关，λ 为管道内有机物的适应时间，与污水其他水质特点有关（如，pH 等），t 与管道长度和污水流速有关。选取 $V_m = 1 \sim 10$ mL、$R_m = 2 \sim 8$ mL/h、$\lambda = 0.5 \sim 3$ h、$t = 0.5 \sim 4$ h，流速采用最小设计流速 0.6 m/s，管道长度选取 $1.1 \sim 8.6$ km，以涵盖城市各种可能发生情况。根据各因子影响范围，构建 4 因子多水平正交表，见表 3-4。

过程模拟模型各影响因子取值范围　　　　　　表 3-4

水平	V_m(mL)	R_m(mL/h)	λ(h)	T(h)
1	1	2	0.5	0.5
2	5	4	1	1
3	10	6	2	2
4	—	8	3	3
5	—	—	—	4

4 个影响因子最大水平变量为 5，根据正交法应构建 L_{25}（5^4）正交表。但在该模型中，须保证延滞期 $\lambda \leqslant t$，为此，筛选后采用 19 组方案。将各水平变量随机排列，正交法模拟结果列于表 3-5。通过表 3-5 可以看到，第 19 组方案累计 CH_4 产生量最大（9.99 mL），$V_m = 10$ mL，表明此时已基本达到理论最大产 CH_4 量；$R_m = 8$ mL/h，可以认为产 CH_4 菌生长环境达到最适宜情况，环境温度在中温左右；$\lambda = 0.5$ h、$t = 4$ h，说明此时产 CH_4 微生物用最短时间适应环境污水，且污水与微生物接触时间最久。可以认为，该情况下水道 CH_4 释放潜力达到最大。

过程模拟模型正交试验模拟方案与模拟结果　　　　　　表 3-5

编号	V_m(mL)	R_m(mL/h)	λ(h)	t(h)	t 时刻累计 CH_4 产生量 $V(t)$(mL)
1	1	2	0.5	0.5	0.07
2	1	4	2	3	1.00
3	1	6	1	1	0.07
4	1	8	1	4	1.00

编号	V_m(mL)	R_m(mL/h)	λ(h)	t(h)	t 时刻累计 CH_4 产生量 $V(t)$(mL)
5	5	2	1	3	3.67
6	5	4	1	1	0.33
7	5	6	3	4	4.51
8	5	8	0.5	2	4.98
9	10	4	0.5	4	9.41
10	10	6	2	2	0.66
11	10	4	1	3	7.34
12	10	2	2	4	4.00
13	10	4	2	2	4.00
14	10	8	3	3	0.66
15	10	4	0.5	1	2.06
16	10	2	2	2	2.06
17	10	6	0.5	2	9.55
18	10	4	1	4	9.01
19	10	8	0.5	4	9.99

以下水道 t 时刻累计 CH_4 产生量作为过程模拟模型因变量,进行主体间效应检验,结果列于表 3-6。主体间效应检验可以确定不同因子对下水道 CH_4 排放量是否产生显著影响。如果 P 小于显著性水平 (0.05),则说明该因子对 CH_4 排放量影响显著;反之,P 大于显著性水平则说明该因子影响并不显著。通过表 3-6 可以看到,只有 V_m 变量具有显著性。表明在过程模拟模型中,起主要影响作用的是底物浓度,即污水中 COD 浓度因子。

过程模拟模型主体间效应检验　　　　　　　　　　表 3-6

方差来源	离差平方和	自由度	均方	F	P	显著性
V_m	436.4819	2	218.241	11.546	0.009	$P<0.05$
R_m	47.02402	3	15.675	0.829	0.481	$P>0.05$
λ(h)	131.7799	3	43.927	2.324	0.179	$P>0.05$
t(h)	123.8201	4	30.955	1.638	0.271	$P>0.05$
误差	113.4129	6	18.902	—	—	—

经验拟合模型中含有污水温度、A/V(管道内表面积与体积比值)、污水流动时间 3 个变量。其中,A/V 仅与管道管径有关,污水流动时间与管道长度和污水流速有关。考虑不同城市四季下水道污水温度变化,选取温度 $T=0\sim30\ ℃$,$A/V=2\sim13.33\ \mathrm{m}^{-1}$,即选择 $DN300\sim DN2000$ 范围管径;污水在下水道内流动时间选取 $0.5\sim4\ \mathrm{h}$,流速同样采用最小设计流速 $0.6\ \mathrm{m/s}$,管道长度选取 $1.1\sim8.6\ \mathrm{km}$。根据各因子影响范围,构建 3 因子多水平正交表,见表 3-7。

经验拟合模型各影响因子取值范围　　　　　　　　　　　　表 3-7

水平	温度(℃)	$A/V(\mathrm{m}^{-1})$	流动时间(h)
1	0	13.33	0.5
2	10	8	1
3	20	4	2
4	30	2.667	3
5	—	2	4

　　3 个影响因子的最大水平变量为 5，构建经验拟合模型正交试验模拟方案 $L_{25}(5^3)$ 表。若采用全面试验则需 $3^5 = 243$ 种方案，采用正交试验模拟则仅需 25 组方案。为减少试验误差，将各水平变量随机排列，各方案模拟结果同样列于表 3-8。通过表 3-8 可以看到，第 16 组方案 CH_4 排放量最大（5.41 g/m^3），此时温度为 30 ℃、$A/V = 13.33\ \mathrm{m}^{-1}$（管径为 $DN300$）、污水流动时间为 3 h（管道长度约 6.5 km）；第 3 组方案 CH_4 排放量最小（1.55 g/m^3），此时温度为 0 ℃、$A/V = 4\ \mathrm{m}^{-1}$（管径为 $DN1500$）、污水流动时间为 0.5 h（管道长度约 1.1 km）。

经验拟合模型正交试验模拟方案与模拟结果　　　　　　　　表 3-8

编号	温度(℃)	A/V (m^{-1})	流动时间(h)	CH_4 排放量(g/m^3)	编号	温度(℃)	A/V (m^{-1})	流动时间(h)	CH_4 排放量(g/m^3)
1	0	13.33	1	1.80	14	20	2.67	0.5	1.58
2	0	8	3	2.04	15	20	2	2	1.74
3	0	4	0.5	1.55	16	30	13.33	3	5.41
4	0	2.67	2	1.62	17	30	8	0.5	1.89
5	0	2	4	1.68	18	30	4	2	2.28
6	10	13.33	0.5	1.75	19	30	2.67	4	2.54
7	10	8	2	2.09	20	30	2	1	1.70
8	10	4	4	2.09	21	20	13.33	2	3.10
9	10	2.67	1	1.60	22	20	8	4	3.42
10	10	2	3	1.72	23	20	4	1	1.74
11	20	13.33	4	4.70	24	20	2.67	3	1.98
12	20	8	1	1.98	25	20	2	0.5	1.56
13	20	4	3	2.22					

　　以下水道 CH_4 排放量作为经验拟合模型因变量，进行主体间效应检验，见表 3-9。表 3-9 显示，3 个变量对 CH_4 释放量影响均十分显著。进一步对比 F，得到影响程度显著性排序为：温度＞A/V（管径）＞流动时间。说明温度在设计阶段对 CH_4 释放量的影响显著性最大。下水道内环境温度升高，产 CH_4 菌内酶活性增强，代谢反应速率加快，从而使得生物量增长更为迅速，进而增加 CH_4 产生量。管径对 CH_4 产生量的显著性次之；实际上，下水道

管径越大时，CH_4 产生量将同样增大。在大管径条件下，水流速度变慢，有机物将在管道中停留更长的时间，并进行充分的厌氧发酵，从而产生更多的 CH_4。当污水在管道内停留时间较长时，有机物会有更多时间进行厌氧发酵，从而产生更多 CH_4。在不增加污水流速情况下，下水道长度越长，污水中有机物厌氧消化时间也越久，CH_4 产生量也就越大。

经验拟合模型主体间效应检验　　表 3-9

方差来源	离差平方和	自由度	均方	F	P	显著性
温度	61.347	3	20.449	8.014	2.806×10^{-3}	$P<0.05$
A/V	8.805	4	2.201	0.863	0.5117	$P<0.05$
流动时间	5.852	4	1.463	0.573	0.6868	$P<0.05$
误差	33.174	13	2.552	—	—	—

通过经验拟合模型，得到了温度、管径、污水流动时间三者的显著性比较。利用排放因子模型，可进一步计算下水道污水水质数据在可获取的情况下，污水 COD 浓度、污水流动时间、污水温度 3 个影响因子的显著性差异。COD 浓度选取范围在 $50\sim500$ mg/L；污水流动时间与污水温度选取范围同设计施工参数，且在此基础上增加水平变量。建立 3 因子多水平正交表，见表 3-10。

排放因子模型各影响因子取值范围　　表 3-10

水平	COD 浓度(mg/L)	流动时间(d)	温度(℃)
1	50	0.02	0
2	100	0.04	5
3	200	0.06	10
4	300	0.08	15
5	400	0.1	20
6	500	0.13	25
7	—	0.15	30
8	—	0.17	—

考虑 3 个影响因子，最大水平变量为 8，构建排放因子模型正交试验模拟方案 L_{64} (8^3)，见表 3-11。通过表 3-11 得到，第 49 组 CH_4 产生量最大 $(8.89$ mg/m$^3)$，此时，COD 浓度为 400 mg/L，污水流动时间为 0.146 d，管道长度约 7.6 km，污水温度为 30℃。第 37 组 CH_4 产生量最小 $(0.01$ mg/m$^3)$，此时，COD 浓度为 100 mg/L，污水流动时间为 0.02 d，管道长度约 1.1 km，污水温度为 0℃。排放因子模型正交法模拟结果同样展示了，重力流下水道中污水 COD 浓度越高，温度越高，管道长度越长，CH_4 产生量相应便会越大。

排放因子模型正交试验模拟方案与模拟结果   表 3-11

编号	COD 浓度 (mg/L)	流动时间(d)	温度 (℃)	CH_4 产生量(mg/m³)	编号	COD 浓度 (mg/L)	流动时间(d)	温度 (℃)	CH_4 产生量(mg/m³)
1	500	0.06	15	0.95	33	300	0.04	15	0.38
2	300	0.1	10	0.54	34	100	0.167	30	2.51
3	300	0.146	15	1.37	35	100	0.125	15	0.39
4	500	0.02	30	1.65	36	300	0.08	10	0.44
5	300	0.08	20	1.30	37	100	0.02	0	0.01
6	500	0.125	5	0.65	38	300	0.146	25	3.98
7	500	0.167	0	0.50	39	300	0.1	20	1.62
8	300	0.04	25	1.14	40	100	0.06	5	0.06
9	500	0.02	20	0.55	41	200	0.08	0	0.10
10	200	0.146	5	0.30	42	50	0.125	25	0.57
11	200	0.1	0	0.12	43	50	0.167	20	0.44
12	400	0.06	25	2.25	44	200	0.04	5	0.08
13	200	0.04	15	0.25	45	50	0.06	15	0.09
14	400	0.167	10	1.21	46	200	0.1	30	3.13
15	400	0.125	15	1.56	47	200	0.146	15	0.91
16	200	0.08	30	2.54	48	50	0.02	10	0.02
17	200	0.125	10	0.45	49	400	0.146	30	8.89
18	50	0.08	15	0.13	50	200	0.02	15	0.13
19	50	0.04	30	0.33	51	200	0.06	15	0.22
20	200	0.167	15	1.04	52	400	0.1	15	1.25
21	50	0.1	5	0.05	53	200	0.167	25	3.02
22	200	0.06	20	0.65	54	400	0.04	0	0.10
23	200	0.02	25	0.38	55	400	0.08	5	0.34
24	50	0.146	0	0.04	56	200	0.125	20	1.34
25	300	0.167	5	0.52	57	500	0.1	25	4.63
26	100	0.04	20	0.22	58	300	0.06	0	0.11
27	100	0.08	25	0.75	59	300	0.02	5	0.06
28	300	0.125	0	0.23	60	500	0.146	20	3.91
29	100	0.146	10	0.26	61	300	0.125	30	5.78
30	300	0.02	15	0.19	62	500	0.08	15	1.26
31	300	0.06	30	2.89	63	500	0.04	10	0.36
32	100	0.1	15	0.31	64	300	0.167	15	1.56

以下水道 CH_4 排放量作为排放因子模型因变量，进行主体间效应检验，结果见表 3-12。表 3-12 显示，COD 浓度、流动时间与温度在实际工程中对 CH_4 释放量影响最为显著。对比 F 得到各因子显著性排序：温度＞COD 浓度＞流

动时间。

排放因子模型在实际工程中主体间效应检验   表 3-12

方差来源	离差平方和	自由度	均方	F	P	显著性
COD 浓度	64.122	5	12.824	8.909	6.148×10^{-6}	$P < 0.05$
流动时间	26.209	7	3.744	2.601	2.420×10^{-2}	$P < 0.05$
温度	79.781	6	13.297	9.238	1.345×10^{-6}	$P < 0.05$
误差	64.774	45	1.439	—	—	—

2. 讨论

影响下水道 CH$_4$ 产生因子主要包括：温度、管径、管道长度、COD 浓度。在设计阶段不能获取实际污水 COD 浓度信息时，得到影响因子显著性排序为：温度>A/V（管径）>流动时间。在下水道污水水质数据可获取的情况下，得到影响因子显著性排序为：温度>COD 浓度>流动时间。

可见，温度是影响 CH$_4$ 产量最为突出的因子。低温显然有利于抑制 CH$_4$ 产生，即在自然条件下，冬季下水道 CH$_4$ 产生量低于夏季。对下水道降温理论上可通过在线水源热泵热量交换实现。但是，冬季热量交换势必导致进入污水处理厂温度降低，这对污水生物处理极其不利。因此，通过人为调节下水道温度抑制 CH$_4$ 产生量的做法不可取。

下水道 COD 浓度取决于管网前端用户生活水平与习惯，似乎也无法实现人为干预。尽管化粪池可以截留部分 COD，但是，被截留的 COD 在相对静止的厌氧环境下比下水道更容易产生 CH$_4$。所以，主张保留化粪池的观点也不可取。某种程度上说，化粪池对污水处理脱氮除磷来说实际上是在帮倒忙。

提高管道流速理论上可以减少不溶性 COD 管底沉积，可最大程度避免 CH$_4$ 产生。但是，排水规律与特点决定了下水道一般以重力流为主，不可能通过减少管径的方式单纯提高管道流速，以避免峰值排水潜在的排水不畅，甚至堵塞问题。

无论如何，减少污水在管道中的停留时间是抑制 CH$_4$ 产生唯一可能采取的技术措施。重力流管道缩径固然不可取，但是，负压排水系统似乎可以奏效。而负压排水需要能耗，要核算能耗产生的间接 CO$_2$ 排放与管道 CH$_4$ 排放间的差异。

此外，从外源介入入手似乎可以抑制产甲烷细菌的活性，例如，向下水道中注入氮氧化物（NO$_3^-$ 与 NO$_2^-$）、O$_2$、金属盐、碱性、游离亚硝酸（FNA）等药剂可直接或间接控制 CH$_4$ 与 H$_2$S 排放，但是这些化学药剂的生产与运输亦会造成间接碳排放，需要进行全生命周期（LCA）核算。

3.4.4 结语

市政下水道环境非常复杂，传输污水中有机物（COD）沉积导致的管壁厌氧微生物滋生必然会形成 CH$_4$ 而释放。若下水道检查井通气不畅，遇明火会发生爆炸，而通气太畅则会向大气中释放大量温室气体。因此，需要有合适的模型预测下水道 CH_4 释放量。

总结已有下水道 CH_4 释放量模型，可分为 3 类：过程模拟模型、释放速率模型与潜力预测模型。其中，过程模拟模型和释放速率模型均可对下水道 CH_4 释放规律进行分析和探究，但它们在参数获取上存在难度，且获取参数必须为实际测定值。因此，这两类模型只能对已有城镇下水道系统进行核算，并不能对未施工管道系统评估。相形之下，潜力预测模型可适用于工程应用场景，只需坡度、管径等工程设计参数便可进行快速简便计算，尽管计算结果准确性欠佳。

不同模型主要涉及 4 个 CH_4 释放量的影响因子，其影响程度顺序为：温度＞COD 浓度＞管径＞流动时间。温度固然是影响 CH_4 产生量最为显著的因子，但人工降温（热量交换）并不可取，这会在冬季影响污水处理厂生物处理效果。COD 浓度决定于居民生活水平与习惯，且化粪池截留 COD 更易产生 CH_4，所以，面对 COD 似乎也束手无策。以提高管道内流速而对重力流管道缩径并不现实，但似乎可以通过负压排水系统来达到减少污水管道内流动时间的目的，而代价是能耗，需核算能耗间接碳排放（CO_2）与管道 CH_4 排放间的差异。投加化学药剂等外源介入措施虽可抑制甲烷细菌活性，但因此而产生的间接碳排放不得不予以考虑。

3.5   水环境 CH_4 超量释放悖论

全球气候变暖导致的自然灾害等现象令人担忧。为避免灾难性后果发生，《巴黎协定》签署、生效，旨在将全球平均气温上升幅度于 21 世纪末控制在较"工业革命"前 2 ℃以内，最好能控制在 1.5 ℃以内。温室气体是导致全球变暖的罪魁祸首；广义温室气体指任何会吸收和释放红外线辐射并存在于大气中的气体，包括水蒸气（产生约 2/3 温室效应）、臭氧（O_3）、二氧化碳（CO_2）、甲烷（CH_4）、氮氧化物（N_xO）、氢氟碳化合物（HFCs）、全氟碳化物（PFCs）及六氟化硫（SF_6）等。因水蒸气及臭氧时空分布变化较大，所以在进行温室气体减量措施规划时，一般都不将这两种气体纳入考虑。

《京都议定书》所规定控制的 6 种温室气体之温室效应依以上顺序能力逐渐变强，如 CH_4、N_xO 与 SF_6 百年以内的全球变暖潜能（GWP）分别为 CO_2 的 27、273 和 31298 倍。就排放量而言，CO_2 首当其冲，约占温室效应的 1/4；CH_4 排放量虽不及 CO_2，但它 27 倍于 CO_2 的 GWP 不免令人关注。

CH_4 排放除与人类活动（如，养牛、化粪池、下水道、污水处理、天然气泄漏等）相关外，自然源排放亦不可小觑，特别是从天然水体中排放的 CH_4 因人类活动干扰而日趋增加。当水体"甲烷悖论"被人类察觉并逐渐认识后，人们发现大量 CH_4 不是从水体底部淤泥厌氧产生，而是在水体表层好氧环境中直接出现。这就超出了人为控制 CH_4 产生的数量与难度，对 21 世纪末控温小于 2 ℃带来潜在隐患，尽管我们有可能按时完成碳中和目标。

为此，有必要关注水体 CH_4 排放，对其在水体中生成路径、生成量等研究成果予以综述。特别要阐述水体甲烷悖论中 CH_4 释放现象及其机理，以揭示和评估其对于碳中和以及控温可能产生的负面影响。与此同时，期望从文献综述中获得一些可能的调控策略，以尽可能减少甲烷悖论现象下 CH_4 产生量。

3.5.1 水环境中甲烷产生

1. 常规甲烷产生途径

自然水体，包括海洋、湖泊、河流、湿地等，普遍具有较强的 CH_4 释放现象，且已经被大量研究证实。CH_4 常规产生途径仅限于厌氧环境下（氧化还原电位 $ORP \leqslant -350$ mV），是在氧气和无机氧化剂（NO_3^-、Fe^{3+}、SO_4^{2-} 等）耗尽环境中作为电子给予体而形成的被氧化产物。自然水体中的底部有机沉积物为 CH_4 产生创造了良好的条件，厌氧沉积物中富含大量产乙酸菌和产甲烷菌等微生物，通过水解、发酵、产甲烷等一系列代谢过程产生 CH_4。在这些微生物代谢过程中产甲烷菌产 CH_4 是终点，这一步骤中产甲烷菌通过异养与自养两种途径生成 CH_4。

不同自然水体沉积物中 CH_4 生成途径存在较大差异，在海洋沉积物中大部分 CH_4 是通过产甲烷菌进行 CO_2 还原和甲基基质歧化反应所产生，所以，在缺氧的近海岸区底层沉积物中有着较强的 CH_4 生产能力。当硫酸盐存在时，硫酸盐还原菌（SRB）消耗 CH_4 的速率要普遍高于产甲烷菌产 CH_4 速率，所以，尽管海洋面积辽阔，但其释放进入大气的 CH_4 量相对较少，约 80% 由底层沉积物产生的 CH_4 已经被沉积物或水体中硫酸盐所消耗。在淡水生态系统中，植物和藻类被证实在沉积物产 CH_4 途径中起关键作用；植物残体、根系分泌物及微生物代谢产物成为湿地、湖泊等地表水体的重要碳源；水生植物和藻类能够共同固定生态系统中 80% 以上的碳（CO_2），通过自身光合作用与共生微生物协同作用可将 CO_2 转化为水体中溶解性有机碳（DOC）。DOC 一方面可以通过生物化学过程直接成为产甲烷菌所需碳源，另一方面其好氧（当存在时）分解至无机碳（DIC：CO_2）过程中需要消耗大量氧气，这也为产甲烷菌提供了良好的厌氧环境。

即使在同一类水环境中 CH_4 生成途径也存在一定差异。有人对美国缅因州 Lowes Cove 湿地沉积物产 CH_4 途径进行了分析，结果显示，乙酸对产 CH_4 贡献率仅占 0.5%～5.5%；在旧金山河口湿地检测中发现，确实仅有 1% CH_4 产生于乙酸。然而，也有学者在有机质相对丰富的加利福尼亚 Cape Hatteras 滨海湿地检测中发现，乙酸对产 CH_4 贡献率达 25%～50%；在英国 Arne Peninsula 盐沼湿地甚至发现 99% CH_4 来源于乙酸发酵。显然，自然环境中环境因子存在着差异，不同的影响因子可以改变产 CH_4 途径并导致不同产 CH_4 量贡献率，结果出现 CH_4 产生和释放存在高度时空变异性。

2. 甲烷过量释放现象

大量研究者对自然水体产生的 CH_4 量进行长期观测发现，人类活动可以直接导致自然水体中 CH_4 释放量大幅增长，且其增长量甚至已经超过传统认知中的排放量，例如，甚至已高过化石燃料使用、汽车尾气排放、管道泄漏、森林砍伐等温室气体排放量。有人对美国五大湖之一伊利湖（Lake Erie）进行了观测，发现 46 年间 CH_4 排放量增加了 10 倍 [4.6 mg C/(m^2·d)]，已经远远超过美国俄亥俄州与密歇根州大多数天然气配送系统或垃圾填埋场所产生的 CH_4 总量。如果将其 CH_4 排放量折算为 CO_2 当量为 209775 t/a，相当于超过 10 万辆汽车行驶一年总碳排放量，或 25 万 t/a 燃煤量。

由于人类活动中大量有机质和营养盐经陆地、河流输入至海洋，使海洋微生物受到巨大影响，这其中就包括 CH_4 生成量。原本仅占全球海洋很小部分的河口与近岸海域，如今 CH_4 排放量已占到海洋 CH_4 总排放量的 75%。进言之，这些有机物质和营养盐进入地表水体后也产生了水体富营养化现象，致藻类大量繁殖，水生物种群、数量发生变化，最终破坏水体生态平衡。有人建立了计算 CH_4 产生与水体富营养化程度关系的数学模型；假设富营养化程度（总磷，TP）增加 3 倍，扩散通量（Diffusive flux：CH_4 过饱和，以驱动作用从水释放至大气）则会从当前水平 28×10^6 t C-CH_4/a 增加至 45×10^6 t C-CH_4/a，即增加 60%；气泡通量（Ebullitive fluxes：CH_4 以气泡形式上浮至大气）和总（扩散+气泡）CH_4 排放量将增加近 1 倍。按照这个模型计算，若全球湖泊富营养化程度增加 1.5 倍，全球湖泊 CH_4 总排放量将上升至 141×10^6 t C-CH_4/a，将会超过目前全球最大 CH_4 排放源——湿地排放量 139×10^6 t C-CH_4/a。预计到 21 世纪末，因水体富营养化现象导致的 CH_4 排放量将净增 30%~90%，对温室气体的贡献率将远远超过森林砍伐之作用。

与水体富营养化现象类似，已有大量研究证实，温度同样是 CH_4 排放量增加的重要因子。温度升高有利于微生物代谢作用，同时，气泡通量比扩散通量对升温更为敏感。如果将水体富营养化与升温这两种因素相结合，其结果显然不是简单的叠加。有人基于对中尺度浅水湖泊研究第一次证明了温度与富营养化之间的协同作用，实验数据示于表 3-13。表 3-13 显示，对 CH_4 释放（特别是气泡通量）而言，协同效应确实远远超过两个单变量作用之总和。

水体富营养化与温度对湖泊 CH_4 释放量的协同影响　　表 3-13

增加温度（℃）	贫营养[(0.23 mg N/L)/(12.8 μg P/L)]		富营养[(3.53 mg N/L)/(186 μg P/L)]	
	CH_4 释放量 [mg CH_4-C/(m^2·a)]	气泡通量占比(%)	CH_4 释放量 [mg CH_4-C/(m^2·a)]	气泡通量占比(%)
0	266	51	552	75
2~3	225	42	3988	90
4~5	500	45	2369	75

3.5.2　甲烷悖论与机理

1. 好氧水体甲烷释放现象

自然水体中 CH_4 过量释放现象已经被普遍观测到，仅靠常规底泥有机物厌氧消化途径显然难以自圆其说。按常规途径，无论是海洋还是地表水体似乎应在底部沉积物处方能监测到最高 CH_4 浓度。然而，现象并非如此，在很多海洋表层和近表层含氧水体中发现 CH_4 常常是过饱和的。大量证据表明，这些海域中 CH_4 大多来自含氧的原位水体，形成向大气净释放 CH_4 现象。有人对瑞士哈尔维尔湖（Lake Hallwil）进行监测时也发现，在距湖面最近、溶解氧（DO）含量最高的变温层中的 CH_4 浓度要比它之下的温跃层高出近100 倍。根据变温层产 CH_4 分馏因子（$\alpha_{app} = 1.045$）与沉积物相应因子（$\alpha_{app} = 1.056 \sim 1.060$）对比得知，每年约有 26 ± 14 t CH_4 来源于湖水表层未知路径。同时，采用同位素对比法发现，表层水相中被氧化的碳源与 CH_4 中碳同位素值差异较小（$-32‰ \sim -29‰$），而与沉积物中碳源相差相对较大（$-44‰ \sim -41‰$），说明在湖表层有氧区域确实存在着某种还不为人知的其他 CH_4 生成途径。

尽管如此，仍然有人称有氧区域 CH_4 来源于沉积物横向和垂直运输，并以他人对气泡中 CH_4 含量检测不精确以及同位素差异源于近岸沉积物横向运输为理由予以反驳。对此，有人又对德国东北部 Stechlin 湖进行了检测，特别是对东北湖区和南部湖区横向和垂直输送进行了检测，结果示于表 3-14。这项研究同时还检测到两处含氧水相上层 CH_4 浓度急增现象（水深 $= 6$ m：CH_4 浓度为 1400 nmol/L；水深大于 10 m：CH_4 浓度小于 200 nmol/L）。在此之后，他们将经验模型（平均准确度 91.4%）结合卫星数据对全球湖泊（$\geqslant 0.01$ km）进行了评估；结果显示，全球湖泊中约有 66% 的 CH_4 均源于好氧环境。

Stechlin 湖有氧环境 CH_4 释放情况 表 3-14

湖区	CH_4 总释放量(mol/d)	横向输送(mol/d)	垂直输送(mol/d)
东北	942	372(32%)	56(5%)
南部	795	423(45%)	41(4%)

2. 甲烷悖论与机理

有悖于传统观念中厌氧底泥释放，这种在好氧环境下 CH_4 过量释放现象被学界称之为"甲烷悖论"。海洋环境中藻类被认为是 CH_4 直接释放源已有近 40 年研究历史，以藻类代谢物二甲基磺酰丙酸盐（DMSP）及其降解产物甲硫醇、二甲基硫醚（DMS）、二甲基亚砜（DMSO）等作为底物，在有氧环境下可以产生 CH_4 的"假说"已被证实。有人通过热力学计算表明，在好氧条件下微生物为产生能量，以甲硫醇作为直接前体代谢可以产生 CH_4。为了研究 DMS 与产 CH_4 代谢途径之间的关系，有人对 DMS 释放主要来源——颗石藻（*Emiliania huxleyi*）等 3 种浮游生物进行了详细研究；通过 ^{13}C 标记实验可以清楚地确定碳酸氢盐是颗石藻产 CH_4 的主要无机碳前体，并且在其所有生长阶段均有 CH_4 产生现象。DMSP 首先降解为 DMS，随后被氧化为 DMSO；在两种代谢途径下以非血红素铁（Ⅳ）为催化剂均证明存在 CH_4 释放现象，并且各个化合物之间产 CH_4 率受环境影响是可变的。因此，DMSP

连续降解是好氧 CH_4 形成的一种可能途径。

甲烷悖论现象并不仅仅局限于海洋之中；一个最新研究称，一种微生物酶让甲基磷酸酯（MPn）在脱去磷酸酯分子过程中生成 CH_4，这为解释地表水体甲烷悖论现象提供了可能。一些研究者对有氧产 CH_4 环境进行了宏基因组分析，结果表明，很多含有 C-P 裂解酶（phnJ）基因的浮游生物（如，蓝藻、原绿藻、假单胞菌等），在缺磷条件下对有机磷化合物（如，MPn）进行代谢也可以产生 CH_4。有人根据 MPn 代谢路径对德国 Matano 湖宏基因组分析显示，代谢途径中所有基因（如，phnDEC、phnM 等）都被包括在内，但在水深 10 m 以下时却离奇消失；在培养的 4 个菌株中未提供 MPn 时，所有菌株均未产生 CH_4；当添加 MPn 的同时添加同等浓度磷酸盐可使其中 3 个菌株 CH_4 产生量减少 40%～60%，而另外一个菌株 CH_4 产量则完全被抑制。同理，有人也对美国黄石公园内湖进行了研究，将甲酸、乙酸、MPn 等进行了 ^{13}C 标记；结果表明，仅 MPn 能产生 CH_4。此外，他们还观测到假单胞菌在富氧层中异常丰富，构成整个微生物群落的 10.6%，而在 10 m 水深处仅为 0.26%，20 m 处继续下降为 0.04%。也有人对日本 9 个深淡水湖进行了调查，使用 16S rRNA 和 CARD-FISH 方法还证明了 CH_4 浓度与聚球菌（Synechococcus）细胞密度之间存在重要相关性。

3. 碳中和 VS 甲烷悖论

水体甲烷悖论现象已被证实，所涉及的机理如上所述已有初步揭示并形成一定理论。可以预计，随科学技术深入发展，解释甲烷悖论的详细机理会逐步完全明了。然而，甲烷悖论导致的可观 CH_4 释放量已是不争的事实。无形中，这对我们正在努力的 2060 年碳中和目标带来不小压力，恐怕我们人为碳减排还需进一步增大力度，仅仅满足碳中和目标还是远远不够的。

当然，如果对甲烷悖论研究得不断深入，对隐含机理能够详尽揭示，或许有可能根据机理研究出一些调控措施，以缓解自然水体 CH_4 超量释放现象，减少我们对碳中和目标实现的压力。近年来我们针对地表水体富营养化现象采取一系列措施，水华或赤潮现象已得到明显改善，这对调控地表水体中 CH_4 释放量应该具有积极的效果，因为甲烷悖论机理其中一种就是藻类作祟。

甲烷悖论机理显然是多渠道的，富营养化导致的藻类繁殖可致 CH_4 好氧释放，而缺乏营养（P）的环境亦能出现 CH_4 好氧释放现象，如有机磷化合物（MPn）代谢。这就使得仅仅针对水体的富营养化现象来调控水体 CH_4 超量释放还是远远不够的。有研究证明，沿海工业与农业污水排放会刺激河口与近岸海域微生物分解 MPn，进而加速 CH_4 释放。

显然，水体富营养与贫营养都会出现甲烷悖论现象，只有维持水体营养水平在一种健康状态才有可能减少甲烷悖论下 CH_4 超量排放现象。为此，一方面需要加大对甲烷悖论现象机理的深入研究，以制定调控技术措施；另一方面需在水生态健康维护方面继续进行卓有成效的实际工作。只有这样才能最大限度减少 CH_4 超量释放现象，为碳中和目标解忧。

3.5.3　结语

碳中和乃今后 30 年全社会共同努力奋斗的目标。然而，人为努力之外还存在着一些不可小觑的"自然"排放源，如水体甲烷悖论下超常规 CH_4 释放现象。CH_4 超量排放量甚至高过某些地区化石燃料使用、汽车尾气排放、管道泄漏、森林砍伐等温室气体排放总量之和。如果对这一"异常"现象不加以重视，即使若干年后我们实现了碳中和，可能也难完成 21 世纪末全球控温小于 2 ℃之目标。因此，向着碳中和前行的同时，我们还必须了解甲烷悖论以及可能对碳中和产生的负面影响。

甲烷悖论指的是水底沉积物厌氧产甲烷（常规）之外的好氧表层水产甲烷现象，且这种非常规（异常）产甲烷量往往高于常规产甲烷量。研究表明，甲烷悖论现象存在多种有氧环境产甲烷途径；目前研究已确定的主要有两种：1）藻类代谢物产甲烷；2）甲基磷酸酯（MPn）脱磷酸酯产甲烷。前者可能因水体富营养化藻类大量繁殖引起，后者则发生于贫营养（缺无机磷）水体。可见，只有维持水体营养水平达到一种健康、平衡状态方有可能减少甲烷悖论下 CH_4 超量排放现象。为此，一方面需要加大对甲烷悖论现象机理的深入研究，以制定相应调控技术措施；另一方面需在水生态健康维护方面继续进行卓有成效的实际工作。只有这样才能最大限度减少 CH_4 超量释放现象，以保证在实现碳中和的同时也达到 21 世纪末全球控温小于 2 ℃之目标。

3.6　干化焚烧可最大转化化学能并彻底减量污泥

生物处理不仅是过去、现在盛行的污水处理方法，也将代表着未来。故而，污水处理副产物——剩余污泥是始终绕不开的问题。污泥处置方式，从开始的填埋、农用、绿化，一直到现在的堆肥、消化，乃至焚烧，这其中，污泥"丢弃"（如填埋、农用）显然是最为简单和经济的方式；在相对"地大物博"的中国、美国和英国丢弃所占比例较高，分别达 76%、59% 和 63%。但是，在人均国土面积较小的一些欧洲国家和日本，丢弃应用比例持续下降，从法国 46%，到德国 27%，直至日本 16%、荷兰 11%（0% 农用），继而增加了厌氧消化，甚至焚烧的路径。

纵观欧洲等发达国家剩余污泥处理、处置历史，丢弃越来越受到空间和农业的限制，以至于很快变成一条"死胡同"。从省事、省力、省钱角度，中国固然想继续走丢弃的路子。然而，现实情况表明，我们没有足够可持续接纳污泥的填埋场地，农民亦不稀罕污泥中的肥效，园林绿化恐也难以长期接纳污泥。这就形成了目前中国剩余污泥"成灾"的严重局面。因此，我们不得不"另辟蹊径"，以至于堆肥、消化、焚烧也相继提到议事日程并开始工程应用。在大多数国人眼中，焚烧投资与运行费用太高而望而生畏，一般首先考虑堆肥和消化。污泥堆肥出路有限，厌氧消化后仍有 50%～70% 的污泥有机物残留而"无地自容"，不得不再增加焚烧环节最终处置。

鉴于此，我们认为，既然"低端"丢弃方式变得日益艰难，不如直接走向"高端",即焚烧。当然,污泥焚烧需要将含水率降至一定范围(40%~70%)。所以,污泥脱水后仍需要进一步干化至目标含水率,而传统的厌氧消化则完全可以省略。污泥干化后焚烧不仅可以最大限度将污泥有机能量予以回收(发电、供热),而且从焚烧后的灰分中回收磷是磷回收最有效的方式,甚至还可以回收重金属。

基于这一思路,需要对污泥干化、焚烧建议工艺进行能量平衡、投资成本、运行费用匡算,并与传统厌氧消化为主的焚烧工艺进行技术经济比较,以揭示建议工艺在能量、投资以及运行方面的优势所在。

3.6.1　干化＋焚烧建议工艺

污泥直接干化、焚烧建议工艺包括机械脱水、热媒干化与单独焚烧三个单元,如图 3-5 所示。含水率大于等于 99% 的原污泥采用机械脱水方式可容易将含水率降至 80%(外运填埋标准);常用机械脱水方式有压滤(带式、板框)、真空吸滤和离心等,但较常用的是压滤。近年来,国内外也研发出一些新的脱水设备,如电渗析脱水工艺。总之,将原污泥脱水至 80% 选择方案较多。

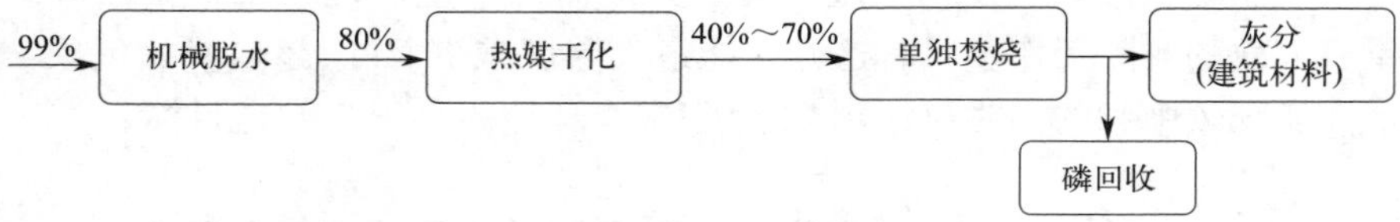

图 3-5　污泥干化、焚烧建议工艺流程

机械脱水至 80% 含水率的污泥虽已呈泥饼状,可装车外运,但距离自持燃烧(无需辅助外部燃料)含水率(40%~70%)还有一定距离,主要取决于污泥有机质含量。这就需要在 80% 含水率脱水污泥的基础上实施热媒干化,主要形式有热对流干燥系统和热传导干燥系统。热对流干燥系统(转鼓式干化与流化床干化)适用于全干化工艺,可使含水率从 80% 降至小于等于 15%。从焚烧角度看,全干化并不可取,一是能耗高,二是后续焚烧难以形成流化状污泥颗粒。因此,半干化热传导干燥系统(转盘式干化与多层台阶式干化表)较适用于干化污泥,可使污泥含水率降至 35%~50%。

根据污泥有机质含量大小,40%~70% 含水率干化污泥已具有自持燃烧的能力,利用常规焚烧炉在 800~900 ℃温度下便将污泥有机物完全燃烧并氧化至 CO_2,最后包括磷在内的无机物形成灰分。污泥焚烧释放出的热量可以用来发电或回收高温废气再次进行污泥干化或热交换供热,灰分中的磷,甚至重金属可以通过化工工艺回收,残留灰分可用于生产建筑材料。国内外常用焚烧炉有流化床炉、立式多膛炉、喷射焚烧炉等。

3.6.2　建议工艺能量衡算

1. 机械脱水

国内外常见机械脱水方式及其能耗列于表 3-15,其中,板框压滤能耗最高,带式压滤与真空吸滤次之,离心分离和双滚挤压能耗最低。本节以能耗折中且常用的带式压滤法为例进行能量衡算,平均能耗约 60 kWh/t DS。

常见机械脱水方式及其能耗　　　　　　　　**表 3-15**

技术指标	脱水方式				
	板框压滤	带式压滤	真空吸滤	双滚挤压	离心分离
脱水污泥含水率(%)	55～90	65～90	60～90	60～80	～80
总能耗范围(kWh/t DS)	157～179	37～81	37～81	37～59	15～37
均值(kWh/t DS)	169	61	61	39	26

2. 污泥干化

(1) 理论能耗计算

污泥干化过程能耗由污泥固体升温及所含水分吸热组成，那么从这两方面入手，理论能耗计算分别如下。

1) 污泥固体升温所需热量

污泥固体升温所需热量 E_s 可根据式(3-13)进行计算：

$$E_s = (T_2 - T_1) \cdot C_s \cdot M_s \times 100 \tag{3-13}$$

式中　　E_s——污泥固体升温所需热量，kJ/t DS；

T_1、T_2——脱水污泥初始温度(20 ℃)和干化温度(100 ℃)；

C_s——污泥比热容，3.62 kJ/(kg·℃)；

M_s——污泥干固体(DS)质量，定值，10 kg/t 湿泥(99%含水率)。

2) 污泥中水分吸收热量

污泥中水分吸收热量分为：①水从常温升温到显热；②水蒸发过程汽化潜热。热媒干化又分高温干化(100 ℃)和低温干化(20～80 ℃)，分别可利用高温烟气、过热蒸汽、燃油和热水及太阳能、低温热能等实现。目前，高温干化较为盛行，本节也以高温干化为例(100 ℃)，这部分干化热量可根据式(3-14)计算：

$$E_w = C_w \left(\frac{M_s w_1}{1 - w_1} \right) \times (T_2 - T_1) \times 100 + Q_g \cdot M_w \tag{3-14}$$

$$M_w = \left[\frac{M_s}{1 - w_1} - \frac{M_s}{1 - w_2} \right] \times 100 \tag{3-15}$$

式中　　E_w——污泥中水分吸收的热量，kJ/t DS；

C_w——水的比热容，4.2 kJ/(kg·℃)；

w_1、w_2——污泥干化前后含水率，分别为80%和40%～70%；

Q_g——水在100 ℃时的汽化潜热，2260 kJ/kg；

M_w——干化过程蒸发的水量，kg/t DS，按式(3-15)计算。

上述计算中最为重要的参数是污泥干化后的含水率 w_2，其表征污泥自持燃烧所需的最高含水率，可由式(3-16)进行计算：

$$Q_{sH} = Q_{sL} \times (1 - w_2) - Q_g (w_2 + 9 w_H) \tag{3-16}$$

式中　　Q_{sH}——污泥高位热值，即污泥的最大潜能值，可由式(3-18)计算，kJ/t DS；

Q_{sL}——污泥低位热值，取污泥自持燃烧限值 3.36 GJ/t DS；

w_H——污泥干固体中氢（H）元素含量，取 2%。

（2）实际能耗计算

因污泥干燥机自身存在热损失，污泥干化实际能耗显然要比理论能耗高；不同干燥机热损失亦存在一定差异，热损失效率 $\varepsilon_干$ 在 10%～20%；本节取高值（20%）计算。污泥干化实际能耗可按式（3-17）计算：

$$E'_T = E_T(1+\varepsilon_干) \tag{3-17}$$

3. 污泥焚烧

（1）理论释能计算

污泥有机质完全焚烧至灰分释放的热量体现在污泥的干基热值上，污泥干基热值可根据式（3-18）计算。

$$Q = 2.5 \times 10^5 \times (100p_v - 5) \tag{3-18}$$

式中　　　Q——污泥干基热值，J/kg DS；

2.5×10^5，5——系数；

p_v——污泥有机质含量，%。

我国污泥有机质含量在 30%～65%，比欧美等发达国家低 15.2%～37.7%。以我国有机质含量为基准，分别取 30% 和 65%，带入公式计算得污泥燃烧热值在 6.3～15.0 GJ/t DS。本节取污泥有机质含量 $p_v=53\%$，污泥高位热值，即焚烧理论释能为 11.9 GJ/t DS，与表 3-16 中我国污泥平均热值一致。以实现自持燃烧为目的，污泥干化后含水率 w_2 需达到 57.7%（式 3-15）。这样，脱水污泥从 80% 含水率干化至 57.7%，所需干化能耗为 9.1 GJ/t DS，与实际工程资料值 11.7 GJ/t DS 近似；转化为电当量是 2529 kWh/t DS（1 kWh=3600 kJ）。

干化污泥实现自持燃烧所需含水率 w_2 取决于污泥有机质含量（VS）。根据式（3-15）和式（3-17）可得出污泥有机质含量与干化目标含水率关系，如图 3-6 所示。显然，污泥有机质含量越高，污泥干化目标含水率 w_2 便越高，也就是说，干化污泥自持燃烧含水率随有机质含量增高而升高。

<table>
<tr><td colspan="3">不同国家污泥燃烧热值</td><td>表 3-16</td></tr>
<tr><td rowspan="2">国家</td><td colspan="2">燃烧热值</td></tr>
<tr><td>范围（GJ/t DS）</td><td>均值（GJ/t DS）</td></tr>
<tr><td>日本</td><td>16.0～21.0</td><td>19.0</td></tr>
<tr><td>意大利</td><td>9.9～20.5</td><td>17.8</td></tr>
<tr><td>德国</td><td>15.0～18.0</td><td>17.0</td></tr>
<tr><td>美国</td><td>11.0～17.4</td><td>16.5</td></tr>
<tr><td>韩国</td><td>8.4～20.2</td><td>16.3</td></tr>
<tr><td>英国</td><td>11.2～20.0</td><td>15.5</td></tr>
<tr><td>西班牙</td><td>9.5～17.6</td><td>15.3</td></tr>
<tr><td>荷兰</td><td>12.5～13.6</td><td>13.1</td></tr>
<tr><td>波兰</td><td>9.2～14.4</td><td>12.6</td></tr>
<tr><td>中国</td><td>5.8～19.3</td><td>11.9</td></tr>
</table>

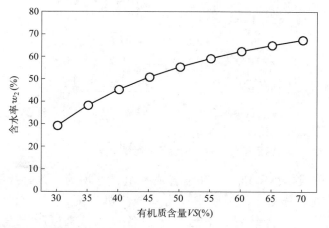

图 3-6 干化污泥自持燃烧含水率 w_2 与有机质含量关系

（2）焚烧过程中能量损失

污泥焚烧过程中会因固体、气体不完全燃烧或者锅炉自身散热造成一定热量损失，所以，污泥焚烧释能计算需要扣除这部分热量损失，可按式（3-19）进行计算：

$$Q_{损}=Q_a+Q_b+Q_c+Q_d+Q_e \tag{3-19}$$

式中　$Q_{损}$——污泥焚烧损失总能量，kJ/t DS；

　　　　Q_a——焚烧炉自身输出热量（炉内挂壁损失），kJ/kg；

　　　　Q_b——气体不完全燃烧损失热量，kJ/t DS；

　　　　Q_c——固体不完全燃烧损失热量，kJ/t DS；

　　　　Q_d——锅炉散热损失热量，kJ/t DS；

　　　　Q_e——锅炉鼓入空气电能损耗，kJ/t DS。

本计算中焚烧炉以国内外最常用鼓泡流化床为例，炉内不设置水冷壁（$Q_a=0$）。焚烧所产生的热量以烟气形式为载体，排烟热量占总热量的 93%，即污泥焚烧损失热量占总热量的 7%，所以污泥焚烧能量损失 $Q_{损}=11.9$ GJ/t DS×7%=0.8 GJ/t DS。

（3）实际产能计算

理论释能值与焚烧能量损失之差即为污泥焚烧实际产能值：$Q'=Q-Q_{损}=11.1$ GJ/t DS。

污泥焚烧产能主要以烟道气和水蒸气为载体，可利用热电联产技术（CHP）对这部分能量进行回收与利用。如果热电联产效率取 80%，则污泥焚烧后通过 CHP 实际可转化的电当量为 2480 kWh/t DS。

4. 能量衡算

根据上述能量计算，可绘制出如图 3-7 所示的能量平衡图。因此，可以看到建议工艺的能量赤字为 109 kWh/t DS。

3.6.3　建议工艺成本分析

本节以处理规模为 50 万 m³/d 的传统活性污泥法处理厂为例计算投资与运行成本。该案例厂剩余污泥产量 8000 t/d（含水率 99%），脱水污泥产量为 400 t/d（含水率 80%），干污泥 80 t/d（含水率 0%）。

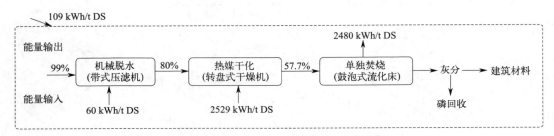

图 3-7   污泥干化、焚烧建议工艺能量衡算

工艺投资成本由基建成本和设备成本组成（均为一次性投资），设备根据污泥产量进行选型。污泥脱水以带式压滤机为例，还包括污泥泵、加药装置、加药泵、计量装置、输送机等设备投入。机械脱水全投资成本以 2400 元/t 湿泥（99% 含水率）计算。污泥干化系统设备主要包括计量、存储、进料系统，干燥机（以转盘式干燥机为例），投资成本以 30 万元/t 湿泥（80% 含水率）计算。污泥焚烧系统设备主要包括焚烧炉（以鼓泡式流化床为例）、烟气净化系统、飞灰处理系统等，投资成本以 40 万元/t 湿泥（80% 含水率）计算。

污泥脱水、干化、焚烧运行全成本由电费、水费、药剂费、工资福利费和固定资产折旧费、大修费、检修维护费等费用构成。动力费以电费为主，水费指冲洗水等用水量，药剂费主要指污泥脱水所用药剂（混凝剂）费用；固定资产折旧费为固定资产原值与综合基本折旧率的乘积；检修维护费则是固定资产原值与检修维护率的乘积。

根据以上匡算原则，可计算出建议工艺各单元投资与运行成本，见表 3-17。

干化、焚烧建议工艺投资与运行成本   表 3-17

成本	工艺			
	机械脱水	污泥干化	污泥焚烧	Σ
投资成本(万元/t DS)	24	150	200	374
运行成本(元/t DS)	148	1000	1515	2663

3.6.4   对比传统工艺能耗与成本

传统污泥处理、处置工艺一般由重力浓缩、厌氧消化、机械脱水、热媒干化、污泥焚烧 5 个单元来完成，工艺流程如图 3-8 所示。剩余污泥经过重力浓缩后，污泥含水率从 99% 降为 97%，污泥体积可减少 2/3，相应地可减少厌氧消化运行负荷。在厌氧消化过程中，污泥有机质转化效率（至 CH_4）一般为 30%～50%，厌氧消化产生的能量一般用于消化池自身加热。由于厌氧消化降低了污泥有机质含量，也就降低了污泥干基热值，从而会减少污泥焚烧过程能量输出。

1. 能量衡算

污泥厌氧消化前含水率为 97%，消化后熟污泥含水率略有升高，但相差不大，计算中取97.5%。厌氧消化过程化学能转化（CH_4）可以产生能量，产能为5.7 GJ/t DS，通过CHP转化电当量为1284 kWh/t DS。因消化池加热会消耗能量，实际能耗为728 kWh/t DS，所以，实际可输出电当量为556 kWh/t DS。经厌氧消化后干固体量 M_s 降为8.41 kg/t湿泥（99%含水率），厌氧消化后使污泥有机质含量减少到37%，这就降低了污泥的高位热值，使得污泥自持燃烧含水率也随之降低为 $w_2=41.3\%$（式3-15和式3-16）。熟污泥经厌氧消化温度升高至35℃，即 $T_1=35$ ℃，计算得出厌氧消化后污泥干化实际能耗为2459 kWh/t DS。熟污泥中有机质含量减量为37%，相应污泥理论焚烧产能值降为8.0 GJ/t DS，污泥焚烧能量损失同前，则污泥干化焚烧后燃烧实际产能为7.4 GJ/t DS，通过CHP转化电当量为1653 kWh/t DS。

上述能量衡算表明，传统污泥处理、处置工艺总能耗为3261 kWh/t DS，总产能为2937 kWh/t DS，能量赤字为324 kWh/t DS，详细结果如图3-8所示。

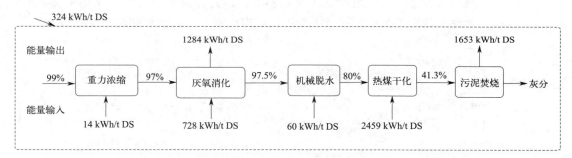

图3-8 传统污泥处理、处置工艺消化干化焚烧能量衡算

2. 成本分析

99%含水率剩余污泥经重力浓缩（97%）、厌氧消化污泥含水率变为97.5%，污泥体积可减少3/5，机械脱水污泥处理量减少3200 t/d，可大大降低机械脱水投资成本；以1800元/t湿泥（99%含水率）计算，则机械脱水投资成本降为18万元/t DS。机械脱水运行成本主要体现在电费的降低，为140元/t DS。经厌氧消化后浓缩污泥干固体减量，使得干化、焚烧设备规模减小，干化、焚烧投资成本可降至280万元/t DS。设备规模减小必然也会降低运行成本，主要是电费、检修费、维护费上的节省，因此，干化、焚烧运行成本可降至2264元/t DS。虽然厌氧消化使得机械脱水、干化、焚烧投资及运行成本都有所降低，但仍需考虑重力浓缩和厌氧消化基建和设备投资以及相应的运行成本；重力浓缩投资及运行成本分别以40万元/t DS和100元/t DS计算；厌氧消化投资和运行成本分别按250万元/t DS和200元/t DS计算。这样，传统污泥处理、处置工艺的投资成本为588万元/t DS，运行成本为2704元/t DS，详见表3-18。

传统污泥处理、处置工艺成本分析   表 3-18

成本	工艺				
	重力浓缩	厌氧消化	机械脱水	热媒干化＋污泥焚烧	Σ
投资成本（万元/t DS）	40	250	18	280	588
运行成本（元/t DS）	100	200	140	2264	2704

3. 热水解对传统工艺的影响

污泥单独厌氧消化有机物降解、转化效率很低，只有 30%～50%；当剩余污泥中不含初沉污泥时厌氧消化有机物转化率更低，可能只有 20%～30%。为提高厌氧消化有机物转化能源效率，热水解技术被用于厌氧消化的预处理工艺，并获得一些应用。污泥热水解是在一定温度和压力下，将污泥在密闭的容器中进行加热，使污泥细胞部分发生破壁的过程，以增加污泥后续厌氧消化有机物转化率。热水解固然可以强化厌氧消化有机物转化率，但提高厌氧消化有机物转化率后的消化污泥后续焚烧能源释放量会相应减少，况且，热水解设备投资与运行费用价格不菲。因此，需要对介入热水解的传统污泥处理、处置工艺进行能量平衡以及成本核算，工艺流程如图 3-9 所示。

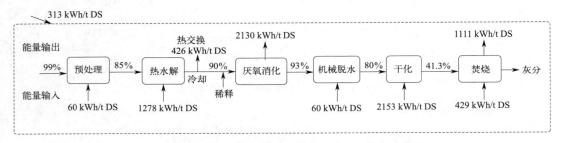

图 3-9   热水解介入传统污泥处理、处置工艺能量衡算

污泥经重力浓缩和预脱水（预处理）含水率可降至 85%，能耗约 60 kWh/t DS。经热水解预处理后进行厌氧消化，有机物降解率可从 30% 提高至 50%，导致厌氧消化产能升至 9.58 GJ/t DS，利用 CHP 转化为电当量是 2130 kWh/t DS。热水解亦消耗能量，约为厌氧消化产能的 60%，即为 1278 kWh/t DS；热水解后污泥冷却可释放一定热量（经热交换器），约为厌氧消化产能的 20%，即 426 kWh/t DS，可用于污泥干化。由于热水解污泥升温至 180 ℃，所以，厌氧消化过程消化池无需加热，只需热水解后降温至 35 ℃。这样，污泥干固体量 M_s 降低为 7.35 kg/t 湿泥（99% 含水率），消化后污泥有机物含量降低至 26.5%，使得后续污泥干基热值降低，污泥自持燃烧含水率也相应降低至 $w_2 = 21.1\%$（接近全干化水平）。实际上，这种已成干泥块状的污泥很难在流化床焚烧炉中流化焚烧。因此，干化污泥含水率按可流化的 41.3% 考虑，污泥干化能耗为 2153 kWh/t DS，但这样含水率（41.3%）的污泥无法实现自持焚烧，需要投加外部辅助燃料，约 429 kWh/t DS。因厌氧消化熟污泥有机质含量减少，导致污泥焚烧产能降低为 5.0 GJ/t DS，转化电当量为 1111 kWh/t

DS。

能量衡算表明，热水解介入传统污泥处理、处置工艺后总能耗为 3980 kWh/t DS，总产能为 3241 kWh/t DS（14.58 GJ/t DS），热水解冷却水释放热量（426 kWh/t DS）可用于污泥干化，但最终能量赤字为 313 kWh/t DS，能量衡算详细结果如图 3-9 所示。

热水解介入传统污泥处理、处置工艺（图 3-9）后固然使总的能量赤字（324 kWh/t DS）有所降低，并且使得厌氧消化后污泥进一步减量，从而降低后续机械脱水、干化、焚烧的投资及运行成本。但是，热水解设备高昂投资成本（75 万元/t DS）和较大的运行成本（389 元/t DS），最终导致整个工艺投资与运行成本分别达到 615 万元/t DS 和 3029 元/t DS。

4. 与建议工艺综合对比

与传统工艺（图 3-8）以及热水解介入传统工艺（图 3-9）比较，污泥干化、焚烧建议工艺（图 3-7）能量赤字最低，仅为 109 kWh/t DS。在投资以及运行成本上，建议工艺显然也是最低的，分别为 374 万元/t DS 和 2663 元/t DS。其他两种工艺投资与运行成本分别为：588 万元/t DS 和 2704 元/t DS；615 万元/t DS 和 3029 元/t DS。

将三种工艺能量平衡、投资与运行成本绘制成柱状图进行比较则能更直观看出三种工艺的差别，如图 3-10 所示。建议工艺能量赤字较其他两种工艺（324 kWh/t DS 与 313 kWh/t DS）可分别降低 66.4% 和 65.2%；建议工艺投资成本（374 万元/t DS）较其他两种工艺（588 万元/t DS 和 615 万元/t DS）分别降低 36.4% 和 39.2%；建议工艺运行成本（2663 元/t DS）较其他两种工艺（2704 元/t DS 和 3029 元/t DS）分别降低 1.5% 和 12.1%。

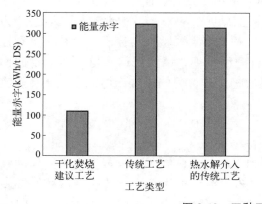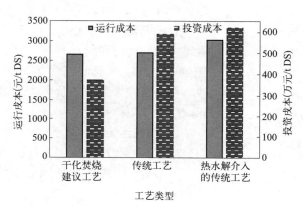

图 3-10　三种工艺综合能耗与成本对比

3.6.5　结语

通过对污泥直接脱水、干化、焚烧建议工艺能量衡算以及投资与运行成本匡算显示，其能量赤字仅为 109 kWh/t DS，投资与运行成本也只有 374 万元/t DS 和 2663 元/t DS，较其他两种传统及热水解介入传统污泥处理、处置工艺在能量赤字及投资与运行成本上均为最低；能量赤字分别减少 66.4% 和 65.2%，投资成本分别减少 36.4% 和 39.2%，运行成本分别减少 1.5% 和 12.1%。可见，污泥干化后直接焚烧建议工艺在污泥全生命周期（LCA）处理/处置方面最佳，况且还能最为有效地从焚烧灰分中回收磷等无机资源。

如果污水余温可以通过水源热泵（WSHP）加以原位利用，污泥干化所需热量则可以大大减少甚至无需外部能源。因此，污水处理厂内分散式干化，集中到某一适宜地点焚烧发电、供热将有可能实现并将污水余温低品位能源间接转换为可发电的高温热能。污水余温就近用于干化可避免污水处理厂"有能输不出"的现实问题，从而使污水处理厂摇身一变成为能源工厂，不仅实现自身碳中和运行，而且还可以向外输电。

进言之，省略污泥厌氧消化单元还能最大限度避免甲烷（CH_4）这种强温室气体逸散的问题以及运行安全隐患。

3.7　污泥焚烧尾气污染物释放与控制

剩余污泥是污水处理的副产物，长期以来在我国被看作一种企业的负担。目前，我国的剩余污泥年产量约为 4400 万 t/a（80% 含水率）；到 2020 年，年产量预计将达 5100 t/a。填埋与土地利用终将走向末日，干化后焚烧已被确认为一种终极选择。然而，污泥焚烧在大多数国人眼中，不仅成本高而且焚烧产生的尾气中有二噁英、重金属以及 NO_x 等污染物，会对环境以及人体健康构成危害。

事实上，污泥脱水、干化后直接焚烧无论在能量平衡、基建投资，还是运行费用方面并不比厌氧消化后再焚烧显得高昂，污泥干化后直接焚烧作为综合处理/处置手段其实是一种能量、费用均较为节省的有效途径。

对污泥焚烧所担心的二噁英、重金属以及 NO_x 等尾气污染物是否会成为阻碍污泥焚烧的绊脚石？对于这个问题确实需要从产生原理、潜在危害到控制/处理技术、成套设备等方面进行全面审视，以揭开这些尾气污染物的面纱，彻底消除人们"谈烧色变"的心理障碍，为的是推动污泥干化、焚烧实际而广泛应用。

3.7.1　尾气污染物生成

1. 二噁英生成、危害及其影响因素

二噁英类物质是多氯代二苯并对二噁英（PCDDs）和多氯代二苯并呋喃（PCDFs）的总称，它们属于氯代三环芳香族化合物，其化学结构示于图 3-11。由于氯原子数目和位置的不同，可构成 75 种 PCDDs 和 135 种 PCDFs；其中，有 17 种（2、3、7、8 位全部被氯原子取代）二噁英具有毒性。在发达国家，把具有 209 种异构体的共平面多氯联苯（PCBs）也看作二噁英，其中，12 种 PCBs 具有毒性。二噁英毒性与异构体结构有很大关系，对各异构体毒性大小评价以毒性最强的 2、3、7、8-四氯二苯并二噁英（2、3、7、8-TCDDs）作为基准，利用 2、3、7、8-TCDDs 的毒性当量（TEQ）来表示各异构体的毒性，被称为毒性当量因子；2、3、7、8-TCDDs 毒性当量因子定义为 1，其他衍生物毒性为其相对值，常用计量单位为 ng-TEQ/m^3（烟气）；所谓二噁英浓度，即具有毒性的二噁英分子毒性当量之和。目前，我国以及欧美等发达国家大多遵循欧盟规定的固体废物焚烧二噁英排放浓度标准：0.1 ng-TEQ/m^3。

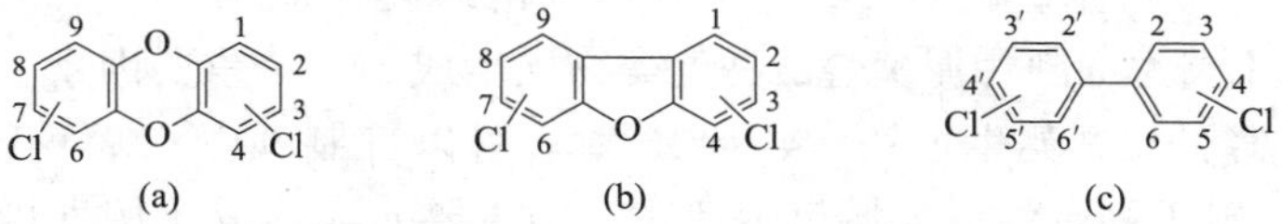

图 3-11 PC-DDs、PCDFs 与 PCBs 化学结构
(a) PCDDs；
(b) PCDFs；
(c) PCBs

污泥焚烧过程中二噁英的生成机理非常复杂，目前国内外普遍接受的生成机理主要有两种：1）高温气相反应生成；2）低温异相催化反应生成。含有氯代芳香烃类物质（平均含量达 12.45 g/t DS）的剩余污泥在焚烧温度为 500~800 ℃的烟气中会迅速（0.1~0.2 s）产生大量二噁英（高温气相反应）。然而，二噁英在 800 ℃时会开始分解，这对于燃烧温度一般都大于等于 850 ℃的国内外焚烧炉来说，只要保持此温度 2 s 时间，氯代芳香烃类物质反应生成二噁英速度便远远小于其分解速度，分解率可达 98%。在 850 ℃高温下，剩余污泥中本身所含微量二噁英（0~0.7 g/t DS）亦可得到完全分解。所以，高温气相反应难以成为二噁英生成的主要途径。

焚烧产生的烟气离开高温燃烧区后进入低温冷却区。由于温度不断降低，存在二噁英再次生成的现象，这便是低温（200~450 ℃）异相催化反应生成途径，包括前驱物反应和从头反应。前驱物反应源自不完全燃烧或不含氯有机物经氯化反应后生成的前驱物，这些前驱物在固态颗粒物表面的金属元素铜（Cu）、铁（Fe）等催化下经过一系列反应合成二噁英。从头反应则源自大分子碳结构物质与 Cl、O、H 元素，它们在固体颗粒物表面的金属元素 Cu、Fe 等催化下先形成氯代芳香烃类物质，进而合成二噁英。

二噁英一旦进入环境，它们可以通过皮肤、呼吸道、消化道等途径进入人体，造成人体免疫功能降低、生殖和遗传功能改变、恶性肿瘤易发等健康问题，故被称为"世纪之毒"。难怪人们对此担心。然而，人体对二噁英的暴露途径主要为食物（≥90%）而并非大气。目前，污泥焚烧排放大气的二噁英总量仅占我国各类二噁英污染源大气排放总量的 0.14%。达标排放（0.1 ng-TEQ/m^3）的二噁英经大气扩散后，抵达人群呼吸范围的浓度已衰减至 0.88×10^{-9} ng-TEQ/m^3，几近为零，远小于世界卫生组织（WHO）的人类准吸入量 [1~4 pg-TEQ/(m^3·d)] 之规定；况且，它们对人体健康的影响甚至还不及一个人日常被动吸烟的摄入量 [0.65 pg-TEQ/(m^3·d)]。

上述分析表明，污泥中氯元素对二噁英生成起着至关重要的作用。污水处理过程中无机絮凝剂（聚氯化铁/PFC、聚氯化铝/PAC）投加可能会增加污泥中氯元素的含量，而有机絮凝剂（聚丙烯酰胺/PAM）因氨基存在可抑制二噁英生成，主要是因为氨基形成的亚硝酸盐会使 Cu 表面活性降低，从而抑制其在低温异相催化反应中的催化作用。所以，为防患于未然，污水处理过程中应尽量避免使用无机含氯絮凝剂。

国内外在对垃圾焚烧尾气检测过程中发现,城市生活垃圾加煤焚烧可有效抑制二噁英生成,这是因为煤中硫(S)增大了 S/Cl,从而抑制其生成。另外,煤燃烧产生的 SO_2 可与 Cl_2 反应,可削弱低温异相从头合成反应生成二噁英的途径,况且,SO_2 可以使催化剂 Cu 中毒,降低 Cu 的催化活性,也可有效抑制二噁英再生。硫对二噁英生成抑制机理同样适用于剩余污泥,所以,污泥中 S/Cl 成为抑制污泥焚烧二噁英类物质生成的一个重要因素。S/Cl=1~5 时可大大降低二噁英生成;S/Cl=10 时,可以抑制 90% 二噁英的生成。表 3-19 分别列出了剩余污泥与城市生活垃圾中主要元素构成比例(均值);污泥中 Cl 含量仅仅为 0.06%,是生活垃圾的 1/10,而 S 含量却占 1.2%,是生活垃圾的 15 倍。计算可知,垃圾与污泥 S/Cl 分别为 0.16 和 20。可见,污泥焚烧无需掺混煤燃烧即可自身抑制 90% 以上二噁英生成。有试验表明,污泥单独焚烧时二噁英排放浓度最高值仅为 0.0917 ng-TEQ/m^3,在不对尾气进行任何处理的情况下,二噁英排放浓度已可低于欧盟规定的排放标准。

剩余污泥与城市生活垃圾中主要构成元素比例(均值)   表 3-19

类别	剩余污泥(干基)	生活垃圾
C(%)	26.4	15.9
O(%)	21.5	8.3
N(%)	5.5	0.4
H(%)	4.2	2.1
S(%)	1.2	0.08
Cl(%)	0.06	0.5

2. 重金属迁移、危害及影响因素

污水中重金属主要来源于工业生产、日常生活排放、道路表面径流以及污水管道腐蚀等方面,其中,以工业生产排放为主要途径。在污水处理过程中绝大多数重金属通过物理/生物吸附、化学沉淀等作用最终进入污泥,存在形态主要包括氢氧化物、碳酸盐、磷酸盐、硅酸盐、硫酸盐以及有机络合物等,其次为硫化物,很少以自由离子形式存在。污泥中的重金属主要有 8 种,按其在污泥中的含量依次排序为:Zn>Cu>Cr>Pb>Ni>As>Cd>Hg,表 3-20 列出了我国市政污泥主要重金属含量(均值)以及焚烧烟气重金属排放标准。

污泥在焚烧过程中,重金属因温度和挥发性不同其存在形式也不尽相同,挥发性大小依次为:Hg>Cd>Pb>As>Cr>Cu>Zn>Ni。污泥焚烧所需温度既要保证污泥燃烧充分和较高二噁英分解速率,又要防止高温使重金属挥发而进入烟气。在 850℃左右温度下,Hg 会完全汽化并以气态形式进入烟气当中;Cd、Pb 则会有少量汽化(约 20%),并在尾部烟道中富集而形成亚微米颗粒而进入烟气中;As、Cr、Cu、Zn、Ni 在燃烧过程中几乎不会汽化,绝大部分仍然残留于炉渣之中。所以,污泥焚烧过程中捕获重金属并去除之主要是针对 Hg、Cd 及 Pb 这 3 种。事实上,污泥中 Hg 与 Cd 含量很低,Pb 的含量也不是很高,从而使焚烧后进入烟气中的这 3 种重金属含量很低。

一旦重金属进入人体则很容易造成蓄积，会导致慢性中毒，如慢性甲级汞中毒、慢性铅中毒、骨痛病（慢性镉中毒）等现象。庆幸的是，污泥焚烧尾气中并不含致命的重金属，它们多进入炉渣。研究表明，当烟气中重金属达标排放时，经大气扩散至人类呼吸范围的重金属浓度已接近于零，对人类的危害可以忽略不计。

固体废物焚烧过程中氯存在是导致重金属更易向烟气中迁移的主要因素，氯对挥发性重金属（Hg、Pb、Cd）影响最为明显，主要是因为氯的参与延迟了金属化合物的凝结过程，且降低了露点温度。同时，氯与重金属反应可生成金属氯化物；而氯化态金属蒸发压力通常要高于氧化态，且熔沸点也低于氧化态，导致重金属元素挥发性增强。因剩余污泥中氯的含量是很低的，这就意味着污泥自身就能很好地抑制重金属向烟气中迁移。有试验表明，污泥焚烧烟气中 Hg 含量小于 $0.05~mg/m^3$，Pb 与 Cd 含量分为 $0.76~mg/m^3$ 和 $0.048~mg/m^3$。在不对尾气进行任何处理的情况下，三者均低于我国规定的金属烟气排放标准。

市政污泥主要重金属含量（均值）及焚烧烟气重金属排放标准　表 3-20

类别	均值(mg/kg DS)	中国排放标准(mg/m³)	欧盟排放标准(mg/m³)
Zn	789.8	Zn+Cu+Cr=4.0	Zn+Cu+Cr+Pb+Ni+As=0.5
Cu	339.0		
Cr	261.2		
Pb	131.0	1.0	
Ni	77.5	Ni+As=1.0	
As	16.1		
Cd	3.0	0.1	0.05
Hg	2.8	0.1	0.05

3. NO_x 生成、危害及影响因素

污泥中氮元素主要有 2 种存在形态：挥发分 N（污泥燃烧初期随挥发分析出所带出的 N）和焦炭 N（挥发分析出后底物中剩余的 N），其中，挥发分 N 占 $60\%\sim80\%$，其余为焦炭 N。污泥燃烧时生成的 NO_x 主要包括 NO 和 NO_2，并以 NO 为主（NO_2 含量很少）。挥发分 N 主要以芳香烃形式存在，而焦炭 N 主要以胺的形式存在。当干化污泥进入炉膛被加热后，随着炉膛温度升高，挥发分 N 比例逐渐增大，焦炭 N 比例相应减小。两种 N 燃烧生成 NO 之机理显示于图 3-12。

NO_x 生成主要与焚烧工况有关，其生成量会随炉膛温度、过剩空气量增大而升高。我国固体废物焚烧 NO_x 排放标准为 $500~mg/m^3$，欧盟排放标准更加严格，为 $200~mg/m^3$。试验表明，污泥焚烧 NO_x 生成量为 $471.6~mg/m^3$，同样在不对尾气进行任何处理的情况下，NO_x 生成量已低于我国规定的排放标准。

当 NO_x 进入人体内时，会与血红蛋白结合使人中毒。然而，与二噁英和重金属类似，已达标排放的烟气经大气扩散和稀释作用后，进入人体内的 NO_x 含量是微乎其微，不足以影响人体健康。

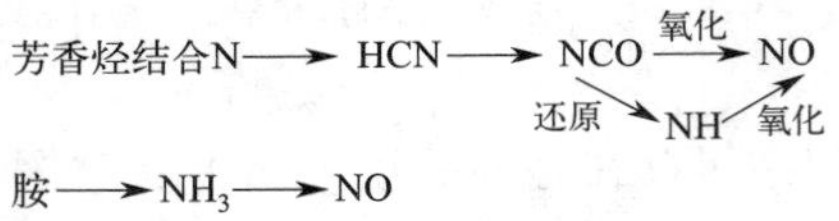

图 3-12　污泥焚烧 NO 生成机理

$$芳香烃结合N \longrightarrow HCN \longrightarrow NCO \xrightarrow{\text{氧化}} NO$$
$$\xrightarrow{\text{还原}} NH \xrightarrow{\text{氧化}}$$
$$胺 \longrightarrow NH_3 \longrightarrow NO$$

3.7.2　尾气污染物控制方法

尽管在原理上污泥焚烧尾气中二噁英以及重金属含量很低，但工程上已然采取了相应的控制措施，以防万一。

污泥焚烧过程中减少二噁英生成与排放的主要方法是针对燃烧条件的控制，以减少前驱物和二噁英的生成。焚烧过程中，燃烧条件须实现"3T＋E"控制原则：1T—燃烧温度（Temperature）；2T—停留时间（Time）；3T—紊流度（Turbulence）；E—过氧控制（Excess）。焚烧温度既要保证污泥燃烧充分，避开高温气相生成二噁英之温度区域（500～800 ℃），又要避免温度过高引起重金属挥发以及 NO_x 的生成，最适宜的控制温度为 850 ℃左右。污泥在炉膛内的燃烧停留时间须大于 2 s。在燃烧室中制造紊流，使空气与燃料可以混合均匀，紊流的雷诺数 $Re > 10000$。污泥焚烧对氧气量需求理论上为 3%～6%（体积分数），氧气量不足会导致污泥不能完全燃烧，而过量充氧又会与 HCl 反应产生 Cl_2，促进二噁英的再生成；同时，过量空气也会增大 NO_x 排放浓度。

满足上述控制方法须考虑不同焚烧炉类型和干化污泥之形态。炉排型焚烧炉排放二噁英等污染物浓度约为流化床焚烧炉的 10 倍。流化床焚烧炉内始终存在大量粒度适宜的惰性床料，污泥和惰性床料在炉膛内流化风的作用下呈充分流化状态；干化后污泥形态类似于煤颗粒，质地均匀，送入炉膛很容易在处于流化状态的床料裹挟下迅速分散、快速升温，实现持续、稳定燃烧；更有大量物料通过中间上升和边壁下降的内部通道实现循环。结果，干化污泥的均质形态再加上流化床内的物料循环，不仅可实现炉膛内温度均匀化，而且又可保证污泥充分燃烧。

流化床焚烧炉炉温恒定在 850 ℃左右，温度十分均匀，可保证燃烧烟气在高温区的停留时间。流化床还具有大的热容量和好的物料混合速率之特点，导致过剩空气少，污泥燃尽率高，二噁英分解彻底，同时可减少重金属向烟气中转移以及 NO_x 生成。

流化床焚烧炉除了可很容易实现"3T＋E"控制外，在运行中为了将焚烧产生的 SO_2、Cl_2 等酸性气体脱除，常常会投加石灰石（CaO）、氢氧化钙 $[Ca(OH)_2]$ 等碱性物质。研究表明，CaO、$Ca(OH)_2$ 对焚烧过程中主要前驱物五氯苯酚（PCP）和六氯苯酚（HCB）生成二噁英具有显著阻滞效果。此外，焚烧过程中 CaO 投加可以大量捕获易挥发重金属，减少它们在烟气中的含量。此举可谓"一举三得"。

　　焚烧炉燃烧区产生的烟气（>850 ℃）进入低温冷却区过程中由于低温异相催化反应（250～450 ℃）会再次合成二噁英。后燃烧区域温度和停留时间是影响二噁英再合成的重要因素；在 340 ℃，2.9 s 停留时间条件下会得到最高的二噁英浓度；而当烟气快速冷却至 240 ℃时，则二噁英浓度最小。污泥焚烧可采用骤冷技术，以缩短烟气在此温度段的停留时间，工程上大多通过热交换器及喷淋石灰水等手段，使烟气温度迅速冷却至 200 ℃以下，以避开二噁英再生温度区间。为减少能耗和碳排放量，可以就近利用处理水中潜在热能，以水源热泵（WSHP）方式交换冷量，用于骤冷技术。

3.7.3　尾气污染物处理技术及成套设备

　　为防止二噁英等尾气污染物进入环境，尾气均会通过净化设备进行处理，相应技术有洗涤除尘、活性炭吸附以及光解催化氧化、催化分解、催化过滤、电子束照射和低温等离子体等一些新型技术。其中，洗涤除尘、活性炭吸附、光解催化氧化、催化分解以及催化过滤不仅可以实现对二噁英去除，也是去除烟气中重金属、NO_x 最常用的方式。

　　1. 洗涤除尘

　　洗涤除尘已经应用于减少焚烧烟气中二噁英、重金属排放多年，主要设备是洗涤器＋袋式过滤器或静电除尘器。洗涤除尘的目的是在烟气进入燃烧区域之前捕获或者分离烟气中的固体颗粒，从而抑制烟气中二噁英、重金属排放。工程上常采用半干式洗涤器，吸收剂（石灰浆）首先在喷淋塔中被雾化，雾化的石灰浆与进入洗涤器的烟气混合反应，从而去除 HCl、Cl_2 等为二噁英生成提供氯源的气体；袋式过滤器和静电除尘器则分别利用多孔过滤介质和高压电场产生的静电力分离捕捉烟气中的固体颗粒。半干式洗涤器＋袋式过滤器或静电除尘器对二噁英的去除率近 90%～95%，对重金属去除率亦达 90%。

　　2. 活性炭吸附

　　活性炭吸附是国内外最早应用于去除烟气中二噁英、重金属等污染物的净化技术。根据活性炭的投加方式可分为携流式、固定床式和移动床式 3 种形式。携流式因投资少、效率高、设备简单而获得广泛应用。工程上常会将活性炭携流吸附设备与半干式洗涤器、袋式除尘器联合使用，半干式洗涤器＋活性炭携流吸附设备＋袋式除尘器工艺已成为国内外污泥焚烧去除烟气中二噁英、重金属最常用的工艺路线。该技术包括两个步骤：1）烟气经过半干式洗涤器去除 HCl、Cl_2 等氯源气体；2）将活性炭注射入烟气流中以吸附二噁英、重金属；随后，在烟气下游安置袋式除尘器去除使用后的活性炭和残余灰尘。该工艺二噁英和重金属去除率分别可达 96.6% 和 95%，但对活性炭的消耗量也相当可观（仅为 200 mg/m³ 烟气）。此外，欧美等发达国家还开发了双布袋除尘系统（DPB），这种系统使活性炭利用效率提高了 3 倍，大大降低了运行成本。

　　3. 光解催化氧化

　　在自然界中，二噁英主要依靠吸收自然光中的能量进行降解。因二噁英类物质结构稳定性极强，所以，自然光能量十分有限，导致自然分解过程十分缓慢。二噁英光解催化氧化则是二噁英分子在光照下吸收紫外线光能形成激发态，当激发态能量大于化学键能时会导致化学键断裂而破坏其分子结构，这一过程需要投加二氧化钛（TiO_2）作为光解反应的催化剂。TiO_2 电子结构中存在一个满的价带（价电子占据的能带）和一个空的导带（自由电子形成的能量空间），在吸收光子能量后容易生成电子和空穴对。空穴因其具有极强获得电子能力而成为氧化剂，易与二氧化钛表面吸附的水和氢氧根反应生成强氧化性羟基；该羟基足以破坏二噁英中各类化学键，因而使其最终分解为 CO_2、H_2O 等小分子物质；二噁英在 TiO_2 催化作用下接受紫外光的照射，降解率最高可达 99.5%。TiO_2 光解催化氧化还可有效捕获烟气中的重金属，重金属吸附在有着大比表面积的 TiO_2 催化剂上；经紫外光照射，催化氧化将吸附的重金属转化为金属氧化物，进而与 TiO_2 络合，以达到被捕获的目的。TiO_2 光解催化氧化对重金属去除率可达 96%。

4. 催化分解

催化分解技术是以烟气脱硝选择性催化还原技术（SCR）为基础发展起来的；它不仅是迄今为止脱除烟气中 NO_x 最为有效的方式，而且可有效去除二噁英。SCR 设备一般安装在半干式洗涤器和袋式除尘器之后使用。工程上一般采用钛（Ti）、钒（V）和钨（W）等氧化物作为催化剂，其中，V_2O_5-TiO_2 对二噁英、NO_x 同步去除率最高，且两者脱除反应所需温度一致（300～400 ℃）。在 SCR 设备中要通入氨气（NH_3）作为还原剂；在 V_2O_5-TiO_2 作用下，有选择性地将 NO_x 还原为 N_2、H_2O；以空气中氧气、臭氧等作为氧化剂，在 V_2O_5-TiO_2 作用下可将二噁英氧化为 CO_2、H_2O、HCl。在 300 ℃ 时，二噁英、NO_x 的同步去除效率可分别达 97% 和 90%。

5. 催化过滤

催化过滤起源于美国的 Remedia 工艺，用催化滤袋去除污泥焚烧中的二噁英；催化滤袋集成了催化过滤与表面过滤两种技术；覆有过滤薄膜的催化材料（纤维由聚四氟乙烯复合催化剂组成）可以将二噁英在一个低温状态（180～260 ℃）下通过催化反应进行彻底摧毁；同时，在催化介质表面将二噁英分解成 CO_2、H_2O 等无毒小分子物质。目前这一方法已经在工程上得到成功应用，二噁英的去除率高达 98%，且催化剂活性可持续五年以上。这种技术实施非常简单，不需要改造已有机械设备，而且系统集成了极高粉尘捕集率、低过滤压降、长机械寿命等优势。目前，Remedia 催化滤袋已实现对二噁英、NO_x 同步去除，并用于工程；常用的方法是将 V_2O_5-TiO_2 等催化剂沉积在覆有过滤薄膜的蜂窝型载体或金属载体上，可以有效脱除 99% 的二噁英和 90% 的 NO_x。

6. 电子束照射

电子束照射技术起源于日本，它是采用加速器产生具有极高能量的电子束作用于焚烧烟气，绝大部分能量（>99%）被烟气中 O_2、N_2、H_2O 等成分吸收后产生活性极强的粒子，进而破坏二噁英类物质分子化学键，将其分解成小分子物质。电子束辐射可以处理大量烟气，且过程简单，可以在现有的焚烧炉上直接安装，具有良好发展前景。工程试验使用 14 kGy（1 kg 被辐照物质吸收 1 J 能量为 1 Gy）电子束在温度为 200 ℃时可将二噁英分解 90%以上。

7. 低温等离子体

等离子体由体系中正负电荷总数相等的正离子、负离子、电子和中性离子组成。当电子温度大于离子温度时，即为低温等离子体。对气体施以外加电压，当达到气体放电电压时，气体被击穿，产生电子、正负离子、自由基等活性粒子；这些活性粒子形成低温等离子体能在极短的时间内将二噁英氧化，使其完全分解。按照产生活性基方式的不同，低温等离子体技术可分为介质阻挡放电技术和脉冲电晕放电技术。介质阻挡放电技术分解二噁英类物质的效率取决于烟气中的水蒸气含量；水蒸气含量为 20%时，可以去除 82%的二噁英。脉冲电晕放电技术分解二噁英类物质的效率在75%~84%。

总之，不论是传统技术还是新型技术，均可以将污泥焚烧产生的少量二噁英、重金属以及 NO_x 等污染物进一步去除，效率均可达 90%。

3.7.4 国内外应用案例

就尾气污染物中毒性最强的二噁英来说，美国水环境联合会（Water Environment Federation，WEF）在正式出版物《Wastewater Solid Incineration Systems》一书中早已提及，没有必要为市政污泥焚烧系统设置二噁英排放标准，因为市政污泥焚烧产生的多环芳烃物质（不仅包括二噁英，还包括呋喃以及多氯联苯酚）的排放值很低。近 15 年来，德国、英国、西班牙等欧洲发达国家研究报告亦获得相似结论：没有证据表明污泥焚烧，甚至生活垃圾焚烧尾气会对人类健康产生影响。

从国际上近几十年污泥焚烧实践来看情况确实如此。加拿大 Lakeview 污泥处理厂污泥焚烧二噁英排放浓度仅为 0.0032 ng-TEQ/m³；日本横滨市、藤仸市等 6 大污泥焚烧处理厂均建在了市中心，二噁英排放浓度只有 0.01 ng-TEQ/m³；全球最大的污泥焚烧厂——香港 T-Park、国内深圳上洋污泥焚烧厂二噁英排放浓度均小于欧盟最严格的标准 0.1 ng-TEQ/m³。甚至连瑞士苏黎世、德国法兰克福、德国波恩、瑞典哥德堡、奥地利维也纳等城市的固体废物（垃圾、污泥）焚烧厂均建在市区，且二噁英排放浓度小于欧盟排放标准（0.1 ng-TEQ/m³）。另外，这些实际工程案例中污泥焚烧重金属、NO_x的排放浓度亦均低于欧盟排放标准。

3.7.5 结语

污泥焚烧反应原理显示，在 800 ℃以上燃烧温度，二噁英分解速度远远大于其生成速度。这样，二噁英残留在尾气中的浓度一般不会很高，净产生浓度不经处理即可低于欧盟排放标准（0.1 ng-TEQ/m³）。再者，剩余污泥中 Cl 含量仅有 0.06%，致使 S/Cl 高达 20，可以有效抑制 90%以上二噁英生成。

重金属在 850 ℃焚烧温度下，仅可能会有含量很低的 Hg、Cd、Pb 进入尾气。适当处理后尾气中的重金属含量很容易达到排放标准。

污泥焚烧过程也会产生一定含量 NO_x，但其产生量平均（471.6 mg/m³）低于国家排放标准（500 mg/m³）。即使参考较为严格的欧盟排放标准（200 mg/m³），也存在成熟应用技术，可轻松做到达标排放。

总之，二噁英等尾气污染物在焚烧过程中的生成浓度本来就不高，再加上成熟的控制与处理技术，完全可以使人们放心，大可不必过度担心这些尾气污染物的泄漏以及对人体健康的威胁。为此，美、欧等国家早已发布技术报告予以澄清，无需担心污泥焚烧中二噁英的产生，它们的产生浓度不经处理直接排放浓度便已在控制标准（0.1 ng-TEQ/m³）以下。

3.8   污水处理碳中和技术路径与潜力

人类在享受现代文明的同时也对地球环境、资源、能源过量摄取，给人类赖以生存的生态环境带来超乎想象的破坏。100 多年近现代工业文明以来，目前人类正面临着巨大传统能源危机，与此同时，也因过度使用化石燃料而排放超量二氧化碳（CO_2）等温室气体。为控制温室效应，致力全球碳减排乃至碳中和，《巴黎协定》已提出具体控温目标，力争到 21 世纪末全球升温幅度控制在 2 ℃之内，并尝试将这一阈值控制在小于等于 1.5 ℃。为此，我国也提出到 2030 年"碳达峰"以及 2060 年"碳中和"的"双碳"目标。

对污水处理行业来说，尽管国外已经存在一些借助各类手段完全实现"能量中和"或"碳中和"运行的污水处理厂应用案例，但国内污水处理碳中和研究才刚获关注，对污水处理厂能否实现碳中和普遍存在迷茫，甚至是质疑。着眼于技术层面，各种节能降耗、能量回收方式直接或间接补偿污水处理碳排放量是实现污水处理碳中和的主要方式。但是，实操则首先需要回答"污水处理厂可否实现碳中和""具体碳中和路径是什么""采取的方式是否可行"等一系列问题。

基于这些问题，从能量中和与碳中和基本概念入手，首先概述国外污水处理碳中和目标与案例；继而辨析不同碳中和途径；同时评估能量潜力、技术路径及可操作性，目的是为我国污水处理碳减排甚至碳中和指明技术路径。

3.8.1   部分国家污水处理碳中和计划及案例

尽管污水处理是保护水环境质量的重要单元，但却以耗能为代价，对全球整体温室气体贡献率为 1%～3%。因此，污水处理碳排放亦不可小觑，也应该考虑自身碳中和问题。以实现碳中和（Carbon neutrality）或能量自给自足（Energy self-sufficiency）为目标，多个国家对污水处理碳中和运行制定了相关政策（表 3-21）并采取了实际行动（表 3-22）。

部分国家污水处理碳中和计划 表 3-21

国家	计划
荷兰	NEWs 概念,未来污水处理厂描述为"营养物(Nutrient)""能源(Energy)""再生水(Water)"三厂(Factories)合一运行模式
新加坡	"NEWater",PUB 制定能源自给自足三阶段目标,远期目标是完全实现能源自给自足,甚至向外输送能量
美国	"Carbon-free Water",期望实现对水的取用、分配、处理、排放全过程达到碳中和
日本	"Sewerage Vision 2100",21 世纪末将完全实现污水处理能源自给自足

奥地利 Strass 污水处理厂利用初沉池可截留进水悬浮物(SS)中近 60% 的 COD,并以 A/B 工艺最大化富积剩余污泥,将初沉污泥与剩余污泥厌氧共消化并热电联产后实现 108% 的能源自给率。美国 Sheboygan 污水处理厂利用厂外高浓度食品废弃物与剩余污泥厌氧共消化并热电联产实现产电量与耗电量比值达 90%～115%、产热量与耗热量比值达 85%～90%。德国 Bochum-Ölbachtal 污水处理厂通过节能降耗与热电联产实现能源中和率 96.9%,碳中和率 63.2%。德国 Köhlbrandhöft/Dradenau 污水处理厂通过厌氧消化与污泥干化焚烧实现能源中和率大于 100%,完成 42.3% 碳中和率。希腊 Chania 污水处理厂通过厌氧消化实现能源中和率 70%,碳中和率 58.4%。德国不伦瑞克市 Steinhof 污水处理厂通过剩余污泥单独厌氧消化并热电联产获得 79% 能源中和率,补充出水农灌、污泥回田等手段可额外实现 35% 碳减排量,使碳中和率高达 114%。芬兰 Kakolanmäki 污水处理厂通过热电联产与余温热能回收最终实现高达 640% 能源中和率与 332.7% 碳中和率。

污水处理能源中和或碳中和案例 表 3-22

案例	能源中和率	碳中和率
奥地利 Strass 污水处理厂	108%	—
美国 Sheboygan 污水处理厂	90%～115%(电);85%～90%(热)	—
德国 Bochum-Ölbachtal 污水处理厂	96.9%	63.2%
德国 Köhlbrandhöft/Dradenau 污水处理厂	＞100%	42.3%
希腊 Chania 污水处理厂	70.0%	58.4%
德国不伦瑞克市 Steinhof 污水处理厂	79%	114%
芬兰 Kakolanmäki 污水处理厂	640%	332.7%

以上案例表明,实现污水处理能源中和甚至碳中和需因地制宜选择适合方式。实际上,上述国外碳中和案例大部分以超量有机物厌氧消化并热电联产为主,但对普遍碳源低下的我国市政污水处理厂并不适用。这就需要全方位分析污水自身潜能以及利用的潜力。

3.8.2 水处理行业碳减排常规方法

1. 通过技术升级实现资源化利用实现节能减排

污水处理过程碳排放分直接碳排放与间接碳排放。其中,由污水中生源性 COD 产生的 CO_2（直接排放）按 IPCC 规定不应纳入污水处理碳排放清单，而甲烷（CH_4）、氧化亚氮（N_2O）以及污水 COD 中化石成分则应纳入污水处理直接碳排放清单。间接碳排放包括：

1）电耗（化石燃料）碳排放：包括污水、污泥处理全过程涉及的能耗；

2）药耗碳排放：指污水处理所用碳源、除磷药剂等在生产与运输过程中形成的碳排放。

可见，有效控制污水、污泥处理过程中直接产生的 CH_4、N_2O 才是节能减排的关注重点。间接排放中，能耗无疑也应给予必要注意。图 3-13 显示了不同国家污水处理能耗及所对应的碳排放量；丹麦、比利时、萨摩亚等国家污水处理平均能耗已超 1.0 kWh/m^3，可能与这些国家严格的出水排放标准有关。然而，这些高能耗国家碳排放量却处于较低水平（$\leqslant 0.4$ kg CO_2-eq/m^3），应该归功于它们对污水/污泥资源与能源回收的作用，从而抵消了一部分碳排放量。

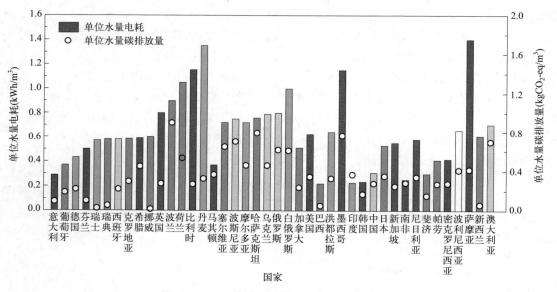

图 3-13   不同国家污水处理能耗与碳排放量

在间接碳排放中，减少碳源与化学药剂投加量也是碳排放量减少不可忽视的地方。因此，强化生物脱氮除磷技术仍然将是今后污水处理的主流。例如，德国 Bochum-Ölbachtal 污水处理厂对原有前置反硝化工艺进行了一系列改造，不仅出水可以满足严格排放标准，而且能耗也从原来的 0.47 kWh/m^3 降至 0.33 kWh/m^3。

欧盟开发出"ENEWATER"项目，用于污水处理厂能量在线平衡分配，可不同程度降低污水处理厂运行能耗，最高可节能 80%。但无论如何，"零能耗"污水处理工艺是难寻的。因此，仅靠节能降耗这种间接碳减排方式终归与碳中和运行目标存在相当差距。

2. 污泥厌氧消化产 CH_4 以实现能源转化

在碳中和被提到议事日程之后，剩余污泥厌氧消化似乎重获关注，人们期望获取有机（COD）能源，参照上述国外案例实现碳中和目标。然而，污泥厌氧消化所能回收的有机能量取决于进水中有机物浓度（BOD/COD）的多寡以及厌氧消化有机物能源转化效率。

欧美等地区和国家因生活水平以及食物结构、无化粪池设置等原因致进水 COD 普遍高于我国，它们的市政污水中 COD≥600 mg/L 非常普遍。所以，通过初沉池以悬浮固体（SS）形式截留大部分 COD 与剩余污泥厌氧共消化并热电联产可以获得较高的有机能源转化率并有可能实现碳中和运行目标。反观我国市政污水，进水 COD 浓度普遍偏低，COD＝100～300 mg/L 为常态，甚至难以满足基本脱氮除磷碳源需求，以至于保留碳源而不设初沉池已成为主流工艺设计，这就使得仅依靠剩余污泥厌氧消化转化有机能源实现碳中和运行目标成为泡影。即使存在热水解等手段强化污泥厌氧消化，在最佳运行状况下也难突破 $50\%CH_4$ 增产量。

有关污泥厌氧消化有机能源转化率，表 3-23 列出了几个污水处理厂污泥有机能源回收过程中 COD 平衡数据。可以看出，进水 COD 中有机能源最终只有不到 15％可通过厌氧消化与热电联产转化为电或热。例如，进水 COD＝400 mg/L（理论电当量 1.54 kWh/m³）的市政污水在完成脱氮除磷目的后所产生的剩余污泥经中温厌氧消化产 CH_4 并热电联产，转化率仅 13％，即实际转化电当量仅为 0.20 kWh/m³ 电当量。

事实上，即使是国外通过污泥厌氧消化并热电联产实现碳中和案例大多也是通过外源有机物添加（厨余垃圾或食品废物）所实现的。因此，从严格意义上说，这种碳中和并非源自污水本身潜能，只是一种借助外源实现的"伪中和"。

污水处理过程 COD 能源转化率　　　　　　表 3-23

污水处理厂	COD 平衡/当量			
	进水	污泥	CH_4/热	电能(CHP)
1 号	100%	66%	25%	13%
2 号	100%	59%	30%	10%
3 号	100%	58%	26%	—
4 号	100%	NA	40%	14%

3. 清洁能源

仅靠节能降耗和污泥厌氧消化并热电联产既然很难实现碳中和目标，那么，似乎只有通过吸收/捕捉 CO_2（如，植树造林）或使用清洁能源来达到目的。但是，大规模植树造林也非一般意义上污水处理厂分内之事。

结果，传统意义上的可再生能源（太阳能、风能、潮汐能等）成为不二选择。受限于污水处理厂地理位置、自然环境（光照、风速），似乎只有太阳能具有可行性。不幸的是，经详细测算，即使将太阳能光伏发电板铺满整个污水处理厂最多也只能弥补 10% 左右的污水处理能耗，距离碳中和目标仍相差甚远。

4. 碳中和新宠——水热

污水中被忽视的另外一种潜能——水热（余温热能）实际上潜力巨大，可以通过热交换（水源热泵）方式回收并加以利用。污水余热（＜30 ℃）排放约占城市总废热排放量的 40%，且其流量稳定，具有冬暖夏凉的特点。

热能衡算表明，如果提取处理后出水 4 ℃温差，实际可产生 1.77 kWh/m³ 电当量（热）和 1.18 kWh/m³ 电当量（冷），是上述实际可转化有机能（0.20 kWh/m³）的 9 倍。换言之，有机能与热能分别为污水总潜能的 10% 和 90%。可见，污水余温热能蕴含量巨大，不仅能完全满足污水处理自身碳中和运行（案例污水处理平均能耗约 0.37 kWh/m³）需要，而且还有更多余热（约 85%）可以外输供热或自身使用（如，污泥低温干化），能形成大量可以进行碳交易的碳汇。

污水热能有效利用可以使污水处理厂实现华丽转身，转变成"能源工厂"，上述提及的芬兰 Kakolanmäki 污水处理厂就是最好的案例。Kakolanmäki 厂 2020 年总能耗为 21.0 GWh/a，主要通过热能回收使能源回收总量高达 211.4 GWh/a，产能几乎为运行能耗的 10 倍；其中，污泥厌氧消化产能仅占 3.7%，只能满足 36.8% 运行能耗（0.31 kWh/m³），而余温热能回收占比达 95%。

3.8.3 碳中和路径的对比分析

理论与实际均已表明，污泥厌氧消化有机能源转化率普遍不高，仅靠此路径很难达到碳中和目标。况且，厌氧消化至少还有 50% 有机质需进一步稳定处理。因此，越过厌氧消化而直接干化、焚烧污泥应该是污泥处置与能源回收的上策，也是国内外目前普遍采用的实际方法。上述进水 COD＝400 mg/L 案例若越过厌氧消化而直接干化焚烧有机能源转化率可升至 0.50 kWh/m³（电当量），远远高于厌氧消化的 0.20 kWh/m³，使污水处理厂扣除运行能耗（0.37 kWh/m³）后盈余电当量 0.12 kWh/m³。

如果考虑出水热能利用，按上述热能实际转化计算，水源热泵提取 4 ℃温差后，可获得热能 1.77 kWh/m³（电当量）。扣除污泥干化能耗 0.61 kWh/m³，盈余热能 1.16 kWh/m³（电当量）（图 3-14）。

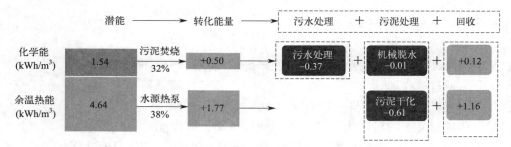

图 3-14 污水处理厂能量回收与平衡

结果，污泥焚烧热能与余温热能回收不仅可实现污水处理自身能源中和甚至可实现碳中和运行，确实可以变成能源工厂，向社会输电、供热。

余温热能回收与应用技术上没有任何障碍，成熟的水源热泵乃唯一设备。热能利用的最大问题是其为低品位热能（60~80 ℃），不能用于发电，只适合热量直接利用。作为热源外输冬季供暖为最佳方式，较低的水温又决定了热量有效输送半径不能太大，只适用于 3~5 km 的输送半径。事实上，政府部门高屋建瓴的认识与热力规划在余热利用上最为重要。这方面欧洲国家（特别是北欧）的做法值得借鉴，它们的热能利用已涵盖建筑供暖、温室加温、人工养鱼等多个方面。例如，瑞典首都斯德哥尔摩建筑物中有 40% 采用水源热泵技术供热，其中，10% 热源来源于污水处理厂出水。芬兰 Kakolanmäki 污水处理厂对出水余温热能予以回收利用向图尔库市居民供热、制冷，形成了大量碳汇。荷兰于 2021 年在乌得勒支 De Stichtse Rijn-landen 污水处理厂建成 25 MW 水源热泵系统，为周边 10000 户家庭提供供热服务。奥地利学者也通过全生命周期影响评价（LCIA）得出，总共 173 个污水处理厂中约 3/4 的出水潜热可以利用，并在厂外可以找到稳定的热源用户。

诚然，热能利用应以外输为主。但在木已成舟或现状难以规划的区域，污水处理厂内利用便显得格外重要。在此方面，余温热能可原位用于低温干化污泥，随后集中运送至具有邻避效应的焚烧厂集中焚烧处理。这样，无形中可将不能发电的低品位热能间接转化为可以高温发电的高品位热能。此外，在北方寒冷的冬季，亦可以考虑用出水余温热能去加热前端进水，以维持高效的冬季生物处理效率。

3.8.4 结语

"碳中和"已成当今政治与技术的热词。污水处理行业虽在整个国民经济中属于耗能小户，但面对我国的政治宣言也不能置身事外。污水处理厂固然可以通过节能降耗、厌氧消化、清洁能源等方式很大程度上减少碳排放量，但这些常规方法往往"事倍功半"，距离碳中和目标差距较大。

相反，污水余温热能潜力巨大，为有机能源（COD）转化量的 9 倍之多，不仅可助污水处理厂实现自身能源中和甚至碳中和运行，亦存在可大量（77%~85%）向外输送的热能（供热或制冷），形成可用于碳交易的碳汇。热能外输取决于政府部门高屋建瓴的统一规划，亦可在厂内用于分散式干化污泥并外运集中焚烧，还可在冬季加热进水水温。国外应用案例与国内案例分析均表明，余温热能利用可以使污水处理厂华丽转型为"能源工厂"。

事实上，污水处理实现碳中和运行目标技术上不存在任何难题，关键取决于管理层面的认识与决策。污水余温热能目前政府还没有将之视为清洁能源，更没有将其列入碳交易清单。所以，推动余温热能利用的真正推手在于政府的认识和相应的政策。

3.9　污水余温热能与碳交易额

为缓解全球变暖趋势，控制 CO_2 等温室气体排放已成为国际组织、各国政府，乃至全社会的共识。《巴黎协定》正式生效之后，污水处理厂碳减排亦受到相当重视，"碳中和"已成为污水处理厂运行所追求的终极目标。评估表明，污水中的化学能一般难以满足碳中和运行目标，需要考虑利用污水中余温热能才能弥补能量赤字，且仍有大量剩余热能（污水中可利用的热能为所含可利用化学能 9 倍之多）。

污水所含余温热能是一种低品位能源，不能用于发电，只能就近（有限输送半径＝3～5 km）通过热交换（经水源热泵）直接利用其中的热或冷。国内外污水余温热能利用多为原位利用，应用规模有限；在碳交易机制推动下，污水余温热能可作为清洁能源，其规模化开发利用潜藏巨大的碳交易额。因此，污水热能开发利用需要政府政策扶持以及碳交易市场准入制度。否则，污水中蕴含的巨大清洁热能只能任其散失。

基于此，本节首先通过对碳交易机制的总结，分析污水余温热能利用对碳交易的潜在贡献，并提出余温热能在碳交易市场中的可行利用方式。其次，从案例水厂处理出水余温热能一次提取与多次提取两种情形对余温热能可抵碳额进行估算比较。同时，从余温热能利用对碳减排作用，分析其应有的碳交易潜力。最后，指明在碳交易机制下污水余温热能利用技术方向与前景。

3.9.1　碳交易与余温热能

1. 碳交易机制

"将大气中温室气体含量稳定在一适当水平，进而防止剧烈气候变化对人类造成伤害"是《京都议定书》提出的根本目标，为此规定需要控制 6 种温室气体排放：二氧化碳（CO_2）、甲烷（CH_4）、氧化亚氮（N_2O）、氢氟碳化合物（HFCs）、全氟碳化合物（PFCs）以及六氟化硫（SF_6）。受这一规定的压力，一种通过市场调控温室气体减排的政策手段——碳排放权交易出现，即碳排放权就如同"商品"一样可以进行交易。政府是碳排放权初始拥有者，通过科学、合理分配方案将碳排放权（碳配额）定量分配到排放单位手中，拥有碳配额的排放单位可向环境排放规定的限额温室气体，亦可以不排放而将其在碳交易市场中出售所拥有的碳配额。

自全球首个碳排放交易体系——欧盟碳排放交易体系（European Emission Trading Scheme，EUETS）建立以来，到目前为止已存在遍布四大洲的 31 个碳交易系统（表 3-24）。随着越来越多国家考虑采纳碳交易机制作为碳减排的政策工具，碳交易机制已逐渐成为应对全球气候变化的重要政策手段。通常，排放单位实际碳排放量往往会超过其碳配额，而超出的碳排放可通过碳交易市场购买（购买不排、少排单位出的碳配额），也可通过开展碳减排技术改造实现排放单位碳排放量减少而获得核证减排量（Certified Emission Reductions，CERs；国内为 Chinese Certified Emission Reductions，CCERs），以此抵消部分超额碳排放（图 3-15）。

全球主要碳交易市场　　　　　　　　　　表 3-24

交易市场	启动时间	交易主体	类型
欧盟排放交易体系（EUETS）	2005	欧盟各国排放个体	强制，配额
美国区域温室气体减排计划（RGGI）	2005	美国东北部十个电力企业	强制，配额
西部气候倡议（WCI）	2007	美国西部五州、加拿大四省及墨西哥部分州内企业	强制，配额
联合履约机制（JI）	2008	发达国家之间	强制，项目
清洁发展机制（CDM）	2008	发达国家与发展中国家之间	强制，项目
国际排放交易（AAUs）	2008	发达国家之间	强制，配额
中国碳交易体系（ETS）	2017	发电行业	强制，配额

　　碳排放单位可通过技术改造提高其能源利用效率，或使用非化石清洁能源调整其能源结构来实现碳减排，由此而产生富余碳配额。排放单位因此可向政府申请核证减排量（CERs），每单位 CERs 相当于 1 t CO_2-eq；所有 CERs 均可抵消碳配额超出碳排放部分，多出的 CERs 亦可用来在碳交易市场进行交易，从而为排放单位带来经济收益。

　　目前清洁发展机制（Clean Development Mechanism，CDM）下的 CERs 抵消已经成为国内外碳交易市场的重要组成部分。CDM 是《京都议定书》确定的一个基于市场原则的灵活机制，其核心内容是允许缔约方（发达国家）与非缔约方国家（发展中国家）开展合作，从而在发展中国家实施碳减排项目。CDM 项目类型包括能源效率（节能）、替代燃料、新能源与可再生能源、植树造林和 CO_2 固存五大类型。

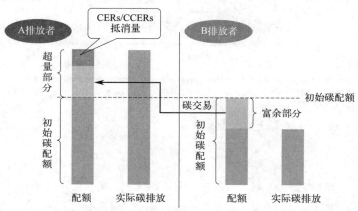

图 3-15　碳排放交易原理

　　其实，污水处理领域中存在较多 CDM 项目机会，例如，运行优化产生的节能降耗可间接减少温室气体排放量（节约用电），污泥厌氧消化产生的甲烷（CH_4）发电亦可间接减少厂外发电导致的间接温室气体排放，污水余温热能利用也可减少化石燃料加温需要。然而，大多数国内外与污水处理相关部分 CDM 项目减排努力聚焦于通过污泥厌氧消化对污水有机能（CH_4）进行回收，很少有针对污水余温热能回收而实现 CDM 的 CERs 案例。事实上，污水中余温热能较 COD 所含有机能实际可转化利用量更大，它们分别为污水可利用总能量的 90% 和 10%。早在 20 世纪七八十年代，欧洲国家及日本就已着手利用污水（出水）热能。近年我国部分城市亦有利用污水余温热能的个别案例，这是因为一方面缺乏政府鼓励与扶持政策，另一方面还未能依靠碳交易市场予以驱动。

2. 余温热能利用应纳入碳交易机制

污水余温约占城市总废热排放量的 40%，且污水四季水温波动不大、流量大而稳定。然而，被热泵交换出的热能温度一般在 50～80 ℃，属于低品位能源，不能用于发电，只能被就近（受限于热损失）直接利用。但无论如何，污水余温热能利用应该被列入碳交易机制下的碳减排清单。

CDM 碳减排项目认定过程中虽还未列出余温利用方法，但根据余温热能特性，完全可以套用相关方法，如 AM0072（Fossil Fuel Displacement by Geothermal Resources for Space Heating）、AM0058（Introduction of a New Primary District heating System）、AMS-Ⅲ.Q.（Waste Energy Recovery）、AMS-Ⅱ.E.（Energy Efficiency and Fuel Switching Measures for Buildings）等。参考和借鉴这些相关方法，可以勾勒出碳交易机制下的污水余温热能利用方式，如图 3-16 所示。显然，污水余温热能作为一种可再生清洁能源，经热泵交换后用于供暖、制冷用途完全可看作为一种新的供暖/制冷系统，以节省传统能源。

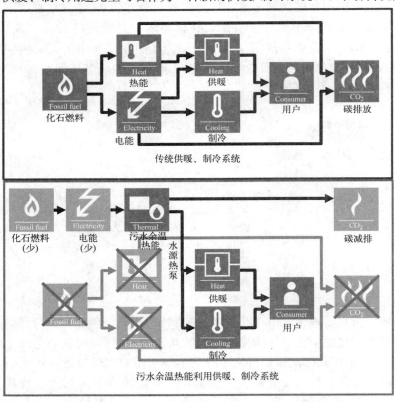

图 3-16 碳交易机制下污水余温热能利用方式

3.9.2 余温热能潜在 CERs 计算

1. 余温热能碳额计算公式

水源热泵提取的热量与化石燃料燃烧产生热量可以视为等同，这样便可大大减少化石燃料使用量，因此会带来巨额碳减排量。制冷时水源热泵同理可以替代传统空调，也可实现可观碳减排量，只不过水源热泵制热（$COP=1.77\sim10.63$）与制冷（$COP=2.23\sim5.35$）时的能效比（COP）略有不同而已。余温热能用于供热时，碳减排量由两部分组成，一部分是水源热泵交换出的热能替代化石燃料燃烧产热所带来的碳减排量，另一部分则是在运行过程中消耗电能而增加的间接碳排放量，两者之差即为余温热能利用于供热时的碳减排量；余温热能用于制冷时，碳减排量则来源于所减少的电能使用。

水源热泵理论碳减排量（碳额）可根据等量燃煤锅炉以及空调消耗的化石能源碳排放量计算：

$$A_{H/C}=A\pm\frac{A}{COP_{H/C}\mp1} \tag{3-20}$$

$$M_{CO_2,H/C}=A_{H/C}\cdot\left(\frac{1}{\alpha_{H/C}}-\frac{1}{\delta\cdot COP_{H/C}}\right)\cdot EF_{CO_2} \tag{3-21}$$

式中 $A_{H/C}$——热泵理论供热量/制冷量，kJ/m^3；

A——污水余温可利用热量，与提取温差有关，kJ/m^3；

$COP_{H/C}$——水源热泵供热/制冷能效比，供热时 $1.77\sim10.63$，取 3.5，制冷时 $2.23\sim5.35$，取 4.8；

$M_{CO_2,H/C}$——热能利用碳减排量（下标 H/C 分别为供热/制冷工况），$kg\ CO_2\text{-eq}/m^3$；

$\alpha_{H/C}$——当热能利用于供热时，α_H 为燃煤锅炉房供热效率（同时考虑管网输送效率），$55\%\sim75\%$，取 60%，当热能利用于制冷时，$\alpha_C=\delta\cdot COP_A$，$COP_A$ 为空气源热泵制冷能效比，$2.8\sim3.4$，计算取 3.4；

δ——热电转化效率（同时考虑电能输送损失），$35\%\sim50\%$，取 35%；

EF_{CO_2}——燃煤 CO_2 当量排放因子，$96.10\ kg\ CO_2\text{-eq}/GJ$。

余温热能碳额计算时，水源热泵提取温差取 4℃，则水源热泵供热/制冷量分别为 23408 kJ/m^3 和 13837 kJ/m^3，理论供热/制冷碳额 M_{CO_2} 分别为 1.91 $kg\ CO_2\text{-eq}/m^3$ 与 0.33 $kg\ CO_2\text{-eq}/m^3$。

2. 实例水厂计算与分析

污水余温热能利用碳额与水量以及是否能多次提取有关。因此，以日处理水量为 100 万 m^3/d 的北京市政污水处理厂为案例计算其出水余温热能利用潜在碳额，同时分析多次提取后碳额的变化趋势。

（1）一次提取碳额

当水源热泵提取温差为 4℃时，污水处理出水热能经水源热泵提取一次后，供热/制冷碳额 M_{CO_2} 分别为 1910 t CO_2-eq/d 与 330 t CO_2-eq/d，相当于 1910 个与 330 个核证减排量（CERs）。按照 9 个月供热、3 个月制冷计算，全年实际碳额为 54.5 万 t CO_2-eq/a。然而，若全年供热时（用于污泥低温干化），碳额可高达 69.7 万 t CO_2-eq/a。

不同地区试点碳交易价格不尽相同，北京等大城市碳价最高，目前为 80～100 元/t CO_2-eq，高于全国水平约 1 倍。按 90 元/t CO_2-eq 碳价计算，日处理水量为 100 万 m^3/d 的案例污水处理厂出水余温热能一次提取最大可获得碳额（供热工况）市场价值超过 6000 万元/a。

（2）多次提取碳额

若只经水源热泵提取一次热能，出水中仍含有大量剩余热能；只要出水温度接近受纳水体温度（最佳生态出水温度），实际上出水可进行多次热交换提取碳额。

以北京为例，夏季地表水平均温度 $T = 23～29$ ℃，而冬季 $T = 0～5$ ℃；夏季出水温度 $T = 22～25$ ℃，冬季 $T = 10～16$ ℃。当水源热泵提取温差为 4 ℃时，出水余温热能在夏季可提取 2 次，而冬季则可提取 2～3 次。

此外，在多次提取过程中热泵进水温度发生了变化，导致热泵系统 COP 有所改变；供热工况下，机组 COP 随进水水温下降有明显下降趋势，出水进水温度每降低 1 ℃，系统 COP 降低 2.0%～2.6%；制冷工况下，机组 COP 随进水水温上升亦有明显下降趋势，污水进水温度每升高 1 ℃，系统 COP 会降低 2.5%～3.0%。出水余温热能用于供热/制冷时，多次提取碳额计算结果见表 3-25。

出水余温热能多次提取碳额计算结果　（$Q = 100$ 万 m^3/d）　　　表 3-25

项目	供热			制冷	
提取次数	一	二	三	一	二
出水进水温度（℃）	16[1]	12	8	22[1]	26
出水温度（℃）	12[2]	8	4	26[2]	30
COP	3.5	3.2[3]	2.8[3]	4.8	4.3[3]
碳额（t CO_2-eq/d）	1910	1790	1640	326	234
∑总碳额（t CO_2-eq/d）	5340			560	

注：[1] 供热工况下，取出水温度（热泵初次进水温度）$T = 16$ ℃；制冷工况下，取出水 $T = 22$ ℃；[2] 出水经水源热泵提取热能之后，水温降低/升高，数值与提取温差有关。本节取提取温差为 4 ℃，则在供热工况下，出水可实现 3 次热能提取，水源热泵最终出水温度可降低至 4 ℃；而在制冷工况下，出水可实现 2 次热能提取，热泵最终出水温度会升至 30 ℃；[3] 机组 COP 随出水进水温度变化而变化，进水温度每变化 1 ℃，机组 COP 降低 2.0%～3.0%，即机组 COP 较前一次提取降低 10%～12%，取 10%。

表 3-25 碳额计算结果表明，出水余温热能多次提取后碳额较一次提取碳额翻倍。日处理水量为 100 万 m^3/d 的污水处理厂出水余温热能经 3 次提取后可得最大总碳额为 5340 t CO_2-eq/d（供热工况），每年可获得 195 万个

（5340 t CO_2-eq/d×365 d）核证减排量（CERs），可带来 1.56～1.95 亿元/a 的碳市场价值。

3.9.3 余温热能碳交易市场潜力分析

1. 碳交易市场发展趋势及相关政策

随着各个国家、地区碳减排量需求提高以及碳市场日益完善，碳市场涵盖的碳排放量与日俱增，碳市场体量及价值稳定上升。在中国碳交易市场建立之后两者变化尤为明显，且在未来仍有不断攀升的趋势，如图 3-17 所示。

虽然目前全球主要碳交易市场涉及的行业仍集中于能源密集型产业、发电行业和航空业，但是，已经出现诸多国家和组织将目光投向更多行业的迹象。在欧洲，欧盟强推《欧洲绿色新政》（European Green Deal，EGD）这一长期发展战略，旨在应对气候与环境挑战，以实现欧洲"碳中和"之目标。《欧洲绿色新政》碳中和目标贯穿欧盟所有政策领域，将涉及能源、工业、生产、消费、基础设施、交通、粮食、农业、建筑、税收和社会福利等广泛领域，尤其针对工业、能源、建筑业等高碳排放量行业。为此，欧洲国家须提高碳减排力度，扩大减排范围、加快减排进程，这就给欧洲地区碳交易市场交易体量、规模、碳定价等方面带来了新的发展契机。

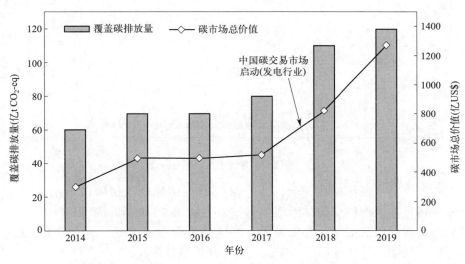

图 3-17 全球碳定价政策总价值与所覆盖的碳排放量变化

在国内，目前全国碳排放交易体系正处于快速发展阶段，《全国碳排放权交易市场建设方案（发电行业）》中提出，以发电行业为突破口率先启动全国碳排放交易体系，分阶段逐步扩大碳交易市场覆盖范围。在此期间，生态环境部不断完善《碳排放权交易管理暂行条例》，将充分利用市场机制控制温室气体排放，以推动全国碳市场的建设和发展。

2. 余温热能市场潜力

污水处理厂在运行过程中会直接或间接产生大量以 CO_2、CH_4 和 N_2O 为主的 3 种温室气体。因此，污水处理厂被视为温室气体来源之一。污水处理虽然是国民经济中规模较小的行业，但却属于能源密集型高能耗行业，其碳排放量占全社会总排放量的 1%～3%。随着中国城镇化建设加快、城镇人口数量增加以及国家对环保重视程度提高，污水处理总量与处理率会持续上升，更多温室气体将通过污水处理厂释放到大气之中。

碳减排将是污水处理行业未来发展的"必由之路"，污水处理行业今后无疑会纳入碳交易市场。虽然污水处理厂自身存在诸多节能降耗实现碳减排的方法，但这些方法往往"事倍功半"。若能转变思路，通过回收利用污水余温热能可实现更多碳减排量，从而使污水处理厂运行走向"碳中和"目标。

未来，碳市场将趋于稳定；国家碳排放达到峰值后，中国预计碳价（图 3-18）在 2025 年为 75 元/t CO_2-eq，2030 年升至 116 元/t CO_2-eq，最终在 2050 年达到 186 元/t CO_2-eq。与此同时，污水余温热能利用碳额碳市场价值将会成倍增加（图 3-18）；到 2050 年，案例水厂（$Q=100$ 万 m^3/d）碳额市场理论价值将超过 3.5 亿元/a。

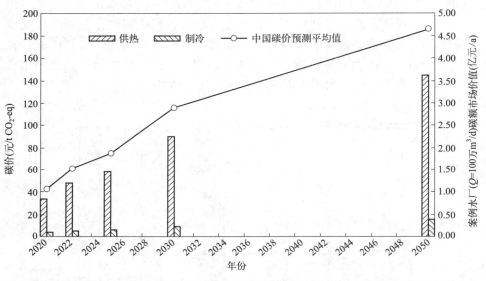

图 3-18 中国碳价预测及案例水厂碳额市场价值

在碳交易市场机制之下，污水余温热能利用完全可借助以下模式实施：污水处理行业纳入碳交易体系或是通过开发相关 CDM 项目获得相应 CERs；同时，需要政府部门通过相关政策、法规完善碳交易机制，助力污水余温热能在碳市场推动下开发利用，实现经济、环境双重效益。

3.9.4 碳交易机制下污水余温热能利用

污水余温热能利用有原位利用（管道原位利用、居家原位利用）和集中利用（处理出水利用）两种方式，目前国内外污水余温热能利用主要以原位利用为主。污水余温热能原位利用存在水源热泵换热器结垢、堵塞、腐蚀等诸多问题，亦存在冬季线上大规模利用导致对集中式污水处理不利现象。污水处理后利用出水热交换则可以避免这些问题；同时，集中利用出水热能可形成规模，便于市政供热统一规划利用，并充分发挥日后纳入碳排放交易机制下的碳额结算。今后当污水余温热能利用纳入碳排放交易机制后，对分散式原位直接利用污水热能应明确不计入碳额。否则，星罗棋布的分散式热交换系统不仅投资多、占地多，关键是在冬季还会严重影响集中式市政污水处理厂的运行。

污水处理厂作为"能源工厂",利用污水/出水热能交换早已不是技术难题。在荷兰等欧洲国家早已存在规模工程应用案例,用作空调热/冷源、区域供热、工业水冷却、温室加温等。然而,这种热能利用方式受限于传输距离(3~5 km),整个市政范围利用受到限制。结合未来剩余污泥处理、处置将走向污泥焚烧的趋势,利用出水余温热能(50~80 ℃)低温干化污泥将具有广泛利用前景。确实,可以通过分散式干化、集中式焚烧(邻避效应)在污水处理厂内利用低品位热能干化污泥,将干化污泥以最大减量方式运送至焚烧厂集中焚烧后产生的高温热能则可以用于发电。这样就相当于将出水低温热能转变为可以发电的高温热量,实现低品位热能向高品位热能的"华丽转变",从而获得因污泥发电而应有的更多额外(相对于厌氧消化产 CH_4)碳交易额。

3.9.5 结语

污水中热能含量巨大,有效利用之才有可能使污水处理厂运行实现"碳中和"目标。然而,在我国对污水热能利用的案例不多,均为规模较小的线上原位利用,远不足以发掘其全部潜能。这是因为我国目前还没有把污水热能列为可有效降低碳排放量的清洁能源,热能利用还未进入已建立的碳交易市场清单,因此会导致污水热能利用往往得不偿失。

事实上,污水中热能存在着潜在"核证减排量(CERs)",一旦被政府获准进入碳交易市场清单,热能利用所带来的碳交易额则是巨大的。以北京为例,日处理量百万吨级污水处理厂出水用水源热泵集中利用,一次热量交换即可带来高达 6 千万元/a 的碳额交易利润;亦可二次,甚至三次热量交换,这将使每年碳额交易利润达 1.56~1.95 亿元。况且,碳交易价格还会不断攀升,这将为污水处理厂带来丰厚的经济收益。

污水处理厂出水热能集中利用除满足污水处理厂自身、周边工建/民建供热、制冷需要外,亦可为周边农业大棚供暖,特别是还能为污泥焚烧前干化提供低温干化热量。这些低温热能利用场合可以"能源交换"方式间接帮助污水处理厂实现碳中和。

3.10　出水余温热能低温干化污泥之潜力

城镇化快速发展伴随着污水处理量以及剩余污泥产量与日俱增。数据显示,至 2020 年我国剩余污泥产量已突破 6500 万 t/a(以含水率 80%计)。传统填埋方式对大中城市而言已"无地自容";堆肥回田理论上成立,但因现实肥效问题而显得骨感,农民普遍不愿使用;厌氧消化固然可以转化有机质至甲烷(CH_4),但投资与能效似乎并不成比例,况且消化后污泥仍需进一步处理处置,再者,有机质转化 CH_4 是一种不可持续的熵增过程。鉴于此,污泥剥离有价值有机质(PHA、EPS/ALE)后干化焚烧应该是终极处置方式。欧洲国家污泥处理处置发展历程显示,焚烧已逐渐开始占据上风,目前瑞士(100%)、荷兰(87%)、比利时(76%)、德国(74.1%)、奥地利(54%)、土耳其（49％）等国焚烧占比已超过欧洲平均值（30.7％）。

　　污泥焚烧效率取决于污泥有机质含量及其含水率。有机质少而含水率高便需补充大量燃料助燃，从而造成额外碳排放，不利于低碳社会形成。为达到污泥自持燃烧目的，需要根据污泥有机质含量来制定污泥脱水率目标。图3-19 显示，达到自持燃烧污泥含水率大体上与其有机质含量相对应，即有机质含量多少，脱水后应达到的污泥含水率基本上就是多少。因此，重力浓缩和机械脱水难以将原污泥 99％含水率降至污泥自持燃烧所需含水率，需要在污泥机械脱水（含水率 80％）的基础上继续实施深度脱水或干化技术方能奏效。

　　污泥深度脱水技术虽可以一步到位实现自持燃烧所需含水率，但对设备与预处理要求较高，常常需要化学或加热调节，导致投资、运行成本、能耗、药耗、碳排放量均较高；同时，也会改变污泥特性，降低污泥燃烧效率，所以，一般很少直接采用。污泥高温干化最为常见，多以利用电厂、锅炉等余热为主，无余热利用的高温干化受能耗及碳排放约束并不可持续。因此，污泥干化依赖转向低温热源乃未来发展趋势。目前既有污泥低温干化技术最低热源温度局限于大于等于 80 ℃，更低温度干化研究和相关技术仍未受到关注。为此，有必要对污泥低温干化相关原理、优势进行总结，特别是对超低温（≤60 ℃）干化清洁热源利用与干化效率提高等方面技术予以概述，由此预测未来污泥超低温干化的可行性。

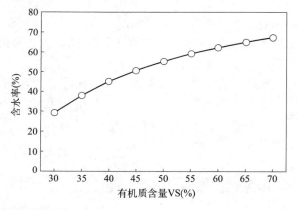

图 3-19　干化污泥自持燃烧含水率与有机质含量关系

3.10.1　干化原理与影响因素

　　污泥干化是进一步降低脱水污泥含水率（80％）的方法延伸，主要利用热媒与污泥进行热量交换，以破坏污泥絮体与细胞壁，实现外部水分和内部水分挥发，从而大幅降低污泥含水率。污泥干化脱除水分可分为 4 个阶段，取决于污泥所含水分与颗粒表面作用力强弱，依次包括自由水、间隙水、毛细水和结合水去除。有研究通过反应动力学模拟对污泥低温（40～80 ℃）干化过程第一和第二降速阶段进行函数拟合，揭示了污泥干化过程含水率降低随干化速率变化的趋势，如图 3-20 所示。污泥干化分为恒定速率阶段和下降速率阶段；恒定速率阶段主要去除自由水，因其与污泥颗粒表面作用力较弱，故含水率降低并不影响干化速率；随水分与污泥颗粒表面作用力增强，出现干化速率下降阶段，含水率也伴随着干化速率逐渐降低；其中，第一降速阶段以间隙水去除为主，第二降速阶段主要去除毛细水。干化过程难以去除污泥结合水，这是由污泥自身特点所决定的。

污泥干化影响因素可分为内部和外部两种因素。内部因素特指污泥自身性质，包括污泥泥质、导热系数、初始含水率、结构特征和形状与尺寸等；外部因素包括导热介质种类、干化空气温度速度和设备压强等。有人验证了初始含水率对污泥干化速率的影响，通过计算一定温度范围内（30～83 ℃）的污泥干化导热系数，发现污泥初始含水率越高导热系数越大，且随温度变化趋势越为明显；这表明污泥在干化过程中热传导能力并非恒定，推测在经过某含水率节点时，污泥热传导能力会迅速下降，进而严重影响干化速率。也有研究表明，污泥铁含量和油脂含量会影响干化污泥成型性，从而减少污泥比表面积，最终影响干化效率。通过对干化过程相关参数和变形动力学进行耦合分析，有人验证了污泥结构特征、收缩形变能力和干化速率密切相关；这表明，或许可以通过观察污泥结构变化以预测其处于何干化速率阶段，有利于实际干化中调整工艺参数。另有研究验证了污泥粒径是干化速率的主要限制因素，发现污泥颗粒分散均匀有助于提高污泥干化速率。

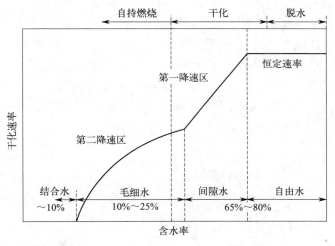

图 3-20 污泥干化含水率降低随干化速率变化趋势

3.10.2 低温干化优势

传统污泥热干化常采用复合带式、流化床式、圆盘式和空心桨叶式等设备，以热空气、导热油和燃气热风炉等作为热传导介质，利用电能或化石燃料内能将传导介质加热至 200 ℃以上。这样的技术相对成熟、应用广泛，但设备投资、能耗、运行费用较高，而且高温干化往往会导致干燥污泥破碎颗粒粉尘伴随有机物质挥发，导致污泥热值降低，减少后续焚烧与热电联产（CHP）效率，严重时还存在爆炸风险和尾气污染问题。

面对日益突出的能源危机和环境压力，污泥干化应转向低能耗成本方向发展。对此，低温（<80 ℃），甚至超低温（≤60 ℃）干化技术显示出其与众不同的优越性：

1）节能减排：传统污泥高温干化一般通过消耗大量电能和化石燃料以提供较高的干化温度（一般180～250℃，最高可达700℃），能耗成本占其总运行成本80％以上。低温干化一般利用太阳能、微波能、热泵热源（空气源、地热源、污水源）等低品位热源进行，节能效益显著，运行成本明显降低，可大量减少碳排放量。

2）安全性高：污泥高温热干化复杂的干燥工况会导致大量有机物和污泥粉尘挥发，当达到一定含氧量和燃点条件时，极易引发污泥自燃和粉尘爆炸事故。低温干化工艺则不会突破点火能量壁垒，可避免爆炸风险，提高设备安全性。

3）生态环保：干化温度处于100～300℃时，污泥挥发性有机物和恶臭气体（烷类、芳烃类、脂类、苯系物、NH_3、H_2S等）极易进入导热介质、冷凝水或大气环境，造成环境污染。低温干化可有效避免上述有毒、有害尾气释放，提高冷凝水出水水质，降低环境负效应，提高污泥干化可持续性。

4）建设、运行成本低：高温干化系统必须配备严格的除尘、除臭、冷凝水处理系统。低温干化过程因其污泥粉尘、有害尾气产量较少，污泥自燃爆炸风险较低，冷凝水出水水质相对较高，可相应减小设备材质要求（热泵换热器和干化装置耐腐蚀性、防锈性）、尾气和冷凝水处理要求、系统密闭性、昂贵惰性气体（降低干化设备含氧量）和防爆检测设备使用，从而减少初期投资和后期运行维护成本。

3.10.3　低温干化热源

相对传统高温干化，污泥低温干化主要缺陷在于干化效率较低。虽然可以相对灵活地结合各类热源来满足不同地区和资源条件的污泥干化需求，但是，唯有结合清洁或低碳热源方可显示低温干化在应用方面的优势。目前，太阳能、微波热源、热泵热源等相对清洁环保的干化热源正逐步获得关注，如图3-21所示。

图3-21　污泥低温干化热源种类

1. 太阳能

太阳能是自然清洁能源，工程常采用干化床和干化温室将85％含水率污泥干化至 5%～30%。其中，温室形式干化效率较高，场地构建和日常维护费用相对也较低。但是，不同地理位置和季节气候（影响太阳辐射强度和空气温度）均会限制太阳能干化效率，阻碍其广泛应用。因此，太阳能干化更宜用于气候、温度、光照适宜或对干化目标含水率要求不严苛的地区。希腊存在太阳能污泥干化案例，它验证了太阳能干化在气候温暖地区具有较大的应用前景。但因太阳能干化效率较低，必须辅以额外能源供应系统方可缩短干化时间。

2. 微波热源

微波干化是一种新兴的污泥干化技术，其实质是将电磁能转化为污泥内能蒸发水分，从而达到干化污泥目的。污泥微波干化原理如图 3-22 所示，在不同微波波长和频率工况下，污泥极性分子（如，水分子）产生反作用力（如，弹力、内摩擦力和分子作用力）抵抗变化磁场的偶极矩作用，导致分子内能上升，从而使水分逐渐蒸发，实现干化目的。微波干化具有独特优势：

1）干化效率高：电磁波可穿透污泥颗粒，定向加热极性水分子，提高污泥内部水分子通量，从而加快污泥干化速率；

2）碳排放因子低：微波可将电磁辐射能定向转化为水分子内能，减少热能耗散，提高能源利用效率，属于低碳技术；

3）设备启停响应速度更快：微波干化可通过控制电磁场启停和强度实现干化条件改变，且无需预热，可减少余热浪费；

4）设备损耗小：微波辐射不影响非极性材料制备的干化设备主体，减少非核心干化组件能源损耗；

5）工艺臭味少：微波可灭杀污泥大多数致病菌，减少有毒有害气体排放。

简言之，微波干化优势独特。但是，目前其广泛工程应用仍存在技术瓶颈，微波功率升级和电磁能-内能转化效率提高应是未来重点研究方向。

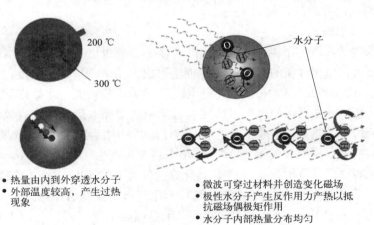

- 热量由内到外穿透水分子
- 外部温度较高，产生过热现象

- 微波可穿过材料并创造变化磁场
- 极性水分子产生反作用力产热以抵抗磁场偶极矩作用
- 水分子内部热量分布均匀

图 3-22 微波干化原理

3. 热泵热源

热泵技术的发展拓展了低品位热源与污泥低温干化相结合的应用前景。自 20 世纪 70 年代以来，欧、美、日等国针对热泵干化技术开展了大量研究，我国于 80 年代引入并改进了该技术。因热源干化温度较低（接近自然干化），所以早期多用于木材干燥；近年来该技术又逐渐发展应用于食品和农副产品干燥，获得较好的经济效益。目前也有部分研究将其应用于污泥处理、处置，利用热泵低品位热源干化污泥，可进一步进行焚烧及热电联产（CHP）。根据热泵热源不同，可分为空气源热泵、地热源热泵和污水源热泵等。

（1）空气源

空气源热泵是利用逆卡诺循环原理，回收空气中的低品位热能，从而将低温空气转化为干热空气。实际工程常用于食品、木材、烟草等行业进行物料干燥，也有研究尝试用于污泥低温干化。常用热泵干化系统是以蒸发器和压缩机作为核心蒸发/加热组件，搭配膨胀阀、循环风机和干燥室等干燥部件干化污泥。研究表明，以空气源热泵出风作为污泥干化热传导介质（温度 65～70 ℃），可将污泥含水率由 80% 降低至 20%～40%。此研究还评价了 3 种污泥脱水形式（药剂深度脱水、热干化和空气源热泵干化）的效果和成本，表明空气源热泵可大幅减少化石燃料消耗，有效减少了化学药剂使用。

（2）地热源

地热源相对太阳能等几乎不存在供应间歇期，因此，在能量持续供应方面更具优势。根据温度不同，地热源可划分为高品位热源（>150 ℃）、中品位热源（100～150 ℃）和低品位热源（<100 ℃）。显然，高品位热源适合用于发电传输，不能发电的低品位热源可因地制宜就近实现冬季供暖、污泥干化等目的。

地热源更适合于偏远地区或海岛污水处理厂供热和污泥干化。众多远离内陆、土地面积有限且水体生态环境管理严苛的岛屿地区并不具备完善的供电设施，常常需要依靠柴油发电方式来满足其污水、污泥处理能源需求。条件允许下，地热开发则可有效解决问题。例如，意大利南部 Ischia 岛利用地热已实现污水处理能源自给自足目标，并完成了污泥原位干化处置，每年减少 682 t 碳排放量；此外，还有约 30% 地热盈余电能（高品位热源发电）向外输出，创造额外经济收益。

（3）污水源

居家生活污水排出楼宇后具有比进入楼宇自来水更高的温度。水的比热容大且密度大，单位体积的水降温 1 ℃ 理论可放出 1.16 kW/m^3 热量，远远高于空气热源（0.00039 kW/Nm^3 空气）。因为目前城市集中式污水处理厂普及率已经很高，所以，在污水处理厂出水处实施集中热源提取最为经济有效，且可避免前端原位提取热量，造成冬季进水水温较低而影响污水生物处理效果的问题。

研究表明，提取 4 ℃ 温差、1 m^3 出水理论可产生 4.64 kWh/m^3 电当量的热，经水源热泵（COP=3.5）实际转化热量仅为 1.77 kWh/m^3（<80 ℃）。计算表明，我国剩余污泥（含水率 80%）干化至自持燃烧含水率（约 50%）所需热量为 0.61 kWh/m^3。这意味着污水余温热能不仅可提供污泥干化所需的全部热能，还存在相当盈余热量可向社会输出（>1 kWh/m^3），同时还可获得相应碳交易额来抵消自身碳排放量，完全实现污水处理厂碳中和运行。如果实施分散式干化、集中式（邻避效应）焚烧，也相当于将不能发电的低品位热能转化为可发电的高温热能（>800 ℃），进一步助力污水处理厂碳中和运行，甚至使其化身为"能源工厂"。

4. 综合评价

污泥低温干化并不存在技术瓶颈，关键在于热源选择，结合清洁能源使用则是低温干化的发展方向，否则，低温干化在效率、时间等方面难以比拟高温干化。太阳能和空气热源虽具有节能优势，但受限于污水处理厂面积和地域差别，难以满足全部能源需求；同时，受地区温度、气候和光照强度等环境条件影响，使得这两种热源应用稳定性不高，并不适用于大多数污水处理厂。微波热源转化效率较高，但目前广泛工业应用仍存在一些技术瓶颈，况且微波应用需要电能。地热源进行污泥低温干化具有良好潜力，但局限于某些特殊场景，很多时候需要"靠天吃饭"，并不具有普适性。尽管存在一些多种干化形式耦合的研究，例如，通过清洁能源为微波提供热源而实现污泥低温干化，但这些研究和假设仅停留在初级阶段，还需进一步验证其现实应用可能性和经济可行性。比较而言，污水余温热能潜力巨大，是一种名副其实的清洁能源，其经济性和生态性并存。利用污水余温热能进行污泥原位干化处理，一方面可以克服厂外热源输送导致的热能损耗，另一方面干化后的大幅污泥减量还可以减少污泥外运处理能耗和相应碳排放量。

综合考虑污水处理厂热源种类、有效场地使用面积、系统设备投资、原位干化优势和热泵技术效率等因素，对不同热源形式进行定性评价后结果汇总于表3-26。可以看出，低品位余温热能干化在技术、经济角度具有明显优势，是"唾手可得"的理想干化低温热源。

不同热源污泥低温干化技术定性评价　　　　　　　表 3-26

热源	干化效率指标		能源/资源指标		经济/环境指标			其他
	含水率	干化时间	占地面积	能源消耗	运行费用	设备投资	环境影响	
太阳能	10%~30%	较长	大	低	低	较低	较低	气候影响程度很大
微波热源	<20%	短	小	低	低	较高	较低	工程化应用存在技术瓶颈
空气热源	10%~40%	较长	小	低	低	较低	较低	维护费用较高
地热源	<10%	一般	小	低	较低	较低	较低	地理局限严重
污水热能	<10%	一般	小	低	低	较低	较低	中试进行中
低温真空结合热泵	<15%	较短	小	较高	高	高	较低	密闭性要求高
污泥低温射流技术	<30%	较短	小	较高	较高	较高	较低	尾气处理严格，射流干燥阻力较大

3.10.4 低温干化效率

清洁热源可以解决低温干化热源问题，但低温干化设备投资和运行成本还取决于低温干化效率。显然，相对高温干化，低温干化效率势必降低，需要进一步提高干化效率，具体措施如下：

1) 改性或提取 EPS 结构降低污泥持水能力。胞外聚合物（EPS）是污泥絮体表面细胞分泌、溶出、裂解组成的大分子有机物集合体，其在絮体表面可形成稳定的网状结构捕捉大量水分，是影响污泥物理化学特性（如，絮凝、沉淀、脱水性）的关键因素。根据分层理论和对外部剪切变化的敏感程度，不同结构 EPS 的含量、组分和亲疏水基团方面存在差异。提取 EPS 有助于破坏污泥絮体稳定的水合结构，促进胞内结合水释放；同时，EPS 关键组分（如，多糖蛋白结构、氨基酸等）的破坏或提取可导致絮体亲水官能团失活，削弱 EPS 结合水的能力，从而改变污泥脱水性能，提高干化性能。

2）预处理/调理改变污泥物化特性。常规物理化学手段可对污泥进行有效调理，通过中和污泥表面负电荷，降低絮体网络结构强度，可提高疏水性，进而促进污泥水分流失速率。然而，传统化学药剂投加效果不佳，且会增加污泥处理间接碳排放量与运行成本；部分无机药剂会降低污泥有机质含量；新型高级调理技术（如，Fenton 氧化和铁基高级氧化处理等）也并非节能环保的应用技术。相反，众多研究表明通过添加天然有机固废（如，锯末屑、木屑、麦渣、稻壳生物炭等）可明显改善污泥脱水性能。这些物质可改变污泥流变特性，形成蓬松骨架结构和疏松多孔的干化水通道；同时，也会增加污泥疏水性，加速水分流失；而且添加有机固废会增加污泥有机质含量，从而降低污泥干化自持焚烧目标含水率，减少干化所需时间。

简言之，一方面可考虑在污泥干化前提取 EPS 以改变污泥持水能力（这也将增加污泥资源化效益），另一方面可通过"低碳"预处理措施改变污泥理化特性，最终提高污泥低温干化效率。

3.10.5　结语

污泥干化焚烧已被确定为污泥处置及其资源、能源化的终极选择，关键在于污泥脱水后干化方式的选择。高温干化除有可用余热的场景选择外，自加热高温显然因能耗、碳排放量较高并不可取。为此，低温干化技术应该被关注，特别是使用清洁能源的低温干化技术。在此方面，污水处理出水余温热能利用优势明显，是一种潜力巨大但仍未有效开发的清洁能源；水源热泵从仅 4 ℃出水温差中转化的低温热能便可以提供污泥低温干化所需全部热能，而且在满足整个污水处理厂碳中和运行需要后仍可有盈余热量输入社会。

因此，污水余温热能利用应该是污泥低温干化技术的发展方向。实践中，可在污水处理厂内利用出水余温热能分散式干化污泥，在邻避效应原则下集中式焚烧污泥。这种超低温干化后焚烧的方式相当于将所交换出的不能发电的低品位热能，通过焚烧间接转化为可以发电的高品位热能。此外，冬季出水余温热能交换还可以让出水温度接近受纳水体温度，实现生态排水目的。

3.11　案例分析污水处理厂能源中和与碳中和

当今，"能源中和（Energy neutrality）"这一概念被越来越多污水处理厂所提及；同时，污水处理厂实现"碳中和（Carbon neutrality）"也是大势所趋。能源中和与碳中和是否为同义语，可以相提并论吗？这个问题目前还比较模糊，需要借助当前碳中和热度以及碳中和实现路径予以厘清。

能源中和，顾名思义指污水处理厂减少自身能源消耗且能够在厂内外回收或产生一种或多种清洁能源，可以直接（电、热自用）或间接（产生能量并网）弥补污水处理厂自身能源消耗量，从而达到污水处理厂不依靠化石能源等（电、热）而实现能源自给自足。对污水处理厂而言，实现能源中和无外乎采取以下措施：1）减少污水处理厂自身能源消耗；2）提高污水中能源回收效率；3）寻找其他外部可再生能源。

相对而言，污水处理厂碳中和概念更为直观。它指的是，污水处理厂通过自身节能降耗或增加自身产能，或增加碳汇，使其碳减排量与碳排放量相互抵消。然而，污水处理厂碳排放构成较为复杂，分为直接碳排放和间接碳排放。直接碳排放表示污水处理厂在水处理过程中因有机物降解、氮转化过程产生的各种温室气体（主要指 CO_2、CH_4 和 N_2O）碳排放量。其中，直接碳排放中的 CO_2 因为主要（也含少量化石碳成分）是生源性的，所以一般并不计入碳排放清单。间接碳排放指的是污水处理厂消耗外部化石能源等（产电、产热）以及各种化学药剂生产运输过程产生的碳足迹。

显然，污水处理厂实现能源中和不等同于实现碳中和。能源中和仅意味着污水处理厂能耗实现自给自足，只抵消了间接碳排放量中能耗碳足迹，而间接碳排放量中的药耗碳足迹以及直接碳排放中的 N_xO、CH_4、VOCs 等温室气体产生的碳排放量并未抵消。反过来看，污水处理厂如果实现了碳中和，一般可认为同时实现能源中和。例如，污水余温热能潜力巨大，但属于不能直接发电利用的低品位能源，只能作为热/冷输出供热或制冷，污水处理厂依然需要依靠外部电力；这种低品位能源（热/冷清洁能源）被厂外社会使用后可替代/弥补高品位能源（电、天然气等）的使用，进而减少社会大量碳排放量，这些被节省的碳排放量完全可以用来抵消污水处理厂自身电耗碳足迹。换句话说，污水处理厂碳中和是间接实现能源中和，所供应社会的热/冷可被视作为一种"碳汇"。

为此，本节分别利用 3 个欧洲实际案例分析并说明污水处理厂能源中和与碳中和之关系，解析高耗能污水处理向能源中和，甚至是碳中和运行转变策略，以期为我国污水处理厂"双碳"目标提供参考。

3.11.1　德国 Bochum-Ölbachtal 污水处理厂

Bochum-Ölbachtal 污水处理厂位于德国北莱茵—威斯特法伦州鲁尔区波鸿市，处理规模为 21.3 万 PE/d。进水水质 COD＝380 mg/L，TN＝56 mg/L，TP＝6.5 mg/L。该厂采用三段进水前置反硝化工艺，生化段出水采用化学药剂方式除磷。出水满足欧盟排放标准（N_{tot}≤13 mg N/L，P_{tot}≤1 mg P/L）。该厂处理工艺流程如图 3-23 所示。

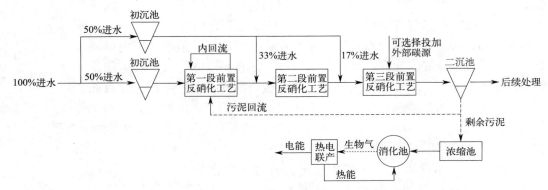

图 3-23   Bochum-Ölbachtal 污水处理厂工艺简化流程图

1. 能源中和评价

Bochum-Ölbachtal 污水处理厂在 2013 年升级改造前，Ruhrverband 公司对其电耗情况进行了统计，结果见表 3-27。该厂各处理单元耗电量同德国《污水处理厂能源手册（MURL）》中标准值进行对比后，生物处理阶段除曝气单元外，其他单元耗电量均远远超标，具有较大节能空间。为此，该厂对生物处理阶段进行升级改造，将原有单点进水改为三段进水，并只保留了第一段可控制开启/关闭的硝化液内回流管道（图 3-23），同时优化了该厂其他设备。2015 年 Bochum-Ölbachtal 污水处理厂正式改造完成，改造后电耗情况也见表3-27。最终该厂总电耗由 34.6 kWh/(PE·a)（折合吨水电耗 0.47 kWh/m³）降低至 24.1 kWh/(PE·a)（吨水电耗 0.33 kWh/m³），能耗降低达到 30.3%。同时出水总氮（N_{tot}）浓度也稳定至 5 mg N/L 以下，远远超过出水排放要求（$N_{tot} \leqslant 13$ mg N/L）。

Bochum-Ölbachtal 污水处理厂改造前后耗电量对比   表 3-27

处理单元		改造前耗电量		改造后耗电量		降耗率(%)[3]
		总耗电量 （万 kWh/a）	单位耗电量 [kWh/(PE·a)]	总耗电量 （万 kWh/a）	单位耗电量 [kWh/(PE·a)]	
预处理＋后续处理[1]		247[2]	11.6[2]	247	11.6	—
生物处理	曝气	217.2	10.2	200	9.4	7.8
	内回流	100	4.7	3.0	0.2	95.7
	搅拌	112.8	5.3	52.5	2.5	52.8
	污泥回流	600	2.8	7.5	0.4	85.7
总计		1277	34.6	510	24.1	30.3

注：[1] 包括格栅、提升泵站、沉砂池、二沉池、除磷工艺、污泥处理处置工艺等；[2] 根据年耗电总量及生物处理段耗电量推算；[3] 降耗评价方式：降耗率＝（改造前单位耗电量－改造后单位耗电量）/改造前单位耗电量×100%。

以 2015 年能量平衡评价，上半年污泥厌氧消化并热电联产系统（CHP）产生净电能 2.47 GWh，CHP 产热无论升级前后均已自给自足。根据 2015 年上半年 CHP 产电数据推算，全年 CHP 产生净电能 4.94 GWh。2013 年工艺升级前，该厂污水处理全流程总耗电量为 12.77 GWh，可知通过厌氧消化能源转化，能源自给率仅为 38.7%，距离能源中和目标（100%）仍有 61.3% 能源赤字。升级后，根据 2015 年上半年总耗电量推算，该厂全年总耗电量为 5.1 GWh。在厌氧消化效率不变的情况下，因全年 CHP 产生净电能 4.94 GWh，所以能源自给率达 96.9%，已接近能源中和。

Bochum-Ölbachtal 污水处理厂仅仅采用自身节能降耗方式，维持原有厌氧消化不变，能源自给率从改造前的 38.7% 提升至 96.9%，接近能源中和。值得注意的是，该案例中进水 COD 浓度为 380 mg/L，与我国市政污水 COD（200～400 mg/L）高值接近，对我国污水处理厂以节能降耗为目的升级改造，并利用厌氧消化能源转化实现能源中和目标具有一定参考价值。

2. 节能降耗措施

分析 Bochum-Ölbachtal 污水处理厂节能降耗手段主要包括：

1）减少回流泵耗能。改造后取消了第二、第三段内回流，只保留第一段回流，且根据第一段末端硝酸盐（NO_3^-）浓度高低选择性开启，以提高反硝化程度。改进后内回流泵水头损失从 1.9 m 降低到 1.3 m，内回流比从 0.9 降低至 0.5；

2）通过合理分配进水比例，继续使用原有反应池，以降低成本，缩短工期。该厂根据硝化和反硝化池体积间差异，通过数学模拟对进水比例进行最佳分配。三段进水比例依次为 50%、33%、17%，原第二段内回流管道被直接改为 33% 污水进水管道；

3）其他设备能耗优化。盘式曝气器更换为板式曝气器，增加浸没深度且替代搅拌器。改进前搅拌器比功率为 2.15 W/m³，而替换搅拌器后比功率降低至 0.88 W/m³。

3. 经济性评价

德国《污水纳税法》规定，如果污水处理厂出水 N_{tot} <5 mg N/L，则无需支付污水氮排放费。改造前 Bochum-Ölbachtal 污水处理厂出水 N_{tot} >5 mg/L，年污水氮排放费为 16 万欧元/a。改造后该厂选择在第三段反硝化池投加碳源（根据第三段硝化池出水 N_{tot} 值决定），以保证出水 N_{tot} <5 mg N/L。外加碳源成本大约为 10 万欧元/a，因此，投加碳源更为经济。表 3-28 为该厂改造前后运行成本浮动情况，工艺改造后每年可节省至少 50 万欧元/a。

Bochum-Ölbachtal 污水处理厂改造前后成本浮动情况　　　　表 3-28

	运行成本				运行成本总计（万欧元/a）	总投资成本（万欧元/a）	总成本
	工资（万欧元/a）	材料费（万欧元/a）	电费（万欧元/a）	污水排放费（万欧元/a）			
改造前	0	0	97	16	113	0	113
改造后	0	3.1	50	0	53.1	7.6	60.7
成本变化	0	3.1	−47	−16	−59.9	7.6	−52.3

注：表中数值为改造前后变化量，"−"为成本降低。

4. 碳中和率核算

根据碳足迹模型，Bochum-Ölbachtal 污水处理厂碳排放/减排核算结果示于表 3-29。其中，碳排放量分为：

1) 直接碳排放量：CH_4、N_2O 当量人口直接碳排放量为 7 kg CO_2-eq/(PE·a)，则年碳排放总量为 1491 t CO_2-eq/a。

2) 间接碳排放量：分为能耗与药耗两部分。能耗包括污水处理厂所需电耗和热耗。根据资料，该厂全年总电耗为 5.1 GWh/a，按 2015 年德国电力温室气体排放强度 0.46 kgCO_2/kWh 核算，总电耗产生碳排放量为 2346 t CO_2-eq/a，污泥厌氧消化池因保温耗能所产生碳排放量为 1264 t CO_2-eq/a。药耗碳排放主要包括除磷药剂与外加碳源碳足迹，其中，除磷药剂碳排放量约为 154 t CO_2-eq/a，外加碳源碳排放量约为 385 t CO_2-eq/a。综上，Bochum-Ölbachtal 污水处理厂碳排放总量为 5640 t CO_2-eq/a。核算碳减排量：该厂通过污泥厌氧消化并热电联产生产电能约 5 GWh/a、热能约 6.53 GWh/a，共计可实现碳减排量 3564 t CO_2-eq/a。

经核算，Bochum-Ölbachtal 污水处理厂碳排放总量为 5640 t CO_2-eq/a，碳减排总量为 3564 t CO_2-eq/a，碳中和率为 63.2%。显然，能源中和率（96.9%）与碳中和率（63.2%）并不相等，也不是一码事。该案例表明，通过工艺升级改造虽然可实现"节能降耗"的显著效果，并最大限度逼近能源中和运行，但是，在无额外利用污水潜在能源（如，余温热能）的情况下，还是难以实现碳中和运行目的。

Bochum-Ölbachtal 污水处理厂碳排放/减排核算　　　　表 3-29

碳排放量(t CO_2-eq/a)			碳减排量(t CO_2-eq/a)		
直接碳排放		1491	热电联产	电能	2300
间接碳排放	电能	2346			
	热能[1]	1264		热能[1]	1264
	除磷药剂	154			
	外加碳源	385			
总计		5640	总计		3564
碳中和率		63.2%			

注：[1] 根据同等热值天然气碳排放量计算。

3.11.2　德国 Köhlbrandhöft/Dradenau 污水处理厂

德国 Köhlbrandhöft/Dradenau 污水处理厂位于德国汉堡，应属德国最大的污水处理厂，负责处理周边 200 万居民生活污水以及欧洲第三大海港工业废水。日处理水量达 382000 m^3/d（约 27 万 PE/d）；进水水质为：COD＝850 mg/L，TN＝67 mg/L，TP＝9.4 mg/L。该厂由汉堡水务公司经营，改造前是该市最大公共能源消耗单位之一。该厂主流处理工艺为活性污泥法，生化段出水投加化学药剂除磷。污泥处理包括剩余污泥厌氧消化产沼气，沼气热电联产，消化后污泥继续干化、焚烧用于能量回收。该厂污水、污泥处理/处置工艺流程如图 3-24 所示。

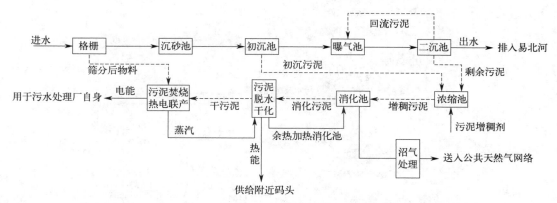

图 3-24 Köhlbrandhöft/Dradenau 污水处理厂污水、污泥处理/处置工艺流程

1. 能源中和评价

Köhlbrandhöft/Dradenau 污水处理厂对剩余污泥进行厌氧消化，同时收集厂外生物废弃物与污泥共消化以增加沼气产量，并实现沼气转换为天然气对外输送。后续消化熟污泥施以焚烧处置，进一步热电联产回收电能和热能；电能弥补自身电耗使用，热能则被输送至污泥干化设备，可完全满足高温干化需要；污泥干化后的低温余热可继续供消化池保温使用。如此设计，可实现电能与热能高效回收利用。此外，自 2009 年起该厂富余热能还向附近码头输出供应。

图 3-25 为该厂 2018 年电能与热能流向示意图。该厂污泥焚烧产能远远大于沼气热电联产，且应用太阳能、风能等清洁能源，实现能源回收的同时进一步减少 CO_2 排放量。2018 年该厂总电耗为 107.2 GWh/a，产电量为 115 GWh/a，电能自给率达 107%；总热耗为 99.7 GWh/a，产热量为 113 GWh/a，热能自给率达 113%。可见，该厂通过自身进水中高浓度有机物（COD＝850 mg/L）、外源有机废弃物、太阳能、风能等综合利用，已超越能源中和目标并可向外供气（CH_4）和热。预计未来该厂将达到发电量大于耗电量的 30%，热能供应范围也将进一步扩大。

该案例存在两点应用优势：

1）提高沼气利用效率。沼气利用 CHP 产生电能与热能这种方式虽然简便，但非最优方式。因为电能产生过程中不可避免造成能量损失，而产生的热能又受到供应区域的限制。因此，该厂通过胺洗去除沼气中 CO_2，使沼气成分达到天然气使用标准后直接输送至市政天然气管网。这种做法在提高能源转化效率、避免能量浪费的同时还可实现一定经济效益；

2）污泥焚烧是一种实现能源中和非常有力以及经济的方式，该厂污泥焚烧可充分回收污泥有机质能源，产能远远大于沼气热电联产。

2. 碳中和率核算

根据碳足迹模型计算 Köhlbrandhöft/Dradenau 污水处理厂碳排放量，结果见表 3-30。可以看出，该厂总碳排放量为 176703 t CO_2-eq/a。

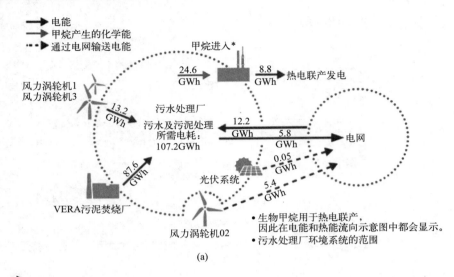

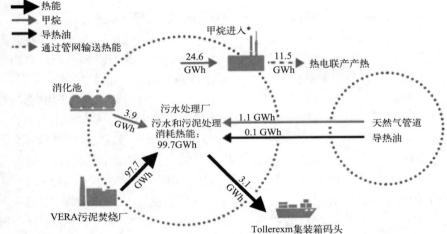

图 3-25 Köhl-brandhöft/Dradenau 污水处理厂电能与热能流向示意图

（a）电能；

（b）热能

Köhlbrandhöft/Dradenau 污水处理厂碳排放量核算　　　　　表 3-30

直接碳排放量		间接碳排放量				
气体种类[1]	碳排放量 （t CO$_2$-eq/a）	能耗	碳排放量 （t CO$_2$-eq/a）	药剂	用量 （t/a）	排放 因子	碳排放量 （t CO$_2$-eq/a）
CH$_4$[2]	0	电耗	43737.6	聚合氯化铝（PAC）	1230	1.62	1993
N$_2$O	95015	热耗[3]	19305.6	硫酸亚铁	8510	1.6	13616
HFCs&PFCs	238			絮凝剂	1119	2.5	2797.5
碳排放量总计	95253	碳排放量总计	63043.2	碳排放量总计	—	—	18406.5

注：[1]《京都议定书》中规定控制的 6 种温室气体为：二氧化碳（CO$_2$）、甲烷（CH$_4$）、氧化亚氮（N$_2$O）、氢氟碳化合物（HFCs）、全氟碳化合物（PFCs）、六氟化硫（SF$_6$）。该厂 SF$_6$ 碳排放量为 0 t CO$_2$-eq/a，故忽略；[2] CH$_4$ 除技术原因等极少量泄漏外，基本全部利用；[3] 该厂过去采用市政天然气管网供热，热能碳排放量根据同等热值天然气碳排放量计算。

该厂碳减排通过电能与热能回收实现，结果见表 3-31。该厂电能碳减排量为 52923 t CO_2-eq/a，热能碳减排量为 21900 t CO_2-eq/a，总碳减排量则为 74823 t CO_2-eq/a。因此，碳中和率仅为 42.3%，远未达到碳中和目标。

Köhlbrandhöft/Dradenau 污水处理厂碳减排量核算   表 3-31

电能			热能		
项目	产生电能 (GWh/a)	碳减排量[1] (t CO_2-eq/a)	项目	产生热能 (GWh/a)	碳减排量[2] (t CO_2-eq/a)
污泥焚烧	87.6	40296	污泥焚烧	97.7	18917.8
风能	18.6	8556	消化池产生甲烷	3.9	755.2
光伏	0.05	23	热电联产	11.5	2226.8
热电联产	8.8	4048	总计	113.1	21900
总计	115.1	52923			

注：[1] 根据 2018 年德国电力温室气体排放强度计算；[2] 根据同等热值天然气碳排放量计算。

Köhlbrandhöft/Dradenau 污水处理厂运行实践再次表明，尽管能源中和率已超越 100%，但其实现的碳中和率仍然很低，还不足 45%。

3.11.3 希腊 Chania 污水处理厂

Chania 污水处理厂位于希腊克里特岛干尼亚州市中心东部几千米处，至 2017 年服务人口为 17 万，日处理水量 19400 m^3/d；进水水质为：COD＝869 mg/L，TN＝50 mg/L，TP＝8.4 mg/L。该厂采用传统活性污泥法作为主流工艺，不设额外除磷设施。剩余污泥厌氧消化后产沼气并热电联产。污水、污泥处理/处置全工艺流程如图 3-26 所示。

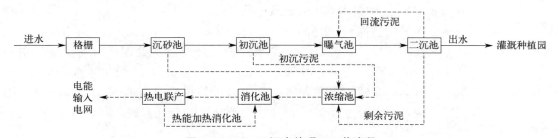

图 3-26 Chania 污水处理厂工艺流程

1. 能源中和评价

该厂除污泥厌氧消化并热电联产回收能源外，还采用了光伏发电与风力发电技术，分述如下：

1) 沼气热电联产（CHP）。该厂配备有 4 个污泥厌氧消化池，总池容为 6200 m^3。厌氧消化温度控制为 35 ℃，沼气中 CH_4 含量 65%～68%。CHP 产生电能和热能，其中，热能用于加热消化池，电能则输入公共电网；

2) 太阳能光伏发电。克里特岛是希腊最大的岛屿，当地太阳辐照度很高，太阳能资源丰富。太阳能电池板安装在厂区内部。后续计划在场外继续安装太阳能光伏板。目前太阳能光伏系统规模为 640 kW/a，每年产生电量为

960 MWh/a，供污水处理厂自身使用；

3）风力发电。干尼亚州北部紧沿克里特海，由于海陆热力性质差异，海洋比热容远大于陆地，所以，在该地安装风力发电装置是可行的。风力涡轮机容量系数为 0.28，每年发电量为 960 MWh/a，规模为 391 kW/a。

Chania 污水处理厂 2017 年总耗电量为 3840 MWh/a，单位耗电量 0.543 kWh/m^3。CHP 可产生 768 MWh/a 电能（总耗电量 20%）并输入外部电网；光伏系统可产生 960 MWh/a 电能（25%）；风力涡轮机产生电能同样为 960 MWh/a（25%）。总计，该厂自身产能为 2688 MWh/a，与总耗电量（3840 MWh/a）相比，仍存在 30%（1152 MWh/a）用电赤字，即能源中和率仅达到 70%。

2. 碳中和评价

在碳排放方面，直接碳排放主要由 N_xO、VOCs 等间接性温室气体引起，与药耗等碳排放量共计约 500 t CO_2-eq/a；间接碳排放中，由于沼气 CHP 产热完全可以满足消化池供热需求，因此，热能导致的间接碳排放量与碳减排量相互抵消，不计入表 3-32。2017 年希腊电力温室气体排放强度为 0.657 kg CO_2-eq/kWh。该厂每年通过电网用电产生的间接碳排放量为 2523 t CO_2-eq/a，即 0.36 kg CO_2-eq/m^3。综上，Chania 污水处理厂总碳排放量为 3023 t CO_2-eq/a。

在碳减排方面，CHP 产电碳减排量为 504.6 t CO_2-eq/a；太阳能和风能碳减排量均为 630.7 t CO_2-eq/a。所以，该厂总碳减排量为 1766 t CO_2-eq/a。基于总碳排放量 3023 t CO_2-eq/a，该厂碳中和率只有 58.4%。

对于剩余碳排放量，该厂打算进一步通过外部植树造林固碳措施实现削减。按照其现状，考虑单位面积人工林碳汇能力 7.3 t CO_2-eq/ha，需种植至少 172.2 ha 土地树木方可完成碳中和任务。表 3-32 列出了该厂各项能源中和与碳中和份额核算。

其实，依靠"森林碳汇"等额外碳汇并非污水处理厂自身实现碳中和，其本质与购买碳汇无异，其实是"伪中和"。再者，种植树木面积大多是虚拟。实际上，全球商业巨头早已承诺通过植树造林方式获取"森林碳信用"间接实现各自生产过程碳中和，而且所有承诺合计起来，森林应该已覆盖地球表面几层了。

Chania 污水处理厂各项能源中和与碳中和份额核算　　　表 3-32

项目	产电量(MWh/a)	能源中和率(%)	抵消/固存碳排放量(t CO_2-eq/a)	碳中和率(%)	系统容量	项目成本(万欧元)
热电联产	768	20	504.6	16.7	—	—
太阳能光伏	960	25	630.7	20.9	640 kW	83.2
风力涡轮机	960	25	630.7	20.9	391 kW	43
人工林	—	—	—	—	7.3 t CO_2-eq/ha	—
总计	2688	70	≥1766	≥58.5	—	126.2

3.11.4　结语

在普遍强调碳中和的今天，能源中和与碳中和常常被等同起来，即实现了能源中和也就意味着碳中和也相应实现。但是，对污水处理而言，能源中和与碳中和并不等同，或者说能源中和不一定可实现碳中和，而碳中和则往往可以涵盖能源中和。这是因为污水处理过程中除不计入碳排放的生源性CO_2外，还会在处理过程中产生N_xO、CH_4、VOCs等温室气体。此外，各种化学药剂（如，碳源、除磷药剂等）等生产与运输过程也会产生CO_2等温室气体。因此本章通过欧洲3个污水处理厂运行实践案例，解释并说明能源中和与碳中和的区别。

德国Bochum-Ölbachtal与Köhlbrandhöft/Dradenau 2个污水处理厂虽已接近（96.9%）或超越（>100%）了能源中和，但因处理过程直接碳排放以及药耗等碳排放比例较大而均难以实现碳中和运行（碳中和率分别为63.2%与42.3%），甚至差距还很大。同样，希腊Chania污水处理厂能源中和率在70%时碳中和率仅为58.4%。Chania污水处理厂打算通过厂外植树造林方式弥补其碳中和赤字（41.6%），但这种方式其实如同购买碳汇，属于是"伪中和"。只有通过不断挖掘污水潜能（如，余温热能），方能同时实现真正意义上的能源中和与碳中和。

显然，污水处理厂仅仅追求能源中和是远远不够的，要想实现碳中和确实需要认真对待余温热能利用问题。

3.12 污水处理能源回收与碳中和典型案例分析

传统污水处理"以能消能，污染转嫁"。为实现污染物的转化、去除，污水处理厂会消耗很多电能、药剂，与能源循环利用、碳中和等可持续发展目标背道而驰。为此，国内外学者均在利用和回收污水潜在能源方面开展了积极研究。其中，北欧国家的应用实践成效明显，如污泥厌氧消化产甲烷（CH_4）并热电联产（Combined Heat and Power，CHP），即利用热机或发电站同时产生电力和有用的热量，可减少过程中的蒸汽热量损失，以及余温热能利用等方面的能源与资源回收技术均为世界前列。

芬兰旧都图尔库市（Turku）位于现首都赫尔辛基以西170 km的波的尼亚湾畔，为芬兰第二大海港和重要工业基地。图尔库市市区面积24 km^2，城市人口24万人。该市计划至2029年全面实现碳中和目标，这就要求所有企业按照《能源效率协定》中所规定的目标，不断提高可再生能源使用比例。该市Kakolanmäki污水处理厂为能源利用和热能回收结合的典型案例，并实现了能源向外供热，是一座"能源工厂"。该厂的污水潜能利用与图尔库市的气候战略目标密不可分。由于实现了向外供热，该厂的能源利用方式可让图尔库市的可再生能源供热比例从22%提高至30%。

本节基于前期已经建立的污水处理厂能量衡算（包括化学能、热能以及太阳能等）方法和碳足迹（直接碳排和间接碳排放）评价体系，对Kakolanmäki污水处理厂在污水潜能（热能及化学能）回收与利用方面进行核算评估，揭示该厂从污水处理厂成功转型为"能源工厂"的技术路径，并运用碳足迹模型核算其污水处理工艺与能源回收环节的碳减排量，确定其整个运行中的碳足迹，以期为国内污水处理厂探索高效能源利用，并实现碳中和运行提供参考。

3.12.1   Kakolanmäki 污水处理厂的概况

图尔库市污水处理有限公司（Turun seudun puhdistamo Oy）将一处位于地下、空间约 471000 m³ 的废弃岩石场改造成为 Kakolanmäki 地下式污水处理厂，于 2009 年 1 月 1 日建成并投入运行。目前，该厂承担了该市及其周边 14 个城镇的市政污水及其工业废水处理，服务人口近 30 万人，取代了原先的 5 个老、旧、小污水处理厂。该厂平均进水量为 89280 m³/d，2020 年污水处理总量达 32587333 m³/a。

污水处理厂设计流量最大处理负荷为 144000 m³/d，平均流量 120000 m³/d；$BOD_7 = 22000$ kg/d（折算 $BOD_5 = 20823$ kg/d），COD = 52000 kg/d，TP = 760 kg/d，TN=4200 kg/d，SS=33000 kg/d。目前，实际进水 COD 负荷为设计值的 102%，TP、TN 与 SS 分别为设计值的 76%、105% 和 73%。该污水处理厂运行稳定，平均进出水水质指标全部达到当地标准（表 3-33）。

2020 年 Kakolanmäki 污水处理厂进出水质参数　　　　表 3-33

水质指标	进水（mg/L）	出水（mg/L）	去除率（%）	出水标准（mg/L）	ESAVI 标准指标去除率（%）
COD	590	24	96	60	90
BOD_7	250	2.4	99	10	95
BOD_5	237	1.92	99	—	—
TP	6.5	0.099	99	0.3	95
TN	49	7.2	86	—	75
NH_4^+	36	0.77	99	—	—

注：ESAVI（Etelä-Suomen aluehallintovirasto）为标准指标去除率，按芬兰南部地区管理局在 2014 年 10 月 1 日修订的第 167/2014/2 号污水处理厂环境许可证（ESAVI nro 167/2014/2）规定计算。

3.12.2   简述 Kakolanmäki 污水处理厂的工艺流程

Kakolanmäki 污水处理厂处理工艺主要包括机械、化学和生物处理 3 个单元，有 4 条平行处理线，水处理流程如图 3-27 所示。

1）初级与一级处理。进水泵站从污水处理厂进水管道最低点将污水提升至相对标高为 11 m 的初级与一级处理单元，主要包括粗/细格栅、沉砂池、初沉池。其中，泵站能耗约为 1786 MWh/a。曝气沉砂池分离污水中的油脂与砂砾，油脂被送往废物处理中心进行回收利用。需要指出的是，由于后续生物处理 A/O 工艺不具生物除磷功能，故进水在通过粗格栅后即投加硫酸亚铁化学药剂进行除磷。此处选择铁盐是由于相较于其他化学药剂，铁盐对微生物的代谢作用影响较小。后续水流离开生物池进入二沉池时也会再投加硫酸亚铁，使得 TP 去除率高达 99%。在初沉池形成的化学磷沉淀污泥与曝气池排放至此的剩余污泥混合后从污泥斗中被泵入生污泥储泥池，再经离心脱水后被运送至污泥处理中心进行厌氧消化处理。

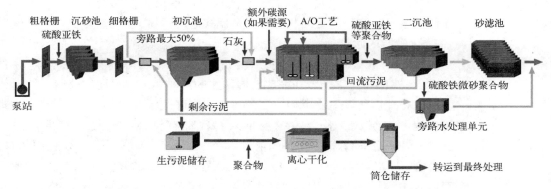

图 3-27　Kakolanmäki 厂污水处理工艺流程

2）生物处理。生物处理段采用传统活性污泥法缺氧/好氧工艺（A/O）。实际运行中，进水亦可跨越初沉池直接引入曝气池，以获得充足的碳源，并根据碳源需求调整超越水量。因此，一般无需投加外部碳源强化反硝化脱氮，工艺的生物总氮去除效率即可达 86%。不考虑厌氧池，工艺主要通过前端及二沉池前投加硫酸亚铁等聚合物来除磷，出水 TP 去除率可达到 99%。所有二沉池污泥全部回流至曝气池，剩余污泥随曝气池排出。从曝气池排出的混合液进入初沉池，相当于将初沉池当作 A/B 法的 A 段，以吸附部分溶解或胶体状 COD，一并与初沉污泥（SS+沉淀磷污泥）混合排出，离心干化后送至污泥处理中心进行厌氧消化处理。

3）深度处理。二沉池出水通过升流慢速砂滤池进行深层过滤。滤层由 0.5 m 石英砂和 1.0 m Filtralite Clean MC 2,5-4 过滤材料（主要为烧焦黏土和浅砾石）组成，最大流量为 13759 m^3/h。过滤净化后的出水直接排入附近港口海域。砂滤池不仅可保证出水水质稳定达标，也能去除污水中大部分细菌及病毒等，防止流行疾病传播。

4）旁路水处理单元。在每年 3、4 月融雪期间和夏季暴雨洪峰流量期间，污水处理厂的日流量会增加 2 倍，每小时流量会增加 5 倍。为保证污水处理厂运行可靠性和抗冲击负荷能力，该厂在初沉池（设计容积为 16000 m^3/h，即生物池与旁路水处理单元容积之和）后设置了 2 条旁路水处理单元，以应对洪峰流量。当洪峰流量超过设计负荷时，部分进水会溢流至单独旁路水处理单元。旁路工艺由 2 台 Actiflo® 装置组成，这是一种紧凑的超高速澄清工艺，具有沉降速率高、停留时间短、整体占地面积小等优点。该技术除使用常规聚硫酸铁等絮凝剂，还会投加微砂以帮助絮体形成，加速沉降。

3.12.3　对 Kakolanmäki 污水处理厂的能源回收模式及能量平衡核算

2020 年，Kakolanmäki 污水处理厂综合能耗为 35 GWh/a，共产能 225 GWh/a，即产能已超过能耗的 6 倍。该厂主要能量来源为污水出水余温热能与剩余污泥厌氧消化产甲烷，并采用热电联产的能源利用体系，可最大限度利用热量减少过程损失；该厂还利用太阳能光伏板产电，并从通风管道、空气压缩机、泵站冷却水中回收余热热能。通过热能回收模型核算该厂的热能，并分析化学能的回收，对该厂能量回收及其平衡模式进行评估。

1. 化学能的回收

Kakolanmäki 污水处理厂采用传统污泥厌氧发酵产甲烷并热电联产（CHP）方式回收化学能，在完成能源回收的同时实现对污泥的处理、处置。

污水处理厂污泥主要由初沉混合污泥（含曝气池剩余污泥）、旁路水处理单元沉淀污泥组成。混合污泥被泵入污泥储存池后，再投加聚丙烯酰胺（PAM）调节后进行离心脱水，至含水率 72.8%。单位污泥（以总固体计，TS）中的 PAM 投加量为 5.3 kg/t。2020 年，该厂共输送 37871.5 t/a 脱水污泥至 Gasum 沼气处理厂进行厌氧消化处理。在沼气厂，脱水污泥经过无害化处理、堆肥、厌氧发酵产沼气等流程，产生沼气经 CHP 用于该地区供暖和电力。部分处理后的污泥被加工为肥料制剂，或用作土地改良剂。

核算污泥厌氧消化产能和污泥处理、处置全流程能耗，2020 年该厂的厌氧消化产能达到 21.9 GWh/a，而处理污泥运行耗能（包括污泥运输）为 14.2 GWh/a。即该厂污泥产沼气加 CHP 过程产生的能量足够维持污泥处理加热、搅拌及污泥运输等过程的消耗，且尚有一定能量盈余（7.7 GWh/a）。

2. 热能的回收

Kakolanmäki 污水处理厂从通风管道、空气压缩机等处回收的余热可用于补充其自身的能耗；而从污水余温热能回收的热量可向外供热，为当地近 15000 户家庭集中供暖（平均约 200 GWh/a，占图尔库市供热量的 14%），夏季用于区域制冷（平均约 25 GWh/a，占该区域制冷量的 90%）。

（1）热泵站概况

Kakolanmäki 污水处理厂的热能回收由位于地下岩洞厂区内的水源热泵交换站完成。该泵站由图尔库市能源生产有限公司（Turun seudun energiantuotanto Oy，TSE）负责运营，以该厂二级出水为热源回收余温热能，为厂区和周边地区供热（冬季工作 9 个月，服务人口大于整个城市人口的 10%）和制冷（四季常开，但集中于夏季 3 个月，为周边部分医院、商场、写字楼服务）。污水处理厂二级出水平均温度为 14 ℃，提取后平均温度降低 5~10 ℃，接近排放水体的环境温度，可有效保护附近海域的生态环境。

热泵站采用 2 台大型集中式水源热泵（瑞士 Friotherm AG 公司）进行热交换。每年平均抽取 2×10^7 m³（61% 处理水量）处理后的出水，该热泵的 COP（Coefficient of Performance，平均能效比，表示输入 1 kWh 电的热量，可以产生多少 kWh 的热量，无量纲）为 3.6~3.8，通过高效水源热泵交换出约 80 ℃的热水用于供热。由于还需对当地几个医院，以及商场和写字楼持续供冷，热泵旁配备了一个 17000 m³ 蓄冷水箱，通过水蓄冷技术（cold water accumulator，CWA）储存热交换产生的部分冷却水，用于平衡供冷需求高峰时的波动，如图 3-28 所示。热泵额定参数见表 3-34。

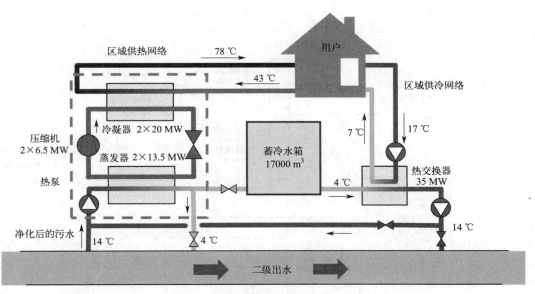

图 3-28 供热、制冷网络示意图

热泵额定参数 表 3-34

季节	供热功率(kW)	制冷功率(kW)	进/出水温度(℃)		平均能效比 COP
			供热	制冷	
夏季	21200	15300	50/75	18/4	3.6
冬季	17800	13035	40/82	12/4	3.8

（2）热能核算

根据该厂热泵运行参数，采用本课题组建立的热能回收模型对余温热能回收潜能进行核算。污水中所赋存的理论冷/热量可采用该模型公式和参数进行核算，并与实际产能比较，以核对模型理论计算回收热能。根据表 3-34，取平均 COP（能效比）为 3.7、平均提取温差 8 ℃，热交换水量取实际提取出水量为 $2×10^7$ m³（按年总出水量的 61% 计）。计算结果得出理论热能回收潜能为 183.9 GWh/a，与该厂热泵站输出实际热能 179.0 GWh/a 基本吻合，见表 3-35。

Kakolanmäki 污水处理厂理论热能回收量计算结果 表 3-35

净化污水总量 (m³/a)	含有潜能 (10^3 GJ/a)	热泵可获取能 (10^3 GJ/a)	热泵可获取能 (GWh/a)	机组能耗 (GWh/a)	净产能热能 (GWh/a)
$2×10^7$	668.8	916.5	254.6	70.7	183.9

3. 能量平衡

由于 2020 年该厂污水处理单元能耗为 12.76 GWh/a，根据年处理污水量计算，即污水处理工艺的单位电耗为 0.39 kWh/m³。汇总该厂污水和污泥处理单元的能源回收路径如图 3-29 所示，其他环节能耗与产能数据见表 3-36。

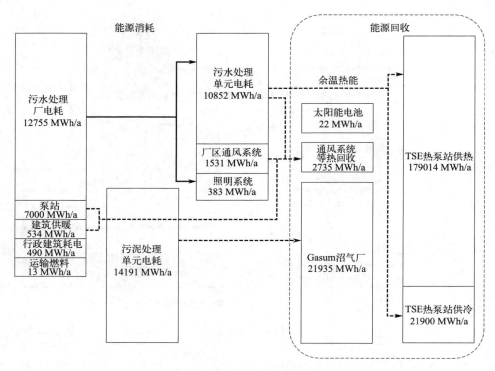

图 3-29 污水、污泥处理单元能源回收路径

污水处理厂年能耗数据   表 3-36

能源消耗单元	能耗(MWh/a)	能源产生单元	净产能(MWh/a)
水处理工艺电耗[1]	12755	太阳能电池板	22
污泥处理单元	14191	Gasum 沼气厂	21935
建筑供暖	534	通风系统等热回收	2735
工艺供热	250	TSE 热泵站供热	179014
运输燃料	13	TSE 热泵站制冷	21900
行政建筑耗电	490	—	—
泵站	7000	—	—
总计	35233	—	225606

注：[1] 该电耗包括污水处理单元能耗（10852 MWh/a）、厂区内通风系统（1531 MWh/a）和照明系统能耗（383 MWh/a）。

由表 3-36 可知，Kakolanmäki 污水处理厂平均耗电总量为 35.23 GWh/a，而通过各种形式能源回收的总量高达 225.61 GWh/a（热能＋电能），大于运行能耗（热能＋电能）的 6.4 倍，即耗能仅为产能的 16%。其中，回收余温热能用以供热/制冷能量的占产能的比例最大，近 90%，为产生能量的主要来源；而污泥厌氧消化的产能占比不到 10%，虽可满足全厂运行能耗的 62%，但意味着仅靠污泥厌氧消化产能还难以实现能源中和运行的目标。以上能量平衡数据与本课题组根据我国污水处理行业相关情况匡算出的结果几乎一致，即城市污水中化学能约占污水总潜能的 10%，而污水潜能的 90% 由余温热能产生。因此,有效开发利用污水余温热能确实是污水处理厂实现能源回收的关键。

4. 该厂实现能量回收的经验

1) Kakolanmäki 污水处理厂的地理优势使其能量利用率较高。厂区不仅位于图尔库市中心,而且置于地下岩洞内,出水回收余热可直接接入图尔库市完善的热力管网,用于周边住宅区集中供暖、制冷。其供热半径基本处于水源热泵的有效半径(3~5 km)内,输送热损耗降至最低。更重要的是,供热使用后的回水再循环回热泵用于热交换加热,而未直接排水,使得热利用效率倍增;

2) 热泵提取温差大(平均为 5~10 ℃)使其低品位热能利用率高。低品位热源条件选择取决于当地气象、水文地质等条件。芬兰冬季严寒漫长,夏季温和短暂,出水处附近海域温度通常在 4 ℃ 左右,而污水处理厂进水水温冬季为 7 ℃、夏季达 20 ℃,平均提取温差达 8 ℃,较常规 4 ℃ 提取温差拥有更多低品位热能,这部分热能的利用率较高;

3) 配置集中式大型热泵使供热系统中余热利用效率较高。污水处理厂内热泵余温热能提取环节采用了 2 台 unitop 50FY 大型热泵,为最先进的热泵技术,供热端输出热水可达 90 ℃。这种集中式大型热泵相较于分散式小型热泵系统的运营成本更低、供热效率更高;

4) 政府与企业协同参与保障了余热回收项目的实施。该厂热能大规模应用的实现主要取决于市政部门与各行业的共同参与,这是当地市政府及不同运营商之间积极协调使得污水余热回收供热项目得以落实的关键。

3.12.4 对 Kakolanmäki 污水处理厂的碳足迹衡算

Kakolanmäki 污水处理厂借助热能与化学能回收已实现能源的回收利用,但运行过程中污水处理厂能耗与物耗等直接关系对碳排放的影响。通过本课题组建立的碳足迹模型对该厂碳排放量和碳汇情况分别进行核算,并衡算其碳足迹。

1. 碳排放量的核算

碳足迹模型中污水处理厂的碳排放主要分为两部分:直接碳排放和间接碳排放。表 3-37 为 Kakolanmäki 污水处理厂气体排放监测统计数值。其中,二氧化碳(CO_2)、甲烷(CH_4)、氧化亚氮(N_2O)为《京都议定书》所规定的温室气体,为污水处理厂直接碳排放的主要贡献者。一般认为,除非 COD 中含有大量化石碳($CO_{2\,fossil}$)成分,污水中 COD 转化为 CO_2 是生源性($CO_{2\,bio}$)的,不计入碳排放计算。因此,以下温室气体的核算仅考虑 CH_4 和 N_2O。

Kakolanmäki 污水处理厂气体排放监测统计数值 表 3-37

气体	排放量(kg/a)	气体	排放量(kg/a)	气体	排放量(kg/a)
CH_4	64651	NO_x	409	四氯乙烯	6.8
CO	0	SO_x	1.7	四氯甲烷	0.22

续表

气体	排放量(kg/a)	气体	排放量(kg/a)	气体	排放量(kg/a)
$CO_{2\,bio}$	9923647	1,2-二氯乙烷	0.22	1,1,1-三氯乙烷	0.26
$CO_{2\,fossil}$	0	二氯甲烷	0.87	三氯乙烯	5.8
N_2O	33018	六氯苯	0.0027	三氯甲烷	0.71
NH_3	593	五氯苯	0.0027	苯	3.7
NMVOC	1053	—	—	—	—

注：NMVOC为非甲烷挥发性有机物，还未纳入全球变暖潜能加权的温室气体排放总量中。

污水处理厂运行过程会消耗大量电能，其生产过程会间接产生CO_2，应纳入污水处理厂间接碳排放核算清单。根据当地碳中和政策，Kakolanmäki污水处理厂的运营、TSE热泵站和Gasum沼气厂处理污泥用电均购买自清洁能源生产电力，且污泥运输燃料为污泥厌氧消化生产的沼气。因此，将污水处理厂运行电耗等间接碳排放量计为零。

除污水处理厂的运行产生电耗外，污水/污泥处理过程中使用不同化学药剂在生产和运输过程中也会产生间接碳排放量，应纳入污水处理厂碳排放计算。药耗碳排放主要受原料生产、加工工艺等影响。为实现碳减排，该厂自2012年开始将原先投加的氢氧化钙改为碳酸钙，以维持系统碱度，使得因药剂核算得到的CO_2间接排放量降为原来的1%，大大降低了间接碳排放量。

赫尔辛基环境服务机构（Helsingin seudun ympäristöpalvelut，HSY）监测结果表明，Kakolanmäki污水处理厂2020年全年实际总碳排放量（以CO_2当量计）为10712 t/a，各部分碳排放量明细见表3-38。

总碳排放量的核算数据　　　　　　　　　　　　　　表3-38

碳排放类型	排放项目	碳排放量(以CO_2当量计算)(t/a)
直接碳排放	CH_4	1810
	N_2O	8746
间接碳排放	药剂	61
	运输	41
	外部能耗	54
总计		10712

2. 碳减排量的评估

Kakolanmäki污水处理厂主要通过出水余热回收及厌氧消化回收热/电实现碳减排（表3-39）。根据当地环境报告测算，若TSE热泵站供能可直接替代化石能源（如煤、天然气等），图尔库市至少可减少碳排放量（以CO_2当量计）约5×10^4 t/a。实际TSE热泵站回收热能碳减排量（以CO_2当量计）为−11402.4 t/a，该热能主要替代当地清洁能源供热（由Orikedon生物能源供热厂供热，主要采用废木料、农业副产物等作为燃料，为图尔库市提供约1/6的供热量），因此基本不涉及碳排放（所排CO_2乃生源性）。

Gasum 沼气厂以 CHP 形式利用产能，主要替代当地化石能源（柴油）发电，因此，存在碳减排削减效益，碳减排量（以 CO_2 当量计）为 -24128.5 t/a。综上所述，Kakolanmäki 污水处理厂回收热能与化学能所产生的碳减排效益（以 CO_2 当量计）为 -35642.9 t/a。

总碳减排量的核算数据　　　　　　　　　　　　　　表 3-39

碳减排项目	净产能（MWh/a）	碳减排量（以 CO_2 当量计）（t/a）
太阳能电池板	22	-112.0
通风系统等热回收	2735	
TSE 热泵站供热	179014	-11402.4
TSE 热泵站制冷	21900	
Gasum 沼气厂	21935	-24128.5
总计	—	-35642.9

3. 碳中和评价

基于碳足迹与能量回收数据，对污水处理厂碳中和进行评价，将上述碳排放量与碳减排量数据汇总于表 3-40，得到该厂 2020 年实际碳排放量（以 CO_2 当量计）为 10712 t/a，而碳减排量（以 CO_2 当量计）达 -35643 t/a。由于碳减排量高于碳排放量，故该厂不仅已实现碳中和（碳中和率达 333%）运行，且已累计 -24931 t/a 可交易碳汇额（以 CO_2 当量计）。

碳减排/汇衡算　　　　　　　　　　　　　　表 3-40

碳排放量（以 CO_2 当量计）（t/a）	碳减排量（以 CO_2 当量计）（t/a）	碳汇额（以 CO_2 当量计）（t/a）	碳中和率（%）
10712	-35643	-24931	333

在普遍强调碳中和的今天，碳中和与能源中和的概念常常被混为一谈。但分析此案例可知，若非 TSE 热泵站回收热能及其贡献碳汇，该污水处理厂在实现碳中和的同时并不能完成能源中和。因此在对国内污水处理厂运行进行碳中和或者能源中和评价时，不应把两者简单地等同起来。

Kakolanmäki 污水处理厂的案例也进一步表明 TSE 热泵站回收的热能贡献占比巨大，实现了该厂的能源回收，同时产生的巨大碳汇使得该厂的碳减排效益为负值。

3.12.5　结语

芬兰 Kakolanmäki 污水处理厂运行实践表明，每年出水（全量流量61%）余温热能回收可高达 179.0 GWh（制热）和 21.9 GWh（供冷），而污泥厌氧消化并热电联产回收的化学能仅 21.9 GWh/a。在全部回收能量中，余温热能占比近90%，而厌氧发酵产甲烷并热电联产（CHP）占比不到10%。所回收的各种能源不仅可使该厂实现碳中和（碳中和率333%）运行，剩余碳汇（以 CO_2 当量计）高达 24931 t/a。因此，污水处理厂实现碳中和运行的关键在于出水中大量余温热能的回收。

分析该案例可知，国内污水处理厂采用传统污泥厌氧消化很难实现能源中和以及碳中和运行。根据北京高碑店污水处理厂数据，全年可提取温差平均为 4 ℃，全年流量为 339×10^6 m³/a，可提取理论潜热为 Kakolanmäki 污水处理厂的 8 倍多。若充分认识并合理利用污水余温热这一体量巨大的低品位新能源，合理设置其回收利用方式（冬季为周边地区供暖等），并协调市政部门与各行业的运营，那么足以使污水处理厂实现能源回收，并变成能源工厂，同时实现污水处理行业的能源中和与碳中和。

3.13   污水处理过程水温变化模型

温度是控制微生物生长代谢的重要参数之一，任何波动（特别是在冬季）都会直接影响微生物活性与活性污泥系统中混合液生理化学特性变化，最终影响出水水质。污水处理厂进水口和出水口之间的昼夜温差通常在 0.5～0.6 ℃。活性污泥系统明显会受到地区环境温度影响，某些极端地区污水处理厂进出水温差甚至可以达到 10 ℃，严重影响冬季污水处理效果。进言之，活性污泥系统不同温度对溶解氧（DO）和污泥黏度也存在一定影响，都有可能导致污水处理效率降低，增加污水处理能耗以及相应的碳排放量。同时，污水出水余温与受纳水体温度差异还会造成受纳水体热污染，特别是冬季时节；美国部分州因此规定了处理出水水温限值，即生态排水。此外，污水流量稳定，具有"冬暖夏凉"的特征，其中所蕴含的热能潜力巨大，可以通过热交换（水源热泵）方式回收并加以利用。

污水温度主要源于建筑物内生活用水加热或工艺过程升温，且在地下排水管线"保温"作用下污水流入污水处理厂。污水处理曝气/搅拌反应池是一种复杂的物理-化学-生物综合系统，内部存在着各种物质变量间相互作用，污水流速、浓度和成分动态变化，外界环境温度湿度等变化都会影响处理水温。以水泵和鼓风机为主的机械传热、生化反应微生物代谢释热、环境中气流接触发生的热传递等均会对处理水温产生一定影响。早期研究忽略了生化反应导致水温变化，且估计变化范围仅 0.1℃。但随后有人通过对污水处理生化反应和池内平流-分散模型反应器进行理论热平衡研究发现，污水生化反应可致被处理水升温 0.6 ℃，代谢热输入占总热通量的 30%～40%，远高于早期研究中的 0.1 ℃温差。显然，有限研究忽视了污水处理厂外界环境温度、湿度、风速等相关因素对被处理水温的影响。有人通过对高浓度废水系统热平衡计算发现，生化反应放热随着进水有机物（COD）浓度升高而升高；有些研究认为污水温度变化的主要原因在于外界环境热交换，污水处理厂曝气只占传热量约 6%。实际上，这些研究又聚焦于微生物代谢热，时常假定其他温度变化恒定，并没有系统分析和评价污水处理过程各类因素对被处理水温度的综合影响。

因此，建立污水处理准确动态温度变化模型不仅有助于深入研究温度与微生物动力学之间的联系，还可以更加清晰了解处理水水温变化，进而预测或提前防范某些极端条件大气温度波动对污水处理可能造成的负面影响。进一步说，温度模型对了解污水处理厂热量损失/增加也具有实用意义，有助于精准曝气/搅拌参数确定，利于节能减排；同时，亦有助于了解出水余热回收程度，一举两得地做到生态排水。

对此，研究首先梳理可能影响水温的生化反应放热、机械传热、环境热传导与水蒸发热损失 4 个过程，确定热能模型边界。其次，进一步对这些过程细化分解，并量化与表征不同环节影响，以此建立详细衡算模型。最后，利用北京地区某污水处理厂实际数据对模型进行拟合验证并优化，同时分析该模型存在的局限及可能优化的方向，以便进一步完善确定热能衡算模型。

3.13.1 模型构建

1. 模型边界

建立热量衡算模型评估污水处理厂处理水温度变化趋势时，首先定义 Q 为模型热量变化参数；为方便计算，过程热量单位取 kW，最终计算结果转化为温度（℃）。污水处理过程中热量衡算模型框架示于图 3-30，主要涉及 4 个单元：

1）生化反应放热 N_1：分别考虑污水有机物氧化、脱氮过程中物质分解转化释放热量，包括有机物（COD）降解过程热量释放（Q_1）、硝化反应过程热量释放（Q_2）和反硝化反应过程热量释放（Q_3）。生物除磷过程以消耗代谢热为主，即使在厌氧环境高能磷酸键断裂完全释能产生的热量也微乎其微。所以，此处不考虑生物除磷热释放，详解见后；

2）机械传热 N_2：考虑各类泵（提升泵、回流泵等）传热（Q_4）和曝气（以鼓风曝气为例）传热（Q_5）。

3）环境热传导 N_3：包括环境换热（Q_6）和热辐射（Q_7），其中环境内换热方式涉及导热和对流换热。

4）水蒸发热损失 N_4（Q_8）。

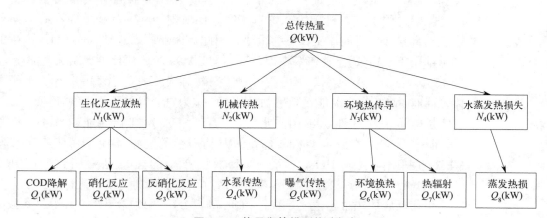

图 3-30 热量衡算模型构建框架

综上，热量衡算控制方程表示如下：

$$Q = Q_1 + Q_2 + Q_3 + Q_4 + Q_5 + Q_6 + Q_7 + Q_8 \tag{3-22}$$

2. 模型参数

表 3-41 中列出 4 个部分 8 个过程热量计算方法，并对其中关键参数详解。

不同过程热量衡算公式　　　　　　　　　　　　　　表 3-41

变量	热量	符号	计算公式	式
生化反应放热 N_1	COD 降解	Q_1	$a \times \dfrac{Q_{in}(S_{in} - S_e - S_{Bin})}{1000 \times 3600}$	(3-23)
	硝化反应	Q_2	$b \times \dfrac{Q_{in}(N_{Tin} - N_{Ke})}{1000 \times 3600}$	(3-24)
	反硝化反应	Q_3	$c \times \dfrac{Q_{in}(N_{Tin} - N_{Te})}{1000 \times 3600}$	(3-25)
机械传热 N_2	水泵传热	Q_4	$(p_1 + p_2 + p_3)\eta$	(3-26)
	曝气传热	Q_5	$\dfrac{(t_1 - t_2)qr_0}{3600}$	(3-27)
环境热传导 N_3^1	环境换热	Q_6	$\dfrac{(K_1F_1 + K_2F_2 + K_3F_3) \times (T_0 - T_2) + (K_1F_4 + K_2F_5) \times (T_0 - T_2)}{1000}$	(3-28)
	热辐射	Q_7	$\dfrac{K_4(F_1 + F_3) \times (T_0 - T_2) + K_5F_4(T_0 - T_2)\gamma}{1000}$	(3-29)
水蒸发热损失 N_4	蒸发热损	Q_8	$R_汽 V_发$	(3-30)

注：^{1}根据保温与否修正。其中，T_0 表示实测环境空气温度；T_2 表示池体内混合液温度；t_1 表示修正后鼓风温度（计算见式 3-31）；t_2 表示受环境修正后水温（计算见式 3-32）。

（1）生化反应放热（N_1）

污水中有机污染物降解存在微生物代谢热量释放情况，该模型中主要考虑 COD 降解和脱氮过程热量变化，忽略了生物除磷过程代谢热。

根据聚磷细菌（PAOs）过程机理，糖原和多聚磷酸盐（poly-P）循环储存和消耗导致生长所需能量大量消耗。因此，PAOs 被视作为能量消耗型代谢，除磷过程中有效总能量减少。在生态环境中，poly-P 和糖原在有氧阶段恢复到足够水平可能比生长更为重要，因此，大部分好氧时氧化 PHA 产生的能量都用于 poly-P 合成和聚糖原。同时，PAOs 产量值比通常异养生物产率低 13%，部分 PAOs 在缺氧阶段可利用硝酸盐（NO_3^-）代替 O_2 作为电子受体，此时 PHA 产生的能量效率估计比 O_2 作为电子受体低 40%，说明 PAOs 确实是能量消耗代谢型细菌。此外，厌氧时 PAOs 细胞高能磷酸键（键能 5 kcal/mol）断裂释放也会释放能量，但其产生的能量即使不用于细胞吸收 VFAs（细胞内合成 PHA）而全部释放所产生的热量也只能致温度升高 0.00004℃。所以，模型中暂不考虑除磷过程热量代谢，以简化计算。

生化反应放热过程主要是根据物质降解/分解热效应计算，其主要参数为 COD 氧化反应热效应常数 a、反硝化反应热效应常数 b 以及硝化反应热效应常数 c，其数值见表 3-42。生化过程受进水流量和水质参数影响，属于自变量（输入参数），取自实际测定数据。生化反应过程还需考虑不同反应的进行程度，可通过进出水实测水质评价不同污染物去除程度表征。

<table>
<tr><td colspan="5" align="center">**生化过程模型参数定义**　表 3-42</td></tr>
<tr><th>参数类型</th><th>定义</th><th>符号</th><th>单位</th><th>数值/注释</th></tr>
<tr><td rowspan="3">常数</td><td>COD 氧化反应热效应</td><td>a</td><td>kJ/kg O₂</td><td>14065</td></tr>
<tr><td>反硝化反应热效应</td><td>b</td><td>kJ/kg NO₃⁻-N</td><td>35625</td></tr>
<tr><td>硝化反应热效应</td><td>c</td><td>kJ/kg NH₄⁺-N</td><td>26660</td></tr>
<tr><td rowspan="5">自变量</td><td>进水流量</td><td>Q_{in}</td><td>m³/h</td><td>为计算方便，采取最高日最高时流量</td></tr>
<tr><td>COD 浓度</td><td>S_{in}、S_e</td><td>mg/L</td><td>进水、出水（实测）</td></tr>
<tr><td>BOD₅ 浓度</td><td>S_{Bin}、S_{Be}</td><td>mg/L</td><td>进水、出水（实测）</td></tr>
<tr><td>TN 浓度</td><td>N_{Tin}、N_{Te}</td><td>mg N/L</td><td>进水、出水（实测）</td></tr>
<tr><td>TKN 浓度</td><td>N_{Kin}、N_{Ke}</td><td>mg N/L</td><td>进水、出水（实测）</td></tr>
</table>

（2）机械传热（N_2）

机械传热单元主要考虑水泵和鼓风机两部分热效应。鼓风机以使用广泛的多级离心式为例，因为鼓风曝气时会升高水温。这种升温影响主要涉及风机进气量、环境湿度等。夏季时，曝气风机蜗壳及其出口风管温度可达 95～105℃；冬季极寒时，蜗壳和风管温度也能达到 75～85℃。被加热的空气经过输风管路最后通过曝气器进入好氧池底部，期间，因输风管内散热而存在一定量热损失。有研究发现，曝气过程仅传输 60% 的热量，40% 热量在风机出口和管路中已散热损失掉。所以，进入曝气池的送风温度夏季与冬季分别为 57～63℃ 和 45～51℃。热空气进入好氧池会引起混合液水温升高，曝气传热主要依据曝气量和气、液两相温差确定，如式（3-26）和式（3-27）。机械传热衡算过程主要参数定义见表 3-43。

<table>
<tr><td colspan="5" align="center">**机械传热衡算过程主要参数定义**　表 3-43</td></tr>
<tr><th>参数类型</th><th>定义</th><th>符号</th><th>单位</th><th>数值/注释</th></tr>
<tr><td rowspan="7">常数</td><td>碳的氧当量</td><td>x</td><td>kg O₂/kg BOD₅</td><td>1.47</td></tr>
<tr><td>氨氮的氧当量</td><td>y</td><td>kg O₂/kg N</td><td>4.57</td></tr>
<tr><td>细菌的氧当量</td><td>z</td><td>kg O₂/kg COD</td><td>1.42</td></tr>
<tr><td>水泵效率</td><td>η</td><td>%</td><td>65%～85%</td></tr>
<tr><td>相对湿度</td><td>X</td><td>%</td><td>据湿度查手册，通过外界环境温度与风速查找相对湿度</td></tr>
<tr><td>温度修正系数</td><td>r_0</td><td>—</td><td>1.10～1.40</td></tr>
<tr><td>污泥产率系数</td><td>y_t</td><td>kg MLSS/kg BOD₅</td><td>有初沉池 0.3；无初沉池 0.6～1.0</td></tr>
<tr><td rowspan="2">因变量</td><td>鼓风风量（曝气量）</td><td>q</td><td>m³/h</td><td>依据进水水质计算，见式（3-33）</td></tr>
<tr><td>排出生物池微生物的量</td><td>ΔX_v</td><td>kg/d</td><td>见式（3-34）</td></tr>
<tr><td rowspan="3">自变量</td><td>提升泵轴功率</td><td>P_1</td><td>kW</td><td>设计/运行参数</td></tr>
<tr><td>内回流泵轴功率</td><td>P_2</td><td>kW</td><td>设计/运行参数</td></tr>
<tr><td>外回流泵轴功率</td><td>P_3</td><td>kW</td><td>设计/运行参数</td></tr>
</table>

曝气过程中，风机鼓风温度会受环境湿度影响，采用修正后温度（t_1），计算方法见式(3-31)：

$$t_1 = T_3 + \frac{X(2500 + 1.86 T_3)}{1000} \tag{3-31}$$

式中　T_3——风机鼓风温度；

　　　X——相对湿度。

同时，曝气池水温受风机环境温度影响，修正后温度（t_2）计算见式(3-32)：

$$t_2 = 0.002 T_2^3 - 0.008 T_2^2 + 3.7 T_2 - 3.2 \tag{3-32}$$

式中　T_2——反应池内污水温度。

曝气量根据进水水质和污染物去除率计算，参见式(3-33)；其中，每日污泥产量 ΔX_v 计算参见式(3-34)。

$$q = 0.001 x Q_{in}(S_{Bin} - S_{Be}) - z\Delta X_v + y[0.001 Q_{in}(N_{Kin} - N_{Ke}) - 0.12\Delta X_v]$$
$$- 0.62y[0.001 Q_{in}(N_{Tin} - N_{Te}) - 0.12\Delta X_v] \tag{3-33}$$

$$\Delta X_v = 0.75 y_t \frac{Q_{in}(S_{Bin} - S_{Be})}{1000} \tag{3-34}$$

式中　x、y、z——碳氧当量、氨氮氧当量、细菌氧当量；

　　　Q_{in}——进水流量；

　　S_{Bin}、S_{Be}——反应池进、出水五日生化需氧量浓度；

　N_{Kin}、N_{Ke}——反应池进、出水 TKN 浓度；

　N_{Tin}、N_{Te}——反应池进、出水 TN 浓度；

　　　ΔX_v——排出生物池微生物的量；

　　　y_t——污泥产率系数。

除曝气机械热量传递外，各种水泵叶轮高速旋转也会使流体获得有用功率并转化为热，从而导致流体温度升高；同时，流体从泵进口到出口的熵压缩过程也可致温度升高，结果在泵的进、出口形成一定温差。泵传热主要依据泵消耗电能向热能转化，同时，也要考虑泵效率来确定。

（3）环境热传导（N_3）

遵循热量自发由高温传递到低温物体规律，存在温度差，即存在热交换或传导。污水在池体内势必会与池壁发生热交换；同时，污水暴露于空气中，气温随季节性或白昼变化，混合液与空气之间温差也会造成对流换热。此外，池体表面对外发射可见和不可见射线（电磁波）来传递能量，不论温度高低或接触与否，这种电磁波均能存在。以上种种热交换在该模型中均定义为环境热传导，热量计算过程中正负号分别表示热收益或热损失热能。衡算公式见式(3-28)和（3-29），参数详细定义见表3-44。

环境热传导过程参数定义   表 3-44

参数类型	定义	符号	单位	数值/注释
常数	池内部传热系数	B_1	W/(m²·K)	2300~4500
	池壁传热系数	B_2	W/(m·K)	35~50（据水与空气温差取值，温差大则取值大）
	池外部环境传热系数	B_3	W/(m²·K)	5~300
	保温层传热系数	B_4	W/(m·K)	0.035~0.05
	池壁厚度	σ	m	0.7~1.0
	保温层厚度	h	m	0.01~0.04
	池内辐射系数	γ	W/(m²/K⁴)	5.1~5.6
	池壁与污水接触面积	$F_1(F_2)$	m²	设计参数
	反应池截面积	F_3	m²	设计参数
	池壁与空气接触面积	$F_4(F_5)$	m²	设计参数
因变量	导热系数	$K_1(K_2)$	W/(m·K)	无保温措施(有保温措施)；式(3-35)计算确定
	换热系数	K_3	W/(m²·K)	5~300
	辐射系数	$K_4(K_5)$	W/(m²/K⁴)	无保温措施(有保温措施)；式(3-36)经计算确定

综合考虑这种环境热传导主要参数为热交换系数。不同地理位置不同污水处理厂采取蒸汽伴热或池体加盖保温等措施，均会导致导热系数和辐射系数的改变，计算可分别参考式(3-35)和式(3-36)。

$$K_1 = \frac{1}{\left(\dfrac{1}{B_1} + \dfrac{\sigma}{B_2} + \dfrac{1}{B_3}\right)} \tag{3-35}$$

式中 K_1——导热系数；

B_1、B_2、B_3、B_4——分别为池内部传热系数、池壁传热系数、池外部环境传热系数、保温层传热系数；

σ、h——池壁厚度和保温层厚度。有保温措施时，$B_3 = B_3 + h/B_4$，所得即 K_2。

$$K_4 = \frac{(T_2 - 20)}{5} \times 0.29 + 0.86 + 0.05 \times \frac{(T_0 + 10)}{10} \tag{3-36}$$

式中 K_4——辐射系数；无保温措施时，T_2 为液面温度，计算获得 K_4；有保温措施时，T_2 为池内环境温度，计算得辐射系数 K_5。

（4）水蒸发热损失（N_4）

污水表面蒸发是表面水分子热运动的结果。液面蒸发时，质流方向总是从液面指向气体，但热流方向则可以从液面到气体，也可以从气体到液面，视污水温度和环境温度而定。根据不同环境温度和湿度条件下水汽化热值，可计算蒸发所带走的热量损失，见式(3-30)。其中，$R_汽$ 为汽化热，不同环境温度取值不同，可查询《化学化工物性数据手册》获得，单位 kJ/mol（计算时换算为 kW·s/kg）；参数 v 表示实际风速（m/s），现场实测获取并用来计算风量 μ [kg/(m²·h)]。蒸发量 $V_发$ 与池内温度和水温的温差以及风速有关，单位 kg/s，计算公式如下：

$$V_发 = \frac{\mu F_3 (L_1 - L_2)}{1000 \times 3600} \tag{3-37}$$

$$\mu = 25 + 19v \tag{3-38}$$

式中 μ——风量；

F_3——生物池截面面积；

L_1、L_2——分别表示反应池进出口空气绝对湿度。

3.13.2   计算案例

为判断构建模型的准确性，本研究获取北京某污水处理厂 2019 年实测数据，收集实际进出水温、环境温度、进出水水质、水量等数据代入模型，输出污水处理温度变化，并与实际值进行比较来验证模型准确性，同时分析模型误差并加以修正。

1. 模型参数

（1）原始数据

本模型取年平均水质、水量作为初始输入参数（污水处理厂每日水质和水量检测数据取平均），详见表 3-45。污水处理厂工艺运行参数列于表 3-46。

案例厂水质、水量参数   表 3-45

设计流量 Q_{in} (m³/d)	进水				出水		
	COD (mg/L)	BOD₅ (mg/L)	TN (mg N/L)	NH₄⁺-N (mg N/L)	COD (mg/L)	TN (mg N/L)	NH₄⁺-N (mg N/L)
40000	270	188	45	38	12	6	0.24

案例厂工艺运行参数   表 3-46

参数	符号	单位	数值	备注
提升泵轴功率	P_1	kW	75	—
内回流泵轴功率	P_2	kW	120	—
外回流泵轴功率	P_3	kW	90	—
水泵效率	η	%	85	—
生物池表面积	S_1	m²	10000	含 2 座，单座表面积 5000 m²
生物池有效水深	$h_生$	m	4.0	—
生物池超高	$h_超$	m	1.0	—
生物池墙体厚度	σ	m	0.7	—
鼓风风量	q	m³/h	10000	根据进出水水质计算,见式(3-33)
风机鼓风温度	T_3	℃	45~63	夏季 57~63 ℃;冬季 45~51 ℃
保温层厚度	h	m	0.1	—

（2）温度参数

热量衡算模型涉及不同部分温度（表 3-41），包括当地环境温度与进水温度等。因此，梳理该案例厂所在地区当年逐月气温（T_0，来源中国气象数据监测统计）与进水水温（T_1，实测），并计算分析二者温差，结果如图 3-31 所示。可以看到，进水温度（T_1）波动不大，但气温（T_0）变化随四季较为明显，这也是污水"冬暖夏凉"的根本原因。

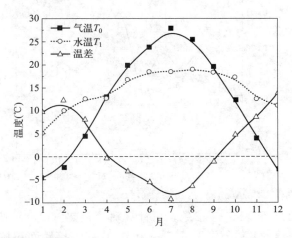

图 3-31 案例污水处理厂气温与水温参数

2. 热量衡算

（1）生化反应放热（N_1）

微生物代谢释放热量包括 COD 降解（Q_1）、硝化反应（Q_2）和反硝化反应（Q_3）释能根据式(3-23)、式(3-24)、式(3-25) 和表 3-42 计算结果示于图 3-32。生化反应总产热 1753.4 kW，折算水温变化约 0.4 ℃。其中，脱氮过程热量释放比例较高，约达 74%（硝化与反硝化分别占比 31.7% 和 42.3%），而 COD 降解代谢热量相对较少，仅为 26%。有人曾计算污水处理厂生化反应放热温度为 0.6 ℃，高于本案例计算水平，这是因为生化反应放热与进水水质有关，案例厂进水 COD 浓度偏低，仅为 270 mg/L，远低于欧洲 COD＝600～1000 mg/L。

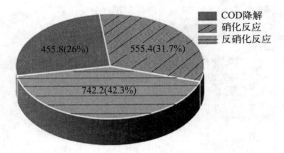

图 3-32 生化反应放热比例

（2）机械传热（N_2）

根据式(3-26) 和表 3-43 参数，计算水泵传热 Q_4 为 121.2 kW，折算升温约 0.03 ℃。鼓风曝气传热（Q_5）受环境气温、管道热损影响；鼓风温度和环境湿度均为动态值,采用图 3-33 中所示逐月温差;根据式(3-27)和表 3-43 参数,可计算并绘制鼓风曝气对污水温度变化,如图 3-33 所示。曝气对温度变化的影响介于 0.018~0.022 ℃;综合水泵传热可知,机械传热(N_2)对水温影响并不显著(<0.06 ℃)。

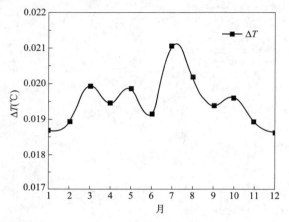

图 3-33 曝气传热致水温变化

(3)环境热传导(N_3)

根据式(3-28)和表 3-44 参数,可计算对流换热(Q_6),其中,池壁厚度(σ)和保温层厚度(h)分别取 0.7 m 和 0.01 m,接触面积按实际工艺进行计算。环境热传导受池体外部环境传热系数 B_3 影响,可对该参数采用敏感性分析方法;考察不同传热系数(与实际风速相关)工况传热量影响,计算结果如图 3-34(a)所示。结果显示,不同传热系数对水温变化影响较为显著,因此,实际热量衡算过程需严格校对环境传热系数 K_3。分析结果可知,水温变化幅度冬季时(2 月和 12 月)最大,水温降幅达 1.5 ℃,而夏季(7 月)升温也可达 1.0 ℃。

根据式(3-29)和表 3-44 参数可计算热辐射(Q_7),结果如图 3-34(b)所示;发现其温度变化小于 0.015 ℃,基本不会对水温产生影响。

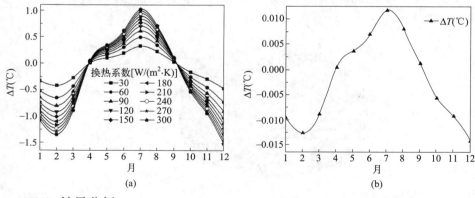

图 3-34 案例厂环境热传导 (a)对流换热水温变化;(b)辐射换热水温变化

(4)结果分析

上述研究分析发现,季节性温差和换热系数存在很大不确定性,且水温对二者变化较为敏感。计算时考虑不同温差(水温和环境温度)和换热系数关系来计算最终水温变化，从而可绘制出北京地区污水热平衡三维模型（图3-35a）。可以看到，不同因素对水温影响结果介于−1～1.5℃，其中，夏季升温1.5℃，冬季降温达到1℃。

由不同环节温度变化数据（图3-36）可以看出，污水温度整体变化量较小。其中，受环境热传导影响较大，且微生物代谢也会对污水温度产生一定的影响，而以水泵、鼓风机为主的机械传热对污水处理温度变化几乎并无影响。

为验证模型的准确性，将案例水厂实测水温变化与模型拟合，结果如图3-35(b) 所示。通过模型与实测数据拟合发现，大多数实测数据点与模型换热系数取 30 W/(m^2·K) 时结果拟合较好。其中，2月到10月曲线模型与实测数据契合程度最高，但11月、12月和1月则存在一定误差。

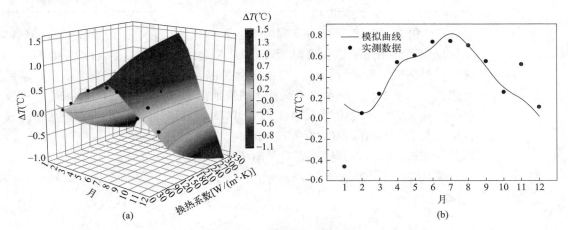

图 3-35 模型计算结果与实际数据比较

（a）水温变化与温差、换热系数关系；（b）模型结果与实测数据

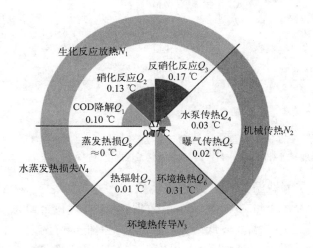

图 3-36 不同因素导致的水温变化量［采用 7 月数据计算，换热系数 30 W/(m^2·K)］

（5）水蒸发热损失（N_4）

根据式(3-30) 和式(3-37)可计算水蒸发热损失。受蒸发水量影响，模型中取北京地区年平均风速 2 m/s、夏季最大温差 7 月（9.3℃）、汽化热值为

2430（kW·s/kg）；计算结果折算为温度变化是 0.001 ℃。可见，污水处理过程中水分蒸发量较小，由蒸发导致的热量散失可以忽略不计。

3. 误差分析与调整

考虑换热系数影响，从图 3-35 可知，即使换热系数 K_3 选择最大值 300 W/$(m^2 \cdot K)$，11 月和 1 月实测值与模型均无法拟合。K_3 受外界风速变化影响明显；查询当年案例厂所在区域逐月平均风速（影响换热系数 K_3 的主要条件），示于表 3-47，发现全年平均风速约 2.0 m/s，风速变化并不明显。因此，基本可以排除换热系数的影响。

案例厂区域当年逐月平均风速表（m/s）　　　　　表 3-47

月份	1	2	3	4	5	6	7	8	9	10	11	12
风速(m/s)	2.3	2.3	1.9	2.5	2.1	2.2	1.8	1.8	2.1	1.7	1.5	2.2

1 月和 12 月水温降低一定程度上会影响生化反应进行，导致 COD 降解、硝化反应和反硝化反应程度降低（式 3-23、式 3-24 和式 3-25），导致最终生化反应放热低于理论计算值。根据实际情况，主要考虑硝化细菌低温环境活性降低，出水 NH_4^+-N 浓度升高；本研究取出水 NH_4^+-N＝10 mg N/L，计算最终生化反应温度变化为 0.14 ℃（图 3-37a）。可以看出，经过调整后 1 月模拟值已接近实际值，但仍存在较大误差，且 11 月和 12 月误差进一步变大。因此，需进一步考虑其他因素对模拟结果的影响。

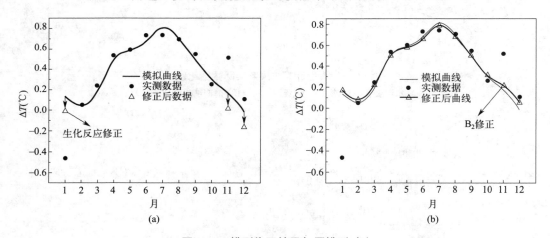

图 3-37 模型修正结果与原模型对比
（a）生化放热温度修正对比（冬季）；（b）池壁换热系数温度修正对比（全年）

事实上，季节性温差变大会导致池壁与污水接触之间热量交换和传递，反应在模型中为表 3-44 中池壁传热系数 B_2。上述理论计算取其中值 45 W/$(m \cdot K)$，但考虑环境温度较低情况，该值可能偏低，可调整为 35W/$(m \cdot K)$，修正后模拟结果如图 3-37(b) 所示。可以看出，11 月、12 月修正后模型与实测数据之间误差减小，1 月误差稍有增大。

经过对上述误差分析和模型修正，冬季生化反应放热降低与池壁传热系数对模型修正结果相反，并且模型经过修正实际上与原始数据还存在一定误差。进一步分析实际获取数据，1 月份与其他月份（特别是 2 月份）原始数据差异较大，可能存在 1 月数据收集错误。进言之，11 月实测数据仅为 11 月 1 日到 21 日温度数据，缺少一部分数据，可能导致并不能完全反映实际情况。所以，不排除上述两个月存在原始数据缺陷而导致模型计算出现误差。

综上，低温条件池壁对污水温度影响、微生物生化反应冬季活性降低，以及实测数据不充分可能是导致模型误差的原因。

3.13.3　模型优化与应用

通过上述模型误差分析和有关敏感性分析结果可知，准确的模型需要获取准确的换热系数（K_3）、池壁传热系数（B_2），准确测量水温与气温二者间温差，并确定水处理工艺和进出水水质等。

1. 换热系数

模型建立采用的换热系数（K_3）范围为 $30 \sim 300$ W/($m^2 \cdot$ K)，其取值跨度大，对最终温度变化影响较大。不同地区由于地理位置差异导致气候差异较大，甚至同一地区亦可能因极端天气导致地区温度变化增大。因此，模型应用中需结合当地实时气温与水温温差以及环境内风速大小来准确确定评价污水处理厂换热系数。

2. 池壁传热系数

一方面，环境温度与水温差值会导致池壁与污水换热工况发生改变，例如，地上和地下式污水处理厂池壁传热系数显然存在较大差异。另一方面，污水处理厂除生化池外，还存在较多其他构筑物，如旋流沉砂池、二沉池等；这些构筑物在外界环境温度过低或过热情况下，池壁温度随之下降或升高越明显，则污水流经这些构筑物与池壁间的传热越不能忽视。因此，实际中需根据现场条件（如，池壁是否保温、地上或地下式、室内或室外等）严格确定池壁传热系数。

3. 工艺与水质

模型校核过程，一般进出水水质采用平均数值，而实际上污水进出水随天、月等会发生较大变化。同时，工艺不同、环境温度变化会导致污水处理效果发生变化，最终直接影响生化反应热量释放。工艺不同也会造成如机械传热、环境热传导等环节热量波动。因此，模型实际应用中可以按天或按月进行热量衡算，同时，需对不同数据进行筛选与清洗，以减少极端值造成的均值偏差。

4. 水蒸发热损失

在此案例进行计算过程中，由于缺少实测数据来计算实际蒸发水量，以月平均风速代入模型计算，结果可忽略不计。所以，省略了污水处理厂构筑物水分蒸发所带走的热量。实际中，可根据监测环境内温度与水温温差、湿度及风速进行蒸发量计算，进一步明确水蒸发热损失量。

3.13.4　结语

通过构建污水处理温度变化模型，并通过实际温度校验，可以获得基本准确的模型预测结果。建模过程及结果显示：1）污水经过生化反应放热、机械传热、环境热传导三个过程，污水温度在冬夏两季有着明显变化；2）污水温度整体变化量较小，其中，受环境热传导和微生物代谢影响较大；而以水泵、鼓风机为主的机械传热对污水处理温度变化几乎没有影响；3）环境热传导主要受温差和换热系数影响。在正常气候条件下换热系数波动不大，而出现极端气候的地区则需要准确确定换热系数；4）本研究构建的污水温度变化模型应用时还需根据实际情况对主要参数进行一定程度调整。

3.14　处理出水电解制氢潜力与前景

当前世界能源使用结构仍然是以石油、天然气和煤炭三大传统化石能源为主，因而导致严重的温室效应。显然，改变能源结构，发展清洁、绿色能源乃今后能源发展的必然趋势。其中，氢气（H_2）作为一种环境友好的清洁能源已获得广泛青睐，缘于其来源广泛、热值高、无污染、多种利用形式等特点。正因如此，一些专家声称 H_2 将成为能源领域未来之星，是一种"终极"能源。

然而，全球每年生产约 40 亿 t 的 H_2 中有 95％以上是通过化石燃料作为动力获得的，化石燃料生产电力过程会导致大量 CO_2 排放，以至于这种方式生产的 H_2 并非是清洁、绿色的，况且，常用电解水制氢方法的能源转化效率肯定会降低。因此，制氢工业正在寻求摆脱这些碳密集型生产方式，或者将蒸汽甲烷（CH_4）重整与碳捕获、储存相结合（产生蓝氢），或者使用可再生能源为水电解提供能量（产生绿氢）。为此，可再生能源电解制氢备受关注，其产氢过程完全没有碳排放，也符合我国当下"双碳"目标理念。据中国氢能联盟研究院预测，2030 年、2040 年和 2050 年我国可再生能源电解水制氢占比例将分别达到 15％、45％和 70％。从长远来看，可再生能源电解制氢是实现可持续发展、减少碳排放量的重要因素。

在当前"双碳"发展目标下，制氢能源势必需要寻求清洁、绿色的可持续能源。同时，在淡水资源日益紧缺情况下，制氢与生产、生活竞争水资源也是必须考虑的问题。基于此，首先核算电解制氢能源转化效率，并对可再生能源（包括风、光电能）以及谷底煤电利用进行分析，以确定利用绿电或谷电发展电解水制氢的可行性。其次，对地表水资源、海水以及污水处理厂出水作为制氢水源进行综合评价，以分析不同制氢工艺的经济成本，并评价其对环境的影响。最后，试图确定以污水处理厂出水作为电解水制氢的发展前景。

3.14.1 制氢能量转化

1. 电解能量效率

电解制氢是当前比较成熟的制氢技术，以碱性电解液为例，其完整的电解槽如图 3-38 所示。电解槽包括电极、电解液以及隔膜，电解槽内装有电解质溶液，通过隔膜将槽体分为阴、阳两室。在一定电压下，电流从电极间通过，在阳极上产生氧气，在阴极上产生氢气。

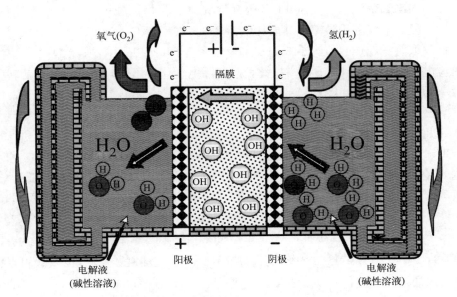

图 3-38 碱性制氢电解槽示意图

因水分解反应是逆熵过程，不能自发进行，需要供以电能驱动，电解制氢理论电耗量可采用电功计算：

$$W = QU = qFU \tag{3-39}$$

式中 q——电荷量，mol；

F——法拉第常数，阿伏伽德罗数 $N_A = 6.023 \times 10^{23}$ mol^{-1} 与元电荷 $e = 1.60 \times 10^{-19}$ C 之积；

U——电压。

常见 3 种电解制氢技术性能对比 表 3-48

技术参数	碱水电解（Alkali）	纯水电解（PEM）	高温蒸汽电解（SOEC）
电解质/隔膜	30%KOH/石棉膜	纯水/质子交换膜	固体氧化物（Ni/aSZ）
能耗（kWh/Nm³）	4.5～5.5	4～5	2.7～3.7
工作温度（℃）	70～90	80～90	800
电解效率（%）	56～75	76～85	90～100
响应速率	数十秒级	秒级	min 级
产业化程度	国内成熟	初步商业化	实验室研究
操作特性	强碱腐蚀性	无腐蚀性	无腐蚀性
危害	石棉危害呼吸道	—	—

在标准状态下（$T = 0$ ℃，标准大气压 100 kPa），无论何种条件水顺利分

解热力学电压需达到 1.23 V，由此根据式（3-39）计算产生 1 Nm³ H₂ 所需电量约为 2.94 kWh；实际工程中必须施加大于理论热力学电压方能促使水分解顺利进行。一般商业电解槽设定电压为 1.8～2.0 V，故实际生产 1 Nm³ H₂ 所需电量为 4.30～4.78 kWh。

不同电解制氢技术的实际能耗数据列于表 3-48。可以看到，碱水电解方式能耗最高，达 4.5～5.5 kWh//Nm³，纯水电解次之，二者与理论数据基本一致；而高温蒸汽电解（SOEC）因采取固体氧化物措施可以在高温下运行，可大大提高电能利用效率，其能耗仅为 2.7～3.7 kWh//Nm³。评估氢气蕴含能量，取氢气燃烧热值为 143 kJ/g，氢气密度 0.0899 g/L，所以 1 Nm³ 氢气对应电当量为 3.57 kWh-eq。据此，与实际电耗比较可知，电解制氢能源转化效率为 74.5%～83.0%。

2. 水脱盐能耗

几种不同电解技术均对电解水质有较高要求。因此，必须对电解原水进行预处理，主要目的是脱除水中的盐分。这部分能耗主要取决于水的脱盐技术、原水水质（如，盐度）等。目前，脱盐主要采用反渗透（RO）、多级闪蒸（MSF）、多效蒸馏（MED）等淡化技术。MSF 淡化水需要 12 kWh/m³ 热能和 3.5 kWh/m³ 电能；MED 需要 6 kWh 热能和 1.5 kWh 电能；反渗透能源消耗已经从 9～10 kWh/m³ 下降至目前小于 3 kWh/m³。按照电解 1m³ 水可产生 42～55 kg H₂ 计算，合 460～620 Nm³ H₂，最终折算水质净化环节对应电耗数据见表 3-49。可以看到，水质净化能耗（＜0.03 kWh/Nm³ H₂）远低于电解制氢电能（3.0～6.0 kWh/Nm³ H₂）两个数量级。因此，脱盐能耗似乎可忽略不计。这也意味着，从能耗角度考虑未来电解制氢研究的核心方向应该是提高电解制氢效率，而非水质净化环节。

不同工艺淡化水处理能耗　　　　　　表 3-49

能耗	技术		
	反渗透（RO）	多级闪蒸（MSF）	多效蒸馏（MED）
吨水能耗（kWh/m³）	＜3	12（热）+3.5（电）	6（热）+1.5（电）
制氢能耗（kWh/Nm³）	＜0.0054	0.022（热）+0.0063（电）	0.011（热）+0.0027（电）

3.14.2　能源供应

氢气本身固然是一种清洁能源，但制氢消耗煤电会造成间接碳排放，况且，电能水解制氢会出现 17%～25.5% 能源损耗，导致制氢过程产生的间接碳排放量则更高。因此，发展绿色/清洁能源制氢势必成为未来趋势。据预测，到 2025 年绿氢电解槽装机容量可能会超过 3.2 GW，比 2000 年到 2019 年底安装的 253 MW 增加 12.7 倍。可见，必须寻找清洁能源来支撑制氢产业，以实现绿氢生产。

我国不同白皮书均提倡绿氢生产，但这种发展模式首先需要考虑自身电力能源供应结构。图 3-39 显示了世界主要地区电力供应结构；可以看到，全球能源结构中煤炭和石油还是占主导地位，清洁能源份额比例并不是很大，英国最高也仅为 40.1%，加拿大和中国均处较低水平，分别为 8.0% 和 11.1%。这意味着，当前阶段制氢仍难摆脱对化石能源的依赖。这种制氢模式势必会事与愿违，不仅不利于碳减排，反而会很大程度增加碳排放量。

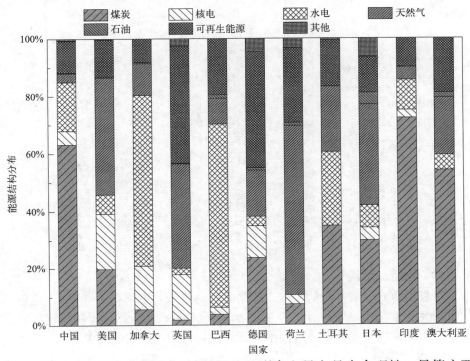

图 3-39 不同国家电力供应结构（数据来源：《bp 世界能源统计年鉴》2021 年版）

可见，目前电解制氢需要依赖于谷电剩余电量方具有合理性，尽管主要还是煤电。2022 年 5 月 20 号欧盟发布的能源转型授权法案中提及，若能证明氢气生产所使用的电力来自供应过剩期间，那么就可以认为该种方式生产的氢气便是"绿氢"。国家发展和改革委员会也通过电价调整，鼓励错峰充分利用谷电。

近几年来，我国在风电、光伏产业发展迅猛。全国兴建了较多的风电、光电设施，截至 2021 年底，全国风电装机总容量 3.28 亿千瓦，年发电量 6556 亿千瓦时；光伏发电装机总容量 3.06 亿千瓦，年发电量 3259 亿千瓦时。我国可再生能源发电处于发展初期，这些可再生能源发电存在不均衡性和间接性之瓶颈，并网则会引起较大电网波动，导致大量可再生能源没有并网，最终处于被抛弃状态。这种"弃光""弃风"问题一直存在于能源系统中；图 3-40 为国家能源局发布的我国 2015 年至 2020 年可再生能源中"弃光、弃风"量，其中，2020 年弃光弃风总量达到 2.2×10^{10} kWh，假设这些电力全部消纳用于制氢，可得氢气约 40 万 t/a，按照氢燃料电车和燃油车碳排放量比较，1 kg H_2 等同于汽油 5.5 kg。这意味着，弃光、弃风能源制氢可替代/减少 220 万 t/a 汽油使用，减少 3300 万 t CO_2/a 排放量。但我国的弃光、弃风表现出显著的区域性；以 2018 年为例，甘肃、新疆、内蒙古三省（自治区）弃风量合计 233 亿 kWh，占全国弃风总量的 84％；弃光也主要集中在新疆和甘肃。这也意味着此部分制氢将会存在较强的地域特性，而非任意建设。

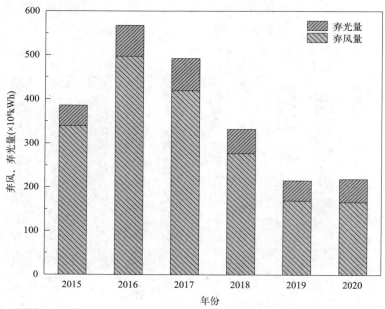

图 3-40   2015 年～2020 年我国弃风、弃光量统计数据

3.14.3 水量、水质

可靠水源是电解制氢的关键。根据电解制氢工艺不同（表 3-48），电解槽对水质要求也存在一定差异，但基本都选择淡水源。水资源短缺问题导致寻找合适水源来减少制氢产业对淡水资源的依赖成为电解制氢的关键。

1. 水源选择

表 3-50 对几种常见水源用作电解制氢适宜性作了定性评估。随着淡水资源日益匮乏，地下水通常被视为应对未来水资源短缺的战略水库，而地表水也与生活、工业与农业等用水紧密相关，导致电解水源会与之形成竞争。雨水则因受天气和气候影响严重，会导致供应不连续。

不同水源用于电解制氢适宜性定性评估　　　　　　　　　　　表 3-50

适用范围	地下水	地表水	二级出水	海水
可靠性(气候)	不受影响	不受影响	不受影响	不受影响
供应连续性	连续供应	连续供应	连续供应	连续供应
用途竞争	战略水库	竞争农业、工业用水	不竞争其他用途水	不竞争其他用途水
收集难易程度	需水泵取水	需水泵取水	容易	需水泵取水
水质	地区不同波动较大	地区不同波动较大	水质稳定	水质复杂,盐度很大

当前我国电解制氢水源主要为海水，海水电解制氢分为直接制氢和间接制氢，前者是直接利用海水电解，但该技术并不成熟，海水复杂的水质成分会对设备造成严重堵塞、腐蚀，电解制氢效率低下；后者间接制氢主要是将海水淡化脱盐处理后再进行电解制氢，但海水淡化过程设备投资与运行成本均较高。

相形之下，我国城镇污水处理厂出水水量稳定、水质较海水要好，亦可能成为电解制氢的替代水源。

2. 水量

根据不同电解制氢工艺，实际工程电解水获得 1 kg H_2 需提供 18～24 L水，所以，随时随地获得可靠稳定的水源对于电解制氢产业至关重要。按照中国氢能联盟预测数据，匡算实现产氢目标所需水量，结果总结于表 3-51。按照 2030 年我国氢能需求量 0.3×10^8 t/a，2050 年达 0.6×10^8 t/a 计算，取 1 kg H_2 产生需消耗 20 L 水量，这意味着达到 2030 年和 2050 年氢能目标所需水量分别约为 7.0×10^8 m^3/a 和 12.0×10^8 m^3/a。统计 2021年全国地表水和地下水资源量，可以看出制氢用水量占比其他水资源量很小，不超过 0.2%。若考虑利用污水处理出水制氢，其所需水量占比也不超过 2.5%。

显然，就水量而言，制氢对水资源消耗可谓是"毛毛雨"，制氢产业对地表水/地下水资源长期开采也不会造成水资源或水循环的不可逆破坏。但自然水体受季节性汛期和枯水期影响，水量供应并不稳定；同时，我国地下水资源分布存在南多北少差异。相对而言，污水处理厂出水水量较为稳定，供应完全可以获得保证。

可以北京市为例核算电解制氢实际用水量需求。据国家统计局数据，2019 年北京市汽油消耗量为 0.051×10^8 t/a，若考虑未来将这些汽油车全部由氢能源汽车所替代，那么需要供应相当于 0.0091×10^8 t H_2/a，而制得这些 H_2 需水量为 0.19×10^8 m^3/a，约占 2019 年全市自产水资源（地表水及地下水）总量（24.56×10^8 m^3）的 0.8%。这一结果同样显示，电解制氢对水资源消耗占比很小。然而，北京是极度缺水的城市，被冠以"旱"城之称，目前常年需要"南水北调"补充约 10^9 m^3/a 水源，约占其总用水量（约 35～36$\times10^8$ m^3/a）的 28%。在水资源依靠外源补充的情况下再向氢气产业分出一杯羹，无异于"雪上加霜"。

相形之下，2019 年北京市市政污水处理总量已达 19.97×10^8 m^3，若利用处理出水电解制氢仅占污水处理总量的不到 1%。2019 年北京市再生水利用率约 60%（用于市政非饮用目的），还有近 40% 出水还未利用，且这一比例在全国其他省市会更高。可见，像北京等这样的大中城市利用污水处理出水电解制氢水源可以获得保证。

此外，国家政策层面也鼓励发展不同形式的污水资源化利用。截至 2020年，我国城镇污水处理能力达 2.3×10^8 m^3/d，而平均利用率却不足 20%。国家发展和改革委员会在 2021 年底印发的《典型地区再生水利用配置试点方案》中要求到 2025 年，缺水地区、京津冀地区及其他地区试点城市再生水利用率应当分别达到 35%、45% 和 25% 以上。从水量来看，污水处理厂出水电解制氢利用前景广阔。

电解制氢用水量占水资源量比例 表 3-51

数据	年份	
	2030 年	2050 年
产氢目标(×10^8 t)	0.3	0.6
需水量(×10^8 m^3)	7.0	12.0
占地表水资源总量(%)[1]	0.025	0.042
占地下水资源总量(%)	0.09	0.15
占全国污水处理总量(%)	1.2	2.1

注:[1] 数据来自 2021 年《中国水资源公报》。

3. 水质

电解制氢不仅要考虑稳定的水量,更重要的是要有水质保证,这直接关系电解制氢技术效率及可行性。表 3-52 列出碱性电解液制氢工艺对水质的要求及几种不同水源水质。结果显示,各种水源水质均不能满足直接电解制氢标准,需要采取一定预处理措施后方可用于制氢。不同水源水质差异将导致预处理措施难易程度不尽相同。处理出水标准制定参考了环境水体的水质因素,二级出水水质基本上与地表水和地下水水质处于同一量级。但地表水和地下水受经纬度等地质变化和季节性因素影响,水质差异较大。相对而言,二级出水水质稳定,直接受限于所规定的出水排放标准。反观海水盐度,是其他水源的 10~30 倍,总溶解固体(TDS)等均超出其他水源几个数量级。因此,从水质角度考虑优先级,处理出水>地表水/地下水>海水。

电解制氢水质要求与不同水源水质 表 3-52

水质指标	碱性电解液	处理出水[1]	地表水[2]	地下水[3]	海水[5]
电导率(μS/cm)	<1	500~1500	200~4000	300~2600	45000~48000(17 ℃)
总有机碳(TOC,mg/L)	<0.05	6~8	<3.0	<5.0	1~5
总溶解固体(TDS,mg/L)	<0.64	500~1000	100~1100	100~5000	20000~50000
温度(℃)	70~90	12~21(冬) 23~27(夏)	[4]	10~25	0~8(冬) 20~28(夏)
pH	20%~30%KOH 或 NaOH	6~9	6.5~8.5	5.0~7.5	7~9

注:[1] 出水以北京市某污水处理厂出水为例;[2,3] 主要参考《生活饮用水卫生标准》GB 5749—2006(现已被 GB 5749—2022 替代);[4] 随地区经纬度和季节波动较大;[5] 海水以我国东部沿海海域为例,电导率测定条件 17 ℃。

3.14.4 制氢成本

上述从水质水量角度分析了制氢水源选择的可行性,但制氢全流程经济成本与效益才是决定制氢工艺健康发展的决定因素。电解制氢主要工艺流程如图 3-41 所示,从水源取水到下游氢能消费/消纳,可分为 5 个主要环节:1)水源取水与输送;2)原水处理与净化;3)氢气制取;4)氢气储存与运输;

5）其他环节（如，卤水处理）。

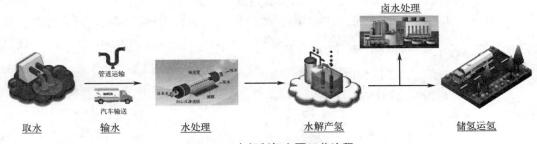

卤水处理

取水　　　输水　　　水处理　　　水解产氢　　　储氢运氢

图 3-41　电解制氢主要工艺流程

1. 水源取水与输送

无论何种水源电解制氢，水的运输成本均占主导地位。有人研究指出，高达 60% 制氢供水成本由输水环节造成；而葡萄牙研究结果显示，输水成本占比甚至高达 90%。也有人进一步对海水水源与出水水源两种不同水源进行了电解制氢经济性评估，选取不同地区（位于大西洋海岸近海城市 A 和远离海岸乡村 B），考察供水成本包括水源取水、运输与储存成本，相关结果如图 3-42 所示。对近海城市 A 而言，海水水源取水成本（0.31 元/m³）是处理出水（0.08 元/m³）的 4 倍，输水成本（30.42 元/m³）也达处理出水 3 倍之多。不难想象，海水通常采用管道取水，铺设难度大，而且海水水质因盐度高等特性而具有较高腐蚀性，对取水和输水管道与设备材质要求较高，必须采用耐腐蚀材料（如，玻璃钢、PCCP 等管材），从而导致相关运行和维护成本偏高。这意味着即使是近海城市，海水作为制氢水源也并不具备经济性。对于同样以处理出水作为水源的城市 A 和乡村 B 而言，其取水（约 0.08 元/m³）和储水成本相同（基本都在 0.62 元/m³），只是输水成本稍有差异。这意味着处理出水水源输水成本与电解制氢厂所在地关系不是很大。当然，将污水处理厂与电解制氢厂合建则完全没有输水成本的存在。

2. 水处理成本

无论何种水源，原水在进入电解槽之前都要进行脱盐处理。经济成本包括电耗、维护、人工等。其中，水处理过程能耗所产生的成本份额最高，而能耗高低又主要取决于水处理工艺、水厂规模以及水源水质。

不同水处理工艺中能耗成本不尽相同，热蒸馏（MSF、MED）工艺需要同时消耗电能和热能，这部分成本约占水处理总成本的 60%；反渗透工艺仅依赖电能，这部分成本仅约占 44%。反渗透技术在能耗和成本方面都具有优势，已广泛应用于海水淡化，在全球海水淡化产业中占比高达 69%。

水厂规模也会影响单位水量制水成本。如表 3-53 所示，单位水量成本介于 3.24～14.40 元/m³，呈现较强的规模效应，规模越大其单位水量成本越低。

水质差异也会造成水处理成本不同。以反渗透技术为例，其能耗取决于原水盐度、温度和水回收率。高盐进水要求设备渗透压更高，对反渗透膜性能和耐用能力产生影响，会造成能耗增加。研究表明，较低 TDS 海水淡化能耗较低。也有研究表明，温度会造成能耗波动；对 70 多个大型工厂数据分析总结后揭示，温度较低时即使盐度低，其能耗也相对偏高，反之亦然；这可能是因为温度升高后反渗透膜渗透系数增大，所需压力降低，最终能耗会降低。

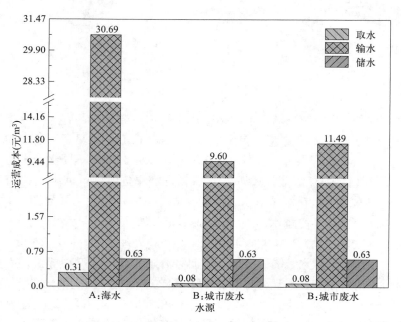

图 3-42 A 地与 B 地不同水源供水成本分布

不同规模海水淡化方式单位水量处理成本   表 3-53

处理规模(m^3/d)	＞90000	12000～60000	＜5000
RO 工艺($元/m^3$)	3.24～4.75	3.46～11.66	5.04～12.38
MED 工艺($元/m^3$)	3.74～7.27	6.84～14.04	14.40～57.60
MSF 工艺($元/m^3$)	3.74～12.60	—	—

3. 氢气制取

制氢成本与电解槽电解过程密切相关，电解效率直接决定了电解制氢成本。高温蒸汽电解（SOEC）技术转化效率可高达 100%，但 SOEC 技术仍处于实验研发阶段。碱性电解是最为成熟、产业化程度最广的制氢技术，但其电解效率仅为 56%～75%，同时，碱性电解槽难以实现快速关闭或启动，这意味着弃风、弃光电能因输出电压不稳定，无法与之配合使用。因此，碱性电解技术并不适用于具有季节性或波动性的可再生能源。另外一种应用较为广泛的质子交换膜（PEM）技术动态响应速度快，可以做到随开、随停，能够很好地适应于可再生能源的善变性。PEM 电解槽各组成部分决定了 PEM 电解水制氢的成本和设备寿命，其研究也主要集中于配件成本降低层面，包括优化双极板表面工艺、提高催化剂活性、提高质子交换膜寿命等。早期 PEM 电解槽部分材料依赖国外进口，成本较高，但过去几年 PEM 电解槽成本已大大降低。

有人以中国氢能生产现状预测了 2020 年～2060 年不同制氢技术成本变化趋势，预计到 2060 年，碱性电解槽成本将从 6000 元/kW（2020 年）下降至 1500 元/kW，而 PEM 技术将从 12000 元/kW（2020 年）下降至 1740 元/kW，主要得益于可再生能源使用份额增加。届时 PEM 电解技术成本大大降低将有助于其快速市场应用。

4. 氢气储运、消纳

氢气储运技术也是氢能高效利用的关键环节，也是限制氢能大规模产业化发展的重要瓶颈。典型储氢与相应运输方式包括物理类固态储氢与管道运输、低温液态和有机液态储氢槽车运输、高压气态储氢与高压气态拖车运输。固态储氢在我国主要应用于航天领域，其他领域暂未涉及；液态储氢与管道运输前期投资成本较大，国内远距离氢气管道建设技术尚不成熟；高压气态运输是目前我国氢气运输的主要方式，但仅适用于 300 km 以内短距离运输。从氢气客户需求角度考虑，氢气就近消纳是最为经济的有效方式，现实建设中也需因地制宜权衡考虑。

5. 其他成本

水脱盐过程会产生副产物——卤水，其处理、处置也会增加制氢成本。卤水中污染物主要包括无机盐（Cl^-、Na^+、Ca^{2+}、Mg^{2+} 等）和有机物（腐殖质、微生物代谢产物和新兴污染物）。但相对海水而言，处理出水卤水产量和污染物浓度相对较低，处理成本也相应会低。若制氢直接在污水处理厂内进行，还可将卤水中阴离子和污泥焚烧后提磷时撇除的阳离子结合生产混凝剂产品。海水淡化卤水含有丰富的镁/锂/溴等化学资源，有效利用卤水可以创造极佳的经济价值，也会有效避免卤水回海对环境产生的影响。

综上，从经济角度分析制氢成本，海水运输和处理需求较高，导致相应成本增大；而污水处理出水相较于海水制氢成本要低，地表水制氢成本与处理出水基本一致。

3.14.5 环境影响

不同水源制氢还需考虑综合环境影响。深海取水会造成噪声污染和振动问题，可能对深海生物形成撞击或者夹带，从而影响海洋生态系统平衡。处理出水脱盐卤水中可能含有更多污染物成分，如药物及个人护理用品（PPCPs）、内分泌干扰物（EDCs）和消毒副产物（DBPs）等。处理不当会造成环境污染问题。

此外，采用处理出水制氢，产生的纯氧可以直接原位反哺污水处理厂，提高污水处理设施中好氧处理系统的效率，降低污水处理厂运营成本，同时也能贡献污水节能降耗。

3.14.6 结语

在全球碳中和背景下，绿氢显然是未来能源发展方向。然而，形成绿氢的核心要素是能源与水源供应。

电解水制氢能源转化效率一般为 74.5%～83.0%，这对目前仍然以化石燃料为主的制氢而言并非为绿氢。随着可再生能源快速发展，弃风、弃光以及谷电为生产绿氢创造了条件。长远来看，只有可再生能源的谷电才是生产绿氢的真正能源所在。

与地下水、地表水、海水相比，污水处理厂出水具有较大制氢水源优势。只要可再生能源唾手可得，处理出水不失为一种较好的水源选择，但目前这种情况可能更适合于我国西部地区，因为那里有着丰富的弃风、弃光能。然而，我国的氢能消费主要集中于中东部及沿海地区，而且这些地区淡水资源匮乏，发展氢能除了可利用污水处理出水外，还可与海水淡化相结合。若再能与沿海风电、潮汐能结合，绿氢生产则极为可能。

总之，作为城市而言，电解制氢的水源不成问题，完全可以依赖于污水处理厂出水深度处理，关键是需要生产绿氢。否则，用化石能换氢能带来的碳排放量要比直接利用化石能源还要高至少 20%。

3.15   甲烷原位利用辅助脱氮技术前景

甲烷（CH_4）温室效应相当于二氧化碳（CO_2）的 27 倍，是继 CO_2 之后的第二大温室气体。所以，多数研究均聚焦于 CH_4 减排策略及其防控技术发展。即使在污水处理过程中，厌氧环境或厌氧消化过程也会产生大量 CH_4，例如，厌氧消化产 CH_4 可造成溶解 CH_4 饱和度达 $20\sim26$ g/m^3。但是，CH_4 脱离其原产生系统后在水中的传质系数并不大，30 ℃环境温度下其溶解度仅为 18.6 g/m^3，这就会导致大量饱和溶解态 CH_4 在不经意间外溢至周边环境，形成温室气体排放源，也造成一定能源损失。

CH_4 自然循环主要由微生物作用驱动，包含了 CH_4 产生和 CH_4 氧化等主要过程。伴随着 CH_4 氧化微生物种属信息逐渐解密，也打开了 CH_4 用作潜在污水脱氮所需碳源之门。微生物参与的 CH_4 氧化包括好氧氧化（Aerobic methane-oxidation，AME）和厌氧氧化（Anaerobic oxidation of methane，AOM）两种途径。与其他碳源（电子供体）相比，CH_4 碳源一方面可以解决无法收集 CH_4 或剩余 CH_4 碳排放问题，另一方面可以替代污水处理脱氮传统外加碳源。

然而，CH_4 作为细菌可利用碳源的工程应用正面临着两大障碍。其一，需要富集培养能高效利用 CH_4，且协同微生物脱氮的微生物种群；其二，需要通过控制环境参数，保证微生物活性系统高效且稳定运行。所以，迄今为止所有 CH_4 碳源研究都集中于实验室系统，而无实际工程应用成功案例。为此，有必要全面厘清 CH_4 氧化微生物种群、限制因素等微生物代谢方面的研究信息，以此判断它们现实对工程应用的可行性。

基于此，本节首先剖析 CH_4 好氧与厌氧氧化路径，综述其发展历程并剖析其代谢途径，以厘清主要参与细菌种属及特性。以此为基础，分析其技术应用瓶颈与突破限制手段，以期为利用 CH_4 碳源脱氮工程化奠定理论基础。

3.15.1 好氧 CH_4 氧化-反硝化

好氧 CH_4 氧化（AME）是通过 CH_4 氧化细菌利用氧分子氧化 CH_4 并最终转化为 CO_2 的过程。该氧化细菌属于嗜甲烷菌，革兰氏阴性，能够利用 CH_4 作为唯一碳源和能量来源。如图 3-43 所示，嗜甲烷菌的 CH_4 代谢途径主要分为 3 种类型：1）γ-变形菌（*Gamma-proteobacteria*）参与的核酮糖（Ribulose monophosphate，RuMP）单磷酸循环的单碳同化；2）α-变形菌（*Alpha-proteobacteria*）参与的丝氨酸循环（Serine cycle）的 CH_4 同化；3）疣微菌门（*Verrucomicrobia*）参与 CH_4 氧化并通过卡尔文循环（Calvin-Ben-son-Bassham cycle，CBB cycle）吸收 CO_2 的碳同化。

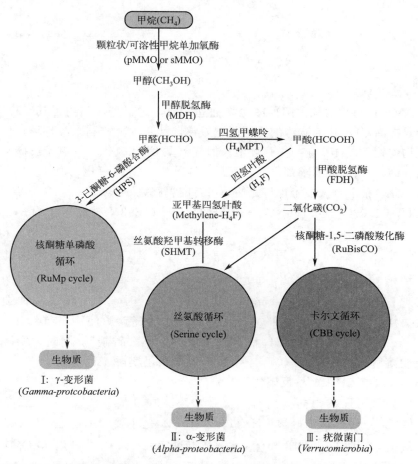

图 3-43 3 种主要嗜甲烷菌 CH_4 代谢途径

在 CH_4 被氧化过程中，其中一部分 CH_4 会被最终直接转化为 CO_2，而另外一部分则会转化为可溶性有机物，主要包括甲醇、柠檬酸盐、乙酸盐、蛋白质、核酸和其他碳水化合物。此时与之共存的反硝化细菌可利用这部分碳源进行反硝化，该过程被定义为好氧 CH_4 氧化-反硝化（AME-D，图 3-44）。遗憾的是，自 1978 年 Rhee 首次证实好氧 CH_4 氧化-反硝化是由 CH_4 氧化菌和反硝化菌协同完成后，至今尚未发现单一菌种可以完成同步好氧 CH_4-反硝化全过程。

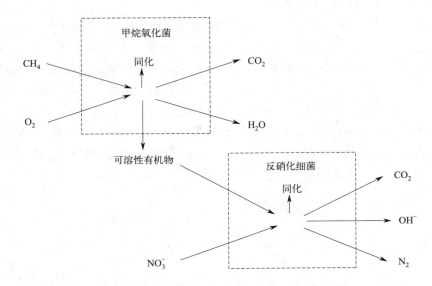

图 3-44　两种细菌协同完成好氧 CH_4 氧化-反硝化（AME-D）

AME-D 过程必须由两种微生物独立完成，这就直接制约了其工程应用。因为要提高 CH_4 作为碳源的协同脱氮效率，就必须要控制系统环境，使两种微生物均处于最佳代谢与生存环境。但好氧型 CH_4 氧化和缺氧型反硝化对溶解氧（DO）条件的要求都很高，充足 DO 虽利于 CH_4 氧化，但却会抑制反硝化。因此，精准曝气技术也许是使其可行的思路之一。

$$CH_4 + 1.02O_2 + 0.786NO_3^- + 0.786H^+ \longrightarrow 0.393N_2 + 2.39H_2O + CO_2$$

$$(3-40)$$

此外，考察 CH_4 利用效率问题。根据好氧 CH_4 氧化-反硝化过程计算，理论 C/N 量仅需 1.27 mol CH_4/mol NO_3^-（参见式 3-40），但实际研究发现只有在 C/N 高达 12 mol CH_4/mol NO_3^- 时，才出现了两种细菌较好富集培养并形成脱氮效果，该数值远高于传统碳源使用量（约 4～5 kg COD/kg N），这预示着 CH_4 碳源用于脱氮并不"省碳"。同时，实际工程中液相溶解态 CH_4 浓度较低，导致其很难满足实际工艺需求。

3.15.2　厌氧 CH_4 氧化-反硝化

1. 发现历程

传统观点最早认为好氧 CH_4 氧化（AME）是主要的甲烷汇，但随着厌氧 CH_4 氧化与多种电子供体间耦合关系被不断证实，厌氧 CH_4 氧化（AOM）也被确定是重要甲烷汇途径。AOM 的发现与研究历程较为曲折，主要是伴随着不同电子受体，如硫酸盐（SO_4^{2-}）、硝酸盐（NO_3^-）、亚硝酸盐（NO_2^-）、氧化亚氮（N_2O）、金属离子锰（Mn^{4+}）和铁（Fe^{3+}）和铬（Cr^{6+}）、腐殖酸（humic acid）、蒽醌-2,6-磺酸钠（AQDS）、硒酸盐（SeO_4^{2-}）、锑酸盐（SbO_3^-）等的不断发现以及参与其中新的细菌种属，其发现并被确认路径如图 3-45 所示。

1976 年 Reeburgh 在海洋沉积物中发现 CH_4 氧化过程，后来其被称为 CH_4 厌氧氧化（AOM），并发现其与硫酸盐还原相结合。后经研究确定，负

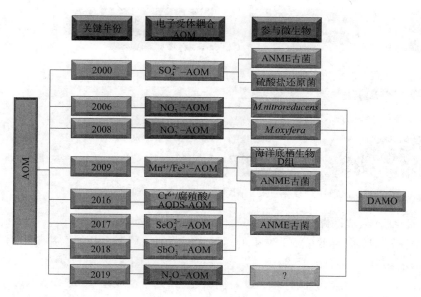

图 3-45 厌氧 CH_4 氧化(AOM) 发现并被确认 路径

责这一过程的菌种被确定为 CH_4 营养菌，可利用单碳化合物（CH_4）作为碳中和能量来源。CH_4 厌氧氧化的同时也不断伴随着反硝化脱氮，其过程中电子受体从最早的 NO_3^-、NO_2^- 一直到强温室气体 N_2O。因此，厌氧 CH_4 氧化耦合反硝化过程（DAMO）也被不断更新和定义。最早发现 DAMO 现象始于 2006 年，荷兰学者 Raghoebarsing 以当地 Twentekanaal 运河底泥作为接种污泥，成功富集得到 AOM 菌属，并利用同位素标记法鉴定了两种功能微生物共同参与了 DAMO 过程；同时通过 16S rRNA 基因测序技术确定了该微生物为 ANME-2 古菌。基于此，提出假设，DAMO 是由 ANME 古菌参与并类似于 CH_4 氧化耦合 SO_4^{2-} 还原（SAMO）的逆产甲烷作用过程。随后于 2008 年 Ettwig 研究表明，即使在没有上述古菌的情况下，也存在特定的念珠菌甲基单胞菌（*Candidatus Methylomirabilis oxyfera*，*M. oxyfera*）能够单独驱动整个 DAMO 过程，在厌氧条件下完成 CH_4 和 NO_2^- 转化为 CO_2 和 N_2 的过程。2013 年，Haroon 等研究证实了属于 ANME-2d 分支的念珠菌甲烷还原菌（*Candidatus Methanoperedens nitroreducens*，*M. nitroreducens*）能够利用还原酶甲基辅酶 M(methyl-CoM)，通过逆产甲烷作用氧化 CH_4，同时还原 NO_3^-。后续 Hu 等以 NO_3^-、NO_2^- 作为基质培养富集 DAMO 功能菌群，显示以 NO_3^- 作基质实验发现 ANME 古菌和 NC10 细菌共存；但以 NO_2^- 作基质时 ANME 古菌逐渐被淘汰，直至消失，证明 ANME 古菌倾向于 NO_3^- 存在，而 NC10 门细菌更依赖 NO_2^-。2019 年，Cheng 等研究发现淡水湿地的 DAMO 还可能存在 N_2O 耦合 AOM 反应，突破了人们对 AOM 电子受体种类范围的认知，但其相关微生物还处于未知状态。

上述 AOM 主要参与细菌发现并确定时间轴总结于图 3-46。

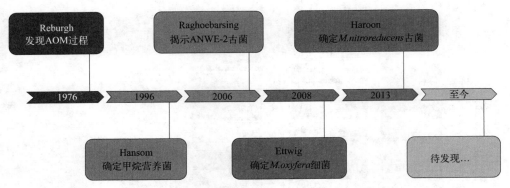

图 3-46　厌氧甲烷氧化主要细菌种属发现并确定时间轴

2. 细菌与代谢路径

已被发现参与 DAMO 过程的微生物主要包括 ANME-2d 古菌（*M. ni-troreducens*）和 NC10 门细菌（*M. oxyfera*）（图 3-47），其中，ANME-2d 古菌以 CH_4 作为电子供体，NO_3^- 作为电子受体，反应生成 CO_2 和 NO_2^-；NC10 门细菌则以 CH_4 作为电子供体，NO_2^- 作为电子受体，反应生成 CO_2 和 N_2。后者也被称作为亚硝酸盐还原型甲烷厌氧氧化（Nitrite-dependent anaerobic methane oxidation，N-DAMO）。

图 3-47　ANME-2d 古菌与 NC10 门细菌 DAMO 代谢过程

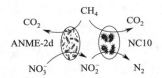

有关 ANME-2d 古菌细胞结构和形态的报道较少，目前仅通过 FISH 进行过表征，得知其为直径 $1\sim3\ \mu m$ 不规则球菌，团聚形成类似八叠球菌的团簇体。此外，Wu 等人通过扫描电子显微镜（SEM）以及电子断层成像技术（Electron Tomography）确立了 NC10 门细菌的形态结构；它是革兰氏阴性菌，呈典型杆状形态，长约 $1.2\ \mu m$，直径约 $0.5\ \mu m$。但是，NC10 门细菌具有不同于其他细菌的特殊多边形柱状结构和糖蛋白表层，细胞壁上分布多个纵向脊状突起，纵切面呈特殊的五边形。虽然 NC10 门细菌不具有传统甲烷好氧氧化细菌（methane oxidation bacteria，MOB）普遍存在的细胞内膜，但具有甲烷氧化最关键的酶——颗粒性甲烷单加氧酶（particulate methane monooxygenase，pMMO），配合亚硝酸盐还原酶（Nitrite reductase，Nir）共同完成 N-DAMO 过程。

最新发现以 N_2O 驱动的 DAMO 的甲烷营养型微生物尚未完全认知，需通过进一步实验研究。

（1）DAMO-NO_2^-

在对 NC10 门细菌（*M. oxyfera*）具体代谢过程和细菌基因研究中发现，*M. oxyfera* 体内存在编码 CH_4 好氧氧化途径〔内生氧机制，细胞内部 NO

歧化反应产生氧气（低于检出且不无胞外氧）；但外部环境视作厌氧，故仍定义整体过程为厌氧甲烷氧化]的全部基因。*M. oxyfera* 通过内生氧氧化 CH_4，在甲烷单加酶（Methane monooxygenase，MMO）和 O_2 的作用下 CH_4 被氧化为甲醇，进一步在甲醇脱氢酶（Methanol dehydrogenase，MDH）的作用下生成甲醛；一部分甲醛通过丝氨酸循环（serine cycle）完成合成作用，而另一部分甲醛继续在甲醛脱氢酶（Formaldehyde dehydrogenase，FADH）和甲酸脱氢酶（Formate dehydrogenase，FDH）的作用下转化为 CO_2 和 H_2O，并产生还原性辅酶 NADH。生成的 CO_2 通过卡尔文循环（Calvin-Benson-Bassham cycle，CBB cycle）进行细胞合成代谢。

同时，基因研究结果显示 *M. oxyfera* 也具有部分反硝化过程所需的基因，包含硝酸盐还原酶（Nitrate reductase，Nar）编码基因 narGHJI 键和 napAB；亚硝酸盐还原酶（Nitrite reductase，Nir）编码基因 nirSJFD/GH/L；氧化氮还原酶（Nitric oxide reductase，Nor）编码基因 norZ，但缺乏氧化亚氮还原酶（Nitrous oxide reductase，Nos）编码基因 nosZDFY。这表明，DAMO 细菌的实际代谢过程只能进行到 NO，但所有研究均显示，DAMO 最终产物为 N_2。进一步同位素追踪表明，*M. oxyfera* 体内存在歧化反应，即内部产氧途径 NO 在一氧化氮歧化酶（Nitric oxide dismutase，Nod）作用下歧化生成 N_2 和 O_2，如图 3-48 所示。

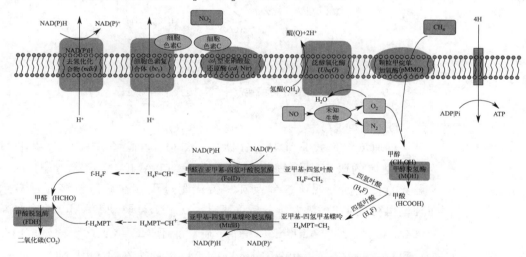

图 3-48 *M. oxyfera* 细菌甲烷氧化与反硝化过程物质与能量代谢途径

（2）DAMO-NO_3^-

DAMO 体系中的 ANME-2d 古菌（*M. nitroreducens*）被证明含有完整的逆产甲烷（类似甲烷氧化作用）途径所需的基因和硝酸盐还原酶编码基因，可独立利用甲烷作为唯一电子供体将 NO_3^- 还原成 NO_2^-，即以 NO_3^- 作为最终电子受体激活甲基辅酶 M 还原酶（Mcr）的逆反应，使 CH_4 最终被完全氧化为 CO_2，NO_3^- 被还原为 NO_2^-。代谢过程也存在还原性乙酰辅酶 A（reductive acetyl-CoA）和乙酰辅酶 A 合成酶（acetyl-CoA synthetase）参与，意味着其具有产乙酸的可能性。但除此之外，并未检测到反硝化过程涉及的其他基因。因此，*M. nitroreducens* 的 DAMO 过程仅能将 NO_3^- 还原至 NO_2^-，CH_4 最终则被一系列酶促反应转化为 CO_2，其代谢过程如图 3-49 所示。

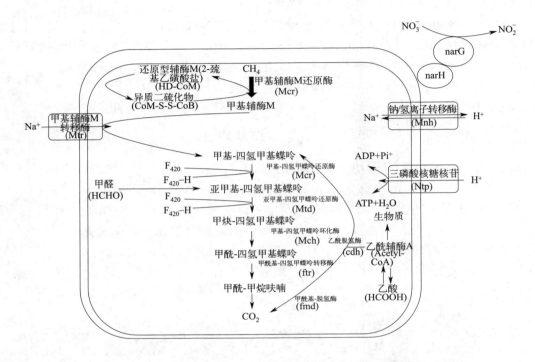

图 3-49   *M. nitroreducens* 古菌逆产甲烷与短程反硝化过程

（3）DAMO-N_2O

另一种典型氮形式是强温室气体——N_2O。2019 年 Cheng 等提出 N_2O 作为电子受体的厌氧甲烷氧化-反硝化过程（DAMO-N_2O），如图 3-50 所示。虽无直接证据证明该过程及其相关代谢过程存在，但较多证据显示其存在理论可行性：1）热力学分析（表 3-54），N_2O 驱动 DAMO 的吉布斯自由能（$\Delta G^0 = -1232.4$ kJ/mol CH_4）显著低于 NO_3^-（$\Delta G^0 = -765$ kJ/mol CH_4）和 NO_2^-（$\Delta G^0 = -928$ kJ/mol CH_4），这意味着 N_2O 比 NO_3^- 和 NO_2^- 还原发生 DAMO 过程更有利；2）宏基因组学确定 N_2O 可加速 DAMO 作用，确实有研究证实 N_2O 增加了甲烷营养型细菌丰度和活性，同时增加了电子转移过程中酶的活性，最终刺激 DAMO 反应；3）N_2O 抑制产甲烷活性，有研究显示 N_2O 存在能够显著抑制乙酰营养型产甲烷菌的活性，减少 CH_4 的产生。此外，也有研究声称 N_2O 驱动 DAMO 机制类似于 *M. oxyfera* 细菌内生氧参与的 DAMO 过程，但这都有待进一步证实和深入研究。无论如何，从当前碳减排、碳中和角度出发，直接利用这两种强温室气体完成 DAMO 过程，对于实现同步甲烷氧化和脱氮具有深远的意义。

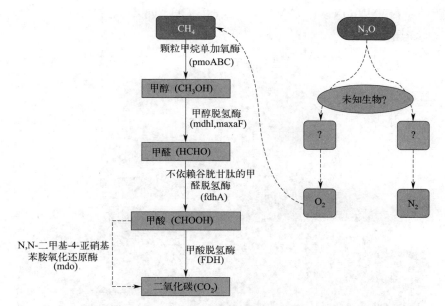

图 3-50 DAMO-N₂O 代谢过程

不同 AMO-反硝化反应过程反应与吉布斯自由能 表 3-54

类别	反应方程式	标准吉布斯自由能(ΔG^0)
DAMO-NO_3^-	$5CH_4 + 8NO_3^- + 8H^+ \longrightarrow 5CO_2 + 4N_2 + 12H_2O$	-765 kJ/mol CH_4
DAMO-NO_2^-	$3CH_4 + 8NO_2^- + 8H^+ \longrightarrow 3CO_2 + 4N_2 + 14H_2O$	-928 kJ/mol CH_4
DAMO-N_2O	$CH_4 + 4N_2O \longrightarrow CO_2 + 4N_2 + 2H_2O$	-1232.4 kJ/mol CH_4

（4）DAMO-ANAMMOX

在发现 DAMO 功能菌群的环境中，除检测到 DAMO 菌种外，还在相似环境甚至污水处理厂中同时检测到厌氧氨氧化（ANAMMOX）微生物。在共生环境中，NC10 门细菌和 ANAMMOX 细菌都使用 NO_2^- 作为终端电子受体，ANME-2d 古菌则将 NO_3^- 转化为 NO_2^-，形成了 NC10 门细菌或 ANAM-MOX 与 ANME-2d 古菌协同作用关系。因 DAMO 过程的发现，单个微生物体同步实现甲烷氧化和氮还原成为现实。有研究在 DAMO 菌群富集环境中引入 NO_2^- 作为电子受体的 ANAMMOX，实验结果显示，其不仅能去除污水中的 NO_3^-，实现 TN 完全去除，还能利用 CH_4 为碳源，降低温室气体排放量。因此，3 类菌种共富集培养被认为是理想的"下一代"城镇生活污水生物处理模式。如图 3-51 所示，将 NC10 门细菌（*M. oxyfera*）、ANME-2d 古菌（*M. nitroreducens*）与 ANAMMOX 3 类微生物同时富集培养，并在代谢途径上实现"串联"，即 ANAMMOX 完成 NH_4^+ 和 NO_2^- 产生 NO_3^-；ANME-2d 古菌（*M. nitroreducens*）继续以 CH_4 作为碳源参与 NO_3^- 反硝化，过程中产生 NO_2^-；NC10 门细菌（*M. oxyfera*）继续以 CH_4 为碳源，最终完成 NO_2^- 转化。基于该理论，三者的耦合工艺似乎能处理任意氮比例污水。例如，污水处理厂侧流厌氧消化液通常含有较高 NH_4^+（500～1500 mg N/L），若借助 ANAMMOX 和 DAMO 过程利用 CH_4 同步去除 NH_4^+、NO_3^- 和 NO_2^-，可谓一举多得。

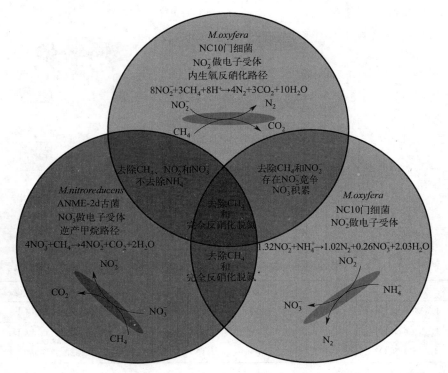

图 3-51　DAMO-ANAMMOX 耦合示意图

注：* 由 ANAM-MOX 和 ANME-2d 参与的完全反硝化取决于 NH_4^+ 和 NO_2^- 以及 CH_4 和 NO_3^- 摩尔比

但 ANAMMOX、NC10 门细菌（*M. oxyfera*）及 ANME-2d 古菌（*M. nitroreducens*）均为自养型菌（其碳源均来源于 CO_2，参与 DAMO 过程微生物菌群只是利用 CH_4 做其唯一能源来源），其倍增时间与生长代谢速率均十分缓慢，较难实现纯菌富集的缺点不容忽视；同时，3 类菌种易受溶解氧（DO）、NO_2^- 浓度、COD、甲烷通量等因素影响，使得 DAMO-ANAMMOX 系统启动与稳定运行难度较大。研究表明，ANME-2d 古菌（*M. nitroreducens*）富集易受 NO_2^- 抑制，因此，提出可以共富集培养以 NO_2^- 为底物的功能微生物（如，ANAMMOX 细菌）。NC10 门细菌（*M. oxyfera*）和 ANA-MMOX 菌则能在适宜基质条件下稳定共存，并发现其共生菌群普遍存在于污水厌氧系统中；但若发生进水 NH_4^+ 过量或非目标微生物水解导致 NH_4^+ 释放，因 ANAMMOX 细菌对 NO_2^- 亲和力高于 NC10 细菌，此时易形成 NO_2^- 被竞争，从而导致 NC10 门细菌（*M. oxyfera*）基质不足，脱氮能力下降。这些研究直接证实了基于理论的"理想协同工艺"到现实应用仍需更深入研究，底物配置所导致的共富集微生物间（DAMO 与 ANAMMOX 菌群等）的相互竞争是首要解决的难题。

3. DAMO 工程应用前景

（1）碳源效益

污水处理厂外加碳源不仅增加运行成本，也会造成额外碳排放。因此，

需要综合评价利用 CH_4 碳源与传统外加碳源——甲醇、乙酸、葡萄糖的经济性。以完全反硝化为标准，计算提供同等电子所需的外碳源投加量（反应方程式见表 3-55），并依据市场价格计算购买成本，结果列于表 3-56。可以看出，各碳源成本高低顺序依次为：甲烷（厌氧）<甲烷（好氧）<甲醇<乙酸<葡萄糖。可见，甲烷厌氧氧化-反硝化（DAMO）最为经济有效，特别是利用系统自生 CH_4 或废弃天然气的情况。

不同碳源反硝化反应方程式　　　　　　　　表 3-55

碳源类型	反应方程式
甲醇	$1.0679CH_3OH + NO_3^- + H^+ \longrightarrow 0.0611C_5H_7O_2N + 0.4696N_2 + 2.4798H_2O + 0.7623CO_2$
乙酸	$0.82CH_3COOH + NO_3^- \longrightarrow 0.07C_5H_7O_2N + HCO_3^- + 0.3CO_2 + 0.9H_2O + 0.47N_2$
葡萄糖	$0.36C_6H_{12}O_6 + NO_3^- + 0.18NH_4^+ + 0.82H^+ \longrightarrow 0.18C_5H_7O_2N + 0.5N_2 + 1.25CO_2 + 2.28H_2O$
AME-D	$5CH_4 + 5O_2 + 4NO_3^- + 4H^+ \longrightarrow 2N_2 + 5CO_2 + 12H_2O$
DAMO	$5CH_4 + 8NO_3^- + 8H^+ \longrightarrow 5CO_2 + 4N_2 + 12H_2O$ $3CH_4 + 8NO_2^- + 8H^+ \longrightarrow 3CO_2 + 4N_2 + 14H_2O$

不同碳源反硝化成本对比　　　　　　　　表 3-56

碳源类型	甲醇	乙酸	葡萄糖	CH_4	
				好氧（AME-D）	厌氧（DAMO）
纯度（%）	99	99	95	83	
单价（元/t、元/m³）	2650	3700	4000	2.61	
单价（元/mol）	0.086	0.224	0.758	0.069	0.069
电子供体比例	1.068	0.820	0.360	1.250	0.625
电子供体单位成本（元/mol）	0.092	0.184	0.273	0.086	0.043

注：工程应用中 CH_4 包含三种来源途径：1）城市天然气，其中，CH_4 含量 80% 以上；2）城镇污水处理厂污泥厌氧消化产生的沼气，其中，CH_4 含量为 50%～70%；3）垃圾填埋气体，其中 CH_4 含量为 45%～60%。本计算取第一种途径，按照北京市第一档管道天然气的价格 2.61 元/m³（纯度 83%）计算。

（2）减排潜力

作为温室气体，污水处理厂 CH_4 排放量不容小觑，占全球 CH_4 总排放量的 4%～5%。同时，脱氮过程中间产物 N_2O 释放更是一种强温室气体（是 CO_2 的 273 倍），乃污水处理过程直接碳排放。可见，CH_4 与 N_2O 减排对实现污水处理碳中和目标至关重要。因此，以 CH_4 作为电子供体的反硝化脱氮技术似乎有着一定的工程应用潜力。利用 NO_3^- 和 NO_2^- 作为电子受体的 $DAMO-NO_3^-$ 和 $DAMO-NO_2^-$ 可以直接解决污水处理厂 CH_4 释放问题，并且 $AMO-NO_3^-$ 过程相较于传统脱氮工艺，其自身产生较少甚至不产生 N_2O。在 $DAMO-NO_2^-$ 过程中，功能菌直接将 NO 歧化生成 N_2 和 O_2，避开传统反硝化过程中间产物 N_2O 的生成；此外，以 N_2O 为电子受体的 $DAMO-N_2O$ 路径则可以一举两得地解决 CH_4 和 N_2O 排放问题。因此，CH_4 氧化不仅有助于理解自然生态系统的甲烷汇及其对全球气候平衡控制的贡献度，更有利于为污水碳减排、碳中和目标提供新的思路。

4. DAMO 应用限制与瓶颈

厌氧甲烷氧化（AOM）菌种在不同的生态环境中不断被发现（表 3-57），Raghoebarsing 和 Thauer & Shima 等均在缺氧-好氧交替淡水界面、河流和湖泊沉积物、河口潮湿带沉积物以及海底生态系统中检测到厌氧甲烷氧化反硝化（DAMO）菌群，虽然它们的丰度均不高。Hatamoto 在水稻田土壤中检测到 NC10 门细菌（*M. oxyfera*），也发现其本底含量不高。为了探究厌氧甲烷氧化菌群作用机理，Hatamoto 利用该土壤作为接种物，通过连续流和序批式两种方式培养，以 NO_3^- 和 NO_2^- 作为唯一的电子受体，最终成功富集获得 *M. oxyfera* 细菌。Luesken 等甚至在污水处理厂污泥中观测到了 DAMO 菌群的活动，并通过 UASB 反应器完成 NC10 门细菌（*M. oxyfera*）细菌富集。He 等也从厌氧产甲烷颗粒污泥样品富集得到 DAMO 菌群。不断的富集经验认为，厌氧消化液可能是 DAMO 细菌存在的潜在生态位。

尽管已有成功富集 DAMO 功能菌群的案例，但研究显示 DAMO 脱氮速率均较低，仅为 $0.087 \sim 28$ mg NO_3^--N/(L·d) 和 $9.8 \sim 33.6$ mg NO_2^--N/(L·d)，远低于甲醇用作碳源的反硝化[283 mg NO_3^--N/(L·d)]。因此，DAMO 工艺要想实现同等脱氮效率，其细菌丰度或活性至少应提高至现有水平的 10 倍。同时，因 DAMO 功能菌群生长极其缓慢，世代时间竟长达数月（8~16 个月），导致现阶段 DAMO 富集仅存在于实验室研究水平；况且，细胞密度具有上限，并不可无限增殖富集。

综上，最终导致 DAMO 工程富集主要受限于较长的世代时间和相对苛刻的生存条件（表 3-58）。以下将从实际工程角度，分析 DAMO 应用的可行性，总结相应可行的富集措施。

部分人工和自然生态环境中 DAMO 微生物分布　　　　表 3-57

环境类型	生态环境	主要微生物	地理位置
自然	Twentekanal 运河	细菌和古菌	荷兰
自然	Northern peatlands	细菌和古菌	美国
自然	钱塘江	细菌	中国
自然	西湖	细菌	中国
自然	淡水湖	细菌和古菌	澳大利亚
自然	水稻田	细菌	美国
人工	河道底泥	细菌	荷兰
人工	污水处理厂	细菌	荷兰
人工	污水处理厂/水稻田	细菌	中国
人工	水稻田	细菌和古菌	意大利

DAMO 微生物存在环境条件　　　　表 3-58

底物类型	反应器类型	HRT(d)	温度(℃)	pH	DAMO 微生物占比	
					古菌	细菌
缺氧淡水沉积物	SBR	—	25	7	10	80
淡水沉积物、消化污泥和回流污泥混合物	SBR	$1.4 \sim 6.7$	$25 \sim 30$	$6.8 \sim 7.3$	0	15

续表

底物类型	反应器类型	HRT(d)	温度(℃)	pH	DAMO 微生物占比	
					古菌	细菌
污水处理厂	SBR	—	23-30	6.8-7.0	—	60-70
水稻土	SBR	6	30	7.0~7.2		50
淡水沉积物	MBfBR	—	30	7		73
河流沉积物	SBR	29	35	7.5	0	73

（1）CH_4 溶解及传质

DAMO 工艺最基本的条件是 CH_4 存在。但 CH_4 在液相的溶解度较低（18.6 g/m³），导致自养型的 *M. oxyfera* 细菌处于劣势。已有研究通过外加增溶剂（石蜡油）、提高气相 CH_4 分压、增加气液接触面积等措施来提高 CH_4 溶解度。结果显示，通过添加石蜡油提高 CH_4 溶解度达 25%，DAMO 细菌活性也从 0.298 mg NO_3^--N/(L·d) 增加到 0.585 mg NO_3^--N/(L·d)，但引入石蜡油会提高运行成本并可能影响出水水质。

（2）溶解氧（DO）

针对溶解氧（DO）对于 DAMO 菌群活性影响，Chen 等人模拟了不同基于 DAMO 集成系统中 DO 浓度对 DAMO 菌群活性的影响。研究发现，当 DO 浓度达到 0.35 mg O_2/L 时，厌氧甲烷氧化-反硝化菌群活性略微增加，而当暴露于 DO=1.0 mg O_2/L 浓度下时，即使停止曝气，厌氧甲烷氧化菌活性也受到抑制。Chen 通过模拟 ANAMMOX-DAMO 完全脱氮过程来研究 DO 浓度对其体系的影响。研究发现通过对 DAMO 和 ANAMMOX 微生物共培养，体系内 TN 去除率在 DO=0.17 mg O_2/L 时达到最佳（90% 以上）。此外，以含 ANAMMOX、DAMO 和 AME-D 的好氧颗粒污泥反应器为模型，研究 DO 浓度对氮和甲烷去除的效果；结果表明，当 DO<0.5 mg O_2/L 时，能有效去除氮和甲烷。因此，通过对供氧操作控制，可以保持微生物群落和系统性能的平衡。但同时亦可发现，不管是单独富集培养，还是不同菌群共富集培养，其对 DO 条件的需求极为苛刻。

（3）温度与 pH

研究表明，温度对 DAMO 微生物生长代谢以及富集活性存在显著影响。有学者比较了 22 ℃ 和 35 ℃ 温度下 DAMO 菌群的富集情况，仅在 35 ℃ 环境下同时发现了 NC10 门细菌（*M. oxyfera*）及 ANME-2d 古菌（*M. nitrore-ducens*），而 22 ℃ 环境只富集获得 *M. oxyfera* 细菌。Li 进行温度梯度（20~30 ℃）实验时发现，反应器温度维持在 30 ℃ 时，运行反应器仅需 75 d 即可检测到 DAMO 活性，而 20 ℃ 需要 100 d 才有所发现。结果显示，低温会抑制 DAMO 活性，但长期适应低温活性将会恢复。Li 发现在全年昼夜温度波动条件下，最大反硝化速率[7.14 mg N/(L·d)]随时间延长而降低至初始的 1/5。这说明 DAMO 菌群对温度极为敏感，且长期温度波动会导致活性大大下降，长期温度压迫甚至可能造成不可逆活性破坏。DAMO 的这些特性显然增高了这些技术实际应用的门槛。

DAMO 菌群对 pH 的适应性与异养反硝化细菌基本一致。Ettwig 等使用 DAMO 菌群利用甲烷速率得出 DAMO 微生物最适 pH 范围为 7.0～8.0；在 pH=6.75～7.4 范围时，DAMO 利用 CH_4 速率为 1.2～1.6 nmol CH_4/(mg 蛋白质·min)，而当 pH 降低至 5.9～6.7 或升高至 9.0，速率分别下降到 0.4～1.0 nmol CH_4/(mg 蛋白质·min) 和原来的一半。

（4）水力停留时间（HRT）

以上分析讨论可知，DAMO 脱氮速率整体水平较低，欲达到相同脱氮效率还须提高反应器水力停留时间（HRT）。模型研究表明，$HRT<$ 5.25 d 时，溶解 CH_4 并未被去除；$HRT=$ 5.75～8 d 时，溶解 CH_4 去除率大于 90%。这可能因为在低 HRT 下，DAMO 微生物被淘洗出系统而无法富集。因此，在富集 DAMO 的初期势必需要提供足够的 HRT 或 SRT。因此，完成微生物富集或污泥聚集可根据相应工况适当提高系统 HRT，以寻求 DAMO 富集稳定和系统高效运行平衡点。但与之对应的则是基建维护成本的攀升。

（5）接种物来源

自然生态系统的泥炭地和水稻田土壤样品、污水处理厂污泥均可检测到 DAMO 微生物相关目标基因，但其中丰度并不高，因此选取合适的接种污泥对于启动与富集 DAMO 菌群极为关键。不同接种物本身所含有的功能微生物在丰度和多样性上存在着巨大差异，这就给实际工程增设了壁垒。市政污泥因可能存在大量溶解态 CH_4、NO_3^- 和 NO_2^- 也被看作是 DAMO 潜在的富集地。但 Kampman 等利用城市污水与污泥混合物接种膜生物反应器（MBR），在长达 12 个月运行后才发现 NC10 门的 *M. oxifera* 细菌。而 Li 等将不同比例消化污泥、回流污泥和淡水沉积物混合，成功富集得到了 *M. oxifera* 细菌，其中古菌与细菌的比率为 1.77，似乎混合接种污泥可能比单一污泥更有工程应用优势。

5. 结论

"双碳"目标下的污水处理直接强温室气体排放源——甲烷（CH_4）不容小觑。但从另外一个角度看，CH_4 可以被细菌氧化，或许可用作脱氮的碳源。CH_4 氧化存在好氧和厌氧两种形式转化，前者一般需要甲烷营养菌和反硝化菌联合，其实质是两个完全独立的过程：CH_4 好氧氧化首先将 CH_4 转化成可供利用的有机小分子化合物，提供碳源至反硝化等异养菌脱氮利用。但二者所需矛盾的环境直接导致该工艺工程实践上难以成功。

具有应用潜力的应该是厌氧 CH_4 氧化耦合脱氮技术（DAMO），不同厌氧 CH_4 氧化细菌可利用 NO_3^-、NO_2^- 甚至强温室气体 N_2O 作为电子受体，实现耦合脱氮，这不仅能有效解决污水脱氮碳源不足问题（亦可降低运行成本），更重要的是可实现强温室气体 CH_4 的直接利用，甚至可能利用 CH_4 消灭另外一种强温室气体 N_2O。但厌氧 CH_4 耦合脱氮工艺从实验室走向工程应用必须增强细菌的鲁棒性或改变富集培养环境，包括进水基质（C/N）与接种污泥、培养富集条件（CH_4 通量、DO、温度、pH、HRT 等）。总之，CH_4 作为脱氮碳源利用的研究仍需更深入地探究其作用机理，而工程应用则有赖于对工程参数控制的技术（如，精准曝气等）突破。

第 4 章　污水磷回收技术/方向与政策

磷回收似乎已成为老生常谈之事，但实际行动在我国还迟迟没有大规模出现，目前仍然是学界津津乐道的话题。究其原因，有关磷回收的政府政策以及财税补贴等措施并没有像碳中和一样出台。事实上，我国虽属磷储量大国，但经济开采储量已所剩无几，最多还能再维持 20 余年开采。事实上，磷的匮乏速度应该比实现碳中和目标来得更早，后果更为严重。为此，欧美等国 21 世纪以来一直致力于推动磷回收的实际行动，特别是政府在法律、政策、税收等方面不断扫清市场化障碍，可谓是未雨绸缪。确实，磷回收并非技术上存在太大难题，主要取决于政府能否高屋建瓴看待这一决定人类命运的大事。近年来在磷回收技术上并没有太多的突破，主要是渐渐明晰了磷的回收位点与方式，工艺实践从污水处理过程回收磷（如，鸟粪石）已逐渐过渡到污泥厌氧消化回收磷（如，蓝铁矿），最后再到污泥焚烧灰分回收磷。较为清晰的磷回收路径是从污泥焚烧灰分进行，因为在此回收的磷量最大，且工艺属已成熟的化工工艺。再者，磷回收时需要被撤除的主要金属离子（Al、Fe 等）可以利用前述海水淡化产生的浓盐水（卤水）合成污水处理用混凝剂。事实上，污泥焚烧已被确认为污泥处理、处置的终极目标，因此，污泥焚烧灰分磷回收势必成为今后从污水中回收磷的主要途径。

为此，本章首先介绍国际上有关磷回收立法、政策以及税收等方面的做法，继而就一些实践或研发的技术予以描述。特别对污泥焚烧灰分回收磷市场潜力予以分析，并对与磷回收相关的撤除金属离子资源化利用（与卤水合成混凝剂）进行实验展示。

4.1　污水磷回收主流技术及其相关政策

磷（P）是组成生命物质不可缺少的元素之一，它也是构成核酸与三磷酸腺苷（ATP）的重要元素，直接参与生命体能量循环。因此，磷是地球一切生命体的重要营养元素，没有磷，地球上便不可能存在生命。

磷的获取基本来自于磷矿，主要用于化肥生产。然而，地球磷矿资源分布严重不均，主要分布于摩洛哥、中国、伊拉克和阿尔及利亚等少数几个国家，而 90% 的国家几乎没有磷矿储备，只能依赖进口。估算表明，若全球保持年 3%化肥增量，地球可供开采的磷资源不到 50 年便会消耗殆尽。现代社会人类对磷粗放式开采利用以及原生态粪尿返田习惯逐渐废弃导致磷的自然循环已经破裂。大量磷元素使用后以各种形式进入水体，或诱发水体富营养化，或流入大海沉积，正是这种从陆地向海洋磷的单向流动使得陆地磷资源逐渐枯竭。因此，磷的可持续利用已成为全球普遍关注的焦点。而自 1998 年于荷兰召开第一届磷回收国际会议以来，从污水/废物中回收磷也开始在国际上引发关注和应用研究。

目前，欧洲、日本、北美等国家已建立磷回收国家/国际平台，旨在通过磷回收及循环利用最大限度阻止磷从陆地向海洋的直线流动。欧洲、日本等地区和国家磷资源十分匮乏，这让他们未雨绸缪，目前已积累 20 余年磷回收学术、技术与应用经验，促使他们在磷回收技术与应用研究方面处于国际领先地位，显然，磷回收之技术层面已不再是限制其应用的"卡脖子"难题。未来挑战在于如何将磷回收产品纳入市场并部分取代开采磷矿，以构建良性磷回收产品市场。为此，参考欧洲、日本等地区和国家磷回收案例以及市场化经验，介绍全球磷回收案例及其应用；评价不同磷回收位点特征；总结当前磷回收政策与成本两大障碍。综述与评价之目的拟为我国同样面临的磷危机未雨绸缪。

4.1.1 磷回收工艺的分类及工程应用概况

1. 磷回收工艺的分类

目前，在全球范围内，从污水中回收磷已实现工程化，应用成功案例也不少见。依据污水收集与处理不同阶段，磷回收工艺主要包括（图 4-1）：

1）源头分离回收：在污水收集系统始端，即在便器端将尿液分离后直接用作肥料（亦有）；

2）出水沉淀回收：以沉淀方式去除并回收出水中磷；

3）污泥消化液或污泥脱水上清液中沉淀回收；

4）生污泥及消化熟污泥中沉淀回收；

5）污泥焚烧灰分回收：以湿式化学萃取沉淀和热处理工艺回收磷。

其中，出水磷回收方式因磷酸盐浓度较低，不具回收潜力，一般来说只是为了提高出水水质所为。

2. 基于不同回收点位的工程应用概述（表 4-1）

欧洲、日本污水磷回收应用案例汇总　　　　　　　　　表 4-1

回收点位	国家及地区	原料	产物	名称	规模
		从污水/污泥中回收磷			
灰分磷回收	荷兰 ICL、德国 ICL	污泥焚烧灰分；动物灰分	矿物肥料	ICL	工程规模
	西班牙 Fertiberia 化肥集团				小试规模
	法国敦刻尔克（Dunkerque）DCP	污泥焚烧灰分	磷酸；磷酸氢钙	Ecophos	工程规模

续表

回收点位	国家及地区	原料	产物	名称	规模
			从污水/污泥中回收磷		
灰分磷回收	柏林比特菲尔德-沃尔芬(Bitterfeld-Wolfen)	污泥焚烧灰分	磷酸钙；N、P、K 原料；氯化铁絮凝剂	Ash2Phos(EasyMining)	工程规模
	瑞典乌普萨拉(Uppsala)；柏林赫尔辛堡(Helsingborg)		氢氧化铝、絮凝剂或工业应用；磷酸盐饲料		中试规模
	德国汉堡(Hamburg)(在建)	污泥焚烧灰分	磷酸；石膏；铁盐和铝盐；矿物灰渣	TetraPhos(Remondis)	工程规模
	德国埃尔弗林森(Elverlingsen)				中试规模
	日本 30 多个污泥焚烧炉	干化污泥；污泥焚烧灰分	含 P 泥渣	Kubota(KSMF)	工程规模
	德国哈尔登斯勒本(Haldensleben)	污泥焚烧灰分	P 或 NPK 肥料	PHOS4Green(Glatt)	工程规模
	德国魏玛(Weimar)格莱特技术中心				小、中试规模
	日本岐阜(Gifu)、鸟取(Tottori)	污泥焚烧灰分	磷酸钙；用作肥料生产	Metawater	工程规模
	瑞士索洛图恩(Solothurn)；西班牙马德里(Madrid)	污泥焚烧灰分	工业级磷酸；水泥/混凝土工业用二氧化硅	Phos4Life	工程规模(计划)
			滤饼；重金属精矿；氯化铁混凝剂		中试规模
	奥地利莱奥本(Leoben)	污泥焚烧灰分	白磷	RecoPhos thermal(Italmatch)	中试规模
	德国弗赖贝格(Freiberg)TU Bergakademie 工厂	污泥及其他焚烧灰分；磷矿及其他二级磷；鸟粪石	磷酸	Parforce	中试规模
污泥消化液/脱水上清液	全球约 100 个工业规模鸟粪石回收装置实际应用于污水处理厂或其他废水处理，其中一些装置已经运行 10 年以上；世界最大鸟粪石回收装置位于芝加哥斯蒂克尼污水处理厂：Ostara 装置北欧最大鸟粪石回收工厂丹麦 Marselisborg 污水处理厂：Phosphogreen 装置	各种方式回收的可溶性磷溶液：污水(仅适用于强化生物除磷)、食品加工业、矿业或工业、粪肥、沼气池、源分离尿液等	鸟粪石	Pearl(Ostara)	工程规模
				NuReSys	
				Struvia(Veolia)	
				Phosphogreen(Suez)	
				AirPrex(CNP)	
	全球 12 个污水处理厂	浓缩污泥；污泥消化液	Crystal Green®	WASSTRIP(Ostara)	工程规模
	丹麦奥胡斯 Åby、Marselisborg 污水处理厂	浓缩污泥；污泥消化液	鸟粪石	Phosphogreen(Suez)	工程规模
	荷兰 Nieuwveer 污水处理厂	污泥消化液	蓝铁矿	ViViMAG(WETSUS)	中试规模

续表

回收点位	国家及地区	原料	产物	名称	规模
中心 从污水/污泥中回收磷					
生污泥/消化熟污泥（脱水）	中国济宁 TerraNova 工厂	脱水、消化污泥	镁/钙磷盐	TerraNova（HTC）	工程规模
	德国 Ruhrverband/Duisburg 工厂				示范规模
	瑞士伯尔尼（Bern）	消化污泥	磷酸钙	Extraphos（Budenheim）	工程规模（计划）
	德国 Dinslaken（Emschergenossenschaft）、奥芬巴赫（Offenbach）（在建）、曼海姆（Mannheim）（在建）；瑞士 Offtringen、Uvrier	消化脱水污泥；富磷生物质	含磷灰分	EuPhore	工程规模
	德国温克尔（unkel）、汉堡（Homburg）；美国雷德伍德（Redwood）；瑞典哈门赫格（Hammenhög）	80%干重污泥；生物质材料	派热格生物炭（Pyreg biochar），在瑞典注册为肥料（PYREGphos）	Pyreg（pyrolysis）	工程规模
	意大利梅佐科罗纳（Mezzocorona）Ecoopera 污水处理厂	10%~15%干重消化脱水污泥	磷酸盐沉淀	CarboREM	中试规模
中心 从粪尿中回收营养物					
	荷兰霍斯特文洛（Horst-Venlo）农场	液态及固态猪粪	生物炭	Agro America（VP Hobe）	工程规模
	荷兰格鲁特泽维特（Groot Zevert Vergisting）厌氧消化厂	液态粪肥消化物	N、K 化肥溶液；富含磷的有机肥料；清水	GENIAAL（Nijhuis）	工程规模
	德国库普弗采尔（Kupferzell）和佐尔鲍尔（Zorbau）	液体肥料；液体消化物	磷酸盐沉淀；硫酸铵；有机土壤改良剂（生物炭）	BioEcoSim（Suez）	中试规模
					工程规模（计划）
	英国、挪威、瑞典、芬兰、丹麦和南非的农场	粪肥浆液；沼渣沼液	硝酸铵基液体肥料	N₂-Applied	中试规模

各种位点磷回收技术除源分离直接利用外，大多以投加化学药剂沉淀方式为主，回收产物因药剂类型不同而异，产物主要包括：鸟粪石（磷酸铵镁）、磷酸钙、磷酸镁、磷酸铝、磷酸铁、蓝铁矿等混合物。其中，鸟粪石与蓝铁矿可直接以肥料或其他材料形式出售，而其他磷酸盐化合物则主要用作

磷矿替代物（二级磷矿）供下游化工/化肥工业生产化肥。依据不同回收位点，对欧洲、日本等地区和国家磷回收实践案例、应用背景与市场条件等方面信息进行汇总描述。如图4-1所示，根据污水收集与处理的不同阶段，将磷回收技术分为5类（粪肥磷回收、厌氧消化液磷回用、污泥磷回收、污泥灰分磷回收）。

图 4-1 从污水收集或污水处理过程中回收磷位点详解
1—源头分离磷回收；2—出水沉淀磷回收；3a—厌氧消化液磷回收；3b—污泥脱水液磷回收；4a—生污泥磷回收；4b—熟污泥磷回收；5—污泥焚烧灰分磷回收

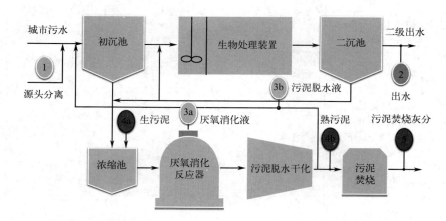

4.1.2　磷回收技术的工程应用案例

1. 粪肥磷回收：荷兰 Groot Zevert Vergisting（GZV）厌氧消化综合回收

众所周知，荷兰是畜牧大国，有限国土面积迫使其畜牧业集约化发展。而过量动物粪肥回用农田导致磷（P）与氮（N）渗入地下水和流入地表水，造成地下水污染以及水体富营养化等严重环境污染问题。为此，荷兰政府早已开始限制粪肥回用，本土过量粪肥还需出口至邻国处理。与此同时，欧盟硝酸盐指南（The Nitrates Directive）也限制粪肥年回用量不得超过 170 kg N/ha。两项法令/指南同时限制粪肥直接返田，使农民望肥兴叹，还需自费支付粪肥外运、处理费。

在此情形下，欧盟"Horizon2020"项目资助建设了 Groot Zevert Vergisting（GZV）示范工厂，通过"Re-P-eat"工艺进行粪肥减量浓缩和磷回收尝试。GZV 位于荷兰 Beltrum 省，集合周边 55 处畜牧与屠宰场产生的猪牛粪尿联合进行厌氧消化，是荷兰最大的固体废弃物厌氧消化工厂之一，2018 年粪肥处理量已达 135000 t/a。消化液与沼渣通过螺旋压滤机实现固-液分离，液相通过气浮、微过滤、反渗透浓缩获得 N、K 营养液，直接回用农田（自用或出口邻国）或作为化肥厂原料；固相则采用 Re-P-eat 工艺，即在酸化反应器中加入熟石灰，回收富磷磷酸钙（CAP）和低磷有机土壤改良剂。整个处理/回收工艺（图4-2）最终出水符合荷兰地表水排放标准，可直接回补地表水资源。

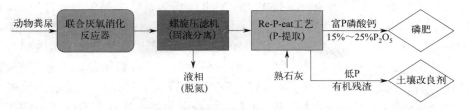

图 4-2 GZV 粪肥磷回收工艺流程图

不同回收点位技术优劣评价 表 4-2

回收点位	回收产品	经济、环保效应	应用前景
粪肥磷回收	中品位磷矿	化肥原料,具有经济效益和生态环保效益	仅适合农村分散地区
液相磷回收	产物杂质多	具有一定经济效益,但回收效率仅 10%～30%	污水处理厂等集中污水处理设施
污泥磷回收	浓缩营养液	具有农业利用价值	污水处理厂等集中污水处理设施
灰分磷回收	产物依回收工艺确定	较高的磷回收效率,纯度高,经济效益较高	适合有污泥焚烧炉厂区等

GZV 粪肥回收技术经济效益明显（表 4-2），体量巨大的粪肥就地回收为浓缩肥料或土壤改良剂不但可节省高昂长途运输及处理成本，而且低廉的综合处理费用（13 欧元/t）较欧洲传统猪粪单独处理成本（20～25 欧元/t）要低 50%～100%。

2. 厌氧消化液磷回用：加拿大 Crystal Green® 技术

加拿大 Ostara 公司将工业、农业、市政污水处理厂中的营养物回收转化为一种高效且环保的颗粒肥料——Crystal Green®。核心工艺包括 WASSTRIP® 和 Pearl® 技术，工艺流程如图 4-3 所示。其中，WASSTRIP 可实现富磷污泥厌氧释磷，并联合浓缩池为 Pearl 反应器提供磷浓缩液，同时可避免 PO_4^{3-} 和 Mg^{2+} 等离子进入厌氧消化反应器而导致结垢问题；而 Pearl® 技术主要是采取添加 Mg 盐同时控制 pH 条件，实现磷沉淀、鸟粪结晶与分离。

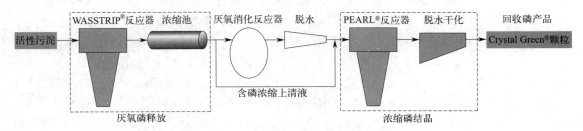

图 4-3 Ostara Crystal Green® 磷回收示意图

Crystal Green® 技术进料适应能力强，可通过循环系统控制结晶与磷回收效率。同时，由于其特殊反应器构造，鸟粪石结晶尺寸可人为控制。整个装置配置自控系统，包括进料、反应、结晶及出料等；结晶体（鸟粪石）通过进一步脱水、干燥（热干方式）、粒径筛选、打包储存后出售。

WASSRTIP®联合 Pearl®技术生产的市售鸟粪石化肥品牌称作"Crystal Green®"，是一种缓释肥料，符合欧洲肥料法规（EC）第 2003/2003 号标准，产品纯度达 99.6%，无病原体，盐分和重金属含量都远低于其他市售磷肥。

其实，这种鸟粪石生成、回收技术早在荷兰 BCFS 脱氮除磷工艺中便已体现；该案例成功之处在于其成功的商业销售模式。保证产品质量的同时，技术公司还致力于过程技术支持，包括技术设备销售＋产品回购＋产品销售，其先将核心设备和技术分包销售到厂家，对厂家生产的鸟粪石磷肥进行回收，再销售给磷肥需求用户。这一销售模式保证了用户端（厂家）有技术可用、有利可图、无产品销售之虞，而技术公司自身也实现了轻资产利益转化，最终为磷肥用户提供了优质磷肥资源，可谓三方共赢，实现技术的可持续发展。基于上述销售模式，Ostara 公司自 2005 年成立以来，已与北美、欧洲等地区 22 个污水处理厂开展了合作，成为世界最大鸟粪石回收公司之一。其中，所合作的美国芝加哥斯蒂克尼（Stickney）污水处理厂装有世界迄今为止最大的鸟粪石回收装置，鸟粪石年产量便达 9000 t/a；典型案例是荷兰 Amersfoort 污水处理厂（30 万人口当量），安装了欧洲首个大型鸟粪石回收装置，并结合污泥热水解技术，使鸟粪石产量达 900 t/a。

近期，爱尔兰水务公司 Murphy Ireland 宣布与 Ostara 公司合作，采用 Crystal Green®技术对爱尔兰最大的 Ringsend 污水处理厂进行资源回收升级改造。改造工程将于 2023 年完成，由 Ostara 公司欧洲、北美销售网分销 Crystal Green®产品（14 t/d）。

3. 生污泥磷回收：德国 TerraNova® Ultra 工艺

德国 TerraNova Energy 公司采用 TerraNova® Ultra 工艺，通过水热碳化（HTC）原理控制反应条件模拟并加速天然煤炭的生成过程，将活性污泥直接制成可燃烧煤，同时，以液体磷肥和含磷生物炭形式实现磷回收，如图 4-4 所示。磷回收主要环节为反应釜处理后的富含 N、P 溶出液经压滤脱水实现浓缩，直接用作液体肥料；也可通过投加水合硅酸钙颗粒（CSH）将其转化为颗粒磷肥。虽然磷回收是污泥水热炭化制煤的副产物，但其磷回收效率仍可高达 80%。经种植实验比较，这种液体磷肥种植作物（番茄和小麦）干重和高度均优于对照市售液体磷肥，是一种良好的磷回收产品。

目前该工艺已应用于中国济宁污水处理厂、德国凯泽斯劳滕（Kaiserslautern）中央污水处理厂、德国杜塞尔多夫（Düsseldorf）示范污水处理厂、斯洛文尼亚国马里博尔（Maribor）污水处理厂等。中国济宁 TerraNova® Ultra 污水处理厂已稳定运行 4 年，处理规模 500000 当量人口，设计污泥年处理量 14000 t/a，磷回收产量约为 200 t/a。

4. 污泥灰分磷回收

（1）荷兰 ICL Fertilizers

ICL Fertilizers 于 2011 年与政府签约，旨在 2025 年污泥焚烧灰分回收磷完全取代磷矿使用。ICL Fertilizers 作为磷肥生产商，研发针对污泥焚烧灰分（SSA）（图 4-5）、待回收磷酸盐以及肉骨粉灰（MBMA）等次级磷酸盐原料使用技术。事实上，ICL 欧洲工厂所在地区（德国、荷兰）并不缺少磷资源，甚至存在过剩磷矿；但该公司主要理念是将大部分回收磷酸盐产品出口到缺磷国家，在赚取一定利润的同时转移国内磷过剩问题，践行"可持续发展与环境保护并行"之愿景。

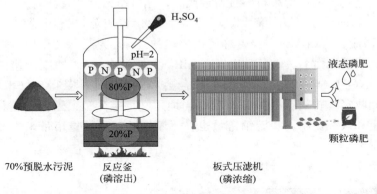

图 4-4 Terra-Nova® Ultra 磷回收工艺示意图

ICL Fertilizers 名下的阿姆斯特丹化肥生产厂，磷矿消耗量 25 万 t/a、磷产品总产能 80 万 t/a，其中二次回收磷替代了 10% 原磷矿。该工厂先通过单次或多次磷酸酸蚀释放磷元素，再继续添加氯化钾（MOP）、硫酸钾（SOP）或其他微量金属元素（Cu、Mg、Mn、Mo、Zn 等）生产不同形式复合化肥，最后加入磷酸铵生产 NPK 化肥。除此之外，ICL 公司还在欧洲和美国发展下游业务，通过 Recophos 工艺和 Tenova 工艺生产白磷（P_4）（目前已准备在荷兰特尔纽岑建立试点工厂）和食品级磷酸（项目已通过实验室测试，目前正在进行可行性分析）。

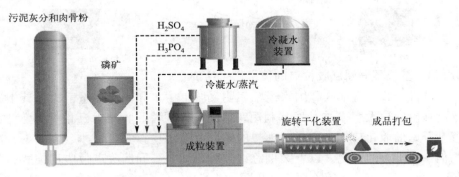

图 4-5 ICL 灰分磷回收工艺流程

（2）日本 Metawater

与欧洲磷资源状况不同，日本没有足够磷矿，所有磷矿依赖进口。此外，日本法规对污泥无害化处理要求极为严苛，法律禁止污水处理剩余污泥直接农用。因此，出于降低污泥处理成本考虑，解决日本国内磷资源短缺问题，日本推崇从厌氧消化污泥、脱水液或污水处理厂污泥焚烧灰分中回收磷。日本很早就针对污泥、污水、动物粪便和工业废水等资源开展磷回收研究工作，拥有众多大规模磷回收工厂和长期运营经验。

日本 Metawater 集团目前运营的岐阜和鸟取两座污泥焚烧灰分磷回收工

厂，年磷肥产量分别为 300 t/a 以及 150 t/a。磷提取工艺为 NaOH 淋洗灰分磷，再通过投加 Ca^{2+} 以羟基磷灰石钙（HAP）沉淀形式回收磷（图 4-6）；回收产物脱水、干燥、颗粒化后形成磷肥供当地农民使用。灰分剩余残渣通过弱酸清洗去除重金属，转化成无臭味的棕色颗粒，符合土壤污染防治标准，可作为路基材料或沥青填料中石粉替代品，亦可作为土壤改良剂。

岐阜磷回收厂每年可回收全厂 30%～40% 灰分，为当地农民提供约 300 t/a 磷肥，磷回收成本仅占总运行成本的 3%。为纪念岐阜市磷循环之贡献，将回收磷肥命名为 "Gifu-no-daichiR"（岐阜之地），回收产物由岐阜市 JA-ZEN-NOH（全国农业合作协会联合会）负责销售，获得良好市场评价。目前，回收羟基磷灰石（HAP）已在当地建立稳定分销渠道，且随着磷回收过程稳定和效率提高，磷肥销售量也在不断增长，为岐阜市带来不菲的经济收益。

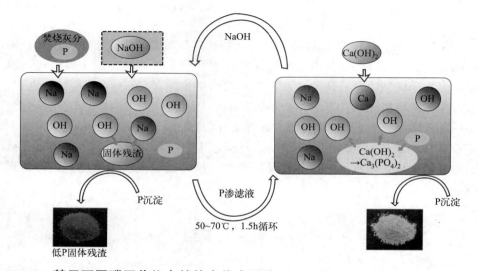

图 4-6   碱法浸取灰分磷回收 P 工艺流程

4.1.3   基于不同磷回收位点的技术优劣评价

欧洲、日本等地区和国家经验表明，城市污水和固废体量巨大，其中所含潜在磷资源大多未被开发和利用。目前，各种磷回收技术已相对成熟，并逐渐开始商业化应用。但是，理想的磷回收技术应该是低成本、高效率、产物俏、风险小的工艺。以上案例总结经验可知，不同回收点位应用模式、可行性、经济性与前景等方面不尽相同。

1）粪肥直接磷回收。其产物等同于中品位磷矿，可用作化肥生产原料，而且可实现粪肥原位减量化无害化处理，具有生态环保效益和经济价值。但是，这种方法似乎只适宜农村地区分散式应用。

2）液相（厌氧池上清液、污泥厌氧消化上清液和污泥脱水液）磷回收。因其可直接在污泥厌氧消化等单元实施，是当前全球磷回收最广泛手段之一。但是，这种磷回收方式效率往往不高，通常只能回收磷负荷的 10%～30%，且成分复杂需进一步纯化产物。通过合适工艺优化可以获得高含量、高品质磷产物，如加拿大 Crystal Green® 技术。

3）从污泥中直接磷回收。通常以污泥减量化为目的，所回收的营养浓缩液具有较高农业利用价值。

4）焚烧灰分磷回收。其具有较高的磷回收效率（～90%），相同污泥负荷情况下，灰分磷回收相当于 5～10 倍液相磷回收量。而且，污泥或固废经高温完全燃烧，灰分中不含有机成分和致病菌，产物纯度较高。

总之，灰分磷回收是当前最有前景和潜力的磷回收方式，特别是在焚烧正逐渐演变为污泥终极处理、处置的大趋势下。日本有限之国土面积促使其建设中心污泥焚烧厂，由其承担周边污水处理厂磷回收任务；波兰波美拉尼亚省两个污泥焚烧厂甚至承担了周边 220 多个污水处理厂 60% 污泥焚烧任务。"中心辐射周边"污泥焚烧与磷回收模式可大大降低污水处理厂磷回收成本，将会成为未来污水处理磷回收的主要方式。

4.1.4 磷回收技术应用过程中的政策障碍

磷矿资源不均匀分布和过度开采会引发地缘政治风险和环境污染，必将影响未来世界可持续性发展。事实上，磷回收关乎人类生死存亡。研究表明，世界总人口到 2050 年将增至 90 亿；为获得足够食物养活人类，全球磷矿石需增产 70% 来填补 30% 的未来粮食赤字。亦有研究测算/估算了 1961 年～2050 年全球磷矿供应量和需求量；其动力模型表明，全球磷肥需求量呈直线上升趋势，2045 年后全球磷需求将超过磷供应；若继续放任有限磷资源无节制消耗，人类终将步入无磷可用的危险境地。

以上主要回收技术应用案例总结显示，尽管磷回收技术还不算至臻，但已足以支撑回收污水、固废中大部分的磷。因此，磷回收应用目前在"硬件"上已不存在太大问题。主要障碍是在"软件"上存在短板，表现为磷回收产品与原磷矿市场竞争力较弱。问题显然出在政策/法律、税收/补贴层面。

1. 政策/法律薄弱

相对于天然磷矿，消费者一般首先对从污水、污泥和粪肥中回收磷的安全性和可用性持怀疑态度。为此，欧盟重新审视这一问题，修订了相关法律，以保障磷回收产品在市场中的一席之地。例如，2019 年 6 月 5 日，欧盟修订了欧盟肥料条例（EU）2019/1009，3 种磷回收产物 STRUBIAS（鸟粪石、生物炭和焚烧灰分合称）已被列为化肥生产的二次磷原料，满足使用和安全要求的肥料可以在欧洲市场自由出售。修订条例技术报告表明，STRUBIAS 材料在安全性方面不会对人类、动植物和环境构成风险。在使用效果方面，技术评估和生命周期分析表明回收磷肥相比传统肥料的农业使用效率相当，但重金属、有机污染物含量更低，更有利于应对全球变暖、富营养化和人类癌症等问题。新条例于 2022 年 7 月 16 日实施，为"出污泥而不染"的回收磷产品进入市场提供了法律依据和保护。

除上述欧盟总揽全局打通磷回收市场贸易壁垒外，各成员国还配合制定了相应的法律、法规。前有瑞士、荷兰两大领跑者，分别提出"瑞士磷元素闭合循环构建"与"2050 荷兰循环计划"，旨在实现境内营养物全回收与闭合循环；后有英、法、德三驾马车紧跟其后，以磷回收法律框架和网络系统构建为目标，呵护磷回收产业良性发展；还有北欧诸国亦齐心协力，扩大磷回收维度与深度。总之，欧洲各国正携手合作、共同发展，为创建欧洲可持续磷回收平台（European Sustainable Phosphorus Platform）而努力，以实现全欧洲磷回收学术成果、管理经验共享，为管理者、消费者和市场提供交流平台，促进磷回收市场多维度发展。

2. 税收/补贴不足

政策与法律手段虽然可保障磷回收产品进入市场无行政障碍。但客观来看，磷回收成本仍高于传统磷矿，导致磷回收产品市场竞争能力变弱。尽管天然磷矿国际市场价格不断攀升，例如，1950 年～2000 年的 50 年间磷矿石价格上涨 10 倍，2007 年又上涨了 200%（至 2007 年～2008 年间不到 14 月里，磷肥价格飙升了 800%），但即使如此，磷回收产品价格总体上也难与天然磷矿抗衡，表现为磷回收产品在磷矿石涨价时市场存量太少，难以以量完胜磷矿石。

面对市场现状，政府应在磷矿石开采、销售上课以重税，将其补贴或减免税收于磷回收产品。在此方面，瑞典和丹麦国家的做法令人称赞。例如，瑞典自 1984 年征收磷矿开采税（1994 年以磷肥镉含量衡量，税收最低标准 3.3 欧元计，以间接限制开采磷矿。2021 年 3 月 24 日，瑞典政府赠款 5100 万克朗（约 3850 万人民币），以支持"EasyMinings"计划，表彰其在污水污泥磷回收和减少欧洲磷矿开采等自然资源保护方面作出的贡献）。此外，丹麦还从 2005 年起征收市场动物磷饲料销售税（税率为 0.53 欧元/kg P）；并于 2018 年提出实现 80%污泥中磷回收目标，通过征收污水排磷税（22 欧元/kg P）和污泥填埋税（63 欧元/t）来促进磷回收技术进步和应用发展。

4.1.5　结语

磷之重要性莫过于它对人类生死存亡的决定作用。但是，地球磷矿资源的短缺性和分布不均匀会诱发人类于地球生存的不可持续，严重时可能会导致局部，甚至全球性战争——因为磷危机的出现会使得磷元素逐渐演变为地球上真正的"稀土"。因此，未雨绸缪还是遇雨急救已是政治决策磷资源合理利用与及时回收的当务之急。对此，欧洲乃至日本等地区和国家高屋建瓴，于 20 年前先于科学界认识到磷危机来临的潜在危害，继而上升至政府管理部门高度重视，使得这些国家在磷回收技术及应用方面走在世界前列，出现许多磷回收成功应用案例。全球污水处理磷回收技术与案例总结表明，磷回收位点分别为源分离、浓缩液/污泥脱水上清沉淀、生熟污泥分离以及污泥焚烧灰分提取。相应的技术与应用实例有粪肥磷回收、磷浓缩液回收（Crystal Green®）、污泥水热炭化工艺（TerraNova® Ultra）回收、焚烧灰分回收（ICL 与 Metawater）等。这些技术虽不至臻，但均已成熟，完全可以应用于工程实际。从污泥处理、处置终极方向看，污泥焚烧灰分磷提取应该会成为今后较有潜力的磷回收方式，技术相对简单而磷回收效率最高（～90%），且杂质含量相对较少。磷回收难题主要不在技术硬件方面，关键是磷回收产品进入市场的软件障碍比较突出。这就需要政府相关部门高屋建瓴，审时度势，及时出台促进磷回收顺利进入市场并获得竞争力的政策/法律条例和税收/补贴手段。在此方面，欧洲国家经验值得借鉴，通过立法保障磷回收产品适时进入市场，同时，以经济手段抑制磷矿石过度开采或减税/补贴磷回收产品从而将敬而远之的"废物"视作有价值的"产品"，以缓解世界性的磷危机窘境。

4.2 国外磷回收策略与立法

磷（P）是生物体内一种必不可少的营养元素。人体内磷大约占体重的 1/10，其中，80% 与钙（Ca）结合成磷酸盐形式组成人的骨骼和牙齿成分；其余磷则与蛋白质、脂肪、糖等结合形成有机物，参与几乎所有的生理、生化反应；磷也会促进脂肪与脂肪酸分解，参与调节人体酸碱平衡。磷对动物骨骼矿化、核酸代谢、能量代谢、脂质代谢、酶激活以及体液酸碱平衡等也都具有重要生化作用。同时，磷也是植物体内细胞原生质的主要组成部分，参与植物能量转换、代谢调节、蛋白质激活等多种细胞代谢活动。

磷在自然界主要以地壳中磷矿形式存在，被人类开采后大多（～80%）用于化肥（磷肥）生产，以满足人口增长对粮食生产的需要。然而，进入土壤的磷肥被作物吸收率很低（5%～20%），绝大部分磷残留于土壤之中，土壤中残留的磷会因雨水冲刷或地表径流进入水体，最终随波逐流而进入海洋。从海洋中掘磷并非易事，因此，磷在自然界呈从陆地向海洋的直线流动形式，属于不可再生、不可替代的有限资源。因为磷是人类以及动、植物主要营养元素来源，所以，若没了磷，人类便会面临食物短缺现象。地球上目前近 76 亿人口生存需要大量化肥来支撑足够的粮食生产。然而，作为不可再生的自然资源，磷在地球上现已探明的储量已不足维持人类使用 100 年的时间，以至于地球磷危机时代已经来临。

基于可持续发展的需要，国际上越来越重视对磷资源保护与回收利用，欧盟及其他一些国家已颁布法律，强制要求从动物粪便和污水中回收磷。瑞士是欧洲第一个强制从污水/污泥、动物粪尿中回收磷的国家，目前已经建立起磷元素封闭循环管理体系，以减少对磷矿石进口依赖。目前，除农业上尽可能做到磷的闭路循环以及提高磷肥利用率外，从点源入手回收磷则是另一种可持续发展目标，这就使得从动物粪便、污水中回收磷成为研究的热点和应用的方向。本节综述从全球磷危机现状和紧迫性入手，对磷回收技术动态、实际应用、政策法规等进行归纳总结，以此来促进我国制定相应的磷回收政策与法律。

4.2.1 地球磷危机

1. 磷矿资源

世界磷矿资源主要分布在北半球，集中于摩洛哥和西撒哈拉地区，以及中国、美国、俄罗斯、南非等国家。据美国地质勘探局（USGS）统计，截至 2017 年底，全球已探明磷储量达 700 亿 t，其中，摩洛哥和西撒哈拉地区储量为 500 亿 t，且均为优质磷矿（P_2O_5 质量分数 $\geqslant 34\%$），埋藏浅，易于露天开采。我国 34 亿 t 的总磷矿储量虽排名世界第二，但富磷矿（$P_2O_5 \geqslant 30\%$）少（约 50%）、中低品位矿多（平均 $P_2O_5 = 17\%$）；关键是我国 80% 的磷矿属于较难选矿的胶磷矿，选矿成本极高，难以与摩洛哥、俄罗斯、美国等国富磷矿品质相提并论。

2. 磷难以再生

磷在生物圈中的循环方式不同于氮（N），只在极小空间范围存在自然循环（如，野生动物、植物与土地之间；海鸟与陆地之间）。人粪尿返田虽属原生态营养物循环方式，但严格意义上说也并非自然循环，其实是一种模拟生态循环的"人工"循环。因此，从人类对磷矿大尺度开挖利用范围来看，磷的自然循环份额几乎可以忽略不计，磷其实是一种从陆地向海洋直线流动的沉积过程。

磷在自然界中主要以天然磷酸盐矿石和鸟粪石等形式存在。经天然侵蚀作用，磷酸盐会进入地表水体，这也是湖泊从贫营养、富营养逐渐演变为沼泽与沙漠的诱因。绝大多数磷酸盐矿被人工开采用于化肥生产，但被作物吸收而进入食物链的磷比例则很小（5%～20%），大部分磷聚积于土壤，被径流冲刷后进入河流、湖泊，最终流入大海而沉积于海底之中。沉积在海中的磷只有极小部分会通过海鸟或捕鱼等方式被带回陆地，绝大部分沉积磷只有经过数以亿年计的地质演变方有可能形成陆地、山峰而重见天日，但那时人类恐早已从地球消失。

3. 磷危机与对策

磷矿资源有限、不均分布、不可再生以及人类对食物需求所导致的全球磷危机实际已经出现，它给人类带来的后果已近在咫尺。从全球已探明的储量以及人口现状与未来发展趋势看，目前磷矿最多也只能开采不到 100 年时间。对我国来说，磷矿资源将在更短时间内消耗殆尽。可见，全球磷危机时刻实际已经来临。

磷直接关系人类食物来源。若陆地上缺了磷，人类在不久的将来便可能会面临食物短缺的危机。因此，人类应该为此付出行动，尽早、尽快去保护磷资源，以免使之过早成为一种新的"稀土"元素。

现代文明产物——冲水马桶、下水道以及污水处理早已使我们排泄物中的磷难以再回归土地；动物粪尿在化肥广泛使用的情况下也失去了昔日作为农家肥的机会；农村污水处理更是彻底切断了粪尿返田的"回家"之路。这一切都是导致人类走向自我毁灭的可怕诱因！为此，我们应该最大限度遏制磷的匮乏速度，尽可能恢复粪尿返田之"原生态"属性，或从动物粪尿和污水处理中最大限度回收磷。

4. 2. 2　磷回收方法与技术

全球磷危机窘境"愈演愈烈"，导致从动物粪便、人粪尿、污水/污泥等点源"废弃物"中回收磷成为研究与应用的热点，而从土壤面源中回收磷似乎不具现实可行性。目前，磷回收技术与方法已趋于成熟；动物粪便需稳定、无害后返田，技术难度似乎不大；农村污水如果实施卫生"源分离"则可最大限度保留粪尿中营养用于农业生产，也没有什么技术难度；似乎只有从市政污水处理中回收磷需要较高技术含量。

1. 动物粪尿无害化返田

动物粪尿返田直接利用早已贯穿中华民族几千年农业发展过程，动物粪尿中的磷可作为农作物主要营养来源和很好的土壤改良剂。人类正面临磷危机，动物粪尿作为有机磷肥返田利用不仅可将动物粪尿"变废为宝"，而且可减少对化学磷肥广泛依赖，可有效减缓磷的匮乏速度，是实现磷回收的有效手段。然而，现代社会畜牧养殖业已朝着集约化、规模化方向发展。为追求畜牧与家禽饲养的高产量和高品质，往往采用饲料添加剂，导致金属和抗生素客观存在。

饲料中各种金属元素添加剂固然可促进动物生长。然而，抗生素在抑制有害细菌繁殖的同时，也会因饲养动物低的消化吸收率导致金属与抗生素随代谢产物排入粪尿之中。这样的动物粪尿一旦进入农田，轻者造成农田面源污染，重者则会随粮食/蔬菜或被污染的饮用水源进入人体，形成对人体健康的威胁。特别是动物粪尿中的抗生素会引发药物残留，一旦随食物链进入人体，则会给人类肝、肾及神经系统、消化系统带来潜在副作用；残留重金属一旦经食物链进入人体，形成累积后会导致人体慢性中毒。

因此，科学使用饲料添加剂与抗生素，从源头有效控制动物机体对重金属与抗生素的摄入量便可"防患于未然"，可有效降低动物粪尿中的重金属与抗生素含量，提高动物粪尿的农业利用价值，避免重金属与抗生素经食物链进入人体而危害健康。事实上，为确保长期粮食安全和磷的可持续利用，畜牧养殖业中广泛使用饲料添加剂并非长久之计，这就需要政府部门制定明确的饲料添加剂标准，严禁在饲料生产过程中过量、违规使用金属或抗生素。这方面国外做法值得借鉴，早在1999年欧盟就宣布，1999年7月至2006年1月1日期间，饲料中仅允许使用4种抗生素产品，而从2006年开始在法律上已开始全面禁止在饲料生产中使用抗生素。从2006年1月1日欧盟也正式实施了《食品及饲料安全管理法规》，制定了饲料中允许使用的重金属添加剂限量标准，主要包括铅、汞、镉、铬等金属元素以及类金属元素砷；其限值与国内《饲料卫生标准》GB 13078—2017相比更为严格。此外，荷兰行业协会规定从2011年9月份开始，不再允许饲料企业为养殖场定制加药饲料等。

金属及抗生素使用限制了动物粪尿返田利用，因此，饲料添加剂源头控制是动物粪尿返田利用的安全保障。唯有科学使用饲料添加剂，严格控制金属及抗生素的含量，方能恢复动物粪尿返田循环利用的传统习惯，最大限度减少化肥使用量，有效遏制对磷矿资源的无序攫取。

2. 农村污水源分离粪尿利用

所谓生态农业其实就是循环农业，而对人和动物粪尿循环利用则是最基本的原生态方式。粪尿返田目前之所以不受农民喜欢以至于被撒弃从而导致农村污水处理问题的主因是相对低廉化肥的竞争，次因在于卫生部门对粪尿中所含病原菌、寄生虫卵等有害物质健康危害的过分夸大。在磷危机四伏的情况下，全球磷矿石价格已经开始飙升，会导致农民种植成本提高，有可能诱发农民再次主动使用农家肥。然而，政府应主动以磷资源税或化肥税方式提高化肥价格，尽早通过经济杠杆作用迫使农民积极恢复粪尿返田习惯与做法。

至于粪尿中病原菌灭活等问题应该不必担心，即使采用传统粪尿收集、集中沤肥方式已能够在很大程度上灭活病原菌，更何况还存在很多现代灭菌技术。事实上，中国人喝开水的习惯也是对病原菌的一道有效防范屏障，否则，我们农业文明的泱泱大国难以出现人口持续增长现象。据测算，1 个人 1 年排泄中的磷（1.5 kg P_2O_5）可以满足 0.5 亩土地农作物生长对磷素的需求；按目前农村常住人口 5.7 亿计算，目前农村全部粪尿能够满足 836 万公顷小麦-玉米轮作种植对营养物的需求。需要指出的是，使用农家肥种出的粮食、蔬菜应该是某种意义上的绿色农产品。

当然，粪尿返田并不意味着让农民继续维持简陋旱厕习惯，完全可以通过源分离便器实现对粪尿与污水的有效分离。源分离概念虽源于欧洲，但却对发展中国家农村最适合。当粪尿与生活污水实现分离并被卫生返田利用后，仅存的灰水甚至可以直接用于"干地"处理（浇地），根本无需所谓农村污水处理设施。

3. 市政污水处理磷回收

城市污水显然难以实施源分离技术而促使人粪尿返田再利用，结果，以冲水马桶、下水道方式把污水（黑水）输入市政污水处理厂进行集中处理。目前，污水处理普遍需要升级改造，以满足严格的出水 N、P 排放标准，以防控水体富营养化现象。变去除磷为回收磷显然可以一箭双雕，所以，从污水处理过程中回收磷不仅已成为国际学界的共识，也是很多国家的工程实践。

（1）鸟粪石与蓝铁矿

从污水处理过程中可以回收磷，例如，脱氮除磷工艺的厌氧上清液侧流磷回收。磷多以磷酸盐沉淀方式予以回收，其中，鸟粪石（$MgNH_4PO_4 \cdot 6H_2O$，MAP）因 P_2O_5 含量（28.98%）很高而受到广泛青睐，它既可以直接作为缓释肥使用，亦可用于磷肥生产的原料。然而，纯鸟粪石生成条件实际为中性，甚至偏弱酸性，而在这样低的 pH 条件（<7.5）下反应速度极慢，所以，很多声称在碱性条件下生成鸟粪石的文章或实践实际获得的多为磷酸盐混合物，而非纯鸟粪石。

在剩余污泥厌氧消化过程中可以形成另外一种高 P_2O_5（28.3%）含量磷酸盐矿物质——蓝铁矿[$Fe_3(PO_4)_2 \cdot 8H_2O$, Vivianite]。但是，蓝铁矿形成除与污水中 Fe^{3+} 含量有关外，还取决于一种厌氧条件下的异化金属还原菌

(DMRB)，它们可将 Fe^{3+} 生物还原为 Fe^{2+}，后方能与污泥细胞裂解产生的 PO_4^{3-} 反应生成蓝铁矿。蓝铁矿的这个反应过程非常复杂，受限因素较多，导致产物不易形成，且形成后与污泥分离困难。尽管蓝铁矿除用作化肥原料外还可用于锂离子电池的合成材料，但所涉及的复杂反应与分离过程使其实际应用大打折扣。

（2）污泥焚烧灰分

污水处理后的剩余污泥处理、处置因填埋无地、农用无路（肥效低）而逐渐转向终极手段——焚烧。如果系统看待污泥处理、处置问题，污泥干化焚烧工艺在能量消耗及投资与运行成本上并不会很高。事实上，原污水中90%的磷最后都进入了剩余污泥。当实施污泥焚烧后，磷则残留于灰分之中。因此，从灰分中回收磷实际上转变为一种选矿或化工过程，相对来说对磷的提取并不困难，难点就是需要撤除一些重金属离子。很多欧洲国家以及日本（60%）大多对污泥实施焚烧处置，我们国家（包括香港）也已开始对污泥进行焚烧处置。

污泥焚烧的好处是可最大限度回收所含有机能量（发电）、杀灭全部病原体、最大限度实现污泥减量，形成的灰分实施磷回收之可持续意义亦不可小觑。人们对污泥焚烧除投资问题外还过多顾忌尾气排放问题，担心尾气中的二噁英、N_xO 和重金属对人体健康的影响。其实，这种顾虑是没有必要的。研究和实践均已表明，尾气中的这些污染物在 800 ℃以上焚烧时一般并不会产生，即使产生，也可很容易设置尾气净化装置去除后排放。

以鸟粪石和蓝铁矿回收磷适用于分散式磷回收，回收效率仅为 20%～25%；而从污泥焚烧灰分中回收磷适用于大规模集中式磷回收，效率可达70%～90%。污泥焚烧灰分磷回收不仅具有磷回收效率高的优点，而且可在工艺步骤中去除重金属，并提高磷生物利用程度。同时，灰分磷回收成本仅为从污水和污泥中回收成本的 80%和 24%。可见，从末端剩余污泥焚烧灰分提取磷是未来磷回收技术的发展方向。

4.2.3 国外磷回收案例与立法

有关磷回收的实际应用案例在国外已有很多，表 4-3 列举了一些典型磷回收工艺应用案例。显然，磷回收在技术层面应该没有太多难点，关键需要政府立法支持、鼓励，甚至补贴，否则，磷回收市场难以被驱动。在此方面，欧盟及其成员国做得较好，不仅磷回收技术走在世界前列，而且也及时出台了磷回收政策与法律、法规。欧盟最新出台的《肥料产品法规》（2019）为磷回收产品自由进入市场流通打开了贸易壁垒。欧盟及其成员国也出台各种落实政策、法规，引导各种磷回收计划实施。表 4-4 列举了欧洲部分国家磷回收政策与法规；荷兰与瑞士关注营养物回收与循环，以期减少对矿物磷肥的使用；德国、法国建立起磷回收法律框架与网络系统，促进了磷回收产业进一步发展；丹麦依托渔业发展，准备实现囊括水产养殖业的磷循环。

目前，我国对磷回收还没有出台相关政策和法规。一些污泥焚烧实践也与磷回收方向背道而驰，例如，《城镇污水处理厂污泥处理处置技术指南（试行）》中虽确立了污泥焚烧的市场地位，但在水泥窑中混烧被列为推荐工艺，混合污泥灰分建议直接用作水泥原料，结果，把灰分中的磷固定到了水泥中，使其无法再回收利用。其实，磷回收的概念目前在我国已不再陌生。然而，多年学界研究与呼吁还停留在学术阶段，几乎还没有真正的实践活动。究其原因，主要是管理层面还没有制定相应法律、法规，更谈不上回收磷的市场价值。欧洲基本没有磷矿，他们未雨绸缪的做法值得我们认真地借鉴，相应的法律法规政策等管理措施值得我们参考。

国外磷回收实际应用案例   表 4-3

磷回收方式	实际案例	采用工艺	工艺特点
动物粪尿磷回收	美国养猪场	美国猪粪尿磷回收工艺	对猪粪尿进行固-液分离，在含磷量较高的废液中回收磷，磷回收效率可超过 94%
	荷兰 Putten 养殖场	荷兰牛粪尿磷回收工艺	先将收集废液进行脱氮处理，剩余富 PO_4^{3-} 废液再投加 MgO，以鸟粪石形式回收磷
源分离技术	欧洲分散式家庭污水处理	ECOSAN	将尿液、粪便以及其他生活污水分类收集处理，实现水和营养物质回收
市政污水/污泥磷回收	美国芝加哥 Stickney 污水处理厂	Pearl 工艺	此工艺可以实现污水中高达 85% 的磷去除率，还能减少污泥脱水消化液中 40% 的氨氮负荷
	德国 Lingen 污水处理厂	AirPrex 工艺	可提高脱水污泥含固率，防止消化池管道结垢，减少药剂使用量
污泥焚烧灰分磷回收	瑞士苏黎世韦德霍兹利污泥焚烧厂	AshDec 工艺	富集高纯含量磷化合物质

欧洲部分国家磷回收政策与法规   表 4-4

国家	政策、法规
荷兰	关注营养物回收技术，提出"2050 荷兰循环计划"；计划在 2050 年荷兰全境实现"循环经济"
瑞士	建立磷元素封闭循环系统：从农业中以作物形式收获的磷通过食物链进入污水/污泥以及动物粪尿中应予以回收循环农业利用
德国	磷回收法律框架：将建设大量工业规模磷回收装置，并要求从含有营养物的市政污泥中进行磷回收
法国	磷回收网络系统：不仅提供资源共享，还可促进国内外磷回收合作项目
丹麦	磷回收行业延伸：除约 50% 市政污泥直接用于农业生产外，其余污泥均采用焚烧处理，燃烧灰分用于磷回收

4.2.4   结语

磷是动、植物生长所必需的营养元素，直接关系粮食的多寡。化肥发明使农业生产获得较高收成，但同时也导致磷矿几近枯竭。现已探明且可经济挖掘的磷矿资源也就只够人类使用不到 100 年时间。磷属于不可再生资源，城市化后的现代卫生排水设施使其难以回归土地，导致其呈直线形式最终流入海洋。结果，磷危机现象已经来临，且后果严重，直接关系人类的生死存亡。为此，我们应该马上觉醒，通过一切可能且必要的手段首先恢复人与动物粪尿返田的原生态习惯，最大限度遏制磷的匮乏速度。难以返田的城市粪尿（排入下水），可从污水或产生的剩余污泥处理/处置过程中回收磷，可以充当"第二磷矿"角色。实现磷回收技术不再是限制因素，必要和及时的法律、法规才是推动磷回收有价值流动的关键。

4.3　剩余污泥焚烧灰分磷回收技术

我国目前已建成并拥有世界上最大的污水处理能力，涵盖了我国近 95% 的城市，伴随的剩余污泥量亦与日俱增（2020 年预计将达 6000 万 t/a，以 80% 含水率计）。目前以土地填埋为主的污泥处理/处置方式因土地空间限制而日趋窘迫，特别是对城市而言。污泥虽含有一定肥分，适当处理后可以农用，但在目前农民普遍废弃"粪尿返田"习惯的情况下，污泥返田似乎出路渺茫。在此情况下，我国一些城市（包括香港）已开始实施污泥焚烧，以彻底解决污泥减量以及能量回收问题。污泥焚烧灰分中几乎含有所处理污水中全部的磷，由此回收不仅简单而且回收量最大（可达原污水磷负荷 90%）。因此，从焚烧污泥灰分中回收磷目前已在欧洲等国开始强调并予以实施。污泥焚烧的额外好处是可将进入污泥而又难以去除的微塑料、PPCPs 等难降解有机物"一烧了之"。

虽然我国实施污泥焚烧实属"迫不得已"，但这种技术路线从系统观点看其实是一种可持续处理/处置方式，比其他非填埋和农用方式投资更省、运行费用更低、有机能量回收最大，所以，它也是欧洲污泥处置的主要选择（41.5%）。因此，污泥焚烧必将成为我国乃至世界的终极处理、处置选择，这也就为灰分磷回收带来了市场前景。再者，灰分磷回收成本仅为从污水和污泥中回收成本的 80% 和 24%。可见，基于污泥焚烧灰分磷回收之技术路径将逐渐成为未来磷回收方式的必然选择。

为此，本节总结目前已有污泥焚烧灰分磷回收方法，介绍各方法回收原理，并分析不同方法技术优劣、经济成本和应用前景。最后，总结目前国际上对灰分磷回收与产物应用的相关规范和法律，以期我国有所借鉴。

4.3.1　焚烧灰分组成及特性

污泥焚烧后所含水分与有机物双双消耗殆尽，最后仅剩占污泥体积 10% 左右的无机质成为主要成分，其中包含原污水中几乎全部的磷元素，而磷元素因污泥体积大为缩减而使灰分中磷含量显著提高。此外，焚烧灰分中其他金属与非金属元素含量亦相应提高，特别是一些重金属。如表 4-5 所示，Zn、Cu 含量基本在 10^3 mg/kg 级别，而 Pb 和 Cr 的含量也达 10^2 mg/kg 级别，这

就为灰分直接农用带来较高安全风险。显然，重金属含量超标往往是灰分农
用的主要限制因素。可见，要想利用灰分中的磷，必须通过一定技术措施将
磷与其他重金属有效分离，以降低农用风险。然而，灰分中的磷往往与重金
属是结合在一起的，而非独立存在的固相，因此磁选和浮选等物理分离方法
显然不适用。寻求有效分离、提取磷之方法是灰分磷回收技术的关键。

焚烧灰分典型组成与用作农肥限值　　　　表 4-5

元素(g/kg)		Ca	Si	Fe	P	Al	S	Mg	K
灰分元素		138	121	99	90	52	15	14	9
肥料限值		无							
元素(mg/kg)		Zn	Cu	As	Cd	Cr	Hg	Pb	Ni
灰分元素		2535	916	17.5	3.3	267	0.8	151	106
肥料限值	德国	1000	—	50	50[1]	—	1	150	80
	瑞士	1300	400	—	3	200	—	200	50
	荷兰	1500	600	25	1.5	300	1	100	100

注：[1] 表示相对于 P_2O_5 的限值，以 mg/kg P_2O_5 为单位。

实际上，污泥焚烧灰分元素组分决定于污泥来源与焚烧方式。剩余污泥
分生活污水为主的市政污泥和以工业污水为主的工业污泥。市政污泥含有丰
富的 N、P、K 等营养元素，而工业污泥来源广泛，成分复杂，不但重金属含
量普遍远高于市政污泥，且燃烧灰分中磷含量仅为市政污泥灰分的 26%。如
果前端存在化学除磷以及后端有化学强化污泥脱水，污泥灰分中重金属含量
将会有所增加。污泥焚烧时往往采取混烧方式，这会大大降低灰分中的磷含
量。德国经验表明，市政污泥单独焚烧产生的灰分中磷含量可达 3.6% ～
13.1%（平均 9.0%），而混合焚烧灰分磷含量仅为 2.8% ～ 7.5%（平均
4.8%），且还会额外增加重金属含量。所以，污泥焚烧最好单独实施，避免
降低灰分磷含量和杂质引入。

焚烧灰分中磷酸盐主要以 Ca-P、Al-P、Fe-P 等形式存在，而 Al-P（磷酸
铝）、Fe-P（磷酸铁）为植物较难吸收利用的磷酸盐，直接用作肥料肥效很
低，且 Al-P 存在还会对植物根系造成损害。一般而言，植物对焚烧灰分中磷
的利用度（以中性柠檬酸溶解度表征）为 30%，而植物对肥料中磷的利用度
几乎可达 100%。这说明，需将灰分中 Al-P、Fe-P 转化为更容易被植物利用
的其他磷酸盐矿物相（如 Ca-P），以保证回收产品的肥效。

4.3.2　灰分磷回收技术

灰分磷回收技术关键在于重金属去除和磷酸盐矿物相转化。灰分磷回收
步骤可分为 3 步，如图 4-7 所示。首先，破坏灰分中原有磷酸盐矿物相，将磷
提取出来（磷提取）；其次，需要将磷与重金属等杂质分离（磷纯化）；最后，
根据需求将磷纯化产物以适当形式回收（磷产物）。其中，磷提取关系磷回收
效率大小，而磷纯化则影响磷回收产品的质量与安全，乃灰分磷回收工艺的
关键所在。根据不同磷提取方法，灰分磷回收分为生物法、湿式化学法和热

化学法 3 种形式。

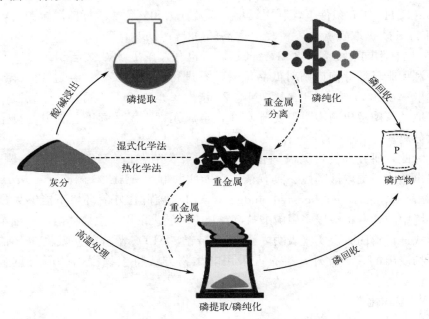

图 4-7 污泥焚烧灰分磷回收步骤

1. 生物法

生物法包括生物浸出与生物聚磷,即依赖微生物完成磷提取和磷纯化,如图 4-8 所示。生物浸出是指在一定工艺条件下利用微生物代谢活动产生的无机酸或分泌的有机酸使磷和金属从灰分中浸出的过程;生物聚磷则是利用特定微生物的聚磷特性,从生物浸出液中特异性回收磷并与重金属有效分离的过程。

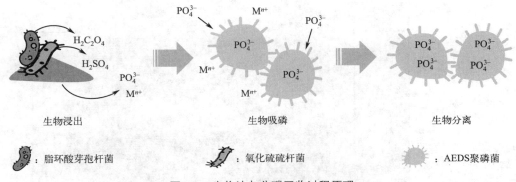

图 4-8 生物法灰分磷回收过程原理

自然界中,部分微生物,包括细菌(氧化亚铁硫杆菌、氧化硫硫杆菌、脂环酸芽孢杆菌等)和真菌(黑曲霉、灰腐质霉、产黄青霉等)能够利用有机物或无机物进行代谢,同时产生有机酸或无机酸。其中,氧化亚铁硫杆菌能够氧化亚铁或将硫化物氧化为单质硫进行增殖代谢;氧化硫硫杆菌能够利用还原态硫和单质硫作为底物生长,产生硫酸,两种微生物可发挥协同作用产生硫酸,将磷和重金属浸出;脂环酸芽孢杆菌可利用有机碳源代谢产生的草酸和柠檬酸使矿石中的磷酸盐溶解浸出。灰分生物浸出实验表明，在 $T=$ 22 ℃和 pH=4.5 条件下，利用氧化亚铁硫杆菌和氧化硫硫杆菌混合菌群，在为期 11 d 磷提取实验中，磷浸出率高达 93%；同时，Fe、Al、Cu、Zn、Cr 和 Co 也有不同程度溶解（13%～61%）。也有人在 $T=30$ ℃与 pH=3.5 条件下，利用脂环酸芽孢杆菌对低品位磷矿石进行磷提取实验，经过 12 d 培养，磷提取率可达 77%，同时 Mn、Ni、Zn 浸出率亦达 90%。可见，生物浸出过程提取的富磷浸出液不可避免地存在重金属元素，需后续工艺将磷与重金属有效分离。

为此，研究人员将厌氧消化污泥中的聚磷菌在低 pH 环境下进行驯化，开发出适应磷提取液环境、具有聚磷功能的菌群——AEDS 菌群 (*Acidithiobacillus* sp. enriched digested sludge)。AEDS 菌群在好氧环境下能够大量吸收环境中的磷，将磷以多聚磷酸盐（poly-P）形式累积在生物体内，以细菌细胞形式进行磷回收。实验表明，经 11 d 培养，AEDS 菌群能够吸收 66% 前段因生物浸出的磷。此外，也有人采用非生物方法将生物浸出的磷与重金属分离。

2. 湿式化学法

（1）湿式化学法磷提取

生物浸出依赖于微生物代谢产生的无机酸或有机酸实现，而酸性条件可以通过投加化学药剂来替代，这就是所谓的湿式化学法。湿式化学法磷提取是通过直接投加酸或碱溶液，改变灰分酸碱环境，以增大磷的溶解度，使磷由固相转移至液相，如图 4-9 所示。之后，将溶解磷与重金属分离后得到具有附加值的磷产品。根据所使用的酸、碱药剂，湿式化学法可分为碱湿式化学法与酸湿式化学法。

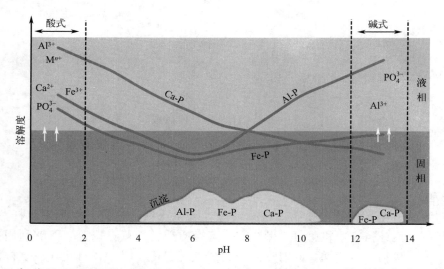

图 4-9　不同 pH 下磷化合物存在形式及湿式化学法原理

灰分的组成表明，磷元素主要以 Ca-P、Al-P、Fe-P 等形式存在。根据 Al-P 等含磷两性化合物在碱性条件下溶解的特性，可投加 NaOH 等碱性溶液提取含磷、铝盐（碱湿式化学法）。因重金属元素及其化合物在碱性条件下几乎不溶解，所以，碱湿式化学法可以同步实现磷提取与磷纯化，无需额外步骤。研究表明，50～70 ℃条件下 1 mol/L NaOH 可以提取回收灰分中 30%～40%的磷。需要强调的是，灰分中磷的提取率与灰分中铝含量呈正相关性，碱处理的主要目的是使两性磷酸盐化合物（Al-P）溶解。由于 Ca-P 在碱性条件下难以溶解，所以，当灰分中 CaO 含量超过 20%时，磷碱性浸出便变得有些困难。因此，灰分是否适用碱湿式化学法进行磷提取还需根据灰分组分予以判断。

酸湿式化学法通过投加酸性溶液在较低 pH 环境下进行磷提取；常用酸试剂包括 HCl、HNO_3、H_2SO_4 等无机酸和草酸（$H_2C_2O_4$）、醋酸（$H_4C_2O_2$）等有机酸。在低 pH 环境下，灰分中的磷几乎能够全部被提取，但是，重金属溶解程度也同样十分显著。有人利用浓度为 8%的 HCl、H_2SO_4 和 H_3PO_4 对灰分进行磷提取；结果显示，两种无机强酸（HCl 与 H_2SO_4）对磷的提取率（＞90%）显著高于弱酸（磷酸）的磷提取率（57%）。也有人通过研究发现，草酸对不同来源灰分的磷提取效果均优于硫酸，而且磷提取效果较为稳定。利用有机酸提取磷时，磷释放会受到有机酸化学结构和官能团位置的影响。因有机官能团能够与和磷相结合的金属发生耦合反应，所以，有机酸中单位质子所释放的磷普遍高于无机酸。一般而言，具有 β-羟基基团和 α-羧基基团的脂肪酸比其他脂肪酸和芳香族有机酸能更有效地从固相中释放磷，但有机酸官能团与金属离子形成稳定的螯合物也使得重金属难以去除。

（2）化学法磷纯化

磷提取时因重金属伴随浸出，富磷浸出液仍需进一步进行提纯处理。除生物聚磷纯化外，工业生产更多采用化学法将溶解的重金属和磷分离，包括酸碱连续沉淀（SEPHOS、SESAL-Phos 工艺）、硫离子沉淀（Eberhard 工艺）、液相萃取（PASCH 工艺）、离子交换（Ecophos 工艺）以及膜过滤等技术。

酸碱连续沉淀是通过控制溶液 pH 实现重金属与磷酸盐依次分离的方法。首先，将 pH 降至小于 2，使灰分中的磷和重金属几乎完全溶解；然后，通过加碱将 pH 提升至 4 附近时，溶液中的磷酸盐会以 Al-P 形式沉淀并过滤回收；溶解后的重金属则一直保持溶解状态，从而与沉淀磷分离。SEPHOS 工艺其实就是利用此原理进行磷提取与纯化的；为达到更好磷提取效果，该工艺维持在较低 pH(＝1.5) 环境下，并后续加碱中和至 pH＝3.5；缺点是导致酸碱药剂消耗量较大，分别为 6.5 mol H^+/mol P 和 2.9 mol OH^-/mol P。此外，为避免 Al-P 肥料对植物根系造成损伤，需要消耗额外的碱（4.0 mol OH^-/mol P），使之在 pH＝13 环境下转化为易被植物吸收、利用的 Ca-P，结果会进一步增加工艺成本。相形之下，SESAL-Phos 工艺则是一种改良连续沉淀方法，可以有效减少酸碱药剂消耗量。首先，将 pH 控制在 3.5 左右，使灰分中主要磷成分 Ca-P 先转化为 Al-P 沉淀；过滤分离后，利用 Al-P 在碱性环境中溶解特性，在碱性环境下（pH＝13）可将磷和残留重金属分离；最后，再

加入 $CaCl_2$ 回收 Ca-P，这样可分别节省 68％和 35％酸、碱消耗量。由于 Fe-P 在酸性条件下溶解度低于 Al-P，且在碱性条件下不会溶解释放磷，这就限制了灰分中的磷回收效率。因此，连续沉淀方法更适合富铝少铁的灰分。

硫离子沉淀工艺是利用硫离子能够与大多数重金属（特别是 Cd、Cu、Ni 和 Pb）形成微溶硫化物沉淀的特性，有效实现重金属与磷分离。与加碱析出重金属相比，硫离子能更快地将重金属离子从提取液中析出，且生成的沉淀具有更小的溶解度和更好的沉降性能，可以在低 pH（<3）下实现较高的重金属去除率。有研究表明，加入硫离子 5 min 后反应即可完成，重金属分离后的回收产物完全满足瑞士肥料使用标准。尽管金属硫化物沉淀在酸性环境中也能维持较低的溶解度并达到重金属去除的目的，但酸性环境下硫化物会导致 H_2S 气体产生，因此，这一磷纯化工艺必须在中性或碱性环境中进行。而且，金属硫化物往往会形成胶体沉淀，这会影响重金属分离效果。此外，由于金属硫化物溶解度很低，很难控制硫离子用量，故难以预防过量硫化物所带来的毒性和腐蚀性，这就限制了硫离子沉淀工艺的广泛应用。

液相萃取对磷进行纯化是基于离子缔合原理；带有活性氮基团的有机萃取剂（R_3N）在有机酸（HA）中反应生成的氨盐能够与各种金属阴离子基团（氯化铁、氯化铅、氯化汞等）进行离子交换，从而将溶液中的重金属分离（式 4-1 与式 4-2），可获得达 80％～99％的萃取效率。然而，有机萃取纯化只能有效分离有限种类金属离子，对 Al、Cr、Ni 等金属离子并没有萃取分离作用，因此，这种方法并没有得到广泛应用。

$$[R_3N]_{org} + [HA]_{aq} \longrightarrow [R_3NH^+ + A^-]_{org} \tag{4-1}$$

$$[R_3NH^+ + A^-]_{org} + [FeCl_4^-]_{aq} \longrightarrow [R_3NH^+ + FeCl_4^-]_{org} + [A^-]_{aq} \tag{4-2}$$

离子交换是通过阳离子交换树脂对液相中金属离子进行置换，从而达到去除金属离子的目的。常见的阳离子交换树脂是磺酸基强酸性树脂（—SO_3H）和羧酸基弱酸性树脂（—COOH）；当含有重金属的溶液通过阳离子柱时，树脂上的磺酸基或羧基中的氢离子可以与金属离子（M^{n+}）交换从而将重金属截留，如式(4-3) 与式(4-4) 所示。离子交换树脂对金属离子具有非常高的去除能力；采用离子交换法去除盐酸提取液中的 Zn、Pb、Ni、Cr、Cu 等重金属可获得 80％以上的去除率；也有研究表明，利用离子交换树脂去除 Zn、Fe、Ca、Mg、Al 可实现 99％的去除率。此外，离子交换还能够去除传统工艺中难以去除的重金属，如金属铀。但在涉及交换柱的使用寿命和再清洗方面，离子交换树脂的经济适用性则有待进一步提高。

$$n\text{R-}SO_3H + M^{n+} \longrightarrow (\text{R}-SO_3^-)_n M^{n+} + nH^+ \tag{4-3}$$

$$n\text{R-COOH} + M^{n+} \longrightarrow (\text{R}-COO^-)_n M^{n+} + nH^+ \tag{4-4}$$

膜分离技术以高选择透过性、易操作和节省空间等特点而广泛用于物质分离，同样可应用于提取液中磷与重金属分离。目前研究最多的工艺主要集中在纳滤以及离子交换膜和电渗析耦合方面。纳滤膜过滤是一种压力驱动的膜过滤技术，能够截留溶液中具有高分子量（>1000 Da）的物质；同时，酸性条件下 H^+ 使纳滤膜带正电，对溶解的磷酸和低价的磷酸（氢）根具有较高的渗透量，而带正电的金属离子则被排斥阻挡；另外，溶液 pH 直接影响溶液中磷酸的存在形式，这对磷能否通过膜至关重要。有人利用纳滤膜分离出酸性灰分提取液中 57% 的磷，但同时也发现溶液中的 Al^{3+} 使酸性溶液具有较高的离子强度，导致纳滤膜对含 Al^{3+} 溶液磷的渗透性变差。电渗析则是以电场为驱动力，带正电的金属离子通过阳离子交换膜在阴极富集分离，带负电的磷则通过阴离子交换膜在阳极室富集纯化。有人对灰分酸性提取液进行 10 d 电渗析实验发现，电渗析技术能够分离溶液中 90% 的重金属，回收产品完全符合肥料中重金属限值。也有人在 14 d 实验中发现，电渗析对 Ca、Mg、Cu 等低价重金属去除率几乎可达 100%，但对 Fe、Al 和 Ni 等高价态金属去除效果明显偏低；此外，分离时间长也是电渗析显著缺点。

3. 热化学法

热化学法是在 900~2000 ℃ 高温下，将重金属及其化合物汽化（或液化），通过气相分离（或密度分离）装置实现重金属与磷的分离。因此，热化学法借助于高温环境，可同时实现磷提取与磷纯化。另外，高温环境通过打破灰分中原有矿物相，形成新的磷酸盐矿物相（Ca-P），继而提高了磷酸盐的植物可利用度。目前，具有代表性的热化学法有 Thermphos、AshDec 和 Mephrec 工艺。

Thermphos 工艺利用磷酸盐沸点（1500 ℃）低于灰分中大部分重金属沸点之特性，在 1500 ℃ 温度下，利用焦炭作为还原剂将灰分中的磷酸盐还原为气态后挥发分离，再经气相分离装置进一步纯化后可得到高纯度白磷（P_4），而重金属仍滞留在灰分中。Thermphos 工艺可以直接利用现有工业基础设施进行白磷（P_4）生产，但由于灰分中的铁和磷会形成低价值的磷铁化合物（当灰分中铁含量达 20% 时，回收磷主要以磷铁化合物存在），所以，Thermphos 工艺仅适用于 Fe/P<0.2 的低重金属含量灰分。

AshDec 工艺基于金属氯化物熔沸点低、挥发性高和易溶于水的特性，通过添加氯化物与灰分中的重金属反应，在 950 ℃ 左右温度下致使 Cd、Cu、Pb、Zn、Mo、Sn、As 等重金属具有很高的挥发性和去除率，回收产品为纯净的富磷灰分。但 AshDec 工艺对难挥发性的 Cr、Ni 去除效果不佳，它们仍残留在灰分中，因此，AshDec 工艺更适合对 Cr、Ni 含量低的灰分加工处理。同时，AshDec 工艺回收产品在碱性土壤中肥效较差，目前研究人员正改善添加剂的成分，以提高其在碱性土壤中的肥效。

德国 Mephrec 工艺在 2000 ℃ 温度下几乎可以去除所有具有毒害作用的重金属。这项专利技术在 1450 ℃ 经水淬产生富磷炉渣，挥发性重金属则通过挥发去除，难挥发性重金属最终溶解为液态并转移至富磷炉渣下方排出；回收产品为富磷炉渣和以铁合金形式存在的金属混合物。直接以剩余污泥为原料焚烧时，可以同时实现资源化与能源化，但回收产品在酸性土壤中的肥效低（25%）和高能耗是其弊端。

总之，对低铁含量灰分可以采用 Thermphos 工艺直接进行磷回收，不适合直接回收的灰分采用 AshDec 工艺和 Mephrec 工艺去除必要毒害物质后即可回收利用。

4. 技术评价

不同磷提取方法工业化工艺与所相应磷纯化方法总结于表 4-6。其中，大部分工业化工艺均基于湿式化学法，磷提取效率介于 57%～99%。从技术层面看，微生物法完全依赖于微生物，完成时效较长（一般在 10 d 以上），而湿式化学法完成磷提取的时间较短（一般为 0.5～10 h），提取剂也可根据需要足量投加。与微生物法和热化学法相比，湿式化学法所需设备与流程控制等也较为简单，技术成熟度高；且湿式化学法在提取剂选择上更加灵活，可以选择不同酸或碱实现磷提取效率最大化、回收产品多样化和土壤普适性。所以，这些特点使湿式化学法成为目前工业化应用最为普遍的工艺。需要强调的是，尽管湿式化学法研究和工业化应用较多，但各种提取工艺并不能相互替代。

如表 4-6 所示，不同磷提取工艺所适用的灰分种类有所差别。对于生物浸出而言，富含硫、铁的灰分更有利于微生物产生足够的提取剂（无机酸或有机酸），可实现高达 90% 的磷回收率；钙含量较高的灰分并不适合碱湿式化学法；而采用酸湿式化学法，需要消耗更多的酸才能保证较高的磷回收效率；虽然热化学法能够同时完成磷提取和磷纯化，但对 Cr 和 Ni 的分离效果并不理想。

灰分磷回收工艺概览   表 4-6

	工艺	提取剂	纯化方法	产品	磷回收效率(%)	柠檬酸溶解度[1](%)	规模	适宜灰分
生物法	P-bac	—	生物聚磷	—	66～90	—	实验室	富硫、铁灰分
湿式化学法	RecoPhos	H_3PO_4	无	Ca-P	99	94	工业生产	低重金属灰分
	Gifu	NaOH	碱处理	Ca-P	65	97	工业生产	富铝贫钙灰分
	Niewersch	H_2SO_4	纳滤膜	—	57	—	实验室	贫铝灰分
	Leachphos	H_2SO_4	连续沉淀	Ca-P	70～80	95	中试	低钙灰分
	SESAL-Phos	HCl	连续沉淀	Ca-P	78	—	实验室	富铝贫铁灰分
湿式化学法	Ecophos	H_3PO_4	离子交换	H_3PO_4	90	80	全面实施	所有灰分
	Eberhard	H_2SO_4	离子交换硫离子沉淀	Ca-P	75	商品肥相当	实验室	所有灰分
热化学法	Thermphos	热处理	P_4	>95	>80	工业生产	富磷贫铁灰分
	AshDec	热处理	混合物	98	>80	中试	低铬、镍，高钙灰分
	Mephrec	热处理	混合物	80	25	中试	高铁、钙灰分

注：[1] 柠檬酸溶解度为肥料肥效重要指标。

对于磷纯化技术，聚磷微生物虽然省去了化学药剂和膜材料等，但需要较长时间才能完成，且须预先进行聚磷微生物驯化。化学法虽然大大缩短了磷纯化的时间，但各种纯化工艺也存在一定短板，例如，液相萃取和硫离子沉淀工艺并不能去除滤液中的 Al，液相萃取对于 Cr、Ni 等部分重金属离子的分离也不理想。尽管改良式连续沉淀能有效去除溶液中的重金属，但目前仍处于实验室研究水平。相比之下，离子交换技术成熟度高，已经工业化应用。因此，磷纯化技术选择应当依据灰分或者滤液成分组成进行合理选择。

4.3.3 环境及经济评价

在不同灰分磷回收工艺中，生物法因无需化学药品以及过多能量消耗，较为经济环保。相比之下，湿式化学法在磷提取与磷纯化过程需要投入大量化学药剂，这些物料生产和处理无疑会加重湿式化学法的环境负荷。再者，用硫酸进行磷提取和硫离子进行磷纯化时所用到的元素硫同样也是一种不可再生的自然资源。此外，生物法和湿式化学法由于在液相中进行，分离之后的重金属残留和大量酸碱废液属于危害环境安全的不稳定因素，仍需要进一步安全处理，这些因素均会额外增加经济成本和环境风险。热化学法回收产品仍为灰分，所分离出的重金属仅占灰分的很小比例，且以稳定固态形式存在，相对于液态重金属更加安全，也便于处理。然而，热化学法能耗极大。如果将热化学法回收工艺与污泥焚烧厂统筹设计、集中建设，便可就近利用焚烧所产生的热与电，可分别减少 17% 天然气消耗和 32% 电耗。综合估计，湿式化学法回收磷之经济成本为 38.7～46.4 元/kg P，而热化学法回收磷（AshDec、Thermphos）的成本则约为 15.5 元/kg P，略高于目前磷肥工业生产 7.7 元/kg P 的成本。

实际上，进行灰分磷回收前的污泥产生、运输和处理处置方法的选择同样也会决定灰分磷回收的经济和环境影响程度。污水处理过程中，化学药剂投加会直接影响污泥成分组成以及后续焚烧灰分成分，从而影响灰分磷提取和磷纯化工艺选择以及伴随的经济和环境影响程度。根据欧洲 P-REX（Sustainable sewage sludge management fostering phosphorus recovery and energy efficiency）项目研究，相比单独焚烧灰分磷回收，混合焚烧灰分磷回收成本要高出 42%～215%。此外，将灰分磷回收和污泥焚烧统筹设计、集中建设可以显著降低灰分磷回收的经济成本和对环境的影响。因此，前期污水处理、污泥脱水干化、污泥运输等前处理过程应尽量考虑后续灰分磷回收必要，这对于降低磷回收经济成本和环境成本有着重要意义，这也是政府部门所需的技术政策导向以及管理部门的技术规范。

4.3.4 政策法规

从灰分中进行磷回收的政策涉及面较为广泛，特别是与城市固废处理、处置相关的法律法规在很大程度上决定了灰分磷回收的可能性和现实性。在过去几十年中，欧洲污泥处理、处置方案发生了巨大变化。基于环境安全和避免温室气体产生，欧盟制定了严格的《污泥管理条例》（86/278/EC）、《城市污水处理指令》（91/271/EC）、《垃圾填埋场指令》（99/31/EC）、《废物框架指令》（08/98/EC），主要对污泥填埋和农用进行了严格限制。这便导致其他处理、处置方式，如热处理、干燥与焚烧技术的出现。欧盟污泥平均焚烧率已由 2010 年的 27% 上升至 2015 年的 41.5%，全球每年约 170 万 t/a 污泥焚烧灰分中有 59% 来自欧盟。荷兰、瑞士目前要求几乎所有污泥进行焚烧处理，而丹麦、斯洛文尼亚、比利时、德国等国产生的污泥 50% 以上已开始焚烧处理。可以预见，污泥焚烧处理、处置比例在欧洲将会继续增长，将成为污泥处理、处置终极方式。因此，欧洲有关污泥处理、处置的扶持政策在一定程度上使得灰分磷回收变成可能，无形中推动灰分磷回收技术发展。

目前，有个别国家对污泥焚烧灰分中磷回收也进行了相应的政策规范和技术指导。瑞士是欧洲第一个立法强制从废弃物中回收磷的国家，它的《废物处理条例》(2016) 第 15 条明确规定以最先进技术从污泥灰分中实施磷回收，或者合理妥善处置富磷废物，以便日后技术成熟时予以回收。德国《污水污泥条例》(2018) 出台使磷回收成为德国大多数污水处理厂应尽的义务，从污泥单独焚烧灰分中回收磷便是该条例推荐的方法之一。奥地利《联邦废物计划草案》也强制要求从污水处理系统中回收磷，这样污水处理厂不得不将污泥焚烧从灰分中进行磷回收，以达到法令规定的 90% 磷回收率。随着欧洲其他国家立法相继出现，瑞典和丹麦也分别制定了从污水中回收 60% 和 80% 磷的战略目标，由于水相和泥相中的磷回收率分别被限制在 25% 和 50%，故这些目标的实现势必只有在污泥焚烧灰分中方可实现。此外，欧盟《肥料产品法规》(2019) 的出台打开了欧洲回收磷产品的市场壁垒，凡是符合《肥料产品法规》的再生肥料都能够在欧盟任何国家销售，并自动终结污泥属于"废物"的传统状态，彻底打破了以往只能根据国家法律在本国出售回收磷产品的局限性，使得灰分磷回收产品在市场上自由流通。

反观我国，尽管一直以来资源化是我国污泥处理、处置基本原则，但污泥资源化始终没有聚焦磷回收，《城镇污水处理厂污泥处理处置技术指南（试行）》中虽确立了污泥焚烧的市场地位，但在水泥窑中混烧似乎为推荐工艺，混合污泥灰分直接用作水泥原料；即使目前存在的污泥单独焚烧设施，也大多将灰分与垃圾混合填埋处置。所有这些做法并没有使人类意识到磷资源随之流失。在磷资源控制方面，我国除在 2008 年上调磷矿出口关税之外，似乎对磷资源管控并无其他实际措施。谨记，我国虽是磷资源最为丰富的国家之一，但亦为世界上磷矿石开采量最大的国家。我们的磷危机现象已经显现，需要有忧患意识，应及早未雨绸缪。经经济技术分析比较，再生磷肥与矿物磷肥肥效相当，现有矿物磷肥加工工艺只需稍加改进即可用于再生磷肥生产，可以避免重复建设和不必要的投资。以灰分作为"零"价格之磷原料去生产再生磷肥无疑是磷矿石磷肥的较好替代物，不仅具有可持续战略意义，而且市场前景广阔。然而，灰分再生磷肥普及与推广除了需在方法上做出正确选择外，同时也离不开政策鼓励、法律规定以及经济扶持等软性刺激手段。

4.3.5　结语

污水处理中剩余污泥终极处置技术选择与缓解磷危机现象有着一种有机联系。一方面，目前强调从污水处理过程中回收磷；另一方面，剩余污泥处理、处置又面临新的抉择。在填埋与农用路径日益变窄的前提下，污泥干化后直接焚烧似乎已成为终极选择。而污水中的磷最终只有进入污泥这一种通道，几乎全部残留于污泥焚烧灰分之中。因此，从污泥焚烧灰分中回收磷渐渐成为国际上开始倡导的一种新的磷回收方式。

从污泥灰分中回收磷除单独焚烧外，有效磷提取和重金属分离是关键步骤，这关系磷回收效率和回收产品质量。已存在一些灰分磷回收研发技术与实际工艺，技术上基本不存在太多难点，只是经济成本与环境影响是需要更多考虑的因素。为保证焚烧污泥中不含过多重金属，上游工艺（污水处理、污泥处理等）应尽量减少对化学药剂的投加，特别是无机化学药剂。因此，污泥焚烧处理需要统筹考虑污水处理工艺选择与药剂投加，同时兼顾焚烧与磷回收工艺的结合，这样才有可能既保证磷回收产品质量，同时也可显著降低回收成本和环境负荷。

欧洲很多国家已开始出台政策，强制从污水处理过程中回收磷。而污泥填埋或农用的路子在欧洲亦基本行不通，所以，污泥焚烧渐渐成为欧洲普遍的处置选择。这样，污泥灰分中的磷也就成为磷回收的聚焦点。技术研发之外，政策、法律、法规在推动回收方面显得更为重要，这方面欧洲国家走在了世界的前列，目前已打通磷回收产品自由进入市场的一切桎梏，为灰分磷回收扫清政策屏障。欧洲的经验值得我们学习，首先是理念与认识问题，其次才是技术研发。

4.4　污泥焚烧灰分磷回收 Ash Dec 工艺

全球磷资源危机愈演愈烈，权威专家预测到 2050 年人类对磷（P）的需求量将是 2000 年的 1.6～3.4 倍，磷矿产储量只够人类再使用 100 年左右时间；对中国而言，一、二级磷矿储备仅够维持将近 70 年左右的时间。因此，唯有发掘"第二磷矿"才有可能最大限度遏制磷的匮乏速度，以缓解"磷危机"现象，实现可持续发展。从污水剩余污泥、动物粪尿中进行磷回收乃可行之举，而含有各种有机、无机物的剩余污泥则被认为是较为丰盛的"第二磷矿"。污泥干化、焚烧不仅可将其中有机物转化为可以发电的高热，最大限度减少污泥体积，而且进水中 90% 的磷残留于焚烧灰分之中，是磷回收的最佳位点。然而，焚烧灰分中也含有较多重金属，不易直接回归农业使用，亦不能直接作为化肥生产的原料。因此，灰分磷回收的关键在于撇除重金属并加以利用以及相对纯净磷酸盐回收。

可见，磷的提取与纯化是焚烧灰分磷回收的重要技术步骤。目前，灰分磷回收技术包含生物法、湿式化学法以及热化学法。生物法即依赖微生物生命活动完成磷的提取与纯化，包括生物浸出与生物聚磷。湿式化学法磷回收是通过投加酸或碱改变灰分酸碱环境，以增大磷的溶解度，使磷从固相转移至液相，从而实现磷的提取；进而采取化学萃取等方法对磷进行纯化。热化学法即在 900～2000 ℃高温环境下，对污泥灰分进行加热，使其中重金属以及其化合物以蒸汽形式分离，从而实现灰分与重金属的气、固分离；随后在气体洗涤过程中将挥发性金属予以回收。因热化学法可同步实现磷提取与磷纯化，所以，目前看来是灰分磷回收相对简单和经济的方法。

目前，具有代表性的热化学法有 Thermphos、Ash Dec、Mephrec 等工艺。其中，Ash Dec 工艺利用金属氯化物熔沸点低、挥发性高、易溶于水等特性，可将污泥灰分与环境相容的氯化物（$CaCl_2$/$MgCl_2$）予以混合，在高温下进行化学反应，使得铬（Cd）、铜（Cu）、铅（Pb）、锌（Zn）、锡（Sn）等重金属与氯形成具有很高挥发性的金属氯化物，进而实现与灰分分离去除；剩余灰分中含磷化合物大多为植物可吸收磷相（Ca-P，Mg-P），或作为原料供给磷肥生产。

本节综述 Ash Dec 工艺污泥灰分磷回收原理、重金属挥发限制性因素、热处理后污泥灰分作为磷肥潜力以及 Ash Dec 工艺的应用案例等；同时，讨论从尾气净化系统中回收重金属的可行性。目的是结合我国剩余污泥未来集中焚烧的趋势，及时储备灰分磷回收技术。

4.4.1   Ash Dec 工艺污泥灰分磷回收原理

在氧化和还原环境下，有人对剩余污泥焚烧过程中重金属行为进行了研究；结果表明，还原焚烧环境下底灰低于氧化燃烧环境下底灰中重金属含量。同时，类似于重金属，磷在还原焚烧环境中也会被蒸发。作为氯供体的熔融盐会增强金属热还原并降低反应温度；随氯供体熔融盐含量增加，反应过程由固-气反应转变为固相反应，反应温度随之降低。图 4-10 显示了 6 种重金属氯化物和氧化物（Cd、Zn、Pb、Cu、Ni 和 Cr 为纯物质）的气态组分与温度之间的函数关系。除 Cu 外，重金属氯化物在低于 1000 ℃下几乎均在气相中存在。相对于氯化物，重金属氧化物的蒸气压则高出了几个数量级，除了 Cd 和 Pb，这两种氧化物的蒸气压要相对较低。因此，CdO 和 PbO 是图表中唯一可见的氧化物。

污泥焚烧灰分与氯供体在高温下反应，重金属生成挥发性金属氯化物；其中，磷会根据氯供体不同种类形成相应磷矿物相。若与 $CaCl_2$ 反应，初期形成 $Ca_5(PO_4)_3Cl$，后在平衡状态下生成稳定的 $Ca_5(PO_4)_3(OH)$；若与 $MgCl_2$ 反应，则直接得到 $Mg_3(PO_4)_2$。因此，$CaCl_2$、$MgCl_2$ 都是有效且与环境相容的氯供体。一般认为，重金属挥发及去除包括 3 个重要步骤（假设重金属在各自温度下以氧化物形式存在）：1）$CaCl_2$ 与水或氧气反应形成 HCl 和 Cl_2；2）HCl 和 Cl_2 等中间体与重金属化合物反应，形成挥发性重金属氯化物；3）重金属与基体化合物（如，氧化铁或石英）的副反应会致重金属去除率降低。

大部分 $CaCl_2$ 保持在干燥的空气中，遇到氧气，就会释放出少量 Cl_2，而在超过 1100 ℃潮湿环境中，HCl 则是最重要的含氯化合物。$MgCl_2$ 在整个温度范围内释放 Cl_2，Cl_2 在更高温度下解离，如遇水 $MgCl_2$ 会被水解而释放出 HCl，而 HCl 释放 Cl^- 比 Cl_2 更为容易。因污泥灰分中主要成分 SiO_2 在热力学上有利于 $CaSiO_3$ 形成，故会加速 HCl 和 Cl_2 形成（式 4-5 和式 4-6）。在所有实验中，HCl 形成是均匀的，与处理温度和添加量无关。随后，Cl 扩散至整个反应器并与金属化合物反应。因此，HCl 和 Cl_2 的扩散速率、HCl 和 Cl_2 与重金属化合物的反应动力学等直接影响重金属去除效率。在热力学平衡条件下，Cd、Cr、Cu、Ni、Pb 和 Zn 形成 $Cd(OH)_2$、CdO、CrO_2Cl_2、$(CuCl)_3$、CuCl、$NiCl_2$、PbO、$PbCl_2$ 和 $ZnCl_2$。同时，重金属与基体化合物的副反应与形成挥发性重金属化合物的主反应也产生了竞争。例如，ZnO 与 SiO_2 形成 $ZnSiO_3$，ZnO 与 Al_2O_3 形成 $ZnAl_2O_4$ 等；这些硅酸盐、铝酸盐严重阻碍了 Zn 的蒸发。

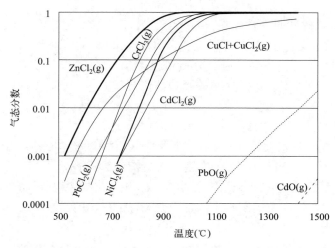

图 4-10 6 种重金属氯化物和氧化物的气体馏分

$$CaCl_2(l)+H_2O(g)+SiO_2(s)\longrightarrow CaSiO_3(s)+2HCl(g) \tag{4-5}$$

$$CaCl_2(l)+\frac{1}{2}O_2(g)+SiO_2(s)\longrightarrow CaSiO_3(s)+Cl_2(g) \tag{4-6}$$

污泥灰分中的磷酸盐主要以 Al-P、Fe-P 等非磷灰石无机磷（non-apatite inorganic phosphorus，NAIP）形式存在，高温下反应后生成新的矿物相，即 Ca-P、Mg-P 等磷灰石无机磷（Apatite phosphorus，AP）。AP 具有高生物利用度，可以直接用于化肥生产，而 NAIP 则不能被植物吸收，不利于农业生产。污泥灰分热化学处理不仅可去除重金属，而且生成了高生物利用度的磷相，有利于后续进行化肥生产。

然而，有人认为污泥焚烧灰分二次处理会增加能耗，造成二次污染，遂提出剩余污泥与 CaO 共烧的新思路，以降低剩余污泥焚烧灰分中重金属的毒性，提高磷的生物利用度。剩余污泥燃烧过程直接添加 CaO 进行调节，在金属蒸气未结核之前，使重金属与 CaO 进行吸附和化学反应，可促进污泥燃烧过程中 NAIP 和重金属的汽化，并有利于 NAIP 向 AP 转化。通过热重分析，有人模拟了污泥焚烧过程中 $AlPO_4$ 与 CaO 之间的晶相转变，在 675~850 ℃ 温度范围内形成稳定的 AP[$Ca_2P_2O_7$、$CaHPO_4$ 和 $Ca_3(PO_4)_2$]，并且在 950 ℃时，总磷中 AP 比例高达 99%。当 O 与 Si 摩尔比合适时，SiO_2 可以吸附 O^{2-}，生成线性结构硅氧四面体 [SiO_4]，进而结合 Ca^{2+} 形成硅灰石

（$CaSiO_3$），从而固定 Ca。除此之外，污泥灰分中含量较高的 SiO_2 与 Al_2O_3 易与 CaO 反应形成低熔点共晶，会大大降低污泥灰分熔点温度。化肥中的硅酸盐对农业产生积极的影响：1）在水稻和甘蔗中观察到，硅酸盐增加了作物细胞壁和表皮的强度；2）细胞壁外皮强度提高了植物对病虫害的抵抗力；3）硅酸盐可能会降低高铁/铝土壤中磷酸盐的固定；4）硅酸盐可能增强微量营养素（如 Zn）的吸收并防止有毒元素（例如 Cd）的吸收。

考虑剩余污泥焚烧后体积大大减少，污泥灰分中可富集大量的磷，有利于进一步作为磷肥生产而循环使用。因此，污泥灰分热处理方式不应被断然舍弃。

4.4.2　重金属挥发限制性因素

重金属挥发效率直接影响污泥灰分磷回收的效率。因此，了解重金属挥发之限制性因素很有必要。通过分析氯供体、传质效率、反应温度、停留时间、气体流速等对重金属去除率的影响，以寻找重金属挥发的最佳反应条件，进而找到污泥灰分磷回收的最佳工况。

1. 氯供体种类及添加量

灰分中的重金属大致可分为非挥发性（Cr、Ni）、低挥发性（Cu、Zn）及高挥发性（Cd、Pb）。有人通过热力学平衡计算发现，高挥发性元素（Cd、Pb）去除无需氯化，它们以氢氧化物和/或氧化物形式挥发；而对低挥发性及非挥发性元素，则需要向灰分中添加大量 Cl（质量分数至少 10％）才能使其以氯化物形式挥发。

氯供体不同对金属挥发亦有影响，$MgCl_2$ 与 KCl 在从污泥焚烧灰分中去除重金属方面存在差异。研究表明，对于高挥发性 Cd 和 Pb，$MgCl_2$ 与 KCl 是等效的；对 Cu 而言，KCl 则是更好的氯供体；而 $MgCl_2$ 则可对 Zn 实现更高的去除率。在添加 KCl 情况下，液态 KCl 会暂时形成于颗粒中，处理温度较低时会在反应初始阶段阻止重金属挥发。

氯供体添加量在一定程度上也会影响重金属去除率。在相同温度与停留时间情况下，Cl 浓度越高，痕量金属氯化物形成量就越多，重金属去除率也就越高。同时，重金属去除效率也与氯供体粒径大小密切相关，高的比表面积会导致反应速率增高，所以，磨细的 $CaCl_2$ 比片状 $CaCl_2$ 对重金属去除效率要高。然而，Cl 浓度存在上限，若进一步增加 Cl 浓度并不会对重金属去除率产生明显影响。

2. 传质效率

图 4-11 显示了挥发性重金属化合物在整个挥发过程中可能存在的限制步骤，主要包括：1）反应器内颗粒的升温速率；2）$CaCl_2$ 分解过程；3）HCl 和 Cl_2 在颗粒中的扩散速率；4）HCl 和 Cl_2 与重金属化合物的反应过程；5）形成相应重金属化合物的挥发过程；6）形成重金属氯化物的扩散速率；7）基质参与的化学反应。每种重金属的限制步骤不尽相同，其中，步骤 6 与步骤 7 相互竞争，重金属氯化物可能在反应后开始挥发，也可能与反应体系内的基质进行二次反应。

在固、气两相环境中，重金属反应速率与扩散系数取决于颗粒的局部温度，故该过程受反应器温度影响较大。流化床反应器内存在湍流气体，会增强床层表面气固传质效率，故其具有传热、传质高效的特点，因此，该反应器具有节能的潜力。一般认为，流化床反应器传热传质能力随表观速度增加而增加。

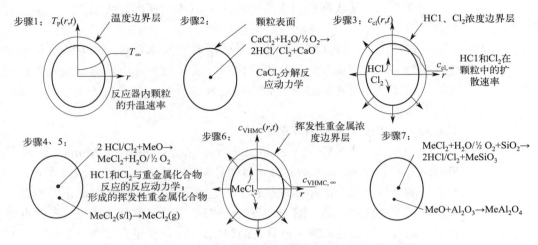

步骤1：$T_p(r,t)$ 温度边界层 T_∞ r 反应器内颗粒的升温速率

步骤2：颗粒表面 $CaCl_2+H_2O+\frac{1}{2}O_2\rightarrow$ $2HCl/Cl_2+CaO$ $CaCl_2$分解反应动力学

步骤3：$c_{cl}(r,t)$ HCl、Cl_2浓度边界层 HCl/Cl_2 $c_{cl,\infty}$ r HCl和Cl_2在颗粒中的扩散速率

步骤4、5：$2HCl/Cl_2+MeO\rightarrow$ $MeCl_2+H_2O+\frac{1}{2}O_2$ HCl和Cl_2与重金属化合物反应的反应动力学；形成的挥发性重金属化合物 $MeCl_2(s/l)\rightarrow MeCl_2(g)$

步骤6：$c_{VHMC}(r,t)$ 挥发性重金属浓度边界层 $MeCl_2$ $c_{VHMC,\infty}$ r

步骤7：$MeCl_2+H_2O+\frac{1}{2}O_2+SiO_2\rightarrow$ $2HCl/Cl_2+MeSiO_3$ $MeO+Al_2O_3\rightarrow MeAl_2O_4$

图 4-11 影响挥发性重金属化合物挥发的可能限制步骤

然而，较高的传质效率并不一定会导致较高的重金属去除率。对不同种类重金属，最佳去除条件亦有所不同。Zn 对温度依赖性就很小，而且对停留时间的依赖性几乎不存在，故去除率始终徘徊于 75%～90%。Cu 在任何情况下都不能被完全去除，而 Pb 的去除率超过 90%。

3. 反应温度与停留时间

反应温度与停留时间对重金属化合物挥发的影响之本质还是传质对重金属化合物挥发的影响。在预热最开始阶段，大量 Cu、Pb 和 Zn 已被去除。由于 Cl 在高于 400 ℃ 温度下即可被释放，故在前 2 min，Pb 和 Zn 以各自氯化物形式被去除，其浓度可降低 70%，而 Cu 的去除稍微滞后一些，只降低 50%。此过程中的重金属去除可用准一级动力学方程来描述。污泥灰分热处理一般温度可达到 1000 ℃；此时，残留的重金属质量分数较低。通常，会根据各国既定的各类目标值来调节热处理反应所需的相应最高温度，如德国必须达到 1000 ℃ 反应温度才能达到《德国肥料条例》中 Cu 的极限值。

一般来说，更长的停留时间也确实可以更好地去除重金属；特别是 Cu，其去除过程缓慢，且去除效率除受 Cl 扩散速率限制外，通常还需要更长停留时间。但是，Cd 和 Pb 则不受停留时间影响。反应停留时间通过影响反应器中颗粒加热速率而影响污泥灰分重金属去除效率；同时，影响各种 P 形态间转变及 NAIP 生成比率。然而，对于工业应用而言，停留时间长短会直接影响反应器单位能耗。所以，要兼顾重金属去除效率与能耗来选择最适宜的反应温度与停留时间。

4. 气体流速

较高气体流速会产生以下影响：1）较高气体流速（0.5～4 m/s）会使颗粒边界层变窄，从而提升热量与质量的传递效率，即颗粒内部灰分初始加热速度变高，导致更高的反应和扩散速率，使从颗粒表面到反应器环境传质也得到增强。2）反应器中较高的通量可稀释含重金属环境，并更快地释放气态重金属化合物，使从颗粒到大气中的重金属浓度梯度变得更大，从而加速了扩散。

一般情况下，较高气体流速会导致所有元素出现较高去除率，但过高气体流速会夹带一定量灰尘，从而造成额外质量损失。当反应温度及停留时间相同，较高气体流速势必导致较高的能耗。所以，在应用该工艺时，必须将其一并考量。

4.4.3　Ash Dec 工艺应用案例

欧洲项目 SUSAN（Sustainable and Safe Reuse of Municipal Sewage Sludge for Nutrient Recovery）之目的是制定一项利用热处理从污水污泥中回收养分的可持续安全战略。Ash Dec 工艺就是在这一项目框架下开发的，重点针对可销售磷肥产品。图 4-12 为 Ash Dec 工艺与物料流程图。经热化学处理后，回收磷肥已达到磷矿所具备的纯度，P_2O_5 含量在 12%～25%，已成为一种磷产品，且不需要进一步化学处理，可直接作为标准肥料进行农业利用。

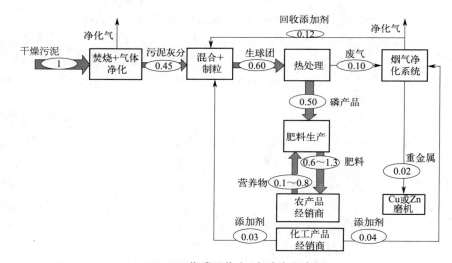

图 4-12　Ash Dec 工艺与物料流程

Ash Dec 工艺磷回收小/中试应用案例　　　　　　　　　　　　　　　表 4-7

国家及地区	规模状况	添加剂	炉型/技术要点	废气处理系统	产物(P 含量)
德国	实验室规模	$MgCl_2$/$CaCl_2$	气密石英回转炉；反应温度 750～1050 ℃；反应时间 10～120 min	PTFE 管（废气冷却和重金属冷凝）；穿孔板洗涤瓶（重金属截留）；湿洗涤器（去除 HCl 和 SO_2）	钙镁磷酸盐（14%～25%）

续表

国家及地区	规模状况	添加剂	炉型/技术要点	废气处理系统	产物(P 含量)
奥地利	实验室规模	$KCl/MgCl_2$	台式间接加热回转窑:反应温度 900~1100 ℃;反应时间约 40 min	旋风分离器(分离夹带颗粒);湿洗涤器(去除 HCl 和气溶胶)	富磷原料
奥地利	2000 t 中试工厂	$CaCl_2$	燃气回转窑:反应温度 1000 ℃;反应时间 10~30 min	四级湿式清洗系统(淬火、酸性洗涤器、碱性洗涤器和文丘里洗涤器)	PK 肥料/NPK 肥料(12%)
德国	中试规模	Na_2SO_4	天然气辅助燃烧回转窑:反应温度 950 ℃	冷却器;四级袋式除尘器	$CaNaPO_4$ (7.5%~8%)
瑞士	中试规模	K_2SO_4、Na_2SO_4	文丘里/旋风预热的回转窑系统:反应温度 900~950 ℃;反应时间 15~20 min	静电除尘器(ESP);袋式除尘器	Ca-Na-PO$_4$ 或以 Ca-K/Na-PO$_4$ 为主 PK 肥料

　　Ash Dec 工艺虽被认为是磷肥生产工艺而非废物处理工艺,但其仍然遵守各国废物焚烧指令与相应各国法律所规定的废气排放标准。表 4-7 总结了采用 Ash Dec 工艺小/中试应用案例以及相应废气处理系统。德国已经利用 Ash Dec 工艺进行了半工业规模运行,获得的磷酸盐纯度是 15%~25% P_2O_5,灰分磷回收率达 95%。将热处理后灰分进行盆栽试验表明,其肥效可与目前矿物 P、K 肥料或 P 肥料相媲美。半工业规模生产性试验运行发现,Ash Dec 规模化生产后优点众多,如投入及产出材料中无危险化学品、消耗较少化学药剂、前期投入及运营成本可完全媲美其他处理工艺。目前,德国 Altenstadt-Emter GmbH 污泥焚烧厂运营商和肥料制造商正在建设大型 Ash Dec 示范工厂(计划于 2023 年投产,灰分处理能力为 30000 t/a),用于从污泥灰分中生产磷。

　　除热化学过程技术开发外,SUSAN 项目还强调产品施肥性能、产品设计、产品市场和整个生产过程链的可持续性。一般经过 Ash Dec 工艺产生的污泥灰分还需要进行外观优化,让其具有与矿物磷肥相似的圆形、无磨损颗粒,以便储存和处理,也更容易被肥料分销商所接受。经热化学处理的污泥灰分生产肥料目前已在奥地利获得许可,可无限用于农作物和林地;德国议会正在讨论修订其肥料法令,以在符合某些重金属浓度限制的情况下,将污泥灰分用作化肥原料合法化;瑞士与德国将分别在 2026 年和 2029 年宽限期后强制进行磷回收。

4.4.4　热处理污泥灰分作为磷肥潜力

　　热化学处理伴随着一系列化学反应,每一种化学反应都有其特征性温度区间。所有成分都要至少经历一个分解—再结晶过程,有的成分甚至会结晶几次。这种分解—再结晶过程不仅可以产生新的矿物相,提高磷的可生物利用度,而且还可以有效减少重金属杂质含量。

　　磷化合物在 2% 柠檬酸中的溶解度是磷生物利用度的指标。污泥焚烧灰分磷的溶解度为 25%～40%，直接用作肥料恐怕肥效太低。与 Fe、Al、Mn 等离子结合的 NAIP 具有较低的生物利用度，而与 Ca、Mg 离子结合的 AP 则易于被植物所吸收。热处理后的污泥，可按照磷结合的主要阳离子不同，分为钙系污泥燃烧灰分（Sewage sludge ash-calcium，SSA-Ca）和镁系污泥燃烧灰分（Sewage sludge ash-magnesium，SSA-Mg）两大类。其中，SSA-Ca 主要生成物有 $Ca_5(PO_4)_3Cl$、$CaHPO_4 \cdot 2H_2O$ 以及 $Ca(H_2PO_4)_2 \cdot H_2O$ 等新的矿物相；而 SSA-Mg 主要 P 相生成 $MgHPO_4 \cdot 3H_2O$ 和 $Mg_5(PO_4)_3Cl$，甚至与铁反应生成新的镁铁磷酸盐 $(Mg,Fe)_3(PO_4)_2(OH)_{1.5} \cdot 1.5H_2O$。SSA-Mg 施肥性能高于 SSA-Ca，可能是因前者所含磷相热力学稳定性较低或结晶度较低。与常规水溶性磷肥相比，SSA-Mg 在酸性土壤中相对有效性为 88%，在中性土壤里为 71%，而在碱性土壤上仅为 4%。SSA-Mg 受土壤溶液中质子和阳离子控制，在酸性和中性条件下，SSA-Mg 是传统磷肥和溶解磷肥的最佳选择。SSA-Ca 和 SSA-Mg 中重金属含量及所含磷在水中和 2% 柠檬酸中的溶解度情况见表 4-8。

　　通常在 800 ℃下，对一个含磷量足够的污泥灰分进行适当处理就可以获得一个商用肥料的有效磷水平。一般以商业三过磷酸钙（TSP）肥力标准来评估热处理后的污泥焚烧灰分是否能真正取代现有矿物肥料。与三过磷酸钙（含量＞90%）相比，热处理污泥焚烧灰分水溶解度非常低（0.1%～6.4%）。Ash Dec 工艺热处理污泥灰分的中性柠檬酸溶解度在 23%～85%。此外，研究表明，在酸性沙土上经过 Ash Dec 处理的污泥灰分磷肥率为 20%～30%。有人进行了一项盆栽试验，证明在相似施用水平下，经过 Ash Dec 处理的污泥灰分在磷素植物有效性和促进植物生长方面的表现与 TSP 相似。

　　为了确保污水污泥灰分中磷的工厂可用性，进一步研究 Ash Dec 工艺焚烧灰分对碱性土壤的有效性，另一种新型的污泥灰分热化学处理工艺得到发展。即在还原条件下，用碱性添加剂（硫酸钠、碳酸盐和氢氧化钠等）代替碱土金属氯化物对污泥灰分进行热化学处理，使含磷矿物相转化为植物可用磷酸盐。同时，As 以及 Cd、Hg、Pb 和 Zn 等金属通过废气处理系统被去除。生成的产品生物利用度高，有毒微量元素质量分数低于《德国肥料条例》的限值，亦可满足磷肥施用的要求。

SSA-Ca 和 SSA-Mg 中重金属含量及所含磷在水中和 2% 柠檬酸中的溶解度

表 4-8

	SSA-Ca(g/kg)	SSA-Mg(g/kg)
Al	55.41	56.14
Ca	196.80	123.50
Cd	＜0.00006	＜0.00006
Cr	0.139	0.137
Cu	0.114	0.050
Fe	84.99	92.07

续表

	SSA-Ca(g/kg)	SSA-Mg(g/kg)
K	6.45	7.06
Mg	11.86	57.93
Mn	0.83	0.90
Na	4.76	5.06
Ni	0.08	0.07
Pb	<0.0006	<0.0006
Sn	0.01	0.02
Zn	0.02	0.06
磷在水中的溶解度(%)	0	0
磷在柠檬酸中的溶解度(%)	76	96

4.4.5　尾气净化系统回收重金属

在资源回收方面，期望值为：1）从污泥灰分中去除高含量重金属并对其进行回收；2）应用最少氯化物获得可接受水平灰分中氯化物；3）实现热能对外供应。对于需要进一步热处理的污泥灰分，要特别注意其反应温度与氯供体添加量。尽管 Ash Dec 工厂被认为是生产设施而不是作为废物处理设施，但仍然遵守废物焚烧指令和相应的国家法律规定的废气排放限制。重金属以氯化物形式挥发而进入洗涤器，在此位点可适当回收重金属。若采用单级文丘里洗涤器，因气相到液相传质不完全，导致重金属氯化物液滴不会完全沉淀出来。所以，一般可分为两级洗涤器，第一级可采用文丘里酸性洗涤器，Cd、Cu、Zn 氯化物可以在此进入淋洗液，其回收率在 80% 以上。但由于 Pb 在酸性环境中溶解度太低，故其回收率也很低。而在第二级洗涤器内，可将第一级酸性环境中未溶解的重金属几乎完全回收。得到的液体溶液经过化学处理，重金属沉淀成氢氧化物，而氯被回收成为新的工艺添加剂。一些金属氢氧化物可能会被回收，并有望出售给金属加工行业。

为了达到金属回收的目的，不同的重金属必须相互分离。由于重金属（尤其是 Cu）价格的上涨，这在未来可能变得有利可图。采用矿用化学试剂 LIX 液-液萃取分离重金属，这种有机试剂形成金属-羟肟配合物。重金属通过 LIX 萃取和随后的沉淀定量地从水相中去除。在室温下，以水/有机相 1：1 的比例使用 LIX 84-I 试剂进行液-液萃取。分别在 pH>0.5 和 pH>5.5 时形成与 Cu 和 Zn 的配合物，之后用硫酸萃取（重金属）有机相。萃取后，分别用 NaOH 和 $Ca(OH)_2$ 沉淀铜和锌/铁溶液，然后过滤金属氢氧化物。

同时，还应考虑的是，提高回收率可能导致淋洗液进一步消耗，进而导致能耗增加，这需要在实际应用中多方面考虑。到目前止，从 Ash Dec 工艺废气净化系统中回收重金属的研究甚少，需要进一步探究。

4.4.6　结语

Ash Dec 工艺利用金属氯化物高挥发性之特点，让污泥焚烧灰分与氯化物混合进行反应，从而生成重金属氯化物而在高温下挥发，实现重金属与 P 的分离；同时，改变 P 矿物相由 NAIP 向 AP 进行转变，提高污泥焚烧灰分中 P 的生物利用度。该方法中所涉及的氯供体种类及添加量、传质效率、反应温度、停留时间、气体流速等均能影响重金属去除效果及植物可吸收磷的转变量。小/中试试验表明，针对来源不同的污泥灰分，在优化 Ash Dec 可控条件后，确实可以得到与矿物磷肥相似的污泥燃烧灰分，说明该工艺能够为污泥焚烧灰分中磷的循环利用创造条件；同时，从尾气中回收重金属也被证明具有可行性。目前欧洲国家针对热处理污泥灰分应用已修订肥料法令，以使磷回收产品顺利进入市场。

4.5 污泥焚烧灰分磷回收潜力与市场前景

磷（P）乃生命所必需之元素以及不可再生之特性唤起越来越多国内外学界、管理机构以及工业界的广泛关注。因满足人口激增带来的对食物的需求，磷矿已被过度开采用于化肥生产。与氮不同，仅靠磷在地球上的自然循环难以维系人类对食物营养中磷的需求，而人为开采磷矿生产化肥往往又不能融入磷的自然循环。这就需要以人工循环方式最大限度遏制对磷矿的无序开采，尽可能形成一种较为可持续的用磷方式。

显然，磷肥中的磷进入土地后一部分被作物（粮食、蔬菜与秸秆）所吸收，而另一部分则残留在土壤中。残留于土壤中的磷往往因雨水冲刷或农田灌溉而进入水体，从而形成引发水体富营养化的面源污染。唯有转移至作物中的磷方有可能通过人工循环作为（直接或间接）肥料而回归土地。其中，秸秆（或燃烧灰分）还田和（人与动物）粪尿返田可以扮演很大的角色。

由于现代文明导致的集中式排水与处理系统导致人粪尿不可能像农业文明时那样再靠人工循环回归土地，磷等营养物往往作为污染物被从污水中去除。这就加剧了人类对磷矿的持续开采。因此，从可持续磷循环角度，从污水中回收磷逐渐成为国际社会的普遍呼吁与努力尝试。从污水处理中回收磷存在前端、过程、末端3种方式，回收产品也有鸟粪石、蓝铁矿等多种形式。目前文献中大多介绍前端及过程中磷的回收方式，产品多见于鸟粪石、蓝铁矿。实际上，目前国际上与剩余污泥焚烧相关的从灰分中回收磷的研究与应用亦相继开始。因污水处理过程中磷最终几乎全部进入剩余污泥，而从污泥焚烧回收磷的机会也最大且回收效率高（可回收原污水中 90% 的磷），所以，这一末端磷回收途径已开启新的磷回收模式。

基于此，首先从我国磷使用、磷矿开采、化肥生产、作物种植、人畜排泄物等磷流向分析并总结磷流向以及各个环节磷的转移比例，分别揭示转移至秸秆、动物粪尿、人粪尿中磷的比例，以说明从污水处理中回收磷的作用。其次，通过综述污泥焚烧灰分磷含量以及回收技术来显示这一末端磷回收途径的潜力。最后，从磷化肥工业原料来源角度分析从污泥灰分中回收磷的潜在市场价值。

4.5.1 磷循环与矿石磷流向

1. 磷循环与磷危机

磷在自然界通过地质运动（无机循环）与生物作用（有机循环）两种路径循环运动。在无机磷循环中，土壤（包括裸露磷矿）中的磷在雨水冲刷、侵蚀等作用下进入水体，最终随波逐流汇入海洋，沉积在海底沉积层中。显然，沉入海底中的磷只有随地质变迁（如，海陆变迁）方有可能成为陆地磷矿，但这一地质过程长达百万乃至上亿年，人类可能已等不到那一天。相形之下，有机磷循环作用周期较短，一般仅有数周到一年左右的时间。磷被水生或陆生植物吸收后进入食物链流动，最终可随有机废物（动植物残体与人畜粪尿）而重回土壤。磷的自然与人为流动方式总结于图 4-13。

截至 2019 年 2 月，全世界已探明的磷矿石储量约 700 亿 t，而 2018 年全球磷开采量便达 2.7 亿 t/a。按近 10 年磷矿石开采年平均增长率 5％计算，则约 55 年后磷资源将消耗殆尽。那时，世界将陷入无磷可用、无肥可施的"磷危机"恐慌之中。

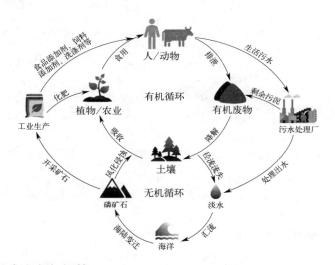

图 4-13 自然及人类活动中磷流动方式

2. 我国磷流向与概算

我国已探明磷矿储量名列世界第二（仅次于摩洛哥），但同时也是全球最大的磷矿开采与消费国。根据图 4-13 显示的磷人为流动方式，可计算出磷流动各个环节的大致数量及其所占比例，其结果如图 4-14 所示。

计算结果显示，开采磷矿在选矿环节及加工过程中便有约 1/3 的磷被丢弃遗失；再加上出口磷、非化肥类化工产品磷、残留土壤中的磷等，实际进入生物循环的磷（有效磷）只占开采磷矿的 20.2％，而最终转移至污水的磷更是比例极低（3.9％）。

因此，应以进入生物循环的总磷量为基础，计算最终转移至污水/动物粪便中的磷占比，这样才能实际反映出从污水/动物粪便中回收磷的意义与价值。按 2017 年我国 12000 万 t/a 磷矿石（以 30％ P_2O_5 计）开采量计算，通过磷肥（1185.7 万 t/a）转移作物中的磷约 571.6 万 t/a。以此为基础，通过食物/饲料转移至污水与动物粪便中的磷分别为 144.1 万 t/a 和 308.4 万 t/a，各占转移至作物中磷的 25.2% 与 54.0%（总计近 80%!），可见从污水以及动物粪便中回收磷的作用。

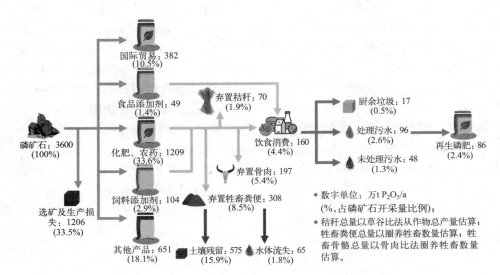

国际贸易：382
(10.5%)

食品添加剂：49
(1.4%)

磷矿石：3600
(100%)

化肥、农药：1209
(33.6%)

弃置秸秆：70
(1.9%)

饮食消费：160
(4.4%)

厨余垃圾：17
(0.5%)

处理污水：96
(2.6%)

再生磷肥：86
(2.4%)

未处理污水：48
(1.3%)

弃置骨肉：197
(5.4%)

饲料添加剂：104
(2.9%)

弃置牲畜粪便：308
(8.5%)

选矿及生产损失：1206
(33.5%)

其他产品：651
(18.1%)

土壤残留：575
(15.9%)

水体流失：65
(1.8%)

* 数字单位：万 t P_2O_5/a
(%，占磷矿石开采量比例)；
* 秸秆总量以草谷比法从作物总产量估算；
牲畜粪便总量以圈养牲畜数量估算；牲畜骨骼总量以骨肉比法圈养牲畜数量估算。

图 4-14　2017 年中国磷流向及其份额

4.5.2　污泥焚烧灰分磷回收

随人体排泄物进入污水中的磷要么去除，要么以某种形式回收。否则，磷进入地表水体后势必引起水体富营养化。其实，回收也是去除，回收需要的不是技术而是理念的转变。如上所述，从污水处理过程中回收磷存在多种方式，而与污泥焚烧相结合的灰分磷回收潜力最大，可回收的磷也最多。剩余污泥干化后直接焚烧已被视作为污泥处理、处置的终极目标，在我国亦有一定的实践。为此，需要对污泥焚烧磷回收方式与涉及的技术进行总结和分析。

1. 污泥灰分磷回收技术

市政污泥焚烧灰分中磷元素质量分数通常为总灰分质量的 4.9% ～ 11.9%，平均值约 8.9%（折算为 P_2O_5 约为 20.4%），相当于中高品位的天然磷矿。然而，灰分中所含磷成分仅 29.1% 可溶于中性柠檬酸铵溶液，即能被植物吸收的磷部分不到 1/3。因此，污泥灰分不宜直接作为磷肥使用，而需要类似磷矿那样用作磷肥原料进一步加工。

化工上，常用灰分中磷回收工艺（表 4-9）有：

1）湿化学工艺：即在 pH<2 条件下，以强酸溶解灰分中的磷并将其转化为可植物利用的形态，通过后续处理分离与去除无机污染物；

2）热处理工艺：即在极高温环境下，将挥发性重金属（如，Zn、Pb 等）转化为气相予以分离，并经烟道粉尘收集；将高沸点金属（如，Fe、Cu 等）转化为液态合金分离。

最终可得到低重金属含量的富磷炉渣。

污泥灰分磷回收工艺 表 4-9

工艺名称		进展	分离方法	最终产品	磷回收率
湿化学法	SEPHOS	未知	顺序沉淀	磷酸钙盐	90%
	SESAL-Phos	小试	顺序沉淀	磷酸钙盐	74%～78%
	LeachPhos	中试	顺序沉淀	磷酸钙盐、磷酸铝盐	70%～90%
	PASCH	未知	液相萃取	磷酸钙盐、鸟粪石	90%
	BioCon	未知	离子交换	磷酸	60%
	EcoPhos	运行中	离子交换	磷酸、磷酸氢钙	97%
	TetraPhos	中试	保密	磷酸	未知
	RecoPhos	运行中	保密	磷酸钙盐	98%
	Edask	中试	离子交换、电渗析	磷酸	未知
	P-bac	中试	生物浸矿	鸟粪石	90%
	EasyMining Ash2Phos	运行中	未知	DAP、MAP、SSP 等	>90%
	Phos4life	运行中	未知	磷酸	>95%
热处理法	Mehprec	建设中	—	富磷炉渣(5%～10% P)	80%
	Kubota	运行中	—	富磷炉渣(约 13% P)	>80%
	Ash Dec	中试	—	富磷炉渣(5%～10% P)	98%
	RecoPhos(ICL)	中试	—	磷酸	89%
	EuPhosRe	运行中	—	富磷灰烬(5%～10% P)	98%

2. 产品肥效

再生磷肥肥效是决定其能否进入化工市场的关键因素。有研究将灰分再生磷肥与从磷矿石生产的过磷酸钙（TSP）比较作物营养效果；结果表明，经湿化学法处理后灰分再生磷肥对作物增产作用、磷利用效率都有显著提高，甚至略优于 TSP。这是因为矿石磷化肥虽具有较好的水溶性，施用后可迅速散布于土壤之中，但是，植物并不能吸收全部营养，大部分营养会随农田退水（径流）而流失，或在土壤中形成难以吸收的磷络合物。再生磷肥水溶性虽较差，但可溶于植物根部产生的有机酸中，进而逐步被植物所吸收，导致再生磷肥利用效率较化肥要高。

有人针对包括市政污泥在内的各类有机废物焚烧灰分进行 Meta 统计学分析。结果表明，经过湿化学法及热处理后，各类灰分肥效均显著提高；且在针对各类作物的实验中效果均良好，尤其在油料作物中效果突出。研究亦发现，再生磷肥肥效与地理纬度呈负相关关系：纬度高，再生磷肥肥效则会随之降低；在北纬 50 度以上地区再生磷肥不再适合施用。

3. 灰分磷回收市场潜力分析

我国人口众多，农业生产乃国民经济的命脉，对磷肥需求极大。随着化肥工业的诞生以及人口数量的攀升，我国磷肥消费量一路走高，磷肥价格亦水涨船高（图 4-15）。随着磷矿石渐近耗竭，"磷危机"步步紧逼，磷资源价格涨势愈演愈烈，这就为磷资源回收行业带来发展契机与潜在市场前景。

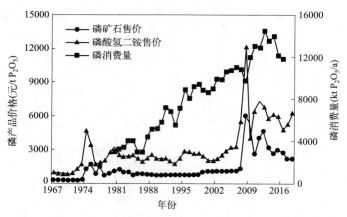

图 4-15　磷矿石、磷酸氢二铵（DAP）市场价格与中国磷消费量变化

目前，再生磷肥尚不能在短期内形成一定市场规模，暂且将其定义为矿石磷肥的替代产品。促进再生磷肥市场发展存在两种推动力：1）在生产、销售过程产生商业价值的内在动力，这需要有相关政策、法规予以支持的外部环境；2）污泥灰分加工磷肥后存在成熟的经销环节，使之以优惠价格销售农民，用作替代磷肥。

（1）建设投资

目前，再生磷肥实例还较少，大多尚处在中试阶段。这就需要将其投资建设成本与矿石磷肥投资进行横向比较。矿石磷肥从磷矿石加工而来，目前主要有 3 种工艺（图 4-16，左）。

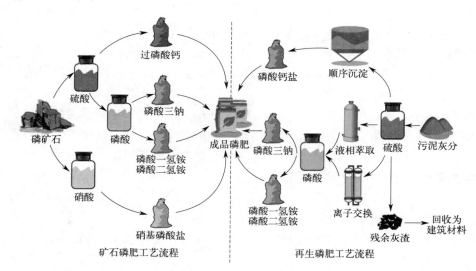

图 4-16　矿石磷肥与再生磷肥生产工艺比较

矿石磷肥一般先使用强酸溶解磷矿石以生成磷酸，再通过各类沉淀方式获得不同磷酸盐产品。在较为主流的污泥灰分湿式化学工艺中（图 4-16，右），同样也是先使用强酸溶解污泥灰分，再通过各类手段分离重金属，从而得到合格的再生磷肥。显然，矿石磷肥与再生磷肥的生产原理和加工工艺极为相似，仅在化工原料的用量上略有差异。因此，两者的建设成本应该相差不多。可见，利用既有矿石磷肥生产工艺或稍微改进，完全可以满足对再生

磷肥的加工需要，避免重复建设，使投资减至最低。

（2）生产成本

面对日益走高的磷矿石价格，灰分再生磷似乎在市场上应该具有价格上的竞争力。但是，需要对灰分磷肥与矿石磷肥生产估算比较。估算生产成本中暂且包括原料、运输及其生产成本，并不包含设备折旧、维修等费用。以生产 1 kg 磷酸氢二铵（DAP）为计算单位，以 2019 年 9 月各类材料市场公开报价为基准进行估算；其中，灰分磷成本按"0"（不回收则弃之！）计、运输成本以公路运输 500 km 计算；再生磷肥选用工艺为，强酸溶解—添加硫化物沉淀分离重金属—氨化。估算结果如图 4-17 所示。

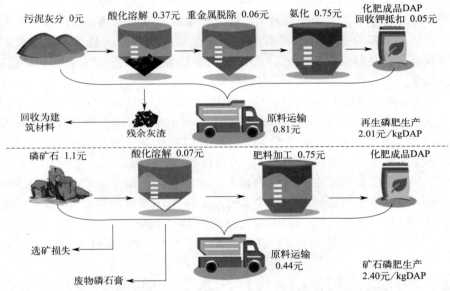

图 4-17　再生磷肥与矿石磷肥生产过程及成本估算

图 4-17 估算结果表明，再生磷肥因原料"零"价格而最终导致生产成本比矿石磷肥便宜许多。即使今后灰分磷变得有利可图，其价格应该也不会贵过矿石磷，这样产生的未来生产成本前者也不会超过后者。进言之，再生磷肥更符合可持续发展之理念，今后定会获得政府的认可与扶植，会获得政策优惠与经济补贴，存在潜在获利空间。

（3）政策法规

磷作为一种不可再生的宝贵资源，目前粗放式开采及管理方式显然难以持续。如果污泥焚烧今后全面成为我国污泥处理、处置的终极方式，对灰分中磷视而不见的做法定会令国际社会唾弃。目前，欧盟最新修订的《磷肥管理法令》已于 2019 年 6 月 5 日正式发布，规定无论矿物磷肥抑或再生磷肥，只要最终产品可达到统一的规定标准，即可获得相同的合格标志，这就为人工循环磷打开了进入磷肥市场之门，使再生磷肥可以在欧盟内部市场自由流通。与市政污泥灰分相关的再生磷循环利用条款如今已列入《磷肥管理法令》之中。

目前，德国与奥地利已正式将有机废物管理纳入本国法律框架，强制要求污水处理中产生的污泥单独焚烧，并从灰分中回收磷。奥地利要求全国污水中的磷回收率达到 45%，而德国则将这个目标设定为 66%。瑞士早在 2016 年 1 月开始则实施了更高的污水磷回收目标，规定其污水处理应回收 80% 的磷。荷兰、比利时、德国等 7 国，对土地施用污泥作为肥料制定了较为严格的污染物标准或干脆就禁用，这就为污泥焚烧与灰分磷回收带来了光明前景。

4.5.3　结语

"磷危机"已迫在眉睫，成了时刻悬在项上的"达摩克利斯之剑"。若要减缓乃至遏止"磷危机"现象较早出现，必须通过政府政策、法规之"有形之手"与市场调控的"无形之手"双管齐下。一方面，政府管理者应该高屋建瓴，具有忧患意识，超前预感"磷危机"到来之时已回天乏力的窘境，防患于未然地着手磷资源保护与利用，通过政策鼓励磷的循环利用；另一方面，矿石磷肥生产者应意识到原料来源的有限性和逐渐涨价的趋势，利用政策，甚至是经济补贴形式未雨绸缪，及时升级加工工艺，以适应未来再生磷肥的生产需要。

再生磷肥作为矿物磷肥替代品，其肥效与矿物磷肥旗鼓相当，生产成本不计政策与补贴因素也不会高于矿石磷肥。污泥焚烧一旦成为今后污泥处理、处置的终极选择，大量含磷灰分弃之可惜。以此作为"零"价格的磷原材料生产再生磷肥不仅具有可持续意义，而且市场前景广阔。

虽然人类食物消费中的磷仅占磷矿开采的很小一部分，但人类目前可以像原生态文明下"粪尿返田"方式实现人工磷循环（包括动物粪便）也唯一只有这条途径。因此，我们应该最大限度地尽可能把流入污水中的磷"捞"出来，这其中，从污泥焚烧灰分中回收磷可对"捞"磷做到极致。

4.6　污泥焚烧灰分耦合海淡卤水生产混凝剂工艺

日益迫切的磷危机要求从废物/污水中有效和可持续地回收磷。从污水和剩余污泥中回收磷已有相当的实践案例，包括从鸟粪石到蓝铁矿。然而鸟粪石和蓝铁矿形成的适宜环境都比较严格，而且鸟粪石和蓝铁矿的磷回收效率也不是很高，分别为 15%～30% 和 40%～70%。在其他的磷回收方法中，剩余污泥焚烧灰分具有很高的磷回收效率潜力，可达 90%。此外，焚烧已被确定为处理剩余污泥的终极方法。因此，从剩余污泥焚烧灰分中回收磷将成为磷回收的主流方法，特别是在目前欧洲国家普遍强调在污水处理中磷回收率需覆盖 80% 的进水磷负荷的情况下。

在实践中，从污泥焚烧灰分中回收磷的技术已经较为成熟。其中，湿式化学法似乎是更可持续的方法，其次是热化学方法。然而，每一种技术都涉及重金属去除过程。事实上，污泥焚烧后的灰烬既含有重金属（铜/Cu、锌/Zn、铅/Pb、铬/Cr、镉/Cd、汞/Hg 和镍/Ni），也含有普通金属（钙/Ca、镁/Mg、铝/Al、铁/Fe、钠/Na 和钾/K）。特别是铝和铁的含量分别达 6%～18.8% 和 2.4%～14.5%（wt），可用于生产污水处理中的混凝剂/絮凝剂。因此，磷回收伴随的铝铁金属回收可实现一种新的循环/蓝色经济模式。

目前关于灰分中铝回收作为絮凝剂再利用研究有限，显然需要继续深入研究，特别是对于铁的再利用。与铝不同，铁无法被碱溶解，因此不能用连续沉淀法回收，但可以使用特定的有机溶剂提取，包括磷酸三丁酯（Tributyl Phosphate，TBP）、甲基异丁基酮（Methyl Isobutyl Ketone，MI-BK）、二-（2-乙基己基）磷酸［Di-（2-ethylhexyl）phosphoric Acid，D2EHPA］、伯胺 N1923 等。铝和铁的潜在再利用主要面向混凝剂/絮凝剂生产。在这种情况下，Cl^- 和 SO_4^{2-} 等可用阴离子将在 Al 和 Fe 的再利用中发挥重要作用。

此外，海水淡化（Seawater desalination，SWD）已成为沿海地区获取淡水的一种主要途径和趋势。海淡卤水盐浓度较高，其中的 Cl^- 和 SO_4^{2-} 阴离子分别高达 41829 mg/L 和 6050 mg/L。Cl^- 和 SO_4^{2-} 都可以通过吸附、纳滤（Nanofiltration，NF）和电渗析（Electrodialysis，ED）等方法从卤水中提取。因此，富含 Cl^- 和 SO_4^{2-} 的卤水在利用污泥焚烧灰分生产铝基和铁基混凝剂/絮凝剂方面具有相当大的潜力，我们最近的工作已经初步证明了这一点。从原理上讲，少量的阳离子或阴离子应被输送到大量的阴离子或阳离子中，用于生产混凝剂/絮凝剂，如氯化铝/$AlCl_3$、氯化铁/$FeCl_3$、聚合氯化铝/PAC、聚合氯化铁/PFC、聚合硫酸铁/SPFS、聚合氯化铁铝/PAFC、聚合硫酸铁铝/PAFS。

回收污泥焚烧灰分中的主要产物磷酸盐，去除 Fe 和 Al 净化磷酸盐，然后利用其生产两种混凝剂作为副产物，如图 4-18 所示。研究分为 3 个步骤：1）用 TBP 去除 Fe^{3+}，协同卤水合成 $FeCl_3$ 混凝剂；2）以 Ca-P 的形式回收磷酸盐；3）将去除的 Al^{3+} 与卤水协同合成 PAC 混凝剂。

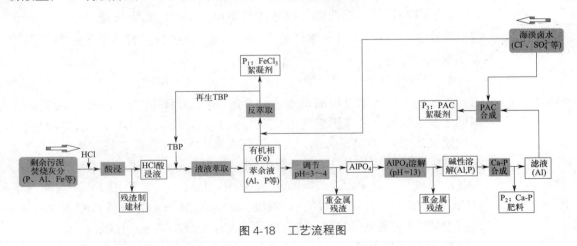

图 4-18 工艺流程图

4.6.1 材料与方法

1. 剩余污泥焚烧灰分和海淡卤水制备

污泥焚烧灰分制备：采用实验室规模的马弗炉（850 ℃）对北京某污水处

理厂的实际剩余污泥进行焚烧 6 h 处理，研磨至粒径小于 500 μm。

海淡卤水制备：通过蒸发 50% 体积的海水制备海淡卤水。

2. 磷回收产 Ca-P 肥料

在室温下，用磁力搅拌器在烧杯中分批进行污泥焚烧灰的酸浸实验。然后用 0.22 μm 滤膜分离烧杯中的混合液（浸出液），测定 P 和 Al^{3+}、Fe^{3+}、Ca^{2+}、Mg^{2+} 等金属的浓度。

萃取出 Fe^{3+} 后，用 1.0 mol/L NaOH 调节溶液至 pH=3~4，分离出 Al-P（中间体）形式的贫重金属磷酸盐。然后，将 Al-P 再次溶解在碱性溶液中（直至 pH=13），部分高价金属基本不溶于碱性溶液中。最终，溶解的 PO_4^{3-} 形成 Ca-P 化合物沉淀，并且不含有毒重金属。实验中，加入 $CaCl_2$（溶液）作为钙源，Ca 与 P 的最佳摩尔比为 1.5。最后，Al^{3+} 保留在相对纯净的碱性溶液中，可以作为原料液与卤水协同生产第二种絮凝剂 PAC。

3. 铁回收产氯化铁絮凝剂

采用有机溶剂 TBP（99%）对酸性浸出液中的 Fe^{3+} 进行萃取。其他试剂均为分析级试剂。萃取实验也在烧杯（500 mL）中进行，在 400 r/min 下磁力搅拌 15 min(25 ℃)。然后，将混合溶液转移到分离漏斗中，静置 30 min，直至两相界面变得清晰；最后，从分液漏斗底部分离萃余液（不含铁），上部有机相（含铁）用于后续反萃取实验。分别检测萃余液中金属和 PO_4^{3-} 的浓度，并根据酸性浸出液中原始铁浓度，通过质量守恒计算有机相中的铁浓度。

有机溶液中的 Fe^{3+} 可通过 HCl(0.1~0.5 vol.%) 或卤水（0.3~0.8 mol Cl^-/L）进行反萃取，实验条件为 400 r/min，25~50 ℃，2~15 min。反萃取结束后，分离漏斗下部主要为 $FeCl_3$ 溶液，可回用作混凝剂产品。

回收的 $FeCl_3$ 基混凝剂分别命名为 $FeCl_3$-s1（HCl 反萃取）和 $FeCl_3$-s2（卤水反萃取），其混凝性能可以通过与商业的 $FeCl_3$ 基混凝剂（$FeCl_3$-c）和另一种由 Al^{3+} 与卤水结合生产的 PAC 基混凝剂进行比较，基于除磷和除浊度实验进行探究。

4. 铝回收产 PAC 絮凝剂

在实验中，卤水直接加入上述剩余的 Al^{3+} 溶液中。对 PAC 基混凝剂在不同工况下的聚合合成因素进行实验探究。聚合反应完成后，混合溶液在恒温烘箱（70 ℃）中进行陈化，最终得到液态 PAC 混凝剂。将液态 PAC 混凝剂浓缩干燥后形成固体 PAC 基混凝剂，并用红外光谱进行表征。在相同的 Al_2O_3 浓度下，比较了液体 PAC 混凝剂（PAC-s）与商用 PAC 基混凝剂（PAC-c，Al_2O_3 wt%≥27.0%，碱度为 45%~96%）的除磷和除浊度效果。液态 PAC 混凝剂也可与第一步合成的 $FeCl_3$ 基混凝剂进行比较。

5. 混凝效果比较

以纯水制备模拟含磷污水（PO_4^{3-} =5 mg P/L、pH=7.0~7.5）。用高岭土溶液（10g 高岭土溶于 1L 纯水）模拟含浊度污水，超声分散 2 h，磁力搅拌混合 6 h，沉降 1 h；然后将高岭土溶液上清液稀释至 30 NTU 作为除浊度实验进水。混凝实验采用 1.0 L 水样，条件为 $T=25\ ℃$，$pH=8.0$，500 r/min 搅拌 30 s，100 r/min 搅拌 15 min，最后沉淀 30 min，测定上清液浊度。

6. 分析方法

PO_4^{3-} 和金属离子分别用分光光度计（Cary 5000、Agilent Co.，Ltd.）和电感耦合等离子体光学发射光谱法（ICP-OES）（iCAP 7000 系列、thermofisher Co.，Ltd.）进行测量。回收的 Ca-P 产物用王水溶解，用 ICP-OES 质量平衡法测定其化学组成。用 X 射线衍射仪（XRD、DX-2700B、丹东浩源有限公司，中国）在 30 kV 和 40 mA 下，利用 Mo Kα 辐射（$\lambda=1.54056$ Å），扫描速率为 0.5°/min，2θ 范围为 5°～90°，对 Ca-P 的矿物相进行了鉴定。利用扫描电镜（SEM、SU8020、Hitachi、日本）对 Ca-P 的形貌进行表征。再生磷肥的生物利用度是肥料的一个重要参数，通过将 1 g Ca-P 沉淀溶解在 100 mL 的 2% 柠檬酸中搅拌 30 min 进行检测。

Al_2O_3 含量和盐基度是评价 PAC 产品质量的两个主要指标，根据《水处理剂 聚氯化铝》GB/T 22627—2014（现已被 GB 22627—2022 取代）进行测定。通过 ICP-OES 测定了混凝产物的化学成分；通过傅里叶红外光谱仪（FT-IR）对化学官能团进行分析。用 KBr 颗粒（100 mg KBr＋1 mg 样品、光谱纯）在 4000～400 cm^{-1} 波数下测定固体 PAC 产品的光谱。同时对比商用 $FeCl_3$ 和 PAC 的光谱，作为评估商用混凝剂与合成混凝剂之间化学官能团相似性的标准。最后用 XRD 和 SEM 对混凝产物的物相和形貌进行了表征。

卤水中的 Cl^- 和 SO_4^{2-} 浓度由全自动间断化学分析仪（AQ1、SEAL Analytical、德国）测定。通过 ICP-OES 测定了卤水中的金属元素；通过浊度计（2100 N、HACH、美国）测定絮凝前后水样的浊度。

4.6.2 结果与讨论

1. 磷回收产 Ca-P

（1）污泥焚烧灰分的化学组成及结构

如表 4-10 所示，灰分中常量元素主要为 Al、Ca、P、Fe 和 Mg；微量重金属为 Zn、Cu、Ni、Mn 和 Pb，未检出 Cd 和 Cr 元素灰分中磷元素含量为 10.1%（P_2O_5 含量为 23.1%），表明污泥焚烧灰分将成为有前景的二次磷源。同时，污泥灰分中 Al 和 Fe 元素的含量分别为 8.9% 和 1.2%，这也显示了它们在生产混凝剂方面的价值和潜力。

污泥焚烧灰分化学组成　　　　　　　　　　　　　　　**表 4-10**

P(g/kg)	Al(g/kg)	Ca(g/kg)	Fe(g/kg)	Mg(g/kg)	K(g/kg)	Na(g/kg)	Cu(mg/kg)
101.3±4.2	89.1±3.2	46.3±7.2	11.9±0.4	16.5±3.2	4.8±3.2	7.4±0.6	25.7±1.9

Mn(mg/kg)	Zn(mg/kg)	Ni(mg/kg)	Pb(mg/kg)	As(mg/kg)	Cr(mg/kg)	Sn(mg/kg)	Cd(mg/kg)
16.2±0.5	122.9±4.6	18.3±1.3	13.4±5.1	ND	ND	ND	ND

注：ND 为未检出。

原污泥焚烧灰分和酸浸残渣的 SEM 图像如图 4-19 所示。原污泥灰分颗粒非常粗糙，不规则，气孔开放（图 4-19a）。经 HCl 浸出后，污泥灰分中的酸溶性化合物被浸出，残渣颗粒破碎成小颗粒，仍具有多孔形态、疏松结构和不规则表面（图4-19b）。原污泥灰分和酸浸残渣的XRD谱图和主要矿物相如图4-19c所示。酸性浸出后，SiO_2 以外物质的峰值强度变弱，对应于酸性浸出液中获得的 PO_4^{3-}、Al^{3+} 和 Fe^{3+}。

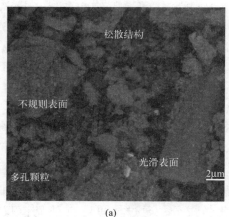

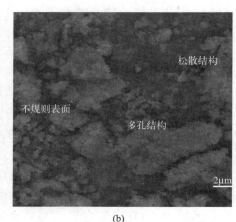

(a)   (b)

图4-19 原污泥焚烧灰分和酸浸残渣的SEM图与XRD图

(a) 原污泥焚烧灰分SEM图；

(b) 酸浸残渣SEM图；(c) XRD图

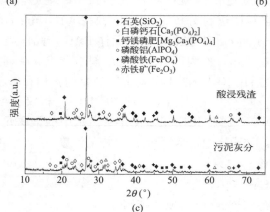

(c)

由图4-20（a）可知，酸浓度越高，从灰分中提取的P、Al、Fe、Ca和Mg越多。当HCl的摩尔浓度达到0.50 mol/L时，磷的浸出速率加快，可达0.03 mol P/L。然而，更高的酸浓度将导致成本增加。图4-20（b）表明，由于接触效率的提高，增加液固比（Liquid/solid，L/S）比可以浸出更多的P、Al和Fe。该影响因素 Fe^{3+} 的浸出更明显，当 L/S 从6∶1提高到100∶1时，浸出效率从11.1%显著提高到90.1%。当 L/S 比增加到100 mL/g时，Al^{3+} 的浸出效率也达到了较高的94.6%。因此，在回收效率和成本上进行折中，选择0.5 mol/L HCl和100 mL/g的液固比作为后续浸出实验的操作条件。

（2）Ca-P肥料合成

如图4-18所示，从污泥焚烧灰分中回收磷酸盐包括3个主要步骤：1）污泥焚烧灰分的酸浸；2）Fe^{3+} 的萃取；3）Al-P和重金属的沉淀和分离，分别基于以下3个化学方程式：

$$Al^{3+} + H_3PO_4 + 3OH^- \longrightarrow AlPO_4 \downarrow + 3H_2O \tag{4-7}$$

$$AlPO_4 + 4NaOH \longrightarrow 4Na^+ + [Al(OH)_4]^- + PO_4^{3-} \qquad (4\text{-}8)$$

$$3Ca^{2+} + 2PO_4^{3-} \longrightarrow Ca_3(PO_4)_2 \downarrow \qquad (4\text{-}9)$$

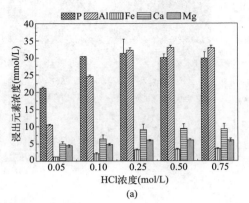

(a)

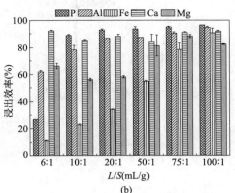

(b)

图 4-20 不同盐酸浓度和液固比的磷和金属元素浸出效果
(a) 不同盐酸浓度磷和金属元素浸出效果；(b) 不同液固比磷和金属元素浸出效果

回收过程中 P、Al、Fe、Ca 的质量平衡如表 4-11 所示。经过有机溶剂萃取工艺，从酸性浸出液中萃取 Fe^{3+}，最终以 $FeCl_3$ 溶液的形式回收。在萃余液中，Al 与 P 的摩尔比为 1.06，刚好可以使 PO_4^{3-} 与 Al 完全析出沉淀，形成 Al-P 化合物。此外，基于 SEPHOS 工艺，在生成的 Al-P 沉淀再溶解的步骤中，剩余的重金属由于无法溶解而被去除。最后，加入 $CaCl_2$（Ca/P=1.5）回收磷酸盐，生成 Ca-P 沉淀。此外，浸出液（残余溶液Ⅲ）富含 Al^{3+}（0.28 mol/L），可作为下一步合成 PAC 产品的 Al 源。

资源回收全流程中的 P、Al、Fe、Ca 质量平衡　　　　表 4-11

流程	项目	主要元素							
		P		Al		Fe		Ca	
		mg/L	mg	mg/L	mg	mg/L	mg	mg/L	mg
酸浸	酸浸液	839.3	1582.2	755.1	1423.4	216.0	407.3	407.4	767.9
Fe^{3+} 萃取	萃余液	802.5	1512.8	744.0	1402.4	10.4	19.6	398.5	751.2
Al-P 和重金属沉淀	滤液Ⅰ	2.7	5.3	0.27	0.53	0.01	0.02	272.8	531.9
Al-P 溶解	滤液Ⅱ	10256.3	1394.9	9432.5	1282.8	3.7	0.5	238.3	32.4
Ca-P 沉淀	滤液Ⅲ	20.7	3.2	7578.5	1167.1	1.7	0.2	27.6	3.4

从工艺全流程分析，污泥灰分中约 88.0% 的 P 被回收；通过 XRD 鉴定，羟基磷灰石 $Ca_5(PO_4)_3OH$（HAP）是 Ca-P 沉淀的主要晶相，如图 4-21(a) 所示，它是一种比鸟粪石更通用的磷肥。Ca-P 产品的形态图像如图 4-21(b) 所示，显示出相对规则和光滑的层状晶体结构。根据图 4-22 的化学成分分析，Ca-P 产品中大部分常见有毒重金属（Cd、Hg、Ni、Sn 和 Mn）均未检出。其中 Cu、Pb、Zn 含量分别为 13.2 mg/kg、11.3 mg/kg、35.5 mg/kg，均低于大多数国家肥料标准限定值。总体而言，回收的 Ca-P 产品具有高磷含量（P_2O_5 中含量为 37.1 wt%）和良好的生物利用度（可溶性磷含量

为 60.1%）。

图 4-21　回收的 Ca-P 产品的 XRD 图和 SEM 图（放大6000 倍）
（a）回收的 Ca-P 产品的 XRD 图；
（b）回收的 Ca-P 产品的 SEM 图

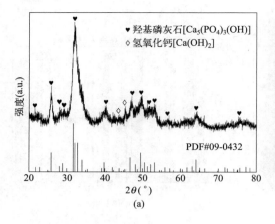

(a)　　　　　　　　　　(b)

图 4-22　回收 Ca-P 产品的重金属含量及中国和欧洲的磷肥重金属限值

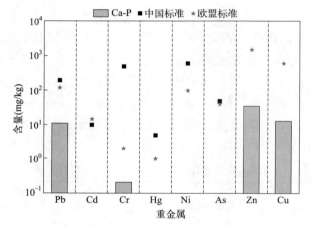

2. 铁回收产氯化铁絮凝剂

（1）铁萃取

TBP 对盐酸介质的酸性灰分浸出液中 Fe^{3+} 的有机溶剂萃取过程，主要包括以下步骤：1）Fe^{3+} 和 Cl^- 分别从水相扩散到两相界面；2）TBP 分子从有机相向两相界面扩散；3）在界面处发生化学反应，产生萃取物，萃取物从界面扩散到有机相的主体。液-液萃取系统是由中性有机磷和高浓度盐酸组成的中性分子的复杂萃取。下面两个化学反应式（4-10）和式（4-11）分别表示用 TBP 从氯化物溶液中，根据不同浓度的 H^+ 和 Cl^- 溶剂萃取 Fe^{3+} 的过程：

$$Fe^{3+}_{(A)} + 3Cl^-_{(A)} + m\,TBP_{(O)} \longrightarrow FeCl_3 \cdot m\,TBP_{(O)} \tag{4-10}$$

$$Fe^{3+}_{(A)} + 4Cl^-_{(A)} + H^+ + 2TBP_{(O)} \longrightarrow HFeCl_4 \cdot 2TBP_{(O)} \tag{4-11}$$

提取效率 E 和分配系数 D 分别如式（4-12）和式（4-13）所示。

$$E = \frac{V_{Org.}\,C_{Org.}}{V_F\,C_F} \times 100\% \tag{4-12}$$

$$D = \frac{C_{Org.}}{C_R} \tag{4-13}$$

式中 $V_{Org.}$——有机相体积；

$\quad\quad V_F$——水相体积；

$\quad\quad C_{Org.}$——反应达到平衡时有机相中金属的浓度；

$\quad\quad C_R$——反应达到平衡时萃余液中金属的浓度；

$\quad\quad C_F$——进料溶液中金属的浓度。

为探究 TBP 萃取剂对 Fe^{3+} 的选择性，在最佳酸浸条件（HCl=0.5 mol/L、L/S=100 mL/g、T=25±1 ℃、t=6 h）下，用酸性浸出液进行萃取实验；酸性浸出液和萃余液中主要涉及元素的含量如图 4-23(a) 所示。一次萃取结果表明，TBP 对 Fe^{3+} 具有较高的选择性和良好的萃取率（88.3%）；对 Al^{3+}、Ca^{2+} 和 Mg^{2+} 基本没有萃取能力。虽然根据其他研究，高浓度 TBP 也可能萃取磷，但在本研究中没有发生这种现象，分析认为是磷浓度较低的原因。在 Fe^{3+} 萃取过程中，为了避免 PO_4^{3-} 的损失，需要合理的 TBP 体积分数。此外，TBP 法有机溶剂萃取 Fe^{3+} 过程中，进料液酸度、Cl^- 浓度、H_3PO_4 初始浓度甚至 PO_4^{3-} 与 Fe^{3+} 的比例等因素也可能影响 PO_4^{3-} 的损失率。

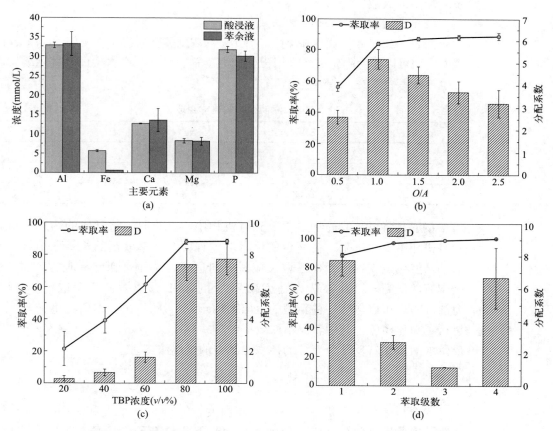

图 4-23 酸浸液和萃余液中的 Al^{3+}、Fe^{3+}、Ca^{2+}、Mg^{2+} 和 PO_4^{3-}-P 浓度

注：分配系数，根据式(4-13) 计算

（a）主要元素浓度；（b）萃取相比的影响；（c）TBP 浓度的影响；（d）萃取级数的影响

不同有机相与水相比例（Organic phase to aqueous phase，O/A）下 Fe^{3+} 的萃取效果如图 4-23（b）所示。当 $O/A < 1.0$，而且由于生成的配合物在有机相中的溶解度较低，容易出现第三相和乳化现象，使其难以静置分离。在 $O/A > 1.0$ 时，可以避免出现第三相，但 Fe^{3+} 的提取率并没有提高太多。分布系数在 $O/A = 1.0$ 时达到最大值 5.2。继续提高 O/A 会导致设备体积增大，运行成本增加，而且不利于后续反萃取中富集 Fe^{3+} 用于混凝剂生产。总的来说，O/A 选择为 1:1。

不同 TBP 浓度（稀释剂为磺化煤油）的萃取效果如图 4-23（c）所示。随着 TBP 体积分数的增加，Fe^{3+} 的萃取性能提高。而当 TBP 体积分数为 80%～100% 时，其分布系数仅在 7.4～7.7 变化。此外，随着 TBP 体积分数的增加，有机相的密度和黏度增加，导致表面张力降低，两相脱离速率减慢。结果表明，以 80 vol.% 的 TBP 和 20 vol.% 的磺化煤油组合为萃取剂，可有效地萃取酸性浸出液中的 Fe^{3+}。

不同萃取级数的萃取效果如图 4-23（d）所示。Fe^{3+} 萃取率随萃取级数的增加而提高。两个萃取阶段均可回收 97% 以上的 Fe^{3+}。因此，没有必要进一步增加萃取级数。

（2）铁反萃取

如表 4-12 所示，卤水中 Cl^- 和 SO_4^{2-} 的浓度分别高达 33.0 g/L 和 4.1 g/L，表明它们可以作为阴离子回收用于生产混凝剂。此外，卤水中的一些主要阳离子也可参考表 4-12。

海淡卤水的化学组成   表 4-12

Cl^-（g/L）	SO_4^{2-}（g/L）	Na^+（g/L）	Mg^{2+}（g/L）
33.0±3.2	4.1±0.9	35.7±9.5	2.6±0.5
K^+（g/L）	Ca^{2+}（g/L）	Li^+（mg/L）	Br^-（g/L）
0.77±0.1	0.53±0.2	0.43±0.1	0.14±0.4

萃取是将可萃取的物质萃取到有机相中，反萃取是将萃取的物质从负载的有机相中反萃出来。在简单的反萃取过程中，反萃取剂的稀释作用可使萃取平衡发生逆转，进而使萃取反应反方向进行，从而达到反萃取的目的。根据现有的研究，HCl 被认为是负载 Fe^{3+} 的 TBP 最有效的反萃取剂。同样，海淡卤水也可以作为一种新型的溶出剂用于 Fe^{3+} 的溶出，本研究将其与 HCl 进行了对比实验。其中，反萃取效率 S 如式（4-14）所示。$V'_{Aq.}$ 和 $C'_{Aq.}$ 分别为反萃取后水相（反萃余液）的体积和其中的金属浓度。

$$S = \frac{V'_{Aq.} \, C'_{Aq.}}{V_{Org.} \, C_{Org.}} \times 100\% \tag{4-14}$$

为获得最佳反萃取条件（O/A、温度、Cl^-/HCl 浓度和时间），在最优一级萃取条件（80% TBP、$O/A = 1:1$）下，制备 Fe^{3+} 负载有机相进行了反萃取实验，结果如图 4-24 所示。由图 4-24（a）可知，Fe^{3+} 反萃取最佳的 O/A 为 2:1。随着 O/A 从 1.0 增加到 5.0，Fe^{3+} 反萃取效率呈现先上升后缓慢下降的趋势。$O/A = 1.0 \sim 2.0$ 时，HCl 和卤水的反萃取效率分别从 79.6% 提高到 91.1% 和从 71.4% 提高到 87.5%。相反，在 $O/A = 2.0 \sim 5.0$ 时，即使进一步浓缩 Fe^{3+}，反萃取效率也显著降低。综上所述，卤水的反萃取效果与 HCl 相当，可作为反萃取剂生产 $FeCl_3$ 混凝剂。由图 4-24（b）可知，为节省运行成本，可在 25 ℃ 或室温下进行反萃取。两种反萃取剂均具有吸热特性与相同的温度依赖性。$35 \sim 40$ ℃ 后，反萃取效率没有进一步提高，因为有机相可能在高温下挥发。

由图 4-24（c）可知，HCl 和 Cl^- 的最佳浓度分别为 0.3% 和 0.5 mol/L。随着 HCl 或 Cl^- 浓度的增加，两种反萃取剂的反萃取效率均略有提高。由式（4-10）和式（4-11）可知，反萃取剂的稀释效应可使萃取反应向反方向进行，而增加 HCl 或 Cl^- 的浓度则不利于反应向反方向进行；酸度越低，越容易反萃取。但是，如果反萃取液的酸度过低，则容易导致 Fe^{3+} 在反萃取液中水解，使反萃取液浑浊，难以进行相分离。为了避免 $FeCl_3\text{-}s2$ 中引入过多的盐，应采用较低的 Cl^- 浓度。最后，根据图 4-24（d），由于 HCl 和卤水的反萃取效率在 12 min 时基本相同且达到最大值，故设定适宜的反萃取时间为 15 min。

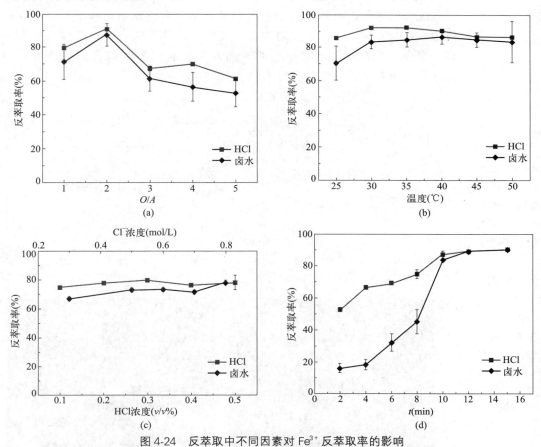

图 4-24　反萃取中不同因素对 Fe^{3+} 反萃取率的影响

（a）相比对 Fe^{3+} 反萃取率的影响；（b）温度对 Fe^{3+} 反萃取率的影响；

（c）HCl 或 Cl^- 浓度对 Fe^{3+} 反萃取率的影响；（d）时间对 Fe^{3+} 反萃取率的影响

（3）氯化铁絮凝剂产品表征

从图 4-25(a) 所示的 TBP 和负载 Fe^{3+} 的有机相的代表性红外光谱来看，在 1280 cm^{-1} 附近的峰值归属于 P=O 波段，当有机相与 Fe^{3+} 相互作用时，P=O 波段受到了很大的影响。TBP 中 1280 cm^{-1} 处的 P=O 波段拉伸振动位移至 1270 cm^{-1}。这是因为两种有机溶剂分子的 P=O 配体对 Fe^{3+}（P=O → Fe^{3+}）的氧具有很高的亲和力，并且在 P 原子上增加了 $FeCl_4^-$ 络合离子，限制了 P=O 的振动。由图 4-25(b) 可知，$FeCl_3$-s1 和 $FeCl_3$-s2 的固体产物应该是 $FeCl_3 \cdot 6H_2O$ 的类似物。图 4-25(c)～(e)（形态图像）显示，$FeCl_3$-c、$FeCl_3$-s1 和 $FeCl_3$-s2 的不规则表面相似，但后者表面颗粒较大。此外，图 4-25(f) 中对 $FeCl_3$-s2 的 EDS 能谱分析证实了其化学成分，由 Fe、Cl、Na、Mg、K、Ca 和 O 组成，可以推测为 $FeCl_3$。

3. 铝回收产 PAC 絮凝剂

PAC 含有不同数量的羟基，化学式为 $[Al_m(OH)_n(H_2O)_x] \cdot Cl_{3m-n}$（$0 < n \leqslant 3m$）。PAC 形成过程中的化学反应如式(4-15) 所示。pH 的逐渐升高有利 Al^{3+} 的水解。当 pH 增加到一定值时，相邻的两个 OH^- 之间发生桥接聚合。随着聚合的进行，水解产物的浓度降低，从而促使水解继续进行。在聚合反应中，Al^{3+} 的水解和聚合交替进行，使反应朝着形成 Al_2O_3 含量高、碱基度高、聚合度高的羟基化絮凝剂的方向发展。通过控制聚合条件，可以得到 Al_2O_3 含量和碱基度都符合要求的 PAC 溶液。

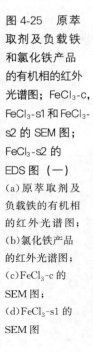

图 4-25 原萃取剂及负载铁和氯化铁产品的有机相的红外光谱图；$FeCl_3$-c, $FeCl_3$-s1 和 $FeCl_3$-s2 的 SEM 图；$FeCl_3$-s2 的 EDS 图（一）
(a) 原萃取剂及负载铁的有机相的红外光谱图；
(b) 氯化铁产品的红外光谱图；
(c) $FeCl_3$-c 的 SEM 图；
(d) $FeCl_3$-s1 的 SEM 图

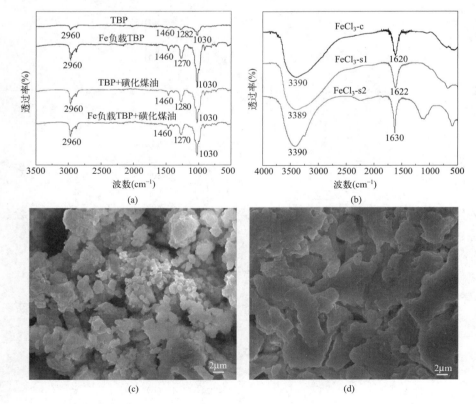

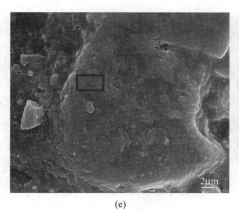 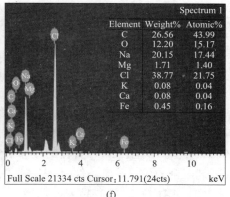

(e)   (f)

图 4-25 原萃取剂及负载铁和氯化铁产品的有机相的红外光谱图；FeCl₃-c,FeCl₃-s1 和 FeCl₃-s2 的 SEM 图；FeCl₃-s2 的 EDS 图（二）
(e)FeCl₃-s2 的 SEM 图；
(f)FeCl₃-s2 的 EDS 图

以浸出液（剩余溶液Ⅲ）作为 PAC 基生产的 Al^{3+} 源，以 Al/Cl^- 的摩尔比 1∶3 加入卤水中的 Cl^- 阴离子，然后利用混合溶液探讨了聚合的最佳条件，包括 pH、温度和时间。

$$2AlCl_3 + nNaOH \xrightarrow{\triangle} Al_2(OH)_nCl_{6-n} + nNaCl \qquad (4\text{-}15)$$

（1）PAC 絮凝剂合成

污泥灰分 Al^{3+} 和卤水 Cl^- 混合溶液的聚合 pH 是合成 PAC 基混凝剂的关键因素。在聚合温度为 70 ℃、聚合时间为 2 h 时，探究聚合 pH 与 PAC 含量（以 Al_2O_3 计算，w/w）及 PAC 基混凝剂碱基度 B 的关系，结果如图 4-26（a）所示。pH<3.0 时，混合溶液中游离酸过多，会抑制水合铝离子的水解，进而导致聚合度和 B 过低，最终影响 PAC 基混凝剂的混凝效果。当 pH>3时，混合溶液中易产生氢氧化铝胶体，PAC 基混凝剂难以稳定存在，导致 Al_2O_3 含量迅速下降。显然，pH 与混合溶液中 Al^{3+} 的水解程度有显著关系，pH=3.0 适合后续实验。

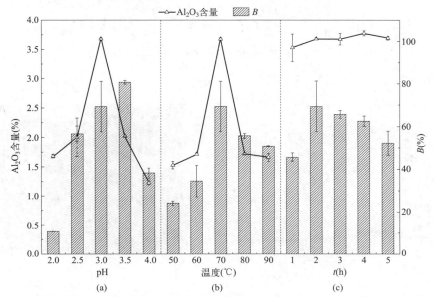

图 4-26 PAC 合成过程中聚合 pH、温度和时间的影响
（a）聚合 pH；
（b）聚合温度；
（c）聚合时间

聚合温度对 PAC 的形成也有重要影响，在 pH＝3.0，t＝2 h 时，温度对聚合的影响结果如图 4-26(b) 所示。在 T＝70 ℃时，Al_2O_3 含量和 B 均达到最大值，分别为 3.7％和 69.4％。当 T＜70 ℃时，反应不充分，形成聚合物的时间需要更长，导致反应时间长，聚合度低。然而，Al^{3+} 的水解过程是一个吸热过程。因此，高于 70 ℃会导致聚合态的结构和稳定性被破坏，导致部分聚合物分解并形成 Al (OH)$_3$ 沉淀。因此，在后续的实验中，实验温度选择为 70 ℃。

在 pH＝3.0，T＝70 ℃条件下，聚合时间与 Al_2O_3 含量和 B 的关系如图 4-26(c) 所示。B 与 Al_2O_3 含量的最佳聚合时间为 t＝2 h。因此，确定了 PAC 基混凝剂聚合的最佳反应条件为 pH＝3.0、T＝70 ℃和 t＝2 h。

（2）PAC 絮凝剂产品表征

以商业 PAC（PAC-c）作为对照物，比较 PAC-s 的化学结构特性。在 4000～400 cm^{-1} 范围内的 FT-IR 光谱（图 4-27a）显示，两个 PAC 物质的主吸收峰非常相似。其中，1093 cm^{-1} 和 1100 cm^{-1} 处的吸收峰为 Al-OH-Al 的伸缩振动峰，表明其处于聚集状态。870 cm^{-1} 附近的吸收峰为 Al-OH-Al 的面内弯曲振动峰，反映了氯化铝在转化为 PAC 过程中铝原子之间通过氧桥键合的过程。最后，在 700～400 cm^{-1} 处的强吸收峰是 Al-OH 的整体弯曲振动吸收峰叠加在水分子的吸收峰上，这也表明 PAC-s 分子中含有羟基和聚合铝。因此，合成的产物可以确定为 PAC 絮凝剂。

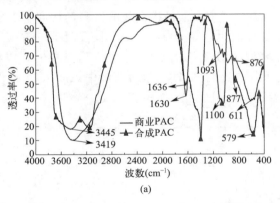

(a)

图 4-27　PAC 化学结构
（a）FT-IR 光谱；（b）XRD 衍射峰；（c）形态学图像

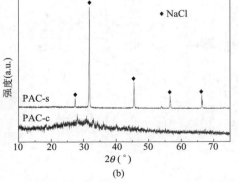

(b)

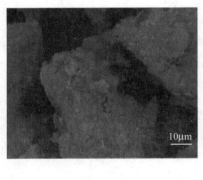

(c)

由图 4-27(b) 可知，PAC-s 的 XRD 图中没有出现 $AlCl_3$ 的衍射峰，说明

Al^{3+}、Cl^-和羟基结构（—OH）反应形成了非晶态聚合物。与粉末衍射文件（Powder Diffraction File，PDF）卡（编号：96-430-0181）对比，31.6°和45.5°处的衍射峰为氯化钠的特征峰。氯化钠的结晶度好，掩盖了非晶态聚合物的衍射峰。PAC-s 生成更多的氯化钠，PAC-s 是由 NaOH 中的 Na^+ 和 Cl^-结合形成的。相比之下，PAC-c 的 XRD 谱图显示为无定形，这与 PAC-c 来源于商业合成工艺并且含有较少的氯化钠有关。如图 3-10(c)（形态学图像）所示，PAC-s 表面光滑，皱褶较小。

固体 PAC-s 和固体 PAC-c 的化学成分列于表 4-13。杂质金属离子以 Na 和 Mg 为主，但含量均小于 6.0%，对污水处理影响不大。此外，在进一步的研究中，这些杂质可以通过从卤水中提取 Cl^- 来纯化。

商业 PAC 和合成 PAC 的化学组成（于 ICP-OES 测定）　　表 4-13

PAC-s(合成 PAC 固体)						
Al(g/kg)	Cl(g/kg)	Na(g/kg)	Ca(g/kg)	Mg(g/kg)	K(g/kg)	Fe(mg/kg)
99.31±1.14	177.73±1.03	51.52±2.87	0.60±0.11	2.07±0.08	0.11±0.03	17.07±0.42
Pb(mg/kg)	Zn(mg/kg)	Cd(mg/kg)	Cr(mg/kg)	Ni(mg/kg)	Mn(mg/kg)	Cu(mg/kg)
2.36±0.56	0.27±0.11	0.19±0.05	0.27±0.20	10.05±0.02	0.97±0.02	ND
PAC-c(商业 PAC 固体)						
Al(g/kg)	Cl(g/kg)	Na(g/kg)	Ca(g/kg)	Mg(g/kg)	K(g/kg)	Fe(g/kg)
139.80±1.10	751.83±39.93	10.80±4.34	62.43±2.48	ND	ND	27.47±2.15
Pb(g/kg)	Zn(g/kg)	Cd(g/kg)	Cr(g/kg)	Ni(g/kg)	Mn(g/kg)	Cu(g/kg)
1.31±0.25	0.04±0.01	0.03±0.02	0.04±0.01	0.23±0.02	ND	ND

注：ND 为未检出。

4. 絮凝性能

（1）氯化铁絮凝剂

将合成的 $FeCl_3$（$FeCl_3$-s1 和 $FeCl_3$-s2）、商用 $FeCl_3$（$FeCl_3$-c）除磷和除浊方面的混凝性能进行比较，如图 4-28 所示。在 10～50 mg/L（Fe/P=1.11～5.54）的投加量范围内，除磷效率分别从 16.1% 提高到 95.4%（$FeCl_3$-c）、15.2% 提高到 93.0%（$FeCl_3$-s1）和 14.1% 提高到 88.1%（$FeCl_3$-s2），表明 $FeCl_3$-s1 和 $FeCl_3$-s2 的除磷能力与 $FeCl_3$-c 几乎相同（图 4-28a）。

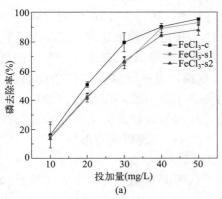
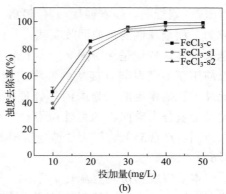

图 4-28　$FeCl_3$-s1 和 $FeCl_3$-s2 的混凝性能对比（$FeCl_3$-s1 和 $FeCl_3$-s2 分别为盐酸和卤水的反萃取产物）
(a) 除磷能力对比；(b) 除浊度能力对比

同样，$FeCl_3$-s1 和 $FeCl_3$-s2 的除浊能力也与 $FeCl_3$-c 相同（图 4-28b），分别为 48.1%～99.2%（$FeCl_3$-c）、39.2%～97.3%（$FeCl_3$-s1）和 35.6%～

96.0%（FeCl$_3$-s2）。实验结果表明，以卤水为反萃取剂的 FeCl$_3$-s2 至少可以作为一种潜在的混凝剂用于污水处理中。

（2）PAC 絮凝剂

将 PAC-c 和 PAC-s 一同比较除磷（图 4-29a）和除浊度（图 4-29b）的效果。同时，同样性能的 FeCl$_3$-s2 也放在图 4-29 中。如图 4-29 所示，在 10～35 mg/L 的投加量范围内，PAC-s 与 PAC-c 在两种污染物去除率上的变化趋势和量级大致相同。当投加量为 35 mg/L（Al/P=4.25）时，磷浓度可由初始的 5 mg P/L 降至 0.2 mg P/L；浊度可从初始的 30 NTU 降至 0.46 NTU。此外，即使在 50mg/L PAC-s 的剂量浓度下，TDS 的浓度也很低（473 mg/L），远低于中国非饮用水使用限制的 1500 mg/L。相比之下，FeCl$_3$-s2 在相同的性能下表现较弱，这意味着从实用的角度看，FeCl$_3$ 基混凝剂似乎没有必要生产。

此外，合成混凝剂可以完全节省购买原材料和处理废金属和卤水的成本。因此，在相同的混凝剂生产工艺（运输应相同）下，合成混凝剂的生产成本预期可远低于商业混凝剂。

图 4-29　PAC-s、FeCl$_3$-s2 和 PAC-c 的混凝性能对比
(a) 除磷性能对比；(b) 除浊度性能对比

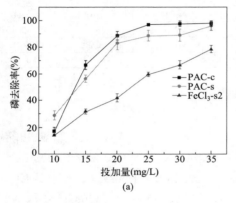
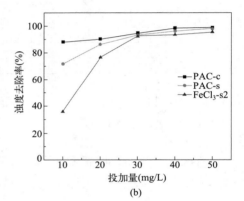

5. 前景与展望

污泥焚烧灰分和淡化卤水的协同资源化既可以回收磷酸盐，又可以生产混凝剂/絮凝剂，朝着循环/蓝色经济的方向发展。从污水/污泥中回收磷已经成为一项全球性的资源回收实践；与此同时，用于水/污水处理的混凝剂消耗越来越多，特别是在中国（世界上最大的混凝剂消费国）。在未来，我们还可以使用新型吸附剂直接从酸性浸出液中回收磷，进一步降低回收磷的成本。此外，焚烧将逐渐成为国内外处理剩余污泥的主流方法，因此可以预期，污泥焚烧灰分中磷回收的最佳位点。可估计，从污泥焚烧灰分中回收磷和与卤水协同生产混凝剂将扩大"蓝色"磷酸盐和"绿色"混凝剂的市场。

4.6.3　结语

本节以废物协同资源化为基础，进行了从污泥焚烧灰分中回收磷酸盐和协同海淡卤水生产混凝剂的试验，主要涉及污泥灰分中的 P、Al、Fe 和卤水中的 Cl$^-$ 和 SO$_4^{2-}$，得出以下主要结论：

（1）通过酸（HCl）浸出和金属的去除，灰分中约 88.0% 的磷（P）可以以羟基磷灰石[HAP：$Ca_5(PO_4)_3OH$]的形式回收；

（2）有机溶剂（TBP）可选择性地萃取去除/回收酸性浸出液中的 Fe^{3+}，用原卤水直接反萃取即可获得 $FeCl_3$ 基混凝剂；

（3）从灰分和原始卤水中除去 Al^{3+}，可合成液态 PAC 基混凝剂，其化学结构和混凝性能与商业 PAC 相当；

（4）液体 PAC 基混凝剂在去除磷酸盐和浊度方面的性能与商业混凝剂几乎相同。而回收的 $FeCl_3$ 基混凝剂在相同投加量下表现较弱；

（5）从污泥焚烧灰分中回收磷和与卤水协同生产混凝剂都将扩大"蓝色"磷酸盐和"绿色"混凝剂的市场。

4.7 厌氧消化中蓝铁矿形成关键控制因素解析

磷（P）是一种对食物系统和人类健康至关重要的有限且不可再生资源，将在 100 年内迅速耗竭。磷危机的时代已经开始，因此如何从动物废弃物和污水中回收磷已成为非常重要的议题。其中，污水处理产生的剩余污泥容纳了大多数进水磷负荷（高达 90%），因此其可能是磷回收的宝贵来源。由此推算，全球从剩余污泥中回收的磷可满足磷需求的 15%～20%。

蓝铁矿[$Fe_3(PO_4)_2 \cdot 8H_2O$]是一种非常稳定的磷铁化合物，常见于富含铁和磷的厌氧环境中，如土壤和深湖沉积物等。在污水管道和污水处理厂剩余污泥中也发现了蓝铁矿。在剩余污泥厌氧消化中，大部分的磷和铁以蓝铁矿形式存在。如果能从剩余污泥中回收蓝铁矿，那么则可以建立一种除了鸟粪石之外的，从污水中回收磷的新方法。这种方法近期引起了广泛关注，学界对其进行了许多研究。

剩余污泥中的铁主要来自废水处理中投加的铁盐，其用于化学除磷（CPR）、改善剩余污泥脱水性能，以及防止管道腐蚀并减少 H_2S 生成。在剩余污泥厌氧消化过程中，Fe^{3+} 被异化金属还原菌（DMRB）生物还原为 Fe^{2+}。同时，在厌氧消化中细菌细胞裂解和有机磷化合物降解则释放了 PO_4^{3-}。因此，当溶解度积达到阈值（$K_{sp}=10～36$）时，形成蓝铁矿，如式（4-16）所示。而厌氧消化中的其他离子也能与 PO_4^{3-} 或 Fe^{2+} 结合，形成难溶沉积物，从而影响蓝铁矿的形成。Ca^{2+}、Mg^{2+} 和 Al^{3+} 等金属阳离子，可与 PO_4^{3-} 结合形成其他难溶磷酸盐。此外，S^{2-} 等一些阴离子，可与 Fe^{2+} 结合，从而形成其他铁化合物。常见的干扰离子与 PO_4^{3-} 和 Fe^{2+} 相关的可能反应如图 4-30 所示。一些研究人员已经观察到蓝铁矿中含有磷酸钙、磷酸镁和其他铁化合物等杂质。如果能从消化熟污泥中分离和回收蓝铁矿，这将产生较大的收益。因为蓝铁矿不仅是一种富磷化合物（与鸟粪石中的磷含量相当），而且可制造锂电池等高附加值产品，甚至也可作为宝石收藏。

$$3Fe^{2+} + 2PO_4^{3-} + 8H_2O \longrightarrow Fe_3(PO_4)_2 \cdot 8H_2O \qquad (4-16)$$

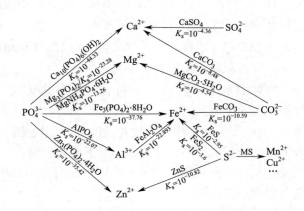

图 4-30 常见的干扰离子与 PO_4^{3-} 或 Fe^{2+} 相关的可能反应

从厌氧消化中回收蓝铁矿存在两个问题：1）如何提高磷的回收率；2）如何从消化污泥中分离蓝铁矿。首先，为了提高磷回收率，必须充分了解蓝铁矿的形成机理，确定关键控制因素。这即是本研究的目标。MPB 和 DMRB 对乙酸的竞争、DMRB 对 Fe(Ⅲ) 的生物还原率、Fe/P 及干扰离子等影响因素广受关注。当然，厌氧消化中的温度和铁源也会影响蓝铁矿的形成，这在之前的研究中已经得到了证明。其次，消化污泥中蓝铁矿的分离也是一个待解决的问题，因为消化污泥中蓝铁矿的颗粒很小（20～100 μm）。尽管通过添加晶核诱导结晶和磁分离等方法仍难以分离。

本研究首先通过化学软件模拟了干扰离子对蓝铁矿形成的影响。其次，通过实验探究了 DMRB 的 Fe^{3+} 还原速率对蓝铁矿的形成影响，以及 MPB 与 DMRB 对 VFAs 的竞争关系。最后，基于以上结果，揭示了厌氧消化中控制蓝铁矿形成的关键因素。

4.7.1 材料与方法

1. 剩余污泥与接种污泥

本研究使用的剩余污泥培养于 60L 工作体积的序批式反应器（SBR）中，以人工配水为养料。工作周期为曝气 22 h、沉降 2 h 的循环，$HRT = 2$ d，$SRT = 12$ d。剩余污泥经 15 μm 筛浓缩后，4 ℃保存备用。

接种污泥培养于 4L 工作容积的发酵罐中，已稳定运行 3 年以上。发酵罐中投加含有 FeOOH 的剩余污泥。FeOOH 的制备方法见表 4-14，剩余污泥和接种污泥参数见表 4-15。

模拟中应用的参数   表 4-14

参数	值	参数	值
温度	35 ℃	Ca^{2+}	350 mg/L
pH	7.0	Mg^{2+}	100 mg/L
S^{2-}	20 mg/L	Zn^{2+}	60 mg/L
NH_4^+	200 mg N/L	CO_3^{2-}	250 mg/L

剩余污泥与接种污泥参数 表 4-15

参数	剩余污泥	接种污泥
pH	7.3±0.1	6.8±0.1
TS(g/L)	54.07±0.13	23.5±0.03
VS(g/L)	41.41±0.09	13.70±0.03
MLSS(g/L)	41.98±0.15	17.63±0.12
MLVSS(g/L)	33.88±0.07	10.67±0.05
VS/TS(MLSS/MLVSS)	0.766(0.807)	0.583(0.605)
P(g/L)	1.046±0.033	1.172±0.026
Ca(g/L)	0.921±0.051	2.677±0.137
Mg(g/L)	0.381±0.009	0.126±0.004
Fe(g/L)	0.097±0.007	0.104±0.007
Al(g/L)	0.025±0.0008	0.020±0.0009

2. 实验计划

(1) 模拟干扰离子的影响

部分干扰离子可以通过与 Fe^{2+} 竞争 PO_4^{3-} 形成其他金属磷化合物，以及影响蓝铁矿的形成。通过水化学平衡软件（Visual MINTEQ，Version 3.1）模拟干扰离子的影响情况。本研究关注了剩余污泥中常见的阳离子，包括 Ca^{2+}、Mg^{2+}、Zn^{2+} 和 NH_4^+，其可以与 PO_4^{3-} 结合；以及常见的阴离子，包括 S^{2-} 和 CO_3^{2-}，它们可以与 Fe^{2+} 结合。设定以蓝铁矿形式回收 90%磷。模拟中应用的参数接近实际情况，见表 4-14。

(2) 铁还原速率影响探究

形成蓝铁矿所需的理论 Fe/P 摩尔比为 1.5:1(式 4-16)。然而，干扰离子可能会通过消耗 PO_4^{3-} 和/或 Fe^{2+} 来影响蓝铁矿的形成。因此，较高的 Fe/P 有利于蓝铁矿的形成，即通过增加 Fe^{2+} 来提高铁的生物还原速率可以减弱干扰离子的影响。因此，考虑铁的生物还原作用可能是控制蓝铁矿形成的因素之一，则释放 PO_4^{3-} 的速率应与铁生物还原速率相匹配。然而，在实验中，通过调节 DMRB 的活性达到不同铁生物还原的速率较为困难。因此，实验中通过直接在反应器中加入不同的 Fe^{2+} 量来代表不同的铁生物还原速率。如表 4-16 所示，在 5 个反应器（$R_1 \sim R_5$）中按照不同的测试阶段逐步加入相同总量的 Fe^{2+}。空白实验（R_0）不添加任何铁源，对照试验（$R_{Fe^{3+}}$）添加 FeOOH。

实验使用 600 mL 血清瓶（400 mL 工作体积）作序批反应器，设置 3 组平行实验。根据先前的研究，剩余污泥与接种污泥的比为 3:1(g VSS/g VSS)。总铁添加量以 Fe/P 为 2:1。

所有反应器用 NaOH(1 mol/L) 和 HCl(1 mol/L) 调节 pH 至 7.0±0.1，然后用氮气（N_2）吹扫 15 min 以去除氧气，随后在 35 ℃ 的摇床中培养。每

隔 12 h 向每个反应器均匀添加 Fe^{2+}（$FeCl_2$），见表 4-16。

铁生物还原速率影响探究实验　　　　　　　　　　表 4-16

实验组	铁源	投加时间
R_0	—	—
$R_{Fe^{3+}}$	FeOOH	0d（一次性投加）
R_1		0d（一次性投加）
R_2		2d
R_3	$FeCl_2$	4d
R_4		7d
R_5		10d

注：＊0d：第 0 天时将 $FeCl_2$ 一次性投加完成；2d：每 12h 投加一次 $FeCl_2$，共 2 天投加完毕，以此类推。

（3）MPB 影响探究

MPB 可以与 DMRB 竞争 VFAs，则其可能抑制蓝铁矿形成。为了抑制 MPB 的活性，实验中向反应器（$R_6 \sim R_{10}$）中投加不同剂量（0 mmol/L、5 mmol/L、20 mmol/L、35 mmol/L 和 50 mmol/L）的 $C_2H_4BrNaO_3S$（BESA），并以 Fe/P 2∶1（投加 FeOOH）。空白实验（R_0-BESA），添加 50 mmol/L 的 BESA，但不添加 FeOOH。

（4）MPB 与 DMRB 亲和系数探究

MPB 的活动应符合单底物 Monod 方程，如式（4-17）所示。此外，DMRB 的活性应符合双底物的 Monod 方程，如式（4-18）所示。

$$V = V_{max} \cdot \frac{S_{HAc}}{K_{HAc} + S_{HAc}} \qquad (4\text{-}17)$$

$$V = V_{max} \cdot \frac{S_{HAc} \cdot S_{Fe}}{K_{HAc} \cdot S_{Fe} + K_{Fe} \cdot S_{HAc} + S_{HAc} \cdot S_{Fe}} \qquad (4\text{-}18)$$

式中　　V——反应速率，mM/（g VSS·d），CH_4 产率或铁的生物还原率；

　　　　V_{max}——最大反应速率；

S_{HAc} 和 S_{Fe}——分别为乙酸（HAc）和 Fe^{3+} 浓度，mmol/（L·g VSS）；

K_{HAc} 和 K_{Fe}——分别为对乙酸和 Fe^{3+} 的亲和常数，mmol/（L·g VSS）。

根据批量测试结果，MPB 和 DMRB 对乙酸的亲和常数可通过式（4-17）和式（4-18）拟合确定。

3. 采样与分析

实验采样与分析过程包括：

1）定期从反应器中取混合液样品，然后离心并通过 0.45 μm 滤膜过滤器过滤，取上清液进行分析：①采用钼蓝法和邻菲罗啉比色法，测定溶解性 PO_4^{3-} 与 Fe^{2+} 浓度；②使用离子色谱仪，测定挥发性脂肪酸（VFAs）；

2）将 1 mL 混合液样品与 9 mL HCl（1 mmol/L）混合酸化，将混合液中 Fe 化合物沉淀全部转化为溶解的 Fe^{2+}。测定分析混合液（生物质＋上清液）中总 Fe^{2+} 浓度；

3）利用气液装置测定沼气产量，并使用气相色谱仪分析沼气成分；

4）将混合液（生物质＋上清液）于 150 ℃下，用浓 HNO_3 和 H_2O_2 消化 2 h，随后用电感耦合等离子体发射光谱法测其他金属含量；

5）20 d 厌氧消化实验结束后，将混合液样品置于 45 ℃的黑暗厌氧烘箱中干燥，以防止蓝铁矿被氧化。然后，将干燥后的样品研磨成粉末（＜0.2 mm），可通过 X 射线衍射（XRD）确认蓝铁矿的存在，如图 4-31 所示。根据先前的研究，使用磷分级提取的化学方法确定蓝铁矿的形成量。该方法提取的磷化合物可分为 5 种形式：不稳定 P、MCO_3-P、Fe-P、Ca-P 和残余态 P；其中，Fe-P 包括 Fe 结合 P、Al 结合 P 和有机 P。由于剩余污泥和接种污泥中几乎不含有 Al（表 4-15），且有机 P 含量较低，因此干燥样品中的 Fe-P 至少可以近似地视为蓝铁矿；

6）采用高通量测序法检测混合液微生物群落。使用 515FmodF（5′-GT-GYCA GCMGCCGCGGTAA-3′）h 和 806RmodR（5′-GGACTA CNVGGGT-WTCTAAT-3′）引物对进行 PCR 扩增。

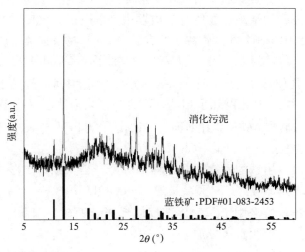

图 4-31 XRD 法鉴定蓝铁矿

4.7.2 结果与讨论

1. 干扰离子影响

模拟结果表明，干扰离子的存在会严重影响蓝铁矿的形成，特别是当 PO_4^{3-} 浓度较低（＜3 mmol/L）时。如图 4-32 所示，在干扰离子存在的情况下，形成蓝铁矿所需的 Fe^{2+} 量显著增加；当 PO_4^{3-}＝1 mmol/L 时，干扰离子使得形成等量蓝铁矿所需的 Fe/P 由 1.5 增加到 5。当 PO_4^{3-}＝5 mmol/L 时，Fe/P 对橄榄石的形成影响不大。由式（4-16）可知，充足的 Fe^{2+} 是控制蓝铁矿形成的因素之一，干扰离子使得所需的 Fe^{2+} 量升高。因此，铁的生物还原速率是厌氧消化期间蓝铁矿形成的关键。根据先前的研究剩余污泥中总磷浓度一般在 6.76～25.69 mmol/L，反应器中测得的磷浓度在 11.7 mmol/L 左右。模拟结果表明，最低所需的铁磷比为 1.94。因此将 Fe/P 设为 2，可以满足蓝铁矿形成的需要。

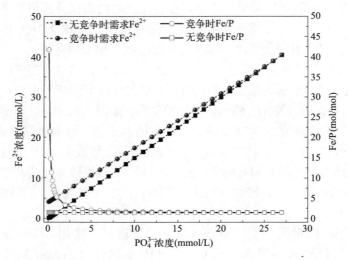

图 4-32　不同 NO_3^- 浓度下不同电子供体反硝化速率[mg/(L·h)]比较(20℃)

2. 铁还原速率的影响

图 4-33 显示了铁还原速率对蓝铁矿形成的影响。图 4-33a 显示了各反应器中污泥磷分级提取的结果。在所有反应器中，空白试验（R_0）中 Fe-P 比例最低，这是由于其中未额外添加铁源。所有添加 $FeCl_2$ 的反应器（$R_1 \sim R_5$）的 Fe-P 比例上趋于一致，为 80.2%～87.5%。添加了 $FeOOH(R_{Fe^{3+}})$ 的反应器中 Fe^{3+} 投加量与其他反应器中 Fe^{2+}（$FeCl_2$）投加量相同，但其 Fe-P 比例仅为 65%。$R_1 \sim R_5$ 中 Fe-P 比例几乎相同，这表明，无论铁还原速率大小，都可在 20 d 的试验期内形成蓝铁矿。相对而言，$R_{Fe^{3+}}$ 中的 Fe^{3+} 与 $R_1 \sim R_5$ 中的 Fe^{2+} 含量相同，产生的蓝铁矿形成量不同。

上述现象可以用铁的生物还原过程来解释。当 FeOOH 形式的 Fe^{3+} 被生物还原为 Fe^{2+} 时，一部分 Fe^{2+} 会迅速与 FeOOH 中的 Fe^{3+} 结合形成 Fe_3O_4。随后，Fe_3O_4 再与溶液中 PO_4^{3-} 逐渐反应形成蓝铁矿。因此，铁生物还原途径生成蓝铁矿的速度比直接投加 $FeCl_2$ 要慢。此外，$FeCl_2$ 在加入后可以完全溶解于溶液中。这样，除了与 PO_4^{3-} 直接结合外，Fe^{2+} 还可以取代和交换已经与 PO_4^{3-} 结合的其他金属离子，形成蓝铁矿。因此，使得 $R_1 \sim R_5$ 比 $R_{Fe^{3+}}$ 形成了更多的蓝铁矿。

从混合液（全部被 HCl 酸化为 Fe^{2+}）中测量的总 Fe^{2+} 浓度（生物质＋上清液）（图 4-33b）可以看出，$R_{Fe^{3+}}$ 中 DMR 的铁生物还原速率在前 3d 快速增加，在 4～7 d 间进入 Fe^{2+} 平台期，最后再次快速增加。第一次 Fe^{2+} 的增加是由于在反应初期时，系统中已经有一定数量的 VFAs。然后，VFAs 被 DMRB 和 MPB 耗尽，从而限制了铁的生物还原反应。在 3 d 左右，VFAs 再次发生酸化积累，然后 Fe^{2+} 出现第二次增加，最终其总值相当于 $R_1 \sim R_5$ 中投加的 $FeCl_2$ 总量。无论如何，在 10 d 内完成了铁全部还原。高通量测序结果显示，参与反应的主要 DMRB 是 *Rhodoferax ferrireducens* 属，如图 4-34 和表 4-17 所示。*R. ferrireducens* 仅可以利用乙酸碳源，而不能利用其他常见的短链 VFAs。显然，MPB 也利用乙酸酯生产 CH_4。因此，MPB 可以与 DMRB 竞争乙酸，并在乙酸不足时限制铁的生物还原速率。

结合图 4-33(c) 和图 4-33(d)，可以进一步评价铁的还原速率和蓝铁矿的形成速率。R_1 和 R_2 中，投加 $FeCl_2$ 后，Fe^{2+} 浓度开始快速下降，然后有所增加，最后 Fe^{2+} 又逐渐减少。第一次快速下降可归因于化学结合（形成蓝铁矿），以及生物或化学吸附的双重作用，然后其又逐渐释放到溶液中，与 PO_4^{3-} 和其他阴离子化合物结合（图 4-33c）。相对地，$R_{Fe^{3+}}$ 中的 Fe^{2+} 由于铁的生物还原较慢和不断结合为蓝铁矿，持续处于较低水平；Fe^{2+} 在第 4 天到第 7 天之间出现了一个小的峰值（图 4-33c），这是由于此时缺乏乙酸，与图 4-33(b) 中的 Fe^{2+} 平台期相对应。

从图 4-33(d) 可见，PO_4^{3-} 在所有反应器中（除空白反应器外）都有快速下降的趋势。值得注意的是，$R_{Fe^{3+}}$ 中 PO_4^{3-} 在 2 d 内迅速下降，仅比迅速投加 $FeCl_2$ 的 R_1 和 R_2 慢 1 天。而在 R_4 和 R_5 中缓慢添加 $FeCl_2$，PO_4^{3-} 的下降速率也很快，在 5 d 内消耗完毕。

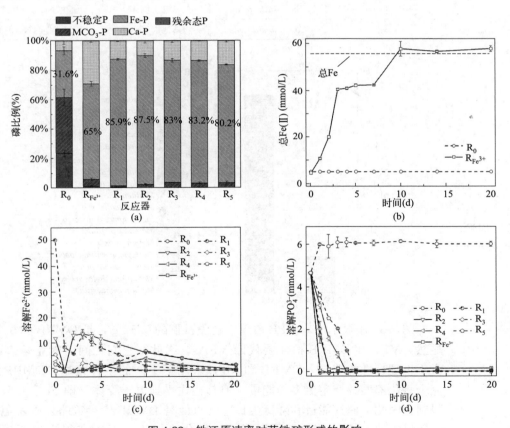

图 4-33 铁还原速率对蓝铁矿形成的影响

(a) 磷分级提取比；(b) 总 Fe^{2+} 浓度；(c) 溶解 Fe^{2+}；(d) 溶解 PO_4^{3-}

3. 微生物群落影响

高通量测序测得 DMRB 和 MPB 相对丰度如图 4-34 所示，*R. ferrireducens* 的部分参数如表 4-17 所示。如图 4-34 所示，*R. ferrireducens* 被确定为 DMRB 的主要物种，占 DMRB 的 90% 以上，占总生物量种群的 0.08%～0.12%，这与前人的研究结果一致。其原因可以归结为：1）*R. ferrireducens* 具有更高的能源效率，适宜在低乙酸和高氨环境生存；2）其具有不同的能量转换途径，用于能量储存的 PHA 合成以及在缺乏 Fe^{3+} 的情况下与 *Methanosarcina* 共存；3）其具有对重金属、芳香族化合物、营养限制等多种环境因素的抗性。这些特征使原 *R. ferrireducens* 能够快速适应厌氧消化，并成为 DMRB 的主要物种。

关于 *Rhodoferax Ferrireducens* 的部分信息 表 4-17

界	*Bacteria*	属	*Rhodoferax*
门	*Proteobacteria*	种	*Ferrireducens*
纲	*Gammaproteobacteria*	来源	淡水海湾沉积物
目	*Burkholderiales*	电子供体	醋酸酯、苯甲酸酯等
科	*Comamonadaceae*	其他电子受体	Mn(Ⅳ)，NO$_3^-$，O$_2$

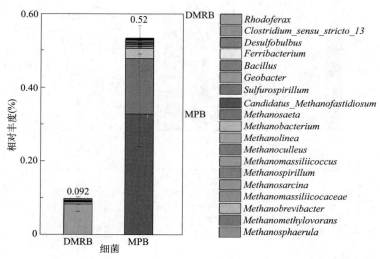

图 4-34 DMRB 与 MPB 相对丰度

图 4-34 还显示出，MPB 占总生物量种群的 0.52%，是 DMRB 的 5.7 倍。显然，MPB 和 DMRB 都需要代谢 VFAs。因此，它们之间可能竞争 VFAs。由于生理特性的差异，DMRB 和 MPB 采用了不同的生存策略。DMRB 可以完全氧化乙酸并产生更多的能量，但其往往受到电子受体（即 Fe^{3+}）数量的限制。因此，储存能量和降低生长速度可能是 DMRB 生存策略，以避免潜在的能量短缺。相反，MPB 可以将乙酸转化为 CH$_4$，及时获得生长所需的能量。因此，MPB 种群数量高于 DMRB 种群数量。

4. 产甲烷细菌（MPB）的影响

（1）抑制 MPB 活动

随着反应器中 BESA 投加量的增多，MPB 的活性逐渐被抑制，CH_4 的生成呈下降趋势，如图 4-35 所示。在 R_{10} 中添加 50 mg/L 的 BESA 后，CH_4 的产生几乎完全停止。因此，在空白反应器（R_0-BESA）中加入 50 mg/L 的 BESA。在这种情况下，MPB 对 DMRB 的影响将被完全消除。

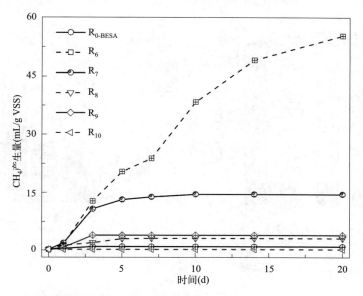

图 4-35 BESA 抑制反应器中 CH_4 的累积生成

（2）无 MPB 影响下蓝铁矿的形成情况

图 4-36 显示了 MPB 被抑制时蓝铁矿形成情况。如图 4-36（a）所示，随着 BESA 投加量的增加，蓝铁矿的比例从 66.8% 逐渐增加到 75.7%，这表明抑制 MPB 可能有助于促进 DMRB 的活动，从而促进蓝铁矿的形成。然而，与图 4-33（a）（$R_{Fe^{3+}}$：65%）的结果相比，在 MPB 抑制条件下，蓝铁矿的最大产量仅达到 75.7%（R_{10}，添加 50 mg/L 的 BESA），蓝铁矿的产量增加了约 10%。比较结果表明，MPB 虽影响 DMRB 对 VFAs（乙酸）的消耗，但影响程度很小。

空白反应器（R_0-BESA）中蓝铁矿的产量（21.7%）比 R_0（31.6%）少了约 10%（图 4-33a）。当 MPB 活性在 R_0-BESA 中被完全抑制时，即使不添加 FeOOH，理论上也会增加蓝铁矿的形成（两者都可以利用剩余污泥和接种污泥中残留的 Fe^{3+}）。该现象可以用两个因素来解释：R_0-BESA 中 pH 的降低与 CO_2 的增加。首先，尽管蓝铁矿可以在较宽的 pH 范围内形成（6～9），但 pH 较低时仍不利于蓝铁矿的形成。R_0 和 R_0-BESA 的 pH 分别为 7.2 和 6.8。当在 R_0-BESA 中加入 BESA 时，CH_4 的生成被抑制，酸化反应（图 4-36b）逐渐降低了反应器 pH，这不利于蓝铁矿的形成。

其次，由于 MPB 的活性受到抑制，R_0-BESA 中的 CO_2 浓度会增加，这通常会导致反应器中 CO_2 分压增大，从而导致溶解的 CO_3^{2-} 浓度增加。因此，MCO_3-P 会增加，从而抑制了蓝铁矿的形成。从 R_0 和 R_0-BESA 的 MCO_3-P 含量来看，R_0-BESA 的 MCO_3-P 含量比 R_0-BESA 的 MCO_3-P 含量高10%左右，这与蓝铁矿产量差异10%相吻合。

在其他反应器（$R_7 \sim R_{10}$）也发生了同样的现象。从这个角度来看，图4-36(a)中蓝铁矿产量为通过抑制MPB增强蓝铁矿形成，以及由于CO_2增加促进的MCO_3-P的产生限制蓝铁矿形成叠加的综合（净）结果。

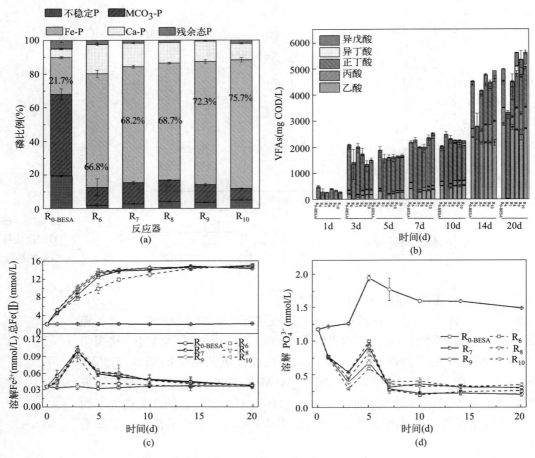

图4-36   MPB被抑制时蓝铁矿形成情况

(a) MPB被抑制时蓝铁矿的形成：磷分级提取；(b) VFAs浓度；(c) 总Fe^{2+}与溶解Fe^{2+}浓度；(d) 溶解PO_4^{3-}浓度

VFAs的变化趋势（图4-36b）表明，需要更高剂量的BESA来抑制MPB的活性。添加50 mg/L的BESA后，MPB的活性几乎被完全抑制。实验结束（20 d）时，VFAs（包括乙酸）的积累更多。而在没有添加BESA的情况下，R_6中VFAs的浓度较低，并且在试验结束时没有乙酸剩余，这表明MPB在蓝铁矿形成的同时也在消耗乙酸来产生CH_4。

总之，抑制MPB活性在一定程度上有助于铁的生物还原，但DMRB可利用的乙酸增加并没有促进蓝铁矿迅速形成。

（3）Monod方程拟合曲线

以未添加BESA的R_6（混合培养）结果为基础，MPB和DMRB对Monod方程的拟合曲线如图4-37所示，关键拟合数据见表4-18。虽然MPB

和 DMRB 之间存在对乙酸的竞争，但 DMRB 的 K_{HAc} 常数[4.2 mmol/(L·g VSS)]比 DMRB 的 K_{HAc} 常数[15.67 mmol/(L·g VSS)]低了近 4 倍，这意味着 DMRB 可以在更低的乙酸浓度下发生反应。这个关于 DMRB 和 MPB 对于乙酸的亲和常数的重要发现，解释了 MPB_s 不能显著抑制 DMRB 的原因。且本研究确定的 MPB 的 $K_{HAc} = 15.67$ mmol/(L·g VSS)接近于先前研究的 13.3 mmol/(L·g VSS)。

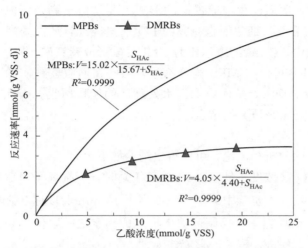

图 4-37 以 R_6 结果，基于 Monod 方程，MPB 与 DMRB 拟合曲线

以 R_6 结果，基于 Monood 方程，MPB 与 DMRB 拟合结果 表 4-18

细菌	V_{max}[mmol/(L·d)]	K_{HAc}[mmol/(L·g VSS)]	K_{Fe}[mmol/(L·g VSS)]
DMRB	4.05	4.40	14.27
MPB	15.02	15.67	—

5. 讨论

如上文分析，干扰离子会影响蓝铁矿的形成，特别是在 PO_4^{3-} 浓度较低时（如图 4-32 所示，<3 mmol/L）。而本研究中 PO_4^{3-} 浓度一般在 3 mmol/L 以上，因此 PO_4^{3-} 对蓝铁矿的形成没有干扰。在这种情况下，剩余污泥中 Fe^{3+} 的含量则是控制蓝铁矿形成的关键因素。在试验中，施加 Fe/P 为 2∶1，因此 Fe^{3+} 的量足以进行铁的生物还原并形成蓝铁矿。然而，在实际操作中，当剩余污泥中 Fe^{3+} 含量不足时，则需要外源添加 Fe^{3+}，或者在合适的情况下直接向厌氧消化中添加 Fe^{2+}。

厌氧消化中的 Fe^{3+} 必须通过 DMRB 生物还原为 Fe^{2+} 才能形成蓝铁矿。因此，铁生物还原速率是一个重要的因素。然而，结果表明，虽然铁生物还原速率确实是一个控制蓝铁矿形成的因素，但它不是关键因素。只要厌氧消化中有足够的 Fe^{3+}，就不会限制蓝铁矿的形成，可以预期会产生相当数量的蓝铁矿。

然后，研究关注于 MPB 与 DMRB 对 VFAs（乙酸）的竞争。出乎意料的是，尽管完全抑制 MPB 活性后 DMRB(*R. ferrireducens*，一种仅以乙酸为碳源的主要物种）可以获得充足的乙酸，但其并未显著促进蓝铁矿的形成。也就是说，乙酸并不是控制蓝铁矿形成的关键因素，也没有严重抑制铁的生物还原速率。

DMRB 和 MPB 对于乙酸的亲和常数（K_s）测定结果表明，DMRB 的 K_{HAc} 比基于乙酸酯的 MPB 低近 4 倍，这是 MPB 竞争乙酸对 DMRB 影响较弱的关键原因。

综上所述，厌氧消化中蓝铁矿的形成主要是由于剩余污泥中含有足够的 Fe^{3+}，这不仅需要与细菌细胞释放的 PO_4^{3-} 量匹配，还需要考虑干扰离子的影响。在实践中，铁/磷的摩尔比为 2∶1 足以形成蓝铁矿。

由于 DMRB 可以与 MPB 竞争乙酸，因此在回收蓝铁矿的过程中会出现 CH_4 产量减少的现象，从而影响污水处理厂的能量回收。因此，平衡能量和蓝铁矿的回收是未来研究的重点。

4.7.3　结语

基于以上的分析和讨论，可以得出结论如下：

（1）当 PO_4^{3-} 浓度较低（＜3 mmol/L）时，干扰离子对蓝铁矿的形成有一定的影响。然而本实验中 PO_4^{3-} 浓度高于 10 mmol/L 时，影响并未产生；

（2）Fe^{3+} 还原速率是控制蓝铁矿形成的因素之一，但不是关键因素，只能在一定程度上促进蓝铁矿的形成；

（3）*Rhodoferax ferrireducens* 是 DMRB 的主要物种，占 DMRB 的 90% 以上，占总生物量种群的 0.08%～0.12%，是一种乙酸依赖性细菌；

（4）抑制 MPB 的活性在一定程度上有助于铁的生物还原，但并不能迅速促进蓝铁矿的形成；

（5）DMRB 与 MPB 对乙酸的亲和系数表明，蓝铁矿的形成不受 MPB 的抑制；

（6）厌氧消化中蓝铁矿的形成主要取决于剩余污泥中存在足够的 Fe^{3+}，Fe/P 为 2∶1 就足以使剩余污泥厌氧消化形成蓝铁矿。

4.8　侧流磷回收强化主流脱氮除磷微观解析

我国污水处理出水标准不断提高，主要针对氮、磷去除要求日趋严格。然而，我国市政污水普遍存在进水碳源不足以完成生物脱氮除磷问题。为此，实践中大多通过外加碳源与化学药剂方式分别进行生物脱氮和化学除磷，导致资源消耗、能耗过高。其实，荷兰早已存在一种厌氧上清液侧流磷回收强化主流脱氮除磷工艺：BCFS。厌氧池相当于磷的"浓缩器"，将进水普遍较低的磷浓度（3～6 mg/L，以 P 计）以过量释磷方式提高至 20～40 mg/L。将厌氧池部分上清液引出，以侧流添加药剂实现磷沉淀并回收，很容易去除约 50% 进水磷负荷；这部分上清液再回流至后续主流缺氧、好氧单元相当于为脱氮除磷所需碳源减负，使 COD/N 与 COD/P 提高，即与外加碳源作用异曲同工。

研究与应用已基本确定了侧流磷回收单元对主流脱氮除磷的强化作用，但需进一步解析作用机理与最佳工况。为此，研究通过实验验证方式探求最佳侧流比及药剂投加量；考察磷回收对主流脱氮除磷效果的影响；揭示侧流磷回收强化主流脱氮除磷的过程机理。

4.8.1 材料与方法

1. 实验装置与运行

实验主流系统采用变型 UCT(BCFS) 工艺；系统设计流量 $Q=500$ L/d，水力停留时间 $HRT=18.8$ h，各反应池容积如图 4-38 所示。侧流磷回收单元包括一个厌氧池内物理泥水分离区及侧流药剂混凝区，侧流比例 q_s 为侧流水量与进水量之比（Q_s/Q_{in}）。设计进水采用人工配水，COD 依工况选定，有机成分以乙酸钠、葡萄糖及胰乳蛋白胨为主。配水各污染物浓度参数详见表 4-19。

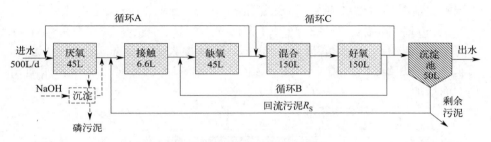

图 4-38 实验小试装置工艺流程

合成配水主要成分与污染物浓度　　　　　表 4-19

参数	药剂	浓度		
COD	COD 总量(mg/L)	250	350	450
	CH_3COONa(以 COD 计，mg/L)	100	150	200
	$C_6H_{12}O_6 \cdot H_2O$(以 COD 计，mg/L)	100	150	200
	胰乳蛋白胨(以 COD 计，mg/L)	50	50	50
TN		6		
	NH_4Cl(以 N 计，mg/L)	44		
TP	KH_2PO_4(以 P 计，mg/L)	5		

2. 测定与分析方法

实验中 COD 采用重铬酸钾法并利用自动电位滴定仪测定，TN、NH_4^+-N、NO_3^--N 分别采用碱性过硫酸钾/紫外分光光度法、纳氏试剂比色法、盐酸+氨基磺酸比色法测定，TP、PO_4^{3-}-P 采用钼酸铵分光光度法测定，pH、DO、ORP、MLSS、MLVSS、SVI 等参数采用《水和废水监测分析方法（第四版）》方法测定，Ca^{2+}、Mg^{2+} 利用 ICP-OES 仪器测定，释磷、吸磷作用活性，硝化、反硝化作用活性采用《Experimental Methods in Wastewater Treatment》中方法测定，EPS 提取采用高温碳酸钠法，胞外多糖、蛋白质采用苯酚硫酸法、Lorry 法，微生物丰度利用 16S rRNA 基因与宏基因组测序。

4.8.2　运行策略与侧流磷回收

1. 实验运行策略

BCFS 反应器不同工况运行及进出水水质如图 4-39 所示。可以看到以进水 COD＝450 mg/L 启动运行，污泥浓度（MLSS）保持在 3000 mg/L 左右。当反应器出水 COD、N、P 等指标达到并稳定于理想值（一级 A 标准）后逐渐开始降低进水 COD（至 350 mg/L、250 mg/L），同时保持进水 N、P 值不变，目的是考察低碳源污水情况下出水 N、P 恶化情况，并由此启动侧流磷回收工艺单元。结果显示，当进水 COD 降为 250 mg/L 后，出水 N、P 开始恶化，从 COD≥350 mg/L 时的满足一级 A 标准突然增至出水 TN＝27.0±9.4 mg/L、TP＝2.6±1.2 mg/L，说明此时进水 COD 不足，已成为脱氮除磷限制性因素。由此启动侧流磷回收系统，分别以 q_s＝15%～30% 考察侧流磷回收后出水 N、P 的优化作用。

当侧流磷回收 q_s＝15% 时，在其他进水条件（COD＝250 mg/L）与运行工况不变情况下，出水 TP 下降最为明显，从 2.6±1.2 mg/L 立刻下降至 0.5±0.1 mg/L（降幅达 80%），TN 下降虽不及 TP，但也从 27.0±9.4 mg/L 下降至 16.1±1.9 mg/L，降幅为 40%。继续加大侧流流量 q_s＝30% 运行，出水 TN＝12.2±2.2 mg/L、TP＝0.2±0.2 mg/L，显示侧流强化作用随 q_s 加大而增加。

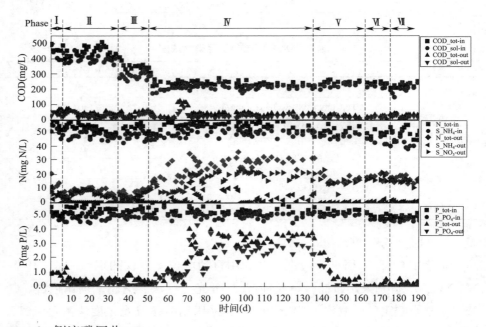

图 4-39　反应器不同工况进出水水质情况

2. 侧流磷回收

根据前期磷回收研究成果，侧流磷回收将不再聚焦鸟粪石[MAP，$Mg(NH_4)PO_4 \cdot 6H_2O$]，代以常见而又容易形成的羟基磷灰石[HAP，$Ca_5(PO_4)_3OH$]，可充分利用原水中的 Ca^{2+}，只需调节 pH。小试实验利用 NaOH 确定最佳 pH，如图 4-40 所示。当 pH＞9.0 时，磷酸盐（PO_4^{3-}-P）可被迅速沉淀；至 pH＞10.0 时，上清液残留 PO_4^{3-}-P 浓度可降低至小于 1.0 mg/L。因此，确定实验 pH 调节控制在 9.5～10.5。

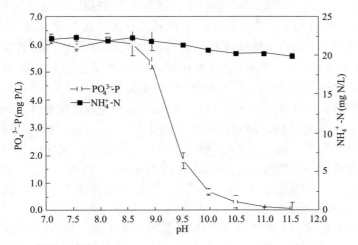

图 4-40　pH 与磷回收效果

4.8.3　结果分析与讨论

化学侧流磷回收可间接提高 COD/P、COD/N，对主流脱氮除磷具有明显的提升效果。为此，从反应器运行过程、参数以及微生物变化等多角度辨析其深层次强化作用机理。

1. 增加系统碱度

NH_4^+-N 去除率提高可能是加入化学侧流后引入了部分碱度，不同周期内好氧池平均 pH 与出水 NH_4^+-N 浓度变化见表4-20。在运行初期（周期Ⅱ），碳源（COD＝450 mg/L）充足条件下，好氧池 pH 处于 6.93±0.5，该过程可由反硝化作用补充部分碱度，硝化作用正常进行，出水 NH_4^+-N 接近于 0。COD 降低为 350 mg/L（周期Ⅲ），碳源略显不足引起反硝化受限，补充碱度降低，致 pH 下降（6.73±0.5），出水 NH_4^+-N 略微攀升 0.6±1.0 mg/L。在第Ⅳ周期内（COD＝250 mg/L）碳源明显不足，反硝化作用明显减弱，补充碱度严重不足，pH 下降至 6.38±0.2，出水 NH_4^+-N 明显恶化至 2.9±3.7 mg/L。

好氧池平均 pH 与出水 NH_4^+-N 浓度　　　　　　　　表 4-20

指标	Ⅱ	Ⅲ	Ⅳ	Ⅴ	Ⅵ	Ⅶ
出水 NH_4^+-N(mg/L)	0.0±0.1	0.6±1.0	2.9±3.7	0.4±0.2	1.0±0.8	0.5±0.4
pH	6.93±0.4	6.73±0.5	6.38±0.2	7.47±0.3	7.50±0.4	7.72±0.5

侧流磷单元外加药剂提供碱度可明显升高侧流 pH，磷回收后上清液进入主流亦可提高系统碱度，导致 pH 升高（周期Ⅴ～Ⅶ），可明显促进硝化反应，使出水 NH_4^+-N 降低，见表 4-20。此外，侧流磷回收因间接提高主流 C/N，强化了反硝化作用，也会产生一定碱度。

2. 强化细菌活性

为从微生物代谢角度深入探究侧流磷回收强化主流脱氮除磷效果作用机

理，测定开展侧流磷回收前后活性污泥释磷潜力、反硝化以及硝化作用活性研究，以分析比较前后微生物反应速率，结果列于表 4-21。

COD＝450 mg/L（周期Ⅱ）运行下，活性污泥释磷、吸磷速率分别为 9.5 mg/(g·h) 和 11.3 mg/(g·h)（1g 生物量 1 h 内造成 P 变化量）；而当进水 COD 降低至 250 mg/L（周期Ⅳ）时，释磷、吸磷速率分别降低至 4.3 mg/(g·h) 和 3.3 mg/(g·h)。这充分说明，碳源不足会导致磷细菌（PAOs）活性降低，除磷能力变差。但实施侧流磷回收（q_s＝15%）后，释磷、吸磷速率分别回升至 7.0 mg/(g·h) 和 5.7 mg/(g·h)，意味着侧流磷回收有助于主流 PAOs 恢复活性。但继续增加侧流比至 q_s＝30%，释磷与吸磷速率不增反降，分别为 5.5 mg/(g·h) 和 5.5 mg/(g·h)。反观相同时期 PAOs 对乙酸厌氧吸收速率，侧流比 q_s＝15% 时由 7.9 mg/(g·h)（1g 生物量 1 h 内造成 C 变化量）恢复至 9.6 mg/(g·h)；当提高侧流比至 q_s＝30% 后，又降低至 8.3 mg/(g·h)。

综合以上结果，当侧流比为 15%，活性污泥释磷、吸磷活性会因侧流磷回收而逐渐提高，意味着 PAOs 菌群丰度上升或者其代谢在与聚糖菌（Glycogen accumulating organisms，GAOs）竞争中占据优势。然而，过高侧流亦会导致 PAOs 活性降低，表现为磷负荷降低所引起的生物除磷强度减弱。侧流磷回收会导致 PAOs 细胞内多聚磷酸盐（poly-P）含量下降，使其代谢途径发生变化；当 poly-P 含量降低至无法提供足够能量时，PAOs 则会提高糖原利用程度来获得能量，糖原厌氧分解以及好氧合成量均会有所增长。结果表现出类似 GAOs 的代谢特征，即较低污泥含磷率会促进 PAOs 由磷酸盐积累代谢（PAM）向糖原积累代谢（GAM）模式转变。

由硝化速率测定结果可知，碳源降低导致硝化速率由 14.7 mg/(g·h)（1g 生物量 1 h 内造成 N 变化量）降低至仅 5.9 mg/(g·h)；而分别实施 15% 和 30% 侧流比后，硝化速率迅速回升至 9.8 mg/(g·h) 和 10.2 mg/(g·h)，表现为硝化菌活性的提高。

反硝化速率测定结果显示，COD＝250 mg/L 所对应反硝化速率由 COD＝450 mg/L 时的 9.6 mg/(g·h)（1g 生物量 1 h 内造成 N 变化量）降至 3.8 mg/(g·h)，意味着碳源降低大大限制了反硝化作用。但在实施 15% 侧流比后，对应反硝化速率回升至 7.4 mg/(g·h)，表明化学侧流磷回收一定程度上可促进反硝化能力。

侧流磷回收前后不同细菌活性分析　　　　　表 4-21

周期	工况	释磷 [mg/(g·h)]	VFA$_{up}$ [mg/(g·h)]	吸磷 [mg/(g·h)]	硝化速率 [mg/(g·h)]	反硝化速率 [mg/(g·h)]
Ⅱ	COD＝450 mg/L	9.5	15.1	11.3	14.7	9.6
Ⅳ	COD＝250 mg/L	4.3	7.9	3.3	5.9	3.8
Ⅴ	15%侧流	7.0	9.6	5.7	9.8	7.4
Ⅶ	30%侧流	5.5	8.3	5.5	10.2	5.4

3. 有助于反硝化除磷

解决碳源不足问题无外乎外加碳源和充分利用或节省碳源。前者虽然简单、有效，但会增加运行成本、剩余污泥量及碳排放量。因此，充分利用已有碳源更具有实际意义，其中，可发挥反硝化除磷作用的工艺正被广泛应用，因为反硝化除磷可节省 50% COD 和 30% 曝气量。其实，本实验采用的 BCFS流程便是按照反硝化除磷工艺设计。

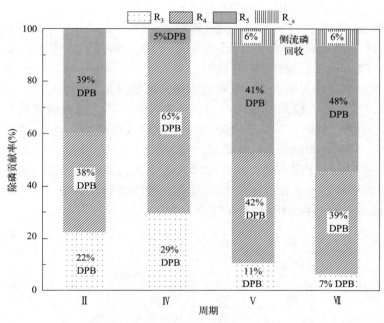

图 4-41　不同反应单元除磷贡献率（R_3—缺氧池，R_4—混合池，R_5—好氧池，R_s—侧流单元）

为更直观审视反硝化除磷菌（DPB）与常规 PAOs 在侧流前后除磷作用，绘制图 4-41 进行比较。DPB 主要作用于缺氧池（R_3）和混合池（R_4），而规 PAOs 只能在好氧池（R_5）完成吸磷。图 4-41 显示，在碳源充足的周期Ⅱ时，DPB 除磷贡献率（60%）高于常规 PAOs 细菌（39%），为系统中主要除磷贡献者。但降低碳源后的周期Ⅳ后，DPB 除磷贡献率高达 94%，常规PAOs 基本丧失除磷能力。这主要是因为进水低碳源会限制常规 PAOs 细菌代谢活性，导致 DPB 优势明显。实施侧流磷回收后，DPB 吸磷率降低，从94%分别下降至 53%（$q_s = 15\%$）和 46%（$q_s = 30\%$），意味着侧流磷回收介入使 COD 限制逐渐解除，常规 PAOs 活性有所恢复，直接反应在上述释磷吸磷结果中。

4. 影响污泥性能

评价污泥性能参数还有沉降性能、胞外聚合物（EPS）等指标，结果汇总于表 4-22。污泥 SVI 在 COD = 250 mg/L 时为 70 mL/g，沉降效能依然良好，但实施侧流磷回收后 SVI 开始上升，在侧流比为 15% 和 30% 时分别至134 mg/L 和 162 mg/L。因为进水碳源浓度降低，导致系统 MLSS 从 COD = 450 mg/L 的 3800 mg/L 下降至 COD = 250 mg/L 时的 3000 mg/L，因此也就导致污泥胞外聚合物（EPS）产量和成分发生改变。

不同周期下 EPS 产量及成分显示于表 4-22，碳源降低确实导致 EPS 产量下降，由初始周期Ⅱ时 165.5±3.0 mg/g（以 VSS 计）下降至周期Ⅳ时 137.8±13.2 mg/g（以 VSS 计）；与此同时，胞外多糖含量也随之下降，但胞外蛋白质上升，蛋白质与多糖比（PN/PS）亦升高，直接反应在良好的污泥沉降性能 *SVI*。随侧流磷回收介入，尽管仍然为低碳源进水，但此时 EPS 产量开始增加。结合上述 PAOs 活性测定结果，侧流磷回收提高了污泥活性，使物质和能量代谢变强，结果生成了较多 EPS。

衡量结构性 EPS 物质发现，侧流磷回收导致污泥 EPS 中结构性物质占比降低，由未侧流工况的 687±9.6 mg/g（以 EPS 计）降低至侧流后 470±7.3 mg/g（以 EPS 计，$q_s=15\%$），甚至 435.2±1.6 mg/g（以 EPS 计，$q_s=30\%$）。这可能是因为侧流磷回收对细菌活性影响仅是针对脱氮除磷效率，而对细菌同化（细胞合成）等作用有限，致使污泥并不能有效合成胞外结构性物质，使污泥絮体密实度降低，形态松散，沉降性能较差。

此外，随侧流磷回收介入，磷被大量去除，污泥中 PAOs 和 GAOs 微生物逐渐转变为多糖代谢模式，胞外多糖含量升高。这种黏性很强的高度亲水化合物多糖类物质也会导致污泥 EPS 结构松散，结合水异常增多，污泥压缩性能恶化，最终导致污泥沉降性能下降。

污泥性能参数汇总 表 4-22

周期	工况	*SVI*(mL/g)	EPS(mg/g)(VSS 计)	结构性 EPS(mg/g)(EPS 计)	胞外多糖(mg/g)	胞外蛋白质(mg/g)	PN/PS
Ⅱ	COD=450 mg/L	78	165.5±3.0	677.3±20.5	149.3±11.0	351.0±34.1	2.36
Ⅳ	COD=250 mg/L	70	137.8±13.2	687.1±9.6	125.4±3.3	430.0±14.2	3.43
Ⅴ	15%侧流	134	145.4±9.8	470.2±7.3	130.2±4.5	380.3±3.9	2.92
Ⅶ	30%侧流	162	150.3±2.3	435.2±1.6	141.7±7.4	410.4±5.6	2.91

5. 改变优势菌属

不同周期内微生物纲水平和种属水平结果分别总结于表 4-23 和表 4-24。因进水碳源浓度变化和侧流介入，系统内微生物发生一定程度改变。在周期Ⅱ时，系统内微生物群落主要以 γ—变形菌纲（*Gammaproteobacteria*）、拟杆菌纲（*Bacteroidia*）和芽孢杆菌纲（*Bacilli*）为主；降低进水碳源后（周期Ⅳ）微生物群落主要为 γ—变形菌纲（*Gammaproteobacteria*，37.3%）和拟杆菌纲（*Bacteroidia*，17.3%）；而化学侧流介入后（周期Ⅶ后）主流微生物群落也仍主要以 γ—变形菌纲（*Gammaproteobacteria*）和拟杆菌纲（*Bacteroidia*）为主，但其丰度发生改变。

表 4-22 中微生物种属水平结果发现，系统硝化菌属主要以亚硝化单胞菌（*Nitrosomonas*）和硝化螺菌（*Nitrospira*）为主，碳源充足时二者占比分别为 0.39% 和 0.45%；碳源降低后其丰度有所下降，但加入侧流后丰度恢复甚至提高至 0.68% 和 0.66%，与上述硝化细菌活性测定结果相一致。

分析系统内主要反硝化细菌种属，碳源充足时系统内主要反硝化种属占比高达 20.44%，主要为束毛球菌属 *Trichococcus* 和 *Dechloromonas*、*Dokdonella*；而碳源降低后反硝化种属占比降低至 15.09%，主要为束毛球菌属 *Trichococcus* 和 *Terrimonas*，意味着碳源不足限制了反硝化细菌增殖代谢。引入侧流后反硝化菌种属水平丰度上升至 17.18%，表明侧流磷回收可以间接提高主流 C/N，实现反硝化细菌增殖。

不同周期细菌纲水平丰度 表 4-23

纲水平	II	IV	VII
Gammaproteobacteria	27.69%	37.3%	26.4%
Bacteroidia	16.35%	17.3%	16.5%
Anaerolineae	9.76%	7.5%	8.8%
Bacilli	15.47%	5.9%	5.5%
Saccharimonadia	4.57%	3.7%	2.1%
Blastocatellia	1.11%	4.7%	3.5%
Alphaproteobacteria	3.31%	5.4%	5.3%
Planctomycetes	1.35%	1.3%	1.4%
Actinobacteria	1.34%	1.6%	1.6%

不同周期主要细菌种属水平丰度 表 4-24

菌属	Genus level	II	IV	VII
硝化菌属	*Nitrosomonas*	0.39%	0.31%	0.68%
	Nitrospira	0.45%	0.20%	0.66%
反硝化菌属	*Trichococcus*	15.18%	11.13%	12.60%
	Dokdonella	1.59%	0.53%	0.52%
	Dechloromonas	1.37%	0.17%	0.35%
	Terrimonas	0.96%	1.96%	2.03%
	Comamonadaceae	0.93%	1.09%	1.32%
	Zoogloea	0.12%	0.06%	0.08%
	Thauera	0.29%	0.16%	0.27%
反硝化除磷菌属	*Caldilineaceae*	3.31%	5.29%	6.85%
	Clostridium	0.01%	0.44%	0.69%
聚磷菌	*Candidatus_Accumulibacter*	1.60%	0.43%	0.69%
	Tetrasphaera	0.62%	0.76%	0.87%
	Acinetobacter	1.86%	0.02%	0.13%
	Aeromonas	0.45%	0.02%	0.07%
聚糖原菌	*Candidatus Competibacter*	11.51%	10.21%	9.88%

考察系统内 PAOs，碳源充足时系统内 PAOs 主要以 *Candidatus_Accumulibacter* 和 *Acinetobacter* 细菌为主，占比分别达到 1.60% 和 1.86%，*Tetrasphaera* 细菌相对较少，仅为 0.62%。而碳源不足时，PAOs 丰度大大降

低，*Candidatus_Accumulibacter* 和 *Acinetobacter* 细菌仅为 0.43% 和 0.02%，但此时 *Tetrasphaera* 细菌丰度提高至 0.76%。启动侧流后，聚磷菌 *Candidatus _ Accumulibacter* 和 *Acinetobacter* 丰度恢复至 0.69% 和 0.13%，而 *Tetrasphaera* 细菌丰度进一步提高至 0.87%。

系统中与 PAOs 竞争碳源的 GAOs（主要为 *Candidatus Competibacter* 细菌）丰度较高，超过 10%，且随着碳源降低丰度逐渐降低，即使是侧流介入也并不能改变其降低趋势，意味着侧流介入与直接投加碳源方式不同，它不会助长 GAOs。

需要指出的是系统内的 DPB 主要以 *Caldilineaceae* 细菌为主，随进水碳源浓度降低其丰度逐渐升高，由初始时 3.31% 上升至 5.29%，且侧流介入进一步促进其丰度增加至 6.85%。该结果与上述评价 DPB 除磷贡献结果相符。

4.8.4　结语

通过实验确定出最佳侧流比为 15%，调节侧流上清液 pH 至 9.5~10.5 即可实现较高的磷回收效率。通过对各实验过程分析，主要揭示并评价了整个侧流磷回收强化主流脱氮除磷过程涉及的微观现象，可以得出以下结论：

（1）侧流磷回收单元 pH 调节可以补充主流工艺碱度，维持主流硝化作用正常进行；

（2）虽然侧流磷回收会改变污泥沉降性能和污泥 EPS 含量，但并不会严重影响系统稳定性；

（3）侧流磷回收可以强化主流聚磷菌（PAOs）释磷、吸磷活性，同时也可以提高硝化、反硝化作用活性，从而提高主流脱氮除磷能力；

（4）侧流磷回收特别有助于反硝化除磷作用，为强化低碳源污水脱氮除磷的重要手段；

（5）侧流磷回收长期运行将导致主流工艺细菌活性与丰度发生变化，主要是影响聚磷菌、反硝化细菌以及反硝化除磷细菌，这是侧流强化主流脱氮除磷的根本原因。

第 5 章　污水高值资源回收技术

污水资源化也是一个老生常谈的话题，更有甚言说污水是放错地方的资源。然而，现实中除再生水在部分地方实现资源化外，污水中像磷这等应急迫回收的资源却一直难以落地。如上章所言，污水资源化仅靠市场作用往往是难以推动的。污水在大众眼里是废物，不足挂齿，而在政府眼里则是污染物，能消除之已很满意了。因此，污水资源化靠市场推动往往成为一句空话。很多新生事物在学界是热点，但上升至政府关注则需要很长的路要走。为此，只有从污水中首先回收那些具有高附加值的资源方有可能在市场化条件下走向资源化。这就需要琢磨污水中哪些资源值得回收，仅靠市场作用便能推动起来。在此方面，一些学术研究成果已经取得实际应用，例如，从污泥或微藻中提取 PHA（生物可降解塑料原料）与 EPS（胞外聚合物中存在一种水胶体 hydrocolloids，之前称之为类藻酸盐 ALE，可用作阻燃剂或种子包衣等），从污水处理前端筛分纤维素（可用作沥青和混凝土添加剂）等。近年来，污泥资源化似乎有朝着固化（生物碳）、气化（H_2+CO 混合能量气），甚至液化（生物油）方向发展，也尝试着工程应用，但是实践过程步履艰辛，要么是产物应用场景受限，要么是能量入不敷出。

但无论如何，污水高值资源化无疑是一个生产自救的办法。鉴于此，本章首先对目前学界以及市场正在研发和实践的 PHA 与 EPS 富集培养、提取方法，乃至潜在应用予以分别介绍。其次，述及回收纤维素对污水处理过程的益处以及回收纤维素的用途。最后，对污泥高值资源化——固化、汽化、液化等方向进行全方位评价。

5.1　可沉微藻培养及室外光强适应性

可沉微藻可实现光自养净化水质，为污水深度处理提供了一种低耗、高效解决方案。光在微藻自养生长非生物因素中影响重要，是微藻新陈代谢全部行为的能量来源。光照强度在很大程度上影响微藻生长速率及细胞代谢。当供给微藻光能（照度强弱和入射时间等）变动时，微藻代谢许多方面都会受到影响（如，碳源流向、生化结构、色素浓度和比例、光合强度等）。

在一定范围内，微藻生长速率随光照强度增加而增加。但光强超过一定水平反而不利于其代谢,其值即为饱和光强。大部分微藻饱和光强范围在 $200 \sim 400 \ \mu mol/(m^2 \cdot s)$。有人在 $183 \ \mu mol/(m^2 \cdot s)$ 光照强度下,获得栅藻最大生物量（0.9 g/L）和最高氨氮、磷和 COD 去除率（分别为 86%、97%、80%）,但超过此光照强度,生物量立即开始下降。

前期实验室设计光照强度[$40 \ \mu mol/(m^2 \cdot s)$ 与 $400 \ \mu mol/(m^2 \cdot s)$]远低于室外光照强度 [中间值为 $900 \ \mu mol/(m^2 \cdot s)$]。通常,室外自然光到达地面的光强大于 $1800 \ \mu mol/(m^2 \cdot s)$,晴好天气时甚至会大于 $2000 \ \mu mol/(m^2 \cdot s)$。因此,需要结合实际情况,考察接近室外平均光强条件下可沉微藻在净化二级出水时的性能。

5.1.1 材料与方法

1. 应用光强

实验室采用 20 W 功率射灯双侧照射反应器,创造约 $800 \ \mu mol/(m^2 \cdot s)$ 光强环境。

2. 实验装置

采用 2 L 规格烧杯（平行 6 个）作为可沉微藻反应器。反应器按天作为一个完整周期并按 4 个时段间歇运行:进水时段（5 min）、光/暗反应时段（10/14 h）、沉降时段（5 min）和排水时段（10 min）。一个周期运行结束时,保留 30%（600 mL）混合液,其余混合液全部排除。通过设置沉淀时间（5 min）这一选择压力,保留具有沉降性能良好的优势微藻,淘汰不能自然沉降或沉降性能较差的种属。各反应器设计工况显示于表 5-1。

各反应器设计工况   表 5-1

工况	编号					
	1 号	2 号	3 号	4 号	5 号	6 号
CO_2(5%)	无	无	间歇,20 mL/min	间歇,20 mL/min	间歇,6 mL/min	间歇,6 mL/min
硅酸盐添加(加至 20 mg/L)	是	否	是	否	是	是
硅及营养物注入阶段	周期起始				光阶段起始	暗阶段起始
光照方式	24 h 照射				光/暗时间:10 h/14 h	

注:间歇通入 CO_2,即通入 3 min,停止 12 min。

1～4 号反应器全天连续光照,5 号、6 号模拟实际昼夜交替状态,采用光/暗时间为 5:7。同时,CO_2 以及硅营养物（硅酸盐）注入方式也有所不同（表 5-1）,以考察高、低光强下可沉微藻生物量、生物结构、营养物吸收与能源物质积累方面的情况。

3. 实验水样

实验用水为北京某二级生物处理工艺出水,水质数据见表 5-2。

二级出水水质 表 5-2

水质指标	实测数值(mg/L)	水质指标	实测数值(mg/L)
COD	71.23±4.5	Mg^{2+}	26.89±2.3
TN	22.37±0.8	无机碳	36.28±6.3
NH_4^+-N	0.60±0.2	硅酸盐	8.02±1.0
NO_3^--N	20.08±1.8	pH	7.21±0.3
TP	1.29±0.3	Ca^{2+}	81.26±3.0
PO_4^{3-}-P	1.26±0.1	—	—

4. 分析方法

微藻生长情况采用总悬浮固体（TSS，g/L）和叶绿素-a 表征。以 Whatman 膜（0.45 μm）过滤，采用标准方法测定 TSS；利用丙酮提取叶绿素-a（Chl-a，mg/L），以分光光度法测定。细胞产率根据式(5-1)计算：

$$Y = \frac{TSS_{t2} - TSS_{t1}}{\Delta t} \tag{5-1}$$

式中 Y——细胞产率，mg/(L·d)；

TSS_{t2}、TSS_{t1}——分别为周期中 t_1 天和 t_2 天生物量，g/L；

Δt——$t_2 - t_1$，d。

微藻沉降计算按式(5-2)：

$$\eta(\%) = 100 \times (1 - TSS_e/TSS_r) \tag{5-2}$$

式中 η——微藻沉降率，%；

TSS_e——沉淀后排出的 TSS 量，g/L；

TSS_r——周期反应结束时混合液 TSS 量，g/L。

排出反应器混合液通过 0.45 μm 膜过滤，分析过滤液体中 NO_3^-、PO_4^{3-} 浓度。所有检测项目及方法见表 5-3。

水质检测项目与方法 表 5-3

测定项目	方法或仪器	测定项目	方法或仪器
pH	pHS-3C 型精密 pH 计	NH_4^+	纳氏试剂分光光度法
NO_3^-	紫外分光光度法	Ca^{2+}、Mg^{2+}	ICP7200，德国 Thermo
TN	过硫酸钾氧化分光光度法	PO_4^{3-}	钼锑钪分光光度法
TP	过硫酸钾氧化分光光度法	—	—

5.1.2 结果与讨论

1. 高光强对生物量的影响

与之前光照水平为 400 μmol/(m²·s) 下实验（微藻生长良好，未发生光抑制现象）相比，光强提高至 800 μmol/(m²·s) 后出现明显光抑制现象（图 5-1a、b）；1~4 号反应器中低生物量现象从 120 d 增加光强后便开始出现，直至 160 d 向 3 号、4 号反应器通入 CO_2 后方开始再现生物量增加；至

220 d，3 号、4 号反应器生物量分别达到 3.43 g/L、3.7 g/L。高光强实验显示，高光强确实可以导致可沉微藻出现严重的光抑制现象，但增加系统 CO_2 含量后可以在很大程度上消除光抑制现象。这说明，高光强可以刺激藻类生长，但 CO_2 等无碳源以及营养成分必须跟上光强的刺激作用。其实，在藻类日常生长过程中，空气与水界面间 CO_2 快速转移亦可以使藻类获得最大增长量。但是，为保证反应器中存在足够 CO_2，部分实验中以通入 CO_2 方式来保证足够无机碳源。图 5-1 显示，无论高、低（暗）光强，凡通入 CO_2 反应器均可获得较高生物量。

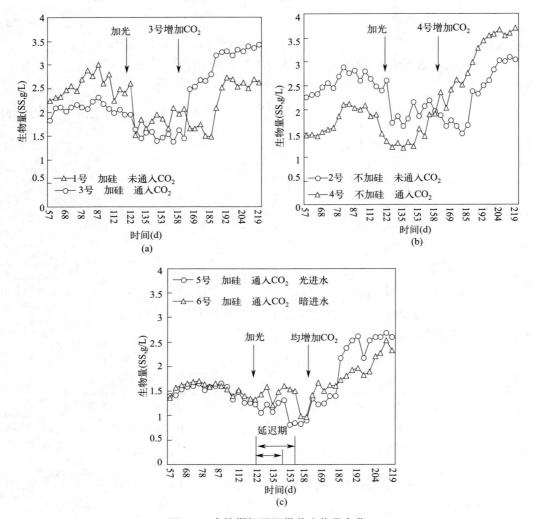

图 5-1　实验期间可沉微藻生物量变化

在模拟昼夜交替光/暗情况的 5 号、6 号反应器（加营养硅酸盐）中，光抑制生物量出现一段时间（30 d）延缓，然后才出现明显生物量下降现象（图 5-1c）。在 160 d，通入 CO_2 后光抑制随即解除。对于 5 号、6 号反应器来说，光暗交替导致的过剩光能较少，光抑制程度也就不高。显然，适度光暗交替

循环有助于藻类生长，使光暗反应能量与营养供需匹配，保障藻体生长代谢
有序进行。

总之，施加高光强会使可沉微藻生物量出现下降现象，剩余光能可严重
抑制可沉微藻生长。通入 CO_2 和适度光暗交替有助于减缓，甚至解除高光强
对藻类生长的不利影响。

2. 叶绿素-a 含量变化

作为一种典型捕光色素，叶绿素-a 可以揭示藻类光合作用活性。分光光
度计 680 nm 波长下检测提取叶绿素-a 吸光度值可计算出其含量（浓度）。图
5-2 显示，光线加强后，各反应器叶绿素-a 含量明显降低，说明可沉微藻通过
降低光合程度来避免过剩光能进入是微藻在高光强下的一种环境适应策略。

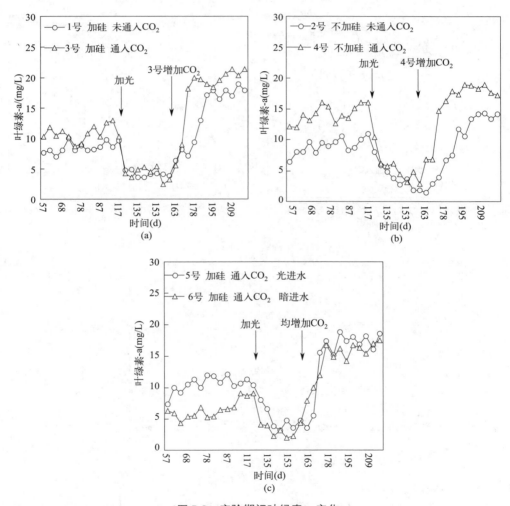

图 5-2 实验期间叶绿素-a 变化

如上所述，无机碳源显然是影响微藻生长及细胞代谢的最重要因素之一。
当在一些反应器中通入 CO_2 后，叶绿素-a 浓度不同程度恢复上升，即光合效

应得到提升。有研究表明，CO_2 加入对微藻光吸收具有积极影响，可增加 Chl-a 特异性光吸收，表明藻细胞在高光强与 CO_2 含量下可发生重大生理、生化改变。

3. 藻—水分离特性

光照水平变动导致可沉微藻生长代谢等发生一系列生理、生化变化，这也使得藻—水分离效果发生相应波动（图 5-3）。尽管如此，微藻仍保持了较高的藻—水分离效率（5 min 沉淀比 SV5＞80％），如图 5-3 所示。细观全部反应器，只有不加营养硅的 2 号、4 号反应器受高光强微藻沉淀性能影响最小，光照加强后仅出现少许波动，总体保持稳定；揭示出硅限制营养条件下有助于保持藻—水分离，其机理有待进一步探讨。

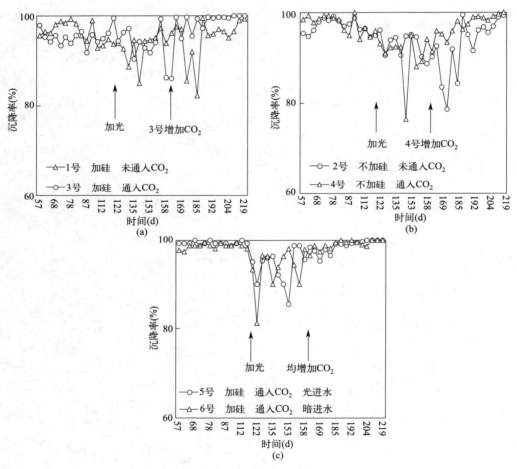

图 5-3 反应器沉降效果

不仅是光照强度，光照时间亦可影响微藻生长代谢，乃至藻—水分离。图 5-3 已清晰显示了光强对藻—水分离的普遍影响，但 5 号、6 号反应器（约 30 d）显示了较 1～4 号反应器（约 70 天）较短的波动期。微藻沉降率上出现的适应性不同可能便与光照时间有关，因 5 号、6 号反应器非连续 24 h 光照，只在日间光照 10 h。这就是说，5 号、6 号接收的光能远小于 1～4 号，过剩光能引起微藻细胞（光合作用机制等）损害相对较小，导致细胞调节适应较快。可见，在完全自然光[光强最高时可达 1800 μmol/(m^2·s)以上]情况下，微藻长时间接受如此水平阳光照射会严重损伤其细胞，导致光合作用机制破坏，使反应器中微藻生长缓慢、活性降低甚至死亡。因此，工程应用时，需要考虑反应器遮光、避阳问题。

4. 出水净化情况

反应器中可沉微藻对氮、磷的去除与上述生物量、叶绿素-a 等的变化去除趋势基本一致，均随光强增加而降低、又随 CO_2 通入逐渐恢复（图 5-4）。可见，微藻对氮、磷去除以吸收为主；藻浓度越高，氮、磷去除效率越高，特别是加强光并补充 CO_2 之后。

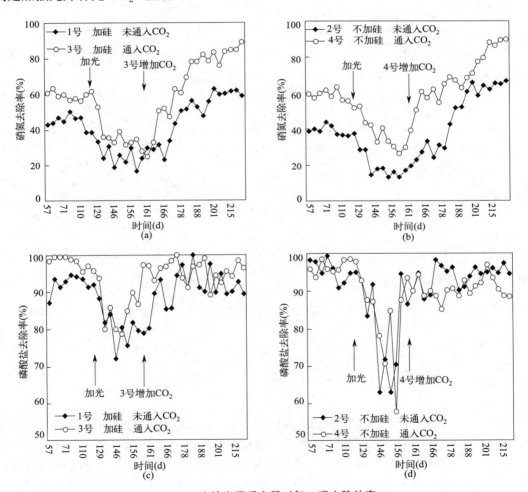

图 5-4　连续光照反应器对氮、磷去除效率

光/暗条件下补充基质实验显示，5 号、6 号反应器氮与磷（图 5-5）去除率不及 3 号、4 号（图 5-4），缘于黑暗条件下加入基质并不能使微藻及时吸收

营养物；只有等到有光时营养物方可被吸收，图 5-5 显示氮、磷去除确实主要是在有关条件下完成的。

总之，高光强必须辅以足够的 CO_2 方能保证微藻正常代谢生长，并获得较高的氮、磷去除效率（＞90％）。因此，工程应用时可沉微藻也是固定大气中日益增长 CO_2 浓度的一种有效措施。

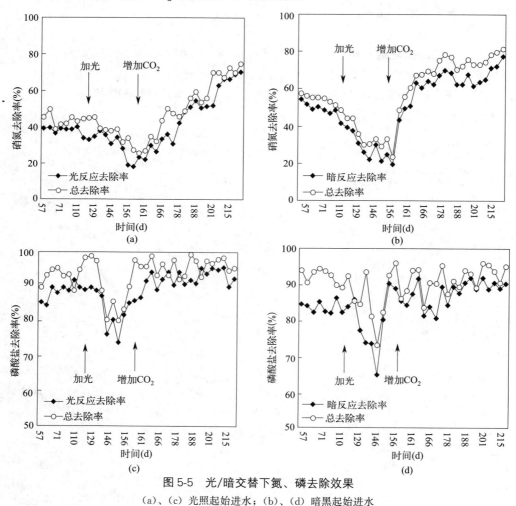

图 5-5   光/暗交替下氮、磷去除效果

（a）、（c）光照起始进水；（b）、（d）暗黑起始进水

5.1.3   结语

实验显示，室外光强水平[$800\ \mu mol/(m^2 \cdot s)$]对可沉微藻产生光抑制现象，严重抑制可沉微藻生长、繁殖并降低其光合作用活性，导致微藻生物量和叶绿素-a 含量急速下降。这主要是因为高光强下微藻所需无机碳源——CO_2 水平不匹配。当向反应系统中通入足够 CO_2 时，可沉微藻在经过一定适应期后可以恢复继续生长，并获得较高生物量及叶绿素-a 含量，同时，对氮、磷吸收去除亦可达到较高吸收去除水平（＞90％）。

向反应系统中补充营养——硅酸盐存在正反两方面效果：1）硅可刺激微藻生长；2）硅对高光强具有不耐受性。

　　光/暗交替并补充基质实验显示，有光补充基质较无光补充基质可获得更高生物量，且可获得更高营养物去除率。这是因为无光进水并不能让微藻及时吸收营养，必须等到有光时方能。

5.2 可沉微藻转化优质潜力及PHB合成

　　实验室条件下，通过"冲淘"压力筛选出沉淀效率高达97%的可沉微藻，为藻—水分离开辟了一条技术捷径。利用二级处理出水可培养可沉微藻，微藻吸收氮、磷的同时亦可通过藻类合成/转化具有高附加值的一些有机聚合物（如，油脂、蛋白质、多糖，甚至PHB），可谓一石二鸟。

　　操控微藻培养基质与环境条件（如，辐照强度和营养水平），可有效促进微藻繁殖、增长以及聚合物富集。前期实验显示，在可沉微藻系统中通入CO_2可增加11.2%的油脂含量；再加上其综合作用，油脂含量甚至可高达49.2%。为考察可沉微藻油脂含量是否能借外界环境条件进一步增加，遂通过增加光照、高无机碳（CO_2）供给、限制营养物水平等方式继续开展实验。与此同时，亦开展合成聚-β-羟基丁酸酯（PHB）实验观察。增加光照一定程度上可以促进营养物吸收，而增加CO_2供给有可能促进油脂含量。对微藻而言，通常低光强度只会诱导极性脂质以及碳水化合物形成，而高光强则会降低极性脂质含量，刺激中性脂质（主要是甘油三酯）累积。增加无机碳供给（CO_2）可协同高光强帮助微藻增加营养物吸收，在外部形成营养物限制条件，或许能进一步增加油脂储存量。

　　PHB是一种生物聚合塑料，由β-羟基丁酸通过酯单体连接组成，具有可生物降解性，能取代传统石油基制塑料制品，从根本上消除白色污染的危害。目前PHB的生物制取方式主要以有机碳源培养异养细菌发酵代谢制取为主，该流程会消耗大量有机碳源；而蓝藻是唯一可以合成、聚集PHB的原核生物，同时可以利用无机碳源（CO_2）。文献资料显示，蓝藻中PHB含量最高可达50%（dcw）；而蓝藻中PHB合成、积累取决于藻株、碳源、营养状况以及培植条件。

5.2.1 材料与方法

1. 反应器设置

　　油脂潜力实验所用反应器为6个2 L规格烧杯，运行周期以天计；1～4号反应器一个完整周期包含进水（5 min）、沉降（5 min）和排水（10 min）3个时段，5～6号反应器增加了光/暗反应时段；每个周期结束后，系统保留30%（600 mL）固-液混合体，剩余部分排出系统。通过不断"冲淘"筛选出符合沉降条件的微藻，优胜劣汰，从而得到沉降性能良好的藻种。实验条件除额外CO_2供给、光照强度外，其他条件与前期实验保持一致。1～4号反应器为全天连续光照，其中1～2号无额外CO_2供给；3～4号供给额外CO_2；5～6号则模拟实际昼夜交替状态，光暗时间比为5：7（10：14 h），但两反应器进水时段不同，5号反应器为光阶段起始（每日8时）进水，6号反应器为暗阶段起始（即每日 18 时）进水，目的是考察明、暗交替环境下营养注入时段对油脂积累的影响。油脂潜力实验共持续 245 d，在第 54 天将光照提升一倍［至 800 $\mu mol/(m^2 \cdot s)$］。为应对油脂产量在高光强下持续下降现象，第 120 天额外 CO_2 通入量增至 20 mL/min，以助可沉微藻适应高光环境。以 1~2 号反应器为实验对象测试微藻 PHB 合成规律，在油脂潜力实验后期进行；在进水中添加 8 mg/L 乙酸钠作为特异性碳源，用于刺激微藻 PHB 的合成。各实验反应器运行工况总结见表 5-4。

各实验反应器运行工况　　　　　　　　　　　　　表 5-4

反应器编号	1 号	2 号	3 号	4 号	5 号	6 号
额外 CO_2(5%)	无	无	间歇	间歇	光阶段间歇	光阶段间歇
营养物投加	二级出水，1、3、5、6 号投加额外 Si(20 mg/L)					
光照强度	前期 400 $\mu mol/(m^2 \cdot s)$，后期 800 $\mu mol/(m^2 \cdot s)$					
进水时段	周期起始				光阶段起始	暗阶段起始

注：间歇式通气方式（通 3 min 停 12 min），前期通入量为 6 mL/min，120 d 后增至 20 mL/min；实验光源为 20 W 射灯，前期为单侧光［400 $\mu mol/(m^2 \cdot s)$］，54 d 后为双侧光［800 $\mu mol/(m^2 \cdot s)$］。

2. 藻源

初始藻源取自北京某市政污水处理厂二沉池池壁，经前期"冲淘"实验压力下已培育出可沉效果较好（97% 沉降率）的藻种，并以此藻种作为本次实验对象。各反应器处于连续搅拌状态，使微藻处于悬浮状态并可以自由流动，实现微藻的均匀培养。

3. 实验水样

实验以采用传统活性污泥法工艺的北京某市政污水处理厂二级出水作为培养水样，原水指标满足《城镇污水处理厂污染物排放标准》GB 18918—2002 一级 B 标准，具体指标实测值详见表 5-5。实验过程中，实时监测并微调实验水样，维持水样中关键指标（N、P、pH、硅酸盐等）相对稳定，保证微藻稳定生长。1、3、5~6 号反应器进水除额外硅酸盐投加外，其余进水指标与其他反应器保持一致。

实验所用二级出水水质指标　　　　　　　　　表 5-5

水质指标	实测值(mg/L)	水质指标	实测值(mg/L)
COD	71.23 ± 4.5	Mg^{2+}	26.89 ± 2.3
TN	22.37 ± 0.8	无机碳	36.28 ± 6.3
NH_4^+-N	0.60 ± 0.2	硅酸盐	7.91 ± 0.4
NO_3^--N	20.08 ± 1.8	pH	7.21 ± 0.3
TP	1.29 ± 0.3	Ca^{2+}	81.26 ± 3.0
PO_4^{3-}-P	1.26 ± 0.1	—	—

4. 检测指标与方法

（1）通用指标

取混合藻液 50 mL 在室温下静置 5～10 min 后取上清液检测各项指标。总氮、氨氮、硝酸氮、总磷、磷酸盐、硅酸盐浓度均按标准方法测定。微藻浓度以 MLSS（悬浮固体，g/L）形式表征。

微藻中叶绿素-a（Chl-a）含量变化可以表征微藻生长状况和光合作用情况。叶绿素-a 检测方法为二甲基亚砜（DMSO）提取紫外分光测定法，根据样品在 $\lambda=630$ nm、647 nm、664 nm、750 nm 处的吸光度（OD）可计算出浓度，浓度计算参考式(5-3)。

$$\rho_{\text{chl-a}}=[11.85(A_{664}-A_{750})-1.54(A_{647}-A_{750})-0.08(A_{630}-A_{750})]V/(m\cdot L)$$

$$(5-3)$$

（2）多糖、蛋白质、油脂

多糖测定采用苯酚-硫酸法；蛋白质测定需先对微藻进行碱（NaOH）热水解提取，后采用考马斯蓝法；油脂测定需先对微藻进行超声波破壁，后用氯仿/甲醇（体积比 2：1）混合液提取，采用重量计量法测得油脂含量，同时可对微藻混合液使用尼罗红染色法在荧光显微镜下观测油脂荧光生物相。多糖、蛋白质和油脂含量在本次实验中均以细胞干重（dcw）形式表示。

（3）PHB

PHB 测定采用巴豆酸-紫外分光检测法。原理是 PHB 可以与浓硫酸在 100 ℃条件下脱水形成巴豆酸，利用巴豆酸在 $\lambda=235$ nm 处存在最大吸收峰值，根据 OD 和标准曲线可计算出对应 PHB 浓度。且微藻胞内其他脂类物质与浓硫酸反应产物的最大吸收峰值与 PHB 的区别很大，可以排除其他脂类杂质对测量结果的干扰，具有较高的准确性。PHB 含量在本次实验中以细胞干重（dcw）形式表示。

5.2.2 结果与分析

1. 油脂积累潜力

生物油脂一直是藻类科学研究关注重点，在当今能源危机状况下自养微藻积累油脂特性具有一定战略意义。通过从藻类提取油脂并经过酯交换制取生物燃料是藻类生物能源技术开发的原动力。

利用荧光显微镜观测手段，在暗视野下通过荧光染色反应可观测到微藻胞内贮存的油脂。后期（54 d 后）加高光强培养 3 周后，通过暗视野观测尼罗红染色后的微藻荧光生物相，生物相中出现大量金黄色荧光点，这便是微藻胞内的油脂（图 5-6）。

由之前实验结果可知，在光暗交替环境下，光照起始阶段进水能显著提高微藻中油脂含量，将碳固定与氮摄入步骤分离，最高可达到 49.2% 油脂含量。但在本次实验中，增加光强后，所有反应器中微藻油脂含量呈现下降趋势，1～4 号反应器中微藻油脂含量长期低于 20%，甚至不足 10%；只有 5～6 号反应器中微藻油脂含量较高（>20%）（图 5-7）。

由图 5-7(a) 得知，5 号反应器内增加光强后油脂含量呈现持续下降趋势，表现出对强光刺激的不耐受性。在 117 d 时油脂降至最低值 20.1%，后续虽有微量上升，但并未达到预想值。同时可发现微藻油脂含量随环境变化处于动态变化中，即具有非持续性；虽然增大光强可以刺激少数微藻油脂积累，但对系统总体的油脂刺激效果不佳，即使在实验后期微藻适应了高光强环境也并未恢复到最初高产水平。与 5 号反应器截然不同的是，6 号反应器中高光强对油脂积累具有积极作用；如图 5-7(b) 所示，在高光强刺激下，在 81 d 后便达到 33% 峰值，后期虽略有下降，但也保持在 25% 左右。5~6 号反应器出现差异性结果可能与进水方式的不同有关，从而导致了两反应器中微藻代谢途径改变。此外，图 5-7 中油脂和糖类物质的相对变化并无显著相关性，由此可认为，微藻在合成糖类物质和油脂时并不存在底物竞争关系。结合图 5-8 中 5~6 号反应器内生物量及沉降率的变化得知，突然的高光强会导致系统微藻进入调整适应期，微藻代谢及生理活动波动较大、系统生物量锐减、微藻沉降率降低，表现出系统对高光强的适应性较差。因此，在适应期微藻生长代谢受到严重干扰，阻碍了油脂含量进一步升高，甚至会消耗微藻自身的能量储备。

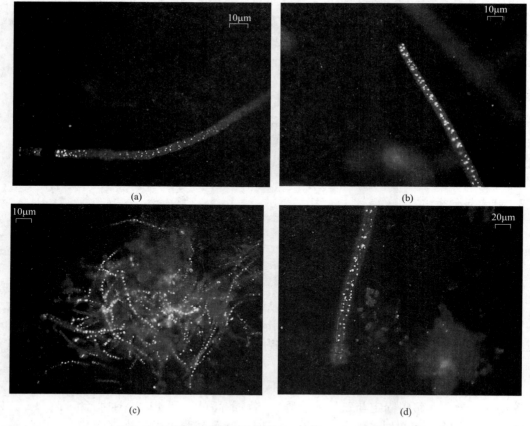

图 5-6　暗视野下微藻荧光镜检图（金黄色荧光点即油脂）

目前为增加微藻油脂积累普遍采取的策略有：生长受限（营养饥饿）、增大光强（提供过剩能量）、增加无机碳源（CO_2）等。尽管在本实验中也采取了类似措施，但由于可沉微藻对高光强生长适应作用，导致系统生物量骤减和沉降性能恶化，最终油脂含量不升反降。但微藻胞内油脂积累取决于自身生长速率和生物量中脂类含量；若处于生长受限（N 或 P 饥饿）环境中，确实可以引导微藻向积累油脂代谢方向转变，但同时也限制了微藻自身生长。所以，高脂和高产两者所需环境因素可能是相斥的，即不可兼得。两者之间存在一种权衡，高脂需较低养分含量，而高产则需较高养分浓度，两者之间难以实现平衡。

此外，微藻颗粒在系统中的沉降特性近似符合斯托克斯沉降定律，即微藻自身属性影响其沉降性能；如生物密度、生物体积和其他环境因素等（如，水的黏度）。微藻中脂类物质增加意味着相对密度降低，可提高自身浮力，导致沉降性能恶化。高油脂产量微藻因此可被"冲淘"系统所淘汰。可见，可沉微藻油脂含量可能存在一个"天花板"，初始筛选条件是可沉微藻进一步提升油脂含量的根本限制。

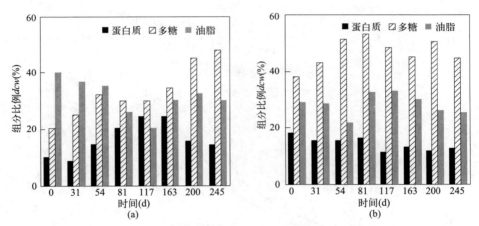

图 5-7 5～6 号反应器内蛋白质、多糖和油脂含量变化

（a）5 号反应器；（b）6 号反应器

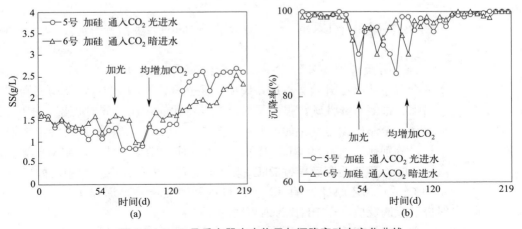

图 5-8 5～6 号反应器内生物量与沉降率动态变化曲线

（a）生物量；（b）沉降率

2. PHB合成实验

上述油脂潜力实验显示，利用微藻生产油脂可能存在一个上限，即所谓的"天花板"，目前油脂含量难以突破50%（dcw）限制。在此情况下，考察另外一种潜在聚合物——PHB似乎显得必要，以扩大微藻资源化路径。

前期实验结果表明，1～2号反应器内不通入CO_2且高pH环境下可富集可沉微藻。而微藻可以合成、聚积PHB。若可沉微藻聚积的PHB达到可观含量，提取PHB亦具有相当经济与环境效益。为此，后期启动可沉微藻合成PHB实验。对1～2号反应器内添加特异性碳源（8 mg/L乙酸钠）后，两反应器内PHB含量变化如图5-9所示。初始阶段两反应器内PHB含量均很低，1号为3.4%（dcw），2号4.9%（dcw）；第5天时均达到峰值，分别为27.9%和30.2%（dcw）。之后便开始下降，可能是微藻内源代谢消耗所致，PHB被转变为其他含碳有机物。根据峰值PHB含量和生物量变化结果，由PHB生产力公式（5-4）可计算出可沉微藻在最优条件下的PHB产量，达14 mg/（L·d）。

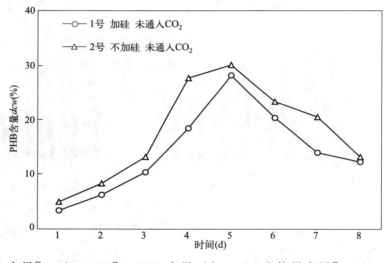

图5-9 1～2号反应器中PHB积累量变化曲线

$$PHB产量[mg/（L·d）]＝PHB含量（\%dcw）\times 生物量产量[mg/（L·d）]$$
$$(5-4)$$

1～2号反应器内叶绿素-a浓度变化如图5-10所示，前5天内微藻叶绿素-a含量总体呈上升趋势，即系统中微藻光合作用随PHB含量增高同样得到了增强；推测特异性碳源强化了微藻的某些代谢作用，同时积累PHB为代谢内聚物。微藻生物量变化如图5-9和图5-10所示，在第3天之后生物量明显增长，分别达3.61 g/L和3.82 g/L。这一实验结果与他人研究结果类似，微藻在吸收特异性碳源后导致PHB累积可能是因内部代谢过程中乙酰-CoA（acetyl-CoA）和还原型辅酶（NADPH）可用性增强，加强了细胞固碳能力，促进了代谢反应向以PHB为内聚物的方向转变。

上述初步实验结果显示，当加入少量特异性碳源刺激后，系统中可沉微藻在一定时间内确实可以合成、富集相当含量的PHB，最高占30%（dcw），远远高于正常情况下活性污泥富集 15％（dcw）的顶峰值。因此，有必要后续进一步开展对微藻合成 PHB 的实验研究。

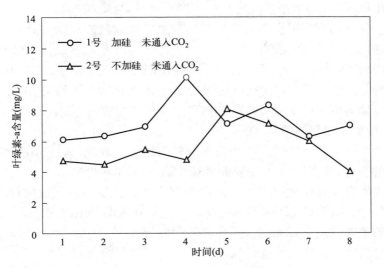

图 5-10　1～2 号反应器中叶绿素-a 含量变化曲线

5.2.3　结语

试图以增加光强与额外 CO_2 通入的方式达到进一步提高可沉微藻油脂含量的做法事与愿违，反而出现油脂含量下降现象。这表明，可沉微藻油脂含量可能存在一个上限，即所谓的"天花板"，现有技术手段难以突破 50％油脂含量。相反，可沉微藻具有相当合成、积累 PHB 的能力；在少许特异性碳源（乙酸盐）刺激作用下，可沉微藻 PHB 含量达 30％（dcw），已接近活性污泥代谢有机碳源后合成 PHB 之能力，具有广泛应用前景。

5.3　污泥 EPS 用作阻燃剂之机理与潜力

从视剩余污泥为一无是处的"废物"到认识到其实污泥是资源与能源的载体的观念转变，使污水处理走上了可持续发展的目标。剩余污泥主要由细胞及其胞外聚合物（EPS）组成，EPS 占污泥干重的 10％～40％。EPS 包含多糖、蛋白质（结构蛋白或胞外酶）、核酸、脂质、腐殖质及其他部分胞内物质；这些物质通过静电作用力、氢键结合、离子吸引力和生物化学等作用形成紧致高密网状结构；作为微生物的保护层，这些物质可抵御外部重金属和有毒化合物等不利因素侵袭。EPS 这种复杂成分与结构可使其作为高附加值产品回收并应用成为可能。

有研究表明，提取自好氧颗粒污泥的 EPS 具有较高的经济价值，可用作各类防水和防火材料。实验分析显示，EPS 防火性能符合美国联邦航空条例（FAR）飞机内部阻燃材料阻燃要求。虽然普通活性污泥 EPS 性能略微逊色，但其亦可媲美甚至替代市场现有大部分阻燃剂。研究 EPS 阻燃特性发现，其可能来源于其中所包含的磷元素和有机物（多糖和蛋白质类等）及其复杂的化学结构。然而，现有研究缺少对 EPS 物质阻燃机制清晰的认识，对其阻燃效果及其未来可能应用方式也未十分明确，这势必会阻碍 EPS 作为高附加值物质的提取、回收及应用。为此，有必要根据现有研究总结并分析 EPS 作为表面涂层防火材料的作用机制与实际效果，以期为未来研究及应用勾勒出研发方向。

在总结当前不同阻燃剂应用与实际效果以及发展趋势的基础上，首先阐明 EPS 物质作为阻燃剂应用之前景；其次，深入剖析 EPS 成分与结构特性并总结 EPS 阻燃的机制与过程；随后，与传统阻燃剂比较后归纳 EPS 用作阻燃剂之优势与性能；最后，挖掘可能提升 EPS 阻燃性能的手段与方法。以此为目的，以期为未来广泛深入研发 EPS 防火材料奠定理论与应用基础。

5.3.1   阻燃剂应用与效果

各种不同阻燃剂已被广泛应用于塑料与纺织工业中。目前，市场上使用的阻燃剂多是无机阻燃剂，主要为氢氧化铝/镁，市场份额达 38%；其次是溴化和氯化物组成的卤化阻燃剂，占比 31%；而有机磷阻燃剂份额仅为 18%；其他无机磷、氮和锌基阻燃剂则更少。无机氢氧化铝/镁阻燃剂等具有良好抑烟甚至消烟性能，具有无卤、无毒和不挥发等安全和环保优点，但它们的应用填充量较大，在加工成型时流动性差，也会降低合成材料的再加工和机械性能。卤素阻燃剂具有相对良好的性能和适中的价格，尤其是它们与聚合物具有极高的相容性，但是卤素阻燃剂在应用时会产生大量烟雾和有毒有腐蚀性气体（溴化阻燃剂，如多溴二苯醚燃烧会产生溴化二苯并二噁英和溴化二苯并呋喃等，也会释放具有腐蚀性的卤化氢气体），不利于火灾救援，其安全性和环保等也备受争议。

近年来，较为环保的非卤化产品替代传统卤化阻燃剂成为一种趋势。磷系阻燃剂凭借低烟、低毒和高效阻燃效果等已获得市场好评，成为当前研究的热点。磷系阻燃剂应用最广的是磷酸酯和膦酸酯类，它们资源丰富，价格低廉，与高聚物相容性好，具有增塑和阻燃双重效用；而膦酸酯类阻燃剂化学稳定性强，耐水和耐溶剂，阻燃性能持久。有机磷阻燃剂阻燃原理主要是表面受热时与基质材料反应产生结构更趋稳定的交联状固体物质或炭化层，从而阻止聚合物进一步热解的同时隔绝内部热分解产物继续参与燃烧过程，但是，磷系阻燃剂也存在挥发性强和遇热稳定性差等缺点。

其他阻燃剂主要为以上阻燃剂的改进或复合，典型的膨胀型阻燃剂便是一种以氮、磷为主要成分的新型复合阻燃剂，该类阻燃剂在受热时发泡膨胀阻燃之作用机制与磷系阻燃剂相同，也存在氮和磷的协同阻燃的作用，是一种高效低毒环保型阻燃剂，在纺织品阻燃应用极具潜力。然而，这种膨胀型阻燃剂与聚合物相容性较差，会导致基质材料的物理力学性能和电性能降低。

此外，也有研究表明，生物大分子，如蛋白质（乳清蛋白、酪蛋白和疏水蛋白等）、多糖和脱氧核糖核酸修饰后可应用于织物，特别是纤维素等棉、聚酯和涤棉混纺物上，已显示出意想不到的阻燃/抑燃特性。有机高分子的阻燃机制可能是其特殊化学成分经加热或暴露于火焰后与基质交互反应，形成稳定和具有保护作用的炭层，进而限制氧气交换和织物挥发可燃性，表现为对纺织阻燃性的有效提高。

剩余污泥胞外聚合物（EPS）是指一种复杂的有机混合物，其主要成分为多糖和蛋白质等物质，亦可表现出较好的阻燃能力，其将提取自活性污泥与好氧颗粒污泥的两种 EPS 物质喷涂到亚麻织物上亦显示出较好的阻燃特性。颗粒污泥 EPS 已达到航天飞机内饰物阻燃标准，而普通活性污泥与现有阻燃剂性能不相上下，揭示出 EPS 具有不凡的阻燃特性。

5.3.2　EPS 阻燃机制与过程

从上述各种阻燃剂材料特性初步判断，EPS 阻燃机制很可能与其中含磷（P）以及复杂的有机物结构等相关。

1. 含磷（P）阻燃原理

EPS 物质中含有大量 P 元素，了解和分析其成分与含量将有助于获悉 EPS 阻燃机制与效果。

剩余污泥中 P 来源主要存在两种途径：1）生物聚磷；2）化学磷沉淀；前者主要发生于聚磷菌（PAOs）新陈代谢过程，以聚磷酸盐（poly-P）形式储存于细胞内，而后者主要沉积在细胞外 EPS 结构中，EPS 中的 P 含量见表5-6。之前文献采用扫描电镜结合能谱仪（SEM-EDS）观测生物除磷工艺（EBPR）活性污泥，发现 EPS 中 P 占污泥总 P（TP）质量的 27%～30%；有研究发现，EBPR 系统好氧结束段污泥 EPS 中 P 质量为 0.06～0.09 mg/mg（以 EPS 计），占污泥 TP 的 13%；还有研究采用离子交换树脂法（CER）提取活性污泥 EPS，测得 P 占污泥 TP 质量分数的 6.5%～10.5%。然而，Wang 等用热提取法提取 EPS 后发现，EPS 中 P 质量分数占活性污泥 TP 比例达 22%～47%，好氧颗粒污泥 EPS 中 P 质量分数亦达 20%～44%；更有甚之，龙向宇等采用超声波-阳离子交换树脂法提取不同来源污泥 EPS，测得其中 P 质量竟达污泥 TP 的 34%～57%。对比目前市场磷系阻燃剂中 20%～30% 的 P 质量占比，EPS 中的 P 含量刚好处于同一水平。

污泥 EPS 中 P 成分较为复杂，张志超等利用核磁共振磷谱（31P-NMR）对 EPS 中磷化合物形态进行了分析和定量；按照磷化合物结构可分为正磷酸盐（ortho-P）、焦磷酸盐（pyro-P）、磷单脂（mono-P）、聚磷酸盐（poly-P）和 DNA 磷 5 种形式，其中，聚磷酸盐（poly-P）又可细分为聚磷末端磷（end poly-P）和聚磷中部磷（middle poly-P）；亦可直接将磷化合物分为无机磷和有机磷两大类。表 5-6 中列出了不同形式 P 在 EPS 中的质量占比，可以看出，不同工艺剩余污泥 EPS 中 P 含量差别较大；但整体上看，活性污泥 EBPR 系统 EPS 中 P 主要以聚磷酸盐形式存在，而传统活性污泥（CAS）系统主要为正磷酸盐。因此，EPS 中的 P 基本上以无机磷形式存在。不同来源污泥 EPS 中 P 的存在形式见表 5-7。

污泥 EPS 中 P 含量　　　　　　　　　　　　　　　　表 5-6

污泥种类	EPS 提取方法	EPS 中 P 占比（%）
EBPR 剩余污泥	离心	27～30
EBPR 好氧段末端	CER	13

续表

污泥种类	EPS 提取方法	EPS 中 P 占比（%）
活性污泥	CER	6.6～10.5
活性污泥	CER	6.4～7.3
活性污泥	加热法	22～47
活性污泥	超声波+CER	34～57
颗粒污泥	甲醛-NaOH	19～44
颗粒污泥	加热法	45.4

不同来源污泥 EPS 中 P 的存在形式　　　　表 5-7

磷形态	CAS 污泥 EPS（%）	A^2/O 污泥 EPS（%）	A^2/O-MBR 污泥 EPS（%）
正磷酸盐	58.97±1.21	17.85±1.49	17.89±1.21
焦磷酸盐	23.38±1.31	29.39±2.02	27.29±2.39
聚磷末端磷	14.98±0.97	7.45±0.35	8.08±0.24
聚磷中部磷	2.67±2.75	45.31±2.22	46.74±1.43

分析磷系阻燃剂阻燃可能机制，可总结为：1）生成热稳定物质，形成保护层，降低氧气扩散等过程；2）脱水炭化，降低火焰到凝聚相的热传导；3）挥发性磷化合物释放减缓燃烧反应。

（1）生成热稳定物质

EPS 含有大量磷酸基团（游离磷酸基团、蛋白质磷酸基团和脱氧核糖核酸磷酸基团等），其作为涂层与亚麻织物等燃烧过程中会转变磷高聚物形式，生成新的沉淀形式，如碳酸羟基磷灰石等。碳酸羟基磷灰石是一种惰性物质，具有极高的热稳定性，它本身就是一种出色的阻燃材料，包裹到有机物表面后可起到很好的阻燃效果，由此推测，碳酸羟基磷灰石很可能是颗粒污泥 EPS 涂层亚麻编织物阻燃特性的主角之一。

在颗粒污泥 EPS 本森（Bunsen）垂直燃烧实验中，红外光谱（FTIR）对残留灰分分析结果表明，蛋白氨氮基团被全部消耗而无法检出，但能检测到磷酸盐基团和碳酸盐基团存在。进一步分析得知，本森垂直燃烧试验温度高达 850℃，否定了碳酸钙的存在（在 825℃ 温度下 $CaCO_3$ 均被分解为 CaO 和 CO_2）；对剩余灰分进行 X 射线荧光衍射（XRD）分析显示，颗粒污泥 EPS 涂层亚麻织物燃烧后确实存在羟基磷灰石 $[Ca_{10}(PO_4)_6(CO_3)]$。有研究解释了碳酸羟基磷灰石的生成原因：藻酸盐（EPS 主要成分物质）燃烧会导致环境中 CO_2 浓度升高，促进—OH 基团反应而被 CO_3^{2-} 取代，进而生成碳酸羟基磷灰石结构。

但无法否认是否存在其他稳定性物质，如白磷钙石（WHT）、鸟粪石和磷酸铁等也对 EPS 阻燃特性作出了贡献，因为有研究也发现，镁和磷元素最初共同存在于有机聚合物中，经过高热可能会形成一种新的形式沉淀，但仍需进一步研究。也有研究表明在 EBPR 污泥中证实了上述各种稳定矿物成分存在，当然这也取决于污泥类型、进水特性和运行等条件对污泥 EPS 的生成影响。

　　然而，分析絮状污泥 EPS 中并未找到碳酸羟磷灰石的存在迹象，这可能是絮状污泥 EPS 阻燃效果较弱于颗粒污泥 EPS 的原因之一。虽然絮状污泥与颗粒污泥形成过程均存在生物聚磷现象，但是，颗粒污泥内部 pH 在 9～11 时可能存在碳酸盐和磷酸盐共沉淀，会营造有利于羟基磷灰石生成的环境。此外，颗粒污泥核内网状纤维结构稳定状态更利于羟基磷灰石沉淀过程的发生，而松散的絮状活性污泥显然不利于羟基磷灰石形成。Angela 等在研究中观察到好氧颗粒污泥中存在明显白色结晶沉淀物，其主要成分为羟基磷灰石；Mañas 等的研究指出，颗粒污泥的核心中存在矿物团簇，主要成分为羟基磷灰石，集中了所有的钙和相当数量的磷。

　　（2）促进脱水炭化

　　EPS 存在磷酸基团可以促进织物炭化过程，进而减缓燃烧内沿。Kim 等在燃烧实验中发现了有趣现象，无论是颗粒污泥 EPS 还是絮状污泥 EPS，都表现为直接降低织物分解温度，使织物在较低温度下便开始分解；这种低温环境并未达到织物燃烧温度，意味着织物等有机物只能通过厌氧机制热解（炭化）而非燃烧，从而间接达到阻燃效果；这种先低温分解后炭化的两步或多步物质分解是炭化体系一个重要基本特征，这种缓慢的炭化分解速度也就保证了完整炭化和良好阻燃效果。

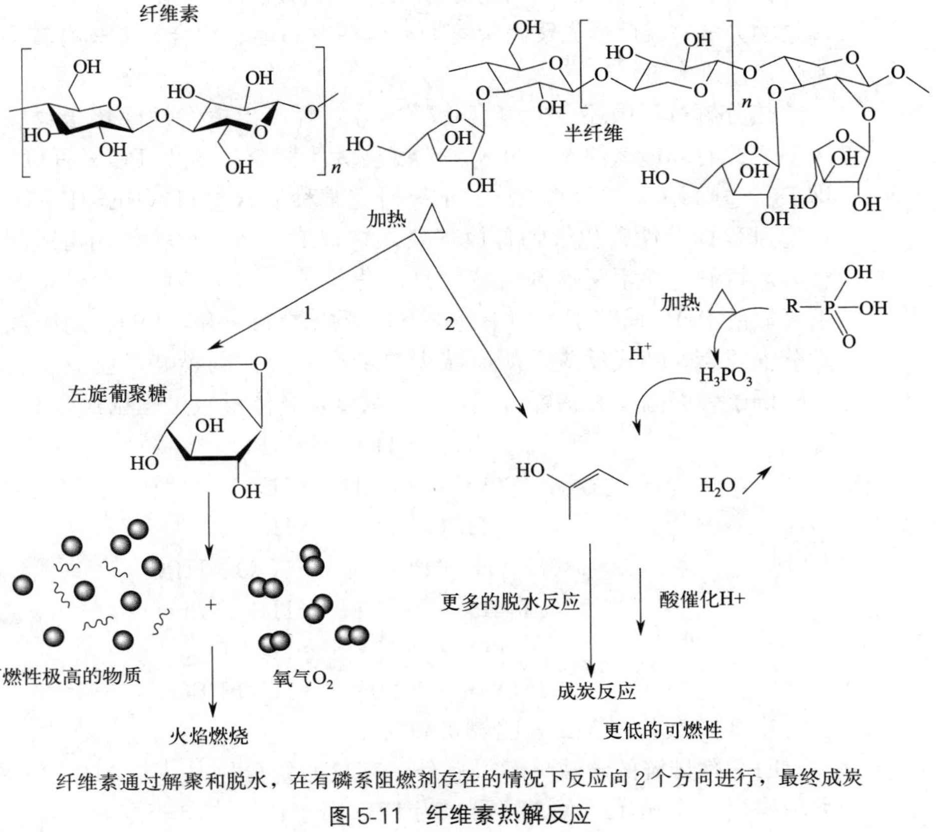

纤维素通过解聚和脱水，在有磷系阻燃剂存在的情况下反应向 2 个方向进行，最终成炭

图 5-11　纤维素热解反应

因此，推测 EPS 阻燃机制也与织物炭化作用有关。以纤维素织物为例，其热解过程存在两种竞争性反应（图 5-11）：1）纤维素脱水反应炭化；2）解聚反应形成左旋葡聚糖。前者反应产物焦炭在织物表面会形成致密的高热稳定性泡沫层，可起到绝缘层作用，隔绝热源和气源，阻止内部材料进一步燃烧；后者解聚反应分解虽也会形成一些焦炭，但大部分产物为分子量极低且可燃性极高的物质，这些物质与氧气反应会维持燃烧和火焰传播过程。显然，从阻燃角度分析，当然希望尽可能促进第一步反应而抑制第二步反应。EPS 热解释放所形成的磷酸基团，刚好与纤维素表面—OH 基团发生下述式（5-5）反应，可促进纤维素脱水炭化反应并抑制左旋葡聚糖生成反应。

$$(HPO_3)_n + C_x(H_2O)_m \longrightarrow [``C"]_x + (HPO_3)_n m H_2O \qquad (5\text{-}5)$$

从脱水炭化角度而言，存在磷酸基团和—OH 基团炭化反应即可发生，这意味着 EPS 并不仅仅可用作纤维素织物涂层材料，也可广泛应用于含氧高聚物，如沥青、橡胶、皮革和一些塑料等，这就为 EPS 作为表面阻燃剂拓展了应用渠道。从 EPS 角度看，无论是絮状污泥 EPS 还是颗粒污泥 EPS 均含有磷酸基团，均具有较大的阻燃应用潜力。

（3）挥发性磷化合物抑制

有研究表明，磷酸基团除可能作为上述炭化过程催化剂外，还可以直接抑制火焰。EPS 中含磷基团受热分解逐步发生如下变化：EPS（磷化合物）→磷酸→偏磷酸→聚偏磷酸。燃烧初期磷酸和偏磷酸在聚合物表面覆盖与空气隔绝，高聚物分解完成后形成聚偏磷酸是不易挥发的稳定化合物，具有较强酸性和脱水性，促进成炭。

热分解过程中还会使聚合物受热分解释放出挥发性磷化合物。质谱分析表明，此时环境氢原子（H·）浓度会大大降低，说明 PO· 可以捕获 H·，即 PO·＋H·＝HPO。Sonnier 等研究某种复合材料（PES/F-MVP），证实燃烧过程挥发性磷化合物释放现象，它与 H· 和 ·OH 作用可减缓燃烧。这种阻燃机制与卤素阻燃剂（特别是卤化氢类）非常类似：含磷化合物在高温下释放的 PO· 捕获了气相中促进燃烧反应的 H· 和 ·OH，阻断或减缓了烃类分支或燃烧链式反应，从而减少热量产生而抑制燃烧，反应生成的水蒸气也降低了表面温度并稀释气相可燃物浓度，具体反应过程见式（5-6）。

$$PO· + H· \longrightarrow HPO$$
$$PO· + ·OH \longrightarrow HPO_2$$
$$HPO + H· \longrightarrow H_2 + PO·$$
$$·OH + H_2 + PO·r \longrightarrow H_2O + HPO$$
$$HPO_2· + H· \longrightarrow H_2O + PO$$
$$HPO_2· + H· \longrightarrow H_2 + PO_2$$
$$HPO_2· + ·OH \longrightarrow H_2O + PO_2 \qquad (5\text{-}6)$$

2. 类藻酸盐（ALE）阻燃机制

EPS 除传统的含磷阻燃机制外，其核心组分胞外多糖物质（主要成分为类藻酸盐：alginate，ALE）可以为 EPS 阻燃特性作出较好的贡献。有研究表明，不同污泥 ALE 含量差异较大，一般介于 $10\%\sim40\%$ 挥发性固体（VSS）质量，且颗粒污泥 ALE 含量高于普通活性污泥，这也是颗粒污泥 EPS 阻燃效果优于活性污泥的重要原因之一。如图 5-12 所示，典型 ALE 化学结构呈现纤维长链态，其阻燃机制可归纳为：1）炭化阻燃；2）基团反应；3）凝胶稳定；4）生成沉淀。

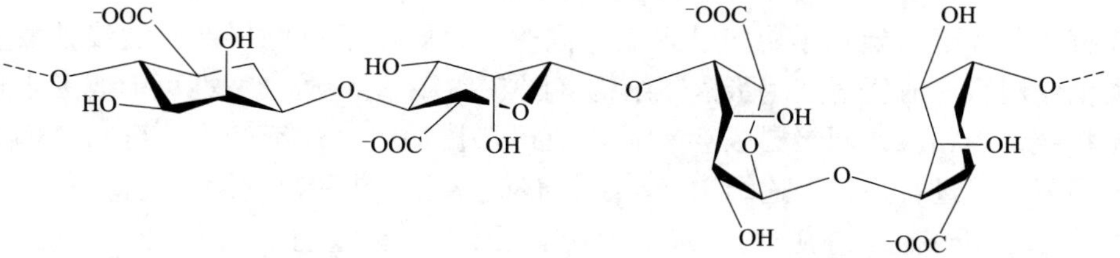

图 5-12　藻酸盐（ALE）化学结构

（1）炭化阻燃

一般认为 ALE 在 300 ℃左右会发生炭化反应，热解产生多个中间产物小分子，一部分形成焦炭，另一部分促进成炭。这种 ALE 在燃烧过程中自身较高程度的炭化特性会导致其一旦离开火源，火焰则很快自熄自灭。此外，ALE 纤维本身极限氧指数可高达 34%，意味着其纤维结构并不易熔融，燃烧过程缓慢，拥有良好的热稳定性。有研究发现燃烧前后 ALE 总热释放量（THR）和热释放速率（HRR）降低；扫描电镜（SEM）检测发现燃烧后 ALE 残基结合紧密，表面孔洞较少；这或许是由于 ALE 在燃烧过程形成一层具有黏性的残层（主要是炭化物质），阻断火焰和 ALE 物质之间的热传递，实现了较好的阻燃效果。

（2）基团反应

ALE 热分解过程大致分 4 步进行：1）$60\sim170$ ℃下，ALE 脱去内部结合水（脱羟基反应）；2）$220\sim280$ ℃时，物质部分裂解发生脱羧反应；3）$300\sim370$ ℃后，中间产物继续裂解、炭化；4）560 ℃始，氧化生成 Na_2O。从 ALE 热分解反应可以看出，ALE 结构存在的大量羧基和羟基在燃烧时可大量吸收空气中水分，会降低织物表面温度，达到阻燃效果。与此同时，羟基和羧基遇高温火源时，极易发生酯化反应脱羟基释放水分，也会伴随着物质表面温度的降低，且该过程可一定程度上促进炭化反应进行。在 $220\sim280$ ℃期间，物质部分裂解发生脱羧反应，羧酸盐脱羧生成碳酸盐（如海藻酸钙可转换为碳酸钙）附着于纤维表面，形成保护屏障；同时，ALE 糖苷键也会随机裂解，形成无水糖，裂解产物碎片重排、脱水、脱羰、脱羧、化学键断裂，缩合反应会产生不同低分子物质，如糖醛、二氧化碳（CO_2）和 2-乙酰氧基和 2,3-丁二酮等非常稳定的产物。通过傅里叶变换红外光谱（FTIR）和质谱联用热重分析仪（TG-FTIR-MS）分析得知，脱羧和酯化反应为同步进行；但从糖醛产率来看，脱羧反应要比酯化反应发生的概率更大。无论如何，这些基团分解和重组的过程都伴随着大量吸热/放热反应发生，均可降低织物表面温度。另外，酯化反应脱除的 H_2O 和脱羧反应产生的大量 CO_2（占热分解失重的 91.6%）可进一步稀释可燃气体与氧气浓度。

（3）凝胶稳定

ALE 交联阳离子（尤其是二价阳离子）可以结合 ALE 区段中钠离子的结合位点，从而发生交联并形成三维凝胶网络。在同时存在二价和三价金属离子时，ALE 会形成坚固、刚性和有序的凝胶结构。有研究对 ALE 凝胶热稳定性研究发现，质量分数为 3% 的 ALE 在 0.18 mol/L 的 $CaCl_2$ 和 2 mm 凝胶直径条件下，凝胶热稳定性最高。同时，金属离子也可与糖醛酸残基发生离子作用，形成所谓"鸡蛋盒"结构（图 5-13）。这些凝胶特性可形成无定形团状结构，相互之间极易发生粘连，使得热传递阻力逐渐变大，可间接抑制火焰蔓延。进言之，上述结构同时也具有良好亲水性和稳定性，使得 ALE 可以较好地粘附在织物表面形成涂层，起到很好的阻燃效果。

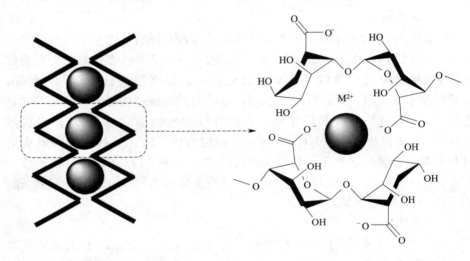

图 5-13　金属离子与藻酸盐（ALE）形成的"鸡蛋盒"结构

（4）生成沉淀

在 ALE 热分解过程中，金属离子会部分沉积在表面并在一定温度范围内起到保护和隔绝的作用。例如，对于 ALE-Ca 涂层纤维，在 180～350 ℃ 会生成 $CaCO_3$ 与 Ca（OH）$_2$；海藻酸铝和海藻酸铁分解产生氧化铝和氧化铁都可以作为保护层附着在纤维表面，从而阻止可燃性气体向外释放，并阻止外部氧气向内扩散，进而抑制纤维素热分解；随 Ca^{2+} 浓度升高，保护层致密程度会增加，阻燃效果也会相应增加。

显然，EPS 中 ALE 复杂化学结构提高了 EPS 的阻燃特性。但是，目前有关 ALE 类物质阻燃机制的研究较少，需要进一步深入研究。

3. 其他阻燃机制

（1）胞外蛋白质阻燃

除了 ALE 这种多糖物质，EPS 中发现的胞外蛋白质（PN）亦能表现出良好阻燃性。淀粉样蛋白质物质化学和热稳定性都很强，即使在强变性试剂（2 mol/L 硫脲＋8 mol/L 尿素＋3%SDS）中煮沸 60 min 也只会部分分解。

由于传统温和提取手段无法分离这种糖蛋白，所以，人们一直没有注意到此类物质具有与 EPS 贡献相当的结构强度和刚性。有研究表明，糖基化似乎使蛋白质更具有化学稳定性和耐热性，这意味着它有着较强的阻燃性能，但其阻燃效果与过程机制还有待进一步研究。

（2）协同阻燃

EPS 阻燃潜质也得益于 EPS 自身协同阻燃，这种"1+1>2"的协同作用主要发生在磷与氮之间以及磷与 ALE 之间。

1）磷与氮协同阻燃。磷阻燃过程主要发生在物质固相表面；若引入另一阻燃元素实现其在气相中阻燃将可能实现更为高效的阻燃效果。EPS 中存在较高含量氮（N）元素（源于蛋白质氨基酸等基团）在高温受热状态较易释放 CO_2、N_2、NH_3 和 H_2O 等不可燃气体，这些不可燃惰性气体可稀释环境中氧气以及聚合物受热分解产生的可燃物浓度；同时，热对流过程也会带走一部分热量，减缓燃烧；更有甚之，含 N 链段与含 P 基团会生成含有 P-N 键中间体，是良好的磷酸化试剂，更易促进磷酸化反应，从而增强上述含磷炭化阻燃作用；此外，含 N 化合物还可以延缓凝聚相中磷化合物的挥发损失，加强 P 的氧化，放出更多惰性气体，提高阻燃性能。以酪蛋白为例，它是胶束结构中含有大量磷酸盐基团的聚氨基酸，其分解过程与聚磷酸铵相似，产生聚磷酸和氨，这两种物质协同可发挥更好的阻燃效果。

2）值得一提的是 ALE 对于溶解态 P 具有很强的吸附作用，大量的磷酸盐可以沉积于这种多糖类物质表面，从而进一步强化上述含 P 阻燃过程。

5.3.3　EPS 阻燃效果评价

上述分析揭示了 EPS 具有复杂的化学结构与性质，推测 EPS 作为阻燃剂潜力很大。但是，如何判定和评价 EPS 阻燃效果与特性，并将之与目前商用阻燃剂优势比较也是研发工作需要阐明的问题。根据目前研究结果，以下总结 EPS 与目前商用阻燃剂性能对比。

1. 阻燃表征

现有研究较少直接表征 EPS 阻燃特性，但可以借鉴其他材料阻燃表征方式评价 EPS 燃烧行为。

极限氧指数法（LOI）是表征材料燃烧行为的指数，可以使用氧指数测定仪测定。常用标准有欧洲 ISO-4589、日本 JISK-7201 以及中国 GB/T 5454—1997。

垂直燃烧法适用于有阻燃要求的服装织物、装饰织物和帐篷织物等阻燃性能的测定，是现如今最为普遍常用的测试方法。我国一般按照《纺织品 燃烧性能 垂直方向损毁长度、阴燃和续燃时间的测定》GB/T 5455—2014 方法对 EPS 阻燃性能进行测试。另外，还有水平燃烧法、45℃燃烧法和 UL94 燃烧法等，它们的原理与结果大同小异。

此外，燃烧过程中 CO 释放量以及烟释放量（TSR）等指标也都是阻燃材料安全使用性能的重要衡量标准，可以进行发烟性实验和防护性实验等。

EPS 与表面基质材料的结合行为也需要在微观层面研究分析，有助于进一步理解、验证 EPS 热解和燃烧特性。用扫描电子显微镜（SEM）可观察

EPS 与表面材料结合情况，包括结合点位置和结合方式等，以分析涂层修饰手段的有效性。采用热解燃烧流动量热法（PCFC）可描绘 EPS 热释放速率曲线（HRR）和峰值热释放速率曲线（pHRR），进而研究样品在微观尺度下的燃烧行为；曲线一般出现两个峰值，即初始最高峰和熄灭前另一个高峰，前者代表材料燃烧时炭化形成的炭层，它可阻隔、减弱热向材料内层传递，目的是表征材料的成炭性能；采用热重分析法（TGA）描绘 EPS 热失重曲线可研究其热稳定性，并且可以直观分析判断可燃性物质挥发速率。使用红外光谱仪（FTIR）可分析燃烧实验前后涂层材料，分析不同波峰代表剩余残炭中的官能团，进而厘清 EPS 参与燃烧反应的内含物或基团。

2. 阻燃特性

现有直接描述 EPS 阻燃特性的实验研究还很少。Kim 等把提取自活性污泥与颗粒污泥的两种 EPS 物质按照 EPS 水溶液 3%（质量浓度）比例喷涂到亚麻织物上，风干 72 h 后进行 Bunsen 垂直燃烧试验，以研究涂层亚麻织物的燃烧特性，结果显示，活性污泥 EPS 和颗粒污泥 EPS 涂层亚麻织物的灭火和熔体滴落时间均为 0 s，烧焦长度分别为 260 mm 和 130 mm。美国联邦航空条例中运输类飞机座舱内部阻燃材料阻燃性能要求灭火时间和熔体滴落时间应分别小于 15 s 和小于 3 s，燃烧长度应小于 152.4 mm（6 英寸）（US-FAR 25.853 标准），污泥 EPS 灭火时间和熔体滴落时间参数显然符合飞机内饰材料标准，但烧焦长度仅颗粒污泥 EPS 符合要求。这一阻燃特性实验结果初步证明，EPS 确实具有较好阻燃特性。

上述实验研究进一步观察织物燃烧后，发现均存在放热现象，在两种 EPS 涂层亚麻织物均出现了红光（阴燃）现象，且颗粒污泥 EPS 涂层亚麻织物阴燃时间非常短，大约是絮状污泥 EPS 的 1/4。结果说明，颗粒污泥 EPS 涂层对热量传递起到了屏蔽作用；进一步细致观察发现，絮状污泥 EPS 涂层亚麻织物阴燃过程沿表面呈现出一定的路径，这可能是因为活性污泥 EPS 结构较颗粒污泥 EPS 松散所出现的阴燃裂缝。

总之，颗粒污泥 EPS 阻燃效果明显优于絮状污泥，这可能是颗粒污泥微生物自我聚集形成了具有良好的包裹性、粘附性和延展性结构所致；颗粒污泥 EPS 这种网状纤维基质（纤维直径为 40～50 nm）错综缠绕更有利于形成连续层状涂层覆盖于织物表面，导致较好的阻燃特性。然而，絮状污泥 EPS 是块状拼接纤维聚集而成，表面可观测到细微裂缝，块状直径 80～100 nm，其裂缝长度达 300000 nm，宽度可达 45～50 nm，所以，较难形成颗粒污泥状表面连续层状结构，涂层到织物表面后会出现裂缝间隙，放热阴燃可以发生在这些间隙中，从而影响絮状污泥 EPS 阻燃效果。

对市场上热门喷涂型阻燃材料——聚氨酯泡沫燃烧测试（采用 KS-5004 建筑材料水平燃烧测试仪）结果显示，其平均燃烧时间为 10 s，燃烧长度为 130 mm，似乎还略逊于 EPS。这意味着颗粒污泥 EPS 具有较大的阻燃市场潜力。

3. 潜力分析

从以上 EPS 物质阻燃特性机制归纳可知，EPS 物质阻燃不仅取决于 P 含量多寡，其他成分与复杂结构（藻酸盐类、淀粉样蛋白等）也让 EPS 阻燃性能别具一格，使其具有较大应用潜力。对比市场阻燃剂材料，EPS 具有以下七大优势：

（1）与氢氧化铝等金属阻燃剂比较，EPS 阻燃材料来源于微生物代谢，具有绿色环保、易降解优势，阻燃效果好，相对用量减少，不会影响材料本身物理机械性能；同时，经处理后的 EPS 溶液本身无色无味，扩大了修饰其他材料的应用空间和加工特性；

（2）与其他含卤阻燃剂或磷系阻燃剂对比，EPS 磷物质分子量较高（如聚磷酸盐等），具有不易挥发、热稳定性好且不产生有毒气体等特点，可弥补某些阻燃剂燃烧烟雾大的缺陷；

（3）EPS 除含有大量磷元素外，还含有大量蛋白质类物质，这些物质在燃烧过程中可实现较好的 N-P 协同阻燃效果，其作用远高于化工材料单一组分合成所产生的阻燃作用；

（4）EPS 含有大量天然多糖高分子（如 ALE 等），具有多羟基碳链结构，代替纤维织物直接炭化脱水形成焦炭，与磷基团脱水炭化作用协同，比单一磷系阻燃剂或卤素阻燃剂效果更佳；

（5）EPS 作为阻燃剂表面涂层材料具有优良的耐水性（防水性），可增加涂层材料使用寿命。目前市场含磷阻燃剂（如，poly-VPA）涂层表面干附着力很好，但水浸试验后附着力较差，阻燃剂成分极易被冲刷。工程上一般采用与疏水性单体共聚方式来提高涂层湿附着力，但是以降低物质一定防火性能为代价。而 EPS 中结构性糖类物质（ALE 等）既有亲水性又有疏水性；亲水性多糖端会牢固地附着于纤维表面，而疏水性球状结构脂类则朝外衍生；水滴浸入后疏水基团斥力会使水分子保持水滴状而起到耐水性能，防止冲刷；

（6）EPS 中存在"交联剂"成分，蛋白结构上多种官能团可提供更多与阳离子和其他有机物结合位点和作用点，增加了与更多材料相容性可能；多糖和淀粉样蛋白等的水凝胶特性在 EPS 与表面材料接枝时发挥交联稳固作用，可增强 EPS 物质吸附粘合能力；

（7）EPS 为微生物合成有机成分，作为阻燃剂使用时流入自然环境很容易被生物降解，这一点是市场现有阻燃剂（如，卤代等无机阻燃剂）无法比拟的。因此，EPS 作为阻燃剂的环保性毋庸置疑。

然而，也正是因为 EPS 独特结构特征，某些情况下并不适用于特定金属或塑料等材料表面阻燃修饰，且现阶段 EPS 提取、回收和应用技术距离实现其完全替代其他阻燃剂还有一定差距。

5.3.4 EPS 阻燃性能提升策略

EPS 虽具有优于市场阻燃剂之潜力，但从应用经济性角度考虑进一步探究阻燃能力提升方式，以降低获取的经济成本。从机制出发，阻燃性提升一方面可以通过提高 EPS 中磷含量，亦可考虑提高和纯化 EPS 中与阻燃相关的物质成分（如 ALE 和淀粉样蛋白质等）。另一方面，需要考虑 EPS 与基质织物结合方式，尽可能保证在基质性能基础上提高修饰物整体阻燃性能。

1. 富磷 EPS 提取

有研究表明，物质中磷含量提高，热速率释放峰值（pHRR）便会降低，而热解后焦炭量将会增加。这意味着 EPS 含磷量越高，其阻燃效果可能越好。

不同提取方法将导致 EPS 提取中磷含量出现差异。将实验室培养 EBPR 污泥分别采用甲醛/NaOH、超声、EDTA、加热和阳离子交换树脂（CER）5 种方法与直接离心方式进行比对，分别表征所提取到的 EPS 中磷含量。CER 法在加入 70 g/g（以 CER/VSS 计），并在 500～600 r/min 离心转速下提取 6 h，获得的 EPS 中磷含量占污泥 TP 质量的 6.6%～10.5%；而其他提取方法 EPS 中磷含量相对较低或者完全破坏细胞壁，导致 EPS 提取"失效"，各种方法提取结果示于图 5-14。不同形态污泥磷含量也不尽相同，有研究表明，活性污泥 EPS 含磷质量为 0.09～0.35 mg/mg（以 EPS 计），高于颗粒污泥的 0.024～0.071 mg/mg（以 EPS 计），这可能是因为颗粒污泥的 EPS 产量远高于活性污泥，导致单位 EPS 中磷含量降低；因此颗粒污泥中 TP 累积量（TP_{EPS}/TP_{Sludge} 高达 45.4%）普遍高于活性污泥。

此外，其他诸如 C/N/P、进水基质、pH 和温度等都会影响污泥中 EPS 含量，进而可能影响其中 P 的本底含量。

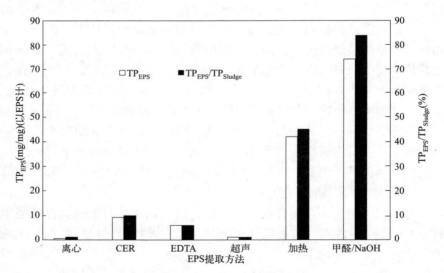

图 5-14 EPS 不同提取方法中磷含量对比

2. ALE 纯化与提高

阻燃剂的阻燃性能不仅与磷含量有关，还与其热稳定性和阻燃剂核心分子在织物纤维体中通过性等相关。ALE 是 EPS 主要有机物阻燃成分，因此，了解 ALE 生成影响因素等环境条件将有助于提高 EPS 中 ALE 含量，进而提高污泥 EPS 的阻燃潜力。

污水处理工艺运行条件（如碳源、有机负荷、溶解氧和 pH）会直接影响污泥中 ALE 合成。碳源不同导致污泥中菌群结构发生改变，进而影响 ALE 分泌，ALE 理化性质和分子结构也会产生差异。吴振宇等的研究发现以葡萄糖基质培养微生物所产生的胞外多糖量（ALE 为多糖高聚分子）为 6.3 mg/g（以 MLSS 计），而以蛋白胨培养的微生物产生的胞外多糖量是 4.9 mg/g（以 MLSS 计）。也有实验发现，有机负荷也会影响污泥 ALE 分泌；当有机负荷突然增加会刺激颗粒污泥分泌更多的环二鸟苷酸（c-di-GMP，一种促进颗粒污泥形成的物质，调节纤维素形成的信使分子），从而促进 ALE 进一步分泌。溶解氧（DO）也会影响微生物代谢，从而导致 ALE 产量不同。有研究发现，DO 升高后 ALE 产量会增加。也有研究表明，pH 也会影响 ALE 合成；酸性条件下，EPS 中多糖质量下降约 30%，意味着 ALE 含量也下降；而强碱条件下，胞外多糖提取质量升高约 15%，导致 ALE 含量相应增加。

不同污泥形态也会影响污泥 ALE 合成与结构。有研究发现，颗粒污泥中 ALE 提取量 160 mg/g（以 MLSS 计，下同）是絮体污泥提取量（72 mg/g）的 2 倍多，而且二者 ALE 中古罗糖醛酸与甘露糖醛酸含量比值分别为 8∶1 和 2∶1，表明不同形态污泥 ALE 结构确实有所不同。

此外，不同提取方法也会导致 EPS 中 ALE 含量和性质变化，最早借鉴大型海藻（如，海带）提取藻酸盐的方法有：钙凝离子交换法、钙凝酸化法、酸凝酸化法和酶解法。随后，有研究首次借鉴酸凝酸化法采用高温碳酸钠以及酸析出和有机萃取方法成功从颗粒污泥中提取出 ALE 物质，其提取量高达（35.1±1.9）%（以 SS 计）；再后来，其他文献继续深入研究和优化方法，增加提取物纯度，试图提高 ALE 物质作为表面涂料/防火涂层的性能。

不同的提取手法会影响所提取 EPS 结构的完整性以及 EPS 内具有阻燃功能的物质含量。对前者完整性保证可能导致后者含量降低；EPS 在阻燃材料应用方面，二者对阻燃特性正向效益影响孰轻孰重，还有待进一步实验研究。

3. 修饰手段

物质阻燃效果不仅取决于自身阻燃特性，亦受限于与基质的结合方式，而结合方式直接决定阻燃基团或分子在燃烧过程中阻燃潜力发挥。有研究在 EPS 阻燃实验中直接采用 3%（质量浓度）的 EPS 水溶液，分 3 次喷涂到织物表面后风干 72 h 成型；该方法简易但展现出不俗的阻燃性能。若进一步优化 EPS 修饰织物方法，采用其他接枝（graft）方法，是否可实现更强的阻燃性能，这有待于进一步实验验证。

目前存在许多工艺可使阻燃剂与表面材料结合，主要分为物理法和化学法。化学法是把纤维织物在 70～160 ℃下浸泡于含磷阻燃剂溶液（质量浓度为 5%～10%）中，约 2 h 成型。物理法包括 UV 照射、等离子体处理、溶胶-凝胶处理、伽马或电子束辐射等，其中，较为有效的是辐射法，将织物浸入含磷阻燃剂溶液中，利用电子束辐射以不同剂量辐照使二者相互结合，最后水洗去除未结合分子物质；辐射法主要是使磷酸基团共价结合或聚合后"困"于纤维结构，能在不破坏织物基础上结合足量磷（质量浓度为 1.4%），从而提高阻燃性能。

合适溶剂参与可以控制阻燃剂在纤维素中渗透量，从而控制织物涂层材料最终 P 含量。通过扫描电镜—能谱分析联用（SEM-EDX）接枝溶剂对纤维修饰的影响研究，发现甲基膦酸酯（MAPC1）只会导致 P 存在于纤维表面，而并未渗透到纤维体结构之中，导致纤维素中心缺少 P 元素；相反，乙烯基磷酸二甲酯（MVP）使 P 元素分布于纤维素表面至内部纤维块。这意味着，选择合适溶剂对 EPS 与织物的接枝过程将可能直接影响最终 P 含量，而限制阻燃特性。

针对 ALE 特定涂层方法，存在钡、镍和钴离子交联织物涂层手段，具体过程如图 5-15 所示。ALE 作为一种阴离子聚电解质，与阳离子聚电解质（PEI）通过逐层组装方法（LBL）在棉织物表面形成涂层，该过程可以增强棉织物的稳定性；随后利用该方法在织物表面构建含 P 聚电解质而具有独特优势，利用钡、镍和钴离子交联 ALE 对织物进行涂层。为防止沉积，对棉织物水洗后室温下风干过夜；然后将底物分别在 PEI 和 ALE 溶液中交替浸泡 2 min，去除未结合化合物。这种两相交替浸泡可形成 PEI 和 ALE 双层膜结构。交替浸泡 10 次（形成 10 层双膜结构）后置于 5 mol/L $BaCl_2$、$C_4H_6O_4Ni \cdot 4H_2O$ 或 $C_4H_6O_4Co \cdot 4H_2O$ 水溶液中浸泡 2 h，之后水洗去除未反应的金属离子，再在烘箱 70 ℃ 干燥过夜，然后在干燥器吸收/去除剩余水分。该方法制备的阻燃织物燃烧效率明显比未处理织物要低，火焰蔓延率也要低 28%，燃烧实验中也明显观测到成炭效应，特别是测得 ALE 与钡离子交联的涂层织物拥有相当的阻燃性能。

图 5-15　逐层组装方法（LBL）与钡、镍和钴离子交联藻酸盐（ALE）对棉织物涂层方法

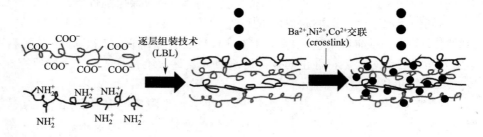

5.3.5　结语

（1）剩余污泥 EPS 作为高附加经济价值物质提取将推动污水处理资源化目标。EPS 具有得天独厚的阻燃物质形成环境，其阻燃性能更是好过目前市场普遍销售的阻燃剂，特别是其可生物降解性是其他阻燃剂无法比拟的环保特性。EPS 中所含有的磷（P）占污泥总磷（TP）质量的 10%～45%，且其形态从磷酸盐、焦磷酸盐和磷单脂一直延伸至聚磷酸盐（poly-P）和 DNA 磷等，正是这种含磷特性使其可生成热稳定物质、促进脱水炭化和发挥气相磷阻燃特性。进言之，EPS 中所含类藻酸盐（ALE）物质的复杂化学结构（凝胶态无定形团状结构）和丰富官能团（羧基、羟基和羰基等）在燃烧或热分解情况下炭化、脱水以及发生热稳定反应时可极大增强 EPS 自身阻燃性能。此外，EPS 其他结构，如蛋白质交联和氮磷协同等，在从侧面提高阻燃性能方面也都优于市售其他阻燃剂。EPS 所有这些独具一格的特性均为其作为高

性能表面涂层防火材料奠定了应用基础。

（2）通过筛选污泥和选取合适的提取方法可以提高 EPS 磷含量以及功能性物质含量，进一步提高其阻燃性能和修饰性能，实现更高性能 EPS 阻燃物质回收。同时，在此基础上挖掘适宜的阻燃材料与被保护基质的结合方法，以扩大 EPS 高效防火涂层的应用范围。

（3）事实上，EPS 作为表面涂层不仅可用作阻燃材料，亦可用作防水材料。多糖和蛋白质分子富含羟基和羧基等亲水官能团可增强 EPS 物质与织物的结合性能，它们所具有的相对较低表面电荷和较高整体疏水性能可增强织物的疏水性能。EPS 物质这种双性特征也能使其作为有发展前景的环保防水材料。而有关 EPS 在食品、医药、纺织、印染、造纸和日化等行业中的应用亦有可能解决藻酸盐物质传统上只能依靠从大型海藻中提取的尴尬处境。

5.4 污泥 EPS 高值、高效提取与回收技术

污水资源化已成为污水处理可持续发展的一个重要方向。针对普遍认为棘手的污水处理产物——剩余污泥，目前国际上对污泥有机质转化高附加值产品的研究也已兴起，传统上仅仅将污泥有机质视作为能源载体（转化甲烷/CH_4）的观点正受到质疑。污泥中胞外聚合物（EPS）、藻酸盐、PHA 等高附加值有机物转化与提取具有潜在应用前景。

污泥主要由细胞体和 EPS 两大部分组成。EPS 占污泥干重的 10％～40％。EPS 通常来自于微生物细胞自溶、细胞分泌物以及细胞表面脱落物等，主要为多糖、蛋白质（结构蛋白或胞外酶）、核酸、脂质、腐殖质和其他一些胞内物质。其中，蛋白质和多糖为主要成分，占 EPS 总含量的 70％～80％。EPS 分子相对较低的表面电荷和较高的疏水性可促进微生物聚集；多糖分子富含羟基、羧基等亲水官能团，可以通过吸附架桥等作用形成稳定而具有弹性的网状结构，对游离细胞进行交联与固定则有利于污泥絮凝；蛋白质和脂质可维持絮体结构稳定性，相应改善污泥生物絮凝性。这些物质通过静电作用力、氢键结合、离子吸引力、生物化学等作用形成紧致高密网状结构，可作为微生物的保护层，抵御外部重金属和有毒化合物等不利因素侵袭。EPS 成分不同性能和组合方式使其具有多种复杂结构，具有较高的回收与利用价值。

目前，对污泥 EPS 研究侧重于其在污水处理过程中促进污染物去除机理以及在后续污泥处理处置中承担的作用。一些提取与回收 EPS 研究也多是采用典型方法"囫囵"提取，提取物仅仅被谓之"胞外聚合物"或"有机物混合物"，并非"高附加值有机物"，较难获得纯度较高的某一类，甚至某一种有机化合物。

国际上，一些学者已经意识到这些典型方法的缺陷，开展了较多针对颗粒污泥 EPS 优化提取方法研究，试图提高 EPS 纯度与产量，同时保留其理化性质，这些方法与传统典型方法截然不同。基于此，本节首先阐述 EPS 在污

泥中含量及成分差异，进而分析典型传统 EPS 提取方法之利弊；以此为基础，阐述基于特定单一或多组分物质"定制"的提取方法（包括胞外多糖与胞外蛋白质），从而指明高附加值回收 EPS 发展方向；在总结进水基质、营养物负荷、运行参数、优势菌属等因素对污泥 EPS 产量产生差异的情况下，提出 EPS 高效增产技术方案；最后，分析当前 EPS 回收应用瓶颈，以期为 EPS 未来广泛回收利用之前景奠定理论与技术基础。

5.4.1　EPS 含量与成分差异

EPS 提取的基础是了解其在污泥中含量以及成分，并剖析其理化特性。不同种类污泥 EPS 含量不同，表 5-8 中列出了 3 种典型污泥中 EPS 含量与组分。一般认为絮状污泥（～10%）相较颗粒污泥（～20%）而言产生的 EPS 含量少，而生物膜 EPS 含量则处于最低水平。EPS 通过改变表面电荷以及疏水性影响污泥絮凝以及造粒过程，而从活性污泥向颗粒污泥造粒转变过程其 EPS 含量变化机理则存在较大争议。研究表明，在絮状污泥向颗粒化转化的前后阶段（80%絮状污泥颗粒化）EPS 含量并无明显变化；但是，也存在着相反的研究结果，认为 EPS 含量随着颗粒化程度提高而不断降低。一些研究还认为，较高水平 EPS 含量有利于颗粒污泥形成与稳定，但过量 EPS 则会限制氧气、有机物和营养物质扩散与传质，这意味着过量 EPS 对颗粒污泥的稳定性是有害的。

表 5-8 显示，不同污泥 EPS 含量不同，其组分也不一样，而关于 EPS 对污泥聚集性和结构稳定性具有决定影响的关键成分目前还未得到明确界定。针对生物膜，有人利用荧光原位杂交（FISH）与荧光染色两种分子生物学方法研究了生物膜 EPS 与微生物在生物膜表面纵向空间分布；结果显示，生物膜中不同组分沿 EPS 厚度方向上呈现梯度变化，表层蛋白质含量高，而沿生物膜深度方向逐渐减少，多糖则与之相反。这可能是因为表层高活性微生物增殖与代谢能力均强于内层，导致产生的胞外酶相对较多，而胞外酶则是一种组成 EPS 的特殊蛋白质分子。多糖凝胶特性是作为生物膜的"粘合剂"，有利于微生物粘附聚集到载体表面，尤其对生物膜吸附成膜具有重要作用，这与生物膜内沿深度方向粘结力增大所相对应，导致多糖含量沿生物膜深度方向逐渐增加。从这些研究可以推测得出，生物膜系统中胞外蛋白质和胞外多糖也许是分别作为功能性成分和结构性成分而存在。

研究表明，EPS 对颗粒污泥形成、结构和功能完整性存在重要影响，可促进颗粒污泥形成。但不同于生物膜，研究认为胞外蛋白质可能是颗粒污泥 EPS 的主要结构性成分，而非功能性成分。蛋白质含有较多疏水性官能团，且能有效降低细胞表面电负性，容易凝聚成细小生物聚集团体，最终帮助成核；辅之以反应器水力筛选作用，最终富集获得大颗粒污泥。研究人员采用原位荧光染色，辅以激光共聚焦显微镜（CLSM）技术观测到颗粒污泥的最内核主要是蛋白质结构，推测蛋白质是形成颗粒污泥的基础。有人利用三维荧光光谱（3D-EEM）和十二烷基硫酸钠-聚丙烯酰胺凝胶电泳法（SDS-PAGE）也得到同样结论，认为芳香蛋白、色氨酸蛋白等高分子量蛋白是颗粒污泥中关键组分，其蛋白结构上多种官能团可以提供更多与阳离子和其他有机物结合位点和作用点，对颗粒污泥形成和结构稳定性起着重要作用；进一步对 EPS 成分多糖和蛋白质量化分析发现，胞外蛋白质含量在絮状、好氧颗粒污泥以及厌氧颗粒污泥 LB-EPS（松散型 EPS）中分别为 8.5 ± 1.5、33.6 ± 9.7 以及 27.1 ± 2.8 mg/g VSS，而在 TB-EPS（紧密性 EPS）中分别为 43.1 ± 2.7、96.8 ± 11.9 以及 61.6 ± 4.2 mg/g VSS，表明不论在 TB-EPS 还是 LB-EPS 中，颗粒污泥中胞外蛋白质含量都要远高于絮状污泥；而胞外多糖含量在三者之间却无明显差异，平均约为 30 mg/g VSS。胞外蛋白质与胞外多糖之比（PN/PS）也能更好评价污泥 EPS 成分特征；颗粒污泥 PN/PS 值分别为 3.3（好氧）和 4.2（厌氧），远远高于活性污泥絮体的 1.6 以及生物膜的 1.2，推测可能较高的 PN/PS 更有利于污泥颗粒化转变和稳定性保持。但也有研究认为，胞外蛋白质并非 EPS 主要结构成分；因为胞外多糖具有凝胶性质，它可能才是促成和保持污泥颗粒化的主要成分。

不同污泥种类 EPS 含量与组分分析　　　　表 5-8

污泥种类		EPS（%VSS）	组分(mg/g VSS)		
			蛋白质	多糖	其他
生物膜		4～7	15～30	15～21	12～31
絮状污泥		5～15	57～103	20～35	40～70
颗粒污泥	厌氧	10～20	55～150	15～30	40～200
颗粒污泥	好氧	15～40	100～250	20～40	20～50

5.4.2　典型 EPS 提取方法

1. 方法评价

如表 5-8 所示，不同种类污泥 EPS 含量与组分差异较大，EPS 主要结构与功能组分还存在较大争议，直接影响 EPS 在污水处理过程促进污染物去除的角色与机理探究。为此，大部分提取、分析 EPS 的研究均期望能得出有关 EPS 的准确结论。综合来看，这些研究中有关污泥典型 EPS 提取方法主要包括物理法、化学法及其组合方法。其中，物理法通常是采用外力（如，剪切力、离心力等）将 EPS 与细胞分离，并将其溶解后实现固、液两相分离，包括超声波处理、高速离心和热提取法；化学法是通过添加化学试剂（如，酸、碱、有机溶剂等）实现与 EPS 所含某些特殊官能团螯合从而实现 EPS 的分离与提取，包括阳离子交换树脂（CER）、甲醛-氢氧化钠（HCHO-NaOH）法、乙二胺四乙酸（EDTA）法、高温碳酸钠（Na_2CO_3）法和甲酰胺-氢氧化钠（$HCONH_2$-NaOH）法等。典型 EPS 提取方法原理与优缺点比较列于表 5-9。有人分别采用这些方法提取好氧颗粒污泥中 EPS，结果如图 5-16 所示。从图 5-16 可以看出，物理提取方法效率较低，化学法相对较高；但是，应综合考虑表 5-9 中化学法提取缺点，即可能改变 EPS 组分性能，同时，"化学破坏"过程可能导致提取物纯度不高。

典型 EPS 提取方法原理与优缺点 表 5-9

方法	原理	优点	缺点
超声波法	空化与剪切力分散	无化学试剂交叉污染,对细胞损害小	能耗高
CER 法	阳离子交换与剪切作用	避免污染 EPS 成分,对细胞损害很小	提取量较少
高速离心法	高速分散絮凝物,增加 EPS 在水相中的溶解度	提取率高,细胞破坏率低,对成分无影响	TB-EPS 提取率较低
高温碳酸钠法	高温碳酸钠溶解	提取量多	细胞损伤较大,蛋白质变性
甲醛-NaOH 法	固定细胞,变性蛋白质	提取性能较高,少量甲醛对细胞有保护作用	细胞破坏严重
甲酰胺-NaOH 法	电荷中和解离酸基团,减少表面排斥	提取性能较高	污染 EPS 组分
EDTA 法	与 EPS 组分螯合	提取性能更高	对细胞损害更大

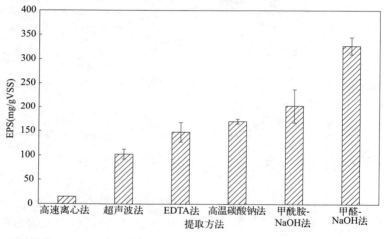

图 5-16 典型 EPS 提取方法获取的好氧颗粒污泥 EPS 量

2. 方法优化

为弥补以上方法所存在的缺陷,同时提高 EPS 产量与效率,很多研究者针对提取过程参数开展了优化研究并予以验证,这包括化学药剂投加顺序和浓度、设备操作参数(超声功率与脉冲时间、离心转速与时间等)、提取操作环境(pH、温度等)等。以本研究团队尝试调整超声波功率与离心转速为例,超声功率越高,EPS 提取量越大;150 W 功率提取量较 100 W 可提高 29.4%;继续增加功率至 200 W,EPS 提取量仅提高 16.7%,增量效果逐渐减弱。对离心转速(5145~10000 r/min)调整试验发现,EPS 提取量提高仅介于 11.2%~18.0%。显然,传统优化手段通过调整参数均可在一定程度上提高 EPS 提取产量,但是,优化过程所采取的高功率、长时耗、高转速等手段却意味着较高的能耗和成本支出,且并不能获得高纯度 EPS 物质。

5.4.3 EPS 提"纯"策略

优化方法直接影响提取效率以及提取组分。目前,EPS 典型提取方法只是将 EPS 作为一种笼统研究对象，并没有针对其中某种组分或结构予以提取并分离。高效优化方法则改变固有观念，在考虑 EPS 组分的物理、化学性质差异基础上，"定制"基于产物的提取方法，有可能分离出某种或几种高纯度 EPS 物质，使 EPS 高值回收成为现实。

1. 基于单一目标产物回收

EPS 物质主要成分为胞外多糖和胞外蛋白质，以下针对这两种特定物质的提取、分离方法总结 EPS 回收策略。

（1）胞外多糖（PS）

EPS 组分胞外多糖中典型组分是类藻酸盐物质（ALE），为一种主要由多糖以及蛋白质构成的高聚物，它与从大型海藻提取的藻酸盐具有高度相似结构和性质。ALE 与二价阳离子具有高度特异性作用，表现出刚性、不可变形凝胶性质，是维持污泥强度、弹性、疏水性以及保护微生物细胞的一种密实结构；ALE 亦可广泛应用于食品、医药、纺织、印染、造纸、日化、建筑等行业，用作各类防水、防火材料、增稠剂、乳化剂、稳定剂、粘合剂、上浆剂等。

目前从污泥中提取藻酸盐方法主要是借鉴了从海藻中提取藻酸盐的方法：钙凝离子交换法、钙凝酸化法、酸凝酸化法、酶解法。王琳等借鉴酸凝酸化法采用高温碳酸钠以及酸析出、有机萃取的方法成功从颗粒污泥中提取出藻酸盐类物质，过程如图 5-17 中 a 步骤所示。在 ALE 提取过程中，颗粒污泥可与 Na_2CO_3 反应，Ca^{2+} 的位置被 Na^+ 取代，Ca^{2+} 以 $CaCO_3$ 沉淀形式脱离，而 ALE 则由不溶性藻酸钙转变为可溶性藻酸钠，同时，好氧颗粒污泥也从凝胶态转变为溶胶态，最终可获得类藻酸盐物质提取量达 $(35.1\pm1.9)\%$ SS。污泥 ALE 成功提取与分离奠定了污泥胞外多糖研究的基础，将胞外多糖模糊研究逐步深入到单一多糖研究层面。以此为基础，Lin 等继续深入研究，继续沿用以上方法提取活性污泥 $[(7.2\pm0.6)\%$ VSS$]$ 与颗粒污泥 $[(16\pm0.4)\%$ VSS$]$ 中类藻酸盐物质，显示出颗粒污泥具有更大类藻酸盐物质提取潜力。这些研究不仅着眼于 ALE 提取量，更重要的是关注了提取物的特殊用途，特别表征了 ALE 作为表面涂料/防火涂层的性能。

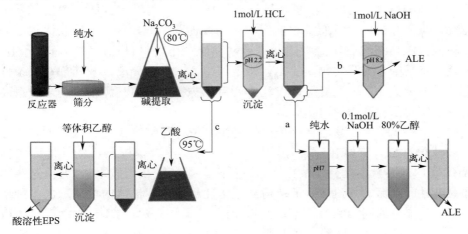

图 5-17 污泥类藻酸盐物质与酸溶性 EPS 提取方法

Felz 等采用表 5-9 所列 7 种典型提取方法，验证了不同方法的有效性的同时，进一步评价了好氧颗粒污泥中 ALE 含量与组分；结果发现，只有高温碳酸钠法能够有效将颗粒污泥解体并获得溶解性水凝胶基质，从而顺利分离出类藻酸盐物质，而其他方法仅能部分破坏污泥表观结构，并不能改变这种类藻酸盐物质存在形式（颗粒态向溶解态转变），也就无法实现有效分离。

Pronk 等利用 Felz 等所采用的高温碳酸钠方法（其过程如图 5-17 中 b 步骤所示）继续研究好氧颗粒污泥类藻酸盐物质提取；他们惊讶地发现，在高温碳酸钠处理后准备固液分离时仍存在大量完整的不溶颗粒态物质，推测为未溶解的污泥颗粒。Felz 等研究强调，颗粒完全溶解是提取结构性 EPS 的重要前提条件，意味着只有当颗粒状或生物膜结构被完全溶解后结构性 EPS（类藻酸盐物质）方有可能被释放而被提取。这也解释了为什么 Pronk 等提取的 ALE 产率极低，仅为 1.4% VSS，远远低于 Felz 等研究报道的约 20% VSS。

上述研究虽然解释了类藻酸盐物质提取量低的原因，但存在的疑问是大量研究发现高温碳酸钠法提取的污泥胞外多糖物质（PS）含量占比大于 5%！莫非 Pronk 等研究获得 1.4% VSS 之外的多糖物质为其他物质？Pronk 等猜想，EPS 成分中也许只有部分物质作为结构性成分而存在，其他物质可能为"填充物"或"功能修饰物"。为此，Pronk 等将未溶解的颗粒态物质进行萃取、分离（图 5-17 中 c 步骤），因此而获得另外一种胞外多糖物质，"酸溶性 EPS（Acid soluble EPS）"；成分剖析显示，这是一种由 O-甲基葡萄糖和半乳糖作为单体组成的聚合物，其来源是以 *Defluviicoccus cluster Ⅱ* 菌属为主的颗粒污泥胞外高聚物，成分与类藻酸盐物质或淀粉样蛋白质完全不同；有关于其具体结构功能以及潜在应用前景还有待进一步研究。

在评价 EPS 提取方法体系中认为 EPS 作为胞外聚合物而在提取过程强调保证细胞的完整性，以防细胞内有机物流出而造成提取物污染，这就导致方法选择多以温和（中性 pH=7 和 T=30 ℃等）与稳定环境为主。但是，对于大多数多糖类物质（如，上述类藻酸盐物质以及淀粉、纤维素、果胶等）而言，在温和条件下均不易溶解，只有通过更为"剧烈"的方法才能使其与细胞完全剥离并溶解，从而实现这些物质高效提取效率。因此，提取优化需寻求高效提取与细胞破坏二者之间平衡，以最大化获得目标产物。而实际上，即使细胞破壁导致胞内物质流出，特定的溶解、离心分离以及药剂萃取条件都将摒弃无关物质，最终仍可以获得所目标物质，即使其源于细胞之内也能进一步实现目标产物的增产！

为进一步扩大产物潜在高值应用范围，Felz 等继续优化方法，舍弃乙醇萃取纯化过程，直接在碱性环境（pH=8.5）下溶解析出产物，得到包括 ALE 在内的大量多糖类高聚物（透明质酸与类硫酸化糖胺聚糖物）。这些物质是酸性黏多糖，其独特分子结构与理化性质在人体机体内可显示出多种重要生理功能，如润滑关节、调节血管壁通透性、调节蛋白质、水电解质扩散及运转、促进创伤愈合等。在得到一定浓度碱性 EPS 溶液之后，利用乙醇萃取还可获得具有极高阻燃特性的防火材料。

污泥 EPS 多糖组分中还有一种极具回收价值的物质——类硫酸盐多糖（SPs），它是一种广泛使用的工业原料和肥料，多用于服装、药剂中间产物；从污泥中直接提取回收 SPs，可大大减少工业上的合成成本；因此，SPs 具有较高经济价值。Xue 等针对富含硫酸离子的特殊水质所培养的污泥进行 SPs 回收中试；首先添加钙离子部分析出和分离类藻酸盐物质，然后使用不同浓度梯度乙醇与苯酚、乙酸钠等有机物溶液共同萃取纯化，最终获得较高纯度的 SPs（图 5-18）；他们从中试反应器（进水硫酸盐 500 mg/L）中所回收的 SPs 达到 342.8 ± 0.3 mg/g VSS，而从实际含盐污水处理厂剩余污泥提取的 SPs 更是可达 418.1 ± 0.4 mg/g VSS。

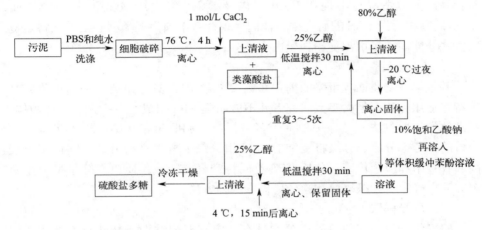

图 5-18 富含硫酸根离子培养污泥提取类硫酸盐多糖物质方法

（2）胞外蛋白质（PN）

目前关于胞外蛋白质（PN）的突破性研究为功能性淀粉样蛋白质，其在 EPS 基质中的作用还不够明晰，但一些研究发现其主要存在于生物膜结构中，认为其能够增加生物膜整体疏水性，也能使生物膜变得更为牢固。而在某些颗粒污泥中亦可作为一种结构性成分，具有增加强度、保持颗粒化作用；更有研究发现它是一种抵抗外界病毒、细菌毒素攻击的成分，例如，抗菌肽成分。

利用现有方法可以在大部分生物膜中检测到淀粉样蛋白质的存在，但只能从少数纯培养的絮状污泥生物体中得到纯化；一直未能从颗粒污泥中提取到淀粉样蛋白质被认为是目前常用提取方法并不能检测到它的存在。Lin 等对高富集亚硝化菌（AOB）好氧颗粒污泥（10 ℃下，亚硝化反应运行达 8 个月以上）提取 EPS 过程发现，当采用 ALE、颗粒体多糖（Granulan）和酸溶性 EPS 提取方法时，颗粒固体始终无法溶解，导致无法正常推进这类污泥的提取及研究 EPS 工作。他们推测，在这种颗粒状污泥中可能存在另一种新型结构 EPS 聚合物，典型提取分离方法并不适用之。经过尝试，投加 0.1% 十二烷基硫酸钠（SDS）和在 pH＝9 和 $T=100$ ℃环境下加热 30 min 后，固体颗粒完全溶解，最终从回收的萃取物中提取出的 EPS 达

480 ± 90 mg/g VSS。

分析这种淀粉样蛋白质难以在普通条件下分离的原因，发现其化学和热稳定性都极强，即使在强变性试剂（2 mol/L 的硫脲＋8 mol/L 的尿素＋3％的 SDS）中煮沸 60 min，也只能分解部分蛋白质；在上述提取条件（0.1％ SDS、$T=100$ ℃环境下加热 30 min）也只能部分剥离蛋白质的四级和三级结构，而二级结构蛋白质则无任何改变。这也许能够解释 AOB 被称为强大的微菌落，菌落具有致密性和高粘附性等特性，使其能够抵抗高剪切力和适应不同的物理/化学环境。也正受限于此，典型方法提取富含 AOB 微菌落 EPS 量总是相对较少（平均仅为 20 mg BSA-eq/g VSS，9 mg glucose-eq/g VSS）。相比之下，Lin 等研究采用优化添加 SDS 后碱性高温环境下提取的 EPS 量相对较高。类似情况也出现在 Lotti 等以及 Boleij 等对厌氧氨氧化（ANAM-MOX）颗粒污泥 EPS 的研究中，他们发现针对不同污泥类型必须采取特定提取方法才能高效提取出淀粉样蛋白质成分。

2. 基于多目标产物回收

基于单一物质回收策略的前提是需要了解 EPS 具体组成，从而评价、制定特定适用方法。但大多数研究者并不能明确 EPS 组成，也就无法选择最佳、最高效的提取方法。另外一种基于多目标产物回收策略，则以回收多重产物为目的，考虑分层、分级将复杂的 EPS 组分最大程度进行分离，间接实现较高回收效率和应用价值。分析 EPS 不同特定官能团或性质以及分子量大小两个方面，确定了分级提取和膜分离提取两种方法。

（1）分级提取

EPS 组分复杂，但每种成分均具有特定官能团结构或特殊化学性质。如上所述，酸溶性 EPS 具有的某些结构使其可以在酸性条件下溶解或析出，再进行离心、分离；某些具有典型的活性特征官能团（如，羧基、羟基、磷酸基等）物质可以与外加离子或物质发生作用，可改变物质存在形态（颗粒态、溶解态或乳浊态等），从而进行分离；也可添加有机溶剂，萃取出可溶于有机溶剂的物质。单一手段或组合手段可以将 EPS 混合物分离为性质明确的多种混合物，进一步对其理化性质进行分析表征，也许可以指导单一特定物质的提纯。

（2）膜分离提取

不同膜孔径分离是简单、直接的分子量分离手段，可获得不同粒径 EPS 组分，其作用原理如图 5-19 所示。分离过程亦可考虑对膜片进行物理、化学改性，调节母液酸/碱度（pH），添加化学药剂（碳酸钠、氢氧化钠、PBS 等）、有机溶剂（乙醇、四氯化碳等）等，以寻求最大分离、纯化效率，从而提高产物纯度。但该方法也需考虑膜分离过程膜通量下降、膜污染等问题，在不影响回收产物的基础上可添加部分金属元素或采取其他措施来减弱膜污染现象。对于膜分离回收 EPS 研究十分有限，其回收经济性等也有待于进一步分析。

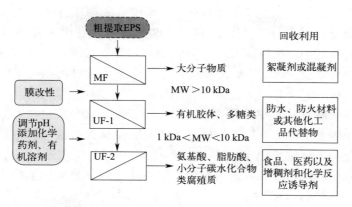

图 5-19 膜分离、纯化 EPS 组分流程图

5.4.4 高 EPS 含量策略

1. 本底增量

高值 EPS 提取仅从提取物纯度角度出发，试图提高 EPS 应用的附加值。但是，污泥 EPS 提取效率受限于污泥本底 EPS 含量，这又决定于进水基质、营养物负荷、运行参数、优势菌属等诸多因素。探究这些条件下污泥 EPS 产量差异，将有助于高效提取 EPS，增加其回收效率。

（1）进水基质

不同进水基质条件下活性污泥 EPS 组分及其含量变化　　　　表 5-10

底物种类	蛋白质(mg/g VSS)	多糖(mg/g VSS)	提取方法
人工配水	79.52	30.12	加热
人工配水	57～103	20～35	CER
市政污水	95±3	70±1	超声波+CER
生活污水 70%+垃圾渗滤液 30%	46.2±1.2	6.8±0.3	超声波+热法
生活污水 50%+垃圾渗滤液 50%	45±3.6	7.8±0.6	CER
垃圾渗滤液	28±2.4	40±1.2	CER
果料工厂	14.8±0.6	5.4±0.4	超声波+热法
炼油废水	30±4.0	5.7±1.1	CER
染料废水	42±5	26±3	戊二醛法
酿酒废水	70±3	17±2	戊二醛法
有机化工	48±3	17±4	戊二醛法
印染废水	17.7±0.7	3.9±0.2	超声波+热法
造纸废水	14.1±0.3	2.9±0.2	超声波+热法

不同进水水质及比例会影响 EPS 产量及组分，见表 5-10。人工配水活性污泥 EPS 产量明显低于实际生活污水，而掺混一定比例工业废水污泥 EPS 含量则会发生明显变化。这与 Pronk 等研究结果一致，以乙酸盐作为碳源的颗粒污泥获得的 ALE 仅为 1.4% VSS，远低于实际污水颗粒污泥的 17.8%

VSS。这可能是因为污水作为营养基质，某些微生物能分解得到或直接合成某些营养物质而被其他微生物所利用，这些共生关系微生物菌株处于产生EPS有益环境之中，可提高EPS产量。例如，垃圾渗滤液中高浓度氨氮会导致胞外蛋白质增加，而染料、酿酒废水中的高碳水化合物则可促进胞外多糖生成，进水成分若含有较多硫酸根离子则易生成硫酸盐多糖物质。

不同进水基质对EPS产量影响机制总结于图5-20。以进水乙酸钠、淀粉和蔗糖作为碳源予以解释；乙酸钠分子可以主动运输直接穿过细胞进入，在细胞内转化为乙酰辅酶-A而开始三羧酸循环（TCA）；淀粉和蔗糖首先在细胞外被水解酶转化为单糖再进入细胞，但需要在特定酶催化下糖酵解转化为丙酮酸、乙酰辅酶-A后才进行TCA循环。在这个复杂转移、转化过程中，中间代谢产物积累与消耗、酶合成与分泌等都可能作为EPS成分而影响最终EPS产量与组成。

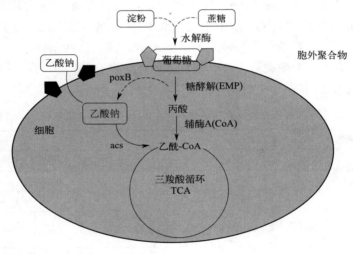

图 5-20 不同碳源基质细胞内物质合成与代谢途径

（2）营养物负荷（C/N与C/P）

基质种类可能因代谢途径不同而影响EPS产量，而碳、氮以及磷作为微生物营养元素则可能直接影响EPS产量和组成。总结不同研究对污泥EPS含量、成分与C/N及C/P关系并进行非线性拟合，结果如图5-21所示。从图5-21(a)和图5-21(c)可以看出，污泥EPS含量随着C/N、C/P升高首先逐渐升高；这可能是因为在低C/N（<20）、C/P（<100）条件下细菌可吸收营养受限而致死亡率较高；再加上丝状菌竞争使细菌死亡情况变得恶化；最终导致细胞内物质自溶流出，使胞外EPS中蛋白质、多糖和DNA量的增加。但是，过量碳源（C/N>20）并不能被微生物充分利用而转化，堆积起来导致EPS总量及多糖含量增加；完全过量碳源（C/N>40）细胞增殖出现氮、磷元素的不足，系统处于"亚健康"状态，此时EPS可能作为氮源、磷源被内源消耗，表现为EPS含量反降现象（图5-21a）。因现有数据过少而未能获得C/P>100情况下EPS产量结果。从图5-21(b)中可以看出，EPS中蛋白质组分与C/N关系也出现同样现象；有趣的是，胞外多糖随C/N升高而不断升高，可能是因为过量碳源直接与 EPS 粘附结合，最终被一同分离获得，表现为多糖含量增加。图 5-21(d) 显示的结果意味着 C/P 逐渐接近 100，细菌营养状态逐渐平衡，合成与分解代谢恢复正常，EPS 含量逐渐升高。单一变量（C/N 或 C/P）对污泥影响仅作为参考，实际中需综合考虑 C、N、P 三者之间平衡关系，保证污染物高效去除的同时尽可能实现 EPS "原位"增产。

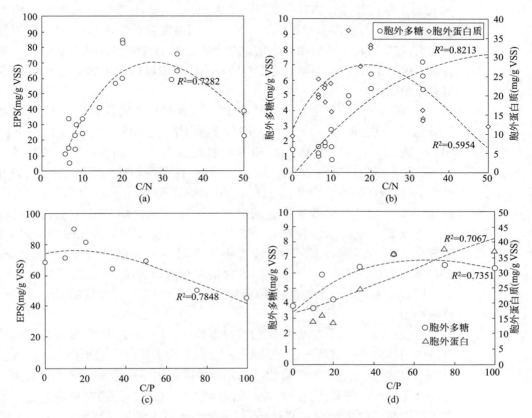

图 5-21　不同 C/N 和 C/P 与 EPS 含量及成分拟合

(a) C/N 与 EPS 产量关系；(b) C/N 与多糖、蛋白质成分关系；
(c) C/P 与 EPS 产量关系；(d) C/P 与多糖、蛋白质成分关系

（3）运行参数

溶解氧（DO）、温度、pH、污泥停留时间（SRT）和污泥负荷（N_s）等运行参数都会影响 EPS 的形成。

1）高 DO 条件下微生物新陈代谢能力提高，EPS 产量随之提高；低 DO 条件下微生物活性降低，且多为世代时间长的厌氧型微生物，新陈代谢活跃度降低，EPS 产量可能较少。但李军等研究发现，随着 DO 增加，LB-EPS 含量逐渐增加，其中多糖含量也增加，但蛋白质等基本不变。

2）周健等研究发现反应器温度从 10 ℃升至 15 ℃时，污泥 EPS 含量有所降低，蛋白质及 DNA 含量同时降低；而当温度从 15 ℃升至 30 ℃时，EPS 含量却增加了 14%，蛋白质及 DNA 含量未显著增加，多糖含量则增加。赵华

南发现 15 ℃时 EPS 含量最高，25 ℃次之，35 ℃含量最低；究其原因可能是 15 ℃时微生物生长速率下降，细胞死亡释放出大量胞内聚合物，而获得更多 EPS；而 25 ℃时微生物生长代谢较旺盛，细菌分泌 EPS；但 35 ℃高温微生物生长速率缓慢，而导致 EPS 含量下降。高永青等研究发现随着温度的升高，污泥中 EPS 含量逐渐降低，而溶液中的 EPS 含量逐渐升高；说明温度因素影响 EPS 的溶解特性；随着温度的升高从 18 ℃升至 35 ℃时，溶液中的 EPS 含量逐渐升高，与温度呈指数函数关系；不同温度条件下，污泥 EPS 的组分差异较大；35 ℃时由微生物新陈代谢产生的 EPS 含量最多。从上述研究中可以看出温度对 EPS 含量的影响还没有统一定论，但可以肯定的是温度对 EPS 产量有一定的影响。

3）郑蕾等研究结果显示，污泥 EPS 产量随 pH 的升高而上升。pH 由 7 下降到 3，EPS 产量下降 50%，胞外多糖下降约 30%，胞外蛋白质下降约 70%；而 pH 由 7 上升到 11，EPS 产量提高 20%～30%，胞外多糖升高约 15%，胞外蛋白质升高 20%～50%。然而，庄芜等却得到不同结论，pH 由 7 升至 10 过程，EPS 含量却从 125 mg/g VSS 降至 90 mg/g VSS，可能是因为碱性环境下 EPS 易从微生物表面脱落，导致污泥絮体 EPS 含量减小。董姗研究也发现，初始 pH＝6 时，EPS 总量为 47 mg/g SS；当 pH 增加到 7 时，EPS 总量略微下降；而随着 pH 增至 9.5 时，EPS 总量增加至约 58 mg/g SS；其中，蛋白质含量变化与 EPS 含量变化一致，pH 从 6 升至 7 时有所降低，而 pH 从 7 升至 9.5 时不断增加；但多糖与 DNA 含量随 pH 的变化差异较小。

4）Liao 等发现，EPS 中蛋白质和多糖含量在 SRT 为 4～9 d 时分别出现明显增加和减少，直至 SRT 为 16～20 d 时，两者比例才趋于稳定。这可能是短 SRT 导致微生物来不及吸收进水基质中碳源而导致胞外多糖含量减少。李莹等研究发现，随着污泥龄增加，附着型 EPS 浓度先是稍有减少，之后由于内源代谢期间微生物对自身进行代谢分解而快速增加。溶解性 EPS 则随着 SRT 增加而增加。龙向宇等发现，SRT 由 3 d 增加到 20 d 时，LB-EPS 中的蛋白质、多糖、腐殖质与 DNA 含量均随 SRT 增加呈先减少再略微增大的趋势；而 TB-EPS 中蛋白质与 DNA 含量逐渐降低，多糖与腐殖质的平均含量则逐渐增加。

以上各种原因都会影响微生物新陈代谢以及生物化学、物理化学反应过程，最终导致 EPS 生成量及成分发生变化。

（4）优势菌属

不同细菌菌株产生 EPS 的能力不尽相同，表 5-11 中列举了部分纯菌株实验培养环境下 EPS 产量。结果显示，枯草杆菌 EPS 产量最低，仅为 6.3 g/L，而克雷伯氏菌产 EPS 能力最强，高达 27.7 g/L。但枯草杆菌胞外多糖和蛋白质成分并非最低，反而是克雷伯氏菌胞外蛋白质含量为最低；乙酰微小杆菌 EPS 产量居中，但胞外多糖和蛋白质均处于较低水平。这可能与不同菌属新陈代谢方式不同，EPS 主要成分来源于细菌过程分泌物，也就造成了 EPS 产量和组分在不同细菌之间存在较大差异。

　　在实际污水处理系统中，根据这些单一菌属得出的结论忽视了混合培养过程中微生物之间的相互作用；共生微生物系统中，微生物协同生长会影响产生 EPS 的浓度和特性。在活性污泥系统中，产生 EPS 菌株和不产生 EPS 菌株混合培养比纯培养可产生相对更高的 EPS；More 等实验发现与纯培养物 EPS（2.7～3.7 g/L）相比，混合培养物可产生更高的 EPS（4.9 g/L）浓度。在生物膜系统中，两种或两种以上微生物菌株 EPS 生成比单一纯菌种生成的 EPS 更能促进生物膜持续稳定生长。EPS 不仅可促进合成自身细胞粘附和生长，还会促进其他微生物菌种粘附和生长；不同微生物分泌的某些酶可以帮助微生物在复杂环境中获得足够营养需求，会增加底物利用效率，进而提高 EPS 产量。但在某些情况下，混合培养菌株也可能对 EPS 生产及其聚合性能产生有害影响，降低其产量。

不同纯种菌株培养 EPS 产量与组成　　　　　表 5-11

菌种类别	最大 EPS 产量(g/L)	化学组成			
		多糖(μmol/L)	蛋白(μmol/L)	糖醛酸(mmol/L)	氨基(μmol/L)
枯草杆菌	6.3	107±7.5	111±3.74	27.318±0.0147	41±1.414
假单胞菌	8.3	706±12.2	40±1.631	26.817±0.0184	5±0.141
乙酰微小杆菌	10.2	20±0.9	22±0.221	26.361±0.00735	0
金黄葡萄球菌	10.8	470±7.5	9±0.098	26.178±0.0086	2±0.0374
类产碱假单胞菌	15.2	56±4.9	70±1.349	26.954±0.00748	54±3.742
克雷伯氏菌	27.7	356±7.5	4±0.86	45.33±0.0099	2±0

　　菌属种类不同不仅会影响 EPS 产量，更会直接影响 EPS 组分和特性。例如，在以亚硝化细菌（AOB）与厌氧氨氧化细菌（ANAMMOX）为主导的污泥系统中，其所含 EPS 含量分别为 49.4±2.4 mg/g VSS 和 110±5 mg/g VSS，均高于 31.8±1.6 mg/g VSS 的传统活性污泥 EPS 产量。关于 AOB 与 ANA-MMOX 细菌 EPS 中多糖和蛋白质哪一个占主导作用目前还未获得明确结论；Yin 等报道了以 ANAMMOX 细菌为主导系统中 EPS 以蛋白质为主，其 PN/PS=2.64±0.12；这与 Tang 等报道的富含 ANAMMOX 细菌污泥 EPS 中蛋白质含量为 164.4±9.3 mg/g VSS、多糖含量为 71.8±2.3 mg/g VSS（PN/PS=2.3）的结论基本一致；也与 Lotti 等报道的富含 ANAMMOX 细菌污泥 EPS 中蛋白质含量为 143±15 mg/g VSS、多糖含量为 15±4 mg/g VSS（PN/PS=9.7）结论基本一致。但 Ni 等研究获得相反的结论，认为在富含 ANAMMOX 细菌污泥（PN/PS=0.51）中 EPS 以多糖成分为主。Yin 等结果显示，以 AOB 为主导的系统 EPS 以多糖为主，其 PN/PS=0.56±0.03；这一结论同样在 Zhang 等和 Shen 等结论中出现，他们均认为来自以 AOB 为主的混合菌群 EPS 中多糖含量高于蛋白质含量；且随着硝化负荷增加，PN/PS 会进一步降低。但 Liang 等研究报道，在富含 AOB 培养物中，EPS 蛋白含量反而高于多糖。而活性污泥细菌 EPS 组分中 PN/PS 为 1.96±0.09。这

些研究证明了细菌种属不同可能会导致 EPS 组成和含量存在较大差异，而对于不同优势细菌种属存在条件下的 EPS 含量与成分确定还有待进一步研究。

2. 协同效应

污泥培养过程本底 EPS 的增量为后续高效 EPS 提供前提条件，但也需保证各类污泥 EPS 充分分离，溶出方可保证更高的回收效率。使用某些特殊协同手段可以较为容易实现 EPS 与细胞的分离，达到事半功倍之效果，例如，添加表面活性剂的超声波提取方法。王欣添加十六烷基三甲基溴化铵（CTAB）和十二烷基硫酸钠（SDS）后采用超声波法提取 EPS，较单一超声波法提取量分别提高了 76.5% 和 53.1%，效率提高十分明显；但对 EPS 组分多糖和蛋白质分析发现，其组分比例并未发生明显变化。进一步分析 EPS 粒径发现，添加表面活性剂后 EPS 粒径明显减小（表 5-12），这意味着表面活性剂可能仅仅是整体提高了 EPS 溶出或溶解过程进而提高 EPS 产量；可能的机理是表面活性剂增溶和分散作用使得 EPS 脱离污泥絮体溶于液相：1）溶解细胞膜上的蛋白质与多糖物质，同时破坏细胞膜，致使部分细胞质流出细胞外；2）疏水基团与细胞壁相互作用，表面活性剂与细胞接触后通过静电吸引、氢键作用力以及疏水间作用力吸附在细胞上，过量地摄入营养，导致细胞裂解。不同的提取效果表明，表面活性剂会因自身结构不同亦会产生独特的增产机理，如 CTAB 自身线性烃链形成胶束，通过互溶原理能加速 EPS 的释放。

提取前后污泥粒径分布 表 5-12

不同污泥	平均粒径（μm）	体积比（%）	峰宽	粒径范围（μm）
处理前污泥	41.17	100	45.97	0～106.6
超声波处理后污泥	19.25	100	36.53	0～78.14
表面活性剂＋超声波处理后污泥	13.8	100	22.36	0～54.29

3. 小结

污泥本底 EPS 含量及其组分因环境不同和培养条件差异而存在较大区别。需要了解污泥来源和基本参数，包括进水水质、营养物负荷以及运行环境等；同时，在可能情况下要对微生物种属进行鉴别，探知是否存在优势种属，由此判定 EPS 含量及主要组分；最后综合分析评价 EPS 高附加值成分与类型。在此基础上，尽可能优化控制培养参数，以实现污泥本底 EPS 含量增加，并针对优势成分制定与优化提取方法，以实现高纯度物质的高效提取回收，基本路线如图 5-22 所示。

5.4.5 瓶颈与前景

研究 EPS 应以识别和鉴定 EPS 结构与功能性为首要目的，因为 EPS 结构特性是了解其控制污泥系统的关键途径，它的功能特性决定了污泥系统运行的稳定性。基于对 EPS 物质回收和应用角度，主要取决于深入了解污泥中存在哪些 EPS 成分，分别起什么作用以及它们如何调节和表达，这应该是研究 EPS 所面对的挑战。当前，物理和化学法均用于提取 EPS，在保证细胞不被破损的情况下需要最大限度提高其提取效率。然而，目前已有方法能否有效

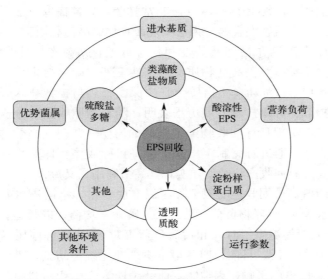

图 5-22　EPS 高效高质提取策略

提取出 EPS，且保证其结构和功能完整并没得到有效验证；也许这些方法有效但只是部分奏效，导致所提取的 EPS 可能并非原始态 EPS 物质，势必影响表征生物膜、絮状污泥、颗粒污泥等。有时为了更深入研究 EPS 对污泥系统的作用，有必要采用损害细胞的方法，而不是优先考虑其完整性；可以鉴定提取物是否为胞外聚合物，再通过电泳或色谱等进一步纯化提取目标 EPS。

此外，现有手段费劲分离获得的 EPS 分析显得过于狭隘，只能简单表征 EPS 组成及结构，对其中不可分离或不稳定化学成分显得捉襟见肘，分子水平 EPS 检测手段研究近乎空白。与此同时，EPS 中存在的杂质也会干扰检测结果准确性，这些都会限制 EPS 提取物更广泛研究与推广应用。因此，需要用更全面表征手段，如原位检测、X 射线光电子能谱（XPS）等（图 5-23），深入研究 EPS。

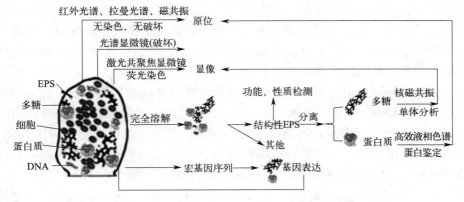

图 5-23　EPS 鉴定、表征方法

5.4.6　结语

高附加值回收产物是污水/污泥资源化成功与否的关键，而 EPS 作为天然有机高聚物所表现出的轻质阻燃特性使之有可能作为飞机等航空器的表面涂层。这就是近年来国际上对污泥 EPS 研究突然上升为高效提取、高值利用的主要原因。然而，污泥 EPS 提取方法非常复杂，典型提取方法所提取获得的往往是"笼统"有机物混合物，无法实现回收物的高值利用。

传统提取方法存在物理低效性和化学低值性等缺陷。于是，针对污泥 EPS 组分胞外多糖（类藻酸盐物质、酸溶性 EPS、硫酸盐多糖以及透明质酸等）和胞外蛋白质（淀粉样蛋白质等）的深度分离与提纯技术开始出现。类藻酸盐物质提取、分离技术发展历程表明，随着物质检测与分析手段不断完善，基本上可以实现目标回收物纯度提高的愿望，并建立高效的提取、回收技术体系。为此，通过研究制定出基于单一目标或多目标产物的提取技术策略，这对提高分离回收产物纯度，实现其高值利用意义重大。

此外，EPS 高效回收也受限于其污泥本底含量。不同进水基质（生活污水、工业废水等）、营养物负荷（碳、氮、磷元素均衡）以及运行工况（溶解氧、温度、pH、污泥停留时间和污泥负荷等）、系统优势菌属等都会影响污泥 EPS 的生成与性质。目前，EPS 增量机理并无统一结论，需统一考量实际过程诸因素对 EPS 的影响，因地制宜地针对具体 EPS 组分进行过程优化，以实现目标物污泥系统中"原位"增产。同时，应借鉴其他协同手段（如，表面活性剂增溶）进一步优化提取方法，以实现回收物高效提取与高值回收利用。

未来基于 EPS 研究则需要更加关注 EPS 检测与分析的方法，以深入透彻了解 EPS 在污泥中的功能与结构影响，不仅指导污水处理提质增效，同时也进一步明晰 EPS 提取与应用之路。

5.5   回收纤维素以减少对污水生物处理系统的影响

污水作为能源与资源载体的认识已逐渐被业界所接受，特别是有机物和氮磷资源。围绕这些资源的回收技术路线和产品也一直持续被研发并优化。事实上，污水中可回收资源并不仅仅局限于这些资源，污水中难以降解的有机物——纤维素其实也是一种宝贵资源，回收后可用作沥青添加材料，亦可以用于玻璃纤维、抹布原材料以及作为混凝土添加材料。因此，从污水中回收纤维素具有可观经济效益。

污水中纤维素主要来自于厕纸、厨余垃圾或合流制管道雨水径流。厕纸中 70%～80% 成分为纤维素，在进入污水管道后，厕纸逐步分解为长度 1～1.2 mm 线状纤维素。因其降解速率缓慢，纤维素大多以悬浮固体（SS）形式进入污水处理厂。根据不同国家/地区社会发展水平和卫生条件差异，纤维素一般约占污水处理厂进水总 SS 的 30%～50%（以 COD 计，占 20%～30%）。纤维素进入污水处理厂后，初沉池可截留 20%～70%；生物处理单元基本上对纤维素无降解作用，大部分纤维素最终残留于剩余污泥中。

回收纤维素起源于荷兰，并已开始工程化应用。以旋转带式过滤机（筛网孔径＝0.35 mm）回收纤维素平均去除约 35%（基于 SS），其中，纤维素占回收固体部分为 79%。纤维素回收不仅可降低剩余污泥量，还可以有效减少曝气能耗,相应增加处理系统负荷。然而,纤维素对污水生物处理系统,特别是脱氮除磷影响的研究还不多见。本研究通过小试生物脱氮除磷装置,以人工配制含纤维素生活污水方式,考察纤维素对有机物与氮、磷去除效率以及运行的影响,并分析相应机理。

5.5.1 试验材料与方法

1. 人工污水配制

本试验采用人工配水模拟实际生活污水,具体配方见表 5-13。为更好地模拟污水中纤维素形态和性质,本试验中直接投加预处理后的卫生纸作为纤维素来源。所用卫生纸为国产某品牌家用卫生卷纸,其原材料成分为原生木浆,产品规格为 120 mm × 120 mm/节 (4 层),其纤维素含量干重比为 $(82.10 \pm 0.92)\%$;预处理方法:将 10 g 卫生纸溶解于 100 L 自来水中,并连续搅拌 (40 r/min) 1 d,使其充分分解至线状纤维素。

人工配制污水成分配表 表 5-13

组分	药剂	每 100 L 投加量(g)	最终浓度(mg/L)
COD	无水乙酸钠(CH_3COONa)/工业级乙酸钠($CH_3COONa \cdot 3H_2O$)	35.7/78.12	450
	葡萄糖($C_6H_{12}O_6 \cdot H_2O$)	14.15	
	胰乳蛋白胨	3.94	
TN	氯化铵(NH_4Cl)	16.7	50
	胰乳蛋白胨	3.94	
TP	磷酸二氢钾(KH_2PO_4)	4.39	10
碱度	碳酸氢钠($NaHCO_3$)	21.2~42.4	100~200 (以 $CaCO_3$ 计)
纤维素[1]	卫生卷纸	10 g	60~80 (以 SS 计)
微量元素	$FeCl_3 \cdot 6H_2O$	投加 10 mL 浓缩母液 (浓缩 1 W 倍)[2]	—
	H_3BO_4		
	$Na_2MoO_4 \cdot 2H_2O$		
	$ZnSO_4 \cdot 7H_2O$		
	KI		
	$CoCl_2 \cdot 6H_2O$		
	$CuSO_4 \cdot 5H_2O$		
	$MnCl_2 \cdot 4H_2O$		
	EDTA		

注:[1] 第 36 天进水开始投加 (参见 5.5.2);[2] 微量元素各个组分占比按照国际水协出版的《Experimental Methods in Wastewater Treatment》进行配制。

2. 试验装置及运行

小试装置为变形 UCT 工艺,由有机玻璃材质制成;尺寸为(长×宽×

高）1.44 m×0.3 m×0.3 m，有效容积总计 120 L，通过挡板分为 5 个反应区。小试装置各反应区环境和体积如图 5-24 所示。每个反应池设有搅拌器，在混合池及好氧池底部各均匀布置 6 个曝气头。好氧池末端连接 23 L 柱状沉淀池，设计表面负荷为 0.64 m³/(m²·h)。为避免藻类滋生对试验产生影响，整个反应器池体用黑色遮光布进行遮光处理。

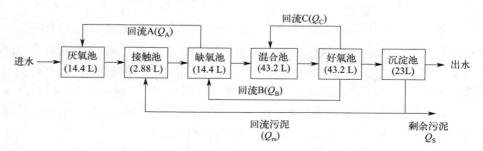

图 5-24 变形 UCT 小试装置工艺流程图

小试装置采用连续流模式运行，根据进水有无纤维素分为两阶段，第一阶段：0～35 d（无纤维素投加）；第二阶段：36～160 d（投加纤维素）。两阶段水力负荷均为 0.83 L/(L·d)，反应器污泥浓度（MLSS）控制在 3500 mg/L 左右，反应器内回流分别设置为：回流 A 150%，回流 B 300%，回流 C 240%。污泥停留时间（SRT）设定为 10～20 d（根据实际情况进行调整）；反应器运行第一、二阶段污泥回流比（R）分别控制在 100% 和 150%。其中，好氧池溶解氧（DO）控制在 2～5 mg/L，混合池根据出水水质灵活控制曝气开关，第一阶段和第二阶段均未对混合池进行曝气，其中 DO 为 0.1～0.2 mg/L。

3. 常规检测分析方法

装置启动后，每 2～3 d 取样测定进出水水质（COD 与 N、P）。另外，在第 15、68、74、159 天于缺氧池/好氧池取 2～3 L 混合液用于微生物活性测试；在第 20、124、140、145 天，在好氧池取 2～3 L 混合液用于同步硝化反硝化（SND）批次试验。

其他各种指标检测参考《水和废水监测分析方法（第四版）》。

5.5.2 结果分析与讨论

1. 纤维素对 COD 与 P 去除的影响

图 5-25 显示了小试装置在整个试验期间出水 COD 与 P 浓度变化。在第一阶段进水 TCOD 浓度维持在 450 mg/L 时，出水 TCOD 平均为 39.7±16.1 mg/L（其中，SCOD=24.8±10.8 mg/L），符合国标一级 A 水质标准。然而，当第二阶段加入纤维素后，COD 去除效率明显恶化，出水 TCOD 最高检测值高达 95 mg/L（SCOD=80 mg/L）。为探究加入纤维素后 COD 去除恶化原因，继而对出水 TCOD 的构成进行了分析；结果显示，加入纤维素后出水 SS 显著下降，从 48.25±3.29 mg/L 降至 21.34±9.71 mg/L，由此可排除污泥沉降性能恶化导致 COD 出水升高问题。纤维素富含官能团且呈线状形态，因此其对污泥具有较好网捕卷扫作用，可促进污泥絮体凝结及其紧密度，这一现象通过

污泥镜检也得到了印证。然而，不论是因纤维素自身作为 COD 消耗氧气，还是导致污泥絮体变得紧密都有可能降低氧传质效率，从而弱化了 COD 降解效率。为此，在第 46 天对好氧池运行进行调整，将曝气量提高至 0.30～0.50 L/min（添加纤维素前为 0.10～0.20 L/min）。结果，出水 COD 开始逐渐下降并恢复至纤维素投加前水平（TCOD＝49.4 mg/L；SCOD＝34.2 mg/L）。可见，回收纤维素对曝气池运行有着积极影响，可提高氧气传质与利用效率。

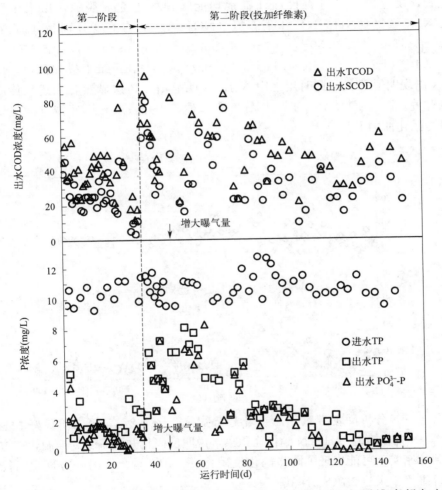

图 5-25 小试装置出水 COD、TP 和 PO_4^{3-}-P 变化

　　与此同时，纤维素投加对 P 去除影响与 COD 类似；在纤维素投加初期（第 36～50 天），出水总磷（TP）与正磷酸盐（PO_4^{3-}-P）均开始恶化，去除率分别降低至 51.99% 和 56.32%。从发生原因来看，DO 不足是导致 P 去除效率下降的主因，可以从增大曝气量后出水 TP 逐渐下降中得到验证。然而，出水 TP 含量在提高曝气量后的很长一段时间内也没有恢复至投加纤维素前水平，而是保持在 2.86±1.22 mg/L。为进一步分析其原因，在第 68 天从曝气池末端取混合样进行了聚磷菌（PAOs）活性测定，并与纤维素投加前之活性进行了对比。结果显示，纤维素投加后，反应器中 PAOs 比释

P 速率 [11.3 mg P/（g VSS·h）] 和比吸 P 速率 [12.0 mg P/（g VSS·h）] 与投加前 [10.8 mg P/（g VSS·h）；13.4 mg P/（g VSS·h）] 相比变化并不是很大。可见，纤维素投加并没有太大影响 PAOs 活性。因此，反应器 P 去除恢复较慢的原因可能与纤维素投加初期导致的跑泥和生物量恢复较慢有关。

　　2. 纤维素对 N 去除的影响

　　图 5-26 显示了小试装置在投加纤维素前后对 N 去除变化影响。从整体上看，反应器无论是否投加纤维素均能够很好地完成脱氮，出水中总氮（TN）、氨氮（NH_4^+-N）和硝态氮（NO_3^--N）平均浓度分别为（前、后）5.9 ± 3.1 mg/L、7.80 ± 5.46 mg/L，0.40 ± 0.96 mg/L、1.30 ± 2.00 mg/L 和 4.59 ± 2.22 mg/L、4.11 ± 2.22 mg/L。只是在纤维素投加初期，出水 TN 出现明显恶化，此时出水中 NH_4^+-N 明显增多，这显然与上述氧传质受限有关。图 5-26 显示，在增大曝气量后对 TN 去除效率迅速恢复，主要是因为硝化能力开始恢复。

图 5-26　小试装置出水 TN、NH_4^+-N 和 NO_3^--N 变化

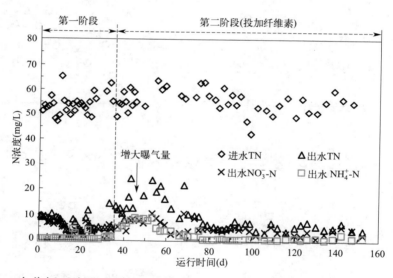

　　进一步分析反应器 N 沿程变化趋势揭示（图 5-27），第二阶段好氧池中 NO_3^--N 并没有随 NH_4^+-N 硝化而积累，说明反硝化并没有受到抑制，一方面因絮体密实而可能出现了同步硝化反硝化（SND）现象，另一方面也可能涉及纤维素中少量碳源成分降解。

　　纤维素投加前后 SND 效率示于图 5-28，第一阶段（未投加纤维素）无论 DO 浓度多大，SND 效率均不高（<8%）；即使 DO 控制在 0.5 mg/L 时，SND 效率也不过 2.8%。相反，第二阶段添加纤维素后，SND 效率明显提高，DO＝0.5 mg/L 时达 48.69%；即使 DO 提高至 3 mg/L，SND 效率依然可以保持在 20%。这一试验深入揭示了纤维素对絮体致密性产生的絮体内 DO 梯度之重要作用。

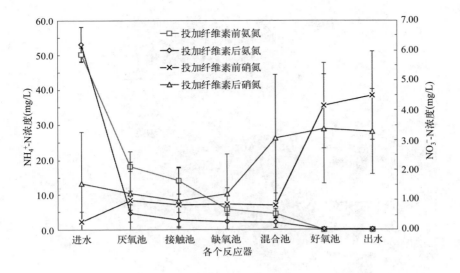

图 5-27 各反应池上清液 NH_4^+-N 与 NO_3^--N 沿程变化

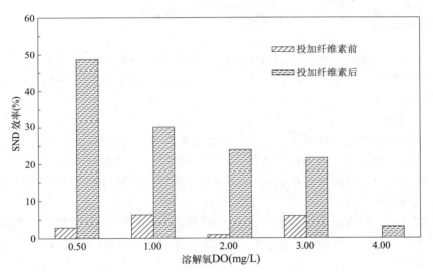

图 5-28 纤维素投加前后 SND 效率

3. 纤维素对运行的影响

纤维素对反应器运行影响是两方面的,似乎均与其对污泥絮体致密程度有关。图 5-29 总结了纤维素反应器运行、能耗等方面的影响及其机理。纤维素通过自身线状形态和官能团可靠网捕卷扫作用将污泥絮体密实包裹,相当于促进絮凝,可降低出水 SS 以及其中所含 N、P。

纤维素另一个影响表现为影响絮体内氧的传质,只有通过混合液曝气量加大方能让有效氧渗入絮体,以维持必要的好氧反应(碳氧化与硝化)。本试验第二阶段曝气量较第一阶段提高了 2～3 倍,即增加了 50% 以上的曝气耗能。可见,实际污水处理厂若能实施纤维素的回收,可以大大减少曝气能耗,有助于节能减排。然而,纤维素从污泥絮体中完全消失对絮体内 SND 现象不利,需要完善宏观好氧/缺氧环境脱氮除磷能力。

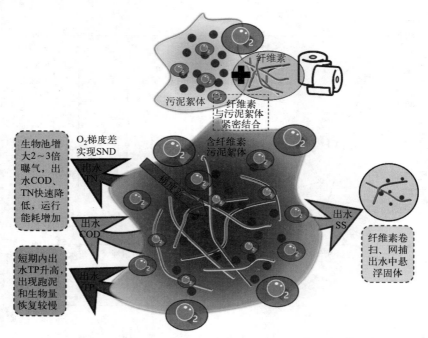

图 5-29　纤维素对污水生物处理运行影响与机理总结

总之，纤维素对生物处理系统综合影响并不大，仅限于 SS 和 SND，最大影响则是曝气量与能耗。因此，作为本身很难降解的有机物，纤维素进入生物系统的正面作用不大，应该予以分离回收并加以利用。

5.5.3　结语

试验结果显示，纤维素对生物处理系统的影响较为短暂，对 COD、N、P 去除率的下降影响可以通过加大曝气量加以解决，但这会成为生物系统能耗增加的主因。纤维素对污泥絮体网捕卷扫作用可增加絮体致密性，从而强化 SND 现象并有利于降低 SS。但也正因为如此，大大降低了絮体内氧传质，不得不通过增大曝气量来提高氧向好氧层扩散的推动力。综合衡量，预处理分离纤维素有利于节能降耗，况且，纤维素大部分成分在曝气过程是难以降解的，最终会进入剩余污泥之中，增加污泥量。因此，从污水中回收纤维素不仅可实现废物资源再利用，亦可帮助污水处理节能降耗，同时，为升级污水处理增加处理空间。

5.6　剩余污泥制取生物炭之可行性

剩余污泥是污水处理厂主要副产物，长期以来被视为污水处理过程产生的废弃物。在"碳达峰、碳中和"双碳目标指引下，人们开始重新审视其资源、能源属性，厌氧消化、堆肥、焚烧等一些传统资源化处置方式重新进入人们视线，更有污泥气化、生物炭等能源/资源化方式开始研发。

其中，污泥生物炭近年研究已呈上升趋势。生物炭（BC）是基于各种有机原料，在低氧条件下热解而形成的富碳物质。生物炭碳含量丰富，因有机碳并未完全矿化导致其表面官能团较多、比表面积大，在土壤改良、污水处理等方面显得具有良好应用前景。农业秸秆与剩余污泥是两种极具资源化潜力的生物炭制造原料，对这两种有机原料的研究也就相对较多。

近年对污泥生物炭的研究很多，但始终没有出现大规模应用场景。因此，有必要对污泥生物炭过程、能耗、性能等进行定量评估，以揭示其工程应用上的瓶颈。在简述生物炭一般制备原理与过程的基础上，重点比较污泥与秸秆两种有机原料在制备生物炭过程中的能耗与应用性能，以阐明污泥生物炭研究与应用不相匹配的窘境。

5.6.1 污泥生物炭制备与改性

1. 污泥生物炭制备

污泥生物炭制备与其他生物炭制备区别不大，通常是在惰性气体（主要是 N_2、CO_2 等）条件下，将热干化后的污泥升温至 300～950 ℃，热解固体成分可形成生物炭。

制备生物炭常用方法有慢速热解和水热炭化两种。慢速热解作为最常用热解制炭方法，具有制备条件易于控制、生物炭产量高且表面官能团种类丰富的优点，但该方法制备获得的生物炭性质受原始污泥物化性质影响大，难以预测。与传统热解方法不同，水热炭化对原始污泥含水量要求不高，因此可避免污泥干化过程消耗大量能量。此外，水热法可有效保留原料中 C、O 等元素，所以，水热炭中含氧官能团含量比传统热解法更高。但水热过程在封闭空间内进行，目前尚不清楚其反应机理，且存在一定危险性。因此，尽管研究者在水热炭制备技术和应用中取得不小的进展，但对水热炭化研究仍处于实验室阶段。

除传统制备方法外，研究者还尝试通过改变制备过程中其他因素来增加生物炭产量或者改进生物炭性质，例如，在热解过程中采用高压或真空热解、微波低温热解等。这些研究尽管并非专门针对污泥生物炭，但在制备农业秸秆衍生生物炭中已被证明有效，可以为污泥生物炭改进提供思路。

2. 污泥生物炭潜在应用

目前对生物炭应用研究主要集中于农业与环境两个领域。生物炭对土壤改良作用是很多作用的共同结果。一方面，生物炭添加可以增加土壤中营养组分含量、增强作物吸收。剩余污泥中含有氮、磷、钾等营养物质以及钙、铁等植物生长所必需的微量元素，这些微量元素以灰分形式存留在生物炭中，对土壤营养素含量提升起到直接作用。另一方面，生物炭影响了土壤的孔隙率、阳离子交换容量等理化性质，在进一步强化土壤保肥能力的同时，还有增强土壤内微生物活性的作用。

生物炭表面含氧官能团种类丰富、数量众多，且孔隙率高、比表面积大，因此，对环境污染物表现出了非常好的吸附效果。生物炭对污染物的吸附机理十分复杂，与污染物种类也具有极高的相关性。吸附机理主要包括静电吸引、离子交换、物理吸附和化学键（络合和/或沉淀）等，受到表面官能团、比表面积、孔结构和矿物成分等物理化学性质影响。

除此之外，近些年生物炭在能源和材料领域的应用也得到了发展。生物炭不仅可以作为燃料直接焚烧供能，还可以代替颗粒活性炭和石墨颗粒作为燃料电池的阳极材料，在提高性能的同时降低供能成本和碳足迹。

5.6.2　不同原料生物炭能耗与成本

1. 污泥生物炭制造能耗分析

污泥热解通常包含 3 个步骤：机械脱水、热干燥以及污泥热解。机械脱水是为了将污泥含水率从 99% 降至 80% 左右，在此过程中污泥体积减小约 95%。然而，如果此时直接热解，热解装置体积会相当大，并且热解产生的热解气会因为含有大量水蒸气致热值大为降低，使热解气难具利用价值，以至于浪费热解气中所含能量。因此，热解前还需要添加热干燥过程，将污泥含水率进一步降低至 50% 左右。此后，干化污泥直接进入污泥热解装置。生成物主要包括热解油、热解气以及生物炭。因为生物炭中热值较低，且通常不作为燃料，所以，不考虑生物炭产生的能量，仅考虑热解油以及热解气作为燃料产生的能量。

（1）机械脱水过程能耗

机械脱水有许多种方法，如真空过滤脱水、压滤脱水和离心脱水等。脱水过程能耗随着使用脱水设备不同而变化，在我国使用最多的带式压滤机能耗约为 60 kWh/t DS，计算中将采用这一数值。

（2）热干燥过程能耗

研究表明，当污泥含水率较低时，热解气热值随着含水率增加而增加，当含水率为 50% 时达到最大值，之后开始降低。为使热解产物能量达到最大化，同时降低热解过程中能量消耗，通常在热干燥阶段将污泥含水率降至 50% 左右。热干燥过程中总耗能 E_{total} 由固体升温所需能量 E_{sludge} 与水分蒸发所需能量 E_{water} 构成，分别用式（5-7）和式（5-8）计算。

$$E_{sludge} = (T_2 - T_1) \cdot C_{sludge} \cdot M_{sludge} \cdot 100 \tag{5-7}$$

式中　E_{sludge}——固体升温能耗，单位为 kJ/t DS；

　　T_1 和 T_2——干燥前与干燥后污泥温度，分别为 20 ℃ 和 100 ℃；

　　C_{sludge}——干污泥比热容，取 3.62 kJ/(kg·℃)；

　　M_{sludge}——每吨原始污泥（含水率 99%）中所含干污泥质量，为 10 kg DS/t。

$$E_{water} = C_{water} \cdot \left(\frac{M_{sludge} w_1}{1 - w_1} \right) \cdot (T_2 - T_1) \cdot 100 + Q_g \cdot M_{water} \tag{5-8}$$

$$M_{water} = \left[\frac{M_{sludge}}{1 - w_1} - \frac{M_{sludge}}{1 - w_2} \right] \cdot 100 \tag{5-9}$$

式中　E_{water}——蒸发能耗，单位为 kJ/t DS，包括水升温和汽化所需能量；

　　C_{water}——水的比热容，为 4.2 kJ/(kg·℃)；

　　w_1 和 w_2——分别为输入（80%）和输出（50%）污泥的含水率；

　　Q_g——水的汽化热，2260 kJ/kg；

　　M_{water}——蒸发水的质量，可以用式（5-9）计算。

考虑热干燥设备存在热损耗，因此，实际耗能 E_{total}' 应高于理论耗能

E_{total}。不同热干燥设备的热损耗率 η 从 10%到 20%不等，计算中采用中间值 15%，可以用式(5-10) 计算。

$$E_{total}' = E_{total} \cdot (1+\eta) \tag{5-10}$$

（3）过程能耗

污泥热解过程耗能可以简化为升温过程耗能 E_{target} 和反应过程耗能 $E_{reaction}$ 两部分，升温过程耗能 E_{target} 可由式(5-11) 计算。

$$E_{target} = (M_{sludge} \cdot C_{sludge} + M_{water} \cdot C_{water(g)}) \cdot (T_3 - T_2) \tag{5-11}$$

式中　M_{water}——干化后污泥中水的质量；

　　　$C_{water(g)}$——水蒸气比热容，在定压条件下水蒸气比热容由基于 IAPWS-IF97 公式的计算软件计算，由于热解过程中为匀速升温，在计算中取平均值 2.11 kJ/(kg·℃)；

　　　T_2 和 T_3——热解前后温度，分别为 100 ℃与 500 ℃。

（4）副产物产能计算

污泥热解过程中产能副产物主要包括热解油和热解气。在 500 ℃时，污泥热解液产率在 30%左右（以含水率 50%污泥作为原料，下同），其热值约为 9.5 MJ/kg；热解气产量为 10%左右，热值大概为 14.2 MJ/kg。

（5）能量衡算

根据上述能量计算，转化为电当量后可绘制如图 5-30 所示的能量衡算图。可以看出，污泥热解工艺能量赤字约为 695 kWh/t 干泥。因热解油以及热解气应用过程中并不能达到 100%能源利用率，所以，实际能量赤字可能会更高。

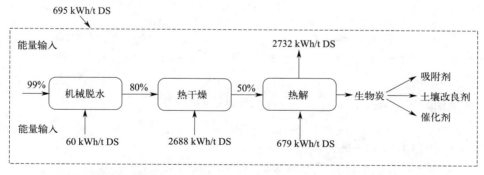

图 5-30　污泥热解制生物炭工艺能量衡算

2. 秸秆生物炭制造能耗分析

秸秆生物炭制造包含破碎成粒和热解两个阶段。与剩余污泥不同，秸秆含水量不高，自然风干后仅为 7%左右，因此，无需在热解之前进行脱水并热干燥，这为生物炭制备可节省大量能量。

（1）秸秆生物炭制造过程能耗

秸秆破碎过程包括粗破碎（>10 mm）和精破碎（<5 mm）两个步骤，粗破碎电耗约为 35~40 kWh/t 干草，精破碎电耗为 75~90 kWh/t 干草；两者连用，计算中取 120 kWh/t 干草。

秸秆热解过程与污泥类似，热解过程的能耗 $E_{pyrolysis}$ 可用式(5-12)

计算。

$$E_{pyrolysis} = M_{water} \cdot C_{water} \cdot \Delta T_1 + M_{water} \cdot C_{water(g)} \cdot \Delta T_2 + M_{water} \cdot Q_g + M_{straw} \cdot C_{straw} \cdot \Delta T_3$$

$$(5\text{-}12)$$

式中　M_{water}——秸秆中水分含量，计算中取含水率为 7%；

ΔT_1——水温度变量，25～100 ℃；

ΔT_2——水蒸气温度变量，100～500 ℃；

M_{straw}——秸秆质量，kg；

C_{straw}——秸秆的比热容，计算中取值为 1.4 kJ/(kg·℃)；

ΔT_3——水蒸气温度变量，25～500 ℃。

(2) 秸秆生物炭副产物产能计算

与污泥生物炭相比，秸秆生物炭制备过程中热解油和热解气产量更高，这是源于秸秆中有机质含量远比污泥中高得多。一般来说，在 500 ℃时，热解油产率 40% 左右，热值约为 12.3 MJ/kg；热解气产率 20% 左右，热值约为 7.1 MJ/kg。

(3) 能量衡算与比较

根据上述能量计算并转化为电当量，可绘制如图 5-31 所示的能量衡算图。不难发现，秸秆热解副产物不仅能满足热解所需全部能量，还能产生 1400 kWh/t 干草的富余外输能量，也归功于秸秆低含水率所节省的大量干化所需能量。可见，秸秆生物炭在能耗方面远胜于污泥生物炭。

图 5-31　秸秆热解制生物炭工艺能量衡算

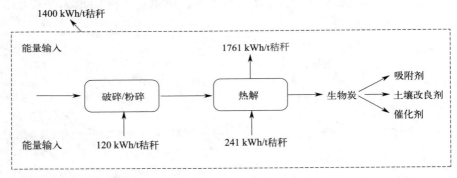

3. 两种生物炭制造成本核算

生物炭制造成本计算从原料收集开始，包含原料成本、运输成本、热解厂建设成本以及运营成本等。其中，制备原料（秸秆、污泥）通常被当作废弃物，容易获得，且热解厂可以就近建设，因此，在计算成本时仅计算热解厂建设成本和运营成本。

热解厂建设成本包括土建成本和设备成本两部分。污泥生物炭所需设备包括污泥浓缩机、板框压滤机、回转干燥机、炭化炉及各设备配套的进出料装置，以及烟气处理系统和生物炭储存运输系统等。以某公司投资的某地污泥热解厂为例，一个湿泥（含水率 80%）实际处理规模 200 t/d 的热解厂投资额为 1.39 亿元。秸秆生物炭所需设备包括粉碎机、炭化炉及配套进出料系统、烟气处理系统、生物炭储存运输系统等，北京某集团投资的某地热解厂处理规模 400 t/d，投资 2.5 亿元。

热解厂运营成本包括电费、燃料费、员工工资福利和其他费用（水费、药剂费等）。水费主要指设备冲洗水等，电费是热解厂运行的主要动力费，分别按照一般工业用水和用电的全国均价 4.10 元/m³ 和 0.75 元/kWh 计算。燃料是污泥热解所需的热量来源，根据上述能量核算，秸秆热解过程中产生的油气足以满足热解过程所需能量，因此，秸秆热解厂不计算燃料费；污泥热解厂所需燃料按照理论结合实际运行计算，天然气价格取 2.63 元/Nm³。员工工资按照2021 年全国城镇人口收入中位数计算，取值为 3951 元/(人·月)。

根据以上核算规则，可以计算出两种生物炭制造过程中投资和运营成本。尽管秸秆生物炭总投资成本远高于污泥生物炭，但由于湿污泥含水率高，干化减量之后制备得到的生物炭更少，因此，每吨生物炭单位投资则更高。污泥生物炭运营成本远高于秸秆生物炭，主要是由于污泥热解产生的油气不足，难以满足其所需能量，需要外加燃料。表 5-14 计算所得污泥生物炭运营成本与实际工程基本吻合。

两种生物炭制造成本核算表（单位：元/t 生物炭）　　表 5-14

类型（炭产率）		秸秆生物炭（50%）	污泥生物炭（65%）
投资成本		342.47	488.23
运营成本	电费	180.00	216.35
	燃料费	0	167.91
	人工费	3.25	5.00
	其他费用	50.00	50.00
	合计	233.25	439.26
合计		575.72	927.49

4. 两种生物炭制造能耗与成本比较

与污泥生物炭相比，秸秆生物炭制备过程中能量消耗更低，热解气足以满足其能量需求，还可以对外输出多余的能量（1400 kWh/t 干草），而每吨干污泥需要从外界输入能量 695 kWh/t 干泥。在成本方面，秸秆生物炭也比污泥生物炭更低，分别为 575.72 元/t 生物炭和 927.49 元/t 生物炭。两种生物炭投资成本和运营成本分别为 342 元/t 生物炭和 233.25 元/t 生物炭与488.23 元/t 生物炭和 439.26 元/t 生物炭。总之，污泥生物炭投资成本和运营成本相比较秸秆生物炭分别高出 42.8% 和 88.3%。将两种生物炭综合能耗与成本绘制在柱状图中可以更直观地比较，如图 5-32 所示。

5.6.3 两种生物炭组分对比

生物炭作用于土壤改良剂效果很大程度上取决于生物炭化学组分，特别是有机质含量。为比较污泥生物炭与秸秆生物炭有机质和灰分含量差异，图5-33 汇总了近几年部分研究中制备获得的生物炭化学组分和碳含量。其中，图 5-33(a) 中 1～8 号为秸秆生物炭，9～15 号为污泥生物炭；图 5-33(b) 中1～12 号为秸秆生物炭，13～23 号为污泥生物炭。

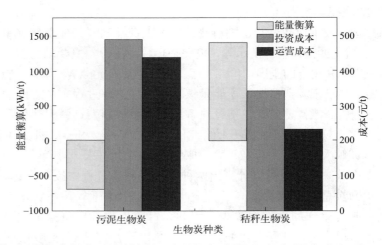

图 5-32 两种
生物炭综合能
耗与成本比较

生物炭形成后保留了原材料（污泥或秸秆）中大部分有机碳（Organic matter）和几乎全部无机灰分（Ash），而有机碳又可分为挥发碳（Volatile Matter，VM；950 ℃时可无氧挥发）和固定碳（Fixed Carbon，FC；950 ℃无氧时不挥发）。为此，图 5-33（a）按 3 种化学组分（灰分、固定碳及挥发碳）来区别生物碳中的无机与有机化学组分，而图 5-33（b）则显示的是无机与有机总碳（TC）含量。

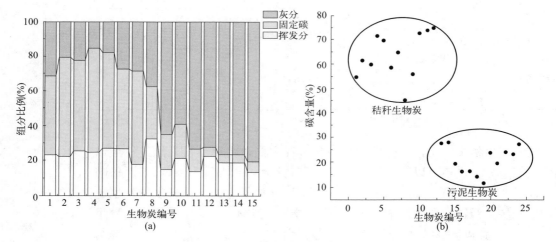

图 5-33 部分生物炭化学组分与碳含量

（a）化学组分；（b）碳含量

图 5-33（a）显示，污泥生物炭（9～15 号）与秸秆生物炭（1～8 号）在挥发性组分上差别并不是很大，但两者固定碳比例则差别非常明显，污泥生物炭仅为秸秆生物炭的 20%；换句话说，污泥生物碳中主要是灰分比例，总有机质比例平均小于 30%。这是因为秸秆化学成分中含有大量纤维素和木质素等难分解有机质，在热解过程中会以固定碳形式留存于生物炭中，起到"碳封存"的效果。相反，原污泥中总有机质本来就难与秸秆相比，且在热解中部分有机质已挥发，导致生物碳形成后其中固定碳的比例极低（平均＜

10%），这也就极大影响了污泥生物炭之"固碳"效果。

图 5-33(b) 显示的生物碳总碳含量表明，污泥生物炭总碳含量不足 30%，而秸秆生物炭一般均能达到 60%。这说明，污泥生物炭中有机质含量确实不高，主要是无机矿物等形成的灰分含量（两倍于秸秆）。由于灰分物质密度远高于有机质，所以，高灰分生物炭施加于土壤中时效果可能会相反，影响土壤中营养物质释放和保留。

5.6.4 两种生物炭重金属含量比较

关于污泥热解过程中重金属迁移转化，不同文献有不同描述，但研究共识是污泥生物炭中重金属含量远高于秸秆生物炭。生物炭中重金属元素含量与原料中含量直接相关。现行污水处理工艺中常常需投加大量化学药剂除磷或去除浊度，最后化学药剂中所含金属元素最终大多进入污泥。热解时，除一些熔沸点较低的金属（如，汞在 350 ℃左右会完全挥发）外，绝大多数金属都会固定在生物炭中。因此，污泥生物炭中的重金属含量比秸秆生物炭要高几倍到几十倍，并有可能超过污泥返田重金属标准。图 5-34 比较了污泥生物炭、秸秆生物炭中部分重金属含量与污泥土地利用国家标准。在文献中提到的若干个生物炭样本中，污泥生物炭重金属含量均高于秸秆生物炭，并且大多数污泥生物炭均无法达到污泥产物农业利用的重金属含量标准。

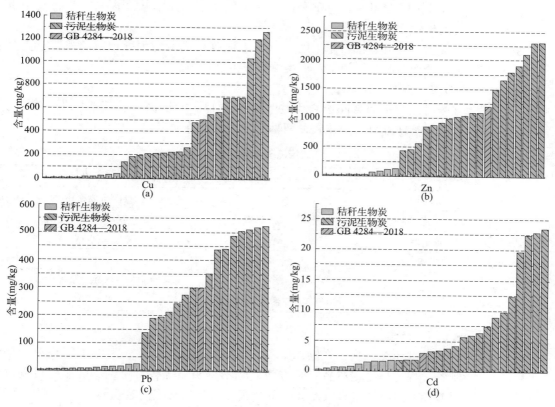

图 5-34　两种生物炭重金属含量比较
(a) Cu；(b) Zn；(c) Pb；(d) Cd

有人向土壤中施加木屑、造纸污泥和污水污泥制备的生物炭,种植了生菜等作物,以观察作物根茎叶产量及作物中重金属浓度。与另外两种污泥相比,污泥生物炭培养出来的生菜根、茎发育都较差。此外,与不添加污泥生物炭相比,作物根中含有更多重金属,如 Zn 含量增加了 4～5 倍,远高于其他原料所制备的生物炭。这表明,污泥生物炭中含有更高的重金属含量,且可以转移到土壤和作物之中。

目前已有一些研究者试图通过将污泥与其他生物质共热解来降低生物炭中重金属含量,并取得了一定的效果,但是与其他生物质所制备生物炭相比重金属含量仍然处于较高水平。有人将污泥与水稻秸秆作为共热解原料。因污泥与共热解原料混合产生了"稀释效应",所以,在相同制备条件下共热解生物炭中重金属含量降低了 40% 左右。例如,热解温度为 500 ℃时,Zn 含量从 2800 mg/kg 降至 1950 mg/kg,Cu 含量从 1600 mg/kg 降至 900 mg/kg,但仍远高于秸秆生物炭含量。进言之,与单独热解相比,共热解制备污泥生物炭中 Mn、Ni 等重金属生物富集有效性更高。也有人利用塑料废物与污泥协同秸秆共热解制备生物炭,亦得到了类似的研究结果。随着 PVC 塑料含量增高,生物炭中重金属含量会有所下降,但仅对 Cr 和 As 有一定的固定效果,而对 Zn、Cu 等其他重金属生物富集有效性均有所提高。这可能是由于 PVC 塑料中 Cl^- 含量高,对重金属有一定的激活作用,从而提高了生物炭中重金属的生物富集有效性。

由此可见,将污泥生物炭用于土地改良或者污水处理时,需要对重金属进行全面检测,以评估污泥生物炭之潜在环境危害。

5.6.5 特性比较总结

通过对两种不同原料生物炭制造过程、能量消耗、制造成本、碳组分、重金属等详细分析、比较,两种生物炭特性总结于表 5-15。

污泥与秸秆生物炭特性总结　　　　　　　　　　　表 5-15

名称	污泥生物炭	秸秆生物炭
原料产量	脱水污泥(含水率 80%),6×10^7 t/a	小麦、玉米等作物秸秆,约 9×10^8 t/a
制备成本	927.49 元/t 生物炭	575.72 元/t 生物炭
能量衡算	赤字 695 kWh/t 干泥	盈余 1400 kWh/t 秸秆
生物炭产率	50%～80%	40%～60%
生物炭性能	固定碳含量低,总碳含量仅不到 30%,重金属和灰分含量高	固定碳含量高,总碳含量约 60%,重金属含量低

5.6.6 结语

通过详细计算、分析、比较,与秸秆生物炭相比,污泥生物炭无论是在制备过程还是终端产品应用方面显然不具明显优势,特别是其制备过程过高的能耗、高昂的成本以及较高重金属含量等都会限制其实际应用。换句话说,污泥生物炭理想很丰满,但现实却很骨感。况且,占尽优势的秸秆生物炭在技术已经相当成熟的情况下还并没有实现大规模生产应用。因此,对污泥生物炭的研究和应用恐怕将会事倍功半。

5.7　剩余污泥气化、液化能量平衡与前景

2021 年我国城镇污水处理量已达 612 亿 m^3/a，干污泥产生量超过 1400 万 t/a。剩余污泥作为污水处理过程主要副产物，在"双碳"目标下，又逐渐被人们重新审视，特别是其具有机能源属性。因此，污泥处理、处置也随之转向资源/能源化。污泥资源化低端利用可作为养分直接还田或堆肥后间接还田，中端利用是污泥厌氧消化产生以甲烷（CH_4）为主体的生物气（亦含有相当 CO_2）。近年来污泥资源化亦有向高端利用方向发展的趋势，如污泥炭化（生物炭）、气化（非生物气）和液化。污泥炭化虽存在许多研究和少数应用尝试，但与农业秸秆生物炭制造相比似乎并不具明显技术与经济优势。受此分析启示，似乎也有必要对污泥气化和液化高端资源化途径的技术与经济性进行评估。

污泥（非生物气）气化主要是指转化为以 H_2、CO 为主要成分的混合能源气体，热化学过程即可实现。污泥液化指转化为生物油组分，主要由吲哚、喹啉等杂环化合物以及部分酚、醛和酮等含氧原子有机物组成，亦可通过热化学法实现。热化学法分热解法和水热法（Hydrothermal Process，HTP）两种，均可实现污泥气化与液化。

然而，污泥气化及液化首先取决于污泥有机质含量，这与污泥厌氧消化及焚烧一个道理。我国污泥有机质含量在 30%～65%，均值为 55%，较欧洲和亚洲部分国家并不低（表 5-16），说明欧美等国家和地区开展的污泥气化与液化技术同样适合我国，除非极端情况（如，有机质含量小于 40%）。

评估一项技术优劣显然不能局限于实验室水平，应进行全方位技术经济分析，更重要的是要对技术商业化可行性进行评估。本节以国内外对污泥气化、液化的研究为参考，在简述污泥气化与液化机理基础上，评估两种过程能量平衡、技术难度、经济性，进而分析它们商业化之可行性。

世界部分国家剩余污泥有机物含量均值　　　　　表 5-16

国家	有机质含量均值(%)	国家	有机质含量均值(%)
日本	79	德国	46
韩国	50	英国	49
西班牙	54	丹麦	51
荷兰	43	中国	55

5.7.1　污泥热解气化、液化技术

1. 原理

污泥热解过程温度范围一般处于 300～900 ℃，产物随温度升高顺序产生生物炭、生物油和可燃混合气体。根据不同热解类型和反应条件，各产物产率会发生变化。图 5-35 显示，在热解过程中，生物炭是最先生成的产物；随

温度升高，生物油产率逐渐高过生物炭；混合气体产率在整个升温过程中虽有升高趋势，但总体产率水平并不是太高，更像是生物炭和生物油生产过程的一种副产品。因此，若以污泥气化产能为目的则需要对生物炭和生物油作进一步处理，以提高气体产率。

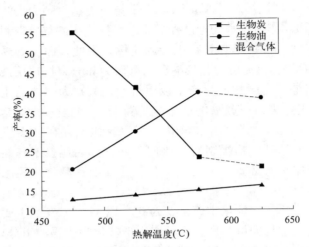

图 5-35　不同温度下污泥快速热解产物分布

可见，污泥热解气化可以被认为是对热解过程的延伸，是污泥热解有机碳的进一步反应。随温度升高，污泥首先在 70～200 ℃进行干燥以消除水分，当温度达到 350～500 ℃时发生热解，大部分污泥有机碳开始转化为生物炭，伴随少量液体以及气体生成。为获得更高的气体产率，需向反应器加入气化剂，以利于发生固-气反应；形成的生物炭在气化剂作用下可转化为以 H_2 为主要成分的可燃混合气体。在这个固-气反应中，气化剂主要成分为空气和水蒸气。其中，水蒸气与生物炭反应生成 H_2 与 CO，空气中的 O_2 将生物炭氧化并放出热量，为热解和干燥等固-气吸热反应提供足够能量。

快速热解工艺已用于将污泥转化为生物油产品技术。快速热解操作条件与慢速热解不同，主要区别在于较高的加热速率和较短的停留时间，温度范围 400～600 ℃。图 5-35 显示了在 570 ℃左右热解温度下，可以获得更多生物油产量。快速热解产物分布显示，生物油产率高于生物炭和混合气体。剩余污泥热解气化和液化反应条件以及产物特点见表 5-17。

剩余污泥热解气化与液化反应条件及产物特点　　　　　　　表 5-17

热解产物	反应条件	产物特点
气化	温度：770～850 ℃；气化剂：蒸汽和空气	气体产量＝0.8～1.32 m^3/kg 干污泥；H_2＝4.71～14.26 mol/kg 干污泥；CO＝2.39～8.18 mol/kg 干污泥；低位热值(LHV)＝4.12～6.2 MJ/m^3
	温度：800 ℃；气化剂：蒸汽和空气；催化剂：白云石	气体产量＝2.8～3.2 m^3/kg 干污泥；H_2＝12～19.38 mol/kg 干污泥；CO＝7.23～12.55 mol/kg 干污泥；LHV＝2.9～3.9 MJ/m^3

续表

热解产物	反应条件	产物特点
气化	温度:810~830 ℃; 气化剂:空气	气体产量=2.8~17.22 g/kg 干污泥; H_2=14.1~29 mol/kg 干污泥; CO=9.2~13.8 kg 干污泥; LHV=5.04~6.81 MJ/m³
	温度:700~1000 ℃; 气化剂:蒸汽; 催化剂:CaO-Al-Co_5	气体产量=0.64 m³/kg 污泥; H_2=24.06 mol/kg 污泥; CO=1.72 mol/kg 污泥
液化	温度:500~800 ℃	生物油产率=16.69%; 气体产率=16.49%; 生物炭产率=65.2%
	温度:400~800 ℃ 热解形式:微波辅助热解	生物油产率=14%~20%; 气体产率=15%~29%; 生物炭产率=57%~69%
	温度:450~650 ℃ 热解形式:快速热解	生物油产率=29.69%~46.14%; 气体产率=9.13%~25.04%; 生物炭产率=32.13%~47.43%

2. 污泥热解气化、液化劣势

（1）焦油问题

热解气化时,焦油产生可能是导致管道和过滤器堵塞、形成焦炭等重大问题之因,会导致严重操作障碍。这是因为分子量高于苯的烃类挥发物缩合。此外,焦油还含有多种致癌、致畸等对人体健康不利的化合物。所以,热解气化中焦油问题不仅会导致下游设备工况不理想,而且还会降低工艺能源效率（因焦油含能）。

（2）催化剂失活

催化剂失活是催化方法中显而易见的问题。一般是因进料中存在少量污染物而导致活性位点中毒。另一个原因是产物和反应物冷凝或裂化时产生的焦炭堵塞催化孔位或活性位点。此外,在少数情况下,这种失活可能是因金属化学变化导致催化剂表面活性物质的失活。同样,在污泥热解气化过程中,催化剂可能会因过程中产生的灰分覆盖催化剂表面或堵塞催化剂空位而失活。因此,仍然需要不断努力开发强催化剂和适当方法来重新活化、回收和再生失活或已用过的催化剂。

（3）污泥含水率过高

污泥含水率高,对产气特性和气化炉运行影响较大,能耗较高。此外,因污泥糊状稠度和高水分含量,将污泥送入气化炉时也会出现问题,从而使传热和传质变得复杂。因此,在热解气化过程之前需要对污泥进行干燥或脱水。然而,污泥中大量水分含量可以促进生物炭气化和焦油分解;有研究表明，热解气化水分含量限制取决于气化剂类型。总之，持续将含水率保持在 30％以下对于减少能量损失是有利的。因此，在将污泥送入热解气化之前，必须将其含水率降低至一定范围之内。

（4）硫、氮含量高

污泥热解气化面临的重大挑战还在于污泥中含有大量的硫（S）和氮（N），可能会造成二次环境污染。在热化学转化时，污泥中含有的 S 和 N 与热解过程中挥发物同时挥发，导致硫化氢（H_2S）、氰化氢（HCN）和氨（NH_3）等有毒污染物产生。此外，污泥通常含有按干重计约 1％的 S 和 9％的 N，在热解气化过程中会排放 SO_x 和 NO_x，可能会造成酸雨和光化学烟雾等二次污染。

5.7.2　污泥水热气化、液化技术

1. 原理

所致污泥水热（HTP）是利用亚临界或超临界水和催化剂共同作用，将生物质分解并转化为气、液和固 3 种状态产物的技术。当压力和温度达到一定值时，液态水因高温而膨胀，水蒸气因高压而被压缩，两种状态的水密度相等。在此条件下，水的密度、介电常数和极性等性质均会发生显著变化，此时会比常温、常压下解离作用增强（解离出更多 OH^- 和 H^+），同时介电常数降低，水的氢键变弱并伴随着非极性有机化合物溶解度增加。

根据温度、压力和时间等反应参数不同，HTP 可分为水热炭化（Hydrothermal Carbonization，HTC）、水热气化（Hydrothermal Gasification，HTQ）和水热液化（Hydrothermal Liquefaction，HTL）。剩余污泥水热炭化（HTC）制取的生物炭碳含量丰富，表面官能团较多、比表面积大，在土壤改良、污水处理等方面虽可以应用，但是制备过程能耗高、成本高、质量差，会致实际应用事倍功半。

污泥水热气化（HTQ）过程通常也被称为污泥超临界水气化（Supercritical Water Gasification，SCWG），可用于将剩余污泥转化为可燃气体。因超临界水（Supercritical Water，SCW）具有低介电常数、弱氢键、高扩散性和独特溶解度之特征，可以为剩余污泥提供均相反应环境。在此过程中，有机物与水发生反应，分解成更小的分子，还会发生重整、水煤气反应和氢化反应。催化 SCWG 产物主要是 H_2、CO_2 和 CH_4，以及少量 CO 和一些高级烃，具体取决于操作条件和催化剂类型。

水热液化（HTL）是一种利用亚临界水将湿废料生物质原料中有机成分转化为生物原油的热化学过程。剩余污泥因其含水率极高之特点使 HTL 技术似乎有了用武之地，因为它不仅可以回收污泥中的能量，还可以实现污染物去除。因此，把污泥作为生物质进行水热液化生产生物油也被称为一种"可持续"方法。因不同生物质所含成分〔如，蛋白质、脂质、碳水化合物（含半纤维素、纤维素和木质素等）〕存在较大差异，各成分在 HTL 过程中降解途径也不尽相同，且这些成分之间亦可能发生相互作用，这就使得 HTL 反应路径成为一种复杂过程。目前，普遍接受的 HTL 反应途径有：1）生物质有

机分子通过水解、热解、解聚而成为单体结构，如单糖、氨基酸、脂肪酸；2）单体有机物可以保持原状或通过脱水、脱氨和脱羧等环节进一步降解成更小的片段，如葡萄糖、有机酸、酚类和含氮化合物；3）这些反应中间体通过环化、缩合和再聚合等进一步重组，形成粗生物油、水溶性产物、气态产物和固体残渣。

剩余污泥通过水热法进行气化和液化反应条件以及产物特点汇总于表5-18。

污泥水热法气化与液化反应条件及产物特点　　　　表 5-18

水热产物	反应条件	产物特点
气化	温度：540 ℃； 压力：30MPa； 催化剂：KOH	H_2＝15.49 mol/kg 干污泥； CO 产量极少
	温度：550～750 ℃； 压力：30MPa； 催化剂：50％RNi-Mo$_2$、25％K$_2$CO$_3$	无催化剂条件下 750 ℃、30 min，H_2 产量为 20.66 mol/kg 干污泥； 有催化剂条件下 650 ℃、反应停留时间 20 min，H_2 产量为 20.03 mol/kg 干污泥
	温度：450 ℃； 压力：24～26 MPa； 催化剂：RNi-Mo$_2$	最大 H_2 产量为 18.13 mol/kg 干污泥，气体最大 LHV 为 14.3 MJ/m³
液化	温度：210～330 ℃； 催化剂：CuSO$_4$； 溶剂组成（乙醇/水）：10：0～0：10	270 ℃、溶剂组成（乙醇/水）＝5：5时获得最大生物油产率：47.45％
	温度：350 ℃、400 ℃； 催化剂：K$_2$CO$_3$	350 ℃下获得最大生物油产率：45.22％；高位热值（HHV）＝ 36.6 MJ/kg；能量回收率＝76.4％
	温度：200～350 ℃； 催化剂：FeSO$_4$； H_2 压力：2.0～11.0 MPa； 反应停留时间：10～100 min	300 ℃、氢气压力 5 MPa、反应停留时间 40 min 时获得最大生物油产率＝47.79％；最大 HHV＝35.22 MJ/kg；最大能量回收率＝69.84％
	反应温度：300～450 ℃； 催化剂：Co～Mo/ATP	350 ℃、反应停留时间 15 min 时最高的生物油产率＝31.36％；HHV＝35.58 MJ/kg

2. 污泥水热气化劣势

（1）催化剂选择

从水热气化生产气体角度看，催化剂选择非常重要。经表5-19对比，剩余污泥水热气化过程中，催化剂对 H_2 产率影响很大。根据之前研究可以发现，并没有一种催化剂能在剩余污泥的水热气化制氢反应过程中同时兼顾气化效率和氢气产量。因此，找到一种可以同时兼顾气化效率和氢气产量的催化剂是剩余污泥水热气化大规模普及的关键。此外，大多数催化剂实验只关注气体产率和气化效率。因此，应进一步研究多相催化剂的筛选和稳定性，以测试其长期催化活性。

催化剂对剩余污泥水热气化产物的影响   表 5-19

原料（含水率）	反应条件	催化剂种类	气体产量 (mol/kg)	炭气化率 (%)	气体物质组分占比			
					H_2 (%)	CO (%)	CH_4 (%)	CO_2 (%)
活性污泥 (97.2%)	600 ℃ 34.5 MPa	椰壳活性炭	—	77	2.2	3.3	1	61
活性污泥 (98%)	540 ℃ 25 MPa	KOH	27.66	45	56	0.1	7.4	36.5
活性污泥 (98%)	650 ℃ 25 MPa	KOH	—	65	56	0	22	20
活性污泥 (97%)	380 ℃ 23 MPa	雷尼镍	27.5	69	36	0	36	28
活性污泥 (95%)	400 ℃ 22 MPa	NaOH+Ni	6.4	5	75	4	9	12
活性污泥 (96.8%)	450 ℃ 47.1 MPa	RuO_2	—	11	56	0	36	7
活性污泥 (91.2%)	450 ℃ 28.2 MPa	RNi-Mo_2	—	90.1	42.2	0.6	26.2	31.1

（2）多环芳烃影响

多环芳烃（PAHs）是生物质气化过程中不容忽视的副产物和污染物，并且与秸秆、鸡粪、牛粪等生物质相比，剩余污泥是一种更为复杂的生物质，这可能导致后者在气化反应的复杂过程中会产生更多有害的物质。有人在剩余污泥水热气化处理后，在固体残渣中检测到了 PAHs，且固体残渣中总多环芳烃（TPAHs）浓度高于原污泥，表明超临界水处理过程中会产生 PAHs，且还发现 4 环 PAH 是固体残留物中 PAH 的主要形式；较高反应温度（＞400 ℃）和较长反应时间（＞60 min）可以促进高环（5 环和 6 环）、高毒性 PAH 产生；同时，高反应温度、低干物质含量和长反应时间被证明有利于固体残留物中高浓度 TPAH 产生。

在生物质水热气化过程中，氧化剂可提高制氢和气化效率，减少焦炭和焦油的产生。因此，选取合适的氧化剂，剩余污泥水热气化可能会减少 TPAHs 产生，成为环境影响更低的剩余污泥气化路径。

（3）重金属影响

污泥水热气化过程与污泥水热炭化过程本质相同，都是利用超临界水独特性质对生物质进行处理。在相对较低温度和压力下，水热气化以生物炭为主要产物；而在相对较高温度和压力下则会有大量气体产生。但是，即使在使用相对高效催化剂情况下，污泥气化率也不能达到 100%，这意味着污泥水热气化过程一定会产生少量残渣，而重金属便会在残渣中聚集，增加处理难度。

（4）硫影响

剩余污泥含有无机、有机形式硫化合物。污泥（干基）中硫含量通常为 0.2%～9.5%。无机硫主要以硫酸盐（$CaSO_4$、$FeSO_4$ 等）和硫化物（Na_2S、FeS_2 等）形式存在，有机硫主要包括硫醇、硫醚、噻吩等。水热气化过程中，硫转化机制可以用自由基理论来解释；温度升高可以促进硫醇、硫醚等不稳定硫化合物分解形成硫自由基，硫自由基进一步与 H^+ 或含氧官能团反应生成 H_2S 和 SO_2。然而，这会影响合成气质量和纯度。此外，硫产物在进一步利用过程中会导致催化剂中毒、腐蚀设备和环境污染等问题。

3. 污泥水热液化劣势

（1）含有较多杂原子

在水热液化过程中，生物油应该可以用作直接燃料，其性能近似化石燃油，与现有化石燃料基础设施可以兼容。然而，性能近似、可兼容现有设施并不意味着生物油可以直接应用，它必须符合现有化石燃油标准，具有某些物理化学（低杂原子含量，低水溶性和高度碳键饱和度）上的相似指标，且具有散装性，即它与石油燃料应具有混溶性、性能规格相容性、良好的储存性、现有物流方式可运输性以及在现有车辆、飞机等发动机中的可用性。

但是，生物油中 O、N 和 S 原子含量往往高于大多数炼油厂产品。进言之，生物油中的 O 含量通常为 8%～20%，这些含 O 化合物包括有机酸、醛、醇、酮、呋喃、酚和其他含氧化合物；当存在大量羧酸情况下，会导致生物油低热值、不稳定和高腐蚀。

生物油中的 N 含量一般在 0.3%～8%，N 会严重降低生物油品质；N 元素不仅会降低生物油热值和稳定性，而且燃烧过程中会产生 NO_x。含 N 杂环在生物油中与具有脂肪族 N 或 O 杂原子化合物相比更难进行加氢处理，而去除含 N 杂环化合物则会增加下游加工成本。此外，生物油高碱度会使其粘附到酸性活性催化剂位点，从而阻止进一步加氢处理反应。

生物油中的 S 含量通常在 0.3%～1.6%，直接作为燃料燃烧可产生 SO_2，会引起与酸雨相关的环境问题。此外，含硫化合物（苯并噻唑、噻吩，4-甲基苯硫酚、4-羟基苯硫酚和 2-甲基-1-丙烷硫醇）形成颗粒的能力较强，同时也会显示出很强的附着性。

（2）重金属含量较高

生物油除杂原子含量高外，矿物质含量一般亦较高。水热液化后，进料中所含重金属大多（＞90%）转移至固体残渣中，在生物油中检测到的重金属不足 10%；生物油中 Pb、Zn、Cu 和 Ni 含量分别为 6.7 mg/kg、121.0 mg/kg、30.6 mg/kg 和 7.9 mg/kg，远高于化石柴油（分别为 0 mg/kg、0.11～0.14 mg/kg、0.081～0.097 mg/kg 和 0～0.045 mg/kg），仍需要后续精炼。

5.7.3 污泥气化、液化能量平衡

1. 污泥热解气化过程能耗衡算

有人对污泥两种热解气化工艺路径进行了能量投入产出评估：1）污泥热

干化＋污泥空气—蒸汽气化（两阶段工艺）；2）污泥热干燥＋污水污泥热解＋污泥炭的空气—蒸汽气化（三阶段工艺）。研究发现，污泥干化有利于生物固体处理，但能耗较高。例如，将污泥含水率从 65％降低至 6.5％所需能量为 4 MJ/kg（干污泥）。对于热解阶段，基于实验产率能量计算表明，污泥热分解所需能量（0.15 MJ/kg SS，530 ℃）可以被气化产物中所含能量所覆盖。在满足热解反应能量需求后，可从产品气体热值和热能中回收 1.17 MJ/kg SS 的能量输出。尽管热解炭中的有机物含量（24.1％）低于污泥中的有机物含量（54.5％），但气化 1 kg 热解炭比气化 1 kg 污泥需要更高的外部能量。这意味着，污泥热解炭气化过程中原位燃烧反应所释放的能量较少。根据操作条件不同，污泥气化可以是放热或者吸热过程，其反应热从 -2.61 MJ/kg SS（$T=770$ ℃，气固比为 0.39）至 1.29 MJ/kg SS（$T=850$ ℃，气固比为 0.52）。在大多数实验条件下，污泥热解炭气化是一个吸热过程，其反应热变化范围为 -0.23 MJ/kg SS（$T=770$ ℃，气固比为 0.39）至 1.20 MJ/kg SS（$T=850$ ℃，气固比为 0.52）。两种气化过程都需要更多能量才能在平衡条件下发生。能量平衡表明，污泥气化产物气体所含能量足以满足污泥热干化和气化过程本身能量需求，但需要额外能量输入来执行第三阶段工艺。

有人对污泥热解气化联合工艺能量平衡进行了研究。研究发现，干污泥低位热值（LHV）与热解气化联合过程能量平衡存在很强的相关性。实验结果表明，干污泥炭产率在 37.28％～53.75％，且随污泥灰分、热解温度和 LHV 变化而变化。污泥炭气化产生的气体 LHV 约为 15 MJ/kg，表明它可以用于为污泥干燥和热解过程提供能量。研究还发现，较高的 LHV、较低的水分含量和较高的热解温度有利于能量自平衡。对于含水率为 80％的污泥，污泥的 LHV 应高于 18 MJ/kg，热解温度应高于 450 ℃，以在热解过程挥发时保持能量自给自足；当 LHV 在 14.65～18 MJ/kg 时，以热解污泥炭气化产生的可燃气体作为补充燃料，可以在该联合过程中保持能量自平衡；如果 LHV 低于 14.65 MJ/kg，则需要不断输入燃料。

2. 污泥热解液化过程能耗衡算

污泥热解生物油平均产率可达 31.78％，生物油平均高位热值为 33.88 MJ/kg。污泥热解制取生物油过程中，污泥脱水、热干化以及热解反应均需要耗能。其中污泥脱水能耗可按带式压滤机能耗计，约为 60 kWh/t DS。

污泥热干化所需热量可按式(5-13) 计算

$$E_{\text{drying}} = (M_{\text{sludge}} \cdot C_{\text{sludge}} + M_{\text{water}} \cdot C_{\text{sludge}}) \cdot \Delta T + M_{\text{water,evap}} \cdot \Delta H_{\text{vap,water}}$$

$$(5\text{-}13)$$

式中　E_{drying}——污泥干化所需能量，MJ/kg SS（DS）；

ΔT——污泥在干燥过程开始和结束时的温度差，25～100 ℃；

$M_{\text{water,evap}}$——污泥热干化过程中蒸发的水的质量，kg/kg SS（DS）；

$\Delta H_{\text{vap,water}}$——水在 100 ℃时的蒸发焓，2.26 MJ/kg H_2O；

基于式(5-13) 计算，将含水率为 80％的污泥进行热干燥需要 2841.6 kWh 的能量。

在热解能耗计算中考虑了两个组成部分。一个组成部分涉及将干燥后的污泥从干燥后的温度加热至目标温度，第二个组成部分是在热解反应过程中分解污水污泥所消耗的热量。将干化污泥加热到目标温度（T_{target}）的能量消耗可以根据式(5-14)计算：

$$E_{target} = M_{sludge} \cdot C_{sludge} \cdot \Delta T \qquad (5-14)$$

第二个组成部分是干污泥热解的反应热 $E_{process}$，约为 41.67 kWh。

因此，污泥热解过程总能耗应为污泥脱水、干化以及热解 3 个过程的总和：

$$E_{total} = E_{dehydration} + E_{drying} + E_{pyrolysis} \qquad (5-15)$$

根据上述能量计算，可绘制如图 5-36 所示的能量衡算图。可以看出，污泥通过热解制取的生物油若要平衡 3071.05 kWh-eq/t DS 能量输入，还需 80.2 kWh-eq/t DS 的能量输入。若将所需能量输入按电当量计算碳排放量，排放因子以 2022 年全国电网平均碳排放因子 0.5703 kg CO_2-eq/kWh 计，则通过污泥热解液化制取 1 t 生物油会产生 1751.42 kg CO_2-eq/t 碳排放量，即使将产物所含能量全部平衡量输入，也会产生 45.74 kg CO_2-eq/t 净碳排放量。

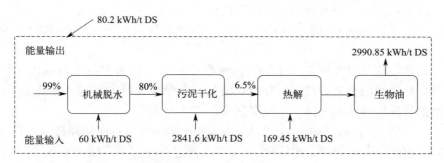

图 5-36　污泥热解制取生物油工艺能量衡算

3. 污泥水热气化过程能耗衡算

㶲分析是评估能源材料和系统的重要工具。在对污泥水热气化过程的研究中，研究者们大多使用㶲分析作为评估其能源利用效率的重要标准依据。㶲表示在环境条件下，能量中可转化为有用功的最高份额。可以认为㶲是衡量能量"品质"或"价值"的一种尺度，㶲越高，能量的"品质"越高，越具有能力转换为其他形式能量。

有人进行了污泥与煤共气化系统能量与㶲的分析。结果表明，煤在共热气化体系中，仅能起到"杀富济贫"的作用。系统中绝大部分㶲损失来自水热气化反应器，也就是说当含水率较高污泥直接进入系统时，需要足够的能量来加热剩余污泥中的大量水分。研究人员将干煤与干污泥比例从 2∶1 提升至 3∶1 时，确实能将系统㶲效率从原来的 40.3％提升至 47.9％，但这要归功于煤提高了系统中有机物的占比，将原本用于加热水的热能转为加热有机物。有人研究证实了污泥气化㶲效率较低的特点；模拟分析表明，即使进料经过一定程度脱水，系统㶲效率最高仅可以达到 21.9％。也有人对各种生物质水热气化过程制氢效率进行了计算，研究者们将氢气㶲与污生物质㶲之比定义为制氢㶲效率,并对生物质浓度、气化温度、停留时间和是否使用催化剂的情况分别进行了讨论;结果显示,不使用催化剂的情况下,在众多生物质中,剩余污泥的制氢效率和㶲效率几乎都处于较低水平。使用 KOH 作为催化剂可以将污泥的制氢效率和㶲效率小幅提高。

4. 污泥水热液化过程能耗衡算

污泥水热液化总能量需求包括进料脱水处理能耗和水热反应能耗。污泥脱水有多种方法,脱水能耗各异,此处以常见的带式压滤机为例,脱水能耗约为 60 kWh/tDS。

水热液化反应中将进料加热至所需温度的升温过程所需能耗标记为 EHTL。EHTL 计算可按式(5-16)进行。

$$E_{HTL} = (M_{sludge} \cdot C_{sludge} + M_{water} \cdot C_{water(g)}) \times (T_1 - T_0) \qquad (5-16)$$

式中　M_{sludge}——进料污泥中干污泥质量,t;

　　　C_{sludge}——干污泥比热容,1 J/(kg・K);

　　　M_{water}——含水率80%污泥中水的质量,t;

　　$C_{water(g)}$——水的比热容,4.367 J/(kg・K);

　　T_1,T_0——反应后和进料时温度,分别为 300 ℃和 25 ℃。

故此,每吨干污泥升温过程所需能耗为:

$$E_{HTL} = (1 \times 1 + 4 \times 4.367) \times (300 - 25) \times 10^3 = 5078.7 \times 10^3 kJ = 1410.75 \ kWh。$$

在水热液化过程中,产品生物油回收热能和生物油产品本身可用作污泥进料加热能源的补充。故在计算水热液化反应净能耗时应将这部分能量扣除。水热液化反应净能耗 $E_{HTL \ net}$ 应根据式(5-17)计算。

$$E_{HTLnet}(kJ) = E_{HTL} - HR \cdot E_{HTL} - CR \cdot X_{oil} \cdot M_{oil}HHV_{oil} \qquad (5-17)$$

式中　HR——从 HTL 产品回收于加热污泥之热能占比,取值85%;

　　　CR——用于加热污泥生物油产品热效率,取值55%;

　　　X_{oil}——用于加热污泥生物油产品占比,取值8%;

　　　M_{oil}——污泥通过水热液化反应生产出的生物油质量;

　　HHV_{oil}——生物油高位热值。

污泥 HTL 生物油平均产率根据表 5-17 中生物油产率 42.96%计,平均高位热值按 35.8 MJ/kg 计。

根据上述能量计算,可绘制如图 5-37 所示的能量衡算图。可以看出,污泥通过水热液化制取的生物油在平衡 1536.44 kWh(当量)/t DS 能量输入后,还可以产生 1940.14 kWh(当量)/t DS 能量盈余。若将所需能量输入按电当量计算碳排放量,排放因子以 0.5703 kg CO_2-eq/kWh 计,若产物所含能量全部平衡量输入,则通过污泥水热液化制取 1 t 生物油可减少制取过程净碳排放量 804.03 kg CO_2-eq/t 生物油。

5.7.4　结语

通过对剩余污泥热解、水热两种热化学处理方式资源化处理,可以获得碳化、气化和液化 3 种不同产物。重点分析了剩余污泥气化和液化产物制取过

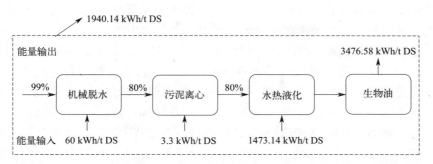

图 5-37 污泥水热液化制取生物油工艺能量衡算

程以及产物的劣势，并对各种过程的能量投入产出进行了能量衡算。通过分析与计算，可以得出以下结论：

（1）污泥热解气化气态产物低位热值在大于 14.65 MJ/kg 时方能实现能量投入产出平衡，但实际生产中会出现焦油影响、催化剂失活、尾气含硫、氮等二次污染等问题。

（2）污泥热解液化产生的生物油虽可以产生 2991 kWh-eq /t DS 的能量，但热解前需消耗大量能量进行脱水与干化，致反应过程额外仍需 80 kWh-eq/t DS 能量输入系统，产生净碳排放量 45.74 kg CO_2-eq/t DS。因此，污泥热解液化做不到投入产出能量平衡，不适合工业生产应用。况且，污泥热解液化过程还存在若干上述弊端。

（3）㶲分析表明，剩余污泥水热气化制氢过程亦不能实现能量投入产出平衡，该过程能耗相对较大。关键还得大费周章选择气化催化剂，也要应对多环芳烃、重金属以及产物中硫污染等问题。

（4）能量衡算表明，污泥水热液化可以产生大量能量，在平衡 1410.75 kWh-eq/t DS 能量输入后，还可以产生 1940.14 kWh-eq/t DS 能量盈余，似乎是一种合适的污泥资源化处理方式。然而，面对生物油中杂原子影响以及重金属带来的污染问题，后续对生物油提纯、精炼是必需的，这个过程投入的设备与能量以及是否会产生化石能源碳排放量需要再评估后方能做出实用与否的正确选择。

5.8　活性污泥中类藻酸盐物质回收潜力与限制因素

污水资源化已成为污水处理可持续发展的一个重要方向，而剩余污泥在这一框架下显得也不再多余，特别是聚焦于转化、提取高附加值产物回收方面；剩余污泥从需要处理处置的"废物"转变为具有高附加值资源回收的"香饽饽"，聚焦回收其中的磷资源、纤维素、生物塑料以及生物高聚物等。剩余污泥主要由细胞体和胞外聚合物（EPS）两大部分组成。其中，EPS 占污泥干重的 10%～40%，它们通常来自于微生物细胞自溶、细胞分泌物以及细胞表面脱落物等，主要成分为多糖、蛋白质、核酸、脂质、腐殖质和其他一些胞内物质。这些物质通过静电作用力、氢键结合、离子吸引力、生物化学作用等作用形成紧致高密的网状结构，可作为微生物的保护层，抵御外部环境压力、重金属和有毒化合物等侵袭。EPS 成分不同组合方式导致具有不同的复杂结构，均具有较高的回收、利用潜力。

当前对好氧颗粒污泥胞外结构性 EPS 研究较多，其中，类藻酸盐物质具有极高的回收价值。ALE 是一种极好的市售藻酸盐替代物，其特殊结构可用作各类防水/防火材料、增稠剂、乳化剂、稳定剂、黏合剂、上浆剂等，可广泛应用于饲料、医药、纺织、印染、造纸、日化等行业。Lin 发现从 AGS 中提取并纯化的 ALE 具有阻燃特性，Kim 进一步表明 ALE 性能符合美国联邦航空条例（Federal Aviation Regulations，FAR）对飞机内部阻燃材料的阻燃要求。目前，从 AGS 中提取 EPS/ALE 已在荷兰 Zutphen 污水处理厂实践，鉴于其优良特性，命名为 Kaumera® （变色龙）。

从颗粒污泥中回收的 Kaumera 正朝着商业化方向发展。但传统活性污泥（CAS）的 EPS 含量仅为 7%~19%VSS。此外，传统污水处理厂的剩余污泥量巨大，2019 年国内剩余污泥总量超过 6000 万 t/a（含水率 80%）。处理处置剩余污泥的建设和运行成本占据污水处理厂总成本的一半。如果回收污泥 EPS，如颗粒污泥的 ALE，其产生的经济效益可以抵消部分污泥处理处置成本，实现污水处理厂可持续发展，利于蓝色循环经济发展目标。但从活性污泥中回收 EPS 的研究较少，大多集中于鉴定和评价 EPS 在营养物质去除以及污泥处理处置过程中的作用。活性污泥 EPS 物质的高附加值完全被忽视，其也同样具有较大的提取和应用潜力。

基于全国不同地区 8 个污水处理厂产生的剩余污泥，采用高温碳酸钠方法提取结构性 EPS 成分（ALE），确认 ALE 产量以及纯度，并与好氧颗粒污泥 ALE 提取物进行横向比较，以探究其提取潜力与应用前景。通过表征活性污泥 ALE 成分与结构，分析其物理和化学性质，以研判与商业藻酸盐性能相似性及差别。结合进水负荷、营养基质及微生物种属等参数，归纳、总结 ALE 生成过程的影响因素，试图为增产 ALE 提供技术策略。

5.8.1 材料和方法

1. 污泥性质

研究收集中国不同地区的 8 个污水处理厂剩余污泥（WWTP1-8，市政污水＋传统生物处理工艺）。厂区所处位置与相关污泥参数见表 5-20，污水处理厂进水水质等参数见表 5-21，剩余污泥通过 0.15 μm 分子筛浓缩过滤并储存于 4 ℃冰箱备用。

不同絮凝剂剩余污泥的位置和特性　　　　　　　　　　表 5-20

污水处理厂	地区	工艺及地点	MLSS	MLVSS	MLVSS/MLSS
1	东北	AAO/SBR,辽宁葫芦岛	30.0±0.1	13.4±0.3	44.6%
2	华北	SBR,河北定州	24.0±0.2	10.9±0.4	45.5%
3	华东	AAO,山东临沂	14.9±0.4	8.7±0.5	57.9%
4	华中	AAO,河南安阳	27.4±3.1	14.1±1.2	51.5%
5	华南	AAO,广东深圳	32.9±0.01	15.9±0.01	48.2%

续表

污水处理厂	地区	工艺及地点	MLSS	MLVSS	MLVSS/MLSS
6	西南	AAO,四川富顺	64.4±0.1	13.4±0.6	20.9%
7	华东	AAO,浙江海宁	34.9±0.01	14.4±0.4	40.2%
8	北京	AAO,北京高碑店	28.1±0.8	15.1±0.9	53.6%

不同污水处理厂进水水质和深度处理工艺　　　　　表 5-21

WWTPs	Process	TCOD (mg/L)	SCOD (mg/L)	TN (mgN/L)	NH$_4^+$ (mgN/L)	TP (mgP/L)	PO$_4^{3-}$
1	AAO/SBR	115.9±8.6	53.2±1.2	36.4±3.6	29.5±0.2	2.8±0.0	2.37±0.0
2	SBR	315.1±3.9	88.4±3.6	65.6±0.1	49.5±0.1	5.3±0.0	4.06±0.1
3[1]	AAO	345.3±5.1	95.5±2.1	38.7±1.7	19.3±0.1	4.7±0.2	1.72±0.0
4	AAO	78.1±15.9	28.5±8.5	20.5±1.4	16.0±0.3	1.6±0.1	1.74±0.0
5	AAO	191.8±18.6	79.9±0.7	48.8±0.2	33.1±0.4	3.6±0.1	3.27±0.1
6	AAO	186.3±15.8	88.1±30.3	40.4±1.6	27.6±0.2	3.3±0.1	2.42±0.0
7	AAO	108.4±2.8	27.7±0.2	21.7±0.9	15.8±2.7	1.5±0.0	1.76±0.4
8	AAO	195.5±1.5	58.5±2.8	40.7±2.2	35.4±1.4	3.5±0.3	NA[2]

注:[1] 城市废水:工业废水＝1:1;[2]NA 为未分析。

2. 提取方法

参考 Felz 等 ALE 的提取方法。将清洗并离心的污泥样品放入锡纸包裹的烧杯中,加 Na$_2$CO$_3$ 和纯水至总体积为 400 mL,并保证 Na$_2$CO$_3$ 浓度为 0.5%(w/v),混合液 MLSS 为 30 g/L。然后将烧杯置于水浴锅中,80 ℃条件水浴 35 min,4000 g 和 4 ℃恒温离心 20 min。上清液用 1 mol/L HCl 调整 pH=2.2,再次在 4000 g 和 4 ℃恒温离心 20 min。凝胶颗粒利用 1 mol/L NaOH 调节 pH=8.5 重新溶解。溶解溶液利用 3.5 kDa 透析袋透析 24 h。透析溶液−50 ℃冷冻后置于真空冷冻干燥机实现冷干。在本节对 8 个污水处理厂剩余污泥提取胞外聚合物分别标记为 ALE-1~8。

3. 分析方法

（1）化学分析

多糖测定基于 Dubois 提出的苯酚-硫酸法,标准物采用 D-葡萄糖。ALE 是作为 EPS 主要高聚物结构,选择市售藻酸盐（从褐藻中提取）作为标准物,同样采用苯酚-硫酸法测定 EPS 的藻酸盐当量。蛋白质采用 Lorry 法,以牛血清白蛋白为标准品。按 APHA 方法测定 TS、VS、MLSS、MLVSS 和 pH。使用 TOC 仪（Vario 总有机碳分析仪,瑞士 DKSH 公司）测定总有机碳。

将 ALE 进行分区,包括一系列由甘露糖醛酸（M）和聚合糖醛酸（G）聚合形成的不同排列区块,不同比例的 GG、MG 和 MM 区块主要利用部分酸解法分离鉴定,同时利用 2.5%(w/v)的 CaCl$_2$ 溶液测试聚合物凝胶特性。

采用单因素方差分析评价不同污水处理厂样品间的差异,基于重复实验数据，显著性水平为95％。

（2）光谱分析

聚合物其他特性采用 Agilent Cary 5000 紫外-可见光分光光度计，测定其在 200～800 nm（步长 1.0 nm）的吸光度变化。254 nm 和 260 nm 分别得到 SUVA254 和 SUVA260，数值进一步标准化为样品单位质量（TOC）吸光度值。E_2/E_3、E_2/E_4 和 E_4/E_6 分别为 250 nm 和 365 nm 处，240 nm 和 420 nm 处和 465 nm 和 665 nm 处吸光度比值。其中，SUVA254 与物质的芳香性呈正相关，而 E_2/E_3、E_2/E_4 和 E_4/E_6 等指标与腐殖化程度、分子量大小和缩合度负相关；SUVA260 与物质的疏水性正相关。

利用 FT-IR 光谱仪对聚合物官能团鉴定，能评估部分特殊化学结构和官能团。研究中也测定了市售藻酸盐光谱图像以此作为标准物，通过 FT-IR 软件评价提取藻酸盐与其的相似度。采用 EEM 光谱法对 EPS 聚合物包含的荧光化合物鉴定，激发波长从 200 nm 改变到 500 nm，步长 5 nm；发射波长为 220～550 nm，并以 1 nm 增量采集光谱；测量扫描速度设置为 1200 nm/min。以纯水光谱作为空白，利用 Matlab 软件对 3D-EEM 数据统计分析。

5.8.2　结果与讨论

1. 提取潜力

不同污水处理厂剩余污泥（WWTP 1-8）提取聚合物产量如图 5-38 所示。WWTP-3 提取聚合物产量最低（92.9±3.3 mg/g VSS），是 WWTP-1 产量的一半（最高达到 187.9±12.3 mg/g VSS），整体上聚合物提取量范围为 90～190 mg/g VSS（9％～19％ VSS）。该研究结果与之前研究相同方法提取高聚物产量结果相当，如市政污泥提取量 187±94 mg ALE/g VSS；丙酸作为单一碳源污水提取量 100～150 mg ALE/gVSS；好氧活性污泥提取量 72±6 mg ALE/g VSS。虽然与以乙酸钠为碳源培养的颗粒污泥提取量存在一定差距 [(31±1.6)％ SS]，但与混合废水（约 25％的屠宰场与市政污水）培养的颗

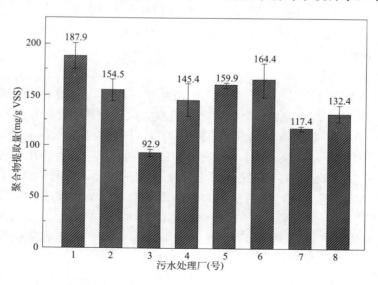

图 5-38　不同污水处理厂剩余污泥提取聚合物产量

粒污泥相比，差异明显缩小。综上，结果显示从活性污泥提取回收胞外聚合物在提取量上具有与 AGS 可媲美的潜力。

2. 高聚物性质

(1) 藻酸盐当量

ALE 是提取高聚物的主要结构，直接决定了回收物质的应用功能和前景。选择市售藻酸盐作为评价聚合物中藻酸盐当量标准物，实验结果如图 5-39 所示。其中，ALE-3 和 ALE-8 的藻酸盐当量最高，达到 525 mg/g ALE；而 ALE-6 藻酸盐当量最低，仅约 420.4 ± 5.7 mg/g ALE。结果显示活性污泥中 ALE 的藻酸盐当量（42%～52%）与 AGS 提取 ALE（48%～53%）含量相近。

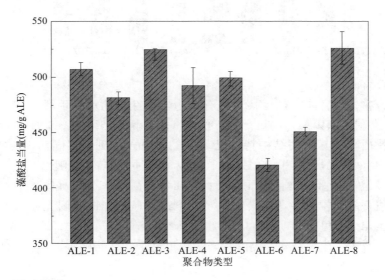

图 5-39　高聚物中藻酸盐当量（以市售藻酸盐为标准物）

(2) 凝胶特性

ALE 聚合物包含 GG、MG 和 MM 3 种不同类型区块，这些区块随机组合分布形成高聚分子，不同的成分和结构具有特殊性质，其中凝胶特性是 ALE 物质应用的重要表征。3 个区块含量、分布及长度决定了 ALE 聚合物的理化性质。GG 区块对二价金属离子的亲和力强于其他，这意味着 3 种区块的凝胶特性排序：MM≤MG≤GG。

实验通过测定高聚物中甘露糖醛酸（M）和聚合糖醛酸（G）含量来评估聚合物的凝胶特性，结果如图 5-40 所示。聚合物 GG 区块含量为 20%～30%，MG 区块为 8%～28%，区块整体回收率达到 40%～60%。富含 GG 区块的 ALE 絮体更利于污泥形成紧密立体凝胶结构。这些结果也与对藻酸盐当量分析结果一致，同样表明了 ALE 是聚合物的重要组成结构。

进一步分析聚合物单体 G：M，不同污泥比值相近，均为 2.0～3.5。钙凝胶测试实验表明，不同聚合物的 Ca^{2+}-ALE 结构均表现出良好的稳定性，这意味着高聚物中存在与金属离子凝聚的物质，这类似于藻酸盐凝胶特性。

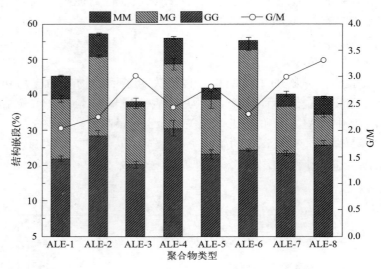

图 5-40 高聚
物的不同区块
含量

（3）官能团

聚合物化学官能团是反映其中有机物化学性质的重要手段，其也可以评估 ALE 替代市售藻酸盐的可行性。化学官能团测定结果如图 5-41 所示，主要官能团特征峰及其所属结构特性见表 5-22。可以看到，不同污泥 EPS/ALE 主要结构有所差异，其中 ALE-3、4、7 为多糖主导结构；相比之下，ALE-2、5、6 和 8 含有较多的类蛋白质物质。以市售藻酸盐作为标准物，通过 FT-IR 软件评估官能团相似性，结果见表 5-23。结果显示光谱之间无显著差异，化学官能团相似度可达 60%～83%。

综上所述，化学结构和藻酸盐当量结果显示活性污泥提取 ALE 具有与市售藻酸盐相似特性。

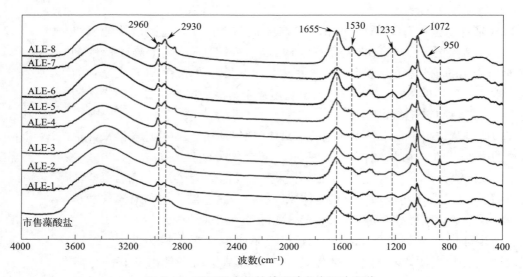

图 5-41 不同聚合物的傅里叶变换红外光谱

不同胞外生物聚合物 FT-IR 光谱特征（cm^{-1}）对应官能团　表 5-22

波数(cm^{-1})	振动类型	对应官能团
950	O-P-O 伸缩	核酸
1072	C-H 面内弯曲	多糖
1233	C-N 伸缩,C-OH 伸缩	酰胺Ⅲ,多糖
1393	-CH$_3$ 内 C-H 伸缩	酰胺,脂质
1450	CH$_3$ 弯曲,CH$_2$ 伸缩	甲基,亚甲基
1530	C-H 伸缩,N-H 弯曲	酰胺Ⅱ
1655	C=O 伸缩	酰胺Ⅰ
2930	C-H 伸缩(CH$_2$)	碳水化合物,脂质
2960	C-H 伸缩(CH$_3$)	碳水化合物,脂质

通过 FT-IR 光谱软件定量分析不同聚合物间官能团相似性　表 5-23

类型	ALE-1	ALE-2	ALE-3	ALE-4	ALE-5	ALE-6	ALE-7	ALE-8
相似性	82.9%	79.5%	65.9%	71.8%	76.1%	64.3%	80.6%	62.0%

3. 组分特征

（1）蛋白质和多糖

如前所述，聚合物中含有多种复杂有机物，如多糖、蛋白质、腐殖质等。这些物质相互组合交织形成独特的空间结构。因此需要进一步表征聚合物组分，以鉴定聚合物特性。如图 5-42 所示，ALE-8 中胞外多糖（polysaccharide，PS）含量最低，约为 75.1 ± 8.8 mg/g ALE，而 ALE-1 中 PS 含量最高，达到 130.6 ± 3.0 mg/g ALE；其他聚合物 PS 含量范围为 105~120 mg/g ALE。胞外蛋白质（protein，PN）含量也如图 5-42 所示，PN 在不同聚合物之间存在显著差异。综合上述 FT-IR 光谱结果（图 5-41），PS 和 PN 分析与多糖和蛋白质对应官能团特征峰一致。这些结果表明，不同的环境或运行参数（如进水基质、温度、固体停留时间等）可能对活性污泥聚合物组成存在显著影响。

PN 和 PS 具有的不同结构和组分导致聚合物具有不同化学性质和功能。前期研究验证了 PN 与 PS 比例（PN/PS）是评价有机物组成和性质的重要因素。好氧颗粒污泥提取 EPS 的 PN/PS 约为 3.3，而厌氧颗粒污泥 PN/PS 约为 4.2。这些值均高于活性污泥测定值（1.6）和生物膜（1.2）。较高的 PN/PS 意味着胞外蛋白质物质较多，这对污泥颗粒化和维持稳定性具有重要意义。本研究也同样分析了 PN/PS，其结果如图 5-42 所示。ALE-8 的 PN/PS 最高，接近 4.5；ALE-3 为 1.9，其他 ALE 的 PN/PS 比在 3.0~4.5 之间。该结果明显高于文献研究活性污泥中 EPS 的比例，且接近 AGS 提取 ALE 比例。较高的 PN/PS 可能与提取方法有关，ALE 的提取方法其目的是溶解结构性 EPS，而以往提取方法为保护细胞不被破坏，并未真正溶解所有 EPS。总而言之，这些结果为评价活性污泥聚合物并将其与 AGS 的 ALE 组分特征和性质比较方面提供了重要理解。

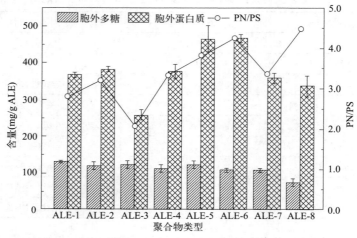

图 5-42 聚合物胞外多糖 (PS) 和蛋白质 (PN) 含量及其比例

（2）总有机碳（TOC）

前期研究显示 AGS 提取的 ALE 不仅含有有机成分，还存在 5%～20%无机成分（主要取决于不同的提取方法）。总有机碳（Total organic carbon，TOC）（包括 PS、PN、腐殖质、脂类等有机物）可以间接表征聚合物有机物含量。因此，采用 TOC 评价聚合物的有机物量和灰分含量，结果如图 5-43 所示。ALE-3 的 TOC 相对较低，仅为 279.4±16.7 mg C/g ALE，这与 PN 和 PS 的低含量相一致。ALE-6 的 TOC 也较低（350.0±5.6 mg C/g ALE），但 PS 和 PN 总和高达 57.7%。ALE-4 的 TOC 处于最高水平（533.0±19.2 mg C/g ALE），但 PS 和 PN 含量并非最高（仅为 48.8%）。推测认为 ALE-6 含有更多有机物，包括 PS 和 PN，而 ALE-4 存在更多腐殖质及除 PS 和 PN 以外的其他有机物。

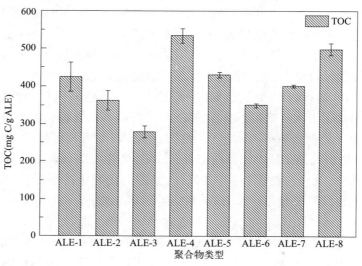

图 5-43 聚合物总有机碳 (TOC) 含量

4. 光谱特性

（1）紫外-可见光谱

紫外-可见光谱特殊波长与被测物质的腐殖化程度、脂肪族和芳香族化合物不饱和度等密切相关，反映聚合物化学结构稳定性。如图 5-44 所示，根据前述光谱分析评价方法，不同污泥提取聚合物间差异比较明显。①腐殖化程度分析表明，ALE-4 含有更稳定的高分子化合物，整体表现出更高的腐殖度和缩合度。而其他聚合物相关指数 $E_2/E_3=4.5\sim5.0$、$E_4/E_6\approx6.0$ 和 $E_2/E_4>5.8$，表明其中脂肪族化合物含量相对较高。②不饱和芳香烃分析结果表明，ALE-1 和 ALE-3 存在较多的芳香族化合物，不饱和度较高；而 ALE-8 仅有较少的芳香族化合物。③疏水性评价结果表明，ALE-1 疏水性组分比例较高，其次为 ALE-3、ALE-4 和 ALE-5、ALE-8，疏水性差与凝胶的高水合溶解度和不稳定性密切相关。

综上所述，ALE-4 腐殖化程度最高、形态最稳定。而 ALE-1，ALE-2，ALE-7 和 ALE-8 分别表现出不同的腐殖化或芳香化结构，但彼此间无显著差异。这些结果都证明了不同参数（如进水水质和运行条件）均可能会改变聚合物产量及组成，也会对其理化结构产生一定程度影响。

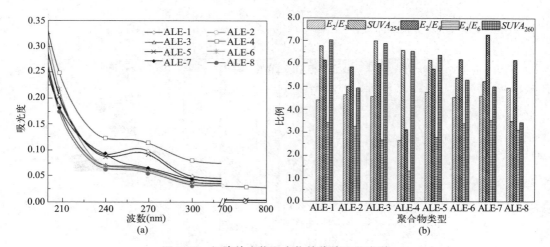

图 5-44 细胞外生物聚合物的紫外可见光谱

（2）3D-EEM 光谱

利用三维荧光光谱（Three-dimensional excitation-emission matrix，3D-EEM）进一步表征聚合物组成，结果如图 5-45 所示。根据对应激发（Ex）和发射（Em）波长，将荧光区域划分为 Flu Ⅰ～ Flu Ⅴ。其中 Flu Ⅰ 和 Flu Ⅱ代表芳香类蛋白质（芳香蛋白Ⅰ和Ⅱ）。Flu Ⅳ代表溶解性微生物代谢产物（SMPs）。Flu Ⅲ 和 Flu Ⅴ包括黄腐酸和腐殖酸类有机物。结果显示 ALE-2～8 在 Flu Ⅳ 有突出的荧光峰值，表明该聚合物含有更多的 SMPs；而 ALE-1 中 SMPs 较少，这也与上述 ALE-1 中相对较高的藻酸盐当量结果相一致。ALE-4 在 Flu Ⅲ 和 Flu Ⅴ处也存在明显的荧光峰值，说明其含有较高的黄腐酸和腐殖酸类物质，这也解释了 TOC（有机质）含量较高，但非多糖蛋白质物质的原因。同时荧光密度的定量分析结果如图 5-46 所示，不同聚合物含有的主要荧光物质不同，这也意味着聚合物化学性质各异。

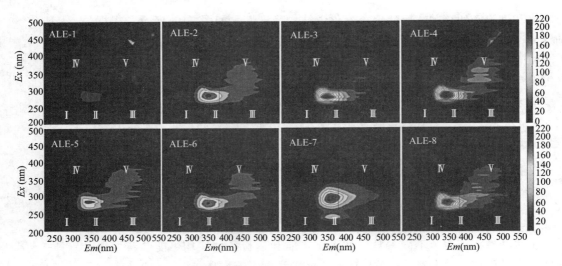

图 5-45　聚合物的三维激发-发射矩阵（3D-EEM）

（激发波长从 200 nm 改变到 500 nm，增量为 5 nm；发射波长为 220～550 nm，
并以 1 nm 增量采集光谱；测量扫描速度设置为 1200 nm/min）

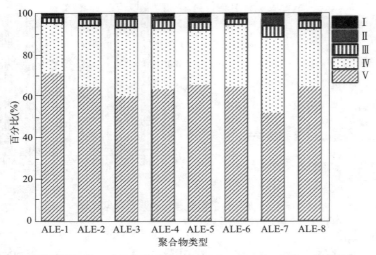

图 5-46　细胞外生物聚合物三维激发发射矩阵（3D-EEM）的定量分析

5.8.3　相关影响因素分析

上述分析证实了活性污泥提取高聚物作为市售藻酸盐替代品也极具潜力，但结果也显示不同污水处理厂活性污泥提取聚合物产量及其理化性质与 AGS 相比仍存在一定差异。因此，有必要进一步分析导致差异影响因素，包括进水基质、营养物含量和微生物群落，以了解聚合物形成的相关机理。

1. 进水有机质（COD）

如表 5-21 和图 5-46 所示，不同污水处理厂进水 SCOD/TCOD 不同（$p <$ 0.05）。其中 WWTP-3 进水存在 50% 的工业废水，SCOD/TCOD 较低（约 27.7%）。而 WWTP-3 污泥提取高聚物含量最低，仅为 92.9±3.3 mg/g

VSS。WWTP-7 也可以看到同样现象，进水 SCOD/TCOD 为 25.2%，同样导致高聚物产量相对较低（115.3 mg/g VSS）。而 WWTP-1 污泥高聚物产量最高，达到 187.9 mg/g VSS，对应进水 SCOD/TCOD（45.9%）也最高。据此可以推测进水中可溶性有机物（SCOD）含量一定程度上影响了高聚物的生成，表现为随溶解态有机物（SCOD）升高，高聚物产量会有所增加。其可能的原因是，高可溶性有机物可以加速微生物代谢过程，促进分泌更多的代谢产物，其主要构成了胞外聚合物。Yang 也认为有机负荷与聚合物形成有关，增加可溶性有机物会刺激颗粒污泥分泌更多环二鸟苷酸（c-di-GMP，一种促进颗粒污泥形成的物质，调节纤维素形成的信使分子），促进进一步分泌聚合物。此外，Peng 也认为进水 COD 增加会导致 EPS 中多糖含量的降低。但WWTP-2 出现例外，进水 SCOD/TCOD 低至 28.1%，但其高聚物提取量高达 154.5 mg/g VSS。这预示着进水水质参数除有机物成分外，可能还存在其他影响因素。

此外，ALE-4 腐殖化程度高可能是由于 WWTP-4 的进水 COD 浓度低，而 SRT 较长，这种长期低负荷运行会导致污泥细胞内源代谢严重，胞外聚合物腐殖化程度加深；最终表现为高聚物中出现较高比例的溶解态微生物代谢产物、富里酸以及腐殖酸等物质。

2. 营养物质（C/N/P）

较多研究指出，EPS 产量很大程度上取决于进水营养物负荷（C/N/P）。为此，我们进一步分析聚合物产量与进水 C/N（$p < 0.05$）和 C/P（$p < 0.05$）的线性关系，结果如图 5-47 所示。

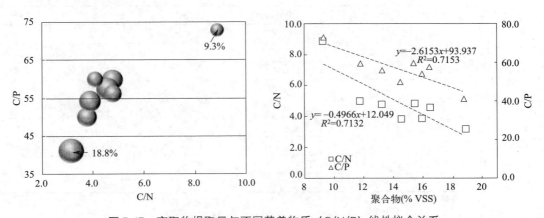

图 5-47　高聚物提取量与不同营养物质（C/N/P）线性拟合关系

随着 C/N 或 C/P 降低，聚合物提取量逐渐增加，C/N 和 C/P 与高聚物产量负相关系数分别为 $R^2 = 0.71$ 和 $R^2 = 0.72$。其几种可能的解释：①外部不利环境（低 C/N 或 C/P，高 N&P 负荷）导致细菌代谢活性低，促进更多聚合物分泌，包括作为保护层的胞外酶；②细胞分裂和自溶也会释放胞内物质，从而增加胞外聚合物中 PS 和 PN 含量。简而言之，可以推测减少碳源或增加进水中的营养物质（N 或 P）（较低的 C/N/P 比例）能够促进絮体聚合物形成。

此外，一些研究表明 C/N＞20 将会导致多糖增加，表现为胞外聚合物产量增加，这是因为过量碳源不能被微生物充分利用转化，堆积后导致多糖含量增加。这也可能是高 SCOD 对应的高 C/N 促进聚合物生成。而当碳源过量（C/N＞40）时，存在细胞增殖和生长所需的 N、P 元素缺乏的非正常状态。此时，胞外聚合物可能作为氮源、磷源被内源消耗，表现产量反而降低。更多关于 C/N/P 与高聚物关系及其机理需要更深入的研究。

3. 微生物群落

高聚物是由活性污泥微生物群落产生的，微生物丰度和活性可在调节和生成高聚物方面发挥关键作用。为此，将污泥微生物进行种属鉴定，以分析细菌多样性及其丰度信息，从而探究微生物与高聚物产量和性质之间的关系。

细菌的多样性和丰度及线性相关系数（R^2）列于表 5-24。显然，高聚物提取与细菌丰度呈负相关（Ace 指数，$R^2=0.30$），与多样性丰度指数呈负相关（Shannon，$R^2=0.24$），与多样性中细菌均匀性基本不相关（Simpson 指数，$R^2=0.03$）。这些结果表明，优势物种和较高细菌丰度会减少高聚物生成，这可能是由于纯菌菌株富集可以得到相对较高的预期高聚物产量。但也有研究表明，不同微生物间的协同作用，可以提高底物的利用效率，从而促进高聚物生成。这种差异可能是不同微生物分泌某些特殊酶，可以帮助其他微生物在复杂环境中获得足够营养需求，从而增加胞外物质生成。但关于优势物种和微生物群落丰度对高聚物生成的影响，目前还没有明确的结论。

细菌的多样性和丰度与线性相关系数　　　　　　　　　表 5-24

WWTPs	Shannon	Simpson	Ace	Chao	Coverage
1	6.17	0.0053	2624.5	2622.6	0.9892
2	6.20	0.0058	2809.4	2803.9	0.9885
3	6.42	0.0047	2898.7	2895.8	0.9897
4	5.77	0.0085	2344.1	2363.0	0.9913
5	5.77	0.0123	2168.8	2221.0	0.9917
6	6.24	0.0050	2758.3	2755.5	0.9883
7	6.11	0.0083	2719.6	2731.5	0.9875
8	5.84	0.0089	2354.1	2360.1	0.9905
R^2	−0.24	0.03	−0.30	−0.31	—

（1）门水平

为更好地了解不同污水处理厂活性污泥中菌群结构特征，利用 RDP Classifier 对各样品有效序列进行了从门到属物种注释。不同污泥门水平微生物相对丰度结果见图 5-48。微生物门水平与高聚物提取量的相关系数（R^2）见表 5-25。图 5-48 结果显示变形菌门 *Proteobacteria*，绿弯菌门 *Chloroflexi*，拟杆菌门 *Bacteroidetes* 和浮霉菌门 *Planctomycetes* 处于较高水平，各菌门占比介于 10%～30%。如表 5-25 所示，变形菌门 *Proteobacteria*、拟杆菌门 *Bacteroidetes* 和绿弯菌门 *Chloroflexi* 丰度与高聚物产量相关。WWTP-3 中变

形菌门 *Proteobacteria* 和拟杆菌门 *Bacteroidetes* 丰度最低，分别为 19.0％和 13.4％，其中绿弯菌门 *Chloroflexi* 丰度最高（24.0％），但其污泥高聚物提取量较低（92.9±3.3 mg/g VSS）。相同趋势也发生在 WWTP-7。此外，WWTP-1 变形菌门 *Proteobacteria* 和绿弯菌门 *Chloroflexi* 丰度分别为 27.9％（最高）和 13.2％（最低），但高聚物提取量最高，达到 187.9±12.3 mg/g VSS。研究可以确认变形菌门 *Proteobacteria* 和绿弯菌门 *Chloroflexi* 在聚合物的生成过程发挥着关键作用，这些结论也与往期研究结论吻合。

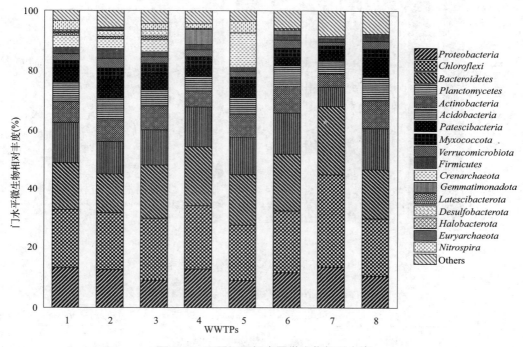

图 5-48　不同污泥门水平微生物相对丰度

不同细菌门水平（Phylum level）与实际高聚物提取量之间相关系数 R^2 列于表 5-25。厚壁菌门 *Firmicutes*、黏菌门 *Myxococcota*、拟杆菌门 *Bacteroidetes* 和硝化螺旋菌门 *Nitrospira* 呈正相关（$R^2 > 0.5$），而迟杆菌门 *Latescibacterota*、绿弯菌门 *Chloroflexi* 和河床菌门 *Zixibacteria* 呈显著负相关（$R^2 < -0.6$）。由此可见，不同门水平微生物对高聚物形成具有重要影响。

微生物门水平与 ALE 提取量之间的相关系数（R^2）　　　　表 5-25

门水平	R^2	门水平	R^2	门水平	R^2
Firmicutes	0.76	*Crenarchaeota*	0.21	*Halobacterota*	−0.34
Myxococcota	0.66	*Gemmatimonadota*	0.11	*Patescibacteria*	−0.53
Bacteroidetes	0.58	*Acidobacteria*	0.08	*Zixibacteria*	−0.64
Nitrospira	0.54	*Planctomycetes*	−0.03	*Chloroflexi*	−0.67
Proteobacteria	0.41	*Verrucomicrobiota*	−0.06	*Latescibacterota*	−0.76
Actinobacteria	0.34	*Desulfobacterota*	−0.10		

（2）属水平

图 5-49 显示了属水平微生物的相对丰度。表 5-26 分析了属水平微生物与高聚物提取量之间的关系。可以看到，不同微生物种属存在显著影响，这是因为高聚物直接来源于微生物细胞分泌，与细菌代谢息息相关。

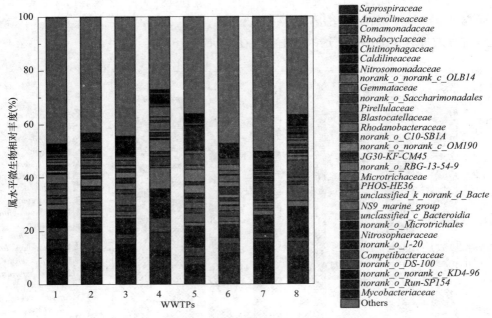

图 5-49　不同污泥属水平微生物相对丰度

不同微生物属水平与高聚物提取量关系　　　　　　　　　表 5-26

属		Saprospiraceae	Anaerolineaceae	Comamonadaceae	Rhodocyclaceae	Chitinophagaceae	Nitrosomonadaceae
	1	11.58%	1.90%	3.55%	4.48%	2.56%	2.43%
	2	5.83%	2.52%	3.99%	7.11%	1.25%	2.77%
	3	7.05%	8.00%	2.11%	1.81%	1.80%	1.28%
	4	10.87%	2.01%	6.63%	5.27%	5.33%	2.68%
WWTPs	5	4.35%	3.23%	3.04%	3.32%	4.12%	1.94%
	6	9.32%	2.58%	3.30%	2.30%	1.13%	2.53%
	7	2.23%	13.68%	1.14%	2.24%	0.80%	2.75%
	8	6.11%	4.49%	5.34%	1.65%	4.07%	1.72%
		0.50	−0.73	0.31	0.49	0.15	0.50

注：细菌主要功能，Saprospiraceae：反硝化、降解蛋白质；Anaerolineaceae：反硝化，通过发酵分解碳水化合物；Comamonadaceae：产生动胶菌膜，细胞团增长减少；Rhodocyclaceae、及 Chitinophagaceae：脱氮；Nitrosomonadaceae：亚硝化/将有机氮转化为硝酸盐。

高聚物形成和特征因不同细菌之间协同作用而变化，而不仅仅取决于特定细菌。单一微生物的较高相关系数（0.73）意味着对高聚物形成有显著影响，而较低系数（如 0.31 和 0.15）意味着影响较小。Saprospiraceae（主要在 BNR 过程中起反硝化作用）与高聚物产量结果呈正相关（$R^2 = 0.50$）。在 WWTP-3 中 *Saprospiraceae* 属丰度相对较低（6.6%），而高聚物提取量也处于最低水平，同时蛋白质含量较低，仅为 258.2 ± 15.3 mg/g ALE。类似的 WWTP-1 和 WWTP-6 也表现为 *Saprospiraceae* 属丰度越高，高聚物提取量越高。Xia 指出 *Saprospiraceae* 属在絮体基质中分泌相关酶（胞外蛋白质）完成有机物降解，这就导致胞外蛋白质含量增加。*Anaerolineaceae* 属与高聚物提取量表现较强的负相关（$R^2 = 0.73$）。Narihiro 认为 *Anaerolineaceae* 属对系统内碳水化合物酸化和分解具有决定性作用，他们可以促进大分子转化为细菌更易吸收和利用的小分子。这就导致胞外多糖也会被 *Anaerolineaceae* 属降解进而导致胞外高聚物产量下降。高聚物产量也与 *Comamonadaceae* 属呈正相关（$R^2 = 0.31$），他们主要属于 PAOs 菌属，他们与菌胶团物质产生有关。WWTP-3 和 WWTP-7 的 *Comamonadaceae* 属丰度较低（<2%），导致菌胶团物质生成不足，也就意味着高聚物产量较低。硝化菌属 *Nitrosomonadaceae* 也与高聚物产量呈显著正相关（$R^2 = 0.50$），其他未述及的菌属也存在很多相关性或无关种属，在此不再赘述。

总之，分析结果证实，细菌种属对 ALE 产生具有决定性作用。换言之，无论是进水参数还是运行工况最终均表现为对处理过程主角——细菌的影响，其最终结果是导致 ALE 产量出现差异。

5.8.4 结语

从不同活性污泥提取胞外聚合物，并对其产量和纯度进行了分析，深入评价了聚合物组成及其理化性质，并厘清聚合物形成的相关影响因素及其机理。根据实验研究结果，主要结论如下：

（1）8 个污水处理厂剩余污泥中提取高聚物/ALE 含量达到 90～190 mg/g VSS，与好氧颗粒污泥 ALE 提取量下限相当；

（2）对活性污泥 ALE 提取物成分分析显示，它们与市售藻酸盐在化学结构上存在大于 60% 的相似度；

（3）藻酸盐当量大于 400 mg/g ALE，含量介于 40%～60% 的甘露糖醛酸（M）和聚合糖醛酸（G）区块及其良好的水凝胶特性，意味着从剩余污泥提取的高聚物具有作为市售藻酸盐替代品之潜力；

（4）对这 8 个污水处理厂活性污泥高聚物组分分析表明，它们的主要成分为多糖、蛋白质和腐殖酸等，但不同污泥提取物组分相对含量不尽相同，亦表现出不同的化学性质差异；

（5）进水负荷与营养基质都会对活性污泥藻酸盐生成产生影响，这主要与物质降解和细胞新陈代谢有关。

总之，从活性污泥提取/回收胞外聚合物也被确认为现有化学材料的可持续替代品。但其产量低至 9%～19%。因此，通过调整进水条件、优化运行参数和提取工艺等策略，对提高活性污泥高聚物的形成和提取具有重要意义。为保证污水处理厂正常运行和处理出水达标，通过富集生物去除过程中的优势菌属以最大限度提高聚合物产量也是可供参考的有效策略。

5.9　活性污泥中类藻酸盐物质形成与控制

作为污水处理系统中复杂的高聚合物，类藻酸盐（ALE）和硫酸盐多糖等生物聚合物已被认定为具有高附加值生物原料。许多研究阐明，这些生物原料作为生物吸附剂具有去除重金属和有毒有机化合物的潜力。此外，其与 $Fe_2(SO_4)_3$ 结合也可应用于饮用水源水处理。因生物可降解性、无毒性和高效性，这些物质被认为是传统化学材料的潜在替代品。

以往研究对 ALE 结构和性能评估表明，其可广泛应用于食品、造纸、纺织、医疗、建筑等行业，甚至可应用于农业和畜牧业。Lin 等和 Kim 等证实，从好氧颗粒污泥（AGS）中提取的 ALE 可以作为表面防火涂层材料的替代品。当前对污泥生物聚合物的回收焦点主要集中于 AGS 提取 ALE。在荷兰 Zutphen 示范污水处理厂，提取 AGS 生物聚合物的投产规模进一步扩大。最新研究显示，絮状污泥提取 ALE 与市售藻酸盐化学结构相似度高达 60%，藻酸盐当量也超过 400 mg/g ALE［40%～60%的甘露糖醛酸（M）和谷氨酰胺（G）区块］；此外，ALE 具有良好的凝胶特性。这些结果意味着絮状污泥 ALE 也有可能成为市售藻酸盐的潜在替代品。但絮状污泥 ALE 提取量较低（90～190 mg/g VSS），这只相当于 AGS 提取 ALE 量的最低值（200～350 mg/g VSS）。而实际污水处理厂中与 AGS 相比，剩余絮状污泥产生量巨大。关于活性污泥回收胞外聚合物研究相对较少，其大多集中于鉴别和评估 EPS 在污染物去除和污泥处理处置环节的角色，在很大程度上忽略了活性污泥 EPS 的经济价值。

因此，试图增加絮状污泥中 ALE 生成，对实现高值生物材料回收与应用显得非常重要。EPS/ALE 的生成通常与基质浓度和运行工况相关，如进水底物、有机负荷、溶解氧（DO）、温度、pH、污泥龄（SRT）等。这些因素一方面影响基质的去除/利用率，同时也相应改变 ALE 的生成和聚合。例如，高 DO 可以促进微生物的新陈代谢，进而促进 EPS 生成。温度和 pH 也会直接影响细胞代谢过程，对应改变 EPS 产生和组成。此外，在氧气限制或耗竭条件下，污泥絮体解体，导致 EPS 物质被水解酸化而消耗或转化。而不同 SRT 系统中优势菌属的变化也会影响 EPS 的合成。根据我们前期成果，增加进水可溶性有机物（SCOD）或降低氮、磷含量（C/N 和 C/P 比），也有利于 ALE 形成；而生物过程中不同细菌对 ALE 生成也会存在积极或消极影响。但活性污泥 ALE 形成的深层机理及最佳工况参数仍未可知。为实现高值生物材料回收，厘清 ALE 形成机制并进一步控制关键因素具有重大意义。

本研究在通过序批式生物反应器（SBRs）培养絮状污泥，采用不同碳源、有机负荷、进水基质（C/N）、温度和污泥龄（SRTs）。研究侧重关注 ALE 回收潜力、性质，进一步探究不同参数对 ALE 形成的影响机制。通过主成分分析（PCA）手段评估和判断控制活性污泥 ALE 形成的重要因素，并总结现实有效的优化 ALE 生成措施，实现污水处理厂可持续运行目标。

5.9.1 材料与方法

1. 污泥培养与收集

剩余污泥培养自实验室搭建的序批式反应器（SBRs），有效容积为 5.0 L。反应器每天设置 3 个周期，周期内保持好氧/缺氧交替，包括 4.5 h 好氧、2.5 h 厌氧和 1.0 h 沉淀。反应器静置沉淀后，排出约 2/3 上清液，并重新泵入人工配水。好氧阶段 DO 保持在 3.0～4.0 mg/L，反应器搅拌速度设定为 150 r/min。每日在好氧阶段结束前 5 min，排出一定体积的混合液，保持系统 $SRT=15$ d。

2. 实验设置

以不同的进水水质和运行参数培养不同絮状污泥，分别为Ⅰ～Ⅴ，具体参数列于表 5-27。每组分别为碳源（葡萄糖、淀粉和乙酸钠）、有机负荷 [$L=0.20$ kg BOD$_5$/(kg MLSS・d)、0.36 kg BOD$_5$/(kg MLSS・d) 和 0.50 kg BOD$_5$/(kg MLSS・d)]、进水基质（C/N=3.0、5.0 和 7.0）、温度（$T=12$ ℃、18 ℃ 和 24 ℃）和污泥龄（$SRT=10$ d、15 d 和 20 d）。后组设计参数参考前组最佳值。其他进水基质和微量元素见表 5-28。每组设置两组平行反应器。

不同 SBRs 培养絮状污泥进水基质和运行参数　　　　　　　表 5-27

组别	COD (mg/L)	NH$_4$Cl (mg N/L)	KH$_2$PO$_4$ (mg P/L)	碳源	有机负荷[1]	C/N[2]	T (℃)[3]	SRT (d)[4]
Ⅰ	500	25	5.0	葡萄糖 / 淀粉 / 乙酸钠	0.36	20	24	15
Ⅱ	400	20	4.0	乙酸钠	0.20	20	24	15
	700	35	7.0		0.36			
	1 000	50	10		0.50			
Ⅲ	150	50	5.0	乙酸钠	0.36	3.0	24	15
	250					5.0		
	350					7.0		
Ⅳ	500	25	5.0	乙酸钠	0.36	20	12	15
							18	
							24	
Ⅴ	500	25	5.0	乙酸钠	0.36	20	24	10
								15

注：[1] 有机负荷 (L)，kg BOD$_5$/(kg MLSS・d)；[2] C/N，BOD$_5$/TN；[3] T，温度；[4] SRT，固体停留时间。

生物反应器中的其他进水基质和微量元素　　　　　　　表 5-28

成分	单位(mg/L)	成分	单位(mg/L)
CaCl$_2$	200	KI	180
MgSO$_4$・7H$_2$O	320	CoCl$_2$・6H$_2$O	150

续表

成分	单位(mg/L)	成分	单位(mg/L)
$FeCl_3 \cdot 6H_2O$	1500	$CuSO_4 \cdot 5H_2O$	30
H_3BO_4	150	$MnCl_2 \cdot 4H_2O$	120
$Na_2MoO_4 \cdot 2H_2O$	60	EDTA	10000
$ZnSO_4 \cdot 7H_2O$	120	—	—

反应器运行过程对进出水 COD、N 和 P 进行测定，考察其去除效率，其结果列于表 5-29。COD、TN、NH_4^+-N、TP 和 PO_4^{3-}-P 的平均去除率可达到较高水平，分别为 88.6%～93.8%、70.4%～84.4%、96.0%～99.8%、79.2%～83.2%和 93.4%～97.6%。保持稳定运行 15 d 后开始收集剩余污泥样品，用 0.15 cm 过滤筛浓缩并储存于 4℃冰箱备用。

不同生物反应器的平均养分去除效率   表 5-29

SBRs 组	养分去除效率				
	COD	TN	NH_4^+-N	TP	PO_4^{3-}-P
组Ⅰ 碳源	89.9±0.9%	70.4±5.3%	98.8±1.8%	81.8±2.4%	93.4±1.0%
	90.8±0.2%	75.2±5.8%	96.4±4.9%	80.6±4.6%	91.6±1.8%
	90.2±0.6%	72.4±3.9%	99.2±1.7%	79.4±2.6%	93.2±1.6%
组Ⅱ 有机 负荷(L)	91.5±1.1%	78.0±1.2%	99.5±3.5%	78.8±2.3%	94.8±3.0%
	92.3±0.6%	76.0±6.2%	98.9±0.7%	81.1±1.1%	93.6±2.1%
	93.8±0.5%	82.0±2.8%	99.4±1.3%	82.8±1.2%	93.3±0.7%
组Ⅲ C/N	91.8±2.4%	77.4±1.1%	99.6±1.7%	83.2±3.0%	96.4±0.6%
	93.8±3.5%	80.4±2.0%	99.8±1.9%	79.2±1.4%	95.4±2.4%
	91.6±1.2%	74.2±2.9%	99.2±0.9%	79.4±0.6%	93.2±4.6%
组Ⅳ T	88.7±0.7%	82.4±4.2%	96.0±1.4%	81.0±1.0%	95.4±2.6%
	90.6±1.2%	78.4±1.4%	96.8±2.2%	79.2±1.8%	95.8±2.4%
	93.5±1.8%	78.8±4.9%	98.8±2.7%	82.0±2.4%	95.2±2.0%
组Ⅴ SRT	88.6±1.2%	76.8±6.1%	98.4±3.1%	80.2±2.0%	93.6±1.8%
	91.0±1.7%	75.4±5.8%	98.0±1.4%	83.0±1.8%	97.6±2.4%
	93.0±1.0%	81.6±5.4%	99.2±3.9%	81.0±0.6%	97.6±2.0%

3. ALE 提取方法

采用 Felz 等所述的碱性水热法提取 ALE。水浴加热混合液为污泥（g）：体积（mL）：Na_2CO_3（g）=1∶50∶0.25，80℃水浴加热 35 min。ALE 被溶解释放至溶液中，离心获得上清液，调节 pH 至 2.2 获得凝胶，进一步加入 NaOH 纯化。每种污泥样品至少提取两次。

4. 分析方法

根据 Dubois 等和 Lowry 等提出标准方法，多糖（PS）和蛋白质（PN）分析分别用苯酚-硫酸法（D-葡萄糖作为标准品）和 Lorry 法（牛血清白蛋白作为标准品）测定。选择市售藻酸盐（从褐藻中提取，黏度为 4-12 cP，H_2O 含量 1%）作为标准对照，同样用苯酚-硫酸法评估 ALE 物质中的藻酸盐当量。

官能团测定采用傅里叶变换红外光谱仪（FT-IR）分析。98 mg KBr＋2 mg 样品在 4000～400 cm^{-1} 的波数记录其谱图。市售藻酸盐图谱也作为标准，便于比对不同提取物 ALE 与市售藻酸盐的相似度。此外，三维荧光光谱法（3D-EEM）也被用来检测 ALE 中不同的荧光聚合物。三维荧光光谱（3D-EEM）以 200～500 nm 每 5 nm 一步作为激发波长，扫描范围为 220～550 nm（间隔 1.0 nm），利用 MatLab 软件分析处理数据。使用 Agilent Cary 5000 紫外可见-近红外分光光度计测定生物聚合物的腐殖化程度和芳香度。

测试 ALE 物质中甘露糖醛酸（M）和古罗糖醛酸（G）区块含量。通过部分酸解法分离测定。G∶M 是 G 和 M 的平均比例，它直接反映了物质凝胶特性。根据 Lin 等和 Felz 等研究，利用 2.5%（w/v）$CaCl_2$ 溶液测试物质形成水凝胶，评估 ALE 凝胶特性。

其他参数包括 COD、BOD_5、TN、NH_4-N、TP、PO_4-P、MLSS、MLVSS 和 pH 按照标准方法测定。

5. 统计学分析

不同有机负荷组别中，根据式(5-18)评价 ALE 的单位产量：

$$Y_{ALE/BOD_5} = \frac{E_{ALE}}{BOD_{5,Inf.} - BOD_{5,Eff.}} \tag{5-18}$$

式中　　　Y_{ALE/BOD_5}——ALE 的单位产量，即消耗单位有机物（BOD_5）获得的 ALE 产量；

E_{ALE}——ALE 的提取量；

$BOD_{5,Inf.}$、$BOD_{5,Eff.}$——分别为进水和出水的 BOD_5 浓度。

方差分析（ANOVA）用来评价不同参数条件提取 ALE 的差异度。此外，PCA 被应用于评估 ALE 产量和不同因素之间的联系，进而确定影响 ALE 的决定性因素。本研究中，确定两个主成分（PC1 和 PC2）绘制二维图形，简化其与 ALE 的关系。

5.9.2 结果与讨论

1. ALE 提取

不同污泥 ALE 提取量结果如图 5-50 所示。可以看到 ALE 提取量介于 120～300 mg/g VSS，这与前期研究提取实际絮状污泥 ALE 含量（90～190 mg/g VSS）基本相当，也与其他研究结果相似。因此，可以认为小试规模 SBRs 培养的絮状污泥，可以代表实际污水处理厂的剩余污泥。此外，图 5-50 结果显示，部分因素对絮状污泥 ALE 形成存在显著影响（$P<0.05$）。其中，淀粉碳源污泥 ALE 产量达到 220.3±7.9 mg/g VSS，远远高于葡萄糖和乙酸钠碳源的污泥。而低温（12 ℃）也有利于 ALE 的形成，达到 303.3±12.5 mg/g VSS。相比之下，不同有机负荷和 SRT 对 ALE 形成无明显影响（$P>0.05$）。

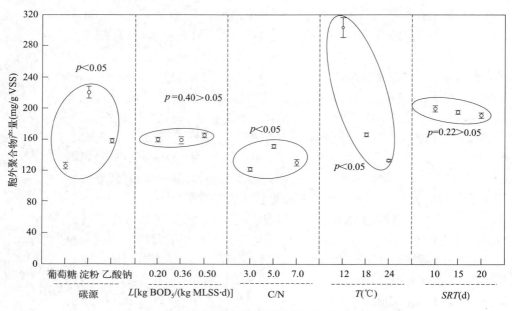

图 5-50 不同条件培养絮状污泥胞外聚合物 (ALE) 产量

2. 藻酸盐当量

ALE 是胞外聚合物的主要结构，是具有替代市售藻酸盐的高价值聚合物。藻酸盐当量是评价 ALE 纯度的重要参数，它代表了生物聚合物中物质纯度，其结果如图 5-51 所示。不同 ALE 的平均藻酸盐当量高达 550 mg/g ALE。而以淀粉为碳源，或 C/N=5.0，或 $T \geqslant 18$ ℃时，ALE 的藻酸盐当量达到最高水平（650 mg/g ALE）。

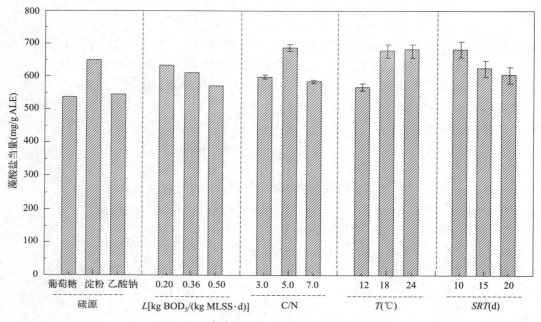

图 5-51 胞外聚合物 (ALE) 中藻酸盐当量

3. 组成成分

不同的成分测定结果如图 5-52 所示。蛋白质（PN）和多糖（PS）是 ALE 的主要成分，其含量分别为 300～470 mg/g ALE 和 100～230 mg/g ALE。除了以淀粉为碳源（PN/PS＝1.5）和温度为 24 ℃（PN/PS＝1.8）的絮状污泥外，PN 在 ALE 中富集明显，PN/PS 比值达 2.2～4.1。而不同 ALE 中的 DNA 含量在 10～23 mg/g ALE 范围内。

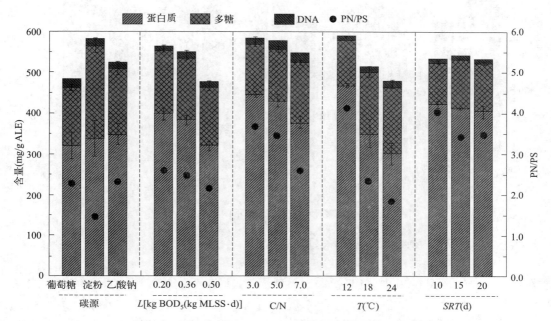

图 5-52　不同环境污泥提取胞外聚合物（ALE）中蛋白质（PN）和多糖（PS）含量

4. 凝胶特性

不同区块 GG、MG 和 MM 比例不同，呈不规则形状；它们的比例、分布和长度决定了藻酸盐聚合物的化学和物理特性。M 和 G 占比被用来评估聚合物的凝胶形成能力，结果如图 5-53 所示。不同区块的回收率介于 40％～65％，GG 含量占比 20％～35％，MG 占比 12％～28％。不同污泥的 ALE 的 G∶M 介于 2.0～3.0。富含 GG 的聚合物，其对二价阳离子的聚合能力较强，从而利于絮状污泥形成紧凑的凝胶结构。这些实验结果与上述藻酸盐当量结论一致，也证明 ALE 是絮状污泥生物聚合物的重要结构。

此外，根据 Lee 和 Mooney 与 Hay 等实验方法，通过滴入 Ca^{2+} 溶液评估 ALE 的凝胶特性。结果显示，Ca^{2+}-ALE 交联显示出极好的凝胶特性，这也说明提取自絮状污泥的 ALE 物质具有媲美市售藻酸盐的凝胶特性。

综上结果表明，不同实验条件虽会改变 ALE 的组成和特性，但其高纯度和特殊的物理与化学特性表明絮状污泥提取 ALE 也有望成为市售藻酸盐的替代品。同时，絮状污泥提取 ALE 产量较低，但实验结果显示，通过调整或优化部分参数可能有利于 ALE 的形成。基于此，以下将对不同因素影响 ALE 形成可能的机理进行分析，总结 ALE 高产之策略。

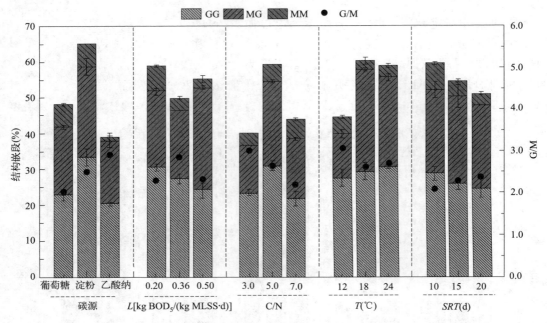

图 5-53 胞外聚合物（ALE）中不同结构嵌段比例

5.9.3 影响因素及相关机理

1. 碳源

图 5-50 中 ALE 提取结果显示，当进水为淀粉碳源，明显有助于 ALE 的形成，产量最高达到 220.3 ± 8.0 mg/g VSS，其次是乙酸钠（156.4 ± 1.2 mg/g VSS）和葡萄糖（125.7 ± 4.3 mg/g VSS）。在 González-García 等研究中也同样发现，与葡萄糖、半乳糖和木糖相比，淀粉作为碳源对 EPS 的生物合成贡献更显著。Wang 等也证明淀粉培养污泥的 EPS 略高于葡萄糖。

这些结果表明，大分子有机物（如，淀粉）比小分子（如，葡萄糖和乙酸钠）更有利于 EPS/ALE 合成。这可能是因为淀粉不仅是碳源，也会在细菌细胞及胞外物质的吸附架桥过程发挥关键作用。根据扩展 DLVO 理论（XDLVO），当细胞间距缩短到足以克服最大排斥力时，彼此就会聚合形成空间结构。大分子有机物可以直接降低能量势垒，迅速形成稳定的污泥絮凝体。在实验室培养污泥过程发现富含淀粉的污泥比富含葡萄糖和乙酸钠的污泥沉淀絮凝性能更好，也直接证明该观点。同时图 5-54 中分析了紫外-可见光谱，其评价参数列于表 5-30。淀粉培养污泥 ALE 的 E_2/E_3、$SUVA_{254}$ 和 E_2/E_4 值均最低，分别为 4.30、2.75 和 5.00，这意味着其芳香族和脂肪族化合物含量相对最低。而其 E_4/E_6 最高（2.38），表明其低的腐殖程度和芳香性。总之，淀粉碳源污泥 ALE 比其他碳源具有更高絮凝能力，导致 EPS/ALE 具有更高的产量。

而比较不同小分子有机物，如乙酸钠和葡萄糖，乙酸钠比葡萄糖更有利于 EPS 形成。这些更易生物降解有机物，如乙酸钠，参与了电子传递和能量代谢过程，并能促进细胞外基质更高水平的胞外酶产生。而且乙酸钠这种易生物降解有机物可以直接穿过细胞膜，进入细胞内部，容易转化为乙酰 Co-A，从而参与三羧酸循环（TCA）。然而，大分子有机物（淀粉、蔗糖等）需要通过较多步骤的生物反应水解与分解才转化为小分子。包括胞外酶在内的更大量的酶参与了复杂的有机物代谢，导致其 ALE 中蛋白质含量偏高（图 5-52 蛋白质含量证实）。

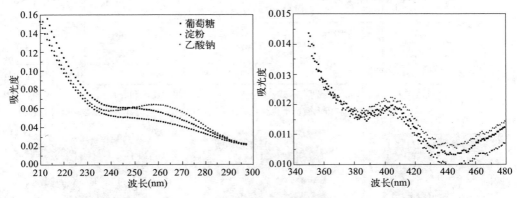

图 5-54　紫外-可见光谱结果

紫外-可见全扫光谱分析　　　　　　　　　　　　　　　　　　　　　表 5-30

参数	葡萄糖	淀粉	乙酸钠	功能
E_2/E_3[1]	5.05	4.30	5.12	溶解有机物（DOM）的分子量
$SUVA_{254}$[2]	4.73	2.75	3.34	不饱和结构组分
E_2/E_4[3]	5.89	5.00	5.27	腐殖度
E_4/E_6[4]	2.25	2.38	2.32	腐殖度和芳香度

注：[1] E_2/E_3，250 nm 和 365 nm 处的吸光度比值，反映了 ALE 提取中所含溶解有机物（DOM）的分子量；[2] $SUVA_{254}$，254 nm 处的 UV-Vis 吸光度以 1 mg ALE 提取的 TOC 为标准，表示单位 TOC（mg/L）在 254 nm 处的吸光度，反映了 ALE 提取中的不饱和结构组分；[3] E_2/E_4，240 nm 和 420 nm 波长处的吸光度之比，与腐殖程度成反比；[4] E_4/E_6，465 nm 和 665 nm 处的吸光度比值，代表腐殖度和芳香度的信息。

2. 有机负荷

有机物负荷培养污泥的 ALE 产量约为 160 mg/g VSS，不同进水负荷似乎对 ALE 形成无明显影响。Corsino 等人通过测定表观产率系数（Y_{obs}），发现不同进水有机物对生物量并没有产生差异。本研究进一步计算平均 ALE 产量（Y_{ALE/BOD_5}），以评估消耗单位质量有机物（BOD_5）对应的 ALE 产量，结果见表 5-31。可以看到，$L = 0.20$ kg BOD_5/（kg VSS·d）时，$Y_{ALE/BOD_5} = 63.7$ mg ALE/g BOD_5，为 $L = 0.36$ kg BOD_5/（kg VSS·d）和 0.50 kg BOD_5/（kg VSS·d）产率（36.3 mg ALE/g BOD_5 和 26.5 mg ALE/g BOD_5）的两倍。这可能是因为高有机负荷下，大部分有机物会被氧化转化为二氧化碳，过程提供细胞代谢和微生物增殖所需能量，而非合成 EPS。而低有机物负荷时，有机物的利用率更高，促进了细胞外结构性 EPS 形成。本研究中不同 ALE 的 3D-EEM 结果如图 5-55 所示。可以看到随着有机负荷增加，ALE 中可溶性微生物产物（SMPs）比例（表 5-31 区域Ⅳ）明显增加，这也说明高有机负荷导致有机物转化代谢比例增高，而非合成 EPS 物质。

ALE 单位产率系数 $Y_{ALE/BOD3}$ 和 3D-EEM 结果分析　　　　表 5-31

有机负荷 [kg BOD₅/ (kg VSS·d)]	ALE 提取量 (mg/g VSS)	Y_{ALE/BOD_5} (mg ALE/ g BOD₅)	3D-EEM 荧光光谱的不同区域[1]				
			Flu Ⅰ	Flu Ⅱ	Flu Ⅲ	Flu Ⅳ	Flu Ⅴ
0.20	159.3±2.4	63.7	0.9%	2.7%	2.4%	55.7%	38.4%
0.36	158.9±4.2	36.3	1.1%	3.3%	1.5%	62.8%	31.3%
0.50	165.5±3.0	26.5	1.2%	3.5%	2.1%	62.1%	31.1%

注：[1] Flu Ⅰ 和 Flu Ⅱ 分别表示芳香族蛋白质（芳香族蛋白质Ⅰ和Ⅱ）；Flu Ⅳ 代表可溶性微生物副产物（SMP）和蛋白质衍生化合物；Flu Ⅲ 和 Flu Ⅴ 包括类富里酸和类腐殖酸有机物。

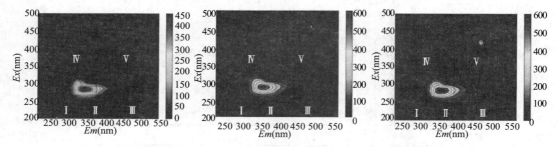

图 5-55　胞外聚合物（ALE）三维激发-发射矩阵（3D-EEM）荧光光谱

同时随着有机负荷增加，PN 含量从 400 mg/g ALE 下降到 320 mg/g ALE，而 PS 几乎不变（150 mg/g ALE）。这是因为微生物会产生更多的胞外酶等，以维持在营养物缺乏和长期饥饿条件下的代谢稳定性。低有机负荷更可促进 EPS 基质中 PN 含量。同时，随着有机负荷的降低，ALE 对应的藻酸盐当量也从 572.4±10.3 mg/g ALE 增加到 634.2±3.0 mg/g ALE，意味着低有机负荷支持形成更高纯度的藻酸盐结构物质。

3. 基质（碳氮比，C/N）

图 5-50 结果显示絮状污泥中 ALE 形成也受到 C/N 影响。C/N＝5.0 时，ALE 产量达到峰值 137.8±13.2 mg/g VSS。相反，随着 C/N 的增加或降低，产量略有下降。较多研究指出 C/N 与 ALE 生成有关；但没有固定结论显示最佳的 C/N，Liu 等提出最佳 C/N 比是 0.5，但 Ye 等建议是 20；在 Durmaz 和 Sanin 等研究中该值甚至达到了 40。

PN 和 PS 结果表明，C/N 对 ALE 成分与比例存在明显影响。C/N 降低会导致 PN 含量增加，而 PS 含量减少，也意味着 PN/PS 上升。通过 FT-IR 检测 ALE、市售藻酸盐以及 3 种不同碳源（乙酸钠、葡萄糖和淀粉）的官能团，结果如图 5-56 所示。ALE 的官能团与多糖具有明显不同，但与市售藻酸盐极其相似，这表明活性污泥提取 ALE 具有替代市售藻酸盐的特性。

表 5-32 列出了不同特征峰及其对应官能团。其中，ALE 的酰胺Ⅰ区

（1700～1600 cm^{-1}）表明 PN 组成存在明显的不同，低 C/N 更有利于形成蛋白类物质。1136 cm^{-1}（属于碳水化合物的 C-O-C 拉伸振动）和 1072 cm^{-1}（属于多糖的 C-H 平面内弯曲）波峰差异表明高 C/N 会主导形成 ALE 的多糖结构。此外，也存在其他明显差异，如 2930 cm^{-1}（亚甲基）和 2960 cm^{-1}（甲基）的 C-H 拉伸带。增加氮浓度（低 C/N）有利于基质蛋白质合成，减少多糖积累，这是因为几乎所有的碳源都会被消耗用于微生物增殖和代谢而无法积累。同时碳源缺失可能导致细胞自溶和内源性呼吸增强，促进分泌更多的胞外酶。同时，高 C/N 导致的代谢活动增强和 ATP 增加，会更有利于微生物合成多糖。

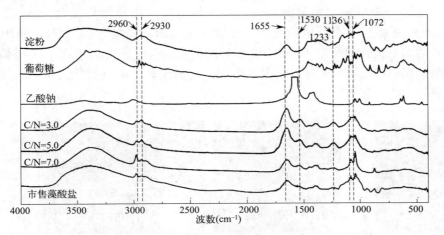

图 5-56 不同胞外聚合物（ALE）、市售藻酸盐和其他 3 种碳源（乙酸钠、葡萄糖和淀粉）FT-IR 光谱

胞外聚合物（ALE）的 FT-IR 光谱特征（cm^{-1}）对应官能团 　　表 5-32

波数(cm^{-1})	振动类型	特征
950	O-P-O 拉伸	核酸
1072	C-H 面内弯曲	多糖
1233	C-N 拉伸，C-OH 拉伸	酰胺Ⅲ；多糖
1393	-CH$_3$ 中的 C-H 拉伸	胺和脂质
1450	CH$_3$ 弯曲，CH$_2$ 拉伸	甲基，亚甲基
1530	C-H 拉伸，N-H 弯曲	酰胺Ⅱ
1655	C＝O 拉伸	酰胺Ⅰ
2930	C-H 拉伸(CH$_2$ 基团)	碳水化合物和脂质
2960	C-H 拉伸(CH$_3$ 基团)	碳水化合物和脂质

不同絮状污泥 ALE 与市售藻酸盐官能团定性结果显示，在 C/N＝3.0 时达到 58.5%，在 C/N＝7.0 时为 63.2%，而 C/N＝5.0 时达到最高水平 69.2%。另外 C/N＝5.0，藻酸盐当量（图 5-51）达到最大值 687.1±9.6 mg/g ALE；而 C/N 为 3.0 和 7.0 时，仅为 583.9±4.7 mg/g ALE 和 598.2±6.5 mg/g ALE。综上结果显示最佳 C/N 对促进 ALE 中藻酸盐纯度具有积极作用。

4. 温度

以往研究证明温度是影响污泥中 ALE 形成的最重要参数之一。本研究结果也表明，温度的升高导致 ALE 的产量急剧下降。$T = 12$ ℃，ALE 产量为 303.3 ± 21.5 mg/g VSS，而 18 ℃迅速下降到 165.5 ± 3.0 mg/g VSS，24 ℃时为 132.7 ± 1.2 mg/g VSS。Sutherland 和 Nichols 等研究显示，温度降低可能导致细胞壁的产生和合成的速度下降，使得更多的中间产物用于 EPS 合成。同样 Gao 等也支持温度升高导致污泥絮体 EPS 逐渐减少，而上清液中的可溶性 EPS 逐渐增加。这可能是低温时营养物质和氧气的转移能力明显较低，污泥黏度增加导致絮体紧密聚集成团，细胞外物质被包裹而形成紧密的空间结构。这进一步阻碍或抑制酶活性、电子传递能力以及物质转化。3D-EEM（荧光光谱如图 5-57 所示，成分定量如图 5-58 所示）显示 24 ℃时，SMP 和蛋白质衍生化合物组分（区域 Flu Ⅳ）的荧光强度明显高于 12 ℃；而类似富里酸和腐殖酸物质（区域 Flu Ⅴ）高温工况含量较低。这都代表低温工况细菌新陈代谢被破坏。

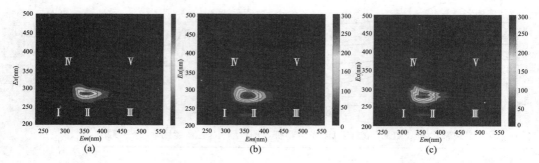

图 5-57　胞外聚合物（ALE）三维激发-发射矩阵（3D-EEM）荧光光谱

(a) $T = 12$ ℃；(b) $T = 18$ ℃；(c) $T = 24$ ℃

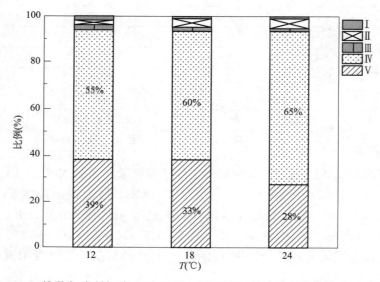

图 5-58　三维激发-发射矩阵（3D-EEM）荧光光谱法测定胞外聚合物（ALE）组分

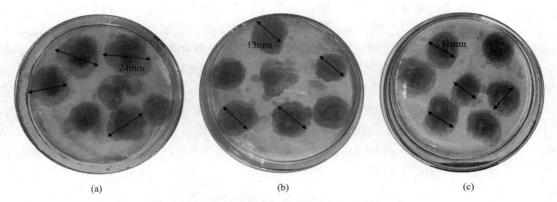

图 5-59　胞外聚合物（ALE）的离子水凝胶特性
(a) $T=12\ ℃$；(b) $T=18\ ℃$；(c) $T=24\ ℃$

但低温（12 ℃）下的 ALE 藻酸盐当量只有 567.6±12.3 mg/g ALE，远远低于 24 ℃ 的 677.3±20.5 mg/g ALE。这些结果表明，低温下絮状污泥 ALE 产量增加是其他物质，如腐殖质，而非结构性藻酸盐物质。这也与 G 和 M 区块结果（图 5-53）一致。

此外评估 ALE 水凝胶特性，结果图 5-59 所示，不同温度培养污泥获得的 ALE 显示出不同凝胶特性。其中 12 ℃ 的 ALE 凝胶性能（约 24 mm）比 18 ℃（约 13 mm）和 24 ℃（约 11 mm）性能差，这意味着温度也会影响产物凝胶特性，即低温会降低 ALE 中海藻酸（主要凝胶结构）纯度。PN 和 PS 含量也有明显变化。温度升高导致 PN 从 468.6±1.6 mg/g ALE 下降到 351.0±34.1 mg/g ALE，而 PS 从 114.3±6.3 mg/g ALE 增加到 149.3±11.0 mg/g ALE。Neyens 等研究也得到类似结论。

5. 污泥龄（SRT）

不同 SRT 结果显示，ALE 提取量介于 190～200 mg/g VSS，PN 和 PS 分别为 400～420 mg/g ALE 和 100～120 mg/g ALE，这表明 SRT 对 ALE 形成及其成分的影响很小。但 Duan 等获得完全不同的观点；他们认为，短 SRT 意味着相对更快、更活跃的微生物代谢和细菌种群更替，导致更多胞外多糖和蛋白质积累。不同 SRT 状态下的污泥沉降性和压缩性与 EPS 和污泥絮凝性能密切相关，长 SRT 显然能实现更好的污泥絮凝和沉降能力。但在本研究中不同 SRT 污泥絮凝和沉降能力无明显差异。总而言之，不同 SRT 对污泥 ALE 形成仍需进一步研究。

5.9.4　总结与展望

1. 主成分分析（PCA）

PCA 是以相关矩阵为基础，其结果解释为原有相关因素/因子与每个无关变量（主成分，PC）的相关性，变量影响表达为不同加载值。表 5-33 给出了 5 个 PC 中不同参数负载结果。图 5-60 显示了前两个最相关 PC 结果，其表示影响 ALE 生成重要参数综合结果，即通过 PCA 方式将多个维度降低到两个重要的主成分（PC），整体占据 80.2%（PC1=42.7%，PC2=37.5%）。基于 PC1（42.7%），碳源和 C/N 呈现出较高的负载值，这表明 PC1 随着碳源和 C/N 的增加而减少；而温度在 PC1 中具有相对较高的正负载（0.60）。因此，PC1 因子可以有效地描述 C/N 和温度影响程度。PC2 占据总方差的 37.5%，碳源与 PC2 相关性减弱，其绝对负荷很低（0.31）。PC3 尽管只占 19.5%，但其与有机物负荷（0.83）和 SRT（0.51）强相关。整体上而言，PCA 结果显示，ALE 产量与碳源、基质和温度相关。其中，温度是影响 ALE 形成主要因素，其次是碳源和基质（C/N）。相比之下，有机负荷对 ALE 的产生影响较小。

不同因素的主成分分析（PCA）负荷

表 5-33

变量	PC1(42.7%)	PC2(37.5%)	PC3(19.5%)	PC4(0.3%)	PC5(0.003%)
碳源	−0.61	0.31	0.14	0.26	0.67
有机负荷 L	−0.03	−0.41	0.83	0.34	−0.14
基质(C/N)	−0.33	0.63	0.14	0.13	−0.68
温度	0.60	0.34	−0.08	0.71	0.14
SRT	0.39	0.47	0.51	−0.55	0.25

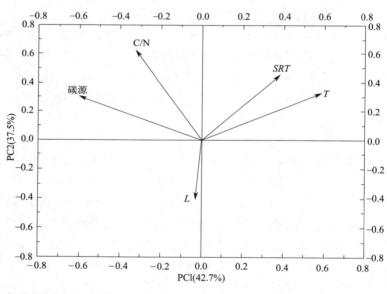

图 5-60 主成分分析（PCA）双标图，参数与胞外聚合物（ALE）形成的相关性

2. 高值物质定向富集

从絮状污泥中回收高值的生物聚合物角度，弄清 EPS/ALE 形成的最佳条件很重要。在实际工程中，还应考虑环境/操作条件是否可以保证高效的生物处理。淀粉和温度虽为提高 ALE 产量的两个重要因素；但仅包含淀粉碳源的进水无法实现，而且低温只发生在冬季，且不利于生物处理。因此在不影响污水处理厂出水水质情况下，调整进水水质以及生物处理过程中的 C/N 和有机负荷，也是最大限度提高 ALE 产量的手段。此外，研究结果还表明，有

可能实现定向培养具有不同比例多糖或蛋白质的 EPS/ALE，甚至是表现一些特殊的化学/物理特性，进而提高高值生物材料的回收应用可行性或经济效益。

此外，所有这些因素在实际过程中共同影响 ALE 形成。因此接下来的研究应更加关注多因素而非独立变量，以确定污泥 ALE 生成和影响特性的最佳策略。

5.9.5 结语

活性污泥中回收的类藻酸盐（ALE）鉴定为具有较高值的生物聚合材料，具有广泛应用前途。但絮状污泥 ALE 提取量受限于自身生成量。本研究通过实验确定影响絮状污泥 ALE 形成的关键因素及相关机制，以期提高絮状污泥 ALE 产量。基于絮状污泥 EPS 的生成和回收，本研究基本确定并评价了不同碳源、有机负荷、基质（C/N）、温度和污泥龄（SRT）对 ALE 的影响。结果表明，碳源和温度是影响 ALE 形成的主要因素。淀粉碳源的 ALE 产量可以达到 220.3 ± 8.0 mg/g VSS，高于乙酸钠和葡萄糖；另外低温更有利于 ALE 富集，在 12 ℃时，ALE 产量可达到 303.3 ± 21.5 mg/g VSS；较高的有机负荷会降低单位 ALE 产量。不同 C/N 中，C∶N＝5∶1 可以实现较高的 ALE 产量，达到 137.8 ± 13.2 mg/g VSS；但 SRT 对 ALE 产量无明显影响，产量介于 $190\sim200$ mg/g VSS。PCA 分析显示，温度是影响 ALE 生成的关键因素，其次是碳源和 C/N。此外，不同条件下，ALE 组分和化学性质也存在明显差异。总之，调整或优化参数可以提高活性污泥中 ALE 生成量，从而可以实现更大潜力的高值资源回收。此外，本研究也得出结论，具有某些特殊化学/物理性质的 EPS/ALE 定向培养可能是提高回收的生物材料价值并扩大其应用前景手段。

5.10 表面活性剂强化活性污泥中类藻酸盐提取

污水处理厂剩余污泥回收生物高附加值材料已成为当前研究的热点。已有较多生物质材料被证实应用于某些领域具有高附加经济效益，其中，好氧颗粒污泥（AGS）或活性污泥提取回收 ALE 是具有广阔应用前景的高值生物材料。例如，ALE 被证实具有良好表面涂层阻燃特性，符合美国联邦航空条例（FAR）对飞机内饰之要求。但活性污泥提取 ALE 产量处于较低水平，大约 $90\sim190$ mg/g VSS，而 AGS 提取量可达 $200\sim350$ mg/g VSS。但另一方面，传统活性污泥工艺依然是当前主流生物处理工艺，产生大量剩余污泥，因此活性污泥回收 ALE 更富有前景且备受关注。

由于絮体结构对污泥细胞的包裹，导致 ALE 生成量少且提取分离困难。不同进水水质和运行条件，包括基质、温度、污泥龄（SRT）等都会对 ALE 生成产生显著影响。虽然可以通过调节和控制基本参数实现 ALE 增产，但实际工程中这些方法往往难以施行，且并不经济高效。前期研究证实了淀粉类碳源和低温环境更有利于活性污泥 ALE 生成，但也可以预见这些情况并不容易达到，且可能导致生物处理失效。

此外，现有提取方法存在或效率低或破坏提取物导致经济价值低，因此，优化现有提取方法具有必要性和急切性。当前已有部分改进措施，例如改变化学药剂、调节提取条件（超声波功率和脉冲时间、离心转速和时间等）和环境参数（pH、温度等）。但这些优化方法耗时耗能，且存在药剂污染，整体上对环境存在极大的负面影响。虽然 Lin 等通过 Na_2CO_3 热法从海藻中提取藻酸盐，从 AGS 中提取回收获得较高的 ALE 产量。但由于活性污泥不同于 AGS 的结构形式，导致这个方法并不适用，其提取效率低至 72 ± 6 mg/g VSS、187 ± 94 mg/g VSS 和 65 ± 22 mg/g VSS。

因此，需要开发和评估更高效可持续的方法，提高活性污泥回收高附加值潜力。前期也有研究表明表面活性剂预处理剩余污泥对后续聚合物的提取具有积极显著的影响，其可能表明活性剂会降低污泥絮体表面张力或改变细胞结构。Kavitha 等证明 SDS 会溶解污泥颗粒进而增加厌氧消化过程溶解性有机物，最终提高了污泥能源转化效率。Lai 等也表示表面活性剂破坏污泥絮凝体稳定性并通过增溶能力促进了 EPS（如蛋白质和多糖）释放至液相。Lin Yuemei 等发现仅添加 0.1% SDS 与 Na_2CO_3 共热的方法可以溶解和分离 AGS 的胞外聚合物并且能实现糖基化淀粉样蛋白更高的产率（高达 480 ± 90 mg/g VSS）。除此之外，Taghavijeloudar 等发现 4 种不同的表面活性剂能提高微藻的 EPS 提取率。曹等也得到了超声波方法结合 CTAB/SDS 能提高絮体污泥 EPS 提取率的结论，分别提高 76.5% 和 53.1%。但是，还没有关于不同表面活性剂对提高絮体污泥中 ALE 提取率影响及相关机制的研究。

本研究通过添加不同剂量的表面活性剂优化 Na_2CO_3 共热提取 ALE。选择了 3 种不同结构和性质的表面活性剂，包括阴离子表面活性剂 SDS、阳离子表面活性剂 CTAB 和非离子表面活性剂 Triton X-100；通过评价表面活性剂的提取促进效率，获得最佳剂量结果；同时通过分析表征 ALE 的组分及化学结构，明确表面活性剂强化 ALE 提取相关机理。

5.10.1　材料与方法

1. 优化提取方法

此次研究所使用的活性污泥来自中国北京一个使用 AAO 工艺的典型市政污水处理厂。将收集的絮体污泥通过 0.15 mm 过滤器进行浓缩、过筛，然后置于冰箱（4 ℃）中以供后续使用。浓缩后的活性污泥性能见表 5-34。

选择 3 种类型的表面活性剂，阴离子表面活性剂 SDS、阳离子表面活性剂 CTAB 和非离子表面活性剂 Triton X-100 进行实验。萃取前，活性污泥在 4000 g 和 4 ℃条件下离心 20 min；倒出上清液后，将与上清液等体积的去离子水加入离心管中清洗残留固体。然后向洗涤后的活性污泥中加入不同设计剂量的表面活性剂，见表 5-35。将混合物在 500 r/min 速率下搅拌 5 min，然后以 150 r/min 速率搅拌 20 min，之后沉淀 3 h。最后，将所有样品在 80℃下用 Na_2CO_3（0.5%，w/v，分析试剂）加热 30 ℃，然后在 4000 g 和 4 ℃条件下离心 20 min。收集上清液并分别去除颗粒（用于挡板）。用 1 mol/L 盐酸将上清液的 pH 调整至 2.2，用于藻酸盐的纯化和分离残留的表面活性剂。然后将酸化后的上清液再次在 4000 g 和 4 ℃条件下离心 20 min。收集含有 ALE 的颗粒，并将其在 pH=8.5 条件下用 1 mol/L NaOH 再次溶解。将溶解的生物聚合物在透析袋中透析 24 h，以去除溶解的离子。最后，将 ALE 样品在 −50 ℃条件下冷冻，然后在冷冻干燥器中进行冷冻干燥。向加入不同类型或不同剂量表面活性剂的活性污泥中重复提取 ALE。

重要的是，在用 1 mol/L HCl 调节上清液至 2.2 进行藻酸盐纯化阶段，混合物中的表面活性剂被分离并丢弃。此外，在分子量截止值为 3.5 kDa 的最终透析过程中，包括表面活性剂在内的所有可溶离子都可以被去除。因此，在本研究中，提取的 ALE 中残留的表面活性剂可以忽略不计。此外，在分子截止量为 3.5 kDa 的最终透析过程，包括表面活性剂在内的所有可溶性离子都可以被去除。因此，在本研究中提取的 ALE 中残留的表面活性剂可忽略不计。

浓缩后的活性污泥性能　　　　　　　　　　　　　表 5-34

参数	对应值	参数	对应值
MLSS(g/L)	28.1±0.8	CST(s)	43.8±1.1
MLVSS(g/L)	15.1±0.9	MV(μm)[1]	16.36±0.2
MLVSS/MLSS	53.7%	CS(m²/cm³)[2]	0.182±0.05
含水率(%)	97.1±0.3	D[50](μm)[3]	200.2±402
pH	7.23±0.2	D[90](μm)[4]	891.1±7.6

注：[1] MV，表示体积分布的平均直径，μm；[2] CS，计算的比表面积，m²/cm³；[3] D[50]，中值直径，颗粒参数代表累积曲线的累积 50%分布，μm；[4] D[90]，粒子参数表示累积曲线的累积 90%分布，μm。

设计用于优化 ALE 提取的表面活性剂剂量　　　　　　表 5-35

表面活性剂[1]	缩写	种类	剂量							
十二烷基硫酸钠(g/L)	SDS	阴离子	0	—	1.0		3.0		5.0	—
十六烷基三甲基溴化铵(g/L)	CTAB	阳离子	0		0.4		0.8		1.2	
聚乙二醇辛基苯基醚(mL/L)	Triton X-100	非离子	0	0.5	0.75	1.25	2.5	3.75	5.0	10

注：[1] 预处理后的混合液悬浮固体（MLSS）为 26.3 g/L。表面活性剂与活性污泥 MLSS 的质量比为：SDS=0 g/g SS、0.04 g/g SS、0.11 g/g SS、0.19 g/g SS；CTAB=0 g/g SS、0.03 g/g SS、0.06 g/g SS、0.09 g/g SS；Triton X-100=0 g/g SS、0.015 g/g SS、0.02 g/g SS、0.04 g/g SS、0.08 g/g SS、0.11 g/g SS、0.15 g/g SS、0.30 g/g SS。

2. 分析方法

基于 Dubois 等人和 Lowry 等人提出的概念框架，以 D-葡萄糖为标准品的苯酚-硫酸法和牛血清白蛋白的 Lorry 法分别用以检测多糖（Polysaccharide，PS）和蛋白质（Protein，PN）。藻酸盐是 EPS 的主要结构成分，因此可以用来确定回收的生物材料的功能。因此，选择市售藻酸盐（从褐藻中提取，黏度 4～12 cP，含水率 99％，分析试剂）作为酚硫酸测定标准，用以评价藻酸盐当量，代表提取的藻酸盐纯度。总有机碳（Total organic carbon，TOC）通过一台 TOC 分析仪（vario total organic carbon analyzer，DKSH company/Swiss）测定，以分析 ALE 提取过程中的有机比例。在最后冷冻干燥步骤之前的 ALE 溶液，使用激光粒度分析仪测量粒径分布和比表面积（Microtrac S3500，American Mickey Co.，Ltd. /USA）。

分离的生物聚合物的分馏，包括由甘露醛酸（M）和谷醛酸（G）单元组成的不规则的 GG、MG 和 MM 块，通过部分酸水解的方法进行检测。根据 Lin 等人和 Felz 等人描述的过程，用 2.5％（w/v）$CaCl_2$ 溶液测试离子水凝胶的形成。在室温下，ALE 在 $CaCl_2$ 溶液中交联 16～18 h。

化学官能团采用赛默飞世尔傅里叶变换红外光谱仪（FT-IR）进行分析和评估。用 KBr 颗粒（98 mg KBr＋2 mg 样品，光谱纯）在 4000～400 cm^{-1} 的波数下测量生物聚合物的光谱。利用 FT-IR 软件记录了商业藻酸盐的光谱，作为该软件估算不同生物聚合物与市售藻酸盐之间化学官能团定量相似性的标准。

浓缩污泥样品毛细管吸入时间（CST，Capillary suction time）通过 CST 仪器测定。并按标准方法检测含水量、混合液悬浮物（MLSS）、混合液挥发性悬浮物（MLVSS）和 pH。

3. 数据分析

与空白试验（无表面活性剂）相比，对表面活性剂进行定量分析和评价其对 ALE 生产的影响，依据式(5-19)：

$$提升效率 = \frac{ALE_{表面活性剂} - ALE_{空白}}{ALE_{空白}} \tag{5-19}$$

式中　$ALE_{表面活性剂}$、$ALE_{空白}$——分别为含或不含表面活性剂的 ALE 提取物。

此外，采用单因素方差分析比较了添加不同表面活性剂后从活性污泥中提取 ALE 的差异。95％的显著性水平基于从重复实验中获得的数据。不同参数的值表示为平均值±标准差。

5.10.2　结果与讨论

1. 阴离子表面活性剂，SDS

加入阴离子表面活性剂 SDS 增强 ALE 的提取效果如图 5-61 所示。如图 5-61(a) 所示，随着 SDS 用量从 0 增加到 5.0 g/L，VSS 从 124.1±12.3 mg/g 显著提高到 287.7±5.6 mg/g。相应提升的效率高达 132％，说明 SDS 对活性污泥中 ALE 的提取具有非常积极的作用。

对所提取得到的 ALE 的藻酸盐当量进行了评价，结果如图 5-61(b) 所示。添加 SDS＝3.0 g/L 时提取的 ALE 中藻酸盐含量为 697.5±31.5 mg/g，远高于未添加 SDS 时提取的 ALE 当量（525.4±14.7 mg/g ALE）。此外，GG、MG 和 MM 块的比例也如图 5-61(b) 所示。活性污泥的回收率均为 45％～65％，GG 块为 20％～33％，MG 块为 17％～28％。当 SDS＝3.0 g/L

时提取的 ALE 中 GG 块的组成最高，高达 33.3%±2.3%，这有利于 ALE 提取的胶凝能力。添加不同剂量 SDS 条件下提取的 ALE 的 G∶M 单体比值在 2.0～3.0。离子水凝胶形成试验表明，Ca²⁺-ALE 微珠在不同的 ALE 萃取过程中表现出良好的稳定性。这些结果表明，SDS 不仅能提高从活性污泥中提取 ALE 的效率，还能提高生物聚合物中藻酸盐的纯度，这样使得良好的凝胶形成能力得到广泛应用。

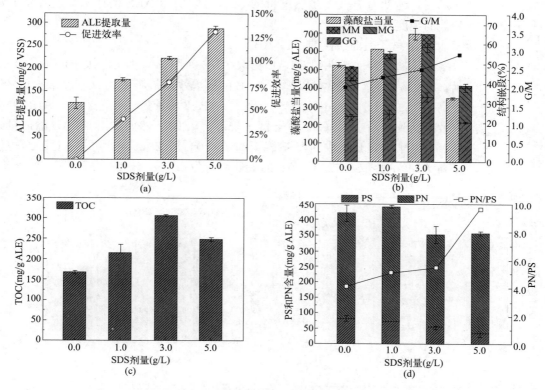

图 5-61 从添加不同剂量阴离子表面活性剂 SDS 的活性污泥中提取 ALE

(a) ALE 提取量；(b) ALE 的藻酸盐当量；(c) 总有机碳（TOC）；(d) PS 和 PN 含量

而当 SDS＝5.0 g/L 时，提取的 ALE 中藻酸盐当量急剧下降至约 348.2±2.6 mg/g ALE。TOC 结果（图 5-61c）结果也表明，过量的 SDS（≥5.0g/L）导致提取的 ALE 中含有更多的无机成分。用 FT-IR 光谱评价提取的 ALE 与市售藻酸盐化学官能团的定量相似性，结果见表 5-36。化学官能团的相似性在 SDS≤3.0 g/L 的 67%～75%，而当 SDS＝5.0 g/L 没有明显的相似性，表明添加适量的 SDS 会提高 ALE 提取量而过量的 SDS 会破坏所提取的 ALE 的结构和性质。这些结果与上述对 ALE 提取中 GG、MG 和 MM 块的分析结果一致。

图 5-61(d) 为提取的 ALE 中 PS 和 PN 的含量。随着 SDS 的剂量从 0 mg/L 到 5.0 mg/L 不断增加，PS 含量略有下降，从 82.3±9.7 mg/g ALE 降至 33.5±9.3 mg/g ALE。而 PN 含量从 337.8±26.6 mg/g ALE（SDS＝

0 g/L）升至 367.52±3.03 mg/g ALE（SDS=1.0 g/L），然后下降到 323.6±5.9 mg/g ALE（SDS=5.0 g/L）。PN/PS 的值从 4.1 左右逐渐增加，但当 SDS=5.5 g/L 时，突然达到 10.0，明显超过 ALE 在 3.0～6.0 时的正常范围。这些结果表明，添加不同剂量的 SDS 可能对提取的 ALE 的成分有影响。详细的说明将在以下几个部分中进行展示。

当 SDS=3.0 g/L 时，ALE 提取量为 222.8 mg/g VSS，提高效率达到 79.5%，纯度为 70%。虽然过量的 SDS 可以增加 ALE 的产量，但会降低藻酸盐的纯度。

2. 阳离子表面活性剂，CTAB

用阳离子表面活性剂 CTAB 提取 ALE 如图 5-62 所示。如图 5-62（a）所示，0.4 g/L 的 CTAB 可以提高 ALE 的提取效果，从 121.1±8.9 mg/g VSS 提高到 189.2±16.0 mg/g VSS，当 CTAB 添加量为 0.8 g/L 时，ALE 的提取效果达到最高水平（281.9±14.6 mg/g VSS）。然而，当 CTAB 添加量为 1.2 g/L 时，ALE 提取的 VSS 降至约 205.0±15.2 mg/g。可见，CTAB 也能提高 ALE 的提取效果，CTAB 的最佳剂量为 0.8 g/L，效率提高了 127.2%。

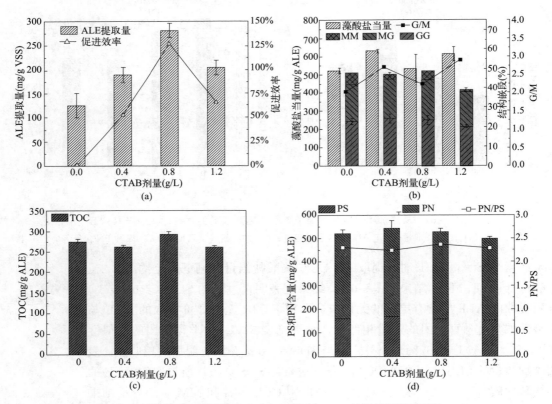

图 5-62 从添加不同剂量阳离子表面活性剂 CTAB 的活性污泥中提取 ALE
（a）ALE 提取量；（b）ALE 的藻酸盐当量；（c）总有机碳（TOC）；（d）PS 和 PN 含量

然而，如图 5-62（b）所示，不同剂量 CTAB 提取的 ALE 中藻酸盐当量和块体回收率（G 和 M）均有微小差异（P＞0.05）。藻酸盐当量在 535～630

mg/g ALE 范围内，MG 和 GG 的比例分别稳定在 20%～22%。TOC 也出现了相似的趋势（图 5-62c），保持在 275 mg/g ALE 左右。化学官能团的相似性在 58%～67%，见表 5-36。PS 和 PN 含量（图 5-62d）也分别持续保持在 150～170 mg/g ALE 和 360～370 mg/g ALE。

这些结果表明，CTAB 对 ALE 的提取似乎有促进作用，但对相关成分和化学特性的影响较小。当 CTAB 剂量为 0.8 g/L 时 ALE 的提取量最高，为 281.9 mg/g VSS，提高效率为 127.2%。

提取的 ALE 与市售藻酸盐的相似性　　　　　　　　　　表 5-36

SDS(g/L)	0		1.0		3.0		5.0	
相似度	67.4±2.3%		75.7±0.6%		73.9±1.4%		—	
CTAB(g/L)	0		0.4		0.8		1.2	
相似度	67.4±0.4%		65.4±1.4%		61.1±0.3%		58.5±0.6%	
Triton X-100 (mL/L)	0	0.5	0.75	1.25	2.5	3.75	5.0	10
相似度	67.4±0.5%	70.3±1.0%	76.9±0.5%	55.7±0.4%	76.2±1.5%	74.2±0.3%	74.2±0.7%	75.7±0.6%

3. 非离子表面活性剂，Triton X-100

同时也选择了非离子表面活性剂 Triton X-100 来提高 ALE 的提取效果，结果如图 5-63 所示。从图 5-63(a) 可以看出，Triton X-100 显著提高了从活性污泥中提取 ALE 的效率。Triton X-100 从 0 mL/L 增加到 3.75 mL/L 后，ALE 提取量从 120.1±2.3 mg/g VSS 升高到 260.0±2.5 mg/g VSS，提高效率约为 110%。然而，当 Triton X-100＝10.0 mL/L 时，VSS 的提取量仅为 230.0 mg/g 左右，说明 Triton X-100 过量时，ALE 的提取量略有下降。

图 5-63(b) 显示，提取的 ALE 的藻酸盐当量从 584.4±11.6 mg/g ALE（Triton X-100＝0 mL/L）迅速增加到 676.9±40.3 mg/g ALE（Triton X-100＝0.5 mL/L）。然而，当 Triton X-100＝10.0 mL/L 时，提取的 ALE 藻酸盐当量下降至最低水平，约为 518.3±14.4 mg/g ALE。这表明添加少量的 Triton X-100 可以促进 ALE 的提取，并且对提升藻酸盐纯度也有积极影响，但过量添加会降低提取的 ALE 中藻酸盐的纯度。MG 和 GG 的比例也急剧增加，然后随着 Triton X-100 的不断添加而下降。

当 Triton X-100 添加量小于 2.5 mL/L 时，TOC（图 5-63c）逐渐升高，之后下降到较低水平。图 5-63 (d) 显示 PS 呈下降的趋势，从 157.7±2.5 mg/g ALE（Triton X-100＝0 mL/L）下降到 109.00±5.4 mg/g ALE（Triton X-100＝10.0 mL/L）。但 PN 含量无明显变化，且在 320～360 mg/g ALE 范围内。这些结果表明，TOC 含量的增加并不是来自于 PS 或 PN 的组成。根据对 FT-IR 结果的分析，可以推测它来自于提取的 ALE 中的芳香族物质和腐殖质物质。

结果显示，Triton X-100＝1.25 mL/L 可提高 ALE 提取水平，获得最高的 250.6 mg/g VSS，提高效率达到102%，藻酸盐纯度为63%。

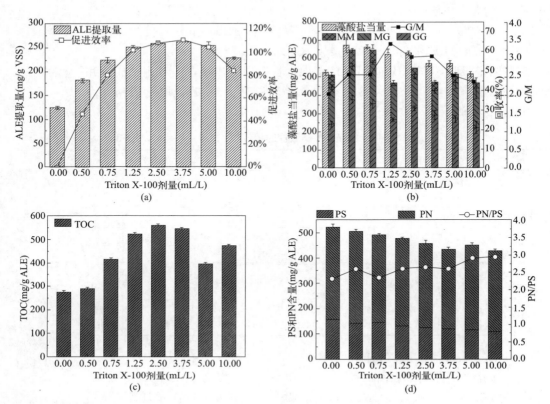

图 5-63　从添加不同剂量非离子表面活性剂 Triton X-100 的活性污泥中提取 ALE
（a）ALE 提取量；（b）ALE 的藻酸盐当量；（c）总有机碳（TOC）；（d）PS 和 PN 含量

4. 小结

添加不同表面活性剂的改进提取方案对活性污泥中 ALE 的提取有积极作用。在不同剂量的表面活性剂作用下，ALE 的提取量可从最初的 12% VSS 升高到 25%～28% VSS。这些结果表明，活性污泥中 ALE 含量并不高，仅在 280 mg/g VSS 左右，这确实与 AGS（通常＞300 mg/g VSS）不同。从活性污泥中提取 ALE 主要受到絮凝体中 ALE 生成量较低的限制。因此，必须通过调节进水特性和运行参数，进一步提高活性污泥中 ALE 的提取率。此外，对提取 ALE 中藻酸盐当量和不同分馏的分析也表明，表面活性剂提高了 ALE 的纯度，这有利于替代藻酸盐的胶凝能力和可行性。无论如何，表面活性剂有利于从活性污泥中提取的 ALE 作为高价值的生物材料获得更广泛的应用。

表面活性剂主要通过破坏微生物聚集体和从基质中释放胞外聚合物来提高 ALE 的提取能力。因此，表面活性剂的功能也应通过加药表面活性剂活性污泥的混合悬浮固体的质量比来评估，如图 5-64 所示。图 5-64 说明 ALE 的提取在 0.075 g 表面活性剂/g SS 以下呈线性增长；当 ALE 的提取率达到 28% SS 时，3 种表面活性剂添加量分别为，Triton X-100＝0.04 g/g SS、

CTAB=0.06 g/g SS 和 SDS=0.15 g/g SS 时，这说明 Triton X-100 增强 ALE 提取性能最好，其次是 CTAB 和 SDS。显然，过量使用 Triton X-100 和 CTAB 对 ALE 的提取均有负面影响。无论如何，ALE 提取物的增强不仅取决于表面活性剂的类型，还取决于添加的浓度。因此，有必要进一步分析表面活性剂提高 ALE 提取性能的相关机制。

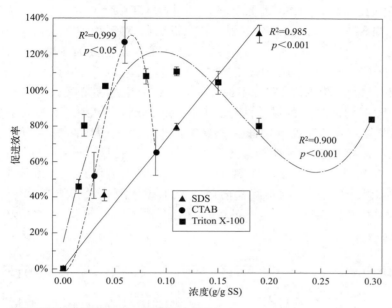

图 5-64 添加
表面活性剂的
浓度与 ALE 提
取率的关系

5.10.3 表面活性剂增强 ALE 提取的机制

1. 表面活性剂增强增溶和解吸

表面活性剂分子可以聚集成胶束，其疏水基团结合在团簇的核心。与表面活性剂胶束形成有关的浓度被定义为临界胶束浓度（Critical micelle concentration，CMC）。以往的一些研究表明，接近 CMC 的表面活性剂可以提高疏水物质的溶解度。在胶束表面，亲水基团会降低体系的吉布斯自由能，导致疏水性有机化合物或其他不溶性或微溶性物质溶解。

ALE 以不溶性藻酸钙（Ca^{2+}-Alg）的形式存在于 EPS 基质中，表面活性剂可以破坏污泥絮凝体中 Ca^{2+}-Alg 的结构，从而使其溶解到水相中。Na^+（来源于 Na_2CO_3）与 Ca^{2+} 的离子交换作用增强，导致污泥絮凝体中分离和提取到更多的 ALE。此外，表面活性剂能破坏细胞絮凝体，从 EPS 基质中释放胞外物质，从而得到更高的 ALE 提取率。

通过对提取的 ALE 的粒径分布结果，可以证实表面活性剂增强的增溶和解吸，如图 5-65 所示。表 5-37～表 5-39 中也列出了有关粒径分布的详细信息。没有添加表面活性剂的 ALE 粒径主要是在 400～600 μm，但当添加表面活性剂后，粒径减小到约 200 μm 甚至低于 100 μm，这表明表面活性剂提高了污泥絮凝体或 EPS 基质的溶解度，因此 ALE 的结构是分散在水相中。此外，结果还表明，溶解度的提高在很大程度上依赖于高剂量的表面活性剂，而更高剂量的表面活性剂会导致更小的颗粒尺寸。这些发现也与 Taghavijeloudar 等人的结论相一致，即表面活性剂可以增强微藻的增溶和解吸，从而改善水相中的可溶性生物聚合物。

本研究中使用的 3 种表面活性剂的 *CMC* 和其他性质列于表 5-40。前人的研究已经描述了具有相同疏水基团的不同表面活性剂的增溶能力是基于 *CMC* 的，并且较低的 CMC 具有较强的性能。Triton X-100 的 CMC＝0.2 mmol/L（129.4 mg/L），远低于表 5-40 中的 CTAB＝0.89 mmol/L（324.4 mg/L）和 SDS＝8.2 mmol/L（2364.6 mg/L）。对于添加 Triton X-100 的提取 ALE（表 5-37～表 5-39），D［90］的粒度分布参数为 142 μm，也低于 SDS 的 D［90］＝569 μm 和 CTAB 的 D［90］＝256 μm。因此，Triton X-100 在相对较低的浓度下实现了最高的有机物质增溶和解吸，并且具有增强絮状污泥中 ALE 提取的最佳性能。Taghavijeloudar 等人和 Yu 等人也发现了类似的现象，他们发现了这样一个顺序：非离子表面活性剂＞阳离子表面活性剂＞阴离子表面活性剂。此外，如表 5-40 所示，外部带正电荷（＋61.5 mV）的阳离子表面活性剂（CTAB）不利于破坏污泥絮凝体中 Ca^{2+}-Alg 的结构，导致较少的藻酸盐溶解进入水相。因此，如图 5-62 所示，加入过量的 CTAB（1.2 g/L）后，ALE 提取量下降到约 205.0 ± 15.2 mg/g VSS。

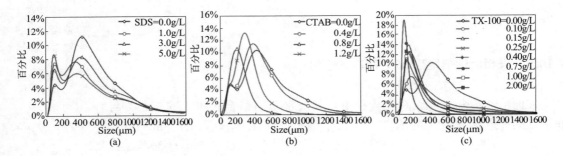

图 5-65   添加不同表面活性剂的 ALE 粒径分布

(a) SDS，D［50］（中位直径）从 291.0 μm 下降到 145.2～228.5 μm；(b) CTAB，D［50］从 291.0 μm 下降到 127.0～276.1 μm；(c) Triton X-100，D［50］从 291.0 μm 下降到 80.3～146.0 μm

添加 SDS 的 ALE 颗粒尺寸分布的详细描述				表 5-37
SDS(g/L)	0	1.0	3.0	5.0
MV(μm)	327.9	269.9	296.4	238.9
MN(μm)	60.33	60.68	56.5	54.65
MA(μm)	170.6	138.3	144	118.4
CS(m^2/cm^3)	0.035	0.043	0.042	0.051
D［50］(μm)	291.0	191.4	228.5	145.2
D［90］(μm)	796.5	766	802.1	729.7

注：MV，体积分布的平均直径，μm；MN，数分布的平均直径，μm；MA，面积分布的平均直径，μm；CS，计算的比表面积，m^2/cm^3；D［50］，累积曲线的累积 50%分布的粒子参数（中值直径），μm；D［90］，累积曲线的累积 90%分布的粒子参数，μm。

添加 **CTAB** 的 **ALE** 颗粒尺寸分布的详细描述　　　　　表 5-38

CTAB(g/L)	0	0.4	0.8	1.2
MV(μm)	327.9	300.1	135.2	217.5
MN(μm)	60.33	64.24	0.423	61.93
MA(μm)	170.6	174.5	6.64	146.1
CS(m^2/cm^3)	0.035	0.034	0.904	0.041
D[50](μm)	291.0	276.1	127.0	206.6
D[95](μm)	796.5	679.1	302.9	436.2

添加 **Triton X-100** 的 **ALE** 颗粒尺寸分布的详细描述　　　　　表 5-39

Triton X-100(mL/L)	0	0.1	0.15	0.25	0.40	0.75	1.0	2.0
MV(μm)	327.9	94.76	171.0	211.8	191.2	95.13	187.4	162.7
MN(μm)	60.33	0.415	79.89	71.80	75.40	65.45	77.57	78.56
MA(μm)	170.6	2.533	129.4	129.8	127.7	83.18	129.7	123.4
CS(m^2/cm^3)	0.035	2.369	0.046	0.046	0.047	0.072	0.046	0.049
D[50](μm)	291.0	80.33	146.0	145.4	142.0	87.05	144.5	135.9
D[95](μm)	796.5	268.4	359.9	604.3	489.8	167.4	458.4	360.7

本研究中使用的不同表面活性剂的性质　　　　　表 5-40

表面活性剂	类型	表面负荷(mV)	分子量(g/mol)	临界胶束浓度(CMC,25 ℃)	
				mmol/L	mg/L
SDS	阴离子	−49.9	288.37	8.2	2364.6
CTAB	阳离子	+61.5	364.45	0.89	324.4
Triton X-100	非离子型	NA	647.00	0.2	129.4

2. 相似相溶

表面活性剂也遵循"相似相溶"。藻酸盐和 3 种表面活性剂的化学结构如图 5-66 所示。藻酸盐的主要结构是与 SDS 和 CTAB 的结构相似的线性长链。因此，应该是"相似相溶"在这里起作用，从而促进了彼此的协同溶解。包括 ALE 生物聚合物在内的更多的线性长链多糖可以排出絮凝体并溶解到水相中，从而导致较高的 ALE 提取率。CTAB 的提取率提高是由于 CTAB（16C 原子）的烷基链结构比 SDS（14C 原子）的更长。

此外，如图 5-66 所示，带有苯环的 Triton X-100 的主要结构也与具有苯环状结构的藻酸盐聚合物的单体非常相似。这些结构相似的块可以溶解更多的藻酸结构，从而从污泥絮凝体中提取。而其他杂质，如蛋白质和腐殖质则保留在 EPS 基质中。因此，加入 Triton X-100 可以提高 ALE 的藻酸盐纯度。

3. 官能团的吸附作用

不同的表面活性剂包含许多不同的功能位点，包括疏水和亲水基团，它们通过静电、氢键或疏水作用与污泥絮凝体中生物聚合物结构中的官能团结合。因此，絮凝体上的吸附位点被占据，可以促进海藻酸钙生物聚合物从污泥基质中释放出来。Ca²⁺-Alg 被 Na⁺ 取代的机会将增加，并且不溶性 Ca²⁺-Alg 向溶解的 Na⁺-Alg 的转化效率为也得到了提升。

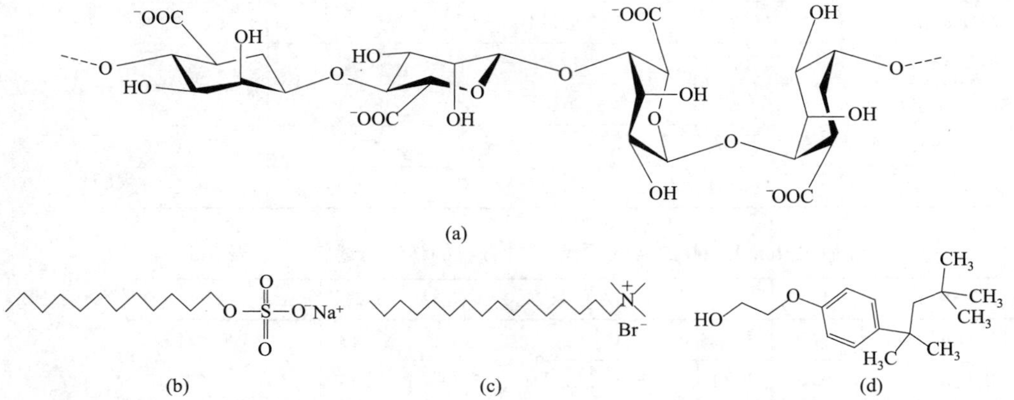

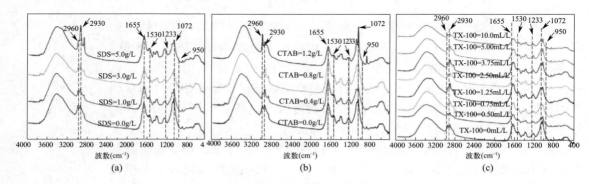

图 5-66   藻酸盐和 3 种不同的表面活性剂的化学结构

(a) 藻酸盐；(b) SDS；(c) CTAB；(d) Triton X-100

通过傅里叶变换红外光谱（FT-IR spectra）对官能团进行检测和分析，以分析相关机理，结果如图 5-67 所示。傅里叶变换红外光谱特征不同波段分配的详细信息在表 5-41 中列出。主要官能团的振动在一定程度上被削弱或加强，包括多糖在内的官能团（甲烯结构中 2931 cm⁻¹ 处的 CH 拉伸基团，1072 cm⁻¹ 处的 CH 平面弯曲振动基团）以及添加表面活性剂后 ALE 中的蛋白质相关官能团（酰胺 CO 在 1655 cm⁻¹，酰胺 NH 弯曲振动在 1530 cm⁻¹）。推测 ALE 官能团的位点被表面活性剂吸附和占据。吸附作用会使更多具有特殊官能团的 ALE 生物高聚物富集到水相中。这也许是为什么表面活性剂能够提高 ALE 的提取率和藻酸盐纯度。

图 5-67   添加不同表面活性剂的 ALE 的 FT-IR 光谱

(a) SDS；(b) CTAB；(c) Triton X-100

图 5-67 显示，过量的表面活性剂导致某些官能团的峰值振动发生明显变化，如 1233 cm⁻¹ 的酰胺 CN 伸缩振动和 2960 cm⁻¹ 的 CH 伸缩基团，说明

表面活性剂过量的两性官能团也可能与腐殖质、可溶性酪氨酸芳香蛋白、可溶性微生物代谢物（类蛋白化合物）等复合物质结合吸附，从而破坏其化学性质和（或）降低 ALE 萃取物藻酸盐量。不管怎么说，过量的表面活性剂对提取 ALE 的改进都会降低生物聚合物在未来应用中的经济价值。不同的表面活性剂与污泥絮凝体产生不同的相互作用，从而对 ALE 的提取产生不同的影响。与图 5-66 所示的 3 种表面活性剂的结构一样，它们之间最明显的区别是尾系配体的类型。由于 SDS 与硫酸基团的结合结束，较高剂量的 SDS 与硫酸基团会破坏 EPS 基体中的离子键和氢键等非共价键，从而完全破坏污泥絮凝物。

ALE 的 FT-IR 光谱特征（cm^{-1}）对应官能团　　　　表 5-41

波数（cm^{-1}）	振动类型	特征
950	O-P-O 伸缩	核酸
1072	C-H 平面弯曲	多糖
1233	C-N 伸缩，C-OH 伸缩	酰胺Ⅲ；多糖
1393	C-H 伸缩（CH_3 结构）	胺类和脂质类物质
1450	CH_3 弯曲，CH_2 伸缩	甲基、亚甲基
1530	C-H 伸缩，N-H 弯曲	酰胺Ⅱ
1655	C=O 伸缩	酰胺Ⅰ
2930	C-H 伸缩（CH_2 结构）	碳水化合物和脂质类物质
2960	C-H 伸缩（CH_3 结构）	碳水化合物和脂质类物质

CTAB 与季铵盐基团相连，可以吸附蛋白质和多糖的官能团，提高 ALE 的提取能力。此外，CTAB 的正电荷可以中和污泥絮凝体中的负电荷基团，从而破坏聚集体的稳定性。这些协同效应使 CTAB 在提高 ALE 提取性能方面的性能优于 SDS。

虽然非离子表面活性剂 Triton X-100 的吸附和结合能力较弱，但它也会破坏絮凝体中的脂质双分子层结构和大部分蛋白质分子。因此，污泥絮凝体会被分解，有利于 ALE 的提取。加入 Triton X-100 后，凝胶参与步骤（pH 调节至 2.2）后的上清液比其他两种表面活性剂颜色更褐，并且随着 Triton X-100 浓度的增加，颜色逐渐加深，这表明 Triton X-100 可以帮助分离其他杂质（如腐殖质）并提高 ALE 的藻酸盐纯度。

5.10.4 结语

采用表面活性剂可提高絮凝污泥中 ALE 的提取效果，并可提高 ALE 提取物的藻酸盐纯度。采用 3 种不同的表面活性剂（阳离子—SDS、阴离子—CTAB 和非离子—Triton X-100），展开实验，得出以下主要结论：

（1）SDS（3.0 g/L）、CTAB（0.8 g/L）和 Triton X-100（1.25 mL/L）是提高 ALE 提取率的最佳剂量，分别使得 ALE 提取量从 124.1 mg/g VSS 升高到 222.8，281.9 和 250.6 mg/g VSS，提取率提高了 79.5%、127.2% 和 102.0%，藻酸盐纯度从 50% 提高到 70%、54% 和 63%。

（2）根据质量比，3 种表面活性剂提取率（25%～28% VSS）的最佳剂量为 0.04 g/g SS（Triton X-100）＜0.06 g/g SS（CTAB）＜0.19 g/g SS（SDS）。

（3）在临界胶束浓度（CMC）下形成胶束时，表面活性剂通过增强表面活性剂的增溶和解吸，增强了 ALE 的提取效果。在 3 种表面活性剂中，Triton X-100 的 CMC 最低，因此提高 ALE 萃取效果的性能最佳。

（4）增强 ALE 提取效果的表面活性剂也可以遵循"相似相溶"。此外，Triton X-100 可以改善藻酸盐通过此规则纯化提取的 ALE。

（5）官能团的吸附作用也有利于提高 ALE 的提取和提高海藻酸盐的纯化，这在很大程度上取决于不同表面活性剂的不同官能团。

第 6 章　生态处理中的微生物及其鉴定

污水生物处理是一种人工强化的水体自净方法，依靠自然界富集生长的微生物对污水中有机物（COD）、氮（N）、磷（P）进行处理或回收，所以，污水生物处理属于生态处理的范畴。微生物是生物处理的主角，对其微观认识特别重要，这就像医学中研究病理对人的病因诊断和健康维护一样重要。然而，毕竟是微生物，我们的肉眼难以观测得到，不可能对其"号脉"式诊断是否生长正常、健康。传统诊断微生物健康与否的手段只能借水质或指示性生物（原、后生动物）判断大概，生物量也只能以总的生物量（污泥量）来衡量，并不能把握各种功能细菌乃至微型动物（原、后生动物）的种类和数量。因此，传统微生物判别方法就好像是"中医"，可以诊断出微生物一般性"疾病"，但难以判断出"疑难杂症"，并对症下药消除病根。客观上确实需要了解微生物"病理"，科学、系统地微观了解微生物及生理、生化特征。随着现代生物技术发展，特别是分子生物技术的进展，我们不仅可以微观上看到细菌的"身影"，还能准确鉴定其种类和数量，更可以借助于其他手段判断微生物活性大小，并针对性调整环境与营养需求来满足他们的生理、生化需求，以"调动"各种细菌"忘我"工作，提高水质的积极性。

本章内容首先介绍自然界无处不在的生物膜以及它们与水质净化的关系，继而说明蠕虫在剩余污泥减量方面的生态功效，亦对生物除磷中干扰聚磷菌（PAOs）的聚糖原菌（GAOs）富集与内源过程进行描述。微生物鉴定技术中，在综述高等微生物活性测定方法的基础上提出新的简便、快捷测定方法；通过 LIVE/DEAD 细胞活性检测技术演示测定细菌衰减特征的实验方法。最后，对近年在生物除磷菌中新发现的菌属——*Tetrasphaera* 菌（T 菌）之生物除磷机理与实际作用进行阐述。

6.1　生物膜与水净化

微生物生命力旺盛，只要有水或潮湿的环境，它们就会滋生。当附着在固体表面时，微生物便形成所谓的"生物膜"（Biofilm）。生物膜在环境中随处可见，地表水表面、饮用水管道、污水处理厂、船帮、桥墩、建筑表面、医疗器械，甚至牙齿上（附着菌斑），都有生物膜的存在。生物膜微观结构非常复杂，有孔状结构、沟渠结构、指状或珊瑚状突起结构；这些结构使生物膜具有很强的吸附能力。生物膜结构中的微生物主要由细菌、真菌、藻类、原生动物和后生动物等组成。

人们对生物膜的最初认识源于污水处理方面。19 世纪末，英国科研人员在单相滤料上喷洒污水进行净化试验取得了良好的净化效果。从此，作为生物膜反应器的生物滤池开始应用于污水处理实践。到 20 世纪 60 年代，因新型有机人工合成填料的广泛使用，生物膜技术得到了飞速发展。到了 20 世纪 70 年代，除了普通生物滤池外，生物转盘、淹没式生物滤池和生物流化床等技术都得到了比较广泛的研究、应用。

而到了今天，生物膜的影响已经被很多行业意识到，如船舶、管材、医药、食品等行业。其中，生物膜不仅在污水处理中具有对人类有利的一面，其存在对某些行业也具有相当的负面影响。如何妥善利用生物膜和解决它所带来的问题也已成为各行业普遍关心的问题。

环境中的生物膜是一把双刃剑。本节总结和分析环境中生物膜的利与弊，目的是使人们在利用生物膜的同时，也能时刻注意到它对日常生产、生活存在的潜在威胁。

6.1.1　生物膜的正面作用

生物膜的正面作用首推它在受污染水体修复、污水处理方面的应用。随着生物膜载体材料的发展和对生物膜构造的深入研究，生物膜技术将更加完善，不仅可应用于污水处理领域，而且有望应用于其他更广泛的领域。

1. 生物膜技术在河流修复中的应用

近年来，由于城市周围河流污染事故不断发生，生物膜技术有了新的用武之地。在河流水质修复方面，国外应用的生物膜技术主要有：砾间接触氧化法、排水沟接触氧化法、生物活性炭充柱净化法、薄层流法和伏流净化法等。而生物坝（Biodam）是近年来出现的一种较新的原位修复水体技术。生物坝的概念最早由美国 Lantec 公司提出，它是将生物接触氧化原理移植并应用于河流污染水体进行原位生物修复的一种技术。

所谓生物坝是指横跨污染河流、定位设置的生物膜净化设备。因其外观呈水坝状，故被称为生物坝。浸没在受污染水体中的生物坝内部装填有可供微生物栖息的特种针状球形填料，填料上不断增厚的生物膜不断与受污染水体接触，从而达到净化水质的作用。

当生物膜增长到一定厚度时，则会从塑料针头上自行脱落，保证了填料与生物膜接触表面微生物处于好氧状态，从而使生物膜始终保持旺盛的代谢活力。

图 6-1 显示了一种"全拦截式"生物坝，可将整个河道断面拦截。生物坝可由多个模块化的生物箱组装连接而成，可根据水面宽度和水深进行预先制作到现场组装。生物坝可根据受污染水体中有机污染物和氨氮浓度进行多级设置，直至达到最终修复水体的目的。

考虑有些河流兼具泄洪和航运之功能，随后又产生了"半拦截式"生物坝。上海某模拟河段，考察了生物坝对河水的修复效果，结果发现"半拦截式"生物坝处理效果并不比"全拦截式"生物坝差，且更为经济合理。

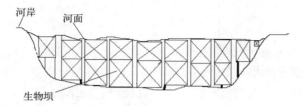

图 6-1 "全拦截式"生物坝

2. 生物膜法在污水处理中的应用

污水处理的主要目的是去除有机物、氮、磷，使出水水质达标。目前有效去除有机物、达到良好脱氮除磷效果的生物处理工艺较多，主要是通过在工艺过程中形成"厌氧－缺氧－好氧"这样的宏观环境来实现。生物膜因其独特的结构使膜从外向里依次形成"好氧－缺氧/厌氧"微观环境，这十分有利于氨氮硝化与亚硝酸盐（NO_2^-）反硝化，甚至可以实现厌氧氨氧化（ANOMMOX）反应（如，CANON 工艺）。目前，生物膜法用于污水处理的工艺有，生物滴滤池、曝气生物滤池、生物转盘、生物流化床、生物接触氧化法等。

各种技术的组合使用是未来生物处理的一个重要方向。Shin 等人希望通过移动床生物膜反应器（MBBR）和化学絮凝组合使用处理纺织废水。试验结果表明，单独使用 MBBR 时 COD 去除率高达 85%，色度去除率达 70%；后续再用化学絮凝，可继续提高 9.2% COD 去除率、27.9%色度去除率。

技术组合应用中，膜—生物膜反应器（MBfR）是一个极好的例子。Rittmann 指出，膜表面形成生物膜后，在确保不产生气泡的条件下，将氢气（H_2）传递至生物膜中；这种传递不仅迅速而且 H_2 利用率接近 100%，生物膜中的自养菌可以 H_2 作为电子供体还原 NO_3^-、ClO_4^- 和其他氧化态污染物。现已证明 MBfR 可用于饮用水处理和污水脱氮，降低地表水中高氯酸盐含量，减少硒酸盐、铬酸盐、三氯乙烯和其他一些新出现的污染物含量。

3. 生物膜指示剂的应用研究

金属普遍存在于自然界和人类环境中，最终通过各种方式和途径进入水体，如水土流失、大气沉降、火山喷发等。适量的金属对生命是有益的（如：铜、锌等），但是浓度过高就会对生命产生威胁。研究者发现，当藻类生物膜暴露于高金属含量环境中，会形成一种特殊的解毒机制，产生一种植物螯合物 PCn（Phytochelatins，如图 6-2 所示）。

该物质对金属有很强的亲和力，能将金属过量吸附于其上，使金属无害化，科学家们想通过这一特性反向地衡量水体中金属的污染状况。即以生物膜中的 PCn 作为指示剂，当生物膜中 PCn 含量高，说明该水域水中原有金属含量很高，而 PCn 变化方向与水体中金属含量变化方向正好相反。

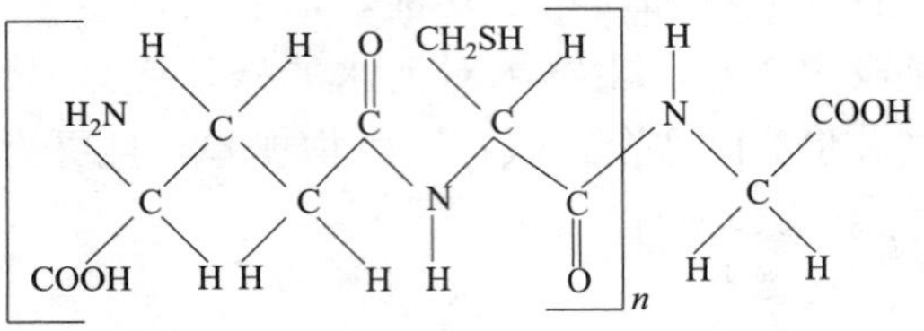

图 6-2　PCn
($n=2 \sim 11$)

　　Faucheur 与 Sigg 经实验发现，PCn 和铬、锌存在这样的关系，另外还发现了一个更具潜力的指示剂硫醇基（P3），它与很多金属都存在上述响应，但还需要进一步研究，弄清硫醇的作用以及确定它的结构。

　　不同藻类对金属敏感度、耐受程度不同，可能会引起生物膜群落大小、多样性的变化；Behra 希望根据这一特点，让生物膜群落大小、多样性成为金属胁迫指示性参数。

　　4. 生物膜对医学研究的启示

　　人体带有大量微生物，这些微生物形成的生物膜活性与人类健康息息相关。新型抗感染微生态制剂将着眼于增进有益的正常微生物生物膜活性，通过竞争营养、空间和产生微生物拮抗物质，特异性地抑制病原菌粘附、定植和在生物膜中的代谢，克服由于传统抗生素使用所引起的正常菌群失调、真菌感染和抗生素抗性等问题。

　　对生物膜的研究使微生物学发展迈出了重要一步，即认识到微生物可以多细胞的生命形式存在，具有比以往所理解的更为复杂的生命活动。同时，这一领域的研究将大大丰富人类控制细菌性感染的手段。当前，各种先进的生物技术被用于生物膜的研究，例如，利用报告基因和荧光探针了解生物膜中的基因表达；利用基因芯片和双向电泳技术比较生物膜细菌和浮游细菌基因表达和蛋白质组成的区别等。可以预见，随着对生物膜研究的深入，人类将能更好地控制细菌性感染问题。

6.1.2　生物膜的负面影响

　　1. 生物膜对材料的腐蚀

　　微生物易寄居于金属颗粒表面，这样也导致了金属表面的局部腐蚀。硫酸盐还原菌（Sulfate-Reducing Bacteria，SRB）是一类以有机物为养料的厌氧细菌。船体、热交换器、废水管线等环境中生长的生物膜中通常都有 SRB 的存在，很容易造成膜污染和生物腐蚀。

　　金属与水溶液相接触的表面生成生物膜。由于生物膜内微生物的存在和其生命活动而引起的腐蚀称微生物腐蚀（Microbiologically Influenced Corrosion，MIC）。当金属表面存在微生物膜时，金属表面/微生物膜界面的 pH、溶解氧的浓度、有机和无机物的种类和浓度都大大有别于本底溶液，生物膜内的反应改变了腐蚀的机理和速率。MIC 广泛存在于土壤、海水供水系统及油田环境，而且已经造成了不同程度的腐蚀破坏。据统计，许多严重的腐蚀破坏，70%～80%直接由细菌引起或者与细菌有关，其中特别重要的是硫酸盐还原菌（SRB）、铁细菌、腐生菌和硫细菌等。科学工作者经过研究和分析认为，腐蚀破坏的很大一部分是由硫酸盐还原菌引起的。

生物膜附着在各种材料上，不但腐蚀金属，在一些特殊的环境下（如：国际空间站），甚至威胁到宇航员的健康。有资料显示俄罗斯 Mir 空间站发现了生物膜的存在，这些生物膜严重威胁着宇航员的身体健康。

在油田注水系统中，SRB 引起的腐蚀要比其他任何细菌更为严重。据报道，1988 年在江汉油田 11 号油井中腐蚀油管内壁上发现一尚未穿孔的大蚀坑，坑内黑色腐蚀产物经分析为 FeS，含 SRB 达 $1.2 \times 10^5 \ g^{-1}$。SRB 的代谢产物 H_2S 极具腐蚀性，造成管壁坑穴穿孔，严重腐蚀注水井筒；有的油井投产仅四年，大部分管道就被迫更换，有的甚至半年即被穿孔。我国大庆、华北、中原等 9 个油田 20 世纪 80 年代中期管道报废率至少为 5.6%。

许多油田的地层水中都有含量较高的可溶性硫化物（SH^-，H_2S，S^{2-}）。这些硫化物长期与油箱、管线、阀门及油泵接触，使它们受到严重破坏。研究表明，仅由于硫酸盐还原菌（SRB）产生的硫化氢的腐蚀作用，石油工业的生产、运输和存储设备每年遭受的损失即达数亿美元。

很久以来防止生物污损的一个古老领域就是船体被微生物覆盖。在较高的生物组织如贝壳或类似物附着之前，总是生物膜先生长。据估计，美国海军每年为克服船体上生物膜造成的摩擦阻力而增加额外的动力燃料费用超过 5 亿美元。$100 \ \mu m$ 厚的生物膜就造成摩擦力的增加在 10% 以上。15 世纪就开始用铜外板来保护船体，为防止污染而不断努力，可至今未获得令人满意的成效。

在对能量迫切需求的今天，废水也成为一种有效的能源。Oskar 研究认为，在瑞士苏黎世的下水道系统中，降低水温 1 ℃，就能提供高达 8000 kW 的能量。瑞士已经实现将热泵与热交换器和下水道系统相结合，为居民提供热能。例如：瑞士的 Zurich-Wipkinge 将热交换器安装在下水道系统中，为超过 900 户居民提供热能。然而，由于废水中有充足的营养物质供微生物生长利用，它们在热交换器表面很快形成了生物膜，从而大大降低了热交换效率。

2. 生物膜对饮用水及食品工业的危害

在饮水输送期间，水的卫生和外观质量是供水一再面临的问题。一方面可能出现病原菌，另一方面可能产生微生物的大量繁殖。生物膜作为污染源和细菌生长基地在这一过程中起着十分重要的作用，由于它的存在往往造成净化过的水"二次污染"。同时，净化水的设备一般含有大表面颗粒物质，特别适宜于生物膜的生长，从而影响净化效果。

在食品加工过程中，由于生产设备卫生状况存在问题，容易诱发生物膜生长，它们在无机或者有机材料上富集，使得细菌大量繁殖；生物膜上可聚集很多病原菌，脱落时会进入其他环境中（如，食品表面）。

现已检测到在生产食品的环境中存在很多细菌，如假单胞菌、埃希氏大肠杆菌、沙门氏菌等。这些生长在生物膜上的细菌很难去除，并且由于生物膜的作用，这些细菌能增加对抗生剂和消毒剂的抗性。

3. 生物膜在医药方面的负面影响

（1）医疗器械污染

现代医学技术的发展使诸多医疗器械应用于临床疾病诊断和治疗，例如，中心静脉导管、人工心脏瓣膜、导尿管、子宫节育环、隐形眼镜等，这些器具为疾病救治和预防提供了多种手段。但是，一个不容忽视的问题是伴随这些器械的使用所引发的细菌感染。研究表明，细菌能粘附大多医疗器械的材料表面并形成生物膜。

（2）痤疮

痤疮是一种常见的多因子毛囊皮脂腺卵泡功能紊乱，该症状是由宿主对 *Propionibacterium acnes* 的响应引起的。治疗痤疮的主要办法是使用抗生剂，如红霉素、四环素等。但通常很难治愈或是治愈之后留下疤痕和色素。有实验表明，皮肤中 *P. acnes* 菌株的数量增多会对这些抗生剂产生抗性。现已确定很多人类感染病致病机理是由于细菌生物膜的存在，*P. acnes* 菌株能形成生物膜，并寄居其上，从而对抗生剂产生了抗性。这对治愈痤疮增加了难度。

（3）牙菌斑

牙菌斑是龋病与牙周病的始动因素，主要由黏性基质和嵌入其中的细菌构成，是一种典型的生物膜结构和有序的微生态系统。细菌形成生物膜后，它们的生物学性状发生很大改变，毒性大大增加，对各类抗生素作用的敏感度下降，对宿主的免疫抵抗力增强。研究发现生理状态下，生物膜的细菌比浮游状态下的同种细菌具有更强的耐药性、毒力和对抗宿主免疫防御的能力，能在宿主抑菌成分中代谢生存。

6.1.3　结语

任何事物的产生和发展给人类社会带来的影响都是正反两方面的，环境中的生物膜也不例外。生物膜在污水处理以及河流水质净化等方面具有积极的水环境保护作用。同时，生物膜也存在着相当的负面影响，这些负面影响不仅危及人的饮水与食品健康、安全，而且还会腐蚀管道和船体等金属材料。

随着对生物膜形成机理和结构模型的深入研究，人们不仅能积极利用生物膜的正面作用为生产、生活服务，而且也可以对生物膜的负面影响进行科学、合理的控制。

6.2　蠕虫与污泥减量

众所周知，活性污泥法处理污水会产生大量剩余污泥。由于剩余污泥中重金属、病原菌以及有机微污染物的存在，使得传统土地利用污泥的做法越来越受到学者与公众的质疑。因此，焚烧往往成为荷兰等欧洲国家处理污泥的最终选择。然而，由于污泥含水率高使污泥焚烧前不得不进行浓缩和脱水等预处理，再者，小型污水处理厂往往需要将浓缩、脱水后的污泥外运至污泥焚烧厂（或垃圾焚烧厂）做集中处置，所以，污泥焚烧的综合成本一般均维持在高位运行，目前阶段还难以获得普及推广。估算表明，剩余污泥处理、处置费用通常高达整个污水处理厂建设和运行总费用的 50%～60%。因此，研发低成本、可操作的污泥减量技术一直为各国研究人员津津乐道。

正因如此，一种利用自然生物链原理，通过水生蠕虫利用并削减污泥的技术便应运而生。通过蠕虫实现污泥减量，也是利用生物学原理实现变废为宝的一种有效途径。一方面，蠕虫能使污泥中干物质含量降低，污泥体积减小，达到污泥减量的目的。另一方面，生成的蠕虫具有良好的利用价值，可以作为鱼的饵料（鱼虫）。

水生蠕虫种类众多，其中，适用于污泥减量的目前发现有 *Aeolosomatidae* 族、*Tubificidae* 族（含 *Naidinae* 族）和 *Lumbriculidae* 族。最新试验发现，游泳型 *Annelida* 蠕虫（*Aeolosomatidae* 族和 *Naidinae* 族）生长难于控制，且对污泥减量效果不稳定，使之工程应用前景未卜。而附着型蠕虫——*Lumbriculus variegatus*（水生，也称夹杂带丝蚓，*Lumbriculidae* 族，寡毛纲，*L. variegatus*）由于生长稳定，污泥减量效果好而日益受到研究人员的高度关注。

L. variegatus 蠕虫虽广泛存在于欧洲和北美淡水与海底之中，但亦在世界范围内广泛存在。在我国，这种蠕虫多见于黑龙江、江苏、江西、湖南、广西、西藏等省份（自治区）。

6.2.1 *L. variegatus* 蠕虫一般习性

L. variegatus 蠕虫表观为红色，属 *Lumbriculidae* 族、寡毛纲类微型动物，平均长 4～6 cm（最长者达 17 cm），直径约 1.5 mm，如图 6-3 所示。

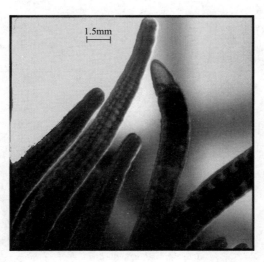

1.5mm

图 6-3 *L. variegatus* 蠕虫形态图

在污泥中生长时，*L. variegatus* 湿重（mg）与其长度（mm）之比大约为 55%。*L. variegatus* 以头部向下方式在沉淀物中猎食，以尾部向上方式呼吸氧气。*L. variegatus* 大量出现与其栖息地的污染程度（营养水平）呈负相关性。因此，*L. variegatus* 在污水处理过程中很少出现。*L. variegatus* 最适宜的生存温度在 20～25 ℃，腐烂的植物残留物、细菌、真菌等则是其主要食物来源。*L. variegatus* 几乎都通过裂解方式进行繁殖，其世代时间为 14～40 d。

6.2.2 *L. variegatus* 蠕虫污泥减量潜能评价

污泥中存在运动型 *L. variegatus* 蠕虫时，其消耗并减量污泥通常是通过 3 种同步作用的综合结果：① *L. variegatus* 消耗污泥固体，生成新的蠕虫、CO_2 及排泄物；② O_2 自由扩散造成的污泥自然消化；③ 由于蠕虫扰动作用使 O_2 额外输入造成的附加自然消化。

为了评价 *L. variegatus* 对污泥消化的作用与影响，荷兰研究人员进行了批试验研究，试验结果示于图 6-4。图 6-4 显示，*L. variegatus* 介入污泥后，使污泥（自然）消化速率至少提高了 1 倍。剩余污泥消化完成后，污泥最大减少率在 50％ 左右，其中，*L. variegatus* 的直接贡献（捕食）率仅占 1/3（17％），而其余 2/3（33％）则是由污泥自然消化所致。虽然 *L. variegatus* 并没有影响污泥减量的最终结果，但是由于 *L. variegatus* 介入污泥，使污泥消化进程大为缩短，从无 *L. variegatu* 试验（对照试验）的 30 d 陡然缩短至 *L. variegatus* 介入试验的 10 d 以内。蠕虫介入污泥的消化全过程及 *L. variegatus* 增殖物料平衡如图 6-5 所示。

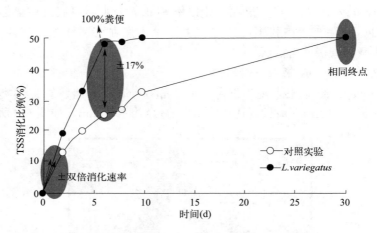

图 6-4 *L. variegatus* 消化剩余污泥批试验及对照试验结果

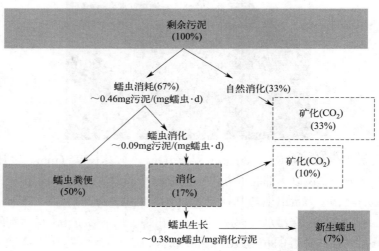

图 6-5 *L. variegatus* 消化剩余污泥批试验物料平衡

图 6-5 表明，*L. variegatus* 对剩余污泥的平均消耗和消化速率分别为 0.46 mg 污泥/(mg 蠕虫·d) (67%) 和 0.09 mg 污泥/(mg 蠕虫·d) (17%)。在蠕虫所消化的 17% 污泥量中，平均蠕虫产率为 38%，即蠕虫消化 1 mg 剩余污泥会有 0.38 mg 新增殖蠕虫生成。蠕虫含有高蛋白质，可以作为鱼的饵料（鱼虫）被利用。蠕虫粪便由于形态紧凑、密度高，所以具有比剩余污泥沉降速率快的优点。试验表明，蠕虫粪便 SVI（污泥容积指数）较低，大约为 60 mL/d。但采用 CST（毛细吸水时间）方法进行试验研究时却发现，蠕虫粪便脱水能力并不比剩余污泥好很多。然而，这一测试结果未必准确，也许用 CST 方法考察蠕虫粪便脱水性能并不适宜。

为了利用 *L. variegatus* 进行污泥减量试验，荷兰研究人员设计了如图 6-6 所示的反应器，用之进行序批式试验。试验时底物添加充足，1 d 为一个试验周期。反应器由含有剩余污泥和蠕虫的烧杯（反应器）组成。倒置的烧杯敞口端填有载体，蠕虫可通过载体向杯外伸出尾部；将倒置的烧杯反应器放入水容器之中（部分淹没）。因为 *L. variegatus* 用头进食，用尾部呼吸并排泄粪便，所以，需对水容器进行曝气。以这种方式，*L. variegatus* 得以在载体中固定，其头部位于污泥反应器（烧杯）中，尾部则伸入反应容器水中；反应器端口的载体起着支撑蠕虫生长以及使剩余污泥与蠕虫粪便分离的双重作用。

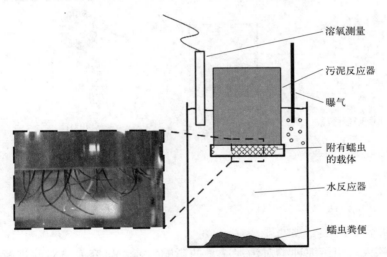

溶氧测量
污泥反应器
曝气
附有蠕虫的载体
水反应器
蠕虫粪便

图 6-6　序批式试验反应器结构图

蠕虫反应器试验结果如图 6-7 所示。图 6-7 显示，与不含蠕虫的对照试验相比，含有蠕虫的反应器中污泥减少量是对照试验的 3 倍。与之前批试验相比，此试验污泥的消耗、消化和粪便产生速率较低，蠕虫产率也很低，说明蠕虫反应器对污泥的减量效果并不十分理想，同时也表明蠕虫固定等条件会对污泥消化作用产生较大的影响。因此，如何在工程应用中选择最佳的运行条件是该技术成功运用的关键所在。

6.2.3　*L. variegatus* 应用于大规模连续系统要点分析

L. variegatus 应用于大规模连续系统存在 6 方面考虑因素：剩余污泥、反应器、蠕虫粪便、新生蠕虫及出料（图 6-8），总结如下。

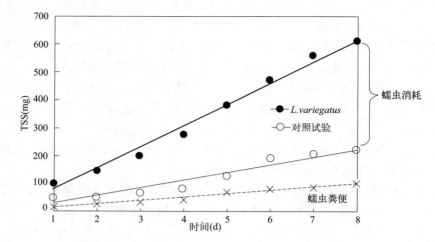

图 6-7 *L. vari-
egatus* 消化剩
余污泥序批式
试验与对照试
验结果

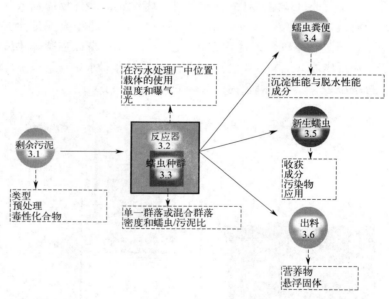

图 6-8 *L. vari-
egatus* 应用于
大规模连续系
统 技 术 因 素
分析

1. 剩余污泥

（1）污泥种类、预处理

为深入认识污泥种类对污泥减量的影响，荷兰研究人员对此进行了试验研究。结果显示，*L. variegatus* 几乎能够利用所有种类剩余污泥（市政污泥和非市政污泥）；污泥絮体尺寸并不是污泥吸收、消化及蠕虫增长的限制性因子。然而，*L. variegatus* 对市政剩余污泥消化及相应增长速率（以蠕虫质量和数量计）高于啤酒厂剩余污泥（非市政污泥）；啤酒厂剩余污泥虽能被利用但却几乎不能获得消化，且常会出现 *L. variegatus* 负增长现象。因此，污泥种类不同对消化速率大小会产生一定的影响。对最常见的两种市政污泥进行线性回归分析显示，消化速率变化与试验时间、温度、蠕虫密度、W/S（蠕虫/污泥，以干物质计）、pH 及剩余污泥的灰分比例无关。可见，不同污泥种类之间消化速率的变化可能由未知的污泥组分所引起，像可消化性、难降解性及有毒化合物等都属于污泥组分关键因子。对剩余污泥组分的研究表明，有机部分的分解是造成污泥减量的主要原因，这使蠕虫粪便中灰分比例亦相应增加，而污泥中蛋白部分则是 $L.variegatus$ 消化的主体，但高蛋白却并非与高消化速率密切相关。剩余污泥中细菌活体缺乏会抑制 $L.variegatus$ 繁殖率，但并不至于对污泥消化及蠕虫生长产生重大影响。

污泥自然消化和蠕虫消化（含被强化的自然消化）结合与仅污泥自然消化相比虽并未改变剩余污泥消化比例的终点，但用好氧/缺氧消化组合却得到了提高污泥消化比例的效果，且与消耗污泥高等微生物组合可能会使消化比例进一步增加。理论上讲，用预消化（如，堆肥或厌氧消化）或超声预处理污泥喂养蠕虫对减少剩余污泥量具有一定优势，而实际上，若不将氨气（NH_3）吹脱，消化比例难以提高，这是因为 NH_3 对 $L.variegatus$ 具有毒性。此外，厌氧预处理也会导致细菌活体数量降低。

可见，$L.variegatus$ 对消化市政剩余污泥具有较大潜力，但对非市政污水剩余污泥的消化作用尚需进一步探索。

（2）污泥中毒性物质

剩余污泥中往往含有大量对微生物具有毒性的物质，这些毒性物质通过污泥中食物链和蠕虫表皮传递会在蠕虫体内富集，毒性物质达到一定阈值浓度就会对蠕虫生存造成威胁。由于 $L.variegatus$ 是毒性和生物富集作用分析常用的标准测试微生物，所以有关 $L.variegatus$ 构成毒性作用的数据文献中已有大量报道。有关研究人员已对毒性对 $L.variegatus$ 生长、生存、繁殖、颜色、进食、黏液分泌等造成的影响进行了大量研究。到目前为止，仅发现缺氧条件下出现的氨氮（NH_4^+/NH_3），特别是 NH_3，对 $L.variegatus$ 具有毒性；在 pH 为 8，NH_3 仅为 2 mg/L 时就会使 $L.variegatus$ 大量死亡。在具有脱氮工艺的曝气池中，NH_3 浓度本不应超过 2 mg/L。此外，高 pH、高温亦会增加 NH_3 在总氨氮中的比例。通过污泥消化速率与蠕虫增长率的变化可以对未知毒性化合物和亚致死化合物的存在做出某种暗示。

2. 反应器

（1）位置选择及载体作用

$L.variegatus$ 可以在一个单立的、盛有剩余污泥的反应器中直接应用，而将其直接应用于曝气池似乎并不是最理想的选择，因为蠕虫需要和剩余污泥紧密接触，应尽量避免扰动及蠕虫的流失。网眼和海绵状载体似乎是较好的选择，这些载体能为蠕虫富集和收获带来便利。为了增大蠕虫、污泥接触面积之比，减小反应器尺寸，运用多层载体具有明显优势。为了使蠕虫数量稳定，应尽量稳定进泥与出料量。研究人员发现，与静态系统相比，在污泥不断更新的系统中，$L.variegatus$ 增长率较高，这是由杂物去除和曝气强化效果所致。

（2）温度、O_2、光等条件

试验结果表明，$L.variegatus$ 适宜在温和条件下生存，最佳温度为 15～25 ℃，一般不应超过 30 ℃，也不应低于 5 ℃。

在温度为 10～20 ℃ 的好氧条件下，$L.variegatus$ 的呼吸速率为 1.2～

2.7 g O_2/(kg 干重・h)。通常，增大 O_2 浓度会使 L. variegatus 的呼吸速率升高，同时，污泥消化速率亦相应增加。L. variegatus 在缺氧条件下也能存活，因此，L. variegatus 被认为是一种兼性厌氧微生物（此定义为微生物学定义，即微生物既能在好氧又能在厌氧条件下生存，此定义中"厌氧"即为水处理中常说的"缺氧"），但缺氧条件下其进食速率减慢，且面临 NH_3 的生成。因此，蠕虫尾部与 O_2 接触至关重要，并且应尽可能提供较高的 O_2 浓度。通过对剩余污泥曝气可以供 O_2，但最好的方式应是自然利用空气中的 O_2。到目前为止，关于 L. variegatus 生存的最佳 O_2 浓度尚不明确，但研究人员通常将 L. variegatus 所需的溶解氧（DO）浓度至少维持在 6 mg/L。

由于 L. variegatus 的本质特征使污泥反应器并不需要额外输入光能，这是因为较暗的环境与它们的自然生存条件更为接近。研究人员发现在市政污水处理厂中，O_2 消耗量随着蠕虫数量增加而减少，这可能是由于蠕虫及减量后污泥净 O_2 消耗量小于无蠕虫时污泥 O_2 消耗量。研究人员亦指出，活性污泥自然呼吸速率为 $4\sim8$ g O_2/(kg TSS・h)，而 L. variegatus 呼吸速率显然远小于此值，故蠕虫的存在将使污泥消化需 O_2 量大幅降低。

3. 蠕虫种群

(1) 单一群落/混合群落

在污染水体中，水生蠕虫经常以混合群落形式存在。混合群落和单一群落相比可能具有较大优势。虽然在混合群落中 L. variegatus 消化速率并未增加，但增长速率却有所提高，且对毒性化合物的敏感性也会降低，不利条件可能不至于影响蠕虫总数。

无论是单一群落还是混合群落，水生蠕虫都是许多生物的食物来源，这些生物在活性污泥系统中广泛存在。研究表明，这些生物每天能消耗众多蠕虫，因此，在有限体积的反应器中，这些捕食者的大量存在可能会使蠕虫面临减少的危险。

(2) 蠕虫增长速率、密度、蠕虫/污泥比

试验研究发现，L. variegatus 平均质量增长速率与数量增长速率分别为 $2\%\sim5\%$ d^{-1} 和 $1\%\sim2\%$ d^{-1}。在污泥连续供应的反应器中，直到蠕虫密度和食物供应达到平衡时蠕虫数量才会停止增加。通过定期收获蠕虫与调整污泥量可以对蠕虫污泥比与蠕虫总数进行调节，在对污泥消化与蠕虫增长速率没有造成消极影响的前提下，蠕虫污泥比和蠕虫总数越高越好。在无载体试验的沉淀物中，L. variegatus 密度一般不超过 12000 个/m^2，即大约 0.1 kg 湿重/m^2。采用海绵状载体进行试验的结果表明，沉淀物中 L. variegatus 密度为 $120000\sim132000$ 个/m^2，即 $1.0\sim1.1$ kg 湿重/m^2，与用网眼状载体试验得出的结果类似，但也有研究结果显示出 217000 个/m^2 的试验结果。试验亦表明，密度为 $39000\sim139000$ 个/m^2，蠕虫污泥比为 1.5 左右时就会对蠕虫消化与蠕虫增长率产生消极影响，这可能是由于像 NH_3 等积累及污泥（食物）不足。然而，在连续系统中，这一缺陷可以通过提供足量的污泥、O_2 以及动态流动来加以克服。

4. 蠕虫粪便

(1) 沉淀与脱水性能

蠕虫粪便沉淀能力的提高将使污泥后续处理的体积减小，而其脱水能力是否能得到改善尚需进一步研究，因为它是污泥处理的重要因素之一。

(2) 成分

蠕虫粪便与剩余污泥相比无机物质含量较高、蛋白质含量较低。虽然蠕虫粪便有机物质含量仍相对较高(70%左右)，但对其进一步消化似乎作用不大，因此，粪便回流并无实际意义。钙、铜、铬、镍、铝、锌并没有通过生物富集作用在 *L. variegatus* 体内形成大量富集，而粪便中出现较高含量的这些重金属可能是由这些重金属结合于排泄粪便中的有机物所致。蠕虫中重金属含量较低便增加了其回收利用的价值，但是，蠕虫粪便若重金属含量偏高最后便不得不采用如焚烧等方法作终极处理。

5. 新生蠕虫

(1) 收获

L. variegatus 易于从剩余污泥中分离，用 300 μm 的筛子筛分即可达到蠕虫与污泥完全分离的目的，即使网孔尺寸稍大也能获得理想的效果。最近，一种纯种活体蠕虫的收获方法得到了发展。在美国，*L. variegatus* 作为一种较好的鱼饵而被居民在庭院观赏鱼池中广泛使用，其价格可高达 15 美元/kg 湿重。可见，若能使 *L. variegatus* 应用于污泥减量的实践变成现实，必将具有潜在的商业价值。

(2) 成分

剩余污泥蛋白质与灰分含量通常为 32%～41% 和 12%～41%。而 *L. variegatus* 的蛋白含量更高，灰分更低，因此，*L. variegatus* 可作为一种有价值的资源加以回收利用。然而，*L. variegatus* 因消耗污泥也会导致蠕虫体内磷含量偏低，剩余污泥磷含量范围在 3%～11%，而 *L. variegatus* 仅为 2%。剩余污泥和蠕虫的热值大体相同，均为 5 kcal/g 干物质。

(3) 污染物

因为剩余污泥中含有污染物，污泥被 *L. variegatus* 消耗后也可能含有污染物，如重金属、微污染物、寄生虫等。

试验表明，*L. variegatus* 中铜、铬、镍、铅的浓度比剩余污泥要低，仅有钙和锌的浓度有时会由于生物富集作用高于或等于剩余污泥。污泥的基本成分、未知特性及蠕虫体内的调节机制也可能影响蠕虫体内的重金属含量。重金属在蠕虫体内储存是一个有趣的研究课题，研究人员发现，重金属常储存于蠕虫黄色组织中，这种选择性储存机制使金属从蠕虫体内去除成为可能。

L. variegatus 亦可以通过生物富集作用富集微污染物，其机理与重金属类似，包括微污染物在组织中的储存，即减少了含有微污染物的化合物毒性，这已在试验中得到了证实。与重金属类似，微污染物的生物富集和毒性作用也取决于其与污泥中何种成分相结合。

L. variegatus 是寄生虫的寄生体，但在污水处理厂中寄生虫数量多少尚

不清楚。

(4) 实际应用

理论上说，无论是 *L. variegatus* 个体还是 *L. variegatus* 组分都可以加以利用。因为 *L. variegatus* 以剩余污泥为食，所以，生物体内污染物含量在利用 *L. variegatus* 时是不得不考虑的因素之一。

L. variegatus 除可作为鱼食外，扁虫、龙虾、小虾、昆虫幼体、爬虫等也能以 *L. variegatus* 作为食料。研究人员发现，*L. variegatus* 以活体或干食形式作为鱼食的潜力巨大。但是，由于 *L. variegatus* 食物中可能含有污染物，它们会通过食物链逐渐传递到鱼体内，所以，污染物含量偏高时可能会对鱼的生长产生不利影响。因此，只有在污染物浓度足够低，没有影响鱼类健康时，以剩余污泥为食的 *L. variegatus* 才可能是鱼类及其他动物的适宜食物。

另外，如果活体蠕虫可以达到组分恒定与食物来源明确的要求，便可以作为毒性测试生物。除此之外，*L. variegatus* 也能以捕食者的角色进行鱼类的节食研究或作为鱼类药物传递的载体。

除了将蠕虫个体直接应用之外，在经济允许的前提下，亦可以提取蠕虫组分单独使用。研究人员已经试验了从附着型颤蚓中提取蛋白质用作衣料、表面活性剂与胶水的可行性。他们也对其作为农业化学品载体的可行性进行了展望。由于 *L. variegatus* 的组成与附着型颤蚓类似，所以，他们的生物性质与提取物也应类似。生物塑料亦是蠕虫蛋白质组分的应用之一。氨基酸也具有较大的商业前景。

6. 出料：营养物和悬浮固体

试验结果表明，*L. variegatus* 消化污泥释放的 NH_4^+（0.002～0.07 μg N/(mg TSS·h)）高于依据 TSS 消化比例预期的结果，这可能是由蠕虫捕食硝化细菌或蠕虫释放 NH_4^+ 所致。*L. variegatus* 消耗污泥后更多溶解性或胶体物质的形成可能会使液体表层更加混浊。

6.2.4　*L. variegatus* 应用于污水处理厂污泥减量可行性分析

虽然上述来自批试验的结果并不能直接放大至一个大型的连续系统，但它们却为建立反应器的可行性奠定了技术基础。

在荷兰，100000 人口当量的污水处理厂剩余污泥产量大约为 5300 kg TSS/d。由图 6-5 可知，使上述污泥消化 50% 需要蠕虫干重 11520 kg（88615 kg 湿重），同时，会有 371 kg（干重）蠕虫（湿重：2854 kg）产生。反应器体积由最佳的蠕虫密度和载体层数确定，例如，蠕虫密度为 100000 个/m²（1 kg 湿重/m²）时，需要反应器表面积为 88615 m²；若载体为 30 层（每层间隔 5 cm）时，需要的反应器体积为 4431 m³，表面积为 2954 m²，这大约为荷兰污水处理厂曝气池表面积的 30%。可以借此对这一工艺的经济合理性进行估算，以污泥处理成本为 300 欧元/(t·TSS)，反应器投资成本为 300 欧元/m³ 计，如果新生蠕虫售价为 2 欧元/kg 湿重，3.6 年即可收回反应器投资成本。目前，研究人员已对如图 6-6 所示的反应器进行了研究，发现蠕虫密度大约为 200000 个/m^2。

L. variegatus 应用于连续系统尚有一些未考虑的潜在利益，如污泥沉淀和脱水性能的改善、污水处理厂污泥处理设备的减少等都可能带来可观经济效益。另外，CO_2 排放量及污泥外运减少也具有较大的环境效益。然而，由于蠕虫粪便中有机物含量与剩余污泥相比较低，所以，若对其粪便厌氧消化，所产生甲烷产量可能较低。

L. variegatus 应用于污水处理厂污泥减量时需对蠕虫消化污泥反应器、曝气等进一步研究。显然，对没有厌氧消化池、剩余污泥不得不外运处理的小型污水处理厂，L. variegatus 应用颇具优势。

6.2.5 结语

L. variegatus 应用于污泥减量具有一定潜力，这不仅能减少剩余污泥量，还能生成具有良好商业利用价值的高蛋白——蠕虫。蠕虫粪便沉淀性能良好，SVI 低（60 mL/g），易于进一步后续处理。由于部分有机物质合成蠕虫组织或富集于蠕虫之中，使有机物质氧化比例大为降低，导致 CO_2 排放量减少。作为一种潜在的污泥减量技术，L. variegatus 显然对小型污水处理厂更具有应用前景。

由于污泥中污染物可能会通过蠕虫→鱼→人常规食物链传递到人体内，故以剩余污泥为食的 L. variegatus 作为鱼饵是否可行尚不明确，同时，由于目前 L. variegatu 污泥减量技术尚不成熟，应用于大规模连续系统的最优条件也不十分清楚，所以，仍需要进一步探索研究，以求取得技术突破，从而尽早达到工程应用最优运行效果之目的。

6.3 聚糖原菌富集与内源过程

所谓内源过程，是指细菌内部代谢过程以及细菌之间，细菌同高等微生物、病毒之间相互作用过程，包括内源呼吸、细胞维持、死亡—再生（即，隐性生长），以及由于高等微生物捕食、病毒感染和其他因素（如，饥饿、毒性物质和自身衰亡等）所造成的细胞衰减等，这些过程通常会对活性污泥系统各个方面造成影响。内源过程影响活性污泥系统微生物群落、系统处理能力、效率和稳定性。因此，深入认识微生物内源过程对优化系统运行具有举足轻重的作用。细胞衰减是微生物内源过程的一个重要组成部分，由于其具有与系统中生物量多寡直接相关的特点，故而日益受到人们的关注。

所谓细胞衰减，是指那些能够引起生物体总量减少或导致生物体活性降低的过程，可分为由细胞死亡引起的数量衰减和由细胞活性降低引起的活性衰减两部分。近年来，随着生物营养物去除（BNR）工艺的应用，对细菌衰减速率测定，特别是对与营养物去除密切相关的硝化细菌（氨氧化细菌：AOB；亚硝酸盐氧化细菌：NOB）与聚磷菌（PAOs）衰减速率的测定，越来越受到专家学者的重视。由于聚糖原菌（GAOs）能与 PAOs 在厌氧条件下争夺有机底物，继而影响 PAOs 的好氧/缺氧吸磷过程，因此，除磷系统中 GAOs 的存在可能导致除磷效果恶化，甚至崩溃。已有研究表明，强化生物除磷系统（EB-PR）中 GAOs 滋生是引起系统运行不稳定的主要原因之一。为此，研究 GAOs 的内源特征，测定其衰减速率十分必要。

目前，已有研究人员对硝化细菌和 PAOs 的衰减速率进行过实验测定，而对 GAOs 而言，虽然许多研究人员也已经通过数学模型校正方法得到了其衰减速率校正值，但是，由于缺乏适当方法，目前几乎还没有研究人员对其进行过实验测定。显然，对 GAOs 衰减速率认识不足将会成为今后 EBPR 运行优化的障碍，特别是当数学模拟技术已成为当今运行优化的一种强有力工具的情况下。

在活性污泥系统中，饥饿状态是引起细胞衰减的一个主要原因。在饥饿状态下，细菌细胞通常会采用一些方式应对这种不利的生存状态。细菌可能会调整自身代谢过程，降低活性以减少维持能量需求，于是，出现活性衰减现象（紧迫反应）。细菌也可能会启动程序化细胞死亡（PCD），以维持部分细菌细胞的活性，从而避免整个种群在竞争中失去优势，呈现出数量衰减的特征。同时，活性污泥系统中高等微生物捕食、病毒感染以及其他因素（如，温度、pH 和毒性物质等）也会对细菌生存和活性造成一定影响。

然而，细菌究竟以哪种应对方式为主，或者细菌是同时利用、还是顺序利用这些应对方式？这些问题目前均尚不明确。为弄清这些问题，就必须对细菌衰减特征进行实验研究和定量分析。对 GAOs 而言，首先是如何获得对它们的富集培养。本研究首先利用厌氧-好氧序批式反应器（SBR）系统，通过控制温度与进料中 COD：P 比值，成功对 GAOs 进行了富集培养。在获得纯度较高 GAOs 的基础上，采用挥发性脂肪酸（VFA）吸收速率（VFAUR）测定、荧光原位杂交技术（FISH）以及 LIVE/DEAD 细胞染色技术，对 GAOs 在好氧环境下的衰减速率进行了实验测定。同时，计算分析了 GAOs 分别因细胞死亡引起的数量衰减和因细胞活性降低引起的活性衰减在其细胞总衰减中所占比例。期望借此研究，加深对活性污泥系统中 GAOs 衰减特征的认识。

6.3.1　材料与方法

1. GAOs 富集 SBR 系统

GAOs 富集培养系统为一厌氧-好氧交替工作的 SBR 系统。SBR 反应器总体积 5L，工作体积 4L，工作周期 6h，每天 4 个运行周期。一个运行周期分进料（5 min）、厌氧反应（125 min）、好氧反应（158 min）、排泥（2 min）、沉淀（60 min）和排水（10 min）6 个阶段。进料阶段，反应器内搅拌叶轮开始搅拌（搅拌速度 150 r/min）；在泥水保持充分混合状态下，2 L 人工配水由蠕动泵抽入反应器。厌氧环境由微生物即时消耗水中溶解氧（DO）实现；为防止厌氧反应过程中空气进入反应器，反应器需进行特殊密封处理。在好氧反应阶段，进气阀由计算机控制自动打开曝气，曝气量为 2 L/min。排泥阶段，每个周期约排出 83 mL 混合液，使该系统污泥龄（SRT）保持在 12 d。该系统运行时的水力停留时间（HRT）为 12 h。

GAOs 富集 SBR 系统运行中所有阶段都通过水浴设备自动控温，温度被维持在 $30\pm0.5\ ℃$，以使 GAOs 更好富集。系统内安装有 pH 和 DO 电极。系统 pH 被控制在 7 ± 0.05。当 pH 因混合液发生反应而变化时，系统会根据电极感应信号在计算机控制下自动加入适量 0.5 mol/L NaOH 和 0.5 mol/L HCl 溶液，以维持系统内基本恒定的 pH。DO 电极用于监控反应器内 DO 变化；厌氧阶段 $DO\leqslant0.1$ mg/L，好氧阶段 $DO\geqslant3$ mg/L。系统中以上所有这些在线检测数据都由控制计算机记录、存档。

GAOs 富集 SBR 系统接种污泥来自于实验室内一小试规模 BNR 系统。实验进水采用人工配水。因为进水中的铵离子（NH_4^+）会被氧化为亚硝酸盐（NO_2^-）和硝酸盐（NO_3^-），并由此破坏系统厌氧条件，所以，在进水中添加了硝化抑制剂（ATU），以抑制硝化反应的发生。此外，由于 K_2HPO_4 与 KH_2PO_4 会与 Ca^{2+} 和 Mg^{2+} 发生反应，故进料必须分为两部分投加：1L 溶液 A 和 1L 溶液 B，具体进水组成见表 6-1。其中，COD 进水浓度为 800 mg/L，P 进水浓度为 8 mg/L，这就使得进水 m（COD）：m（P）=100，为 GAOs 富集培养创造了第二种必要环境条件。GAOs 富集 SBR 系统在污泥接种约 120 d 后达到稳态运行。此时，混合液悬浮固体（MLSS）浓度为 3120 ± 40 mg/L，VFA、糖原（Gly）等在多个运行周期内的各自浓度变化曲线趋于一致，预示着 GAOs 富集培养成功。

GAOs 富集 SBR 系统进水组成　　　　　表 6-1

溶液	宏量元素[1]（mg/L）		微量元素[1]（mg/L）	
A	$NaAc\cdot3H_2O$	1700	EDTA	6
	NH_4Cl	106.5	$FeCl_3\cdot6H_2O$	0.9
	$MgSO_4\cdot7H_2O$	171	H_3BO_3	0.09
	$CaCl_2\cdot2H_2O$	79.5	$CuSO_4\cdot5H_2O$	0.018
	硝化抑制剂（ATU）	60	KI	0.108
	蛋白胨	24	$MnCl_2\cdot4H_2O$	0.072
	酵母浸膏	1.95	$NaMoO_4\cdot2H_2O$	0.036
	—		$ZnSO_4\cdot7H_2O$	0.072
	—		$CoCl\cdot6H_2O$	0.09
B	K_2HPO_4	20.4		
	KH_2PO_4	16		

注：[1] 宏量元素和微量元素用去离子水溶解。

2. 衰减实验与衰减速率测定

衰减实验开始后，SBR 反应器停止进料、厌氧反应、排泥、沉淀和排水等过程，系统一直维持在好氧曝气状态，曝气量、温度和 pH 与系统原运行条件一致，使之用作一种衰减反应器。由于衰减反应器因蒸发会引起水分散失，所以，衰减实验开始后每天都要给系统补充水分，以维持系统内混合液体积相对恒定。对衰减反应器曝气约 6 h 后，污泥便进入内源呼吸状态，可以开始对污泥进行衰减速率测定。

GAOs 衰减速率依靠测定衰减过程中最大 VFAUR 变化速率来确定，测定装置如图 6-9 所示。在衰减实验 0 d、1 d、3 d、5 d 和 7 d，分别从衰减反应器中取出 590 mL 泥样，加入如图 6-9 所示的锥形瓶（1 L）中。然后，向锥形瓶中通入氮气（约 10 min），使锥形瓶中泥样处于完全厌氧环境。之后，向锥形瓶中加入 10 mL 高浓度 $NaCH_3COO \cdot 3H_2O$ 溶液，使锥形瓶中 COD 浓度瞬间达到 200 mg/L（即，保持与 SBR 系统进料后相同的 COD 浓度）。随后，从锥形瓶中每隔 3 min 取 20 mL 泥样进行 VFA 测定，总共取样 6 次。

需要注意的是，PAOs 也能在厌氧条件下吸收 VFA，即会对 GAOs 吸收 VFA 测定结果产生影响。正因如此，实验才需要首先获得纯度较高的 GAOs 富集培养，尽可能避免富集污泥中出现 PAOs。

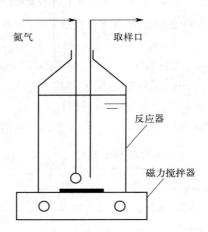

图 6-9   GAOs 衰减速率测定装置

根据在衰减过程中测定所得 VFAUR，依据式（6-1）和线性回归方法，即可确定出 GAOs 的衰减速率。

$$b = -\ln\frac{R_t}{R_0} \times \frac{1}{t_d} \qquad (6\text{-}1)$$

式中　b——GAOs 衰减速率，d^{-1}；

R_t——泥样衰减后最大 VFAUR，$mg/(L \cdot h)$；

R_0——泥样衰减前最大 VFAUR，$mg/(L \cdot h)$；

t_d——衰减时间，d。

本研究所采用的衰减速率测定方法是目前国内外最常用的方法。然而，此衰减速率是在细菌处于 7 d 的饥饿状态条件下所测定的。显然，这与活性污泥系统中细菌的实际生存条件存在着一定差异，因为实际活性污泥系统中细菌一般不可能在如此长的时间内处于内源状态。所以，本研究所测定的衰减速率可能与实际活性污泥系统中 GAOs 原位衰减速率存在一定差异。

3. 分析方法

MLSS 根据泥样在 105 ℃下烘干后的总残渣确定；混合液挥发性悬浮固体浓度（MLVSS）则在泥样总残渣基础上，继续用 550 ℃高温分解有机物后确定；磷酸盐(PO_4^{3-}-P)按钼锑抗分光光度法测定；VFA 采用 5 点滴定法测定；Gly 依据蒽酮法测定。

4. 荧光原位杂交(FISH)实验

荧光原位杂交(FISH)被用于确定 GAOs 富集 SBR 系统中 GAOs 所占比例。首先，测试泥样用 4%多聚甲醛固定 2 h；再对固定后的泥样离心，并在 1×PBS 中重新悬浮(重复 3 次)。然后，对泥样进行机械破碎，将破碎泥样滴加在明胶包被的载玻片上，用 50%、80%和 98%酒精分别浸泡 3 min。将荧光标记的寡核苷酸探针(表 6-2)溶解于杂交缓冲液中［组成：0.9 mol/L NaCl，0.02 mol/L Tris-HCl (pH=7.4)，0.01% SDS 和 35%去离子甲酰胺(DFA)］，在 46 ℃下与污泥样品杂交 2 h。杂交结束后，采用清洗液［组成：0.005 mol/L EDTA (pH=8.0)、0.02 mol/L Tris-HCl (pH=7.2)、0.01% SDS 和 0.9 mol/L NaCl］在 48 ℃下洗脱 20 min。最后，对每个污泥样品用荧光显微镜(Zeiss Axioskop 40)随机拍照并进行定量分析。

寡核苷酸探针[1]   表 6-2

探针	序列(5'-3')	特异性	5'标记
EUB338-Ⅰ	GCTGCCTCCCGTAGGAGT	Bacteria	FITC
EUB338-Ⅱ	GCAGCCACCCGTAGGTGT	Bacteria	FITC
EUB338-Ⅲ	GCTGCCACCCGTAGGTGT	Bacteria	FITC
GAO Q431	TCCCCGCCTAAAGGGCTT	*Candidatus competibacter phosphatis*	TAMRA
GAO Q989	TTCCCCGGATGTCAAGGC	*Candidatus competibacter phosphatis*	TAMRA
TFO_DF218	GAAGCCTTTGCCCCTCAG	*D. vanus-related Alphaproteobacteria*	TAMRA
TFO_DF618	GCCTCACTTGTCTAACCG	*D. vanus-related Alphaproteobacteria*	TAMRA
PAO 462	CCGTCATCTACWCAGG GTATTAAC	*Candidatus Accumulibacter phosphatis*	TAMRA
PAO 651	CCCTCTGCCAAACTCCAG	*Candidatus Accumulibacter phosphatis*	TAMRA
PAO 846	GTTAGCTACGGCACTAAAAGG	*Candidatus Accumulibacter phosphatis*	TAMRA

注：[1]EUBmix (EUB338-Ⅰ、EUB338-Ⅱ和 EUB338-Ⅲ以体积比 1∶1∶1 混合)；GAOmix (GAO Q431 和 GAO Q989 以体积比 1∶1 混合)；DEFmix (TFO_DF218 和 TFO_DF618 以体积比 1∶1 混合)；PAOmix (PAO 462、PAO 651 和 PAO 846 以体积比 1∶1∶1 混合)。

　　5. LIVE/DEAD 细胞活性实验

　　采用荧光染料对衰减过程中泥样染色，以确定泥样衰减过程中活细菌细胞占总细菌细胞比例的变化规律。

6.3.2　结果与分析

　　1. GAOs 富集 SBR 系统稳态运行

　　GAOs 富集 SBR 系统达到稳态运行后，PO_4^{3-}-P、VFA 与 Gly 浓度变化曲线如图 6-10 所示。图 6-10 显示，在厌氧阶段，当底物（VFA）进入反应器后，立即被 GAOs 所吸收，GAOs 细胞内 Gly 也得到了分解，但是，PO_4^{3-}-P 却几乎没有被释放；在好氧阶段，Gly 被重新合成。这与典型 GAOs 生理、生化特征完全一致。由此可以推断，GAOs 在 SBR 系统中富集程度极高，系统内 PAOs 因进水中 P 源不足以及中温等不利环境条件被淘汰。这一结论也在后续 FISH 测定结果中得到了定量证明。SBR 系统中极低的 PAOs 含量为 GAOs 衰减速率测定结果的准确性提供了可靠的实验基础。

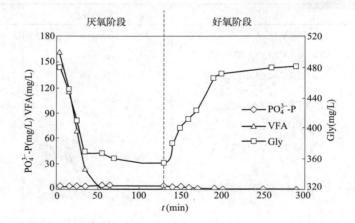

图 6-10　GAOs 富集 SBR 系统一个稳态运行周期内 PO_4^{3-}-P、VFA 和 Gly 浓度变化曲线

　　2. GAOs 衰减速率

　　GAOs 在好氧衰减过程中活性变化趋势绘于图 6-11。

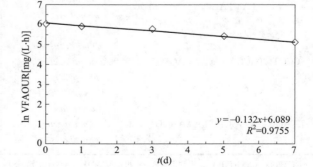

图 6-11　GAOs 在好氧衰减过程中的活性变化

　　图 6-11 显示，GAOs 的活性在整个衰减过程中呈线性平稳下降。根据线性回归方法，可计算出 GAOs 在 7 d 衰减时间内衰减速率（含标准差）为

0.132 ± 0.012 d^{-1}。这一数值与其他研究人员通过数学模型校正获得的校正值(0.08 d$^{-1}\sim0.15$ d^{-1})非常吻合。

3. FISH 实验结果

GAOs 富集 SBR 系统中泥样 FISH 图像如图 6-12 所示。

FISH 照片分析结果如图 6-13 所示。显而易见,活 PAOs 在总活细菌中所占比例的确很低($<2\%$);*Candidatus competibacter phosphatis* 构成 GAOs 的主要种属($>90\%$)。根据统计学分析,在衰减过程中 GAOs 的比例(*Candidatus competibacter phosphatis*$+$*D. vanus-related Alphaproteobacteria*)并没有显著变化($p>0.05$)。故此,基于图 6-13 可以计算出 GAOs 在 7 d 衰减时间

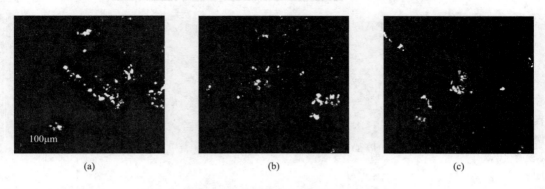

图 6-12　GAOs 富集 SBR 系统中泥样 FISH 图像

(a) TAMRA 标记 GAOmix,用于检测 *Candidatus competibacter phosphatis*;

(b) TAMRA 标记 DEFmix,用于检测 *D. vanus-related Alphaproteobacteria*;

(c) TAMRA 标记 PAOmix,用于检测 *Candidatus Accumulibacter phosphatis*

内平均比例(含标准差)为(94 ± 5)%,剩余部分(6 ± 5)%疑为常规异养菌(OHO)和极少量的 PAOs。

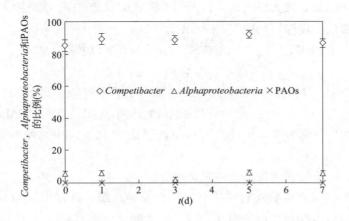

图 6-13　GAOs 富集 SBR 系统泥样 FISH 分析结果（误差条代表标准差）

4. LIVE/DEAD 实验结果

GAOs 富集 SBR 系统典型泥样 LIVE/DEAD 显微图像如图 6-14 所示。

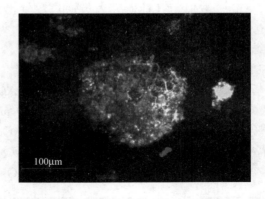

图 6-14 GAOs 富集 SBR 系统典型泥样 LIVE/DEAD 显微图像

LIVE/DEAD 图像分析结果如图 6-15 所示。

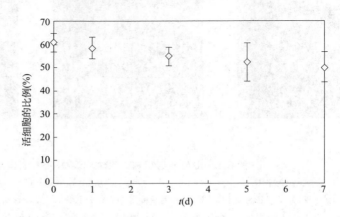

图 6-15 衰减过程中活细菌比例变化规律(误差条代表标准差)

根据统计学分析,在衰减过程中 GAOs 富集 SBR 系统中活细胞比例呈下降趋势($p < 0.01$)。由于系统中的生物量会因细胞衰减而减少,所以,本实验对衰减过程中的 MLVSS 进行了测定。依据 MLVSS、FISH 以及 LIVE/DEAD 测定结果,按式(6-2),可计算出 GAOs 富集 SBR 系统中 GAOs 在衰减过程中的死亡规律,如图 6-16 所示。

$$X_{\text{Active-GAO}} = MLVSS \cdot FISH\_GAO \cdot Viable \qquad (6\text{-}2)$$

式中 $X_{\text{Active-GAO}}$——活 GAOs 浓度,mg/L;

$FISH\_GAO$——活 GAOs 占总活生物量比例,%,即 FISH 测定结果;

$Viable$——活细菌占总细菌的比例,%,即 LIVE/DEAD 测定结果。

根据线性回归方法,可计算出 GAOs 富集 SBR 系统中 GAOs 死亡速率为 0.034 ± 0.006 d^{-1}。

5. GAOs 数量衰减与活性衰减对比分析

根据所确定的 GAOs 衰减速率和死亡速率,即可计算出 GAOs 数量衰减(细胞死亡)和活性衰减在细胞总衰减中的贡献,见表 6-3。

表 6-3 表明,GAOs 数量衰减只占其总衰减中较小一部分,绝大部分衰减是由其活性衰减所引起的。GAOs 的这一内源特征显然是由其自身代谢方式特点所致,或者说,GAOs 在内源过程初期主要采取紧迫反应来应对不利环

境条件，程序化细胞死亡(PCD)在内源过程初期并不是主要应对方式。此外，GAOs 在厌氧阶段外源底物充足时能够迅速贮存外源底物，形成胞内聚合物（如，PHA）。在随后好氧衰减过程中，GAOs 也可以分解体内的 PHA、Gly 等物质来获取细胞维持能量。可见，上述综合因素导致了 GAOs 在内源过程中衰减主要表现为活性的降低而不是细胞死亡。

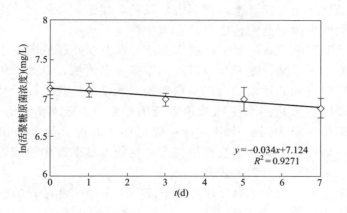

图 6-16 GAOs 衰减过程中死亡规律(误差条代表标准差)

GAOs 数量衰减与活性衰减占细胞总衰减的比例　　　　　表 6-3

菌属	系统	数量衰减的比例(%)	计算方法	活性衰减的比例(%)	计算方法
GAOs	GAOs 富集 SBR	26±5	$\dfrac{0.034\pm0.006}{0.132\pm0.012}$	74±5	$1-\dfrac{0.034\pm0.006}{0.132\pm0.012}$

实验结果揭示出，目前大多有关细菌衰减研究中因不能区分数量衰减和活性衰减而采用一个总衰减系数表示细菌衰减的方法不够科学，应当予以修正。例如，现有活性污泥数学模型将细胞衰减均假设为由细胞死亡所引起。可见，若不对模型参数(衰减系数)适当修正，势必导致模拟结果与实际情况出现一定偏差。

6.3.3　结语

（1）细胞衰减是微生物内源过程的一个重要组成部分，可分为由细胞死亡引起的数量衰减和由细胞活性降低引起的活性衰减两部分。目前，这一认识尚未得到污水生物处理技术在工程应用中的足够重视。

（2）当 GAOs 富集 SBR 系统中 $T=30\pm0.5\,℃$、$pH=7\pm0.05$、进水 m(COD)∶m(P)=100 时，GAOs 可以达到 94% 的富集率。

（3）根据衰减过程中挥发性脂肪酸(VFA)吸收速率(VFAUR)的变化、LIVE/DEAD 和 FISH 定量分析，确定出 GAOs 富集 SBR 系统中 GAOs 衰减速率和死亡速率分别为 0.132 d^{-1} 和 0.034 d^{-1}。

（4）GAOs 在内源过程中数量衰减与活性衰减占其细胞总衰减比例分别为 26% 和 74%。可见，GAOs 数量衰减只占其细胞总衰减的较小一部分，而绝大部分衰减是由活性衰减所引起的。

6.4　高等微生物活性测定方法概述

污水生物处理系统中栖息着相当数量的原生动物和后生动物，其中以原生动物类的纤毛虫类为主。相对于细菌，原生动物和后生动物个体尺寸较大，细胞结构相对较复杂，营养级别较高，属于较高级的微生物，因而在污水生物处理领域通常称之为高等微生物。

在实际应用中，高等微生物被认为是污水生物处理系统出水水质的指示性微生物。近年来，随着剩余污泥问题被逐渐重视，高等微生物对细菌的捕食作用以及因此带来的污泥减量效果开始受到广泛关注。然而，高等微生物捕食也会影响污水生物处理系统的稳定性。比如，Ghyoot 等人就曾观测到硝化系统会因高等微生物对硝化细菌的过分捕食而出现恶化现象。显然，高等微生物的捕食作用在污水生物处理系统中扮演着重要却又复杂的角色，需要进行深入研究。

到目前为止，污水生物处理系统中高等微生物捕食过程的代谢机制尚不明确，尚无有效方法用于测定高等微生物的捕食速率。一些化学物质（如，cycloheximide 和 nystain）曾被当作抑制剂用以去除高等微生物，从而分析捕食对污水生物处理系统的影响。但是，实验中发现这些抑制剂并不能够有效抑制所有种类的高等微生物，且反应时间较长。还有一些研究人员利用向泥样中加入特定高等微生物的方法测定其捕食速率。但是，加入的高等微生物并不代表污水生物处理系统内高等微生物的实际组成，因而测得的捕食速率也不能代表系统中的实际捕食速率。

Moussa 等人在研究盐类对硝化反应的影响时发现，NaCl 能够迅速有效地抑制硝化系统内的高等微生物，引起内源呼吸状态下泥样的耗氧速率（OUR）降低。对此，他们把降低的这部分耗氧速率定义为高等微生物的活性，并以在总耗氧速率中所占比例表示。显然，高等微生物的活性可以间接地反映污水生物系统内高等微生物的多寡以及其捕食能力的强弱。

本节中，将基于加盐抑制的方法，继续测定污水生物处理系统中高等微生物的活性。重点考察 NaCl 抑制高等微生物的方法是否在不同的污水生物处理系统中具有普遍适用性。

6.4.1　材料与方法

1. SBR 硝化系统

实验硝化细菌来源为实验室小型 SBR 硝化系统（图 6-17）中微生物泥样。SBR 反应器总体积 5 L，工作体积 4 L，HRT 为 12 h，SRT 控制为 10 d，工作周期 6 h，每天 4 个周期。一个周期内分为混合、进料、反应、排泥、沉淀和排水 6 个阶段（表 6-4）。

SBR 反应器通过水浴设备控温，温度维持在 30 ± 0.5 ℃。反应器安装有 pH 和 DO 电极；pH 控制在 7.3 ± 0.05，因硝化反应 pH 降低时系统会自动加入适量 1 moL/L NaOH 溶液予以调节 pH 至 7.3；DO 电极用于监控反应器内的 DO 变化。温度、pH、DO 等在线检测数据都通过计算机自动记录。

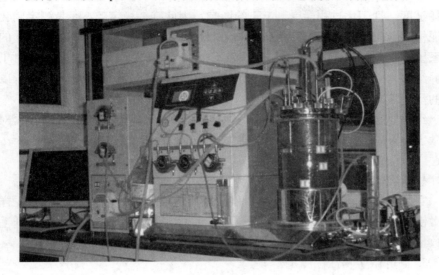

图 6-17 小型 SBR 硝化系统

SBR 硝化系统的周期运行工况控制（min）　　　　表 6-4

混合	进料	反应	排泥	沉淀	排水
0～1	1～6	6～286	286～287	287～350	350～360
搅拌	搅拌、曝气	搅拌、曝气	搅拌、曝气	静置	静置

　　SBR 硝化系统接种污泥为北京某大型市政污水处理厂回流污泥。实验采用人工配水；为富集硝化细菌，进水中唯一的能源物质是 NH_4Cl。其中 NH_4^+-N 进水浓度为 200 mg/L。

　　2. BCFS 系统

　　实验异养细菌来源为实验室中试规模 BCFS 系统中微生物泥样，BCFS 系统由厌氧池、接触池、缺氧池、缺氧-好氧池和好氧池 5 个主要反应池组成，各部分的体积分别为 40 L、6 L、40 L、120 L、120 L。系统日处理水量为 0.42 m^3/d，HRT 为 18 h，SRT 约为 15 d。系统采用人工配水，进水 COD 为 400 mg/L，NH_4^+-N 为 40 mg/L，TP 为 8 mg/L。系统达到稳定后 MLSS 约为 4000 mg/L。

　　3. 加盐（NaCl）抑制高等微生物

　　先对取出的泥样继续曝气 1～2 h，以保证其中的底物被全部耗尽，使之处于内源呼吸状态。曝气完成后，把泥样分为两部分，一部分加盐抑制高等微生物，而另一部分作平行样对比。NaCl 加入量按照 Cl^- 质量浓度来控制，分为 5 g/L，10 g/L 等。加盐后把泥样摇匀，使盐充分溶解，并与高等微生物充分接触。同时，未加盐的泥样也要摇匀。随后，静置泥样，静置接触时间为 1 h。静置完成后，抽掉上清液并继续加入清洗液，然后，摇匀静置 30 min，这一过程一般重复 1～2 次，其目的是洗去加入的盐分。未加盐的泥样也同时清洗，以保证两种泥样的同步对比性。

不同泥样使用不同清洗液。对于以硝化细菌为主的泥样，由于硝化过程消耗碱度，且硝化过程会受到 pH 的影响，因此维持稳定的 pH 是测定硝化细菌泥样 *OUR* 的关键。本实验中，采用 Na_2CO_3 与不含能源物质 NH_4Cl 的硝化系统进水配置硝化细菌清洗液，Na_2CO_3 的用量为 0.01 mol/L。而对于以异养细菌为主的泥样，由于 pH 对其最大耗氧速率的测定影响不大，所以采用的清洗液是不含碳源和氮源的 BCFS 系统进水。

经盐处理的泥样和未经盐处理的泥样都需在显微镜下观察，以对比盐对高等微生物的抑制效果。观察时间为盐加入后 5 min、盐洗去后好氧曝气 30 min、1 h、2 h、6 h。

4. 高等微生物观测和计数

实验过程中高等微生物的观测和计数通过显微镜进行。取 25 μL 泥样在显微镜(Zeiss，Axioskop 40)相差视野下观测，计数有代表性的固着型纤毛虫的数量。计数的泥样个数为 5 个，最后根据所得平均值进行计算。

5. 高等微生物活性测定

高等微生物活性通过在水封瓶中测定泥样 *OUR* 计算得出。*OUR* 测定时，为保证水封瓶中的 DO 足量，需对待测泥样用清洗液稀释 5～6 倍，同时对用于稀释的清洗液曝气充氧，使其中的 DO 浓度在 6 mg/L 以上。测试设备为 *OUR* 测定仪（YSI，5100），具有自动搅拌功能，测试数据直接通过计算机记录。测试时利用恒温水浴箱，分别控制硝化细菌泥样和异养细菌泥样的温度，分别为 30 ℃ 和 20 ℃。测试分两个阶段，每个阶段大约为 5 min。首先测定泥样内源呼吸状态下的 *OUR*；随后测定泥样底物丰富状态下的 *OUR*，此时硝化细菌泥样中加入 3 mL NH_4Cl 溶液，使 NH_4^+-N 浓度达到 100 mg/L（即反应器中进料后的氨氮浓度），而 BCFS 系统泥样中加入 6 mL NaAc 溶液，使 COD 浓度达到 400 mg/L（也即 BCFS® 系统进料中 COD 的浓度）。

6.4.2　结果

1. 硝化系统

SBR 硝化系统接入市政污泥运行后 30 d 达到稳定状态。反应器内的 DO 变化规律保持稳定(图 6-18)，各个运行周期内 DO 变化具有重现性；系统内混合液悬浮固体(MLSS)浓度保持稳定，约为 870 ± 10 mg/L；出水悬浮固体(SS)浓度基本不变，约为 17 ± 3 mg/L。

图 6-18　SBR 硝化系统中一个典型运行周期内 DO 变化曲线

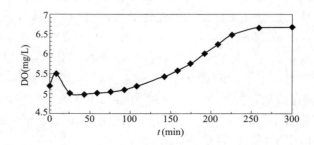

图 6-19 是一个典型运行周期内 SBR 系统中 NH_4^+、NO_2^- 和 NO_3^- 的变化规律。当底物加入后，无论是 NH_4^+ 还是 NO_2^- 的降解速率都在短时间内达到最大。其中，NH_4^+ 的最大降解速率约为 54.8 mg/(L·h)；NO_2^- 的最大降解速率约为 34.7 mg/(L·h)。

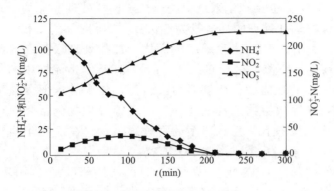

图6-19 SBR硝化系统一个典型运行周期内 NH_4^+、NO_2^- 和 NO_3^- 的变化曲线

2. 高等微生物观测、计数和盐的抑制作用

如图 6-20（a）所示，SBR 系统达到稳定后，系统中生存着相当数量的高等微生物，其中以固着型纤毛虫最多。在 BCFS 系统中也观测到了同样的结果。经计数，SBR 硝化系统和 BCFS 系统中固着型纤毛虫的数量分别约 770 cell/mL [约 $8.8×10^5$ cell/（g MLSS）] 和 $3.6×10^3$ cell/mL [约 $9×10^5$ cell/（g MLSS）]。由此可见，1g MLSS 中高等微生物的数量基本相当。但是，这两个数值都略小于实际污水生物处理系统中高等微生物的数量。

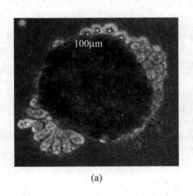
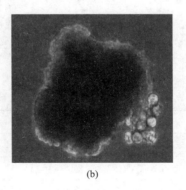

(a)　　　　　　　　　(b)

图 6-20 盐对 SBR 系统泥样中高等微生物抑制作用对比照片
(a) 未加盐处理；
(b) 加盐处理（5 g/L，5 min）

图 6-20（b）是 SBR 硝化系统泥样加盐处理 5 min 后高等微生物的照片，如图所示，高等微生物细胞出现脱水和收缩现象，形状由圆柱形收缩为球型。此时，可以认为高等微生物已失去运动和捕食能力。这说明，盐能够迅速地对高等微生物起抑制作用。盐对高等微生物起抑制作用的主要原因是渗透压升高，而高等微生物对渗透压的耐受能力较低。然而，盐似乎并不能杀死高等微生物。实验中发现，当盐被洗去后，在后续好氧培养条件下高等微生物的恢复能力也相当迅速，2 h 后高等微生物开始运动和捕食。这说明短时间内盐对高等微生物的抑制作用是暂时的，而且是可恢复的。这和 Salem 等人以及 Salvando 等人的研究结论相一致。Salem 等人也在实验中发现了高等微生

物的恢复现象；而 Salvando 等人则发现要想完全杀死活性污泥中的高等微生物，则需要约 25 g/L 的加盐量，且接触时间至少 24 h。

3. 高等微生物活性测定

（1）SBR 硝化系统

图 6-21 显示了 SBR 硝化系统中泥样在未加盐处理和加盐处理后测定的耗氧曲线。泥样加盐处理的加盐量为 5 g/L，接触时间为 1 h。如图 6-21 和表 6-5 所示，对于 SBR 硝化系统中的泥样，加盐处理后其在内源呼吸状态下的耗氧速率明显下降，减少量约为 14%。其原因是泥样中的高等微生物被抑制，失去了继续捕食、耗氧能力。因而，减少的这部分耗氧速率可以认为是系统内高等微生物的耗氧速率，即高等微生物的活性，以所占未处理泥样内源呼吸状态下总耗氧速率的百分数表示。在底物丰富状态下测定最大耗氧速率，是为了验证泥样中只有高等微生物受到了抑制而其他主要细菌没有受到抑制。本实验中，见表 6-5，加盐处理后泥样的最大耗氧速率相比于未处理泥样的最大耗氧速率略有下降，但是下降不大。这说明泥样中硝化细菌的活性基本没有受到盐处理的影响。

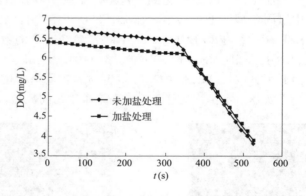

图 6-21 SBR 硝化系统中泥样的耗氧曲线

SBR 硝化系统中泥样的耗氧速率   表 6-5

SBR 系统泥样	内源呼吸状态		底物丰富状态（最大耗氧）	
未加盐处理 *OUR*	3.96 mg O_2/(L·h)	100%	59.7 mg O_2/(L·h)	100%
加盐处理 *OUR*	3.42 mg O_2/(L·h)	86%	58.5 mg O_2/(L·h)	98%

（2）BCFS 系统

图 6-22 为 BCFS 系统中泥样在未加盐处理和加盐处理后测定的耗氧曲线。其中，曲线中间部分凸起的原因是实验过程中需要取出 DO 探头加入底物。在异养细菌实验中，由于加入底物较多，探头取出时间较长，所以对 DO 曲线影响明显；而在前面的自养细菌实验中，加入底物较少，探头取出时间短，所以基本没有影响。加盐量同样为 5 g/L，接触时间为 1 h。测定结果显示（表 6-6），相对于未加盐处理泥样内源呼吸状态下的耗氧速率，经加盐处理泥样

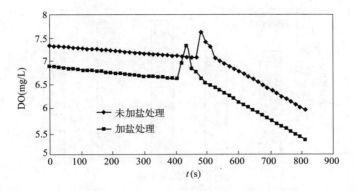

图 6-22　BCFS 系统中泥样的耗氧曲线

内源呼吸状态下的耗氧速率非但没有下降，反而上升了 12%。而其最大耗氧速率也略有上升。通过显微镜观测，此时经盐处理的泥样中高等微生物的确受到了抑制，已经停止运动和捕食，且出现了收缩、脱水等明显的变化。也就是说，此时由于高等微生物的存在而引起的那部分 DO 消耗的确因盐的加入而被消除了，即总的耗氧速率应该是降低的。然而，实验结果却是相反的，即总耗氧速率略有上升。为了彻底弄清并解释这一现象，进一步进行了实验，分别考察了加盐量和接触时间对内源呼吸状态下和底物丰富状态下泥样耗氧速率的影响。

BCFS 系统中泥样的耗氧速率　　　　　　　　　　表 6-6

BCFS 系统泥样	内源呼吸状态		底物丰富状态（最大耗氧）	
未加盐处理 OUR	12.24 mg O_2/(L·h)	100%	83.52 mg O_2/(L·h)	100%
加盐处理 OUR	13.68 mg O_2/(L·h)	112%	86.24 mg O_2/(L·h)	103%

图 6-23 和图 6-24 为不同加盐量对泥样耗氧速率的影响，从图中可以看出，无论是在内源呼吸状态下还是在底物丰富状态下，经盐处理泥样的耗氧速率相对于未经盐处理泥样的耗氧速率都明显增大。并且，内源呼吸状态下泥样耗氧速率的增加幅度要大于底物丰富状态下的增加幅度。此外，随着加盐量的增加泥样的耗氧速率又都表现出先增大后下降的趋势。

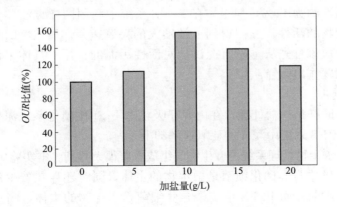

图 6-23　加盐量对内源呼吸状态下泥样耗氧速率的影响

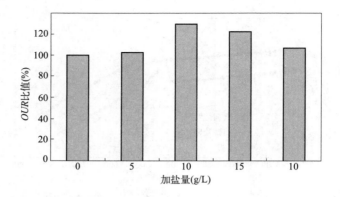

图 6-24　加盐量对底物丰富状态下泥样耗氧速率的影响

图 6-25 为不同的加盐接触时间对泥样耗氧速率的影响。相对于未加盐处理的泥样，加盐处理 1 h 的泥样在内源呼吸状态和底物丰富状态下的耗氧速率都增大了，只是增大的幅度略有不同。然而，当加盐接触时间增加到 2 h 以后，泥样在两种状态下的耗氧速率相对于未加盐处理泥样的耗氧速率却又有些下降。当接触时间继续延长到 3 h，泥样的耗氧速率持续下降，且下降趋势更加明显。

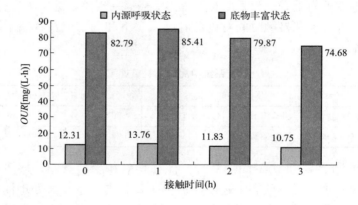

图 6-25　加盐接触时间对泥样耗氧速率的影响（加盐量 5 g/L）

6.4.3　讨论

从以上两组实验结果中可以看出，通过加盐抑制测定高等微生物活性的方法并非完美。虽然在 SBR 硝化系统中借助于加盐处理泥样成功地测定出高等微生物活性约为 14%，但是，在 BCFS 系统中利用同样方法非但没有测定出高等微生物的活性，反而得到了被增大的耗氧速率。显然，回答这一看似奇怪的问题应该首先从本质上探讨盐对活性污泥的作用。具体来说，应该对以下两个问题作出解释：

1. 问题 1

为什么同样是加盐处理，在内源呼吸状态下 SBR 硝化系统泥样的耗氧速率下降而 BCFS 系统中泥样的耗氧速率却上升？

不同污水生物处理系统中微生物的组成有着很大差别。本实验中（图 6-26），SBR 硝化系统中自养硝化细菌是微生物的主体，同时还存在着少量的高等微生物和异养细菌；而 BCFS 系统中异养细菌是微生物的主体，高等微生物和硝化细菌的数量相对较少。在内源呼吸状态下，泥样中 DO 消耗途径主要有：

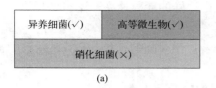

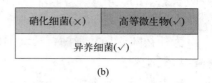

(a)　　　　　　　　　　　　　(b)

图 6-26　SBR 硝化系统和 BCFS 系统中微生物组成图示

(a) SBR 硝化系统；(b) BCFS 系统

注：√内源呼吸状态下消耗氧；×内源呼吸状态下不消耗氧。

一是高等微生物的捕食，另一是细菌对细胞自溶体的分解或对胞内聚合物的代谢。实质上，由于硝化细菌不可能形成胞内聚合物，且细胞自溶过程中生成的氮的量很低，因而可以认为硝化细菌在内源呼吸状态下不消耗氧。这样一来，内源呼吸状态下消耗氧的主要是高等微生物和异养细菌。

经盐处理后，泥样中的高等微生物由于对渗透压的低耐受性而受到抑制，这一点由显微镜观测得到证实。因而由高等微生物捕食引起的 DO 消耗不复存在。所以，从理论上讲，若异养细菌不受盐处理的影响（如上分析此时自养细菌不消耗氧），则经盐处理的泥样其总耗氧速率应该下降。然而，高盐浓度（即高渗透压）对菌细胞同样是一种不利的生存环境，这一点已被 Sleator 和 Hill 的研究结果证实。根据细胞维持的知识，为维持正常的生理状态，细胞可能会加速能量生成以用于适应高渗透压的不利生存环境。显然，被加速的能量生成必将引起升高的耗氧速率。从这一点上看，经盐处理泥样的耗氧速率又应该呈上升趋势。

然而，在内源呼吸状态下并不是所有的细菌细胞都能够在短时间内加速能量生成。能量生成的过程也是能源底物消耗的过程，细菌细胞若加速能量生成则必须有足够的能源底物。SBR 硝化系统中，无论是硝化细菌还是异养细菌，其底物皆为系统中微生物细胞的自溶体。由于受到细胞死亡和自溶体水解过程的限制，SBR 硝化系统中的细菌在内源呼吸状态下既无大量的外源性底物也无大量的内源性底物可供利用，因而其都不具备在短时间内利用大量底物生成能量的条件。所以，盐处理过程对硝化系统中细菌的耗氧速率影响不大，这些细菌可能会利用其他的一些策略来应对高渗透压环境。而在 BCFS 系统中，异养细菌为优势菌种，由于要适应 Feast-Famine 的生存环境，其胞内贮存有聚合物，在内源呼吸状态下这些聚合物可以被用作内源底物，即 BCFS 系统中的异养细菌能够加速能量生成。所以，盐处理会导致 BCFS 系统中这些具有胞内聚合物细菌的耗氧速率增大。

由上所述，SBR 硝化系统中的细菌由于不具备加速能量产生以抵抗高渗透压的能力，因而其泥样经盐处理后测得了降低的耗氧速率。此时，被减少的耗氧速率可视为高等微生物在正常泥样中的耗氧速率。而在 BCFS 系统中，由于其中的异养细菌含有胞内聚合物，具有加速能量产生、抵抗以及修复由于高渗透压而引起的细胞损伤的能力，所以，其泥样经盐处理后会测得升高的耗氧速率。显然，异养细菌耗氧速率的升高表面上中和了由于高等微生物被抑制而引起的总耗氧速率的减少。特别地，当这种升高的幅度较大时，完全超过了由于高等微生物受抑制而引起的耗氧速率减少，则总的耗氧速率就会表现为升高。这可能就是为什么经过加盐处理后 SBR 硝化系统泥样在内源呼吸状态下的耗氧速率下降而 BCFS 系统中泥样的耗氧速率却上升的原因。

2. 问题 2

为什么随着加盐量的持续增加，或随着接触时间的延长，BCFS 系统中泥样的耗氧速率又呈现下降趋势呢？

如上所述，异养细菌在有底物可利用的情况下会加速底物的利用并尽可能多地生成能量，以抵抗和修复盐处理引起的损伤。然而，盐引起的影响有可能并不都是可以修复的。在非常高的盐浓度或长接触时间的情况下，可能会直接引起细菌的死亡。细菌死亡必然导致总的耗氧速率的下降。从所获得的耗氧速率数值看来，长接触时间相对于提高加盐量似乎更能引起细菌死亡。如图 6-25 所示，当接触时间增加到 2h 或 3h 后，无论是内源呼吸状态还是底物丰富状态下的耗氧速率都已经下降到低于未经盐处理泥样相对应的耗氧速率。这说明此时可能已有相当数量的细菌因盐的作用而死亡。

6.4.4　结语

根据以上实验结果和讨论，可以得出以下结论：

(1) 盐（NaCl）能够在短时间内抑制污水生物处理系统中的高等微生物，使其停止捕食和运动，出现收缩和脱水的现象。其原因是高等微生物对高渗透压的低耐受性。

(2) 但是，短时间内的盐处理不能长期抑制或杀死高等微生物，当盐被洗掉后，好氧培养条件下高等微生物可在 2h 内恢复捕食能力。

(3) 加盐抑制、测定内源呼吸状态下泥样耗氧速率的方法，可以用来确定以 NH_4^+ 为唯一能源底物的硝化系统中高等微生物的活性。这是由硝化系统的特殊性决定的。在本实验中测得 SBR 硝化系统中高等微生物的活性约为 14%。

(4) 对于进水中含有有机底物的处理系统，比如以异养细菌为主要微生物的常规污水生物处理系统，用加盐抑制的方法测定高等微生物的活性并不完全可行。盐处理会影响泥样中异养细菌的耗氧速率，引起那些具有胞内聚合物的细菌加速 DO 消耗，从而导致最终的测量结果不准确。

6.5　高等微生物活性测定新方法

污水生物处理凭借低耗、高效的突出优点被广泛应用于污水处理，以活性污泥法为代表的污水处理工艺在生物处理方面占据着相当的份额。尽管如此，目前的活性污泥处理系统并非至臻，仍存在着许多需要通过对微生物微观机理认识的不断提高而逐渐改进的技术细节。其中，在活性污泥中高等微生物（包括原生动物和后生动物）的角色与作用问题上认识模糊或者说仍缺乏微观知识。迄今为止，有关活性污泥系统中高等微生物捕食过程的代谢机制尚不明确，且仍无行之有效的方法用于测定高等微生物的捕食代谢作用。虽然已有研究人员采用一些化学物质（如 NaCl、Cycloheximide 和 Nystain）来抑制系统中的高等微生物，并在对比实验中获得捕食作用的定量信息。但是，这些抑制剂在抑制高等微生物方面并不是完全有效的,因为仅能对高等微生物中的某些种类起作用,被抑制的高等微生物随时间推移活性会逐渐恢复,且活性污泥中某些细菌活性也会受到抑制。这样势必影响定量测定高等微生物活性的准确性。还有一些研究人员通过向泥样中加入某些特定种类高等微生物的方法来测定捕食速率。但是,所加入的高等微生物主要是一些后生动物,并不能代表活性污泥系统内量大、常见的原生动物,因而所测得的捕食速率并不能代表污水生物处理系统中的真实捕食速率。

总之,人们在对高等微生物捕食代谢过程研究方面的思路大多是采取抑制其活性,通过对比被抑制系统与非抑制系统耗氧速率(或内源呼吸速率)之差别来间接计算出高等微生物的活性作用。由于仅仅是抑制而非完全与细菌分离,所以面对活性污泥系统有着较长污泥龄(SRT)这种特征,被抑制的高等微生物系统再培养时间还未达到所应用的 SRT 时部分高等微生物活性已得到恢复,以至于这种方法在研究高等微生物活性方面存在相当大的误差。这就促使人们进一步思考如何从活性污泥中隔离或灭活高等微生物的有效方法。只有这样才能通过对比实验尽可能消除高等微生物对活性污泥系统产生的计算误差影响。

本研究尝试采用机械破碎法来灭活活性污泥中的高等微生物。对活性污泥泥样采用分散机处理,期望通过机械破碎方式将高等微生物灭活,同时要保证机械破碎的强度不至于影响细菌的存活,并使破碎后菌胶团细菌和活性污泥絮体可以恢复如初。本研究通过实验探求这种新方法的可能性与可行性,实验对机械破碎法能否有效灭活高等微生物、能否影响细菌活性以及高等微生物活性能否准确测定等问题进行了有效验证。

6.5.1 材料与方法

1. 试验材料

(1)微生物来源

1)实验用活性污泥取自实验室中试规模活性污泥系统;

2)实验用酵母菌来自安琪高活性干酵母粉。

(2)培养基

1)合成污水配方:CH_3COONa(34.56 g);NH_4Cl(6.88 g);KH_2PO_4(0.79 g);微量元素(EDTA 10 g/L;$FeCl_3 \cdot 6H_2O$ 1.5 g/L;H_3BO_3 0.15 g/L;$CuSO_4 \cdot 5H_2O$ 0.03 g/L;KI 0.18 g/L;$MnCl_2 \cdot 4H_2O$ 0.12 g/L;$NaMo O_4 \cdot 2H_2O$ 0.06 g/L;$ZnSO_4 \cdot 7H_2O$ 0.12 g/L;$CoCl \cdot 6H_2O$ 0.15 g/L) 2.16~2.34 mL 纯水(1500 mL);

2)酵母培养基配方:葡萄糖(0.2 g);酵母浸膏(0.5 g);KCl(0.36 g);NaAc(1.64 g);纯水(200 mL)。

上述培养基配制完成后,进行高压蒸汽灭菌并在冰箱 4 ℃下保存备用。

2. 实验仪器

①分散机(IKA® T18basic);②离心机(SIGMA 3K15);③溶解氧测

定仪（YSI 5100）；④血球计数板（XB-K-25）；⑤多功能显微镜（ZEISS Ax-ioskop40）；⑥高压灭菌器（SANYOMLS-3780）。

3. 实验方法与过程

（1）分散机破碎高等微生物

取 250 mL 活性污泥放入烧杯，并将其置于恒温水浴内，以避免分散机在破碎过程中产生的热量对活性污泥造成升温影响。将分散机刀头伸入活性污泥液中，以 24000 r/min 高速旋转，至 60 min 高等微生物完全去除时停止破碎。

对原泥、破碎后泥样在显微镜下观察，并计数高等微生物，主要种类有钟虫、轮虫、游泳型纤毛虫等。每个样品平行计数 6 次，取平均值求得高等微生物数量，最后计算出高等微生物经破碎后从活性污泥中的灭活率。

（2）破碎对细菌的影响

在活性污泥中，菌胶团细菌占主导地位，数量最多。在分散机对活性污泥的破碎过程中，是否细菌会受到与高等微生物一样的被破碎、灭活之影响？细菌个体大小通常仅为 $0.5\sim5~\mu m$，目前尚无行之有效的方法可以直接验证破碎对菌胶团细菌是否构成灭活威胁。对此，实验选择酵母菌来间接验证破碎对菌胶团细菌是否具有影响，因为所选用的酵母菌的个体大小 $[6~\mu m\times(7\sim8)~\mu m]$ 介于细菌与高等微生物尺寸（$100\sim300~\mu m$）之间。如果分散机对酵母菌没有产生破碎影响，这足以说明比酵母菌个体还小的细菌也同样不会受到破碎的威胁！

取 2g 干酵母粉溶于 1000mL 水中配制成酵母菌原液。将酵母菌原液放入三角锥形瓶中，用封口膜密封好瓶口，常温曝气 2d，使其进入内源呼吸阶段后进行实验。酵母菌采用血细胞计数板观察和计数。对破碎前后酵母菌进行计数。为计数需要，将酵母液均稀释 5 倍。在显微镜下计数并观察酵母菌形态变化。25×16 规格计数板酵母菌细胞数计算公式为：

$$酵母细胞数/mL=\frac{80\ 个小格内酵母细胞数}{80}\times400\times10000\times 菌液稀释倍数$$

$$(6\text{-}3)$$

使用溶解氧测定仪测定含菌溶液 DO 变化。分别从处于内源阶段的酵母菌原液和破碎后酵母菌液中各取 60 mL，用已曝气 2 h 的纯水将其稀释到 290 mL 后，倒入 DO 测试瓶，并将瓶子放入水域锅中，恒温在 25 ± 1 ℃，以避免由温度变化给实验带来的影响。将 DO 探头插入测试瓶内，并用胶条密封好探头与瓶口接口处。DO 测定仪与电脑连接，每隔 15 s 在线记录溶解氧、温度等数据。待 2~3 min DO 变化趋于 0 mg/L，表明进入内源呼吸阶段。此时，迅速向溶液中加入 10 mL 酵母培养基，观察并记录 DO 变化值。最后，按式(6-4)求得最大耗氧速率（OUR）。

$$OUR=\frac{DO_1-DO_2}{X(t_2-t_1)}$$

$$(6\text{-}4)$$

式中　DO——溶解氧浓度，mg/L；

　　　　X——生物固体浓度，g MLVSS/L。

（3）破碎后活性污泥絮体恢复

将破碎后活性污泥装入离心管中，以 10000 r/min 转速离心 3 min 后取出，静置 30 min，使絮体得以快速絮凝。用玻璃棒轻轻搅起已沉聚活性污泥，均匀后移入一个大烧杯内，通过测定污泥容积指数（SVI）来与原泥样比较絮凝体恢复状态。如果两者 SVI 相近，则可认为破碎后的污泥絮凝体状态基本恢复。这样，可以保证所破碎污泥在与原泥样絮体状态几乎一致的情况下测定 OUR，以消除不同状态絮体因 O_2 扩散阻力不同造成的 OUR 上的差别。对原泥样与破碎泥样 DO 测定与酵母菌相同，只是所加培养基变为合成污水。

对两种污泥絮体评价也可按直径大小进行，分为大（$d > 500\ \mu m$）、中（$150\ \mu m < d < 500\ \mu m$）、小（$d < 150\ \mu m$）3 种粒径予以描述。粒径在显微镜下观察并测量。

6.5.2　结果

1. 活性污泥中原、后生动物破碎灭活率

原泥样中平均高等微生物数量为 5050 个/mL，破碎 1 h 后显微镜下已找不到任何高等微生物。这就是说，机械破碎法对活性污泥中高等微生物一次性灭活率达 100%。破碎前原泥样中高等微生物如图 6-27(a)所示。破碎后活性污泥松散且无高等微生物出现，如图 6-27(b)所示。对破碎后的泥样加入和不加入人工污水分别培养 138 h 后再次显微镜观察，均未发现高等微生物。

可见，机械破碎对活性污泥中高等微生物可以完全灭活，且去除后高等微生物经再培养后不再重新出现。

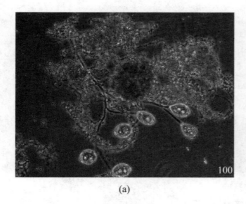 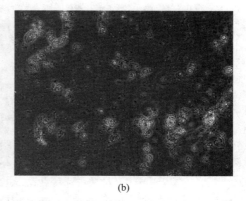

(a)　　　　　　　　　　　　　　　　　(b)

图 6-27　活性污泥破碎前后高等微生物图片（放大倍数 10×10）

（a）破碎前；（b）破碎后

2. 破碎对菌胶团细菌的影响

（1）破碎对酵母菌数量的影响

对破碎前后酵母菌分别平行取样 3 次计数，求平均值。破碎前酵母菌数

量为 4.44×10^7 个/mL，破碎后酵母菌数量仍然为 4.44×10^7 个/mL，破碎前后酵母菌损失百分比为 0。这就表明，机械破碎对酵母菌数量根本没有任何影响。

破碎前后酵母菌形态显微照片如图 6-28 所示。比较破碎前后酵母菌形态，并没有发现破碎后的酵母菌在形态上有任何变化，仍呈酵母菌典型形态，外观完整而无破损现象。

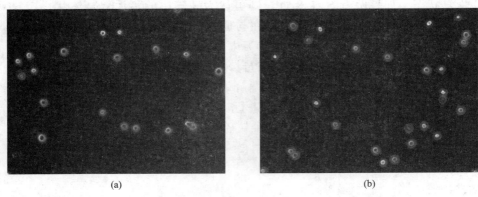

(a)　　　　　　　　　　　　　　　　　　(b)

图 6-28　破碎前后酵母菌形态(放大倍数 40×10)
(a) 破碎前；(b) 破碎后

对破碎前后酵母 DO 测定显示：

$$\Delta OUR\% = \frac{OUR_{破碎酵母} - OUR_{原酵母}}{OUR_{原酵母}} \times 100\% = 0.26\% \qquad (6\text{-}5)$$

这表明，破碎对酵母菌的代谢活性基本没有影响。

总之，破碎无论对酵母菌个数、形态，还是代谢活性(OUR)几乎没有任何影响。这就表明，机械破碎用于比酵母菌形态更小的细菌时，也不会影响细菌的个数、形态和活性。

(2) 破碎对活性污泥絮体影响

图 6-29　原泥样与离心恢复后泥样 SVI 比较

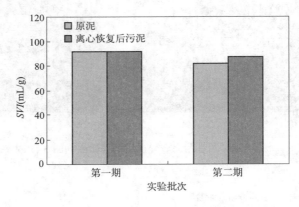

破碎前后 SVI 显示于图 6-29。原泥样 SVI 介于 $80 \sim 100$ mL/g，污泥状态良好，离心恢复后污泥 SVI 基本恢复到原泥样相同数值。这就为通过测

试、比较破碎前后污泥 *OUR* 并间接得出高等微生物的活性（*OUR*）形成了几乎相同的絮凝体结构条件，从而尽可能避免因破碎使絮体处于分散状态而导致 O_2 的扩散阻力变小而使 *OUR* 增高现象。

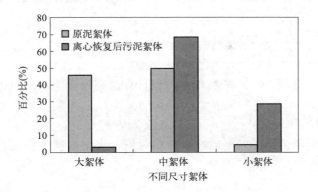

图 6-30 原泥样与离心恢复后泥样不同尺寸絮体占总絮体个数百分比

对破碎前絮体粒径的显微测量（图 6-30）表明，离心恢复后污泥中大絮体数量明显减少，中、小絮体相应增多。破碎前后原泥样及离心恢复后污泥絮体形态大小显微照片如图 6-31 所示。

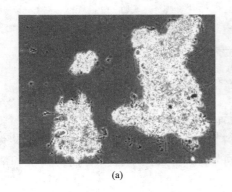
(a)

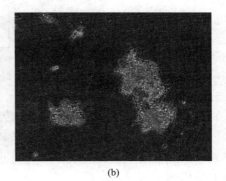
(b)

图 6-31 原泥样及离心恢复后污泥絮体形态大小（放大倍数 10×10）
（a）原泥样；
（b）破碎、离心恢复后泥样

3. 高等微生物相对活性计算

共进行两批次实验探知破碎对活性污泥活性的影响，通过测定泥样的 *OUR* 来判定。两批次实验泥样分别取自不同时间、不同工况下实验室同一活性污泥系统。表 6-7 列出了测得的两批次实验原泥样、破碎后泥样、离心恢复后泥样 *OUR*。其表明，尽管两批次实验原泥样起始时 *OUR* 不同，但两批次实验的共性是在破碎后泥样的 *OUR* 均显著降低，经离心恢复絮体后泥样的 *OUR* 又略有降低。破碎后泥样 *OUR* 显著降低是显而易见的，这是在消除高等微生物影响后的必然现象。离心恢复絮体后泥样较刚破碎后泥样 *OUR* 略有降低表明，絮体处于分散状态时 O_2 的扩散阻力要较絮状时要小，因此表现出刚破碎的泥样 *OUR* 略高。这正是要通过离心恢复泥样絮体状态的原因，主要目的是尽可能消除不同絮体状态对 *OUR* 测定的影响。

	两批次实验测得的各种状态下泥样 OUR	表 6-7

OUR[mgO₂/(g SS · h)]	批次	
	第一期	第二期
原泥样	8.085	6.168
破碎后泥样	7.237	5.324
离心恢复后泥样	7.082	5.300

根据表 6-7 所示的 OUR 数值，可以计算出高等微生物活性相对值（％）：

$$活性相对值 = \frac{OUR_{原泥样} - OUR_{破碎并离心恢复泥样}}{OUR_{原泥样}} \times 100\% \qquad (6-6)$$

图 6-32 显示了原、后生动物活性相对值，表明两次泥样的高等微生物活性相对值介于 12％～14％。

图 6-32　原泥样与离心恢复后泥样高等微生物活性相对值

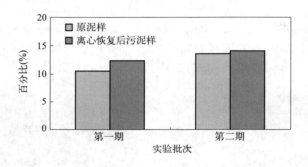

6.5.3　结语

（1）机械破碎法可以达到破碎、灭活活性污泥中高等微生物的目的。

（2）对酵母菌破碎实验表明，破碎酵母菌数量、形态以及活性几乎没有影响。据此推断，破碎对个体尺寸更小的细菌来说更不应具有任何数量和活性上的影响。

（3）为避免破碎后造成絮体分散而导致 O₂ 扩散阻力变低出现 OUR 测定数值可能偏高的问题，通过离心法可以恢复破碎污泥的分散状态，使泥样尽可能恢复到正常絮体状后再测得 OUR。这样，通过比较破碎前后泥样的 OUR，可以间接计算出高等微生物相对活性值。对本实验泥样测定破碎前后 OUR 并计算得知，高等微生物活性相对于活性污泥总活性占 12％～14％。

6.6　细菌衰减特征测定实验方法

在污水生物处理系统中，细菌细胞衰减过程关系系统内生物量的多寡，对系统稳定性以及总的处理能力有着重要影响。已有研究发现，精确的衰减速率系数无论对污水生物处理系统设计还是优化都是非常重要的。近年来，随着污水生物处理工艺的广泛应用，对细菌细胞衰减过程的研究也越来越受到人们的重视。系统中各类主要细菌的衰减速率系数被相继测定，并被逐步应用到数学模型之中。

总体上来说，目前对污水生物处理系统中细菌细胞衰减研究还处于起步阶段。所谓细胞衰减，是指那些能够引起生物体总量减少或导致生物体活性降低的过程，可分为由生物量减少（细胞死亡）而引起的数量衰减和由细胞活性降低而引起的活性衰减两部分。然而，无论是现有数学模型还是实际工艺设计，细胞衰减均被认为是细胞数量减少的结果，并没有对数量衰减和活性衰减加以区别。显然，这与微生物实际情况存在一定差距，主要是由于现有衰减测定方法尚无法区分以上两种衰减。

在污水生物处理系统中底物匮乏饥饿状态是引起细胞衰减的一个主要原因。在饥饿状态下，细菌细胞会通过一些策略应对这种不利的生存状态。细菌可能会调整自身代谢过程，降低活性以减少维持能量需求，出现活性衰减现象；细菌也可能会启动程序化细胞死亡，以维持部分细菌细胞的活性，从而避免整个种群在竞争中失去优势，呈现出数量衰减的特征。但是，细菌究竟以哪种应对策略为主，或者细菌是否同时利用，或者是顺序利用这些应对策略？这些问题现在均尚不明确。

本研究通过细菌衰减实验和 LIVE/DEAD 细胞活性实验，从生物量减少的角度分别考察了污水生物处理系统中硝化细菌和常规异养细菌的衰减，并根据总的衰减速率分析了由活性降低引起的细胞衰减，以求深入认识污水生物处理系统中细菌细胞的衰减特征。

6.6.1 材料和方法

1. 硝化系统

衰减实验所用硝化细菌泥样来自实验室小型 SBR 硝化系统（图 6-17）。SBR 反应器总体积 5 L，工作体积 4 L，HRT 为 12 h，SRT 控制为 10 d，工作周期 6 h，每天运行 4 个周期。一个周期内分为混合、进料、反应、排泥、沉淀和排水 6 个阶段（表 6-4）。SBR 反应器通过水浴设备控制温度，温度维持在 30±0.5 ℃。反应器还安装了 pH 电极和 DO 电极，pH 控制在 7.3±0.05；当 pH 因硝化反应降低时设备会自动加入适量 1 mol/L NaOH；DO 电极用于监控反应器内的 DO 变化。温度、pH、DO 等在线检测数据都通过计算机自动记录。

SBR 硝化系统接种污泥为北京某大型市政污水处理厂回流污泥。实验采用人工配水，进水中唯一的能源物质是 NH_4Cl，浓度为 200 mg N/L，负荷为 400 mg N/(L·d)。系统接种后 30 d 达到稳定状态，混合液悬浮固体（MLSS）约为 870±10 mg/L，出水悬浮固体（SS）约为 17±3 mg/L。

2. 异养系统

异养系统同样采用 SBR 式反应器，工作体积 100 L，每天进料两次，排水 1 次（50 L），水力停留时间 2 d。每天排混合液 10 L，控制 SRT 为 10 d。进料中碳源物质为 NaAc，每次 51.2 g，使系统内的 COD 达到 500 mg/L，COD 负荷为 1000 mg/(L·d)，氮源物质为 NH_4Cl，浓度约为 25 mg N/L。

异养系统无控温装置，放置于室内环境，温度为 23～25 ℃。通过曝气，系统内 DO 浓度维持在大于 2 mg/L。系统接种污泥同样来自于北京某大型市政污水处理厂的回流污泥。污泥接种后约 20 d 系统达到稳定，此时 MLSS 为 2440 mg/L。

3. 衰减实验和衰减速率测定

衰减实验开始后，SBR 硝化反应器中停止混合、进料、排泥、沉淀和排水等过程，系统被控制在好氧曝气反应状态，曝气量同样为 3 L/min，温度控制在 30 ℃和 pH＝7.3±0.05。对于异养系统，也停止进料、换水和排泥等过程，系统被维持在好氧曝气状态，温度为室温。在衰减过程内，每天要分别给两个系统适量补水，以补偿水分蒸发造成的数量损失。

本实验中细菌衰减速率是通过测定最大耗氧速率（OUR）的变化来确定的。在衰减实验开始当天，开始后 1 d、3 d、5 d 和 7 d，分别从反应器中取泥样在加入底物的条件下测定相应细菌的最大 OUR；OUR 测定在水封瓶中（300 mL）进行，测试设备为 DO 消耗速率测定仪（YSI，5100）。测试之前，需对泥样合理稀释并曝气以保证充足的 DO。测试过程中，水封瓶被放置在恒温水浴箱内，对两类细菌分别保持恒定的 30 ℃和 25 ℃。

硝化细菌 OUR 测定分 3 个阶段进行（图 6-33），各阶段测试时间分别为 5 min、5 min 和 3 min。首先，测定内源呼吸阶段 OUR，此时不加入底物，测得 OUR_1。然后，测定 NO_2^- 氧化细菌（NOB）最大 OUR，此时向水封瓶中加 3 mL $NaNO_2$ 溶液，使其中的 NO_2^- 浓度达到 20 mg N/L，测得 OUR_2。最后，测定 NH_4^+ 氧化细菌（AOB）最大 OUR，此时向水封瓶中加 3 mL NH_4Cl 溶液，使其中的 NH_4^+ 浓度达到 100 mg N/L，测得 OUR_3。根据各阶段测定数据，按表 6-8 分别计算 NOB 和 AOB 的最大 OUR 和衰减速率。其中，R_t 为泥样衰减后的最大 OUR，R_0 为泥样衰减前的最大 OUR，t_d 为衰减时间（d）。

图 6-33 硝化细菌 OUR 测定方法

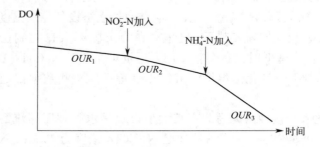

异养系统中泥样的最大 OUR 测定较为简单：60 mL 泥样和 6 mL 高浓度的 NaAc 溶液被同时加入水封瓶，然后再加入曝气过的 25 ℃左右的清洗液，这样水封瓶中 COD 浓度为 500 mg/L（也即异养系统中进料后的 COD 浓度）。随后，水封瓶被放置在 25 ℃的恒温水浴中测定 OUR。此时所得的 OUR 即为泥样中异养细菌的最大 OUR。

硝化细菌 OUR 和衰减速率计算方法　　　　　　　　　　　　　　　表 6-8

内源呼吸 OUR	OUR_1	
NOB 最大 OUR	$OUR_2 - OUR_1$	式(6-7)

续表

AOB 最大 OUR	$OUR_3 \text{-} OUR_2$	式(6-8)
衰减速率(b)	$-\ln \dfrac{R_t}{R_0} \times \dfrac{1}{t_d}$	式(6-9)

4. LIVE/DEAD 荧光染色实验

采用荧光染料对衰减过程中的泥样染色，以确定泥样衰减过程中活细菌细胞占总细菌细胞数量比例的变化规律。所用荧光染料为 LIVE/DEAD® BacLight™ 细菌活性试剂。该试剂包含绿荧光核酸染料 SYTO®9 和红荧光核酸染料 PI(Propidium Iodide)两种荧光染料试剂，分别标记具有完整细胞壁的活细胞和细胞壁已经破损的死细胞。

染色实验的步骤较为简单方便。每次取待测泥样 1 mL 于 5 mL 的塑料试剂管中，分别加入 1.5 μL SYTO®9 和 1.5 μL 的 PI 试剂，混合均匀后于室温下暗处放置 15 min，使染色反应完全。然后，用染色泥样制作玻片，在荧光显微镜下观测拍照(Zeiss Axioskop 40)。所用的荧光滤光片为显微镜配套的 9 号滤光片(激发光波长 450～490 nm，吸收光波长 LP515 nm，观测绿荧光)和 15 号滤光片(激发光波长 546±12 nm，吸收光波长 LP590 nm，观测红荧光)。实验过程中使用显微镜附带的数码相机实时拍摄泥样的红绿两组荧光照片，并通过 Axio Vision 软件对荧光照片做灰度分析，最后可分别得出绿荧光和红荧光的灰度值。根据这些数值，可以计算出绿荧光灰度值占总荧光灰度值的比例，此即为泥样中活细菌细胞占总细菌细胞的比值。

实验中分别对衰减过程中的硝化系统泥样和异养系统泥样做了 LIVE/DEAD 染色分析，取样时间分别为衰减开始的当天，衰减 1 d、3 d、5 d 和 7 d。每个工况下拍摄荧光照片 5 组，最终的数值为从这 5 组照片所得数值的平均值。

6.6.2　结果与讨论

1. 硝化系统

（1）硝化细菌的衰减速率

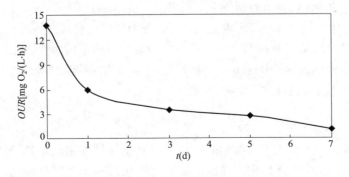

图 6-34　好氧衰减过程中 NOB 的 OUR 变化

图 6-34 和图 6-35 分别为 NOB 和 AOB 好氧衰减过程中 OUR 的变化规律。从图中可以看出，NOB 在衰减开始后的 1 d 内其活性迅速下降，超过了

50%，而在随后 6 d 的衰减时间内其活性则平缓下降。而 AOB 在衰减过程中其活性基本呈现匀速下降的趋势，在各个衰减时间段内的衰减速率差异不大。根据表 6-8，可计算得出 NOB 在 1 d 的衰减速率为 0.83 d^{-1}，2~6 d 的衰减速率为 0.27 d^{-1}，7 d 的平均衰减速率为 0.35 d^{-1}，而 AOB 在 7 d 内的平均衰减速率为 0.14 d^{-1}。

Moussa 等人的研究结论显示，在 SRT 为 10 d 的硝化系统内 AOB 是主要微生物，约占总生物量 50%，而 NOB 约占总生物量 20%，剩余 30% 为异养细菌和高等微生物。本实验中，观测到高等微生物的数量无明显变化，而异养细菌的 OUR 略有上升，因而可以认为这两种微生物的衰减速率基本为零。因此，可以粗略估算出硝化系统中总细菌细胞的平均衰减速率(b_A)：

$$b_A = 0.14 \times 50\% + 0.35 \times 20\% = 0.14 \ d^{-1} \tag{6-10}$$

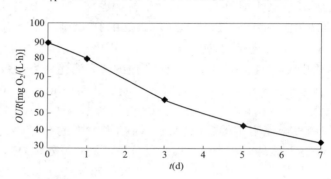

图 6-35　好氧衰减过程中 AOB 的 OUR 变化

（2）硝化系统细菌的死亡速率

图 6-36 为硝化系统泥样衰减过程中的 LIVE/DEAD 染色照片，从图上可以看出，随着衰减过程的继续，代表活细胞的绿色区域逐渐减少，而代表死细胞的红色区域相应增加。根据进一步的照片灰分分析，可得如图 6-37 所示的活细胞比例的变化规律。图 6-37 说明硝化系统泥样在衰减过程中活细胞在总细胞数量中的比例呈匀速下降的趋势，故可认为好氧衰减过程中硝化系统泥样中的细胞死亡是匀速的，也即由数量减少引起的衰减是匀速的。考虑泥样中的生物体总量会因细胞自溶以及高等微生物的捕食而减少，本实验对衰减开始时和衰减完成后泥样的 MLVSS 进行了测定，分别为 760 mg/L 和 655 mg/L。根据活细胞比例的变化并结合 MLVSS 的变化，可以分别计算出衰减开始时和衰减结束后泥样中活细胞的量：开始时 760 × 41.7% = 317 mg/L；结束后 655 × 32.7% = 214 mg/L。根据表 6-8 中式(6-9)，此时把 R 定义为活细胞的量，可计算出硝化系统中泥样在衰减过程中活细胞的死亡速率为：

$$b_{\text{Active\_A}} = -\ln \frac{R_t}{R_0} \times \frac{1}{t_d} = -\ln \frac{214}{317} \times \frac{1}{7} = 0.056 \ d^{-1} \tag{6-11}$$

通过对比硝化系统中活细胞的死亡速率和总细菌细胞的平均衰减速率，可以看出，硝化系统泥样在衰减过程中活细胞的死亡速率低于总细菌细胞的平均衰减速率。这说明，硝化系统泥样在好氧衰减过程中，由数量减少引起的衰减

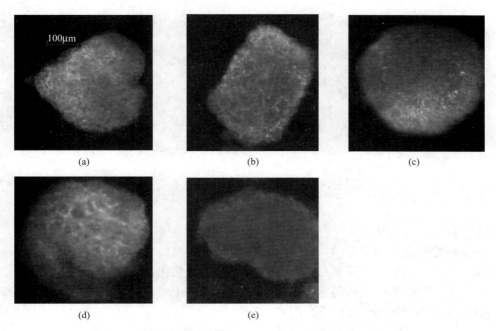

图 6-36 硝化系统泥样衰减过程中的 LIVE/DEAD 染色照片

(a) 衰减 0d；(b) 衰减 1d；(c) 衰减 3d；

(d) 衰减 5d；(e) 衰减 7d

只占其总衰减量较小的一部分(约为 0.056/0.14＝40％)，而绝大部分（60％)是由细胞的活性衰减而引起的。显然，目前以耗氧速率或以底物分解速率为基础的测定方法并不能够区分出数量衰减和活性衰减，这也就是目前实际应用中将两种衰减混为一谈的原因。例如，现有活性污泥数学模型将细胞衰减都假设为由细胞死亡所引起，如果不考虑参数(衰减系数)适当校正，势必导致模拟结果与实际情况出现一定偏差。

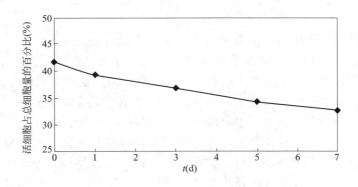

图 6-37 硝化系统泥样衰减过程中活细胞比例的变化规律

2. 异养系统

图 6-38 为异养系统内异养细菌在衰减过程中最大 *OUR* 的变化。由图可以看出，异养细菌的好氧衰减也呈匀速状态，这和硝化系统中 AOB 的衰减规律相似。根据表 6-8 中式(6-9)，可计算出异养细菌的衰减速率为：

$$b_H = -\ln \frac{R_t}{R_0} \times \frac{1}{t_d} = -\ln \frac{56.4}{259.2} \times \frac{1}{7} = 0.22 d^{-1} \tag{6-12}$$

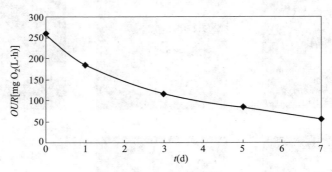

图 6-38　好氧衰减过程中异养细菌 *OUR* 变化

　　图 6-39 为通过 LIVE/DEAD 染色所得出的异养系统泥样在好氧衰减过程中活细胞比例的变化规律，由图可以看出，活细胞在总细胞中所占的比例也呈匀速下降的趋势。同样考虑系统内总生物量的变化，测得衰减开始时泥样的 MLVSS=2190 mg/L，而衰减结束后泥样的 MLVSS=1945 mg/L，因而异养系统中活细胞的死亡率为：

$$b_{Active\_H} = -\ln \frac{R_t}{R_0} \times \frac{1}{t_d} = -\ln \frac{1970 \times 0.511}{2190 \times 0.628} \times \frac{1}{7} = 0.045 d^{-1} \tag{6-13}$$

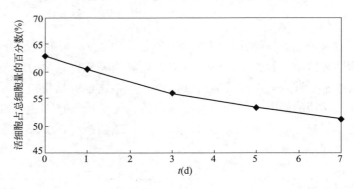

图 6-39　异养系统泥样在好氧衰减过程中活细胞比例的变化规律

　　这一数值与硝化系统中测得的活细胞死亡速率相差不大。但需要指出的是，与硝化系统相比，异养系统中由细胞死亡引起的衰减仅占 0.045/0.22（20%）左右，而硝化系统中却达到了 40%，这一差别是非常明显的。Lavallee 等人也曾在来自市政污水处理厂实际污泥的好氧衰减实验中发现，异养细菌的衰减很大一部分是由细胞内的酶调节（Enzymatic Regulation）引起的，即由细胞死亡引起的部分非常小。这可能是由异养细菌和硝化细菌自身特点的不同造成的。异养细菌在外源底物存在的条件下能够迅速贮存外源底物，形成胞内聚合物。当外源底物耗尽时，异养细菌使用胞内聚合物实现生长和细胞维持。而在长时间的饥饿条件下，异养细菌甚至能够氧化分解蛋白质、RNA 等细胞组织以提供能量避免死亡。而硝化细菌不能在细胞内贮存底物，也不能利用胞内组织，其细胞维持所需的所有能量都来自于对外源底物的分解。因此，当衰减实验开始后，异养细菌受到的冲击较小，所以其衰减可主要表现在活性的降低而不是细胞的死亡；而硝化细菌由于没有可用于产生细胞维持能量的能源底物，因而受到的冲击可能较大，其细胞死亡现象可能会大量出现。此外，也可能出现这样的情况，即异养系统内异养细菌在衰减过程中的确出现了大量的细胞死亡现象，但是由于异养细菌能够分解自身细胞的死亡自溶体，所以能够获取底物实现二次生长，即所谓的隐性生长。显然，隐性生长生成了新的活性细胞体，补偿了衰减过程中活细胞的死亡，因而在表观上会使异养系统内活细胞的死亡比例下降。Mason 和 Hamer 曾测得细菌 *Klebsiella pneumoniae* 隐性生长的产率系数为 0.42~0.52 g COD/g COD。因此，在考察异养细菌的细胞衰减时，应当对异养细菌隐性生长的过程给予足够的重视。

6.6.3 结语

（1）在污水生物处理系统中，细菌细胞的衰减实质上可以分为由生物量减少（细胞死亡）引起的数量衰减和由细胞活性降低引起的活性衰减两部分。目前，这一认识尚未得到足够重视。

（2）通过衰减速率测定实验和 LIVE/DEAD 细胞活性染色实验，测得硝化系统细菌在衰减过程中由细胞活性降低引起的衰减约占 60%，而由细胞死亡引起的衰减约占 40%。

（3）在异养系统中，由细胞活性降低引起的衰减占 80%，而由细胞死亡引起的衰减仅占 20%。这可能是由于异养细菌具有贮存底物的能力，因而能够更好地适应衰减环境；也可能是由于异养细菌能够进行隐性生长，生成新的活性细胞，因而补偿了衰减过程中活性细胞的死亡。

6.7 硝化细菌衰减速率测定方法

细胞衰减，是指那些能够引起生物体总量减少或导致生物体活性降低的过程。在污水生物处理系统中，细胞衰减直接关系系统的稳定以及总的处理能力。近年来，在污水生物处理领域对细菌细胞衰减速率的测定，特别是对生长速率缓慢的硝化细菌衰减速率的测定，逐渐受到人们的重视。有研究已经发现，精确的衰减速率系数不论是对污水生物处理系统的设计还是运行优化都非常重要。

对于硝化细菌的衰减速率，一些研究人员已做过相关的测定，且相应的数值已被应用到最新的数学模型之中。然而，随着硝化过程研究的深入，人们发现硝化过程其实应该分为氨氮氧化和亚硝酸氮氧化两个阶段，其中，氨氮氧化细菌（AOB）和亚硝酸氮氧化细菌（NOB）分别在这两个阶段发挥作用。因此，对于硝化细菌的衰减，实质上也应该分为两部分考虑，即 AOB 衰减和 NOB 衰减。到目前为止，分别测定 AOB 和 NOB 衰减速率的研究非常少见。因此，有必要对此进行基础性研究，以考察污水生物处理系统中 AOB 和 NOB 的衰减特征，进一步深化对硝化过程的认识并实现对硝化过程的优化控制。

本实验利用小型 SBR 反应器(发酵罐)培养硝化污泥,测定了好氧饥饿状态下氨氮氧化细菌(AOB)和亚硝酸氮氧化细菌(NOB)的衰减速率,并分别对其衰减特征作了对比分析。

6.7.1　材料和方法

1. SBR 硝化系统

衰减实验所用硝化细菌泥样来自于实验室小型 SBR 硝化系统(图 6-17)。SBR 反应器总体积 5 L,工作体积 4 L,HRT 为 12 h,SRT 控制为 10 d,工作周期 6 h,每天运行 4 个周期。一个周期内分为混合、进料、反应、排泥、沉淀和排水 6 个阶段(表 6-4)。SBR 反应器通过水浴设备控制温度,温度维持在 30 ± 0.5 ℃。反应器还安装了 pH 电极和 DO 电极,pH 控制在 7.3 ± 0.05;当 pH 因硝化反应降低时设备会自动加入适量的 1 mol/L NaOH;DO 电极用于监控反应器内的 DO 变化。温度、pH、DO 等在线检测数据都通过计算机自动记录。

SBR 硝化系统接种污泥为北京某大型市政污水处理厂回流污泥。实验采用人工配水,为富集硝化细菌,进水中唯一的能源物质是 NH_4Cl。其中,NH_4^+-N 进水浓度为 200 mg/L,所以,反应器内 NH_4^+-N 负荷为 400 mg/(L · d)。系统接种后 30 d 达到稳定状态,混合液悬浮固体(MLSS)浓度保持稳定,为 870 ± 10 mg/L;出水悬浮固体(SS)浓度基本不变,为 17 ± 3 mg/L。

2. 衰减实验和衰减速率常规测定

衰减实验开始后,SBR 反应器停止混合、进料、排泥、沉淀和排水等过程,系统被一直控制在好氧曝气反应状态,曝气量为 3 L/min,与正常运行阶段相同。同时控制系统的温度在 30 ℃和 pH＝7.3 ± 0.05。在衰减过程中,反应器内会因蒸发而引起水分的散失,因而每天要定量补水,维持混合液体积的稳定。

用于度量细菌活性衰减的参数可以是细菌的最大耗氧速率,也可以是细菌的最大底物降解速率。本实验中用测定细菌最大耗氧速率的方法确定其衰减速率。在衰减实验开始当天,开始后 1 d,3 d,5 d 和 7 d,分别从 SBR 反应器中取泥样测定相应细菌的耗氧速率。耗氧速率测定在水封瓶中进行,测试设备为 DO 消耗速率测定仪(YSI,5100)。测试之前,需对泥样合理稀释并曝气以保证充足的 DO。测试过程中,水封瓶被放置在恒温水浴箱内,以保持恒定的 30 ℃。

如图 6-33 所示,耗氧速率测定分 3 个阶段,各阶段测试时间分别为 5 min、5 min 和 3 min。首先,测定泥样内源呼吸阶段的耗氧速率,此时不加入底物,所得的耗氧速率为 OUR_1。然后,进入 NOB 最大耗氧速率测定阶段,此时向水封瓶中加入 3 mL 高浓度的 $NaNO_2$ 溶液,使其中的 NO_2^- 浓度达到 20 mg N/L,所得的耗氧速率为 OUR_2。最后,进入测定 AOB 最大耗氧速率阶段,此时再向水封瓶中加入 3 mL 高浓度 NH_4Cl 溶液,使其中的 NH_4^+ 浓度达到 100 mg N/L,所得耗氧速率为 OUR_3。根据各阶段测定的数据,按

表 6-8 可以分别计算出 NOB 和 AOB 的最大耗氧速率和衰减速率。其中，R_t 为泥样衰减后的最大耗氧速率，R_0 为泥样衰减前的最大耗氧速率，t_d 为衰减时间(d)。

6.7.2　结果与讨论

1. OUR_1 测定

图 6-40 显示了好氧衰减过程中泥样在内源呼吸状态下耗氧速率的变化规律，即 OUR_1 的变化规律。由图可见，泥样在好氧衰减过程中，其内源呼吸状态下的耗氧速率具有先下降后上升的趋势。在内源呼吸状态下，由于不存在外源性的氨氮和亚硝酸氮，AOB 和 NOB 可以认为不消耗 DO。因而，此时 DO 的消耗主要由异养细菌分解自溶体和高等微生物捕食两部分引起的。因此，在随后计算 NOB 衰减速率时，根据当前数据相应地消除异养细菌和高等微生物对耗氧速率的影响，见表 6-8。

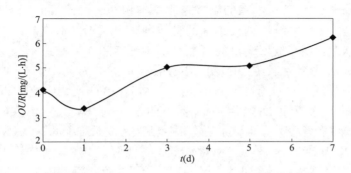

图 6-40　好氧衰减过程中 OUR_1 的变化

2. NOB 衰减速率测定

图 6-34 显示了亚硝酸氮氧化细菌(NOB)在好氧衰减过程中 OUR 的变化规律。从图中可以看出，NOB 在衰减开始后的 1 d 内其活性迅速下降，超过了 50%，而在随后 6 d 的衰减时间内其活性则平缓下降。根据表 6-8，可计算得出 NOB 在 1 d 的衰减速率为 0.83 d^{-1}，2~6 d 的衰减速率为 0.27 d^{-1}，而 7 d 的平均衰减速率为 0.35 d^{-1}。

3. AOB 衰减速率测定

图 6-35 所示为氨氮氧化细菌(AOB)在好氧衰减过程 OUR 的变化规律，从图中可以看出，AOB 在衰减过程中其活性基本呈现匀速下降的趋势，在各个衰减时间段内的衰减速率差异不大。根据表 6-8，可计算出 AOB 在 7d 内的衰减速率约为 0.14 d^{-1}。

4. 对比分析

根据上面实验数据可以看出，对于 SBR 硝化系统中的泥样，在好氧饥饿状态下 NOB 衰减速率远大于 AOB 衰减速率。特别是在衰减开始的初期，NOB 的活性迅速下降，而 AOB 的活性则呈现匀速下降的趋势。Morgenroth 等人在利用 FISH(Fluorescent In Situ Hybridization)技术研究硝化细菌衰减特征时也发现了类似现象，他们认为这一现象是导致 SBR 系统在经过一段闲置时间、重新运行后出现 NO_2^- 积累的原因之一。此外，Salem 等人也发现

SBR 系统中 NOB 好氧衰减速率大于 AOB 好氧衰减速率,他们测得在 30 ℃、pH＝7.5 时 NOB 和 AOB 的衰减速率分别为 0.08 d^{-1} 和 0.02 d^{-1} 左右。与本实验结果比较,这两个数值都相对较小,这可能是由于他们所用的泥样来自于 SRT 为 30 d 的 SBR 硝化系统。长 SRT 条件可能会选择出能够更好地适应饥饿状态的菌种,即能够迅速做出紧迫反应,因而其衰减速率可能较低。由此也可以看出,SRT 条件不同可能对细菌衰减速率影响较大。

对于非 SBR 系统,比如常规活性污泥系统,现有的研究发现 AOB 和 NOB 的好氧衰减速率处于同一数量级。在 SRT 为 7d 的条件下,Salem 等人测得 AOB 和 NOB 的衰减速率都约为 0.2 d^{-1},而 Manser 等人在 20 d 的 SRT 条件下测得的数值为 0.15 d^{-1}。从中亦可看出,随着 SRT 增加硝化细菌衰减速率的确有下降的趋势。

在 SBR 系统中两种硝化细菌(AOB 和 NOB)的衰减速率差异较大,而在非 SBR 系统中两种硝化细菌的衰减速率基本相同的原因目前还不是很清楚。这很可能是由不同系统中两种细菌的具体种属组成不同造成的。在衰减过程中,具体细菌种属组成不同最终可能会影响细菌总体衰减速率。现有研究已发现,常规活性污泥系统中 NOB 以 *Nitrospira* 类为主,而在 SBR 中则以 *Nitrobactor* 类为主。实质上,*Nitrospira* 类 NOB 的底物半饱和系数要低于 *Nitrobactor* 类 NOB 的底物半饱和系数,即 *Nitrospira* 类 NOB 在底物浓度非常低的时候更有竞争力。也就是说,常规活性污泥系统中的 NOB 相对于 SBR 系统中 NOB 其衰减速率可能相对较低。在实际应用中,应对 SBR 系统中 NOB 活性在饥饿状态下会迅速下降的现象给予高度重视,因为在 SBR 系统中短时间的好氧饥饿状态可能会经常出现。

6.7.3　结语

根据以上实验结果和讨论,可以得出以下结论:

(1) 硝化细菌的衰减被分为两部分,即氨氮氧化细菌(AOB)和亚硝酸氮氧化细菌(NOB)衰减,在测定衰减速率时应分别对两类细菌进行测定。

(2) 对于 SBR 硝化系统中的泥样,AOB 和 NOB 在好氧衰减过程中表现出不同的衰减特征。AOB 在衰减过程中其活性呈现匀速下降的趋势 0.14 d^{-1};而 NOB 在衰减初期 1 d 的时间内活性迅速下降,衰减速率达到 0.83 d^{-1},而随后其活性下降相对平缓,衰减速率为 0.27 d^{-1}。

(3) SBR 硝化系统中 AOB 和 NOB 的衰减速率差异较大,而在常规活性污泥系统中 AOB 和 NOB 的衰减速率基本相当。对于这一现象其原因尚不明确,很可能是由两个系统中 NOB 的具体种属组成的不同造成的。

6.8　T 型聚磷菌除磷能力辨析

为减少进入水环境污染物总量,《水污染防治行动计划》(简称"水十条")明确要求全国敏感区域(重点湖泊、重点水库、近岸海域汇水区域)污水处理厂出水应达到国标一级 A 标准,尤其需严格控制出水中磷的含量

（＜0.5 mg/L）以降低富营养化发生的风险。此外，部分省市基于当地水环境状况，制定了更为严格的地方标准；例如，北京市京标 A 中要求出水 TP 浓度需达到小于 0.2 mg/L。可见，执行较为严格的磷排放标准将是我国改善和保持水体环境的必然选择和未来常态，同时，也是对污水处理工艺研发和运行管理优化的刺激动力。就目前污水处理厂除磷工艺而言，强化生物除磷（EBPR）是世界范围内应用最为广泛且最为经济的除磷工艺。依靠聚磷菌 ［PAOs，目前普遍认为以 *Accumulibacter* 菌（A 菌）为主］在厌氧和好氧条件下 ［动态有机物丰富-匮乏（feast-famine）环境］交替运行，利用污水中存在的挥发性脂肪酸（VFAs）作为碳源在厌氧环境下充分释磷，以实现好氧/缺氧吸磷，最终以富磷污泥形式排出系统，从而达到除磷之目的。荷兰实际运行经验表明，一个运行良好的 EBPR 系统，在不添加化学试剂情况下可以轻松实现出水 TP＜0.1 mg/L。然而，EBPR 运行稳定性和可靠性常常取决于可获得的进水碳源（VFAs）总量，为获得可靠的生物除磷效果，进水 COD/TP 应大于 40，同时，厌氧区 VFAs(COD) 浓度应大于 25 mg/L。鉴于我国市政污水进水 COD 普遍偏低（＜300 mg/L），进水 VFAs 含量更低（＜10 mg/L）的现状，仅仅依靠生物除磷似乎难以达到目前规定的出水排放标准。

在此情形下，面对日益严格的排放标准，国内既有污水处理厂升级改造工艺多以投加碳源满足生物脱氮需要、以投加化学药剂实现化学除磷。投加化学药剂方法固然可以奏效，但会导致运行成本增加，也有悖于节能减排的可持续发展目标。为此，有人寄希望于通过 EBPR 工艺内部持续改进和优化，最大限度发挥 EBPR 工艺特点，以实现同步生物脱氮除磷。

现代分子生物技术不断进步让我们对活性污泥群落结构有了更加微观认识，其中，一种具有聚磷能力的新 PAOs 菌群——*Tetrasphaera* 菌（T 菌）被陆续检测并成功鉴别。在丹麦的污水处理厂中，T 菌丰度远远大于传统认知的 A 菌（其丰度分别为 35％和 17％）。目前，大量研究已经证明了 T 菌在 EB-PR 中作为 PAOs 的除磷作用。借助拉曼光谱（Raman Micro-Spectroscopy）原位定量多聚磷酸盐（Poly-P）检测技术，T 菌在丹麦部分污水处理厂中对磷去除的贡献与 A 菌旗鼓相当。况且，与 A 菌倾向于只利用 VFAs 作为碳源进行生物除磷代谢相比，T 菌更倾向于利用葡萄糖、蛋白质、氨基酸等大分子有机物进行生物除磷代谢。可见，T 菌这一生物代谢特性对低 VFAs 污水似乎具有一定生物除磷优势。对此，部分学者呼吁应重新审视已有基于 A 菌的生物除磷模型，正视 T 菌在 EBPR 中的作用和贡献。

然而，目前对 T 菌的研究和认识仍然处于探索和研究阶段，已有的认识和信息并不足以支持上述实验发现和观点认识。另外，T 菌代谢路径较为复杂，且易受环境条件影响，在实际污水处理厂中能否稳定、持续发挥其除磷代谢功能依然模糊。鉴于此，本节着眼于 T 菌在生物除磷方面的特异性表现，总结有关 T 菌的最新研究进展（包括菌群鉴别、种群分类、存在丰度以及代谢机理），分析可能影响 T 菌存在及代谢的环境因素，以引导对 T 菌的理性认识。

6.8.1　T菌发现及认识历程

对 T 菌的研究要比 A 菌晚得多。对 T 菌门类的报道最早可追溯至 1994 年。但是，对 T 菌的重要认知也仅仅是近十年的事情。综合 T 菌发现和认识历程，其研究可大致分为如图 6-41 所示的 3 个阶段：1）菌群鉴别与分类；2）菌群丰度检测及除磷能力辨析；3）生理学及代谢研究。

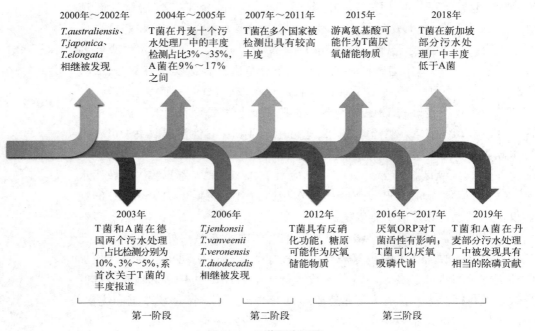

2000年~2002年
T.australiensis、T.japonica、T.elongata 相继被发现

2004年~2005年
T菌在丹麦十个污水处理厂中的丰度检测占比3%~35%，A菌在9%~17%之间

2007年~2011年
T菌在多个国家被检测出具有较高丰度

2015年
游离氨基酸可能作为T菌厌氧储能物质

2018年
T菌在新加坡部分污水处理厂中丰度低于A菌

2003年
T菌和A菌在德国两个污水处理厂占比检测分别为10%、3%~5%，系首次关于T菌的丰度报道

2006年
T.jenkonsii、T.vanveenii、T.veronensis、T.duodecadis 相继被发现

2012年
T菌具有反硝化功能；糖原可能作为厌氧储能物质

2016年~2017年
厌氧ORP对T菌活性有影响；T菌可以厌氧吸磷代谢

2019年
T菌和A菌在丹麦部分污水处理厂中被发现具有相当的除磷贡献

第一阶段　　第二阶段　　第三阶段

图 6-41　T 菌研究历程

德国 Wagner 等研究 EBPR 时发现，HGC 探针所指向的目标门类表现出了聚磷特性，且生物量最高可占总生物量的 36%，平均丰度在 4%~36%，而传统 A 菌平均丰度仅为 3%~32%。随后的研究表明，HGC 探针的目标菌落门类大多属于 T 菌（当时称之为 *Actinobacteria* 门）菌属。然而，当时对 PAOs 的研究主要集中于 A 菌，所以，此次发现并没有引起过多的关注。直到澳洲 Maszenan 等从活性污泥中分离出两株具有聚磷功能的革兰氏阳性菌，即 Ben 109T 和 Ben 110（同为一种菌），并借助 16S rRNA 基因测序技术进行了分析。结果显示，这两株菌并不属于已知的 *Actinobacteria* 门下任一菌属，故将其与日本 Kataoka 等分离并将编号为 T1-X7T 的菌株归为一类，并命名为 *Tetrasphaera* 菌属。同时，这两种菌株根据发现地不同而分别被命名为 *T. australiensis* 和 *T. japonica*。两年后，日本 Hanada 等从活性污泥中分离出另一株具有聚磷特性的菌株，同属 T 菌菌属，命名为 *T. elongata*。澳洲 Mckenzie 等对 Blackll 等发现的 "*Candidatus Nostocoida Iimicola*" 丝状系列菌进行了 16S rRNA 测序，并成功从中分离出 3 株新的 T 菌菌株，分别命名为 *T. jenkinsii*、*T. vanveenii* 和 *T. veronensis*。加之同年日本 Ishikawa 等发现并命名的 *T. duodecadis*，*Tetrasphaera* 菌属共包括 7 种 T 菌菌株，各菌株

形态及其他基本信息见表 6-9。

Tetrasphaera 菌分支及形态等基本信息总结　　　　表 6-9

分支	名称	形态	可代谢碳源	特异性探针[1]
分支 1	_T. elongate_、 _T. doudecadis_	分枝杆,短杆, 细丝和不规则球菌	葡萄糖,蛋白质, 氨基酸等广泛碳源	Tet1-226
分支 2	_T. australiensis_, _T. jenkinsii_, _T. vanveenii_, _T. veronensis_, _Candidatus Nostocoida limicola_	细丝状, 球菌, 分支杆状	葡萄糖,蛋白质, 氨基酸等广泛碳源,VFAs[2]	Tet2-174
分支 3	_Uncultured clones_	短杆,四分簇	葡萄糖,氨基酸,VFAs[2]	Tet3-654
	T. japonica[3]	球菌	葡萄糖,蛋白质, 氨基酸等广泛碳源	N/A[4]

注:[1] 选取 Nguyen 等设计的新型探针;[2] 分支 2 和分支 3 中只有部分亚系可代谢 VFAs;[3] _T. japonica_ 不属于上述 3 种分支;[4] 未指明探针型号。

　　Eschenhagen 等在德国两座污水处理厂中检测到两种 T 菌(_T. australiensis_、_T. japonica_),占系统总生物量的 10%,而 A 菌丰度只占 3%～5%。这是 T 菌被确定为新型聚磷菌属后首次在实际 EBPR 中被检测到。随后 Kong 等在丹麦 10 座污水处理厂中检测到了最高高达 35% 的 T 菌丰度,而 A 菌丰度只有 9%～17%。尤其重要的是,研究人员第一次在动态条件下(厌氧-好氧)证明了 T 菌的释磷/吸磷特性,正式确认其是一种新的 PAOs。然而,Kong 等的报道在当时并没有引发更多关于 T 菌的研究,只有一些不同国家污水处理厂中 T 菌丰度的零星报道。2007 年～2011 年期间,研究人员在大量实际污水处理厂中对 T 菌丰度进行了检测(第二阶段);同时,不同研究结果进一步确认了 T 菌的释磷/吸磷能力。结合 T 菌在某些污水处理厂中的高丰度,对其研究日益增多,研究重点也转移至对 T 菌生理及代谢路径的探究(第三阶段)。需要强调的是,尽管期间部分研究强调 T 菌的"重要作用""重要功能",甚至声称应"重新审视已有的 EBPR 模型",但类似结论仅依靠 T 菌之高丰度或者异位培养纯化实验获得,并不具有足够的信服力。最近,Fernando 等应用 Raman 光谱技术在实际污水处理厂内原位定量了 T 菌对系统磷去除的贡献,第一次在实际污水处理环境下证明了 T 菌具有与 A 菌相当的除磷贡献。

6.8.2 T 菌在实际污水处理厂中的丰度

　　表 6-10 总结了目前关于 A 菌和 T 菌丰度的定量结果。在绝大多数实验中,T 菌丰度都大于 A 菌丰度,但两者丰度差距不尽相同;其中,丹麦污水处理厂 T 菌丰度高达 30%,是当地 A 菌丰度的 4 倍之多,但在德国、比

利时、荷兰、挪威、瑞士、意大利的 8 座 MBR 项目（2 座为 EBPR 工艺，6 座是非 EBPR 工艺）中 T 菌与 A 菌丰度相差无几（T 菌与 A 菌平均丰度分别为 0％～7.9％和 0％～10.8％）。澳大利亚被检测污水处理厂中 T 菌和 A 菌丰度也相差无几，而地处热带的新加坡所检测到的 T 菌丰度则不及 A 菌。不同国家污水处理厂中 T 菌与 A 菌表现出的不同丰度比较说明，T 菌的存在与其丰度可能与环境条件息息相关。最近 Nielsen 等调查了 5 大洲 12 个国家的实际污水处理厂，结果显示 T 菌丰度（1.3％～11.9％）明显高于 A 菌（0％～2.9％）。不同的丰度调查结果表明，污水处理厂中 T 菌的高丰度并非偶然，具有一定的普遍性，但其存在与否以及丰度情况受环境条件影响较大。需要强调的是，已报道的 T 菌丰度高低并不代表其除磷能力的大小。Silva 等曾对中试和实际 MBR 工艺中的除磷效率进行了分析，揭示出磷去除率最高的反应器中 A 菌和 T 菌的丰度都不是最高的。

已知实际污水处理厂中 A 菌和 T 菌的丰度总结　　　　　表 6-10

国家	名称	工艺类型	进水组分	分析手段	探针型号[1]	平均水温（℃）	T 菌丰度（％）	A 菌丰度（％）
丹麦	EjbyMølle	EBPR＋反硝化	55％工业废水	FISH	Tet1-266, Tet2-174, Tet2-892, Tet3-654	13～18	30.5	5.4
	Hjørring		30％工业废水			8～18	28.1	3.1
	Åbenrå		生活/工业			N/A[2]	26.3	4.8
	Skive		60％工业废水			8～18	19.1	4.5
	AalborgEast		20％工业废水			10～15	23.9	5.4
美国	SouthCary	四段式 Bardenpho＋SSR[3]	生活污水	FISH	Tet1-266, Tet2-174, Tet2-892, Tet3-654	21.8	15.3	6.4
	Westside	MLE＋SSRC[3]	生活污水			17.2	18.1	7.6
	CedarCreek	JHB＋SSM[3]	生活污水			16.2	20.2	6.2
	Henderson1	JHB＋UMIF[3]	生活污水			24.4	19.7	5.6
	Henderson2	JHB＋UMIF[3]	生活污水			24.4	18.7	4.6
波兰	WWTP1	A₂O	生活污水	FISH	Tet1-266, Tet2-174, Tet2-892, Tet3-654	N/A[2]	11～15	7～12
	WWTP2	AO(缺-好)	20％～25％工业废水				17～24	8～11
	WWTP3	UCT	30％～50％工业废水				18～25	4～5
	WWTP4	Carrousel 氧化沟＋AO(缺-好)	10％～25％工业废水				15～21	2～3
葡萄牙	Beirolas	A₂O	生活污水	FISH	Tet1-266, Tet2-174, Tet2-892, Tet3-654	15～23	22～24	3～3.5
	Setúbal	A₂O	市政污水			12～25	17	3～4

续表

国家	名称	工艺类型	进水组分	分析手段	探针型号[1]	平均水温(℃)	T菌丰度(%)	A菌丰度(%)
德国	WWTP1	AO(厌-好)	生活污水	FISH	Actino1011	N/A[2]	10～11	3～5
	WWTP2	五段式 Bardenpho	生活污水				10～12	<5
日本	Ariake	A²O	生活污水	FISH	HGC69a, Actino-1011, TET63	11～24	5	5
	Kosuge	AO(厌-好)	生活污水				5.2	15
	Mikawashima	AO(厌-好)	生活污水				9.7	11
	Nakagawa	AO(厌-好)	生活污水				5.2	18
	Nakano	AO(厌-好)	生活污水				10.4	4
	Shibaura	AO(厌-好)	市政污水				3.3	10
	Shin-Gashi	CAS	生活污水				2.6	9
	Sunamachi	CAS	市政污水				2.6	9
	Todoroki	APO	生活污水				13.6	18
澳大利亚	WWTP1	改良 UCT	生活污水为主	FISH	HGC69a, Actino-221, Actino-658, Actino-1011, TET63	25	<1	<5
	WWTP2	三段式 Bardenpho	生活污水为主			25	<1	<1
	WWTP3	Carousel 氧化沟/UCT	生活污水为主			23	<1	<1
	WWTP4	三段式 Bardenpho	生活污水为主			25	<1	<1
	WWTP5	改良 UCT	生活污水为主			26	<5	<1
	WWTP6	Carousel 氧化沟/UCT	生活污水为主			N/A[2]	<1	<5
	WWTP7	改良 UCT	生活污水为主			17	<1	9
	WWTP8	改良 UCT	生活污水为主			16	<1	5
	WWTP9	改良 UCT	生活污水为主			19	<1	N/A[2]
新加坡	WWTP1	五段式 Bardenpho	生活污水	16S rRNA	N/A[2]	28.7～31.2	1.1～1.8	2.6～3.8
	WWTP2	MLE	生活污水			29.8～31.1	0.37～0.55	1.7～2.04
	WWTP3	A²O+MBR	生活污水			29.3～31.6	0.23～0.37	0.95～1.4

注：[1] 仅标明检测 T 菌所用探针；[2] 无数据；SSR、SSRC、SSM、UMIF 均为不同类型侧流水解发酵工艺，MLE 为改良型 Ludzack-ettinger 工艺，JHB 为约翰内斯堡工艺。

此外，对 PAOs 丰度的定量方法主要为 FISH 和 16S rRNA 技术，而这两种技术的结果存在偏差。Rubio-Rincón 等分别用 FISH 和 16S rRNA 技术对一 PAOs 富集反应器中两种 PAOs 的丰度进行了定量分析，FISH 结果显示 A 菌占系统总生物量的 61%，而 16S rRNA 技术结果显示 A 菌只占系统总生物量的 2%。根据 Mads 等及 Valverde-Pérez 等对两种检测手段的结果分析，应用 16S rRNA 技术测量微生物种群结构时，对低丰度微生物的 DNA 扩增效率远远小于高丰度微生物扩增效率，从而导致了高低两种丰度微生物误差的扩大；同时，qPCR 技术对丰度低于 5% 的微生物往往存在严重低估，对 DNA 提取效率偏差也会严重影响测量结果。因此，我们建议对 T 菌定量检测时为确保其准确性及可靠性，应尽量避免采用与 DNA 提取相关之技术（如，16S rRNA 技术），应尽量采用 FISH 技术。另外，不同时期使用 FISH 技术对 T 菌的定量检测所采用的探针型号也有所不同，导致覆盖范围存在差别或重叠，这也会对定量结果产生影响。例如，Wagner 等利用 HGC69a 探针对 Actinobacterial 门（包括 T 菌属）进行了特异性检测；Eschen-hagen 等使用的 Actino1011 探针只能对 *T. australiensis*、*T. japonica* 两种菌进行特异性检测；Kong 等则使用 Actino221 和 Actino658 对放线性 PAOs 菌（即 T 菌）进行特异性检测；Beer 等采用 TET63 及 Actino1011 对 *T. japonica*、*T. australiensis*、*T. elongata* 3 种菌进行特异性检测。直到 Nguyen 等针对 T 菌的知识积累，设计了一系列新型探针，完整覆盖了 T 菌的各个分支，保障了 T 菌丰度定量检测的准确性（如表 6-9 所示），这之后才被其他研究人员广泛采纳。

6.8.3　T 菌生理和代谢途径

1. T 菌有别于 A 菌之生理学特点

2011 年后（图 6-41），研究人员对 T 菌生理学及代谢路径进行了初步研究，以了解 T 菌除磷代谢过程发生的具体路径、代谢产物以及可利用化学物质的变化等。结果发现，T 菌部分除磷代谢特点和路径不同于 A 菌。尽管有关 T 菌的生理特性和代谢路径还未被完全揭示，且目前有关其代谢路径的报道仍存在矛盾，但 T 菌独有的一些生理学特点逐渐明晰。总的来看，T 菌区别于 A 菌的生理学特点包括 3 个方面：1）T 菌具有发酵能力，可以依靠发酵代谢进行细胞维持或增殖；2）实际污水处理厂中丰度最大 T 菌（*T. elongata*）在除磷代谢时无法合成 PHA 作为储能物质；3）T 菌可以利用葡萄糖等大分子碳源进行厌氧释磷。

目前，关于 T 菌代谢路径的研究报道中，几乎均发现了其在厌氧环境下的发酵能力，即可以吸收利用糖类和氨基酸（包括葡萄糖、谷氨酸、天冬氨酸等）进行发酵并降解为 VFAs（乙酸等）、羧酸盐等小分子物质，产生的能量供给自身细胞增殖或细胞维持。同时，发酵产物亦可供给其他异养细菌代谢利用。由此可知，T 菌的发酵代谢能力可以与其他微生物进行协同代谢，尤其在生物除磷工艺的厌氧池中，其降解大分子的能力可以提高厌氧池中 VFAs 的浓度，从而为 A 菌厌氧释磷提供必要碳源。因此，在进水 VFAs 浓度较低或工业废水比例较大的污水处理厂中，T 菌的发酵特性有利于系统的协同除磷。进言之，T 菌在厌氧环境下供给自身细胞维持或增殖的能量来源可以是 Poly-P 的分解，也可以是来自它们对大分子的发酵过程。T 菌这一特点也许是其在许多污水处理厂中丰度较 A 菌要高的原因之一，即 T 菌能够适应不同的底物环境。

与此同时，Marques 等在实验中发现，T 菌厌氧发酵某些碳源（葡萄糖、谷氨酸、天冬氨酸、甘氨酸）后会导致磷吸收现象的出现。作者推测原因是在厌氧阶段，T 菌通过发酵代谢所获取的能量已足够用于细胞代谢和维持，并不需要额外通过体内 Poly-P 水解获取能量，且发酵代谢产生的能量还可用于对磷酸盐的吸收，这是在之前对 EBPR 工艺研究中从未观测到的现象，也许是一种新的除磷机制。另外，在 Rubio-Rincón 等的研究中发现，当系统从混合碳源（乙酸、丙酸、乳酸）转换为乳酸作为唯一碳源时，系统生物除磷功能丧失，同时 16S rRNA 技术检测系统中 A 菌丰度从 20% 降至 2%，T 菌丰度则从 4% 升至 27%。同样证明了当只有乳酸存在时 T 菌可以依靠乳酸发酵代谢生存，而不需要进行 Poly-P 的水解获取能量。T 菌这一发酵特性对系统 EBPR 过程的利弊值得进一步研究。

以 A 菌为主体的传统 EBPR 模型认为，PHA 是厌氧环境下 PAOs 吸收碳源后合成的能量载体，为好氧环境下过量吸磷提供碳源和能源。因此，PHA 是否也是 T 菌进行除磷代谢时的内聚物是最初研究重点之一。然而，Maszenan 等首次分离出的两种 T 菌（*T. australiensis*、*T. japonica*）均未在其胞内检测到 PHA 的存在。作者由此推测，T 菌在厌氧环境下可能并不以 PHA 作为储能物质。Kristiansen 等对 4 种 T 菌（*T. australiensis*、*T. japonica*、*T. jenkinsii*、*T. elongata*）进行了宏基因组学分析；结果显示，只在 *T. japonica* 体内发现了控制 PHA 合成相关酶的基因（phaA、phaB、phaC），后续实验也证明了 *T. japonica* 代谢葡萄糖后可以合成 PHA。另外，T 菌分支 2 中部分丝状菌同样可以合成 PHA。除此之外，其他 T 菌均未被检测到具有合成 PHA 能力。进一步，在实际污水处理厂中丰度往往最高的 *T. elongata* 也并没有被检测到有合成 PHA 的现象。最近 Fernando 等应用 Raman 光谱技术分别对纯种 *T. elongata* 和实际处理厂中 T 菌胞内聚合物进行了分析，同样未检测到 PHA。综上所述，与 A 菌除磷代谢中 PHA 发挥重要作用不同，T 菌在厌氧阶段并不会合成 PHA 为好氧吸磷提供碳源和能源。因此，T 菌代谢中 PHA 的功能替代物仍是目前研究的热点之一。

厌氧阶段，T 菌与 A 菌可利用的碳源存在区别。Kristiansen 等分别对两种 PAOs 进行宏基因组学分析发现，T 菌存在编码一些糖类转运基因、糖类激酶基因和氨基酸类基因，而 A 菌基因组中缺少对应的糖类、氨基酸类转运和同化基因。因此，在底物利用上 T 菌相比 A 菌具有更广泛的选择性，可直接吸收利用葡萄糖或氨基酸作为碳源进行代谢，这与实际环境中两种 PAOs 可利用碳源的区别也是一致的。但 Kong 等测试了厌氧条件下 T 菌对不同碳源（甲酸、乙酸、丙酸、丁酸、丙酮酸、乳酸、乙醇、葡萄糖、油酸、天冬氨酸、谷氨酸、亮氨酸、甘氨酸、胸苷和混合氨基酸）的吸收能力；结果显示，杆状 T 菌（*T. elongata*）无法吸收上述所有碳源，球状 T 菌（*T. australiensis*、*T. japonica*）只可以吸收油酸，但之后并不会进行磷吸收代谢。但后续大量的实验证明所有类型 T 菌均可以吸收葡萄糖。Kong 等证实被 Action-221 标记的 T 菌可以吸收利用葡萄糖；Nielsen 等同样证实所有 T 菌均可吸收利用葡萄糖。Kristiansen 等在实验中发现，T 菌在厌氧阶段吸收葡萄糖后，一部分以糖原形式被储存，另一部分则被发酵降解为琥珀酸酯、乳酸、丙氨酸和乙酸酯，同时伴随着磷酸盐的释放。T 菌这一代谢特性是 A 菌所不具备的，同时在高动态变化的实际污水环境中，T 菌这一代谢特性为其存活增殖提供了优势，这可能是导致实际污水处理厂中 T 菌丰度普遍高于 A 菌的原因，尤其是在以工业进水为主的污水处理厂中。

2. T 菌摄取 VFAs 与否

Kong 等在厌氧-好氧交替运行环境下，用乙酸作为单独碳源对 T 菌进行培养，结果表明，T 菌并不能吸收利用乙酸。而 Nguyen 等实验结果表明，厌氧阶段 T 菌可以摄取乙酸，但在 3 h 内摄取逐渐停止。因此，T 菌能否利用 VFAs 进行代谢仍存在争议。虽然部分 T 菌厌氧时可以代谢 VFAs，但在实际环境中 VFAs 似乎并不是 T 菌代谢的首选碳源。从宏基因组学分析结果来看，每种 T 菌都具有乙酸转运和参与乙酸代谢的激活酶合成基因(actP、acs、ackA、pta)，所以，每种 T 菌具有吸收利用 VFAs 的能力。尽管 T 菌体内存在乙酸相关代谢基因，但 T 菌对乙酸亲和性较低，这可能是乙酸分流基因缺失所致，导致当乙酸作为唯一碳源时 T 菌生存状况不佳。Lanham 等的实验亦表明，T 菌对 VFAs 类碳源竞争力较 A 菌要逊色。Marques 等的实验表明，T 菌对 VFAs 利用与分支有关，分支 1 中的 T 菌不吸收 VFAs；分支 3 中部分亚系可以吸收 VFAs；分支 2 中的 T 菌由于在与 A 菌竞争 VFAs 时处于劣势而被系统淘汰。说明这两种 PAOs 菌对 VFAs 类碳源选择是有区别的。

3. T 菌潜在代谢路径

（1）厌氧合成糖原代谢

由上述可知，多数 T 菌在厌氧环境下并不能合成 PHA 作为储能物质。为了解释 T 菌除磷代谢机理，尤其是厌氧环境下的储能内聚物，部分学者认为糖原作为 PHA 的"替代品"在 T 菌除磷代谢中发挥着关键作用。Kristiansen 等通过宏基因组学分析，在 T 菌体内发现了编码 TCA 循环、糖酵解、糖异生、糖原合成以及糖原分解相关的酶的基因。此外，糖原合成酶(GlgB、GlgC、N0E1Q7、N0E176)和分解酶(GlgX、GlgP)的发现也证明了 T 菌在厌氧环境下具有合成糖原之能力。同时，研究者在厌氧-好氧循环条件下用葡萄糖培养纯种 *T. elongata* 菌，在其胞内观察到了糖原生成，并据此提出了 T 菌除磷代谢模型，如图 6-42 所示。另外，Marques 等使用葡萄糖、天冬氨酸、谷氨酸分别作为碳源对 T 菌进行培养，均检测到了糖原的生成。

Kristiansen 等认为，在厌氧环境下，T 菌吸收葡萄糖、蛋白质、氨基酸等大分子物质并以糖原形式储存在体内，也可水解发酵为 VFAs(乙酸等)等供给其他异养细菌利用。糖原合成所需的能量来源于 T 菌体内 Poly-P 水解和葡萄糖、蛋白质等基质发酵时产生的 ATP。在好氧段，T 菌体内储存的糖原被氧化降解、提供能量用于维持自身生长和从环境中过量吸收磷酸盐用于 Poly-

P再生。富含 Poly-P 的 T 菌以剩余污泥形式排出系统，完成系统生物除磷过程。可见，T 菌这一除磷代谢途径与 A 菌代谢模型部分类似，同样存在 TCA 循环和 Poly-P 的降解和再生过程，主要区别是糖原代替 PHA 成为储能内聚物。

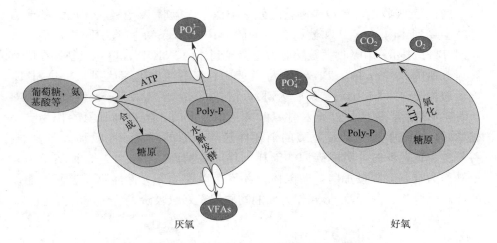

图 6-42 T 菌以糖原作为内聚物时之除磷模型

然而，最近 Fernando 等用葡萄糖作为唯一碳源对纯种培养的 *T. elongata* 菌进行了代谢研究，通过 FISH-Raman 技术在 *T. elongata* 菌体内并没有检测到糖原内聚物。同时，在实际污水处理厂中的 T 菌体内也未检测到糖原的存在，故对糖原作为储能物质的假设提出了质疑。作者将不同实验结果归结于糖原检测定量方法（酸化水解葡萄糖当量法并不是直接定量糖原，而是定量糖原降解后的葡萄糖当量）的弊端。事实上，葡萄糖当量法目前已被广泛应用，其准确性亦被普遍认可。在该实验中未检测到糖原存在，极大可能性归咎于 T 菌多种代谢途径；在该实验条件下，T 菌可能确实未合成糖原代谢，但这并不代表 T 菌不能合成糖原。另外，该实验中采用了 Actino658 探针对 T 菌进行特异性检测，而 Actino658 不能覆盖 T 菌中的分支 1 和分支 2 中的大多数菌株，探针覆盖范围的差别会对 T 菌特异性检测产生误差。因此，糖原是否为 T 菌进行除磷代谢的内聚物仍待研究确认。

（2）厌氧以游离氨基酸储能代谢

除糖原外，游离氨基酸亦可能是 T 菌厌氧环境下的储能内聚物。Nguyen 等在厌氧环境下使用甘氨酸作为唯一碳源，对 *T. elongata* 菌进行了代谢内聚物种类及代谢产物的实验分析。结果，在 *T. elongata* 菌体内检测到了游离的甘氨酸，并没有发现糖原的踪迹；他们由此推测，T 菌代谢某些氨基酸时可能会以游离氨基酸的形式储存能量，继而在好氧环境下促进磷的过量吸收，即扮演 A 菌代谢中 PHA 角色，由此提出了基于游离氨基酸为储能内聚物的代谢模型（图 6-43）。

在 Nguyen 等的实验中，厌氧条件下用被 ^{13}C 标记的甘氨酸作为唯一碳源培养 *T. elongate* 菌，厌氧 3 h 后检测环境中含 ^{13}C 有机物的变化；结果显示，大约 11% 的甘氨酸被转化为谷氨酸、丝氨酸、丙氨酸，用于合成蛋白质；大约 60% 的甘氨酸被水解发酵为丙氨酸、乙酸和琥珀酸；9% 的甘氨酸以游离形式储存于体内；与此同时并没有发现存在 PHA 和糖原积累现象。随后，在好氧阶段 3 h 内所有被 ^{13}C 标记的物质均被消耗殆尽。厌氧条件下 T 菌吸收甘氨酸的同时伴随着磷酸盐的释放，得到的 P 释放/C 吸收值大约为 0.5，该值与厌氧时 A 菌吸收乙酸释放磷酸盐之效率类似。厌氧时 A 菌吸收 VFAs 的能力往往会受到体内 Poly-P 和糖原含量的限制；Nguyen 在实验中同样发现，厌氧时 *T. elongate* 菌吸收甘氨酸能力也会受到体内 Poly-P 含量的限制；在厌氧阶段开始的 30 min 内，*T. elongate* 菌体内甘氨酸浓度迅速达到 2C-mmol/L，之后缓慢上升，3 h 厌氧结束后达到 3C-mmol/L；当 *T. elongate* 菌体内 Poly-P 消耗殆尽后，该菌便停止对甘氨酸的摄取。同时，当投加甘氨酸作为唯一碳源时，系统中检测到甘氨酸的消耗伴随着糖原的消耗，而投加天冬氨酸、谷氨酸、葡萄糖时，对应碳源的消耗则伴随着糖原的生成。这也证实了当甘氨酸作为唯一碳源投加时，T 菌体内并不会以糖原作为储能物质，而可能以游离碳化合物（甘氨酸）形式作为储能物质用于好氧吸磷。

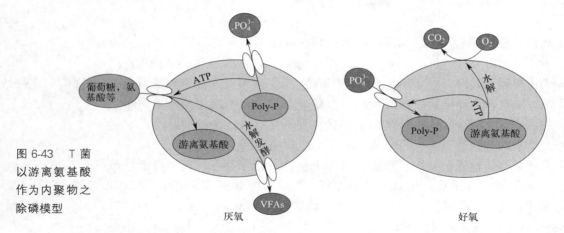

图 6-43 T 菌以游离氨基酸作为内聚物之除磷模型

Marques 等为进一步调查厌氧时 T 菌体内潜在的储能物质，在 Nguyen 等的实验基础上又对 T 菌体内代谢物质进行了鉴定。他们用酪蛋白水解物培养 T 菌，检测到了复杂的体内代谢产物；除甘氨酸外，厌氧条件下其他氨基酸（缬氨酸、苏氨酸、天冬氨酸、脯氨酸、谷氨酰胺、苯丙氨酸、赖氨酸、鸟氨酸）也可以游离形式存在于 T 菌体内，糖类物质（如葡萄糖和松二糖等）也被检测到以游离形式存在于体内。这些结果表明除甘氨酸外，其他氨基酸水解产物也可以游离形式作为潜在储能物质。

（3）厌氧吸磷代谢

Marques 等对一个 PAOs 富集反应器（T 菌占 60%，A 菌占 20%）进行除磷代谢分析时，发现当使用葡萄糖、天冬氨酸、谷氨酸或甘氨酸分别作为唯一碳源时，T 菌在厌氧环境下表现出对 PO_4^{3-} 吸收，而不是释放。对此，他们提出，T 菌在以上述有机物作为唯一碳源时，可利用其进行发酵代谢，该代谢途径产生的 ATP 可满足糖原合成和细胞维持的需要，甚至富

余推动对 PO_4^{3-} 吸收，因此提出了 T 菌厌氧吸磷代谢模型，如图 6-44 所示。

　　尽管该代谢模型中 T 菌在厌氧和好氧环境下均可吸磷，但这一代谢模型明显不符合生物除磷的动态循环要求，即存在吸磷饱和现象，这也是部分学者对 T 菌能否稳定发挥除磷代谢功能质疑所在。结合之前讨论内容，T 菌之发酵能力是其丰度较高的可能原因，可以使其适应不同的环境变化并存活，但同时也可能对 T 菌除磷代谢构成较大威胁。如果 T 菌生长代谢依赖于发酵作用，很可能形成其对 Poly-P 分解功能显得多余而被搁置，况且，T 菌又不能无限制吸磷，这可能会导致 T 菌达到吸磷饱和状态而最终丧失除磷能力。

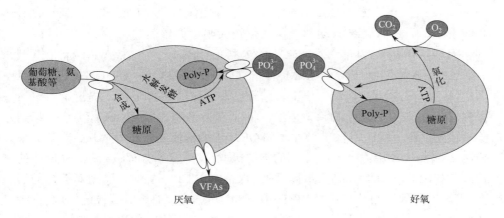

图 6-44　T 菌厌氧吸磷代谢模型

（4）反硝化代谢

　　Hanada 等发现 *T. elongata* 菌可以将硝酸盐（NO_3^-）还原至亚硝酸盐（NO_2^-），但并不能完全反硝化至氮气（N_2）。Kong 等同样发现球状 *Tetrasphaera* 菌（*T. australiensis*、*T. japonica*）可将 NO_3^- 还原至 NO_2^-，并可以从中获取能量用于自身生长。Kristiansen 等通过宏基因组学分析发现，T 菌体内具有控制反硝化相关表达酶的基因（nirK），即 T 菌都具有利用 NO_3^- 和 NO_2^- 作为反硝化终极电子受体的潜力。但是，在 T 菌体内没有发现一套控制完整反硝化路径的基因组，即 T 菌并不能将 NO_3^- 完全还原至 N_2。但在 *T. japonica* 菌基因组中发现能够将 NO_3^- 还原至氨态氮相关表达酶的基因（nirB、nirD），表明该菌可能通过将 NO_3^- 异化还原为氨氮形式还原 NO_3^-。

　　Marques 等在一个 PAOs 富集反应器（T 菌占 80%，A 菌<2%）中测试了 T 菌的反硝化能力；结果显示，T 菌贡献了系统中 80% 的氮去除，同时检测到少量缺氧磷吸收现象。但在缺氧条件下，T 菌除磷量仅为 0.09 mmol-P/(g VSS·h)，而 A 菌为 0.13～1.19 mmol-P/(g VSS·h)。虽然 T 菌总的脱氮能力与 A 菌类似[0.7 mmol-N/(g VSS·h)]，但缺氧时 T 菌 P 去除/N 去除值只有 A 菌的 1/7，即 T 菌的反硝化除磷能力远远不及 A 菌。进一步深入研究表明，T 菌厌氧吸收有机碳后为后续缺氧、好氧段提供了足够的能量，可以实现缺氧反硝化与好氧磷吸收，但几乎不能像反硝化除磷菌（DPB）那样同步进行反硝化与缺氧吸收。

6.8.4　T 菌除磷代谢影响因素

1. 氧化还原电位

基于对传统 EBPR 过程的认知，厌氧段 *ORP* 是维持 A 菌与其他异养细菌对碳源竞争优势及其除磷性能的关键因素。因此，为了保证其高效的释磷及 VFAs 吸收，厌氧段 *ORP* 值需尽量保持在－200 mV 以下，同时，厌氧停留时间应大于 2.4 h，则可维持稳定的 EBPR 运行。目前，关于厌氧段 *ORP* 对 T 菌除磷影响的研究并不多见。有限的 T 菌研究报道大多没有提及实验中厌氧段具体 *ORP*，这就给讨论 *ORP* 对 T 菌除磷影响带来了疑惑，也是今后有必要研究的内容之一。

Dunlap 等在用传统 EBPR 数学模型拟合侧流强化生物除磷（S2EBPR）过程时发现，需将 A 菌部分动力学参数作较大幅度调整后才可符合实际除磷表现，而调整后的动力学参数与 A 菌实测值出入较大。在 ASM 标准模型（ASM2d、ASM2d＋TUD、ASM3＋bio-P、Barker-Dold、UCTPHO＋）中只考虑 A 菌一种 PAOs 菌属，研究者结合已发现和报道的 T 菌，提出了基于 A 菌和 T 菌的双 PAOs 生物除磷模型，将 T 菌发酵能力以及除磷能力也包括到除磷模型之中。同时，将 T 菌在不同 *ORP* 下的活性变化作为"开关"函数来控制 T 菌除磷作用大小，对 T 菌的碳源摄取/发酵速率方程进行基于 *ORP* 的控制。如图 6-45 所示，当厌氧段 *ORP* 保持在－300 mV 时，T 菌对碳源的摄取/发酵速率因子为"1"；当 *ORP* 为－200 mV 时，T 菌对碳源的摄取/发酵速率因子几乎降为"0"，即失去生物除磷能力。尽管以 *ORP* 为控制开关的双 PAOs 模型仍未得到广泛证明，但其作为将 T 菌包括在既有生物除磷模型一次新的尝试，为解释新发现的 T 菌生物除磷现象与工艺提供了启示。

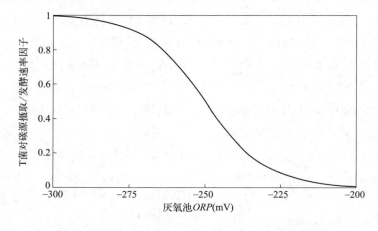

图 6-45　厌氧时 T 菌对碳源摄取/发酵活性与 *ORP* 的关系

近年来世界各地的侧流发酵 S2EBPR 工艺引起一定关注，该工艺中侧流水解发酵池经历长 *SRT*（12~48 h）后形成深度厌氧环境（*ORP*＜－400 mV），相比传统 EBPR 工艺具有更好的生物除磷效果，由此推测可能是深度厌氧环境刺激了 T 菌发酵活性，为系统增加了额外碳源。但目前对 T 菌生理生化研究中有关厌氧 *ORP* 关注确实较少，而实际 EBPR 工艺中厌氧池一般难以达到

$ORP<-200$ mV 这样的状态，因此，厌氧环境对 T 菌活性的影响有待进一步研究。

2. 温度

如表 6-10 所示，在丹麦等北欧国家的污水处理厂中，污水水温常年小于 20 ℃，所检测到的 T 菌丰度普遍高于 A 菌。而地处热带地区的新加坡，污水水温常年稳定在 30 ℃左右，所检测的 3 个 EBPR 工艺中 T 菌丰度远小于 A 菌。同时，Barnard 等的研究也表明，当污水水温大于 30 ℃时，A 菌与 T 菌竞争处于优势地位，即污水水温过高对 T 菌生存会有不利影响。然而，目前 T 菌研究中对水温的关注较少。所以，不同水温下两种 PAOs 的丰度变化有待进一步研究。

3. 进水组分的影响

除 ORP、水温外，进水中生活和工业废水比例对 T 菌丰度也有影响。Mielczarek 等对丹麦 EBPR 工艺中微生物群落结构进行了连续 3 年检测，并将 T 菌丰度信息与部分运行环境条件进行了相关性分析；结果显示，T 菌丰度大小与进水中工业废水占比有一定关系，即进水中工业废水比例越大，T 菌丰度则会越高，其他国家污水处理厂中两种 PAOs 丰度与进水组分的关系也可证明这一点（表 6-10）。Kong 等调查了丹麦 10 座分别以生活废水和工业废水为主的污水处理厂，其中在以工业废水为主的污水处理厂中 T 菌平均丰度为 17%～35%，而以生活污水为主的污水处理厂中 T 菌丰度仅为 3%～16%，特别是在一座处理乳制品废水的污水处理厂中甚至只检测到了 T 菌而没有发现 A 菌，充分说明进水组分对两种 PAOs 丰度影响很大。工业废水中往往富含大量蛋白质等大分子有机物，这无疑为 T 菌在与 A 菌的竞争中提供了底物优势。由此可见，进水中大分子有机物浓度是刺激 T 菌丰度升高的原因之一，即工业废水在进水中比例越大，越有利于 T 菌在活性污泥中形成竞争优势。

6.8.5　T 菌对生物除磷贡献分析

T 菌在 EBPR 工艺中的高丰度是引起对其研究兴趣的根源，但有丰度并不足以表明有足够除磷贡献。目前对 T 菌研究多局限于实验室小试水平，在实际污水处理厂中还没有完全证实 T 菌在高动态环境中的除磷能力，直到将 Raman 光谱技术用于原位定量细胞内聚物含量（Poly-P 和糖原）。最近 Fernando 等运用 FISH＋Raman 技术对丹麦 8 个污水处理厂进行检测，发现 T 菌丰度在 5 个污水处理厂中相比 A 菌占优势，在 6 个污水处理厂中除磷贡献高于 A 菌，见表 6-11。

Fernando 等对丹麦 8 个 EBPR 工艺中两种 PAOs 对系统生物除磷贡献进行检测计算（表 6-11）。以 HjØrring 污水处理厂为例，在单位污泥质量中，T 菌除磷量为 6.7 mg poly-p/g SS，而 A 菌除磷量为 2.07 mg poly-p/g SS，即该厂中 T 菌对系统的除磷贡献是 A 菌的 3 倍。然而，表 6-11 中显示的其他污水处理厂中两种 PAOs 除磷贡献率却说明 A 菌和 T 菌在实际 EBPR 工艺中都是重要的 PAOs，两种 PAOs 贡献了系统 24%～70% 的磷去除。值得注意的是，研究者在实际工艺中所检测到的两种 PAOs 各项代谢数据均小于实验室所得数据，说明实验室中所测代谢数据并不能完全代表真实动态环境中 T 菌活性。所以，未来对 T 菌的代谢及除磷贡献研究应以实际工艺为主。

然而，Fernando 等的研究结果目前显得较为孤单，只能说明在该实验环境下 T 菌具有与 A 菌相当的除磷贡献能力。上述对 T 菌生理学讨论可知其代谢路径较为多样，而随着环境、运行等条件的变化，可能也会导致 T 菌改变代谢路径，甚至由除磷代谢转变至非除磷代谢，即 T 菌在某些环境下可能并不会发挥其除磷能力。目前对 T 菌研究的知识还不能完全概括出全部控制 T 菌除磷代谢途径的影响因素，因此，对于 T 菌在 EBPR 中的角色和重要性仍需慎重看待。

丹麦实际污水处理厂中 A 菌与 T 菌对系统生物除磷的贡献　　表 6-11

项目	A 菌丰度	T 菌丰度	A 菌对系统除磷贡献（%）	T 菌对系统除磷贡献（%）
HjØrring	1.20±0.5	6.50±0.6	9.5	30.9
Randers	2.34±0.7	6.64±0.2	14.9	46.5
Viby	2.72±1.3	2.55±0.7	12.6	11.7
Bjerringbro	4.96±1.4	3.53±0.2	41.4	29.2
Aalborg East	1.60±0.6	2.20±0.9	12.3	16.6
Aalborg West	3.60±1.6	3.10±1.6	13.4	13.8
Egaa	1.71±0.4	2.04±0.8	15.4	20
Åby	2.53±1.4	3.84±1.1	23.9	38.4

6.8.6 结语

回顾有关 T 菌近 20 年研究历程，可以总结出以下主要结论及其未来研究方向：

（1）T 菌作为新型除磷细菌（PAOs）其作用已被实验证实。目前，已发现 7 个 T 菌菌株，归属于 3 个分支。已报道的 T 菌在一些污水处理厂丰度（1%～30.5%）明显高于 A 菌（1%～18%）。

（2）T 菌具有区别于 A 菌之生理学特性：1）T 菌具有发酵能力，可以依靠发酵葡萄糖等大分子有机物获得能量进行细胞维持或增殖；2）实际污水处理厂中大多数 T 菌（除 T. japanica 和部分丝状菌外）在除磷代谢时无法合成 PHA 作为储能物质，其厌氧储能替代物质存在争议。

（3）T 菌代谢途径存在多样性，可利用不同底物进行不同途径除磷代谢；糖原和游离氨基酸被认为是最有可能的代谢内聚物；T 菌也被观察到可以进行厌氧吸磷代谢和反硝化代谢。

（4）T 菌生存及代谢受环境因素影响很大，深度厌氧环境（低 ORP）有利于 T 菌生存与代谢；水温过高不利于 T 菌的存活；进水中工业（含大分子有机物）废水比例越高，T 菌丰度越高。其他环境因素（如，pH 等）对 T 菌的影响应是未来需要研究的方向。

（5）因 T 菌代谢途径的多样导致其难以稳定实现除磷代谢。T 菌不同代谢途径下的获能方式决定着其是否可以实现持续、稳定除磷作用。T 菌如果不需要胞内 Poly-P 水解供能，那就需要了解其他代谢途径下的能量利用水平。能量平衡计算可以确定 T 菌在各个代谢途径下的能量利用水平，这决定着其是否可以稳定发挥释磷/吸磷作用。这显然应该是未来研究的重点。

尽管在丹麦一些实际污水处理厂中发现 T 菌具有与 A 菌相当的除磷贡献，但类似结果的报道并不是非常普遍，且目前对 T 菌的研究多处于实验室水平，因此，今后需要对 T 菌在实际动态环境下的动力学开展研究。

主要参考文献

[1] ADAV S S, LEE D J, TAY J H Extracellular polymeric substances and structural stability of aerobic granule [J]. Water research, 2008, 42 (42): 1644-1650.

[2] AFIF E, AZADI P, FARNOOD R Catalytic hydrothermal gasification of activated sludge [J]. Applied catalysis b: environmental, 2011, 105 (1-2): 136-143.

[3] AHN J H, KIM S, PARK H, et al. N_2O emissions from activated sludge processes, 2008—2009: results of a national monitoring survey in the United States [J]. Environmental science & technology, 2010, 44 (12): 4505-4511.

[4] ALBERT G, DAVID H D, JURG K, et al. Methane formation in sewer systems [J]. Water research, 2008, 42 (6-7): 1421-1430.

[5] ALI M, RATHNAYAKE R M L D, ZHANG L, et al. Source identification of nitrous oxide emission pathways from a single-stage nitritation-anammox granular reactor [J]. Water research, 2016, 102: 147-157.

[6] ALI S M H, LENZEN M, SACK F, et al. Electricity generation and demand flexibility in wastewater treatment plants: benefits for 100% renewable electricity grids [J]. Applied energy, 2020, 268: 114960.

[7] ALI Al K, LAWRENCE L K. Energy consumption and water production cost of conventional and renewable-energy-powered desalination processes [J]. Renewable and sustainable energy reviews, 2013, 24: 343-356.

[8] ALTHOFF F, BENZING K, COMBA P, et al. Abiotic methanogenesis from organosulphur compounds under ambient conditions [J]. Nature communications, 2014, 5 (10): 1038.

[9] ALVARINO T, SUAREZ S, KATSOU E, et al. Removal of PPCPs from the sludge supernatant in a one stage nitritation/anammox process [J]. Water research, 2015, 68: 701-709.

[10] AMIR A, DAVID F, MARTIN H, et al. Water and climate: Recognize anthropogenic drought [J]. Nature, 2015, 524: 409-411.

[11] ANGELA M, BÉATRICE B, MATHIEU S Biologically induced phosphorus precipitation in aerobic granular sludge process [J]. Water re-

search，2011，45（12）：3776-3786.

[12] AQUINO S F，STUCKEY D C. Soluble microbial products formation in anaerobic chemostats in the presence of toxic compounds [J]. Water research，2004，38（2）：255-266.

[13] AUGUET O，PIJUAN M，GUASCH-BALCELLS H，et al. Implications of downstream nitrate dosage in anaerobic sewers to control sulfide and methane emissions [J]. Water research，2015，68：522-532.

[14] BANI S M，YERUSHALMI L，HAGHIGHAT F Impact of process design on greenhouse gas（GHG）generation by wastewater treatment plants [J]. Water research，2009，43（10）：2679-2687.

[15] BARKER D J，STUCKEY D C A Review of soluble microbial products（SMP）in wastewater treatment systems [J]. Water research，2003，33（14）：3063-3082.

[16] BASUVARAJ M.，FEIN J，LISS S N Protein and polysaccharide content of tightly and loosely bound extracellular polymeric substances and the development of a granular activated sludge floc [J]. Water research，2015，82：104-117.

[17] BEAULIEU J J，DELSONTRO T，DOWNING J A. Eutrophication will increase methane emissions from lakes and impoundments during the 21st century [J]. Nature communications，2019，10（1）：1375.

[18] BELLIER N，CHAZARENC F，COMEAU Y Phosphorus removal from wastewater by mineral apatite [J]. Water research，2006，40（15）：2965-2972.

[19] BELLONA C，DREWES J E Viability of a low-pressure nanofilter in treating recycled water for water reuse applications：A pilot-scale study [J]. Water research，2007，41（17）：3948-3958.

[20] BOESCH M E，KOEHLER A，HELLWEG S Model for cradle-to-gate life cycle assessment of clinker production [J]. Environmental science & technology，2009，43（19）：7578-7583.

[21] BOLEIJ M，PABST M，NEU T R，et al. Identification of Glycoproteins Isolated from Extracellular Polymeric Substances of Full-Scale Anammox Granular Sludge [J]. Environmental science & technology，2018，52：13127-13135.

[22] BOLEIJ M，SEVIOUR T，LI L，et al. Solubilization and characterization of extracellular proteins from anammox granular sludge [J]. Water research，2019，164：114952.

[23] BOULANGER B，VARGO J D，SCHNOOR J L，et al. Evaluation of perfluorooctane surfactants in a wastewater treatment system and in a commercial surface protection product [J]. Environmental science & technology，2005，

39 (15): 5524-5530.

[24] BOURGIN M, BECK B, BOEHLER M, et al. Evaluation of a full-scale wastewater treatment plant upgraded with ozonation and biological post-treatments: Abatement of micropollutants, formation of transformation products and oxidation by-products [J]. Water research, 2018, 129: 486-498.

[25] ÇAKIR U, ÇOMAKLI K, ÇOMAKLI Ö, et al. An experimental exergetic comparison of four different heat pump systems working at same conditions: As air to air, air to water, water to water and water to air [J]. Energy, 2013, 58: 210-219.

[26] CALISE F, FRAIA D S, MACALUSO A, et al. A geothermal energy system for wastewater sludge drying and electricity production in a small island [J]. Energy, 2018, 163: 130-143.

[27] CASTRO-BARROS C M, DAELMAN M R, MAMPAEY K E, et al. Effect of aeration regime on N_2O emission from partial nitritation-anammox in a full-scale granular sludge reactor [J]. Water research, 2015, 68: 793-803.

[28] CHEN H B, ZENG L, WANG D B, et al. Recent advances in nitrous oxide production and mitigation in wastewater treatment [J]. Water research, 2020, 184: 116168.

[29] CHEN H, WANG Z, LIU H, et al. Variable sediment methane production in response to different source-associated sewer sediment types and hydrological patterns: Role of the sediment microbiome [J]. Water research, 2021, 190: 116670.

[30] CHEN Z J, LI P H, ANDERSON R, et al. Balancing volumetric and gravimetric uptake in highly porous materials for clean energy [J]. Science, 2020, 368 (6488): 297-303.

[31] CHEN Z, ZHANG W, WANG D, et al. Enhancement of activated sludge dewatering performance by combined composite enzymatic lysis and chemical re-flocculation with inorganic coagulants: Kinetics of enzymatic reaction and re-flocculation morphology [J]. Water research, 2015, 83: 367-376.

[32] CHEN Y., YI L., WEI W., et al. Hydrogen production by sewage sludge gasification in supercritical water with high heating rate batch reactor [J]. Energy, 2022, 238: 121740.

[33] CHENG J, VECITIS C D, PARK H, et al. Sonochemical degradation of perfluorooctane sulfonate (PFOS) and perfluorooctanoate (PFOA) in groundwater: kinetic effects of matrix inorganics [J]. Environmental science & technology, 2010, 44 (1): 445-450.

[34] CHEUNG P K，FOK L. Characterization of plastic microbeads in facial scrubs and their estimated emissions in Mainland China [J]. Water research，2017，122：53-61.

[35] CHOI Y K，KO J H，KIM J S A new type three-stage gasification of dried sewage sludge: Effects of equivalence ratio，weight ratio of activated carbon to feed，and feed rate on gas composition and tar，NH_3，and H_2S removal and results of approximately 5 h gasification [J]. Energy，2017，118：139-146.

[36] CHUNG J，AMIN K，KIM S，et al. Autotrophic denitrification of nitrate and nitrite using thiosulfate as an electron donor [J]. Water research，2014，58：169-178.

[37] CRUTCHIK D，FRISON N，EUSEBI L A，et al. Biorefinery of cellulosic primary sludge towards targeted Short Chain Fatty Acids，phosphorus and methane recovery [J]. Water research，2018，136：112-119.

[38] DAI Q，MA L，REN N，et al. Investigation on extracellular polymeric substances，sludge flocs morphology，bound water release and dewatering performance of sewage sludge under pretreatment with modified phosphogypsum [J]. Water research，2018，142：337-346.

[39] DAIMS H，LEBEDEVA E V，PJEVAC P，et al. Complete nitrification by Nitrospira bacteria [J]. Nature，2015，528（7583）：504-509.

[40] DAVID T，JOSEPH F，BRIAN W，et al. Forecasting Agriculturally Driven Global Environmental Change [J]. Science，2001，292：281-284.

[41] DESLOOVER J，DE CLIPPELEIR H，BOECKX P，et al. Floc-based sequential partial nitration and anammox at full scale with contrasting N_2O emissions [J]. Water research，2011，45（9）：2811-2821.

[42] DIAZ-MENDEZ S. E.，SIERRA-GRAJEDA J M T，HERNANDEZ-GUERRERO A，et al. Entropy generation as an environmental impact indicator and a sample application to freshwater ecosystems eutrophication [J]. Energy，2013，61：234-239.

[43] DOMINGO-FELEZ C，MUTLU A G，JENSEN M M，et al. Aeration strategies to mitigate nitrous oxide emissions from single-stage nitritation/anammox reactors [J]. Environmental science & technology，2014，48（15）：8679-8687.

[44] DUAN H，VAN DEN AKKER B，THWAITES B J，et al. Mitigating nitrous oxide emissions at a full-scale wastewater treatment plant [J]. Water research，2020，185：116196.

[45] DUBOIS M，GILLES K，HAMILTON J K，et al. A colorimetric

method forthe determination of sugars [J]. Nature, 1951, 168: 167.

[46] FARAGÒ M, DAMGAARD A, MADSEN J A, et al. From wastewater treatment to water resource recovery: Environmental and economic impacts of full-scale implementation [J]. Water research, 2021, 204: 117554.

[47] FELZ S, NEU T R, VAN LOOSDRECHT M C M, et al. Aerobic granular sludge contains Hyaluronic acid-like and sulfated glycosaminoglycans-like polymers [J]. Water research, 2020, 169: 115291.

[48] FELZ S., VERMEULEN P., VAN LOOSDRECHT M C M, et al. Chemical characterization methods for the analysis of structural extracellular polymeric substances (EPS) [J]. Water research, 2019, 157: 201-208.

[49] FERNANDEZ J M, TOWNSEND-SMALL A, ZASTEPA A, et al. Large increases in emissions of methane and nitrous oxide from eutrophication in Lake Erie [J]. Nature communications, 2019, 10 (1): 1375.

[50] FERNÁNDEZ-ARÉVALO T, LIZARRALDE I, GRAU P, et al. New systematic methodology for incorporating dynamic heat transfer modelling in multi-phase biochemical reactors [J]. Water research, 2014, 60: 141-155.

[51] FERNÁNDEZ-ARÉVALO T., LIZARRALDE I., FDZ-POLANCO, F., et al. Quantitative assessment of energy and resource recovery in wastewater treatment plants based on plant-wide simulations [J]. Water research, 2017, 118: 272-288.

[52] FERNANDEZ-FONTAINA E, OMIL F, LEMA J M, et al. Influence of nitrifying conditions on the biodegradation and sorption of emerging micropollutants [J]. Water research, 2012, 46 (16): 5434-5444.

[53] GE H, BATSTONE D J, KELLER J. Biological phosphorus removal from abattoir wastewater at very short sludge ages mediated bynovel PAO clade Comamonadaceae [J]. Water research, 2015, 69: 173-182.

[54] GILBERT E M, AGRAWAL S, KARST S M, et al. Low temperature partial nitritation/anammox in a moving bed biofilm reactor treating low strength wastewater [J]. Environmental science & technology, 2014, 48 (15): 8784-8792.

[55] GILBERT E M, AGRAWAL S, SCHWARTZ T, et al. Comparing different reactor configurations for Partial Nitritation/Anammox at low temperatures [J]. Water research, 2015, 81: 92-100.

[56] GIL-LALAGUNA N, SÁNCHEZ J L, MURILLO M B, et al. Energetic assessment of air-steam gasification of sewage sludge and of the integration of

sewage sludge pyrolysis and air-steam gasification of char [J]. Energy，2014，76：652-662.

[57] GRIFFITH D R，BARNES R T，RAYMOND P A. Inputs of fossil carbon from wastewater treatment plants to U. S. rivers and oceans [J]. Environmental science & technology，2009，43 (15)：5647-5651.

[58] GUDE V G. Desalination and sustainability - An appraisal and current perspective [J]. Water research，2016，89：87-106.

[59] GUISASOLA A，SHARMA K R，KELLER J，et al. Development of a model for assessing methane formation in rising main sewers [J]. Water Research，2009，43 (11)：2874-2884.

[60] GÜNTHEL M，DONIS D，KIRILLIN G，et al. Contribution of oxic methane production to surface methane emission in lakes and its global importance [J]. Nature communications，2019，10：5497.

[61] GUO J H，PENG Y Z，WANG S Y，et al. Pathways and Organisms Involved in Ammonia Oxidation and Nitrous Oxide Emission [J]. Environmental science & technology，2014，43 (21)：2213-2296.

[62] GUTIERREZ O，PARK D，SHARMA K. R，et al. Effects of long-term pH elevation on the sulfate-reducing and methanogenic activities of anaerobic sewer biofilms [J]. Water research，2009，43 (9)：2549-2557.

[63] GUTIERREZ O，SUDARJANTO G，REN G，et al. Assessment of pH shock as a method for controlling sulfide and methane formation in pressure main sewer systems [J]. Water research，2014，48：569-578.

[64] HANSEN K J，CLEMEN L A，ELLEFSON M E，et al. Compound-specific，quantitative characterization of organic fluorochemicals in biological matrices [J]. Environmental science & technology，2001，35 (4)：766-770.

[65] HAO X D LIU R，HUANG X. Evaluation of the potential for operating carbon neutral WWTPs in China [J]. Water research，2015，87：424-431.

[66] HAO X D，VAN LOOSDRECHT M C M，MEIJER S C F，et al. Model-based evaluation of two BNR processes：UCT and A_2N [J]. Water research，2001，35 (12)：2851-2860.

[67] HAO X D，WANG C C，VAN LOOSDRECHT M C M，et al. Looking beyond struvite for P-recovery [J]. Environmental science & technology，2013，47 (10)：4965-4966.

[68] HAO X D，WANG Q L，ZHANG X P，et al. Experimental evaluation of decrease in bacterial activity due to cell death and activity decay in activated sludge [J]. Water research，2009，43 (14)：3604-3612.

[69] HAO X D，WANG X Y，LIU R B，et al. Environmental impacts of resource recovery from wastewater treatment plants [J]. Water research，2019，160，268-277.

[70] HAO X D, WEI J. , VAN LOOSDRECHT M C M，et al. Analysing the mechanisms of sludge digestion enhanced by iron [J]. Water research，2017，117：58-67.

[71] HAO X D, WU D Q, LI J，et al. Making Waves：A sea change in treating wastewater‐Why thermodynamics supports resource recovery and recycling [J]. Water research，2022，218：118516.

[72] HAO X D, YU W, YUAN T，et al. Unravelling key factors controlling vivianite formation during anaerobic digestion of waste activated sludge [J]. Water research，2022，223：118976.

[73] HAO X D, BATSTONE D. , GUEST J. S. Carbon neutrality：an achievable goal for sustainable wastewater treatment plants [J]. Water Research，2015，87：413-415.

[74] HAO X D. , CAI Z. Q. , FU K. M. , et al. Distinguishing activity decay and cell death from bacterial decay for two types of methanogens [J]. Water research，2012，46（4）：1251-1259.

[75] HAO X D. , CHEN G H. , YUAN Z G. Water in China [J]. Water research，2020，169：115256.

[76] HAO X D. , CHEN Q. , VAN LOOSDRECHT M C M. , et al. Sustainable disposal of excess sludge：incineration without anaerobic digestion [J]. Water research，2020，170：115298.

[77] HAO X D. , FURUMAI H. , CHEN G. H. Resource recovery：efficient approaches to sustainable water and wastewater treatment [J]. Water research，2015，86：83-84.

[78] HAO X D. , LI J. , VAN LOOSDRECHT M C M. , et al. Energy recovery from wastewater：heat over organics [J]. Water research，2019，161：74-77.

[79] HAO X D. , WANG Q L. , CAO Y L，et al. Measuring the activities of higher organisms in activated sludge by means of mechanical shearing pretreatment and oxygen uptake rate [J]. Water research，2010，44（13）：3993-4001.

[80] HAO X D. , WANG Q L. , CAO Y L，et al. Evaluating sludge minimization caused by predation and viral infection based on the extended activated sludge model 2d [J] . Water research，2011，45（16）：5130-5140.

[81] HARTMANN J, GÜNTHEL M, KLINTZSCH T，et al. High Spatiotemporal Dynamics of Methane Production and Emission in Oxic Surface Water

〔J〕. Environmental science & technology，2020，54：1451-1463.

[82] HEIDARI H，ABBAS T，YONG S O，et al. GenX is not always a better fluorinated organic compound than PFOA：A critical review on aqueous phase treatability by adsorption and its associated cost〔J〕. Water research，2021，205：117-683.

[83] HIGGINS C P，FIELD J A，CRIDDLE C S，et al. Quantitative determination of perfluorochemicals in sediments and domestic sludge〔J〕. Environmental science & technology，2005，39（11）：3946-3956.

[84] HIGGINS C P，LUTHY R G. Sorption of perfluorinated surfactants on sediments〔J〕.Environmental science & technology，2006，40（23）：7251-7256.

[85] HOLLENDER J，ZIMMERMANN S G，KOEPKE S，et al. Elimination of Organic Micropollutants in a Municipal Wastewater Treatment Plant Upgraded with a Full-Scale Post-Ozonation Followed by Sand Filtration〔J〕. Environmental science & technology，2009，43（20）：7862-7869.

[86] HORI H，HAYAKAWA E，EINAGA H，et al. Decomposition of environmentally persistent perfluorooctanoic acid in water by photochemical approaches〔J〕.Environmental science & technology，2004，38（22）：6118-6124.

[87] HÖRSING M，LEDIN A，GRABIC R，et al. Determination of sorption of seventy-five pharmaceuticals in sewage sludge〔J〕. Water research，2011，45（15）：4470-4482.

[88] HU Y S，WU G X，LI R H，et al. Iron sulfides mediated autotrophic denitrification：An emerging bioprocess for nitrate pollution mitigation and sustainable wastewater treatment〔J〕.Water research，2020，179：115914.

[89] HU Y S，HAO X D，VAN LOOSDRECHT M C M，et al. Enrichment of highly settleable microalgal consortia in mixed cultures for effluent polishing and low-cost biomass production〔J〕. Water research，2017，125：11-22.

[90] HU Z，LOTTI T，DE KREUK M，et al. Nitrogen removal by a nitritation-anammox bioreactor at low temperature〔J〕. Applied and environmental microbiology，2013，79（8）：2807-2812.

[91] HYLAND K C，DICKENSON E R V，DREWES J E，et al. Sorption of ionized and neutral emerging trace organic compounds onto activated sludge from different wastewater treatment configurations〔J〕. Water research，2012，46（6）：1958-1968.

[92] ICHIHASHI O，SATOH H，MINO T. Effect of soluble microbial products on microbial metabolisms related to nutrient removal〔J〕. Water research，2006，40（8）：1627-1633.

534　主要参考文献

[93] JARUSUTTHIRAK C，AMY G. Understanding soluble microbial products (SMP) as a component of effluent organic matter（EfOM）［J］. Water research，2007，41（12）：2787-2793.

[94] JENNI S，VLAEMINCK S E，MORGENROTH E，et al. Successful application of nitritation/anammox to wastewater with elevated organic carbon to ammonia ratios［J］. Water research，2014，49：316-326.

[95] JIA A，WAN Y，XIAO Y，et al. Occurrence and fate of quinolone and fluoroquinolone antibiotics in a municipal sewage treatment plant［J］. Water research，2012，46（2）：387-394.

[96] JIA F X.，YANG Q.，LIU X Y，et al. Stratification of extracellular polymeric substances（EPS）for aggregated anammox microorganisms［J］. Environmental science & technology，2017，51：3260-3268.

[97] JIANG G，GUTIERREZ O，SHARMA K R，et al. Optimization of intermittent，simultaneous dosage of nitrite and hydrochloric acid to control sulfide and methane productions in sewers［J］. Water research，2011，45（18）：6163-6172.

[98] JIANG G，GUTIERREZ O，SHARMA R K，et al. Effects of nitrite concentration and exposure time on sulfide and methane production in sewer systems［J］. Water research，2010，44（14）：4241-4251.

[99] JIANG G，GUTIERREZ O，YUAN Z，et al. The strong biocidal effect of free nitrous acid on anaerobic sewer biofilms［J］. Water research，2011，45（12），3735-3743.

[100] JIANG G，SHARMA K R，YUAN Z. Effects of nitrate dosing onmethanogenic activity in a sulfide-producing sewer biofilmreactor［J］. Water research，2013，47（5）：1783-1792.

[101] JIANG G，SHARMA R K，GUISASOLA A，et al. Sulfur transformation in rising main sewers receiving nitrate dosage［J］. Water research，2009，43（17）：4430-4440.

[102] JIMENEZ J，MILLER M，BOTT C，et al. High-rate activated sludge system for carbon management - Evaluation of crucial process mechanisms and design parameters［J］. Water research，2015，87：476-482.

[103] JOSS A，SALZGEBER D，EUGSTER J，et al. Full-scale nitrogen removal from digester liquid with partial nitritation and anammox in one SBR［J］. Environmental science & technology，2009，43（14）：5301-5306.

[104] KAMPSCHREUR M J，KLEEREBEZEM R，VAN LOOSDRECHT M C M，et al. Reduced iron induced nitric oxide and nitrous oxide emission［J］. Water research，2011，45：5945-5952.

[105] KAMPSCHREUR M J，TEMMINK H，KLEEREBEZEM R，et

al. Nitrous oxide emission during wastewater treatment [J]. Water research, 2009, 43 (17): 4093-4103.

[106] KAMPSCHREUR M J, VAN DER STAR W R, WIELDERS H A, et al. Dynamics of nitric oxide and nitrous oxide emission during full-scale reject water treatment [J]. Water research, 2008, 42 (3): 812-826.

[107] KESSEL M A H J, SPETH D R, ALBERTSEN M, et al. Complete nitrification by a single microorganism [J]. Nature, 2015, 528 (7583): 555-559.

[108] KIM N K, MAO N, LIN R, et al. Flame retardant property of flax fabrics coated by extracellular polymeric substances recovered from both activated sludge and aerobic granular sludge [J]. Water research, 2020, 170: 115344.

[109] KIM N K, OH S, LIU W T. Enrichment and characterization of microbial consortia degrading soluble microbial products discharged from anaerobic methanogenic bioreactors [J]. Water research, 2016, 90: 395-404.

[110] KITS K D, JUNG M Y, VIERHEILIG J, et al. Low yield and abiotic origin of N_2O formed by the complete nitrifier Nitrospira inopinata [J]. Nature communications, 2019, 1836: 1-12.

[111] KNOPP G, PRASSE C, TERNES T A, et al. Elimination of micropollutants and transformation products from a wastewater treatment plant effluent through pilot scale ozonation followed by various activated carbon and biological filters [J]. Water research, 2016, 100: 580-592.

[112] KRÜGER O, GRABNER A, ADAM C. Complete survey of German sewage sludge ash [J]. Environmental science & technology, 2014, 48 (20): 11811-11818.

[113] KUNACHEVA C, STUCKEY D C. Analytical methods for soluble microbial products (SMP) and extracellular polymers (ECP) in wastewater treatment systems: a review [J]. Water research, 2014, 61: 1-18.

[114] KURT M, AKSOY A, Sanin F D Evaluation of solar sludge drying alternatives by costs and area requirements [J]. Water research, 2015, 82: 47-57.

[115] LACKNER S, GILBERT E M, VLAEMINCK S E, et al. Full-scale partial nitritation/anammox experiences – an application survey [J]. Water research, 2014, 55: 292-303.

[116] LANHAM A B, OEHMEN A, SAUNDERS A M, et al. Metabolic versatility in full-scale wastewater treatment plants performing en-

hanced biological phosphorus removal [J]. Water research, 2013, 47 (19): 7032-7041.

[117] LARES M, NCIBI M C, SILLANPÄÄ M, et al. Occurrence, identification and removal of microplastic particles and fibers in conventional activated sludge process and advanced MBR technology [J]. Water research, 2018, 133: 236-246.

[118] LARSEN P, NIELSEN J L, SVENDSEN T C, et al. Adhesion characteristics of nitrifying bacteria in activated sludge [J]. Water research, 2008, 42 (10): 2814-2826.

[119] LARSEN T A. CO_2-neutral wastewater treatment plants or robust, climate-friendly wastewater management? A systems perspective [J]. Water research, 2015, 87: 513-521.

[120] LAW Y, JACOBSEN G E, SMITH A M, et al. Fossil organic carbon in wastewater and its fate in treatment plants [J]. Water research, 2013, 47 (14): 5270-5281.

[121] LEE Y, OLESZKIEWICZ J A. Effects of predation and ORP conditions on the performance of nitrifiers in activated sludge systems [J]. Water research, 2003, 37 (17): 4202-4210.

[122] LI F, WEI Z S, HE K, et al. A concentrate-and-destroy technique for degradation of perfluorooctanoic acid in water using a new adsorptive photocatalyst [J]. Water research, 2020, 185: 116219.

[123] LI J, HAO X D, GAN W, et al. Recovery of extracellular biopolymers from conventional activated sludge: potential, characteristics and limitation [J]. Water research, 2021, 205: 117706.

[124] LI J, HAO X D, VAN LOOSDRECHT M C M, et al. Effect of humic acids on batch anaerobic digestion of excess sludge [J]. Water research, 2019, 155: 431-443.

[125] LI J, LIU H, CHEN J P. Microplastics in freshwater systems: A review on occurrence, environmental effects, and methods for microplastics detection [J]. Water research, 2017, 137: 362-374.

[126] LI J., HAO X D., VAN LOOSDRECHT M C M., et al. Adaptation of semi-continuous anaerobic sludge digestion to humic acids [J]. Water research, 2019, 161: 329-334.

[127] LI J., HAO X D., VAN LOOSDRECHT M C M., et al. Relieving the inhibition of humic acid on anaerobic digestion of excess sludge by metal ions [J]. Water research, 2021, 188: 116541.

[128] LI P, VERMEULEN N A, MALLIAKAS C D, et al. Bottom-up construction of a superstructure in a porous uranium-organic crystal [J]. Science, 2017, 356 (6338): 624-627.

[129] LI R, FENG C, HU W, et al. Woodchip-sulfur based heterotrophic and autotrophic denitrification (WSHAD) process for nitrate contaminated water remediation [J]. Water research, 2016, 89: 171-179.

[130] LI W W, ZHANG H L, SHENG G P, et al. Roles of extracellular polymeric substances in enhanced biological phosphorus removal process [J]. Water research, 2015, 86: 85-95.

[131] LI X Y, YANG S F. Influence of loosely bound extracellular polymeric substances (EPS) on the flocculation, sedimentation and dewaterability of activated sludge [J]. Water research, 2007, 41: 1022-1030.

[132] LI X, LUO J, GUO G, et al. Seawater-based wastewater accelerates development of aerobic granular sludge: a laboratory proof- of-concept [J]. Water research. 2017, 115: 210-219.

[133] LIANG J, ZHOU Y. Iron-based advanced oxidation processes for enhancing sludge dewaterability: State of the art, challenges, and sludge reuse [J]. Water research, 2022, 218: 118499.

[134] LIANG S, CHEN H, ZENG X, et al. A comparison between sulfuric acid and oxalic acid leaching with subsequent purification and precipitation for phosphorus recovery from sewage sludge incineration ash [J]. Water research, 2019, 159: 242-251.

[135] LIN Y M, DE K M, VAN L M C M, et al. Characterization of alginate-like exopolysaccharides isolated from aerobic granular sludge in pilot-plant [J]. Water research, 2010, 44 (11): 3355-3364.

[136] LIN Y M, SHARMA P K, VAN LOOSDRECHT M C M. The chemical and mechanical differences between alginate-like exopolysaccharides isolated from aerobic flocculent sludge and aerobic granular sludge [J]. Water research, 2013, 47 (1): 57-65.

[137] LINDSTROM A B, STRYNAR M J, DELINSKY A D, et al. Application of WWTP biosolids and resulting perfluorinated compound contamination of surface and well water in Decatur, Alabama, USA [J]. Environmental science & technology, 2011, 45 (19): 8015-8021.

[138] LIU G, WANG J. Long-term low DO enriches and shifts nitrifier community in activated sludge [J]. Environmental science & technology, 2013, 47 (10): 5109-5117.

[139] LIU R B., HAO X D., CHEN Q., et al. Research advances of Tetrasphaera in enhanced biological phosphorus removal: a review [J]. Water research, 2019, 166: 115003.

[140] LIU Y, NI B J, GANIGUÉ R, et al. Sulfide and methane production in sewer sediments [J]. Water research, 2015, 70: 350-359.

［141］LIU Y，PENG L，NGO H H，et al. Evaluation of Nitrous Oxide E-mission from Sulfide- and Sulfur-Based Autotrophic Denitrification Processes ［J］. Environmental science & technology，2016，50 (17)：9407-9415.

［142］LIU Y，SHARMA K R，FLUGGEN M，et al. Online dissolved methane and total dissolved sulfide measurement in sewers ［J］. Water research，2015，68，109-118.

［143］LOGANATHAN B G，SAJWAN K S，SINCLAIR E，et al. Perfluoroalkyl sulfonates and perfluorocarboxylates in two wastewater treatment facilities in Kentucky and Georgia ［J］. Water research，2007，41 (20)：4611-4620.

［144］LOPEZ C，PONS M N，MORGENROTH E. Endogenous processes during long-term starvation in activated sludge performing enhanced biological phosphorous removal ［J］. Water research，2006，40 (8)：1519-1530.

［145］LOPEZ V C M，OEHMEN A，HOOIJMANS C M，et al. Modeling the PAO-GAO competition：Effects of carbon source，pH and temperature ［J］. Water research，2009，43 (2)：450-462.

［146］LOTTI T，KLEEREBEZEM R，ABELLEIRA-PEREIRA J M，et al. Faster through training：the anammox case ［J］. Water research，2015，81：261-268.

［147］LOTTI T，VAN DER STAR W R L，KLEEREBEZEM R，et al. The effect of nitrite inhibition on the anammox process ［J］. Water research，2012，46 (8)：2559-2569.

［148］LU H，KELLER J，YUAN Z. Endogenous metabolism of candidatus accumulibacter phosphatis under various starvation conditions ［J］. Water research，2007，41 (20)：4646-4656.

［149］LU H，WANG J，LI S，et al. Steady-state model-based evaluation of sulfate reduction，autotrophic denitrification and nitrifi-cation integrated (SANI) process ［J］. Water research，2009，43 (14)：3613-3621.

［150］LU J，JIN Q，HE Y L，et al. Biodegradation of nonylphenol polyethoxylates by denitrifying activated sludge ［J］. Water research，2008，42：1075-1082.

［151］LUTZE H V，BREKENFELD J，NAUMOV S，et al. Degradation of perfluorinated compounds by sulfate radicals － New mechanistic aspects and economical considerations ［J］. Water research，2018，129：509-519.

［152］LUTZE H V，KERLIN N，SCHMIDT T C. Sulfate radical-based water treatment in presence of chloride：Formation of chlorate，interconversion of sulfate radicals into hydroxyl radicals and influence of bicarbonate [J]. Water research, 2015, 72: 349-360.

[153] MAGDEBURG A, STALTER D, SCHLÜSENER M, et al. Evaluating the efficiency of advanced wastewater treatment: target analysis of organic contaminants and (geno-) toxicity assessment tell a different story [J]. Water research, 2014, 50: 35-47.

[154] MAHENDRAN B, LISHMAN L, LISS S N. Structural, physicochemical and microbial properties of flocs and biofilms in integrated fixed-film activated sludge (IFFAS) systems [J]. Water research, 2012, 46 (16): 5085-5101.

[155] MAHON A M, O' CONNELL B, HEALY M G, et al. Microplastics in Sewage Sludge: Effects of Treatment [J]. Environmental science & technology, 2016, 51 (2): 810-818.

[156] MANSER R, GUJER W, SIEGRIST H. Decay processes of nitrifying bacteria in biological wastewater treatment systems [J]. Water research, 2006, 40 (12): 2416-2426.

[157] MANUEL C M, NUNES O C, MELO L F. Dynamics of drinking water biofilm in flow/non-flow conditions [J]. Water research, 2007, 41: 551-562.

[158] MARQUES R, RIBERA-GUARDIA A, SANTOS J, et al. Denitrifying capabilities of Tetrasphaera and their contribution towards nitrous oxide production in enhanced biological phosphorus removal processes [J]. Water research, 2018, 137: 262-272.

[159] MARQUES R, SANTOS J, NGUYEN H, et al. Metabolism and ecological niche of Tetrasphaera and Ca. Accumulibacter in enhanced biological phosphorus removal [J]. Water research, 2017, 122: 159-171.

[160] MATTHEW J B, LENNIE B, YVES T P, et al. Oxic water column methanogenesis as a major component of aquatic CH_4 fluxes [J]. Nature communications, 2014, 5: 5350.

[161] MCCARTY P L, JAEHO B, JEONGHWAN, K. Domestic wastewater treatment as a net energy producer-can this be achieved? [J]. Environmental science & technology, 2011, 45 (17): 7100-7106.

[162] MIELCZAREK A T, NGUYEN H T T, NIELSEN J L, et al. Population dynamics of bacteria involved in enhanced biological phosphorus removal in Danish wastewater treatment plants [J]. Water research, 2013, 47 (4): 1529-1544.

[163] MIKLOS D B, REMY C, JEKEL M, et al. Evaluation of advanced oxidation processes for water and wastewater treatment – A critical review [J]. Water research, 2018, 139: 118-131.

[164] MIŠÍK M，KNASMUELLER S，FERK F，et al. Impact of ozonation on the genotoxic activity of tertiary treated municipal wastewater [J]. Water research，2011，45 (12)：3681-3691.

[165] MOHANAKRIAHNAN J，GUTIERREZ O，SHARMA K R，et al. Impact of nitrate addition on biofilm properties and activities in rising main sewers [J]. Water research，2009，43 (17)：4225-4237.

[166] MOKHLESUR R S，ECKELMAN M J，ANNALISA O H，et al. Comparative Life Cycle Assessment of Advanced Wastewater Treatment Processes for Removal of Chemicals of Emerging Concern [J]. Environmental science & technology，2018，52 (19)：11346-11358.

[167] MOUSSA M S，HOOIJMANS C M，LUBBERDING H J，et al. Modeling nitrification，heterotrophic growth and predation in activated sludge [J]. Water research，2005，39 (20)：5080-5098.

[168] MURPHY F，EWINS C，CARBONNIER F，et al. Wastewater Treatment Works (WwTW) as a Source of Microplastics in the Aquatic Environment [J]. Environmental science & technology，2016，50 (11)：5800-5808.

[169] NARIHIRO T，TERADA T，et al. Quantitative detection of previously characterized syntrophic bacteria in anaerobic wastewater treatment systems by sequence-specific rRNA cleavage method [J]. Water research，2012，46：2167-2175.

[170] NING W，BOGDAN S，FOLSOM P W，et al. Aerobic biotransformation of ^{14}C-labeled 8-2 telomer B alcohol by activated sludge from a domestic sewage treatment plant [J]. Environmental science & technology，2005，39 (2)：531-538.

[171] O' LOUGHLIN E，BOYANOV M I，FLYNN T M，et al. Effects of bound phosphate on the bioreduction of lepidocrocite (γ-FeOOH) and maghemite (γ-Fe_2O_3) and formation of secondary minerals [J]. Environmental science & technology，2013，47 (16)：9157-9166.

[172] OEHMEN A，LEMOS P C，CARVALHO G，et al. Advances in enhanced biological phosphorus removal：From micro to macro scale [J]. Water research，2007，41 (11)：2271-2300.

[173] OKABE S，OSHIKI M，TAKAHASHI Y，et al. N_2O emission from a partial nitrification-anammox process and identification of a key biological process of N_2O emission from anammox granules [J]. Water research，2011，45 (19)：6461-6470.

[174] OKAMURA D，MORI Y，HASHIMOTO T，et al. Identification of biofoulant of membrane bioreactors in soluble microbial products [J]. Water research，2009，43 (17)：4356-4362.

[175] PALMER M, HATLEY H. The role of surfactants in wastewater treatment: Impact, removal and future techniques: A critical review [J]. Water research, 2018, 147: 60-72.

[176] PAN Y, YE L, NI B, et al. Effect of pH on N_2O reduction and accumulation during denitrification by methanol utilizing denitrifiers [J]. Water research, 2012, 46: 4832-4840.

[177] PARK, C., NOVAK, J. T., HELM, R. F., et al. Evaluation of the extracellular proteins in full-scale activated sludges [J]. Water research, 2008, 42: 3879-3889.

[178] PENG L, CARVAJAL-ARROYO J M, SEUNTJENS D, et al. Smart operation of nitritation/denitritation virtually abolishes nitrous oxide emission during treatment of co-digested pig slurry centrate [J]. Water research, 2017, 127: 1-10.

[179] PETZET S, PEPLINSKI B, CORNEL P. On wet chemical phosphorus recovery from sewage sludge ash by acidic or alkaline leaching and an optimized combination of both [J]. Water research, 2012, 46 (12): 3769-3780.

[180] PIKAAR I, ROZENDAL R A, RABAEY K, et al. In-situ caustic generation from sewage: The impact of caustic strength and sewage composition [J]. Water research, 2013, 47 (15): 5828-5835.

[181] POOT V, HOEKSTRA M, GELEIJNSE M A A, et al. Effects of the residual ammonium concentration on NOB repression during partial nitritation with granular sludge [J]. Water research, 2016, 106: 518-530.

[182] PRIYADARSHINI L S, MELANIE K, P P L. A review of the occurrence, transformation, and removal of poly- and perfluoroalkyl substances (PFAS) in wastewater treatment plants [J]. Water research, 2021, 199: 117187.

[183] PRONK M, NEU T R, VAN LOOSDRECHT M C M, et al. The acid soluble extracellular polymeric substance of aerobic granular sludge dominated by De fluviicoccus sp [J]. Water research, 2017, 122: 148-158.

[184] PROT T, KORVING L, DUGULAN A I, et al. Vivianite scaling in wastewater treatment plants: Occurrence, formation mechanisms and mitigation solutions [J]. Water research, 2021, 197: 117045.

[185] QIAN L, WANG S, XU D, et al. Treatment of municipal sewage sludge in supercritical water: A review [J]. Water research, 2016, 89: 118-131.

[186] QIU G, ZUNIGA-MONTANEZ R, LAW Y, et al. Polyphosphate-accumulating organisms in full-scale tropical wastewater treatment plants

use diverse carbon sources [J]. Water research, 2019, 149: 496-510.

[187] RADJENOVIĆ J, PETROVIĆ M, BARCELÓ D. Fate and distribution of pharmaceuticals in wastewater and sewage sludge of the conventional activated sludge (CAS) and advanced membrane bioreactor (MBR) treatment [J]. Water research, 2009, 43 (3): 831-841.

[188] RADJENOVIC J, SEDLAK D L. Challenges and Opportunities for Electrochemical Processes as Next-Generation Technologies for the Treatment of Contaminated Water [J]. Environmental science & technology, 2015, 49 (19): 11292-11302.

[189] RAS M, LEFEBVRE D, DERLON N, et al. Extracellular polymeric substances diversity of biofilms grown under contrasted environmental conditions [J]. Water research, 2011, 45: 1529-1538.

[190] REN D, ZUO Z, XING Y, et al. Simultaneous control of sulfide and methane in sewers achieved by a physical approach targeting dominant active zone in sediments [J]. Water research, 2021, 211: 118010.

[191] RHOADS K R, JANSSEN E M L, LUTHY R G, et al. Aerobic biotransformation and fate of N-ethyl perfluorooctane sulfonamidoethanol (N-EtFOSE) in activated sludge [J]. Environmental science & technology, 2008, 42 (8): 2873-2878.

[192] ROCHMAN C M, KROSS S M, ARMSTRONG J B, et al. Scientific evidence supports a ban on microbeads [J]. Environmental science & technology, 2015, 49 (18): 10759-10761.

[193] RODRIGUEZ-CABALLERO A, PIJUAN M. N_2O and NO emissions from a partial nitrification sequencing batch reactor: exploring dynamics, sources and minimization mechanisms [J]. Water research, 2013, 47 (9): 3131-3140.

[194] ROOTS P, WANG Y, ROSENTHAl A F, et al. Comammox Nitrospira are the dominant ammonia oxidizers in a mainstream low dissolved oxygen nitrification reactor [J]. Water research, 2019, 157: 396-405.

[195] ROS A, MONTES-MORAN M A, FUENTE E, et al. Dried sludges and sludge-based chars for H2S removal at low temperature: influence of sewage sludge characteristics [J]. Environmental science & technology, 2006, 40 (1): 302-309.

[196] ROSS P, WEINHOUSE H, ALONI Y, et al. Regulation of cellulose synthesis in Acetobacter xylinum by cyclic diguanylic acid [J]. Nature, 1987, 325: 279-281.

[197] RUIKEN C J, BREUER G, KLAVERSMA E, et al. Sieving wastewater-cellulose recovery, economic and energy evaluation [J]. Water research, 2013, 47 (1): 43-48.

[198] SCHMID, A G, TARPANI R R Z. Life cycle assessment of wastewater treatment in developing countries: a review [J]. Water research, 2019, 153: 63-79.

[199] SEVIOUR T, DERLON N, DUEHOLM M S, et al. Extracellular polymeric substances of biofilms: Suffering from an identity crisis [J]. Water research, 2019, 151: 1-7.

[200] SEVIOUR T, DONOSE B C, PIJUAN M, et al. Purification and conformational analysis of a key exopolysaccharide component of mixed culture aerobic sludge granules [J]. Environmental science & technology, 2010, 44 (12): 4729-4734.

[201] SEVIOUR T, LAMBERT L K, PIJUAN M, et al. Structural determination of a key exopolysaccharide in mixed culture aerobic sludge granules using NMR spectroscopy [J]. Environmental science & technology, 2010, 44 (23): 8964-8970.

[202] SHAWKI A A, AHMED K, YUICHI I, et al. Dynamic impact of cellulose and readily biodegradable substrate on oxygen transfer efficiency in sequencing batch reactors [J]. Water research, 2021, 190: 116724.

[203] SHENG G P, YU H Q. Characterization of extracellular polymeric substances of aerobic and anaerobic sludge using three-dimensional excitation and emission matrix fluorescence spectroscopy [J]. Water research, 2006, 40: 1233-1239.

[204] SHON H K, VIGNESWARAN S, SNYDER S A. Effluent organic matter (EfOM) in wastewater: constituents, effects, and treatment [J]. Environmental science & technology, 2006, 36 (4): 327-374.

[205] SOLER-JOFRA A, PÉREZ J, VAN LOOSDRECHT M C M. Hydroxylamine and the nitrogen cycle: A review [J]. Water research, 2021, 190: 116723.

[206] STALTER D, MAGDEBURG A, WEIL M, et al. Toxication or detoxication? In vivo toxicity assessment of ozonation as advanced wastewater treatment with the rainbow trout [J]. Water research, 2010, 44 (2): 439-448.

[207] STEIN L Y, KLOTZ M G, LANCASTER K M, et al. Comment on "A Critical Review on Nitrous Oxide Production by Ammonia-Oxidizing Archaea" by Lan Wu, Xueming Chen, Wei Wei, Yiwen Liu, Dongbo Wang, and Bing-Jie Ni [J]. Environmental science & technology, 2021, 55: 797-798.

[208] STEVENS-GARMON J, DREWES J E, KHAN S J, et al. Sorption of emerging trace organic compounds onto wastewater sludge solids [J]. Water research, 2011, 45 (11): 3417-3426.

[209] STROUS M, FUERST J A, KRAMER E H M, et al. Missing litho-

troph identified as new planctomycete [J] . Nature, 1999, 400 (6743): 446-449.

[210] SUI Q, HUANG J, DENG S, et al. Seasonal variation in the occurrence and removal of pharmaceuticals and personal care products in different biological wastewater treatment processes [J]. Environmental science & technology, 2011, 45 (8): 3341-3348.

[211] SUN J, NI B J, SHARMA K R, et al. Modelling the long-term effect of wastewater compositions on maximum sulfide and methane production rates of sewer biofilm [J]. Water research, 2018, 129: 58-65.

[212] ŚWIERCZEK L, CIEŚLIK B M, KONIECZKA P. The potential of raw sewage sludge in construction industry - A review [J]. Journal of cleaner production, 2018, 200: 342-356.

[213] TALLEC G, GARNIER J, BILLEN G, et al. Nitrous oxide emissions from secondary activated sludge in nitrifying conditions of urban wastewater treatment plants: effect of oxygenation level [J]. Water research, 2006, 40 (15): 2972-2980.

[214] TALVITIE J, MIKOLA A, KOISTINEN A, et al. Solutions to microplastic pollution - Removal of microplastics from wastewater effluent with advanced wastewater treatment technologies [J]. Water research, 2017, 123: 401-407.

[215] TALVITIE J, MIKOLA A, SETÄLÄ O, et al. How well is microlitter purified from wastewater? - A detailed study on the stepwise removal of microlitter in a tertiary level wastewater treatment plant [J]. Water research, 2017, 109: 164-172.

[216] TANG C J, ZHENG P, WANG C H, et al. Performance of high- loaded ANAMMOX UASB reactors containing granular sludge [J]. Water research, 2011, 45 (1): 135-144.

[217] TREGUER R, TATIN R, COUVERT A, et al. Ozonation effect on natural organic matter adsorption and biodegradation-application to a membrane bioreactor containing activated carbon for drinking water production [J]. Water research, 2010, 44 (3): 781-788.

[218] TZOUPANOS N D, ZOUBOULIS A I. Preparation, characterisation and application of novel composite coagulants for surface water treatment [J]. Water research, 2011, 45 (12): 3614-3626.

[219] VAN DER STAR W R L, ABMA W R, BLOMMERS D, et al. Startup of reactors for anoxic ammonium oxidation: experiences from the first full-scale anammox reactor in Rotterdam [J]. Water research, 2007, 41 (18): 4149-4163.

[220] VAN LOOSDRECHT M C M, BRDJANOVIC D. Anticipating the next cen-

tury of wastewater treatment: advances in activated sludge sewage treatment can improve its energy use and resource recovery [J]. Science, 2014, 344: 1452-1453.

[221] VASILAKI V, VOLCKE E I P, NANDI A K, et al. Relating N_2O emissions during biological nitrogen removal with operating conditions using multivariate statistical techniques [J]. Water research, 2018, 140: 387-402.

[222] WANG J L, LIN Z H, HE X X, et al. Critical Review of Thermal Decomposition of Per- and Polyfluoroalkyl Substances: Mechanisms and Implications for Thermal Treatment Processes [J]. Environmental science & technology, 2022, 56 (9): 5355-5370.

[223] WANG Q, KIM T H, REITZEL K, et al. Quantitative determination of vivianite in sewage sludge by a phosphate extraction protocol validated by PXRD, SEM-EDS, and 31P NMR spectroscopy towards efficient vivianite recovery [J]. Water research, 2021, 202: 1-9.

[224] WANG S Y, LIU C, WANG X X, et al. Dissimilatory nitrate reduction to ammonium (DNRA) in traditional municipal wastewater treatment plants in China: Widespread but low contribution [J]. Water research, 2020, 179: 115877.

[225] WANG T, LI X, WANG H, et al. Sulfur autotrophic denitrification as an efficient nitrogen removals method for wastewater treatment towards lower organic requirement: A review [J]. Water research, 2023, 245: 120569.

[226] WANG T, WANG Y W, LIAO C Y, et al. Perspectives on the inclusion of perfluorooctane sulfonate into the Stockholm Convention on Persistent Organic Pollutants [J]. Environmental science & technology, 2009, 43 (14): 5171-5175.

[227] WANG Y, GUO G, WANG H, et al. Long-term impact of anaerobic reaction time on the performance and granular characteristics of granular denitrifying biological phosphorus removal systems [J]. Water research, 2013, 47 (14): 5326-5337.

[228] WANG Y, QIN J, ZHOU S, et al. Identification of the function of extracellular polymeric substances (EPS) in denitrifying phosphorus removal sludge in the presence of copper ion [J]. Water research, 2015, 73 (1): 252-264.

[229] WANG Z P, ZHANG T. Characterization of soluble microbial products (SMP) under stressful conditions [J]. Water research, 2010, 44 (18): 5499-5509.

[230] WANG Z, ZHENG M, DUAN H, et al. A 20-year journey of partial nitration and anammox (PN/A): from sidestream toward mainstream

[J]. Environmental science & technology, 2022, 56 (12): 7522-7531.

[231] WANG Z, ZHENG M, HU Z, et al. Unravelling adaptation of nitrite-oxidizing bacteria in mainstream PN/A process: Mechanisms and counter-strategies [J]. Water research, 2021, 200: 117239.

[232] WEI Y, VAN HOUTEN R T, BORGER A R, et al. Comparison performances of membrane bioreactor and conventional activated sludge processes on sludge reduction induced by Oligochaete [J]. Environmental science & technology, 2003, 37: 3171-3180.

[233] WEI Y, VAN HOUTEN R T, BORGER A R, et al. Minimization of excess sludge production for biological wastewater treatment [J]. Water research, 2003, 37: 4453-4467.

[234] WEI Y, DAI J, MACKEY H R, et al. The feasibility study of autotrophic denitrification with iron sludge produced for sulfide control [J]. Water research, 2017, 122: 226-233.

[235] WHANG L M, FILIPE C D M, PARK J K. Model-based evaluation of competition between polyphosphate- and glycogen-accumulating organisms [J]. Water research, 2007, 41 (6): 1312-1324.

[236] WIJDEVELD W K, PROT T, SUDINTAS G, et al. Pilot-scale magnetic recovery of vivianite from digested sewage sludge [J]. Water research, 2022, 212: 118131.

[237] WILDHABER Y S, MESTANKOVA H, SCHAERER M, et al. Novel test procedure to evaluate the treatability of wastewater with ozone [J]. Water research, 2015, 75: 324-335.

[238] WILÉN B M, JIN B, LANT P. The influence of key chemical constituents in activated sludge on surface and flocculating properties [J]. Water research, 2003, 37 (9): 2127-2139.

[239] WILFERT P, DUGULAN A I, GOUBITZ K, et al. Vivianite as the main phosphate mineral in digested sewage sludge and its role for phosphate recovery [J]. Water research, 2018, 144: 312-321.

[240] WILFERT P, KUMAR P S, KORVING L, et al. The Relevance of Phosphorus and Iron Chemistry to the Recovery of Phosphorus from wastewater: A Review [J]. Environmental science & technology, 2015, 49 (16): 9400-9414.

[241] WILFERT P, MANDALIDIS A, DUGULAN A I, et al. Vivianite as an important iron phosphate precipitate in sewage treatment plants [J]. Water research, 2016, 104: 449-460.

[242] WONG M T, MINO T, SEVIOUR R J, et al. In situ identification and characterization of the microbial community structure of full-scale enhanced biological phosphorous removal plants in Japan [J]. Water re-

search, 2005, 39 (13): 2901-2914.

[243] WU B, DAI X, CHAI X. Critical review on dewatering of sewage sludge: Influential mechanism, conditioning technologies and implications to sludge re-utilizations [J]. Water research, 2020, 180: 115912.

[244] WU C, KLEMES M J, TRANG B, et al. Exploring the factors that influence the adsorption of anionic PFAS on conventional and emerging adsorbents in aquatic matrices [J]. Water research, 2020, 182: 115950.

[245] WU L, CHEN X, WEI W, et al. A Critical Review on Nitrous Oxide Production by Ammonia-Oxidizing Archaea [J]. Environmental science & technology, 2021, 54 (15): 9175-9190.

[246] WUNDERLIN P, MOHN J, JOSS A, et al. Mechanisms of N_2O production in biological wastewater treatment under nitrifying and denitrifying conditions [J]. Water research, 2012, 46 (4): 1027-1037.

[247] XIE W M, NI B J, SHENG G P, et al. Quantification and kinetic characterization of soluble microbial products from municipal wastewater treatment plants [J]. Water research, 2016, 88: 703-710.

[248] XIONG X, SHANG Y N, BAI L, et al. Complete defluorination of perfluorooctanoic acid (PFOA) by ultrasonic pyrolysis towards zero fluoro-pollution [J]. Water research, 2023, 235: 119829.

[249] XU J, SHENG G P, LUO H W, et al. Evaluating the influence of process parameters on soluble microbial products formation using response surface methodology coupled with grey relational analysis [J]. Water research, 2011, 45 (2): 674-680.

[250] XUE W, WU C, XIAO K, et al. Elimination and fate of selected micro-organic pollutants in a full-scale anaerobic/anoxic/aerobic process combined with membrane bioreactor for municipal wastewater reclamation [J]. Water research, 2010, 44 (20): 5999-6010.

[251] XUE W, ZENG Q, LIN S, et al. Recovery of high-value and scarce resources from biological wastewater treatment: Sulfated polysaccharides [J]. Water research, 2019, 163: 114889.

[252] YAN X, SUN J, KENJIAHAN A, et al. Rapid and strong biocidal effect of ferrate on sulfidogenic and methanogenic sewer biofilms [J]. Water research, 2020, 169: 115208.

[253] YANG Q, LIU X H, PENG C Y, et al. N_2O production during nitrogen removal via nitrite from domestic wastewater: main sources and control method [J]. Environmental science & technology, 2009, 43 (24): 9400-9406.

[254] YARMOLINSKY M B. Programmed cell death in bacterial populations [J]. Science, 1995, 267 (5199): 836-837.

[255] YIN C, MENG F, CHEN G. Spectroscopic characterization of extracellular polymeric substances from a mixed culture dominated by ammonia-oxidizing bacteria [J]. Water research, 2015, 68: 740-749.

[256] YOSHIDA H, CLAVREUL J, SCHEUTZ C, et al. Influence of data collection schemes on the Life Cycle Assessment of a municipal wastewater treatment plant [J]. Water research, 2014, 56: 292-303.

[257] YU H Q. Molecular Insights into Extracellular Polymeric Substances in Activated Sludge [J]. Environmental science & technology, 2020, 54: 7742-7750.

[258] YU R, KAMPSCHREYR M J, VAN LOOSDRECHT M C M, et al. Mechanisms and Specific Directionality of Autotrophic Nitrous Oxide and Nitric Oxide Generation during Transient Anoxia [J]. Environmental science & technology, 2010, 44 (4): 1313-1319.

[259] ZAGGIA A, CONTE L, FALLETTI L, et al. Use of strong anion exchange resins for the removal of perfluoroalkylated substances from contaminated drinking water in batch and continuous pilot plants [J]. Water research, 2016, 91: 137-146.

[260] ZHANG C, CHEN Y, RANDALL A A, et al. Anaerobic metabolic models for phosphorus- and glycogen-accumulating organisms with mixed acetic and propionic acids as carbon sources [J]. Water research, 2008, 42: 3745-3756.

[261] ZHANG D, TRZCINSKI A P, KUNACHEVA C, et al. Characterization of soluble microbial products (SMPs) in a membrane bioreactor (MBR) treating synthetic wastewater containing pharmaceutical compounds [J]. Water research, 2016, 102: 594-606.

[262] ZHANG H L, FANG W, WANG Y P, et al. Phosphorus removal in an enhanced biological phosphorus removal process: roles of extracellular polymeric substances [J]. Environmental science & technology, 2013, 47 (20): 11482-11489.

[263] ZHANG K, KANG T L, YAO S, et al. A novel coupling process with partial nitritation-anammox and short-cut sulfur autotrophic denitrification in a single reactor for the treatment of high ammonium-containing wastewater [J]. Water research, 2020, 180: 115813.

[264] ZHANG L H, SCHRYVER P D, GUSSEME B D, et al. Chemical and biological technologies for hydrogen sulfide emission control in sewer systems: a review [J]. Water research, 2008, 42 (1-2): 1-12.

[265] ZHANG L, KELLER J, YUAN Z. Inhibition of sulfate-reducing and

methanogenic activities of anaerobic sewer biofilms by ferric iron dosing [J]. Water research，2009，43（17）：4123-4132.

[266] ZHU X，CHEN Y. Reduction of N_2O and NO generation in anaerobic-aerobic（low dissolved oxygen）biological wastewater treatment process by using sludge alkaline fermentation liquid [J]. Environmental science & technology，2011，45：2137-2143.

[267] ZHU Y M，JI H D，HE K，et al. Photocatalytic degradation of GenX in water using a new adsorptive photocatalyst [J]. Water research，2022，220：118650.

[268] ZHUO Q F，DENG S B，YANG B，et al. Efficient electrochemical oxidation of perfluorooctanoate using a Ti/SnO_2-Sb-Bi anode [J]. Environmental science & technology，2011，45（7）：2973-2979.

[269] ZUO Z Q，REN D H，QIAO L G，et al. Rapid dynamic quantification of sulfide generation flux in spatially heterogeneous sediments of gravity sewers [J]. Water research，2021，203：117494.

[270] 郝晓地，陈峤，刘然彬. Tetrasphaera 聚磷菌研究进展及其除磷能力辨析 [J]. 环境科学学报，2020，40（3）：741-753.

[271] 郝晓地，陈奇，李季，等. 污泥焚烧无须顾虑尾气污染物 [J]. 中国给水排水，2019，35（10）：8-14。

[272] 郝晓地，陈奇，李季，等. 污泥干化焚烧乃污泥处理/处置终极方式 [J]. 中国给水排水，2019，35（04）：35-42.

[273] 郝晓地，翟学棚，吴远远. 微塑料在污水处理过程中的演变与归宿 [J]. 中国给水排水，2019，35（8）：20-26.

[274] 郝晓地，邸文馨，朱洋墨，等. 污水处理厂 PFAS 来源、迁移转化与去除方法 [J]. 环境科学学报，2023，43（10）：1-14.

[275] 郝晓地，甘微，李季，等. 臭氧降解污水厂出水有机物作用与效果分析 [J]. 中国给水排水，2021，37（10）：1-7.

[276] 郝晓地，甘微，李季，等. 污泥 EPS 高值、高效提取与回收技术发展趋势 [J]. 环境科学学报，2021，41（6）：2063-2078.

[277] 郝晓地，郭小媛，刘杰，等. 磷危机下的磷回收策略与立法 [J]. 环境污染与防治，2021，43（9）：1196-1200.

[278] 郝晓地，郭小媛，时琛，等. 污泥焚烧灰分磷回收 Ash Dec 工艺及其研究进展 [J]. 中国给水排水，2022，38（14）：17-24.

[279] 郝晓地，靳景宜，罗玉琪，等. 可沉微藻转化油脂潜力及 PHB 合成试验研究 [J]. 中国给水排水，2020，36（7）：1-6.

[280] 郝晓地，李季，吴远远，等. 蓝色水工厂：框架与技术 [J]. 中国给水排水，2023，39（4）：1-11.

[281] 郝晓地，李季，张益宁，等. 污水处理行业实现碳中和的路径及其适用条件对比分析 [J]. 环境工程学报，2022，16（12）：3857-3863.

［282］郝晓地，李季，赵梓丞，等．侧流磷回收强化主流脱氮除磷微观现象评价［J］．环境工程学报，2021，15（11）：3677-3685.

［283］郝晓地，李佳勇，郝丽婷，等．剩余污泥制取生物炭可行性分析与评价［J］．中国给水排水，2023，39（20）：1-8.

［284］郝晓地，饶志峰，李爽，等．污水余温热能蕴含着潜在碳交易额［J］．中国给水排水，2021，37（12）：7-13.

［285］郝晓地，饶志峰，刘然彬，等．纤维素对污水生物处理系统性能影响试验研究［J］．中国给水排水，2021，37（21）：1-6.

［286］郝晓地，申展，李季，等．国际上主要污水磷回收技术的应用进展及与之相关的政策措施［J］．环境工程学报，2022，16（11）：3507-3516.

［287］郝晓地，申展，李季，等．剩余污泥低温干化热源首选污水厂出水余温热能［J］．中国给水排水，2023，39（6）：1-8.

［288］郝晓地，孙群，李季，等．排水管道甲烷产生影响因素及其估算方法［J］．中国给水排水，2022，38（20）：1-7.

［289］郝晓地，孙群，于文波，等．蓝铁矿形成要素探究：涉及细菌对乙酸的亲和性［J］．中国给水排水，2022，38（17）：1-6.

［290］郝晓地，孙思辈，李季，等．污水处理过程水温变化模型构建与验证［J］．环境科学学报，2022，42（12）：1-11.

［291］郝晓地，王邦彦，曹达啓，等．海水淡化工程全球大规模应用发展趋势［J］．中国给水排水，2022，38（10）：18-24.

［292］郝晓地，王邦彦，刘然彬，等．碳中和 VS 水体甲烷超量释放/甲烷悖论［J］．环境科学学报，2021，41（5）：1593-1598.

［293］郝晓地，王欣，罗玉琪，等．可沉藻对室外光强适应性试验研究［J］．中国给水排水，2020，36（5）：20-25.

［294］郝晓地，吴道琦，李季，等．熵析污水处理资源与能源化［J］．环境科学学报，2022，42（4）：75-80.

［295］郝晓地，闫颖颖，李季，等．污水处理出水电解制氢可行性分析［J］．中国给水排水，2023，39（18）：1-8.

［296］郝晓地，杨万邦，李季，等．厌氧氨氧化技术研究与应用反差现象归因［J］．环境科学学报，2023，43（9）：1-13.

［297］郝晓地，杨文宇，曹达啟．剩余污泥中 PPCPs 量化评价方法研究．［J］．中国给水排水，2019，35（16）：9-15.

［298］郝晓地，杨振理，李季．疫情背景下污水中的表面活性剂对污水处理效果的影响与机理［J］．环境工程学报，2021，15（6）：1831-1839.

［299］郝晓地，杨振理，于文波，等．污水处理过程 N_2O 排放：过程机制与控制策略［J］．环境科学，2023，42（2）：1163-1173.

［300］郝晓地，杨振理，张益宁，等．排水管道中 CH_4、H_2S 与 N_2O 的产生机制及其控制策略［J］．环境工程学报，2023，17（1）：1-12.

［301］郝晓地，叶嘉洲，李季，等．污水热能利用现状与潜在用途［J］．中国

给水排水，2019，35（16）：15-22.

[302] 郝晓地，叶嘉洲，刘然彬，等 . 出水中溶解性微生物代谢产物的产生及其影响 [J]. 中国给水排水，2020，36（12）：37-44.

[303] 郝晓地，于晶伦，付昆明，等 . 农村污水处理莫轻视"肥水"资源 [J]. 中国给水排水，2019，35（18）：5-12.

[304] 郝晓地，于晶伦，刘然彬，等 . 剩余污泥焚烧灰分磷回收及其技术进展 [J]. 环境科学学报，2020，40（4）：1149-1159.

[305] 郝晓地，于文波，时琛，等 . 污泥焚烧灰分磷回收潜力分析及其市场前景 [J]. 中国给水排水，2021，37（4）：5-10.

[306] 郝晓地，于文波，王向阳，等 . 地下式污水处理厂全生命周期综合效益评价 [J]. 中国给水排水，2021，37（7）：1-10.

[307] 郝晓地，孙思辈，李季，等 . 甲烷氧化耦合污水脱氮研究进展 [J]. 环境科学学报，2023，43（3）：1-15.

[308] 郝晓地，苑世超，时琛，等 . 微污染有机物去除技术优劣性 LCIA/LCC 评估分析 [J]. 环境科学学报，2023，43（5）：1-9.

[309] 郝晓地，张益宁，李季，等 . 污水处理能源中和与碳中和案例分析 [J]. 中国给水排水，2021，37（20）：1-8.

[310] 郝晓地，张益宁，李季，等 . 下水道甲烷释放模型评价与内在控制分析 [J]. 中国给水排水，2023，39（17）：1-9.

[311] 郝晓地，赵梓丞，李季，等 . 污泥 EPS 作为阻燃剂的机制归纳与潜力分析 [J]. 环境科学，2021，42（6）：2583-2594.

[312] 郝晓地，赵梓丞，李季，等 . 污水处理工艺中的能源与资源回收环节及其碳排放核算：以芬兰 Kakolanmäki 污水处理厂为例 [J]. 环境工程学报，2021，15（9）：2849-2857.

[313] 李爽，王向阳，郝晓地，等 . 全生命周期评价在污水处理中的研究与应用 [J]. 中国给水排水，2020，36（18）：32-37.